鄂尔多斯水土保持

韩学士 张建国 王桂英 等 著

中国水利水电出版社
www.waterpub.com.cn

·北京·

内 容 提 要

本书全面概述了鄂尔多斯的社会、自然、地理、水文、气象、土壤、植被等方面的基本特征，重点分析了鄂尔多斯水土流失的特点、分类、类型区的划分、流失特征及治理布局，详细阐述了不同类型区、不同流失类型、不同区域开发建设项目的治理技术。治理理论、治理模式结合实际案例，历史地、客观地、系统地从不同角度总结了新中国成立七十多年来鄂尔多斯水土保持建设方面取得的技术成果，涵盖范围广、涉及领域宽、技术性强，具有较强的实践性、技术性、实用性和可操作性。

本书可供从事水土保持治理相关工作的科研、技术和管理人员借鉴和参考，也可供相关专业的高校师生阅读。

图书在版编目（ＣＩＰ）数据

鄂尔多斯水土保持 / 韩学士等著. —— 北京 ： 中国
水利水电出版社，2022.9
ISBN 978-7-5226-0937-9

Ⅰ．①鄂⋯ Ⅱ．①韩⋯ Ⅲ．①水土保持－鄂尔多斯市
Ⅳ．①S157

中国版本图书馆CIP数据核字(2022)第153200号

书　　　名	**鄂尔多斯水土保持** E'ERDUOSI SHUITU BAOCHI
作　　　者	韩学士　张建国　王桂英 等著
出 版 发 行	中国水利水电出版社 （北京市海淀区玉渊潭南路1号D座　100038） 网址：www.waterpub.com.cn E-mail：sales@mwr.gov.cn 电话：(010) 68545888（营销中心）
经　　　售	北京科水图书销售有限公司 电话：(010) 68545874、63202643 全国各地新华书店和相关出版物销售网点
排　　　版	中国水利水电出版社微机排版中心
印　　　刷	清淞永业（天津）印刷有限公司
规　　　格	210mm×285mm　16开本　33.75印张　975千字
版　　　次	2022年9月第1版　2022年9月第1次印刷
定　　　价	**268.00元**

《鄂尔多斯水土保持》编撰工作组

组　　　长：王　帅　鄂尔多斯市水利局局长

副　组　长：邱　伟　鄂尔多斯市水利局副局长

　　　　　　宋日升　鄂尔多斯市水利局党组成员

　　　　　　韩学士　原伊克昭盟水土保持办公室主任（退休）

　　　　　　张建国　原鄂尔多斯市水土保持局副局长（退休）

工作组成员：

　　　　　　吕永光　鄂尔多斯市水利局四级调研员（退休）

　　　　　　宋　春　鄂尔多斯市水利局办公室主任

　　　　　　丁占华　鄂尔多斯市水利局计划财务科科长

　　　　　　张　强　鄂尔多斯市水利局水土保持科科长

　　　　　　任宏亮　鄂尔多斯市水利事业发展中心高级技师

　　　　　　杨　丽　鄂尔多斯市水利工程建设质量与安全监督
　　　　　　　　　　服务中心高级工程师

　　　　　　曹晓明　乌审旗水利局正高级工程师

　　　　　　卢生亮　东胜区水利局正高级工程师

　　　　　　王桂英　准格尔旗水利局高级工程师

　　　　　　马连彬　达拉特旗水利局高级工程师

　　　　　　张同云　原鄂尔多斯市水土保持科学研究所高级
　　　　　　　　　　工程师（退休）

　　　　　　高志明　准格尔旗水土保持世界银行项目办副主任（退休）

　　　　　　乔　信　原准格尔旗水土保持局高级工程师（退休）

摘自鄂尔多斯市水利局文件：鄂尔多斯市水利局关于调整《鄂尔多斯水土保持》编撰工作组的通知（鄂水发〔2022〕361号，2022年12月16日印发）。

主 要 编 撰 人 员

前言、后记

编撰：韩学士

第1章　鄂尔多斯概况

编撰：韩学士　张建国

第2章　水土流失特征及其危害

编撰：张建国

第3章　水土保持规划

编撰：乔信

第4章　不同地貌类型区治理模式

编撰：王桂英　张建国　曹晓明　马连彬　裴五爱

第5章　水土保持防治措施配置

编撰：张建国　宋日升　马连彬　张同云　王桂英　曹晓明

第6章　水土保持典型技术及成果

编撰：张同云　韩学士　张建国　曹晓明　刘英晓

第7章　开发建设项目水土保持技术

编撰：韩学士　张建国　王桂英　高志明

第8章　水土流失防治技术的创新发展

编撰：张建国

第9章　水土保持综合治理示范典型案例

编撰：韩学士　张建国　乔信　王桂英　马连彬　裴五爱
　　　　高志明　卢生亮

第10章　典型示范小流域综合治理精品工程

编撰：张建国

图片拍摄：韩学士　张建国　马连彬　高志明　张同云
　　　　　乔　信　白天阳　王　瑜　任宏亮　曹晓明
　　　　　王桂英（各旗区水利局派员协助拍摄）

图片编辑：张建国

图文校对：张建国

　　特别说明：本书中采用的图片有许多来自从事水土保持、林牧业等部门的科技人员在工作中拍摄，时间久远，故未署名；个别图片因内容需要，采用了网络公开的图片。如有侵权，请联系本书编写组协调解决。

序

　　美丽的鄂尔多斯，古往今来，物华天宝，人杰地灵。在这片古老而神奇的土地上，蕴藏着丰富的自然资源，拥有极富魅力的秀丽风光；在这里蒙古族汉族等各族人民创造了悠久的历史文明、丰富的文化底蕴、独特的人文资源和伟大的民族精神，谱写了许许多多雄伟壮丽的历史篇章。

　　鄂尔多斯市地处内蒙古自治区的西南部，西、北、东三面黄河环抱，东南有长城之隔，特殊的地理位置，造就了它独有的自然环境。远古时这里曾是环境优美、水草丰美的森林草原地带；到了近现代，随着垦殖的开发，人为的破坏，生态环境急剧变化，再加上连续干旱，使得这一地区生态环境极其脆弱，风沙、干旱、严重的水土流失长期困扰着当地经济社会的可持续发展。

　　鄂尔多斯的人民和科技工作者，在各级党委政府的坚强领导和支持下，在长期的水土流失防治实践中取得了丰硕的成果，防治成效显著，为当地的经济建设和社会发展做出了突出贡献。有许许多多好的技术、好的典型、好的经验值得认真总结。总结这些成果不仅对本地，而且对黄河流域以及全国类似地区都有启示和借鉴之处。

　　《鄂尔多斯水土保持》这本书，从不同角度历史地、客观地、系统地总结了新中国成立七十多年来鄂尔多斯水土保持建设方面的技术成果，涵盖范围广、涉及领域宽、技术性强。它既不同于普通的教材，也不同于一般的工作总结，更不同于单项的科技成果报告。该书具有较强的实践性、针对性、技术性、实用性、可操作性，有一定的深度、广度和高度，是一本水土保持和生态环境建设方面的好书，可供水土保持和生态环境建设领域的科技人员参考使用。

　　本书主编韩学士系1962年新中国首届水土保持专业的毕业生，几十年坚持不懈地奋斗在内蒙古自治区鄂尔多斯水土保持战线上，他由一名基层从事水土保持科研的技术人员，成长为本行业专业技术娴熟的专家，其专业理论扎实，实践经验丰富，在水土保持战线上颇有建树，有不少科技成果获得国家、部委、自治区及地区的奖励，有多篇很有见地的学术论文发表在国家级的水土保持刊物上。特别是在被称为"地球癌症"砒砂岩裸露区的严重水土流失区的治理上取得了成功，被誉为"地球医生"。

　　参与本书编写的其他作者，也都是在鄂尔多斯水土保持战线上工作多年的高级工程师、技术带头人，是各类水土保持建设工程的实际组织者、实施者，业务素质较高，实战经验丰富，工作成绩突出。他们从不同的角度整理提炼出来大量的技术成果，大大地充实和丰富了本书的内容。

刘震

2021 年 4 月 7 日

前　言

鄂尔多斯市位于内蒙古自治区西南部，地处黄河上中游严重的水土流失区，为黄土高原向荒漠草原的过渡地带，也是半干旱向干旱的过渡地带，是我国农牧交错的中心部位，还是荒漠化、沙尘暴严重发生、发展的地区，表现在气候、地貌、土壤、植被的过渡性。在气候方面为干与湿、冷与暖（干旱与湿润区）的交错地带，在植被方面有干草原、荒漠草原、草原化荒漠等多种交错的类型，地理位置极为特殊。

地貌类型复杂。有黄土丘陵沟壑、覆沙丘陵沟壑、漫岗丘陵沟壑、砒砂岩严重裸露区、干旱草原区以及库布其和毛乌素两大沙漠。

气候干旱、暴雨集中，气候特征上属极端大陆性气候。按大陆度大于或等于67%为极端大陆性气候的衡量标准，鄂尔多斯市除东胜区外的其他旗区大陆度均大于68%，最高达76.7%，是典型的极端大陆性气候。大风日数多，风速大，全市大部分地区多年平均风速在3～4m/s；春季风力最大，大部分地区达4～5m/s。年平均大风不小于8级的日数都在40天以上（近几年因植被增加而有所减小）。20世纪60—70年代多沙暴天气，年均沙暴日数多达20～25天，最多时达97天，发生沙暴最多的是库布其沙漠及其南侧；全市降水少且集中，平均年降水量为194～401mm，径流深50～100mm，降雨集中在7—9月，约占全年降水量的80%，且多呈暴雨出现。经气象部门测算，乌审旗的忽吉图地区1977年8月1日22时至2日8时，10h之内降雨量高达1400mm。年蒸发量在2000～2800mm，年蒸发量最大值多数出现在6月，其间大部分地区的月蒸发量在350mm以上，年蒸发量相当于年降水量的5～7倍。

水土流失极为严重，侵蚀类型多样。鄂尔多斯是黄河中上游严重的水土流失区，据20世纪80年代初全国土壤侵蚀遥感调查，严重水土流失面积为47298km^2，占总面积的54.4%，是黄河流域水土流失面积的1/10。土壤年侵蚀总量1.9亿t，每年向黄河输沙1.5亿t。据分析，粗沙粒径大于0.025mm的占80%，是黄河的重点粗沙来源区，每年向黄河输送粗沙1亿t，占黄河年输入粗沙量的1/4。侵蚀模数大，年均侵蚀模数0.5万～1.88万t/(km^2·a)，沟壑密度2000～11000m/km^2，沟谷面积占60%。严重的砒砂岩裸露区陡崖部分，经实测侵蚀模数高达4万～6万t/(km^2·a)，径流含沙量非常高，在洪峰期有两个沟川测得最大含沙量超过1000kg/m^3，纳林川实测最大含沙量为1450kg/m^3，属于泥石沙流了。侵蚀类型复杂，有水力侵蚀、风力侵蚀、重力侵蚀、冻融侵蚀等。详细划分起来有面蚀、沟蚀，沟蚀又有浅沟、切沟、冲沟、河沟等侵蚀。重力侵蚀有泻溜、崩塌等。不管哪种侵蚀类型，其在同一地区以单一形式表现的较少，多以复合侵蚀状态出现。多种侵蚀相互交错促进，侵蚀量必然加大。

鄂尔多斯境内又有库布其沙漠和毛乌素沙地，风蚀沙化极为严重，生态环境异常脆弱。水土流失不仅危害严重，而且具有突发性。它不仅造成土地跑水、跑土、跑肥，使土地生产力下降，而且切割蚕食土地，淤积埋压农田，淤积河道，冲毁水利工程，危害威胁人民群众生命财产安全。

风蚀沙化严重破坏生态环境。在鄂尔多斯境内有十大孔兑（孔兑，意为山洪沟），河流短、比降大，由南向北贯穿丘陵沟壑区、库布其沙漠区和冲积平原区，往往一遇暴雨，洪水猛泄，而且洪水历时短，含沙量大，瞬间就会酿成大灾。据统计，从清光绪二十四年（1898 年）至今，十大孔兑就造成巨大灾害 22 次。洪水泥沙冲毁农田，淹死人畜，冲断道路、冲毁桥涵、淹没村庄农舍、毁坏水利工程和电力设施等多种生产生活基础设施。其中有十几次造成黄河河道堵塞，黄河断流，包头钢铁厂（简称包钢）水源地多次被堵，经济损失巨大。

最为典型的是 1998 年 7 月 5 日，十大孔兑之西柳沟流域（全长 106km，流域面积 1356.3km^2）突降暴雨，洪峰流量 1600m^3/s，含沙量 1150kg/m^3，泥沙在入黄口呈扇形堆积，将设于黄河主河道北岸的包钢 3 个取水口全部淤堵，包钢被迫停产。一周之后的 7 月 12 日，西柳沟上游再降暴雨，下泄洪峰流量 1800m^3/s，高含沙洪水含沙量达 1350kg/m^3。经两次叠加，大量泥沙入黄后将黄河拦腰截断，形成一座长 10km，宽 1.5km、厚 6.27m、淤积量近 1 亿 m^3 的巨型沙坝，使黄河主河道淤满，包钢的 3 个取水口深埋淤泥下，包钢再次停产，影响产值 1 亿元。同时，山洪淹没农田 800hm^2。中央及内蒙古自治区领导高度关注这次灾情，多次到现场视察，各级水利部门组织专家组到实地调研，多家媒体也深入现场报道。

国家能源重化工基地，开发建设项目多，开发力度大。鄂尔多斯的产业发展也有一定的特殊性，历史上这里传统的经济结构是以牧为主、农牧结合的形式。鄂尔多斯草原是内蒙古自治区传统的六大牧区之一，工商业经营活动相对较少，生态环境人为干扰也比较少。随着改革开放的深入推进，鄂尔多斯成为国家能源重化工基地和重点能源开发区，开发建设项目大幅度增加，生态环境人为的干扰程度就显得尤为突出。随着采矿业的深度开发，开发建设项目逐渐增多，人为的水土流失进一步加剧。加上城镇化、工业化、农牧业产业化"三化互动"的强劲推进，收缩转移、集中发展的经济战略启动实施，围绕着"绿色大市、畜牧业强市"这个总目标，要适应这些新的变化，生态环境保护与水土流失治理，无论从法制上、政策上，还是技术措施上，都需要有新的应对之策。

国家重视，治理项目多。鉴于鄂尔多斯特殊的地理位置、极端干旱的气候条件、复杂的地貌环境、极强度的风蚀沙化、脆弱的生态环境、极其严重的水土流失、高速度的能源开发和项目建设等一系列因素，多年来，在国家的高度重视下，鄂尔多斯被列为水土流失重点治理区。水土流失治理项目涉及方方面面，重点流域治理、淤地坝建设、砒砂岩区沙棘生态建设、风沙源治理、生态修复工程、工矿区开发的恢复性治理、世界银行贷款土地开发治理以及多项国际合作项目等，都相继在鄂尔多斯落地实施。而在具体实践中，地方党委政府作出了"种树种草种柠条""植被建设是最大的基本建设""三种五小"等重大决策，各级科技人员引进、推广了许多先进治理技术，广大群众积极参与"户包小流域治理"，形成了千家万户治理千沟万壑的崭新局面，总结、探索出很多适用本地区水土流失治理的特色技术，在水土保持生态建设中取得了令人瞩目的成绩，积累了丰富的经验。在科学研究上硕果累累，多次获得国家、省（自治区）、市各级科技进步奖。可以说，鄂尔多斯的水土保持建设成绩突出，经验丰富，有许多创新性技术措施，不仅对今后的治理仍有指导作用，而且对毗邻地区及同类型地区也有借鉴实用价值。

为进一步指导、提高、推动鄂尔多斯今后的水土保持生态建设，给毗邻及同类地区以借鉴，非常有必要将过去几十年来的水土保持治理经验、治理技术、科研成果加以总结、完善、提高，从中筛选出技术含量高、实用性强的技术成果，系统分析整理记录下来，备于借鉴应用。

该书在淤地坝的工程部分引用了黄河上中游管理局西安规划设计研究院编制的"水土保持淤地坝拦沙换水试点工程"中《黑赖沟流域达圪图一号中型拦砂坝工程设计》，原内蒙古农牧学院农水系设计的《准格尔旗纳林沟水坠砂坝试验工程》，引用了市林业部门有关库布其沙漠治理模式的典型经验等，这些引用完全是作为样板典范供今后开展水土保持规划、设计中参考，对此，我们表示衷心感谢。

还应特别提出的是，该书的整个编写过程得到了鄂尔多斯市水利局的重视和大力支持。2019 年 5 月，我们将编写申请及编写大纲（初稿）提交给水利局，局党组及时研究，非常支持本书的编写。为使编写顺利进行，成立了以局长为组长的编写领导小组，下设编写工作组，抽调了工作人员协调编写工作的有关事项，同时行文到各旗区水利部门，要求各旗区水利部门配合做好相关工作。并将此书的编写列入市水利局工作的一部分，为保证此书的编写还编列了所需经费。在市水利局的重视之下，各旗区水利部门和工作人员对本书的资料收集、照片拍摄等工作给予了大力支持和配合，对此，我们一并表示诚挚的感谢。

目录

第1章

鄂尔多斯概况

1.1 自然地理概况

1.1.1 地理位置

鄂尔多斯市位于内蒙古自治区西南部，西北东三面黄河环绕，地处呼包鄂"金三角"区域，东西长约 400km，南北宽约 340km，总面积为 86881km²。最北端在杭锦旗吉日嘎郎图黄河岸边，最南端在鄂托克前旗城川镇草山梁，最东端在准格尔旗魏家峁的杜家峁，最西端在鄂托克旗碱柜，毗邻晋陕宁三省（自治区），辖达拉特旗、准格尔旗、伊金霍洛旗、乌审旗、杭锦旗、鄂托克旗、鄂托克前旗、东胜区、康巴什新区等七旗二区。地理位置为东经 106°42′40″～111°27′20″，北纬 37°35′24″～40°51′41″。

1.1.2 地形地貌

鄂尔多斯（本书所说的鄂尔多斯特指鄂尔多斯市行政区域）位于黄河中上游地区，地形地貌复杂多样，地势由南北向中部隆起，中西部高、四周低，西北部高、东部低，东胜至四十里梁居于高原中部，是一条宽阔而又高亢的地形分水岭和气候分界线。平均海拔 1000～1500m。自南而北带状地貌类型有毛乌素沙地、准格尔低山丘陵、东胜低山丘陵、库布其沙漠和黄河沿岸冲积平原；自东而西的地貌类型有黄河谷地，准格尔黄土丘陵，东胜、准格尔砒砂岩丘陵，东胜剥蚀丘陵，杭锦波状高原，桌子山中山地等。境内湖泊、草原、沙漠、丘陵、高山等地貌齐全，高原上的现代地貌过程以风蚀风积和流水侵蚀占主导地位。地貌组合可分为黄河沿岸的冲积平原区、北部的库布其沙漠和南部的毛乌素沙地风沙区、东部的黄土丘陵和强烈侵蚀的砒砂岩沟壑区、中部和西部起伏平缓的梁地和风蚀洼地组成的波状高原区。

1.1.3 土壤植被

鄂尔多斯境内土壤共划分为 9 类 21 亚类 60 属 167 种。东部为碳酸盐栗钙土型，下分 2 个亚类：其东北部为栗钙土亚类，杭锦旗—霍洛柴登—鄂托克旗的乌兰镇一线以东以南地区为淡栗钙土亚类。西部地带性土壤为棕钙土。靠近宁夏的地方为介于棕钙土和灰棕荒漠土之间的灰漠土，非地带性土壤黑垆土、草甸土、沼泽土、盐土、碱土、风沙土在地带性土壤中零星交错分布。

鄂尔多斯东部植被为暖温型草原带，分 2 个亚类，其东部黄土丘陵区为暖温型典型草原亚带，中部为暖温型荒漠草原亚带，西部为暖温型荒漠带，植被以类型多样的简单群落所组成。草原植被对多变的气候呈很灵敏的反应，使过渡带互相渗透，形成了宽广的过渡带，保证了畜牧业发展的基本条件。

毛乌素沙地沙丘类型以新月形沙丘及沙丘链为主，并有少量的格状沙丘和梁窝状沙丘，丘高

5～20m。沙丘上普遍生长的是由 20 余种植物组成的油蒿群丛，丘间低地广泛分布着由乌柳、沙柳、醋柳组成的中生性灌木柳湾林，是沙地中的绿洲。库布其沙漠沙丘以新月形沙丘链和格状沙丘为主，流动沙丘占库布其沙漠总面积的 80%，前移速度较快，也是治理难度较大的沙漠。

1.1.4 水文气象

鄂尔多斯属于典型的温带大陆性气候，干旱少雨是基本气候特征。全市多年平均年降水量在 194～401mm 之间，由东南向西北递减。降水特征，一是降水少而集中；二是时空分布不均，东部多而西部少，且集中在 7—9 月；三是雨热同季，4—9 月降水量占全年降水量的 88%；四是年际变化大，降水量最多的 1961 年达到 579.6mm，最少的 1965 年仅 146.3mm；五是干旱持续时间长，连续春旱最长时间达 12 年，连续夏旱最长时间达 4 年。鄂尔多斯市是太阳能辐射资源极为丰富的地区，太阳年辐射总量 6000～6500MJ/m²，多年平均日照时数 3186～2887h；多年平均气温为 6.2℃，全年大于等于 0℃的积温季平均 3397℃；无霜期短，南部及西部在 150～180 天，东部及北部在 170～190 天；风向主要受季风的影响，盛行西北风，多数地区年均风速在 3～4m/s，大风日数均在 11～28 天，以春季最多。根据鄂尔多斯市降水量空间分布的特点，可将全市划分为三个生物气候带：

（1）半干旱典型草原气候带：达拉特旗中和西的西端经杭锦旗锡尼镇和鄂托克前旗敖勒召镇一线以东地区。涉及准格尔旗、东胜区、伊金霍洛旗、达拉特旗、杭锦旗、乌审旗河南、鄂托克前旗吉拉和马拉迪、库布其沙漠东段，年降水量 300～400mm，降水变率 20%～30%，湿润系数 0.2～0.4，地貌特征为侵蚀丘陵剥蚀高平地半固定沙带滩地沙丘链。植被土壤为本氏针茅百里香草原栗钙土黄绵土。

（2）干旱荒漠草原气候带：半干旱典型草原气候带以西和杭锦旗的沙召苏木、鄂托克旗的新召苏木和查布苏木一线以东地区。涉及鄂托克旗、鄂托克前旗、上海庙、伊克乌素、查布，年降水量 200～300mm，降水变率 29%～32%，湿润系数 0.13～0.23，地貌特征为新月形沙丘链砾质高平原。植被土壤为多年生丛生禾草、戈壁针茅、短花针茅、棕钙土。

（3）强干旱草原化荒漠气候带：杭锦旗西部、鄂托克旗西部。年降水量小于 200mm，降水变率 29%～30%，湿润系数小于 0.13。地貌特征为剥蚀山地山前洪积平原、砾质高平原。植被土壤为超旱生灌木半灌木为主，有红砂半日花，灰漠土。

1.1.5 河川水系

鄂尔多斯三面环水，境内黄河河长 728km，占黄河总长度的 1/7，年过境水量 316 亿 m³。鄂尔多斯高原有大小季节性河谷近 100 条，星罗棋布的湖泊 300 多个，以及较为丰富的地下水资源。由于隆起的东胜—杭锦旗高原脊线的影响，鄂尔多斯高原境内的地表水和地下水总的流向趋于南北两侧，这与本地区的降水规律相一致。从这里发源的河流，分为内流河和外流河。外流流域大致位于神山—东胜—四十里梁—锡尼镇一线以北，以及东胜—新街—三布察克镇—城川一线以东地区，分四大片向外排泄，注入黄河。外流河流域总面积 40220km²，年径流总量 103477 万 m³，基流量 42904 万 m³，年输沙量 15011 万 t。河流沟川的主要特征是河流短、比降大、洪峰高、历时短、含沙量大、径流量小，水土流失严重，年际变化大，年内分配不均。

东部外流水系由十里长川与纳林川（合称皇甫川）、勃牛川与乌兰木伦河（合称窟野河）、清水川、沙梁川、孤山川和一些直接入黄的山洪沟组成，总流域面积 10131km²，多年平均年径流量 60847 万 m³，基流量 18789 万 m³，年输沙量 11747 万 t，年径流模数 6.01 万 m³/km²，汛期来水量占年径流总量的 75.7%。南部外流水系为无定河支流，主要有红柳河、海流图河、纳林河等，总流域面积 8639km²，多年平均年径流量 33318 万 m³，基流量 18891 万 m³，年输沙量 66 万 t，年径流模数 4.47 万 m³/km²。西部外流水系主要由都思兔河和一些小山洪沟组成，总流域面积 7882km²，多年平均年径流量 2065m³，基流量 710m³，年输沙量 42 万 t，年径流模数 0.26 万 m³/km²。北部外流水系，俗称"十大孔兑"，各沟川几近平行排列，由南向北流去，从西至东依次为毛不拉、布尔嘎斯太沟、黑赖沟、西柳沟、罕台川、壕庆河、哈什拉川、母哈日河、东柳沟和呼斯太河，总流域面积 8803.1km²（不含下游平原区面积），多年平均年径流量 17247 万 m³，基流量 4514 万 m³，年输沙量 3156 万 t，年径流模数 2.34 万 m³/km²。

内流区主要分布在鄂尔多斯市中西部，大致位于上述两线以南、以西地区，主要河流有摩林河、陶赖沟、昆都仑河、红庆河、伊力盖河、公尼召河等，流域面积 7682km²，多年平均年径流量 2845 万 m³。流域面积小于 100km² 且有明显河槽的河流，其流域面积 15579km²，多年平均年径流量 6240 万 m³。无明显河槽的内陆河流域面积 28711.9km²，多年平均年径流量 8415 万 m³。内流区总面积 46661km²，多年平均年径流量 17502 万 m³，年径流模数 0.32 万 m³/km²。内流河均流入高原内的低洼地湿地，形成湖泊。其特征是数量多、水量少、水质差。

鄂尔多斯分属黄河冲积平原、白垩系自流水盆地和陕北高原三大水文地质单元，包含松散岩类孔隙水、碎屑岩类裂隙孔隙水、层状基岩裂隙水、基岩裂隙岩溶水四大类。松散岩类孔隙水主要有沟谷冲积洪积潜水含水层、近代湖积含水层、黄河冲积湖积含水层、萨拉乌素冲积湖积潜水含水层；碎屑岩类裂隙孔隙水主要为碎屑岩类含水岩组，包括第三系砂岩、砂质泥岩及白垩系砂岩，分为潜水及承压水；层状基岩裂隙水分布于阿腾席热镇、东胜区、准格尔旗，包括侏罗系、三叠系、二叠系、石炭系含水层，分为基岩裂隙潜水和承压水；基岩裂隙岩溶水分布于桌子山及准格尔旗东部黄河沿岸，包括太古界、元古界大理岩及石英岩，震旦系、寒武系、奥陶系灰岩等，为基岩隙水与岩溶水。

小贴士：水土流失

按照《中国大百科全书》（第一版）第 5 卷第 3706 页"水土流失"词条，水土流失指土壤在水的浸润和冲击作用下，结构发生破碎和松散，随水流动而散失的现象。水土流失按时期可划分为人类出现之前的水土流失和人类时期的水土流失。后者是在前者形成的侵蚀地貌基础上，在人类活动下发生演变而成的。水土流失按动力又可分为雨蚀、径流冲蚀和重力流失。水土流失的形态通常分为面蚀、沟蚀、塌蚀和泥石流 4 类。水土流失的程度受地形、坡度、坡长、坡向的影响，气象诸因素、土壤性状等也是重要影响因素。但在人类活动下，尤其是不合理的垦殖和森林破坏是引起水土流失的更为重要的因素。水土流失造成土壤肥力降低，水旱灾害频繁发生，河道淤塞，地下水位下降，农田、道路和建筑物被破坏，环境质量变劣和生态平衡遭到破坏。

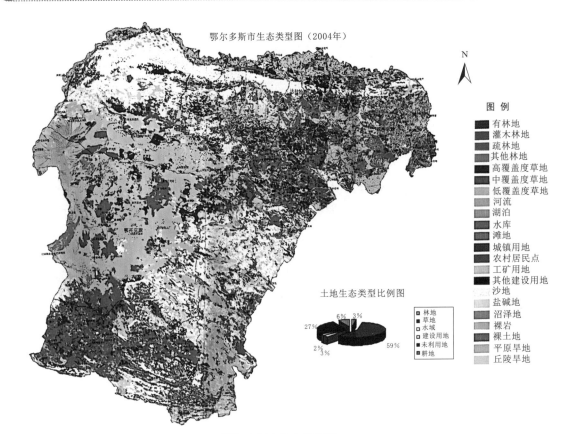

鄂尔多斯市生态类型图（2004年）

图　例

有林地
灌木林地
疏林地
其他林地
高覆盖度草地
中覆盖度草地
低覆盖度草地
河流
湖泊
水库
滩地
城镇用地
农村居民点
工矿用地
其他建设用地
沙地
盐碱地
沼泽地
裸岩
裸土地
平原旱地
丘陵旱地

土地生态类型比例图

林地
草地
水域
建设用地
未利用地
耕地

鄂尔多斯市生态类型图

鄂尔多斯市土壤侵蚀图

1.2 经济发展状况

1.2.1 1980 年统计资料

1980 年统计资料显示，原伊克昭盟（鄂尔多斯市 2000 年前称伊克昭盟，简称伊盟）辖准格尔旗、达拉特旗、乌审旗、鄂托克旗、杭锦旗、伊金霍洛旗、东胜县等 6 旗 1 县，130 个人民公社（含 53 个牧业公社），1117 个生产大队（含 354 个牧业大队），6654 个生产队（含 1707 个牧业生产队）。1980 年农林牧渔业增加值 15369 万元，其中，农业 6773 万元，林业 1223 万元，牧业 7361 万元，渔业 12 万元。有耕地面积 24.40 万 hm²，有效灌溉面积 5.72 万 hm²，农作物播种面积 23.74 万 hm²，粮食总产量 173293t。实有林地面积 53.36 万 hm²。年末牲畜总数 500.9 万头（只），其中大牲畜 34.3 万头，羊 436.5 万只，生猪 30.1 万头。

1.2.2 1990 年统计资料

根据《伊克昭盟 1990 年国民经济和社会发展统计公报》，伊盟辖准格尔旗、达拉特旗、伊金霍洛旗、乌审旗、杭锦旗、鄂托克旗、鄂托克前旗、东胜市等 7 旗 1 市，有 130 个苏木乡镇，其中，苏木 45 个，林牧乡 58 个，农业乡 27 个。总人口 118.41 万人，其中，农牧业人口 97 万多人，劳动力 30 多万个。1990 年地区生产总值（GDP）15 亿元，人均 GDP1245 元，地区财政总收入 1 亿元。城镇居民人均可支配收入达到 1032 元，农牧民人均纯收入 600 元。有耕地面积 26.7 万 hm²，其中，水浇地 8.67 万 hm²。粮食总产量 464343t。有林地面积 86.7 万 hm²，草地面积 596.3 万 hm²，水域面积 14.3 万 hm²。年末牲畜总数 497.3 万头（只），其中大牲畜 26.4 万头，羊 440.0 万只，生猪 30.9 万头。

1.2.3 2000 年统计资料

根据《伊克昭盟 2000 年国民经济和社会发展统计公报》，伊盟辖准格尔旗、达拉特旗、伊金霍洛旗、乌审旗、杭锦旗、鄂托克旗、鄂托克前旗、东胜市等 7 旗 1 市，132 个苏木乡镇，总人口 131.25 万人。2000 年实现 GDP 150.27 亿元，比上年增长 22.4%，其中：第一产业增加值 24.50 亿元，增长 1.2%；第二产业增加值 89.70 亿元，增长 30.5%；第三产业增加值 36.07 亿元，增长 16.0%；人均 GDP11519 元，增长 25.7%。2000 年财政总收入 15.74 亿元，比上年增长 25%，其中：地方财政 10.10 亿元，同比增长 20.5%；上划中央"两税"5.65 亿元，增长 33.9%。全年财政总支出 16.14 亿元，同比增长 19.7%。2000 年城镇居民人均可支配收入达到 5502 元，比上年实际增长 6.4%；农牧民人均纯收入为 2453 元，比上年增长 3.5%。2000 年粮经比例由 7∶3 调整为 6∶4，全年粮食总产量 66.73 万 t，比上年减少 3.18%。畜牧业受自然灾害和禁牧圈养政策实施的影响，牲畜头数比上年下降。按牧业年度统计，牲畜总数 614.89 万头（只），比上年下降 15.15%；良种及改良种牲畜总数 526.64 万头（只），占比 85.6%。年末牲畜出栏总数 269.54 万头（只），比上年下降 8.64%。农田有效灌溉面积 19.96 万 hm²，比上年增长 2.0%；节水灌溉面积 8.49 万 hm²，比上年增长 28.2%；化肥施用量 4.69 万 t，比上年下降 2.6%；农村牧区用电量 1.71 亿 kW·h，比上年增长 15.2%。2000 年，围绕生态环境建设、退耕还林（草）、黄河中上游治理及水土保持等工程，加大了农林牧渔业和水利水保投资，全年农牧林水总投资 4.21 亿元，其中，水利水保投资 2.64 亿元，比上年增长 2.8 倍。2000 年伊盟有自然保护区 9 个，面积达 572046hm²，其中，国家级自然保护区 1 个，自治区级自然保护区 1 个。

1.2.4 2010 年统计资料

根据《鄂尔多斯市 2010 年国民经济和社会发展统计公报》，鄂尔多斯市辖准格尔旗、达拉特旗、伊金霍洛旗、乌审旗、杭锦旗、鄂托克旗、鄂托克前旗、东胜区等 7 旗 1 区，有 64 个苏木乡镇（街道办事处），总人口 194.95 万人，人口密度 22.34 人/km²，其中农牧业人口 105.3 万人。2010 年全市 GDP 突破 2500 亿元，达到 2643.2 亿元，按可比价计算，增长 19.0%。其中，第一产业实现增加值 70.8 亿元，增长 4.5%；第二产业实现增加值 1551.4 亿元，增长 19.9%；第三产业实现增加值 1021.0 亿元，增长 19.1%。第一产业对 GDP 的贡献率为 2.1%，第二产业对 GDP 的贡献率为 60.3%，第三产业对 GDP 的贡献率为 37.6%，三次产业结构比例为 2.7：58.7：38.6。2010 年地方财政总收入 538.2 亿元，同比增长 47.1%，其中，地方财政一般预算收入 239.1 亿元，同比增长 47.5%。全年地方财政一般预算支出 318.9 亿元，同比增长 37.7%。2010 年城镇居民人均可支配收入达到 25205 元，同比增长 15.2%；农牧民人均纯收入 8756 元，同比增长 12.2%。

1.2.5 2018 年统计资料

根据《鄂尔多斯市 2018 年国民经济和社会发展统计公报》，鄂尔多斯市辖准格尔旗、达拉特旗、伊金霍洛旗、乌审旗、杭锦旗、鄂托克旗、鄂托克前旗、东胜区、康巴什新区等 7 旗 2 区。2018 年年末全市常住人口 207.84 万人，其中城镇人口 154.82 万人，乡村人口 53.02 万人，城镇化率为 74.49%。人口自然增长率为 4.43‰，2018 年年末户籍人口 162.27 万人。2018 年 GDP 3763.2 亿元。其中第一产业增加值 117.8 亿元，第二产业增加值 1969.1 亿元，第三产业增加值 1676.3 亿元，三次产业结构调整为 3.1：52.3：44.6。全市公共财政预算收入 433.5 亿元，公共财政预算支出 586.5 亿元。全年农牧业总产值 198.7 亿元，其中农业产值 111.0 亿元，林业产值 7.5 亿元，牧业产值 73.8 亿元，渔业产值 2.5 亿元，农林牧渔服务业产值 3.9 亿元。农作物总播种面积 48.44 万 hm²，其中粮食作物播种面积 30.18 万 hm²，油料播种面积 5.22 万 hm²，蔬菜播种面积 1.21 万 hm²。全年粮食总产量 170.2 万 t，油料产量 11.3 万 t，甜菜产量 5.8 万 t，蔬菜产量 46.8 万 t。全市拥有农业机械总动力 239.6 万 kW，拥有大中型拖拉机 4.3 万台，农用排灌机械 5.3 万台（套），其中节水灌溉类机械 6091 套，联合收获机 1848 台。机械耕地面积占农作物总播种面积的 95.8%，机械播种面积占 86%，机械收割面积占 65.0%，农业耕种收综合机械化水平达到 84%。

全市建成区面积 269.7hm²，道路面积 5863.4 万 m²，供热面积 9977.9 万 m²。全市燃气普及率达 88.08%，污水处理率达 96.93%，生活垃圾无害化处理率为 98.47%。全市建成区绿地率达 41.30%，人均公园绿地面积达 385.4m²。城市环境空气质量全年好于国家二级标准优良天数 292 天，污染 48 天，沙尘天气 25 天，重度污染 0 天。全市二氧化硫均值为 12μg/m³，同比下降 14.3%；二氧化氮均值为 25μg/m³，同比下降 7.4%。可吸入颗粒物年平均浓度 66μg/m³，全市城镇集中式饮用水源地的水质达标率 80%。城镇区域环境噪声等效声级均值为 50.7dB，道路交通噪声等效声级均值为 62.7dB。

2018 年全年共完成造林面积 11.62 万 hm²，森林总面积 233.4 万 hm²，森林覆盖率为 26.86%，完成新一轮退耕还林面积 230hm²。全市有各级自然保护区 9 个，其中国家级自然保护区 2 个、自治区级保护区有 7 个，总面积达 89.18 万 hm²。

抽样调查资料显示，2018 年全体居民人均可支配收入为 38521 元，同比增长 8.1%；城镇常住居民人均可支配收入达到 46834 元，同比增长 7.5%；农村牧区常住居民人均可支配收入为 18289 元，同比增长 9.3%。全体居民人均消费性支出 25149 元，同比增长 4.8%；城镇居民人均消费性支出 28695 元，同比增长 6.4%；农牧民人均生活消费支出 15534 元，同比增长 1.8%。城镇居民家庭食品消费支出占家庭消费总支出的 22.1%，农村为 22.6%。城镇居民人均住房建筑面积为

41.9m^2，农牧民人均住房面积为 39.5m^2。每百户城镇居民拥有家用汽车 96.5 辆，较上年增长 27%；每百户农牧民拥有家用汽车 54.6 辆，较上年增长 13.75%。

1.3 水土流失及水土保持历史演变

水土流失是在陆地表面由外营力作用引起的水土资源和土地生产力的损失和破坏。

土壤侵蚀是指陆地表面，在水力、风力、温度和重力等外力作用下，土壤表层、土壤母质及其他地面组成物质被破坏，经剥蚀转运和沉积的全过程。土壤侵蚀依其时段的不同，有古代侵蚀、现代侵蚀、常态侵蚀和加速侵蚀之分，本书中的"土壤侵蚀"是指现代侵蚀和加速侵蚀。在我国水土流失和土壤侵蚀作同义词语使用。

公元前 956 年的《尚书·吕刑》中记载的"禹平水土""平水土"和"平治水土"等，就是现代讲的水土保持。西周初，我国中原地区的农业已有一定程度的发展。如对于《诗经》中的诗句"原隰既平，泉流既清"，《毛传》及后来的《郑笺》注释为：广平的土地称原，下湿的土地称隰，经过治理的水流称清，经过治理的土地称平。从这些注释中可以看出我国在西周时就有平整土地、水土保持了。到了近代，从 1942 年起，我国有一些农林院校设立了水土保持课程和水土保持专业，当时的中华民国农林部在甘肃天水就建立了水土保持试验区，后来的很多水土保持知名专家都是从那里走出来的。

据史料记载，公元 5 世纪初，匈奴在鄂尔多斯南部的统万城建立了统治中心，夏王赫连勃勃赞美这里的风光"临广泽而带清流，吾行地多矣，未有若斯之美"。说明当时这一带是河湖清澈的草滩。到了 8 世纪，唐朝为加强对突厥的防御采取屯垦戍边的政策，开始了滥伐滥垦。16 世纪中叶到 19 世纪，清朝实行"开放蒙荒"和"移民戍边"，滥伐滥垦进一步扩大。1915—1928 年 14 年间，伊克昭盟已开垦牧场 11.56 万 hm^2，到 1949 年草牧场开垦面积达 60 万 hm^2。中华人民共和国成立后，由于对客观规律认识不足，接连进行过 3 次大开荒（1955—1956 年、1958—1962 年、1970—1973 年），累计开荒面积达 80 万 hm^2。20 世纪 50 年代初，伊克昭盟耕地面积为 52.7 万 hm^2，1958—1962 年间增加到 66.8 万 hm^2。由于不符合自然规律的人为活动，如滥垦、滥牧、滥樵、滥开发的增加，加上伊克昭盟的气候条件逐渐恶化，干旱少雨、风大风多、暴雨集中、土壤疏松、植被稀疏等因素，风蚀沙化大大加速，加重了水土流失。

在多种因素的影响作用下，伊克昭盟风蚀沙化、水土流失极为严重。根据 1995 年第一次全国土壤侵蚀遥感调查，伊克昭盟土壤侵蚀面积 71159.42km^2，占原伊盟全盟总面积的 81.9%，其中水力侵蚀面积 16781.45km^2、风力侵蚀面积 54377.97km^2，分别占土壤侵蚀总面积的 23.6% 和 76.4%；严重水土流失面积 47298km^2（含水蚀、小片风蚀），占全盟总面积的 54.4%，是黄河流域水土流失面积的 1/10。土壤年侵蚀总量 1.9 亿 t，每年向黄河输沙 1.5 亿 t，其中粗沙 1 亿 t，分别占全黄河输入泥沙、粗沙总量的 10% 和 25%。土壤侵蚀模数在 0.5 万～1.88 万 t/(km^2·a)，据水文观测，河川径流粗沙含量高达 1500kg/m^3。境内有 1 万多 km^2 的砒砂岩严重裸露区（最为严重的裸露达 54km^2），号称"世界流失之最""地球环境癌症"。据实测，侵蚀模数高达 3 万～6 万 t/(km^2·a)，而在 55°陡坡，植被覆盖度在 5% 左右时，侵蚀模数高达 7 万 t/(km^2·a)，沟壑密度高达 6～11km/km^2，沟壑面积占 20%～30%，严重者可达 60%，成为黄河粗泥沙的主要来源地。据调查，由于水土流失的原因，准格尔旗西部地区农耕地减少 15%～20%，砒砂岩严重裸露地区已成为无土、无水、无资源的"三无"之地，人们生活在无地可耕、无草可牧、无法居住的极贫困地区，生态环境极其恶劣。

从两次遥感普查结果看，2002 年全国第二次土壤侵蚀遥感调查和 1995 年的遥感调查结果接近。根据 2011 年水利部、国务院水利普查办公室发布的"全国水利普查地（市、盟、州）水土保持情况汇总表"看，鄂尔多斯的水土流失状况有很大好转。土壤侵蚀总面积减少为 37750.7km^2，占全市总面积 86881km² 的 43.45%，其中水力侵蚀 12210.48km²，风力侵蚀 25540.22km²，分别占土壤侵蚀总面积的 32.3% 和 67.7%。

鄂尔多斯气候干旱，风沙活动频繁，地质环境中的基质疏松，使本市土地沙化现象举世瞩目。20 世纪 70 年代发展到高峰，沙漠化面积达 41877km²，占总面积的 48.2%；流沙面积达 27660km²，占总面积的 31.85%。20 世纪 80 年代流沙面积 27195km²，占总面积的 31.28%；2000 年流沙面积 22276.24km²，占总面积的 25.65%；2003 年流沙面积 14164.63km²，占总面积的 16.31%。从这些数字的演变可明显看出，经过多年的综合治理，无论是水蚀面积还是风蚀沙化面积都明显减少，治理效果突出。

鄂尔多斯市水土保持的开展，是跟着国家水土保持形势发展和变化而演变的，同时也是跟着全市经济发展的实际和环境的演变在演变的。可以讲，鄂尔多斯的水土保持从无到有，由无认识到有认识，规模和力度由小到大，工作开展由低层次治理向高科技手段发展，由内向型到内外向结合型发展，在治理上由单项治理向按流域综合治理发展。虽然期间因"文化大革命"的影响，水土保持工作几乎处于停顿状态，总的讲还是一直持续向前发展的。开始时人们对水土保持认识不足，对上级的指示只是跟进执行，逐步发展到对上级的指示主动消化吸收，进而结合本市实际创造性地执行并有创新。治理目标由单纯的改变生产条件、减少入黄泥沙提升到以人民为中心的国土整治大环境观的方向上来，提升到黄河流域生态环境保护和国民经济高质量发展的高度上来。还可以讲，鄂尔多斯市的水土保持已成为实现黄河流域生态保护与高质量发展的国家发展战略中的重要一环。

鄂尔多斯的水土保持在中华人民共和国成立初期就已开展，1952 年毛主席视察黄河时指示"要把黄河的事情办好"；同年 12 月，政务院发出《关于发动群众继续开展防旱、抗旱运动，并大力推行水土保持的指示》；伊克昭盟在制定 1953 年农业生产计划（草案）时将水土保持列入其中。1954 年，毛主席又做出了"必须注意水土保持工作"的指示，伊克昭盟的水土保持工作随着国家的重视和要求逐步开展起来了。1955 年 7 月，中央提出了编制较为宏伟的《根治黄河水害开发黄河水利综合规划》。1956 年初，内蒙古自治区人民政府编制了《1956 年水土保持工作计划任务》文件，明确了黄河流域 16 个水土流失重点旗县，伊克昭盟就占 6 个，即准格尔旗、达拉特旗、乌审旗、郡王旗、扎萨克旗、东胜县，标志着伊克昭盟水土保持工作真正起步了。这个文件要求伊克昭盟在重点旗（县）选择建立基点站，配备专业干部，组织技术培训，开展治理试点。根据文件精神和盟委行政公署领导指示，伊克昭盟相继在准格尔旗、达拉特旗、乌审旗 3 个旗建立了水土保持工作站，各旗县配备 1~2 名专职干部，在一些重点区乡建立中心点 20 个。当时全盟配备水土保持干部 62 人，从而较普遍地开展了水土保持工作。就在这一年的 5 月 25 日成立了伊克昭盟水土保持委员会，主任委员由时任副盟长马富纲担任，办公室主任由高锦武担任。经过几个月的紧张筹备，9 月 10—13 日召开了伊克昭盟第一次水土保持工作会议，会议传达学习了毛主席对《看，大泉山变了样子》一文的批示精神，研究部署了近期全盟水土保持各项工作任务。会后，全盟第一个水土保持科研机构——伊克昭盟伏路水土保持试验站诞生了。至此，全盟的水土保持工作就全面开展起来了。1950—1956 年，伊克昭盟的水土保持处于起步阶段，组建机构充实配备人员，抓培训、选试点、学走路。1955 年 10 月，中央召开第一次全国水土保持会议，提出"预防和治理相结合，以预防为主；生物措施和工程措施相结合，以生物措施为主；坡沟兼治，以治坡为主"的水土保持方针。其时，伊克昭盟的生产建设方针是"以牧为主，全面规划，禁止开荒，保护牧场，农牧林结合，发展多种经营"，两者是吻合的，重点是预防为主，保护生态，发展牧业，完全符合伊克昭盟的实际。当时伊克昭盟是国家重要的牧区之一，水土保持部门积极从苏联引进紫花苜蓿和草木樨进行规模种植，并在试点基础上开展植树造林，积极提倡封山育林育草（当时封山育林育草面积计算在水土保持治理面积中）。这一阶段的工作卓有成效，这两种优良牧草从此在伊克昭盟扎下了根，至今仍然是主要草种。

1957 年 7 月，国务院发布《中华人民共和国水土保持暂行纲要》，纲要共二十条，第七条～十二条明确提出了"禁垦陡坡，在修水利、公路、铁路等生产建设中需要做好必要的水土保持措施，防止水土流失"的规定。紧接着，1957 年 11 月中央召开了全国第二次水土保持会议，制定了"全面规划、综合治理、沟坡兼治、集中治理、连续治理、积极开发、稳步前进"的水土保持方针。随着 1958 年"大跃进"的兴起，中央对已有水土保持方针又进行了完善，修订为"预防治理兼顾，治理与养护并重，在依靠群众发展生产的基础上，实行全面规划，因地制宜，集中治理，连续治理，综合治理，沟坡兼治，治坡为主"。1959 年，在原有水土保持方针的基础上，总结以往水土保持建设的情况，中央又具体指示水土保持工作应"预防和治理并重，治理与巩固相结合，数量与质量并重，全面规划，综合治理，集中治理，连续治理，坡沟兼治，治坡为主"。在中央水土保持方针的指引下，伊克昭盟的水土保持建设 1957—1960 年步入了快车道。但在 1960—1963 年三年国家经济困难时期，农口的机构几经变更，机构撤并人员精简，水土保持工作受到很大影响，水土保持机构时而归林业，时而归农办，时而归水利。但多次变更中水土保持机构一直保留着，说明水土保持这项工作在伊克昭盟已占有一席之地，一直受到党委和政府的重视。1964 年，伊克昭盟制定的"种树种草基本田"的建设方针，对全盟生态建设和水土保持具有突出的指导意义，大大推动了水土保持工作的开展。

1963 年 1 月，国务院在西安召开"黄河中游水土保持工作会议"，黄河中游的重点地区及 24 个重点县旗参加了会议，其中伊克昭盟就有准格尔旗、达拉特旗、东胜县、伊金霍洛旗 4 个旗县代表参加了会议。会议决定，成立国务院黄河中游水土保持委员会，出台《国务院关于黄河中游地区水土保持工作的决定》（1963 年 4 月 18 日国务院文件）。会议指出：水土保持是山区生产的生命线，是山区综合发展农业、林业和牧业生产的根本措施，积极开展水土保持工作是山区广大人民的迫切要求。会上通过讨论进一步完善提高丰富了水土保持工作的内涵，将水土保持工作方针确定为"在依靠群众发展生产的基础上，实行全面规划，因地制宜，集中治理，连续治理，坡沟兼治，治坡为主，以预防和治理兼顾，治理与养护并重"，同时还具体部署编制黄河流域水土保持 18 年规划（1963—1980 年）。

1963 年，伊克昭盟水土保持委员会主持召开全盟水土保持会议，依据本盟实际，具体提出"加强领导，抓住重点，带动全面，以加工提高为主；强化防御与治理，因地制宜，远近利益结合，面向生产为主；依靠群众为主，总结经验为主，试验研究与推广相结合，小面积与大面积相结合，定点治理与调查研究相结合，本部门与有关部门相结合"的指导意见。中央接连三次制定和修订的水土保持方针与伊克昭盟的具体指导意见基本精神是一致的，大大地推动了伊克昭盟的水土保持建设。

依据《国务院关于黄河中游地区水土保持工作的决定》，1964 年，国务院批准国家农业部、水利部、电力部、林业部、气象局联合组建中国人民解放军西北水土保持建设兵团，以大兵团作战的形式来推进水土保持建设。在内蒙古自治区、宁夏回族自治区、陕西省、山西省成建制的组建了四个师，其中内蒙古自治区水土保持建设兵团师部设在呼和浩特市，一个团部设在伊克昭盟。为配合和迎接伊克昭盟水土保持建设高潮的到来，经批准伊克昭盟招收社会青年 250 多人，成立了 6 个水土保持专业站队（其中准格尔旗 2 个、达拉特旗 2 个、东胜县 1 个、伊金霍洛旗 1 个），专职水土保持治理。同时，伊克昭盟伏路水土保持试验站也增配了 15 名青年工人。全盟的水土流失治理进入到一个新阶段，从禁止砍伐开荒到开始大范围的种树种草，比较突出的是大面积种植柠条。在治理中，树立了两个典型样板，一个是准格尔旗马栅乡大圐圙梁大队兴修水平梯田和沟坝地建设的先进典型，一个是伊金霍洛旗补连乡明字梁大队风沙区治理和沟坝地建设的先进典型。第一届国务院黄河中游水土保持委员会成立后，加强了对黄河中游水土保持工作的领导，这期间伊克昭盟的水土保持进入到快速发展阶段。1956—1965 年的十年间，是伊克昭盟水土保持从摸索试点到全面推进、迅速发展的十年，也可以说是从领导到群众对水土保持认识逐步提高的十年，开启了一个新的历史时期。

1966—1973 年"文化大革命"期间，水土保持机构撤销，人员下放，工作停顿。1973 年是转折点，这一年中央在延安召开了水土保持工作会议，提出"以土为首，土水林综合治理"的水土保持方针，各级水土保持机构逐步得到恢复，工作逐步开展起来了。当时正值"农业学大寨""牧区学乌审召（牧区大寨）"的高潮，恰巧伊克昭盟的生态环境因气候连续干旱及前些年的几次大开荒，林草植被遭到严重破坏后的恶果彻底暴露了出来，土地沙漠化面积达到 60 万 hm²，全盟处在风蚀沙化最为严重的恶化时期，沙进人退，西部 4 个旗的一些地方，农牧民已无法居住，不得不举家搬迁。面对严酷现实，伊克昭盟经过调查和反思，及时提出"以治沙攻水为重点"的农牧林综合治理建设方针，制定了《以治沙为重点，农林牧水综合治理规划》，又进一步明确了"以牧为主，全面规划，禁止开荒，保护牧场，农林牧结合发展多种经济"的方针。全盟上下投入到大搞防沙治沙和农田基本建设的行动中，牧区大栽沙蒿沙柳防沙治沙，干旱波状草原区和丘陵山区大种柠条。水土保持主战场的丘陵山区，组织大兵团开展治河造地工程，黄土深厚的地方大修水平梯田，沟道里修筑各类蓄水灌溉、拦泥淤地的库坝工程。同时，盟旗两级水利部门组织力量积极编报皇甫川、窟野河、罕台川等黄河一级支流的治理规划，为重点流域治理做了大量前期工作。20世纪 70 年代中后期又掀起了一个以治沙、攻水、保土为重点的农田基本建设新高潮，只因不尊重自然规律，缺乏调查研究，一些工程项目盲目上马，好多治理成果没能保护下来，结果事倍功半，教训深刻。

1973—1980 年，伊克昭盟水土保持工作处于恢复调整、全面铺开的发展阶段。

1981—2000 年的 20 年间，伊克昭盟水土保持发生了翻天覆地的变化，是全面高速度发展的二十年。党的十一届三中全会之后，社会的各个方面开始拨乱反正，党和国家工作中心转移到经济建设上来，人们的干劲也释放出来了。根据形势的发展，伊克昭盟水利局及时以《关于加强水土保持工作的两点意见》（伊水保字〔80〕第 43 号）上报伊克昭盟行政公署、内蒙古自治区水利厅并发至各旗（县）。第一点意见提出"以防为主、防治管并重、全面规划、因地制宜、综合治理，为发展农、林、牧业生产服务"为指导思想，强调要预防为主，首先严禁开荒，保护植被。同时要有针对性地分期分批把 15°（国家规定 25°）以上坡耕地逐步退耕封闭，还林还草。按流域分期分批采取封育措施，给植被以恢复的机会。第二点意见是把一部分荒山、荒沟划给社员治理。在意见中还提出了一系列防治措施和奖励办法。

随着农村联产承包生产责任制的推行，户包小流域治理风起云涌、遍地开花，一时间成为伊克昭盟水土保持治理的主战场，它的出现大大推动了水土保持建设和农村经济的发展，同时也产生出以小流域为单元的按流域进行全面规划综合治理的新路子。1982 年 6 月国务院以国发〔1982〕95号文发布了《水土保持工作条例》，明确提出水土保持工作的方针是"防治并重、治管结合、因地制宜、全面规划、综合治理、除害兴利"。经国务院批准，1982 年 8 月 16—22 日，在北京召开了全国第四次水土保持工作会议，就是在这次会议上确定了全国八个水土保持重点治理地区，伊克昭盟的皇甫川流域列入其中。1985 年 6 月 25 日，又以国办发〔1985〕43 号文《国务院办公厅转发全国水土保持工作协调小组关于开展水土保持工作情况和意见的报告的通知》明确指出当时水土保持工作有四个方面的变化：一是在治理形式上，由过去的统一治理，集体经营，逐步转向以户或联户承包治理为主；二是在治理措施上，由过去单一、分散治理转向按小流域为单元综合集中治理；三是在治理模式上，由过去单纯治理逐步转向经营开发性治理，使治理和开发利用结合起来；四是由过去的边治理边破坏，逐步转向防治并重，治管结合。同时还明确并肯定了以户包为主要形式的责任制，对荒山、荒沟、荒坡要在统一规划的前提下，承包到户或联户治理，明确责、权、利，签订承包合同，发给土地使用权证。

伊克昭盟是全国较早实行包产到户生产责任制的地区，1978年个别旗就已出现苗头，干部群众议论纷纷。1979年，在盟委的会议上给予肯定。1980年，在达拉特旗耳字壕水土保持工作站召开的全盟水土保持工作座谈会上，重点讨论了户包小流域治理，参观了达拉特旗的农民郝挨洞的户包小流域治理，更加坚定了信心，紧接着就划拨责任山、责任沟、责任坡到户经营。1981年，又划拨了自留山、自留沟、自留坡。随后将二者统称为"五荒划拨"（"五荒"指荒山、荒沟、荒坡、荒滩、荒沙），并规定"谁承包、谁治理、谁管护、谁受益，允许继承，长期不变"。这些政策大大激发了广大群众治山治水的积极性。据统计，全盟水土保持重点承包及专业户达3万多户，承包1万多条小沟小岔，成为20世纪80年代全盟水土保持治理的一大亮点。1981年，全盟三级干部会议明确指出，植被建设是全盟最大的基本建设。植被建设是根治三蚀（风蚀、水蚀、碱蚀）的需要，是发展牧业的需要，是经济社会可持续发展的需要。水土保持在伊克昭盟应以生物措施为主，认真抓好小流域治理。1982年，又进一步提出水土保持工作要坚持工程措施和生物措施相结合，以生物措施为主，大力种树种草。措施安排上要防、治、管并重，除害与兴利相结合。以小流域为单元，在总体规划的基础上，集中治理，连续治理。为适应和推动生态建设和生产发展，1982年，伊克昭盟委行政公署制定了"三种五小（种树、种草、种柠条，小流域治理、小水利、小果园、小草库伦、小农机具）"的生产建设方针，明确将植被建设和水土保持小流域治理上升到了全盟发展战略的高度。小流域治理的大力开展使伊克昭盟的水土保持上升到了一个新台阶，把伊克昭盟的水土保持建设推进到了一个新阶段，加快了速度，提高了质量，扩大了效益。为探索治理经验，从1978年开始，皇甫川流域先行开展了13条试点小流域的治理。1982年的全国第四次水土保持工作会议将皇甫川流域列入国家重点治理区后，治理的小流域扩展到43条，全盟扩展到94条，总面积4620.68km²。到20世纪80年代后期，无定河流域、罕台川流域也列入国家重点治理区，重点流域由1条扩展到3条，又从大流域治理扩展到区域治理，由1个旗扩展到全盟7个旗市，投资主体从水利系统扩展到国家发展改革委、财政部，伊克昭盟整体进入国家水土保持重点治理区。水土保持的重要性和迫切性越来越被人们认识，正如《水土保持工作条例》中讲的"防治水土流失、保护和合理利用水资源，是改变山区、丘陵区、风沙区面貌，治理江河、减少水旱、风沙灾害，建立良好生态环境，发展农业生产的一项根本措施，是国土整治的一项重要内容。"

1988年6月8日，伊克昭盟行政公署以伊政传发〔1988〕第67号文《关于抓好全盟植被建设的紧急通知》，明确提出禁止开荒，保护植被，加强植被建设是关系到全盟人民生存的长久大计。同年8月26日，又以伊政发〔1988〕第92号文《伊克昭盟行政公署关于进一步加强植被建设和保护的决定》，明确要抓好"三种"（种树、种草、种柠条）及草牧场划拨到户，搞好草牧场承包经营并落实草牧场使用权。

1990年5月8日，伊克昭盟行政公署还专门印发《关于加强水土保持工作的决定》（以下简称《决定》），明确提出："水土保持是伊盟当前和今后必须坚持的一条基本方针"，水土保持是实施伊盟"三开一治一转换"（开明、开放、开发、国土整治、资源转换）经济方针战略和近期四项奋斗目标的主要任务，是伊盟贫困地区解决温饱、脱贫致富的关键性措施，加强水土保持工作是国家能源大规模开发的需要。《决定》明确指出"在伊盟有了植被就有了一切，失掉植被就失掉了一切，植被建设是伊盟最大的基本建设"。《决定》明确了伊盟水土保持工作的指导方针、主攻方向和目标任务是"要坚持防护治理结合，以防护为主；大中小工程结合，以小工程为主；公助民办结合，以民办为主；生物措施工程措施结合，以生物措施为主；综合效益和单一效益结合，以综合效益为主"。《决定》强调"各级领导和业务部门要紧紧抓住改变伊盟水土流失区贫困面貌，促进农村牧区经济振兴这个中心任务，扎扎实实地抓进度、抓质量、抓效益，从行政管理到业务指导，都必须有强有力的组织保证，认真抓好治理中存在的具体问题，把水土保持建设真正当成谋求生存、发展经济的大事来抓。并要求各重点治理区的苏木乡镇主要领导的主要精力要抓水土保持，要配一名专管水土保持工作的副职具体负责治理工作,村嘎查要聘任一名专职水保员。各旗市要根据当地条件,重建各级各类专业队和机械化施工队伍。走户(户包小流域)、专(专业施工队)、群(统一组织群众突击治理)三结合的路子"。《决定》规定"水土流失区 25°以上坡耕地要坚决闭掉,15°以上坡耕地要逐步闭掉"。同时还要求"工矿区要设立水土保持专门机构,设立水土保持专项治理经费,投资从收入中提成"。《决定》还要求"农牧林水和扶贫、煤炭、建材等部门要密切协作,各尽其力,要把水土保持工作和农牧业生产、资源开发、水土流失区群众的脱贫致富结合起来,充分挖掘和调动各方面的积极性,共同把水土保持事业搞上去"。

《决定》准确地定位了水土保持在伊克昭盟整体建设和发展中的地位和作用,确立了以植被建设为最大基本建设,以防为主,防、治、管并重的水土保持方针。同时还规划了奋斗目标,并提出了保证目标实现的具体措施。《决定》的发布,将伊克昭盟的水土保持建设推向了一个新的高潮期。

1991 年 6 月 29 日,第七届全国人大常委会第 20 次会议审议通过了《中华人民共和国水土保持法》,以法律形式确立了"预防为主,全面规划,综合防治,因地制宜,加强管理,注重效益"的水土保持工作方针。伊克昭盟考虑到本盟的现实及发展趋势,提出实施"两翼一体"战略、建设"3153"工程的重大决策。即农牧业以水利水保为一翼,植被建设为(种树种草)一翼;在丘陵山区实施"3153"工程,人均达到 3 亩基本田、10 亩林果树、5 只羊,户均饲养 3 口猪。这是实现水土流失严重的丘陵山区脱贫致富的战略布局。

1992 年 5 月,全国第五次水土保持工作会议明确指出:"搞好水土保持、防治水土流失,这是我们必须长期坚持的一项基本国策,因此我们必须从战略的高度认识水土保持是山区发展的生命线,是国土整治、江河治理的根本,是国民经济和社会发展的基础。"

1993 年 9 月,全国沙棘资源建设现场会在伊克昭盟东胜市召开,时任水利部部长亲自主持,各省(自治区、直辖市)的水利厅(局)长、七大流域机构的主要领导、水利部各司局主要领导全都到会。水利部领导在讲话中充分肯定了伊克昭盟水土保持的成绩,推广了伊克昭盟沙棘生态建设治理砒砂岩的经验。这次会议在全国影响很大,对伊克昭盟的水土保持工作不仅仅是鼓舞、激励,更是鞭策促进。

水土保持在伊克昭盟的国民经济建设中、在脱贫攻坚的征程中占有举足轻重的地位,它与当地的经济建设和国土整治紧密地联系在一起。20 世纪 90 年代伊克昭盟的水土保持进入到全面提速的新阶段,重点流域(皇甫川、无定河、罕台川、窟野河)治理、牧区水土保持建设、治沟骨干工程建设全面开花,随后走向全国,走向了世界。1994 年(经过 1990—1994 年 5 年的前期工作),全国四省(自治区)(陕、甘、晋、内蒙古)首次引进世界银行贷款用于水土保持建设,内蒙古唯有伊克昭盟一家,开启了国家利用外资搞水土保持建设的先河。中国黄土高原水土保持世界银行贷款项目实施以来,取得了显著成效。2004 年 5 月,时任世界银行行长沃尔芬森先生将世界银行的最高荣誉——杰出成就奖颁发给了中国黄土高原水土保持项目,该项目被世界银行称为全球农业项目的旗帜工程。伊克昭盟水土保持工作对外开放的脚步不仅仅是多层次、多渠道、多角度地争取贷款。与此同时,还广泛开展了国际交流与合作项目,成功引进 UNDP(The United Nations Development Programme,联合国开发计划署)项目"中国沙棘开发伊盟荒漠区典型模式示范与推广"(国际合作沙棘培育及脱贫项目),成功开展中加科技合作项目"伊克昭盟水土流失规律的研究"。1994 年 6 月,在东胜市召开了"黄河粗沙区水土保持及土地管理国际学术研讨会",会议由中国科学院地理研究所、黄河上中游管理局、内蒙古自治区水利厅、加拿大多伦多大学地理系、伊克昭盟水土保持委员会办公室联合主持,并得到加拿大国际开发署(Canadian International Development Agency,CIDA)、国家外国专家局、国家科委、内蒙古自治区科委、伊克昭盟科委的大力支持。有 10 个国家和地区的专家到会,国际土壤学会水土保持分会主席 Dcfonsopla sentis 教授、中国科学院副院长孙鸿烈院士、中国科学院地理研究所郑度院士参加了会议。规模之大,层次之高,影响之广,前所未有，说明伊克昭盟的水土保持已走出内蒙古自治区，走向了全国，迈向了世界。

20世纪90年代后期，国家启动了大生态建设项目，把伊克昭盟水土保持生态建设大大地向前推进了一步。特别是攻克了世界性的砒砂岩治理顽症，一举惊动了学术界，轰动了全国。伊克昭盟水土保持科技人员从以往几十年的艰辛治理实践中，探索出沙棘是治理砒砂岩的克星，这个"死人"救活了，"地球环境癌症"有救了，严重裸露的砒砂岩地貌披上了绿装。从1990年开始，这个小小的沙棘被列入专项进行重点治理，取得成功后，上升到国家发展改革委直接立项的"晋陕蒙接壤区砒砂岩沙棘生态减沙工程"，实施范围涵盖了全盟主要的黄河一级支流。

从20世纪80年代至今，共修建了淤地坝工程1600多座，它是伊克昭盟发展基本农田、减少入黄泥沙的重要工程。这个时期是伊克昭盟实施水土保持项目多、投资大、效益好的一个重要阶段。

试验与示范推广，科研与治理结合，是伊克昭盟水土保持工作的显著特点。水土保持科研项目取得的丰硕成果，极大地增加了治理水土流失的科技含量，为加快水土保持提质增效提供了技术保障，也为保护生态环境和促进经济建设提供了技术支撑。如20世纪60年代开始的"砒砂岩的植物改良"项目，对砒砂岩的岩性机理、土壤水分、流失规律以及治理效果等进行的长期研究，为砒砂岩的治理积累了丰富资料。再如1983年在实施活尼图试点小流域时，开展的"舍饲养羊的试验研究"成果，首先在伊金霍洛旗推广开来，为2000年后鄂尔多斯市全面推行禁牧休牧、划区轮牧、舍饲养畜的政策提供了试验样板和科学依据，对鄂尔多斯的畜牧业发展可以说是一场革命。又如油松种植的研究，对油松分布进行了广泛调查并提出了一套栽培技术，为大面积油松种植提供了科学依据和示范作用。这些科研项目中先后有40多项科研成果获得各级科学技术进步奖，其中有2项获得国家一等奖、4项获得内蒙古自治区一等奖、1项获得国家三等奖。

随着1988年10月国家发布区域性法规《开发建设晋陕蒙接壤区水土保持规定》以及1991年颁布《中华人民共和国水土保持法》，伊克昭盟水土保持进入到法制化的轨道，依法治理水土流失逐步向纵深发展。

进入21世纪以来，国家实施西部大开发战略，为鄂尔多斯带来前所未有的历史机遇，经济建设进入了大开发、高速度、快节奏的跨越式发展。市情发生了根本性的变化，各类开发建设项目蜂拥而上，工业经济持续高位高速运行，城镇化建设加速推进，城市品位显著提升，农牧业产业化发展初见成效。城镇化、工业化、农牧业产业化"三化"互动，良性发展的国民经济体系逐步形成。市里及时把握时局，确立了"建设绿色大市、畜牧业强市"的战略定位。同时提出了"瞄准市场、调整结构、改善生态、增产增收"农牧业发展总体思路，以恢复生态绿色发展和农牧民增收为目标。因自身经济实力的增强，工业反哺农业，城市支持农村牧区的综合实力已经具备。市委市政府按照因地制宜、分区指导、建设社会主义新农村新牧区的总体要求，实施"收缩转移、集中发展"的战略，2007年提出农牧业经济"三区"划分建设，将全市划分为：农牧业优化开发区，主要分布在沿黄河、无定河流域；农牧业限制开发区，主要分布在生态环境相对较好的西部草原和水土资源条件较好的东部河川流域及城郊；农牧业禁止开发区，主要分布在库布其、毛乌素沙漠腹地，干旱波状草原区的缺水草场和水土流失严重的丘陵沟壑区及依法设立的各类自然生态保护区和工矿采掘区。"三区"的划分即为水土保持划定了重点区域，指明了方向，同时也提出了目标要求，明确了责任，增加了压力。

从国家层面讲，我国的水土保持工作从1997年4月全国第六次水土保持工作会议以来，为适应建立社会主义市场经济体制的形势，以重点治理为依托，以小流域为单元，努力推行"两个转变"，实施"两大战略"，大力发展水土保持经济，建立水土保持产业，促进区域经济的发展，改善生态生产环境，加快水土流失区群众脱贫致富的步伐。

从鄂尔多斯市情讲，水土保持工作紧紧围绕着市场经济、当地国民经济建设及脱贫致富来开展治理，这是新时代的要求。紧紧围绕着农牧业"三区"建设和大生态建设的目标，结合市内收缩转移、集中发展、城镇化快速发展的实际，为加快脱贫攻坚的速度，在部分农牧民主动向城镇集中就业的基础上，安排生产条件恶劣地方的农牧民集体搬迁，减轻生态环境的压力。这对开展植被建设，对大量的荒山荒坡、草牧场进行自然修复治理，是个很好的机会。从《鄂尔多斯市人民政府关于印发全市农牧业经济三区发展规划的通知》（鄂府发〔2007〕）49号文看，全市草牧场面积556.2万 hm^2，其中禁牧封闭面积234.5万 hm^2，以草定畜、划区轮牧面积158.9万 hm^2，2000年以来转移农村牧区人口29.5万人。加上人工飞播和草原补偿政策的落实，使得大面积的草牧场得到自然修复。水土保持治理从刚开始的以改变生产条件减少入黄泥沙为目标，随着新形势的要求上升到一个新高度，不仅和市场经济、大生态建设、脱贫致富融合为一体，还与减少京津风沙源治理工程紧紧联系在一起。随着社会的进步和人们生活质量的提高，在以人为本的思想指导下，水土保持不仅仅要治山治水还要为人们生产、生活创造一个文明优美宜居的环境。小流域不再是作为一个治理单元，不再局限于减少水沙灾害、控制水土流失，已上升到生态经济小流域、生态休闲小流域、生态清洁小流域、科技示范园区等宜业、宜居、宜游的环境优美精品小流域，并且要通过综合治理，建成生态环境优美，供人们旅游、休闲、宜居的场所了。城市水土保持也被列入治理范畴并开展起来了，水土保持已涉及人们生活的方方面面。

随着人为水土流失因素上升到主要矛盾，依法治理水土流失的法制化建设进一步规范。鄂尔多斯近20年经济快速发展，开发建设项目迅猛上马，稍有疏忽，新的水土流失必然会加剧。20世纪90年代虽有相应法规，但一是不配套，二是执行不规范，水土流失加剧明显，因开发建设项目的迅速增加，弃土弃渣到处堆放，水土流失量猛增，造成了植被破坏，农耕地减少，环境污染。早在1988年，伊克昭盟水土保持部门就对开发建设项目集中的准格尔旗、达拉特旗、东胜市、伊金霍洛旗四个旗市调查统计，土石渣排弃量就达1903.84万 m^3，破坏植被6175.8 hm^2。据2008年专项普查，全市有各类厂矿577家，建成交通干线3207km，其中公路2765km，铁路442km，累计排放弃土弃渣10249万 m^3，可能造成水土流失10073万 t。到2013年年底普查，鄂尔多斯全市登记造册的各类开发建设项目达1702个，其中涉煤项目就有977个。保护生态环境形势严峻，水土保持执法监督必须加强。进入21世纪以来，水土保持执法队伍健全了，监督执法力度加强了，从项目立项、方案评估到开工督查、竣工验收已形成一套完整的体系，水土保持方案的编写、设计、水土保持监测、监理、验收都有国家标准可依。这就大大规范了开发建设项目的水土保持各项工作，有力地遏制了新的水土流失。

高投入、高科技、高质量、高速度是鄂尔多斯市新世纪水土保持建设的突出特点，与时俱进、科技支撑是鄂尔多斯市水土保持的一贯传统。由于国力的增强，事业的需要，国家加大了水土保持投资，同时地方财力的增加，也拿出一定的资金用于水土保持建设，水土保持建设的投入大大提高了。可以讲，资金的投入是过去的几倍、十几倍，这样过去不能办的事现在可以办了，过去不敢办的现在能办了。先进技术也应用到水土保持上，如遥感技术应用到流域径流的观测上，在不同的典型流域设立了多个遥控监测点。利用天地一体化技术随时监测的水土流失及水土保持的治理成果，也应用到水土保持流域治理的竣工验收上。在砒砂岩的治理上引进了福建农业大学、内蒙古农业大学在砒砂岩裸露区进行科学研究和现场教学，进一步探索治理砒砂岩的新技术。在砒砂岩严重裸露区建立了高标准的科技示范园，为砒砂岩的治理树立了样板。全市有1600多座淤地坝，因过去投资少，标准低，存在安全隐患，一到汛期令人担惊受怕，近几年对所有淤地坝工程进行了普查，并按高标准要求逐步分期进行加固提高，由原来的两大件增加为三大件，增建了溢洪道。2019年7月，习近平总书记视察内蒙古自治区时提出"要走生态优先、绿色发展之路"，在全市上下已形成共识，各行各业都在为建设绿色大市而努力。植被建设和水土保持治理进入新世纪，得到高速度、高质量发展。现在全市植被总覆盖率已超过75%，截至2018年，全市累计完成林业建设47.5万

hm^2，草原保护建设 150.1 万 hm^2，森林覆盖率达到 26.8%，水土流失治理率达 50%。毛乌素沙漠已基本消失，库布其沙漠已有多处拦腰截断，被各种治理形式（如穿沙公路、铁路）、各种灌乔草混交植被的防沙治沙绿化带所分隔、所包围。

总而言之，鄂尔多斯水土保持发展历程和历史演变可用"三起、二落、一高"来概括：20 世纪 50—60 年代，是从起步到快速发展的 10 年，是为"一起"；1960—1963 年，是水土保持机构撤销、合并跌入低谷的 4 年，是为"一落"；1964—1966 年的 3 年又进入新的发展阶段，是为"二起"；1966—1978 年的"十年文革"，基本处于停顿阶段，是为"二落"；1978—2000 年迎来全方位突飞猛进大发展阶段，是为"三起"；进入 21 世纪以来，从治理速度到治理手段，从治理质量到治理效益都有新的提高，进入到高投入、高速度、高质量、高科技、强法制的发展时期，是为"一高"。

第 2 章

水土流失特征及其危害

2.1 四大地质地貌类型区

鄂尔多斯自然地理环境独具特色,地势起伏不平,西北高东南低,地貌复杂多样。地形地貌大致分为四大类型区:北部为黄河冲积平原,即沿河平原区,面积 3475km²,占总面积的 4%,水资源丰富,地势平坦,土壤肥沃,是主要的商品粮基地;中部为毛乌素沙地和库布其沙漠,面积 41703km²,占总面积的 48%,是鄂尔多斯细毛羊繁育基地;西部为波状高原区(俗称干旱硬梁区),属典型的荒漠草原,面积 23476km²,占总面积的 27%,是阿尔巴斯白山羊绒产地;东部为丘陵沟壑水土流失区和砒砂岩裸露区,面积 18227km²,占总面积的 21%,矿藏资源十分丰富,是重要的能源及原材料基地。

中国工程院尹伟伦院士、中国科学院张新时院士主持编著的《鄂尔多斯生态建设与发展规划(2011—2020)》(内部文件),对鄂尔多斯生态环境评价如下:

鄂尔多斯市处在具有特殊地理景观的生态过渡带上。在自然生态系统方面,其大气环流系统处在蒙古-西伯利亚反气旋的高压中心向东南季风区的过渡;在气候上是自西北向东南,从干旱、半干旱区到湿润区的过渡;在地质地貌上是处在戈壁、沙漠向黄土高原的过渡;在水文系统上是处在大陆内流区向外流区的过渡(即风蚀地带向水蚀地带的过渡);在植被地带上是处在典型草原由东南的森林带向西北的荒漠化草原带的过渡;在植物区系上是古地中海区系—中亚旱生区系向东亚森林区系的过渡。在人工生态系统方面,是典型牧业、典型耕作农业向工矿业的过渡,属于农、牧、工矿交错带。在社会文化系统方面,又是以蒙古族、汉族为主的多民族杂居区,历史上就是游牧文化与农业文化的复合交错区。自然生态系统、人工生态系统和社会文化系统融合交错,构成了以人类活动为主旋律的高度复杂的复合生态系统。

鄂尔多斯市是我国最典型的生态敏感区。其一,由于地处复杂的过渡带上,具有过渡带的一般性质。多种生态类型交汇于此,但都处在相变的临界状态,对外界干扰相当敏感,一旦干扰超过一定的阈限,便可迅速放大,难以逆转。其二,该地区的地质基质抗蚀性差。广大地区所出露的白垩系、侏罗系和第三系的灰绿色、红色砂岩和砂质岩极易风化;遍布高原的古代冲积、湖积物以及现代河流的洪积、残积泥沙是沙丘物质的重要来源,这些沉积物在风蚀风积作用下,很容易形成新的沙丘。其三,本地区的气候要素值年际变率大,保证率小,剧烈的冷热变化加速了砂岩风化,为土地沙化提供了物质基础。该地区降雨多属暴雨,对梁峁形成强烈的冲刷,山洪挟带大量泥沙,风干后的沉积物也是沙化的物质源泉。加之干旱季节恰好与大风季节同步,从而加剧了风蚀作用。一旦天然植被遭到破坏,在风、水两相自然营力作用下,表土层很快被剥蚀,导致古沙翻新,"暗沙"活化,沙漠化迅速扩展。

鄂尔多斯地处我国北方一个非常特殊和敏感的生态过渡带,是我国北方生态屏障的中心,在全国生态环境系统中占有举足轻重的地位,该地区生态恢复与建设的核心内容是治理沙尘暴、水土流失和恢复矿区植被。

小贴士

党和国家领导人关于水土保持生态建设的论述

毛泽东：必须搞好水土保持工作。

周恩来：鉴于各河治本和山区生产需要，水土保持工作已属刻不容缓。

邓小平：发展经济，保护资源。

胡耀邦：种树种草，发展畜牧。改造山河，治穷致富。

江泽民：保持水土，利在当代，功在千秋。

习近平：我们既要绿水青山，也要金山银山。宁要绿水青山，不要金山银山，而且绿水青山就是金山银山。

沿河平原区

丘陵沟壑区

波状高原区

风沙区

鄂尔多斯市四大地貌类型区

2.1.1 丘陵沟壑地貌区

丘陵沟壑地貌区地处鄂尔多斯市东部，北靠库布其沙漠东段，南与晋陕黄土高原接界，西起杭锦旗塔拉沟，东至准格尔旗窑沟，长约200km，西窄东宽，中间是南北缓坡隆起的分水岭。北坡是穿越库布其沙漠向北注入黄河的十大孔兑上游；南坡是皇甫川、清水川、沙梁川、悖牛川、乌兰木伦河等沟川的上游。由于水蚀强烈，水土流失严重，形成了支离破碎的沟壑地貌。地面表土薄、土质差，植被稀疏。海拔970～1553m，全区地形起伏，沟谷下切，坡面剥蚀强烈，沟网密布，主沟比降6%～10%。包括准格尔旗大部、东胜区全部、达拉特旗南部、伊金霍洛旗东部以及杭锦旗塔拉沟一带。

按地形地貌和土壤侵蚀差异，鄂尔多斯市的丘陵沟壑区可划分为黄土丘陵沟壑地貌区、砒砂岩严重裸露地貌区、漫岗丘陵沟壑地貌区、砂砾质丘陵沟壑地貌区、覆沙丘陵沟壑地貌区。

黄土丘陵沟壑地貌区，面积4394km²，主要指境内的皇甫川流域、窟野河流域和东部直接入黄的龙王沟、黑岱沟等支流。该区梁峁起伏，沟壑纵横，沟深坡陡，地形破碎，沟谷多呈V形。

漫岗丘陵沟壑地貌区，面积4518.54km²，指东胜区大部、达拉特旗十大孔兑上游。海拔1300～1500m，沟网密度5～6km/km²，沟道大部切入基岩，沟道宽浅。土壤侵蚀模数5000～8000t/(km²·a)，径流系数0.4～0.5，沟壑面积达20%。

砂砾质丘陵沟壑地貌区和覆沙丘陵沟壑地貌区，面积9314.46 km²。其中砂砾质丘陵沟壑地貌区面积4603.68 km²，覆沙丘陵沟壑地貌区面积4710.78 km²。主要指东胜区南部、伊金霍洛旗东部和准格尔旗西部一部分。地形波状起伏，梁平坡缓，地面切割较浅。海拔1250～1450m，风蚀水蚀并重，竞相发展。沟网密度2～3km/km²，土壤侵蚀模数10700～13800t/(km²·a)，地表有薄厚不一的盖沙层，土壤多为沙壤土。

此外，还广泛分布着严重砒砂岩裸露地貌区，由于是零星片状分布在各类型丘陵沟壑区内，没有确切的普查数据，估计严重裸露面积约5000km²，已包含在上述各类型丘陵沟壑地貌区面积内。在这些区域，黄土层很薄，砒砂岩裸露，沟道大部切入基岩，地面已无完整的梁峁、坡面。地质构造为中生代侏罗纪、白垩纪呈水平层理的杂色砂岩。土壤侵蚀模数8000～18800t/(km²·a)，径流系数最大达0.6，沟壑面积高达30%。

鄂尔多斯市丘陵沟壑地貌区侵蚀特征

鄂尔多斯市黄土丘陵沟壑地貌区侵蚀特征

鄂尔多斯市漫岗丘陵沟壑地貌区侵蚀特征

鄂尔多斯市砂砾质丘陵沟壑地貌区侵蚀特征

鄂尔多斯市覆沙丘陵沟壑地貌区侵蚀特征

鄂尔多斯市严重砒砂岩裸露地貌区侵蚀特征

2.1.2 风沙地貌区

在鄂尔多斯高原，毛乌素沙地、库布其沙漠横穿东西，有极度和强度沙化面积 27660km^2，沙漠总面积 41703km^2。

1. 库布其沙漠

位于高原脊线以北，黄河南岸平原以南，呈东西带状的库布其沙漠全长 400km，东部沙带宽 15～20km，西部沙带宽 50km，西起杭锦旗巴拉贡镇之南，沿摩林河东北、巴音乌素北部、锡尼镇以北，经过图古日格，到达拉特旗蓿亥图、吴四圪堵、盐店、马场壕及准格尔旗布尔陶亥至东孔兑一线以西。包括杭锦旗、达拉特旗和准格尔旗的部分，面积 16556.8km^2，占全市总面积的 19.06%，属于中国十二大沙漠之一。

库布其沙漠在自然地带上，除东部有一小部分位于干草原地带外，绝大部分为半荒漠地带，横贯沙漠的十大孔兑，洪水暴涨时，常淹没下游农田，挟带大量泥沙注入黄河，成为黄河泥沙的重要来源。

库布其沙漠海拔 1050～1292m，处于半荒漠、干草原和荒漠草原过渡带地区，气候干燥，年降水量 150～400mm。西部多以流动性沙丘、新月形沙丘链和格状沙丘为主，植被稀疏、单一。新月形沙丘链一般高 10～15m，个别高 50～60m，流动性沙丘占总面积的 80%，前移速度较快，西部在杭锦旗阿门其日格、四十里梁等处已和毛乌素沙地连在一起，形成引人注目的"握手沙"。而东部由于有 10 多条季节性河流纵穿其间，其河流两岸往往形成面积大小不等的河谷阶地。东部地下水储藏较充足，植被较丰富，植被以耐旱沙生植物为主。沙面松散，沙丘形态单一，多为新月形沙丘链或格状沙丘地貌。罕台川以西多属流动性沙丘，以东为半流动性沙丘和固定沙丘。沙漠西部涉及杭锦旗东北部内流区、毛不拉孔兑中游，中部涉及达拉特旗八大孔兑中游，东部涉及准格尔旗北部呼斯太河中游及沿黄小孔兑。

鄂尔多斯市库布其沙漠区风沙地貌

2. 毛乌素沙地

毛乌素沙地地处鄂尔多斯南部，是全国十二大沙漠之一。西起鄂托克前旗三段地，向北经鄂托克旗的包乐浩晓、额尔和图、苏米图，向东经乌审旗乌兰沙巴尔台、伊金霍洛旗台格庙一线南，包括鄂托克旗、鄂托克前旗、乌审旗及伊金霍洛旗的部分区域。境内沙地面积达 25146.2km²，占全市总面积的 28.94%。

毛乌素沙地中固定沙丘占 55%，半固定沙丘占 25%，流动沙丘占 20%。涉及乌审旗境内的内流区和无定河上游全部区域，鄂托克前旗境内的内流区全部和部分无定河上游，鄂托克旗境内的内流区和无定河源头、向西流入黄河的都斯图河上中游左岸全部区域，伊金霍洛旗的南端与乌审旗交界的内流区全部，属于干旱草原向荒漠过渡地带，半干旱生态系统敏感而脆弱。经过多年综合治理，林草覆盖率大幅度提高，生态环境开始良性循环。

毛乌素沙地地势在中部一带的梁地较高，两侧沙丘广覆于湖积平原之上。自西北向东南，被覆度减小，沙丘活动性增加。西北和西部以及边缘地区多分布有固定、半固定型的波状沙地，多小丘沙地及平沙地，海拔 1100～1500m，相对高差一般小于 5m。中部及东南部主要分布有新月形沙丘、新月形沙垄，间或有波状沙地，相对高差一般 3～40m。沙丘间分布有许多滩地和湖泊，绿草及沙柳成荫，是良好的牧场。

毛乌素沙地大多处于干草原栗钙土地带，由半干旱逐步向干旱过渡，年降水量为 270～374mm。降水常以暴雨形式出现，为我国沙漠的暴雨中心之一。毛乌素沙地不但降水较多，而且地表水和地下水也较丰富。地下水较浅，一般在 1～3m。毛乌素沙地内有湖泊 170 多个，面积达 240km²；有 70 多个内陆湖泊，是碱、盐、芒硝、石膏等化工原料的产地，储量可观。毛乌素沙地的植被有着独特的自然景观，一是沙丘上普生的由 20 余种植物组成的油蒿群丛，总覆盖度 40%～50%，是沙地的主要牧场；二是匍地而生的臭柏林，面积达 6.7 万亩，居全国之首；三是丘间低地广泛分布着由乌柳、沙柳、醋柳组成的中生性灌木柳湾林，是沙地中的绿洲。沙地内部，沿河流和湖泊有河谷阶地和不少滩地，为农牧业所利用，成为优良牧场和花果之乡。

鄂尔多斯市毛乌素沙地风沙地貌

2.1.3 波状高原地貌区

波状高原地貌区,当地俗称干旱硬梁区,可分为西部高平原地貌区和中部波状高原地貌区。位于鄂尔多斯西部,包括杭锦旗南部、鄂托克旗大部、鄂托克前旗北部和东胜区西部,面积 23476 km²,占全市总面积的 27%。波状高原地形单一,由波状高平原与风蚀洼地相间,大部地区覆盖着白垩纪泥岩和砂岩,质地较粗,以沙质为主,干旱缺水,风蚀强烈。

1. 西部高平原地貌区

西部高平原地貌区包括库布其沙漠西段以南的杭锦旗锡尼镇和鄂托克旗白彦淖、包乐浩晓,以及鄂托克前旗毛盖图、三段地一线以西的广大地区,是鄂尔多斯市主要梁地牧场。地势由北向南呈现倾斜,北部海拔 1400~1600m,南部 1200~1400m。主要分布于鄂托克旗大母利以北、乌兰镇西北一带的桌状台地,台面平坦;其次分布于杭锦旗四十里梁至鄂托克旗白彦淖一线的长梁岗地,北部梁岗顶面较平缓,南部则断续分布,梁顶起伏。

2. 中部波状高原地貌区

中部波状高原地貌区地处鄂尔多斯市中部偏东,毛乌素沙地北缘,鄂尔多斯波状高原东端,杭锦旗塔然高勒和东胜区巴音敖包、漫赖及伊金霍洛旗哈巴格希、布连一线以南,乌审旗浩勒报吉、乌兰沙巴尔台、呼吉尔图一线以北地区,面积占全市总面积的 8.8%,海拔 1300~1500m,地势波状起伏,自北向南缓倾斜。地貌呈梁滩相间并有覆沙地,还有一些较开阔的低洼滩地和闭流区湖泊分布,其边缘都生长着茂密的天然柳林。

鄂尔多斯市波状高原地貌区侵蚀特征

2.1.4 沿河平原地貌区

沿河平原地貌区是指鄂尔多斯市北部的平原区，位于鄂尔多斯高原以北、黄河南岸，面积约 3475km²，约占全市总面积的 4%。西起杭锦旗的杭锦淖，东至准格尔旗的十二连城，地形构造与河套平原同属一个陷落的地堑盆地，地势平坦，南高北低，随黄河流向由西向东倾斜，为黄河及沟川的冲积物、洪积物、湖积物所覆盖，海拔 1000～1100m，是十大孔兑入黄的泛洪区。

2.2 水土流失类型

水土流失主要受自然因素和人类活动的影响。自然因素指土壤侵蚀受到气象因素（降水、大风、温度、湿度）、地形因素（坡度、坡长、坡向、沟壑密度）、地质因素（岩性、基岩）、土壤因素（土壤结构、透水性、抗蚀性、抗冲性）、植被因素（草树种、覆盖度）等各种因素的综合作用，由于自然因素在时间和空间上的不断变化而形成的自然条件的差异。土壤侵蚀具有区域性和时间上的特点，其形式多种多样，它们之间相互作用、相互影响、互为因果关系。侵蚀按形成的动力类别及其属性可划分为水力侵蚀、风力侵蚀、重力侵蚀和冻融侵蚀四大类。从侵蚀形式看，同一种侵蚀动力作用下，侵蚀对象会呈现出不同的地表景观，如同为水动力作用而形成的面蚀、沟蚀等。一般地，侵蚀因侧重点不同而有所不同，大致划分为以下几种常见的侵蚀类型：

（1）垂直侵蚀。土壤水分随着多种因素的变化不停地运动，水分的下渗和上升，伴随着土壤可溶性矿物、细小的土粒做上下垂直运动。常见的有面蚀和沟蚀。根据侵蚀的不同形态，面蚀可细分为层状面蚀、细沟状面蚀和砂砾化面蚀；沟蚀（线状侵蚀）也可细分为浅沟侵蚀、切沟侵蚀、冲沟侵蚀、河沟侵蚀、荒沟侵蚀。

（2）重力侵蚀。在重力和水力侵蚀的共同作用下，以重力为其直接原因所引起的地面物质崩塌或进行移动。常见的有陷穴、滑坡、泻溜、崩塌等。

（3）其他侵蚀。包括山洪暴发冲淘河岸的侧蚀，弯曲河道径流造成的凸淤凹淘的径流侵蚀，因岩性、温差变化造成土体颗粒溶解、土质疏松而发生流动的冻融侵蚀。

人类不合理的生产活动会造成水土流失，而且是土壤侵蚀发生、发展的主导因素。诸如早期的顺坡耕作、顺坡种植、陡坡开荒、砍伐森林、滥挖薪柴、过度放牧等造成水土流失；近期的开矿、修路、建筑、淘金等工业发展、大规模采矿，不但将山川河道开挖得千疮百孔，而且工业排放的含有大量有毒物质的废渣、废水，严重污染了土壤、水源，破坏了生态环境，更是造成新的人为的水土流失。

层状面蚀

砂砾化面蚀

细浅沟侵蚀

小浅沟侵蚀

发育切沟侵蚀（一）

发育切沟侵蚀（二）

泻溜

滑坡

水土流失不同侵蚀类型下的侵蚀形式（一）

滑坡

冻融侵蚀（一）

冻融侵蚀（二）

崩塌（一）

崩塌（二）

陷穴（一）

陷穴（二）

浅沟溯源侵蚀（一）

水土流失不同侵蚀类型下的侵蚀形式（二）

浅沟溯源侵蚀（二）　　　　　　　河道冲刷侵蚀（一）

河道冲刷侵蚀（二）　　　　　　　风蚀沙化（一）

风蚀沙化（二）　　　　　　　沙尘暴

风水复合侵蚀（一）　　　　　　　风水复合侵蚀（二）

水土流失不同侵蚀类型下的侵蚀形式（三）

2.3　水土流失成因

2.3.1　自然因素

土壤侵蚀是自然界物质运动方式之一，是地球内营力与外营力相互作用而导致各种自然因素不断循环运动的结果。内营力使地表起伏不平，产生隆起和沉降，外营力对地表物质进行剥离和搬运，二者此消彼长，相互作用。简言之，土壤侵蚀的过程，也是地貌循环运动的过程。影响土壤侵蚀的自然因素主要是气象、地形、地质、土壤、植被等因素，它们各自又包含诸多因子，所有因子对于土壤侵蚀发生、发展的影响又具有不同特点。各因子相互作用、相互影响而产生的土壤侵蚀表现为多种形态，就是在同一类型区内，不同因子的组合，其影响土壤侵蚀的现象也不尽相同。在诸多自然因素中，降水和风是水土流失的主要侵蚀力。地形因素中，坡度因子是产生土壤侵蚀的必备条件。

1. 气象因素

气象因素中对水土流失影响显著的是降水与风的作用以及气温变化。首先是降雨，降雨集中时出现的暴雨，具有历时短、雨强大的特点，暴雨冲刷表土，是引起土壤侵蚀的直接因子，降雨直接产生雨滴击溅、地表径流和下渗水，坡面汇流形成高含沙量的洪流，造成大量水土流失。其次是大风，风是形成土壤侵蚀和风沙流动的动力。由于植被稀疏，下垫面松散，风速大，大风日数多，持续时间长等其他因子的配合，大风可以强烈地剥蚀岩石表层，将表土搬迁，为地表径流提供物质来源，使得土地严重沙漠化。再次是气温。温度的剧烈变化所引发的冻结和解冻，可以影响岩石风化，产生冻融现象，往往在陡坡、沟崖极易产生泻溜、崩塌、剥蚀现象。

2. 地形因素

在地形因素中，影响土壤侵蚀的因子主要有坡度、坡长、坡向、坡形、沟壑密度等，其中坡度是影响土壤侵蚀最为突出的因子。鄂尔多斯高原由于地形起伏，沟壑纵横，分水岭至沟底相对高差大等原因，受暴雨径流强力的冲刷后，沟壑不断扩张、深切，形成千沟万壑的现代地貌。在一定范围内，地面坡度越大冲刷越强烈，水土流失也越严重，尤以20°以上的坡耕地最为严重。坡面越长，地表汇流能力越大，径流深、径流流速及冲刷量也相应增加。

3. 地质因素

地质因素中的影响因子主要是岩性。构造运动和基岩参与侵蚀的形式对土壤侵蚀影响最大。由于基岩的基本特性，风化过程及其产物形成的土壤类型对抗蚀能力影响深刻，岩石的风化性、坚硬性、透水性与土壤侵蚀强度有直接关系。

4. 土壤因素

土壤在侵蚀过程中是被破坏的对象。土壤的特征包括土壤颗粒大小和团粒结构、透水性、抗蚀性、抗冲性等，鄂尔多斯地区土壤下垫面多为砂岩和泥质砂岩以及覆盖其上的第四纪湖积物、冲积物、风积物。土壤结构疏松，质地多沙性。东胜区、准格尔旗丘陵沟壑区砒砂岩裸露，质地松软，遇水易崩解，受冻融和风吹日晒时极易风化，受水力冲刷时易产生剥蚀、崩塌。梁峁坡面上覆盖的黄沙土，土层极薄、结构差、透水性强，加之林草生长低矮稀疏，覆盖率低，裸露的地表抗冲蚀性差，最易遭受水力风力侵蚀。西南部风沙区土壤多沙性，植物覆盖度极低，多为草本植物，稀疏低矮，生态极其脆弱，极易遭风蚀，形成土地沙化直至沙漠化。因此，土壤被侵蚀的严重程度，首先取决于土壤所处的环境条件。如土地的植被覆盖率越低，土壤侵蚀量越大；另外土地利用方式不同，其被侵蚀程度也不同，如农业用地的水土流失量最大，一般比林地、牧地和天然荒坡大1～3倍。土壤的抗蚀性是指土壤抵抗雨滴击溅和径流对它的分散和悬浮的能力，土壤的抗冲性是指土壤抵抗地表径流的机械破坏和推移的能力，土壤的抗蚀性、抗冲性越强，水土流失量越小。

5. 植被因素

在诸多自然因素中，植被是防止土壤侵蚀的正能量因子。植被可以控制表土而不发生土壤移动。研究表明，当植被覆盖率达到70%以上时，可以基本防止面蚀；当植被覆盖率低于30%时，径流量和侵蚀量会迅速增加。植被可以拦截并改变一部分降雨的形式，使其再分配，从而减缓降雨的侵蚀，减少地表径流，削弱土壤被侵蚀的能量。良好的植被具有拦截、吸收、分散、过滤地表径流并且让地表径流转化为地下潜流的巨大作用，还具有改良土壤、固持土壤、改善小气候的功能。

> **小贴士：民谚民谣**
>
> 山上开荒，山下遭殃。
>
> 水土流失，危害当代，贻患子孙。
>
> 打坝如修仓，澄泥如积粮。

暴雨

山洪

干旱

大风

造成水土流失的自然因素

2.3.2 人为因素

人类自从出现以来，就不断地以自己的活动对自然界施加影响，并打破了自然界的平衡，促使土壤侵蚀由自然的正常侵蚀状态转化为人类干预下的加速侵蚀状态。自然因素是土壤侵蚀发生、发展的潜在条件，而人为因素才是土壤侵蚀发生、发展的主导因素。据史料记载，鄂尔多斯地区在全新世纪中期就有了人类活动，这种活动随着人口的增长和社会的进步其规模和深度越来越大。特别是近百年来由于人为的不合理开发利用，滥垦、滥牧、滥伐加剧了水土流失的发展。

1. 滥垦

鄂尔多斯早在春秋战国时期就开始了垦殖，秦汉时期还开始了移民垦种，到清代更是进行了大面积垦荒，正是这些造成了该地区的水土流失和沙漠化的严重后果。新中国成立后，由于对客观规律认识不深，为解决吃饭问题，盲目追求粮食生产，曾搞过三次大开荒。20 世纪 50 年代初耕地面积为 52.7 万 hm^2，1958—1962 年不断增加达到 66.8 万 hm^2，1963 年以后曾压缩到 40 万 hm^2，"文化大革命"期间由于种种错误口号的影响，耕地又增加到 53.3 万 hm^2。1978 年后，特别是党的十一届三中全会后耕地压缩到现在的 15.9 万 hm^2。但不少耕地仍是通过轮荒地和休闲地耕种的，垦荒种地虽然被多次禁止，但有些地区仍然有垦荒现象。经垦荒的土地表土层由于水土流失，每年减少 0.5~1cm，风沙区耕地表土层每年平均减少 5~7cm。

最容易引起土壤侵蚀的耕作方式是顺坡耕作，它使垄间形成一道道人为的顺水沟，使地表径流产生很大的冲力，对土壤侵蚀相当严重。

陡坡开荒虽然扩大了耕地面积，但也是破坏水土资源的经营方式，因为坡度因子是地形因素中影响土壤侵蚀的关键因子。一般情况下，25°以上的陡坡，一经开垦，当年即会裸露母质，使水土流失量成倍增加。

对土地的不合理管理和经营，最典型的是广种薄收、倒茬种田、大面积开垦，这些也造成大面积的土壤侵蚀。此外，还有基于战争因素而采用的"烧荒防边"，大量的灌木、乔木等森林资源随同牧草一烧而光，大面积地破坏了水土资源，造成土壤退化和风蚀严重发生。

2. 滥牧

地表植被覆盖度的稳定与放牧量、牲畜践踏及草牧场经营管理密切相关。广大草牧场退化、沙化的原因之一是牧业发展只追求数量，不讲质量。由于过度放牧，草场无法休生养息恢复生机。牲畜的迅速增加给有限的草牧场带来不良的后果。新中国成立之初伊克昭盟有牲畜 117 万头（只），每头牲畜平均有草牧场 3.6hm^2。1984 年以后牲畜总量最高达到 648 万头（只），畜均草牧场不足 1hm^2，单位面积产草量下降了一半。滥牧的结果是使草场衰退、牧草退化，更助长了水土流失和土地沙化的发展。同时，不少牲畜长年处于半饥饿状态，掉膘、死亡，牲畜质量严重下降，影响了畜牧业生产的发展。

3. 滥伐

历史上的鄂尔多斯曾是植被繁茂地区，后因历朝历代掠夺式的垦牧生产，加之近现代人们的滥伐，如砍燃料、掏药材、挖草根、搂发菜等，致使广大西部牧区严重缺乏薪柴，群众依靠掏取沙蒿柠条当烧柴。一般农牧民每年每户掏挖沙蒿的面积为 3.1hm^2，即便按 1/3 薪柴量用烧牛粪代替，每户每年也要掏 2hm^2 沙蒿，以 22 万户农牧民大约 70% 烧柴计，一年要掏挖沙蒿 30.7 万 hm^2。据 1979 年的调查，乌审旗当年要烧掉草草 1.9 亿 kg 之多。鄂尔多斯西部药材资源丰富，有计划地利用甘草、麻黄这一自然资源服务经济建设是应该的，关键是无计划的掏挖，把采药区挖成千疮百孔，人为扩大了土地沙化和水土流失等不良后果。据 1982 年调查，伊克昭盟年产甘草 150 万 kg，采挖面积 2.67 多万 hm^2；年产麻黄 400 万 kg，采挖面积约 6.67 万 hm^2。

4. 开矿、修路、建筑

随着工业化、城镇化的迅猛发展，大规模的采矿、修路和城镇建设扰动大量土地，是造成土壤侵蚀的主要原因之一。矿山和工厂排放的废渣、废水，有的含有大量的有毒物质，排放在天然河道，可以使河水污染，生态遭到破坏。修建铁路和公路时大量的弃土尾砂倾倒在河沟，也加剧了土壤侵蚀的进程。该部分内容在第七章详述。

滥挖、滥垦、滥伐

滥牧

修路产生的弃土弃渣

破坏植被，表土裸露

临时作业道路未采取防治措施

煤矿弃渣弃土长期裸露

造成水土流失的人为因素

2.4 水土流失危害

2.4.1 水土流失对国民经济发展的危害

严重的水土流失会使水利设施常被洪水冲毁或淤积，降低了工程效益，缩短了使用寿命，以致完全失效。如准格尔旗 1958 年在特拉沟修建的小（1）型水库，总库容 371.5 万 m^3，1959 年一场大暴雨形成的洪水泥沙使水库全部淤满失效。1975 年兴建的忽鸡图沟水库，总库容 1200 万 m^3，最大水深 25m，由于淤积严重，到 1977 年实测最大水深仅有 4m，到 1980 年 7 月水深仅 1m，基本淤满失效。忽鸡图沟水库国家共投资 40 万元，尚未配套使用已成干库。又如准格尔旗 1979 年 8 月 10—14 日一次降雨 160mm，计算产生的径流总量约 1.24 亿 m^3，相当于年径流总量的 59%，五天的输沙量达 6063 万 t。这次暴雨造成的洪水冲垮各种水利工程 817 处，其中，冲毁小水库 34 座、塘坝 357 座，冲毁河工 93 处，淤漫大口井 108 眼，约占当年年水利工程总数的 1/3。准格尔旗受灾面积达 1.53 万 hm^2。

1982 年 9 月 16 日，达拉特旗高头窑乡遭受特大暴雨侵袭，多年投资建成的一处引洪澄地（可淤澄良田 6.7 万 hm^2）工程遭受毁灭性的破坏。洪水冲垮小拦河坝 77 道，沙埋机井 14 眼、大口井 141 眼、小水井 85 眼，倒塌井房 12 处，冲走柴油机 5 台、胶管 12 根、水泵 5 台、机井架 1 副。66.7hm^2 良田变成了沙滩，受灾面积 2433.3hm^2，损失粮食 57.4 万 kg。

1984 年 7 月 13 日 13 时的一场暴雨，造成乌审旗巴图湾水库南岸的一条季节性河流干沟子（流域面积 400km^2）暴发洪水，洪水将 35 万 m^3 的泥沙淤积到巴图湾水库库区，沟口形成半圆形冲积扇，高出水面 1.2m，泥沙淤积水面宽 30m，接近水面总宽度的一半，严重危害了水库的渔业生产和蓄水、灌溉的使用寿命。

1989 年 7 月 21 日，达拉特旗遭受特大洪灾，号称"89•721"洪灾。7 月 20 日晚至 21 日凌晨，南部山区（俗称"梁外"）普降暴雨，降雨量达 80～183.6mm，洪水历时 12～20h，洪峰流量大、含沙量高。十大孔兑的山洪来势凶猛，流量都超过历史纪录。7 月 24 日，黄河上游兰州一带又出现了 3100m^3/s 的洪峰，河水猛涨，与各孔兑下泄的山洪纵横夹击，使沿滩各乡同时遭受历史罕见水害。据统计受灾人口 14.6 万人，其中洪水溺死 6 人，倒塌房屋 1.2 万间。农牧业基础设施损失计有：冲毁灌溉农田，粮食作物受灾面积达 2.17 万 hm^2；冲毁棚圈 5500 处，死亡牲畜 12942 头（只）；冲毁林地 1240hm^2、鱼塘 23.3hm^2。小型水利水保设施损毁破坏包括：损毁水库塘坝 147 座、淤地坝 495 座、小谷坊坝 1638 座，冲毁扬水站 16 座，毁坏机电井 1262 眼、提水设备 267 套、大口井 226 眼、水车井 162 眼、灌溉渠道 1300km，摧毁孔兑防洪堤 38km。冲毁交通设施包括：包神铁路 45 处，冲坏国道省道 60 多处。另外，冲毁煤窑 620 处，其中 41 处报废；冲毁砖瓦厂 9 个、高低压输电线路 44.30km；入黄泥沙使包头钢铁厂水源工程取水口被淤死，包头二电厂被迫关机停产。据不完全统计，这次灾害直接经济损失按当时价格统计达 1.6 亿元。

严重的水土流失，不断蚕食土地、毁坏农田，损毁生产生活基础设施。2003 年 7 月 29 日 18 时至 30 日 1 时，鄂尔多斯市中东部地区普降大到暴雨，强降雨历时 3h，暴雨中心位于达拉特旗敖包梁乡，最大降雨量 128.5mm，最小降雨量 24.9mm，平均降雨量 62.6mm。鄂尔多斯市的主要入黄支流都发生了洪水，据市水文勘测局资料，皇甫川支流纳林川测站最大洪峰流量达到 3930m^3/s，黑赖沟测站最大洪峰流量达到 4040m^3/s，乌兰木伦河阿镇测站最大洪峰流量达到 1700m^3/s，有的已超过历史最大洪峰流量记录。肆虐的洪水泥沙给鄂尔多斯市造成巨大的伤亡和财产损失。据不完全统计，计有 31 个苏木乡镇在这次洪水中受灾严重，受灾人口 9.3 万人，其中死亡 9 人、失踪 4 人、3459 人无家可归。农牧业受灾集中在沿河区，农作物受灾面积 1.08 万 hm^2，其中毁坏绝收 933.3hm^2。毁坏各类井 1553 眼，受灾牲畜 55264 头（只），其中死亡 4402 头（只）；倒塌房屋 459

户 998 间，造成危房 400 户 1127 间，水淹房屋 960 户 2880 间，校舍 5 万 m²，急需转移安置灾民 8178 人；倒塌破坏棚圈 204 处，水毁道路 383.4km，冲毁塘坝 21 座、小水库 8 座、堤防 17 处 32km，毁坏变压器 9 台、线路 200km、桥涵 17 座，冲毁各种机动车辆 61 台，19 户企业被迫停产。 这次灾害造成直接经济损失 5.33 亿元，其中农牧业经济损失 1.25 亿元。

山洪泛滥淹没沙压良田

山洪暴发引发泥石流

冲毁道路，阻断交通

冲毁水利电力等生产基础设施

沙进人退，被迫搬迁

水土流失与贫困生活是孪生兄弟

房屋破旧，故土难离

青壮外出谋生，老少破屋留守

水土流失对国民经济发展的危害

2.4.2 水土流失对生态环境的危害

严重的水土流失使土地受到切割、蚕食，沟网密布，土地破碎。鄂尔多斯市丘陵沟壑区沟壑面积约占总土地面积的 20%～30%，水土流失最严重的准格尔旗德胜西乡（现暖水乡）的沟壑面积占其土地总面积更是高达 50%，沟网密度 5～11km/km^2。沟壑的扩展增大了沟壑面积，而耕地面积相应缩小，轻者给农业耕作造成困难，重者耕地丧失。一遇暴雨，泥沙随洪水猛泄，埋压农田，危害人民生产生活和生命财产的安全。如 1961 年 8 月 21 日，达拉特旗连续降雨超 200mm，八大孔兑暴发山洪冲毁平原区青苗 2.6 万 hm^2，0.87 万 hm^2 耕地被沙埋压，淹没村庄 11 处，倒塌房屋 4000 多间，淹死 40 人，淹死牲畜 1000 多头（只），包东（包头至东胜）公路交通中断。

严重的风蚀使土地沙化，农牧业遭受减产，可利用土地不断减少；由于风沙危害，沙丘移动，埋压农田牧场。20 世纪 70 年代初期，伊克昭盟每年约有 10 万 hm^2 的农田草牧场沙化，使可利用土地大幅度减少，生态失调，造成恶性循环，自然灾害频繁。表现在农业上，由于风沙危害，作物不能适时播种，每年约有 20%～30% 的农田要毁种重播 2～3 次，而且经常遭受减产，甚至颗粒无收。如东胜县的泊江海子乡，1970 年之前的几年，每年向国家交售公粮超 50 万 kg，由于土地不断沙化，1970 年之后开始吃国家的返销粮。仅 1970—1975 年就吃国家返销粮 781.5 万 kg，花国家救济款 35 万元。正如沙区群众说："年年种地三四遭，人畜还是吃不饱"。

土地沙化给畜牧业生产的发展同样带来严重障碍。由于沙化侵吞草场，草场面积不断缩小、退化。新中国成立之初，毛乌素沙区可利用草场面积约 366.7 万 hm^2，畜均草牧场 4.5hm^2。到 20 世纪 80 年代下降到 286.7 万 hm^2，畜均草牧场 1hm^2。单位面积产草量很低，一般只有 450～750kg/hm^2，最多不超过 2250kg/hm^2。草牧场载畜量的增加和牲畜采食量都超过了自然牧草生长量，加速了草场退化。一遇旱灾雪灾，牲畜因缺水缺草大量死亡，严重影响畜牧业的产量产质。

据 1980 年准格尔旗典型测定，该旗每年因水土流失坡地要剥蚀土层 1.5cm，严重的达 2～3cm，土壤流失量 0.5 万～1 万 t/km^2。准格尔旗 1955 年沟壑面积 1243km^2，占全旗总面积的 20%，1979 年沟壑面积增加到 2070km^2，占 32.5%，25 年增加了 66.53%。

据杭锦旗草原监理站测定，该旗天然草场的鲜草年产量已由 1963 年的 1550kg/hm^2 下降到 1997 年的 1000kg/hm^2 左右。而且，随着水土流失的演化，草场植被已被不宜采食的蒿类所占据，可食性和适口性好的牧草如针茅、冷蒿等逐年减少。

水土不存，光山秃岭

表土风蚀，草牧场沙化

煤矿任意开采造成的塌陷区

生产粉尘造成大气污染

水土流失对生态环境的危害

2.4.3 水土流失对黄河的危害

据准格尔旗皇甫川水文站 1954—1974 年观测资料，纳林川平均年输沙量为 0.6 亿 t，多年平均含沙量 315kg/m³。在此 21 年中，含沙量大于 500 kg/m³ 的有 116 天，大于 800kg/m³ 的有 35 天，最大含沙量达 1450 kg/m³。输沙量随着降雨量的大小而增减，7—9 月三个月的输沙量占年输沙量的 93.2%。根据沙圪堵水文站多年观测，准格尔旗平均年侵蚀模数为 1.88 万 t/(km²·a)，以此推算，平均年输沙量为 1.09 亿 t，输入黄河泥沙近 1 亿 t，占到黄河总泥沙量 16 亿 t 的 6.25%。其中 50% 以上的泥沙是粒径大于 0.05mm 的粗沙，约有 0.5 亿 t，占到黄河下游粗沙淤积量的 1/8。

1961 年 8 月 21 日，达拉特旗连续降雨超 200mm，八大孔兑同时暴发山洪。其中，西柳沟洪水挟带大量泥沙进入黄河，形成一条沙坝，使黄河断流超 3h，回水超 10km，水位升高 4～6m。黄河水倒灌四村乡，昭君坟以下淤积 8km，大量泥沙注入黄河。

1985 年 8 月 23—26 日连续降雨，毛不拉孔兑暴发了 744m³/s 的洪水，洪水泥沙急速猛泄，冲垮了孔兑出口处的防洪堤和黄河南岸总干渠部分桥梁、渠闸后迅速充塞黄河形成沙坝，使黄河断流，回水长达 16km，水位猛涨，造成上游堤坝 9 处决口，大量泥沙泄入黄河。

1989 年 7 月 20 日 20 时到 21 日凌晨 5 时，毛不拉孔兑普降暴雨，暴发特大洪水（洪峰流量 5600m³/s），大量泥沙在与黄河汇流处淤积，形成一条宽 568m、长 8.4km、高 2m 的沙坝，使黄河断流近 4h，回水猛涨，使 7 处堤岸决口。

1989 年 7 月 21 日，达拉特旗南部山区（俗称"梁外"）普降暴雨，降雨量达 80～183.6mm，洪水历时 12～20h，洪峰流量大、含沙量高。十大孔兑的山洪来势凶猛，流量都超过历史纪录。在西柳沟、罕台川等入黄河口形成沙坝，截断黄河干流。7 月 24 日，黄河上游兰州一带又出现了 3100m³/s 的洪峰，巨量泥沙在入黄口淤堵，致使包头钢铁厂水源工程取水口被淤死，包头二电厂被迫关机停产。

1996 年 8 月 13 日，十大孔兑之西柳沟洪水持续了 10h，洪峰流量达到了 3660m³/s，最大含沙量达 1380kg/m³。当时黄河干流洪峰为 2660m³/s，与西柳沟洪峰相遇后没有形成更大的洪峰，反而使昭君坟站的洪水流量由 2660m³/s 骤降到 497m³/s，水位由 1008.71m 陡升到 1010.30m，最高水位达到 1011.09m，堵塞干流的沙坝经过近 10h 才被冲开，直到 8 月 30 日，水位才降到 1008.72m。西柳沟这场洪水洪量 0.23 亿 m³，沙量 0.198 亿 t，泥沙将包头钢铁厂水源地 3 号取水口堵塞，致使钢铁厂停水停产。

1998 年 7 月 5 日，十大孔兑之西柳沟流域突降暴雨，洪峰流量 1600m³/s，含沙量 1150kg/m³。泥沙在入黄口呈扇形堆积，将设于黄河主流的包头钢铁厂 3 个取水口全部淤堵，造成包头钢铁厂供水和居民饮水困难，被迫停产。到 7 月 12 日西柳沟上游再次降雨，暴发洪峰流量为 1800m³/s 的高含沙洪水（含沙量 1350 kg/m³），泥沙入黄后将黄河拦腰截断，形成一座长 10km、宽 1.5km、厚 6.27m、淤积量近 1 亿 m³ 的巨型沙坝，使黄河主河道淤满，包头钢铁厂的 3 个取水口深埋河下，包头钢铁厂再次停产，影响产值 1 亿元，同时山洪淹没农田 800hm²。在有资料记载的 30 余年，西柳沟洪水泥沙堵塞黄河干流达 7 次。据测算鄂尔多斯每年向黄河输入泥沙达 1.5 亿 t，其中，粗沙粒径大于 0.025mm 的占 80%（意指落淤于黄河下游，而不能入海的粗泥沙）。

2.4.4 十大孔兑造成的危害

据史料记载，从清光绪二十四年（1898 年）到 2004 年的 107 年中，平均每 5 年发生一次洪灾。其中 1954—2004 年的 51 年就发生大的洪灾 15 次，平均每 3 年就发生 1 次。据不完全统计，对农牧业生产造成的损失为：累计有 4 万 hm² 农田林地水毁沙埋，12.8 万 hm² 良田被淹，淹死牲畜 34 万头（只），冲毁畜棚 9609 个；对基础设施建设造成的损失为：冲毁输电线路 386km，冲毁道路 401km，桥涵 18 座；对人民生命财产造成的损失为：淹死 188 人，毁坏民房近 3 万间，损失粮食 4244 万 kg，冲走农机具

2000 多件套，冲毁各种机动车辆 70 台；对水利水保工程造成的损失为：冲毁各类水井 4123 眼、各类水利水保工程 4465 处（座），孔兑防洪堤 168km；对工业生产造成的损失为：毁坏煤矿、砖厂 147 个，特别是对内蒙古的工业基地包头钢铁厂供水造成极大危害。各类直接经济损失数近 10 亿元。

1979 年 8 月 12 日，十大孔兑之东柳沟发生特大暴雨洪水，上游实测洪峰流量 1500m³/s。下游的达拉特旗吉格斯太乡王二窑子村南堤防溃决，致使 5 个村 26 个社 873 户村民受灾，倒塌房屋 1100 余间，淹没农田 1200hm²，沙压沿河耕地 334hm²，损失粮食 197 万 kg，死亡牲畜 400 余头（只）。受灾最严重的 4 个村社，群众房屋全部被毁。灾后，全村近一半人口被迫迁移。

1994 年 7 月 25 日至 8 月 20 日，达拉特旗连降 5 场中到大雨、局部暴雨，普遍降雨量 275.1～310mm。十大孔兑山洪连连暴发，最大洪峰流量达 1300m³/s（布尔嘎斯太沟），最小也有 400m³/s（东柳沟）。南部山区的塘坝、澄地围堰、引洪渠系以及大小水井等水利工程严重受损。沿滩 15 个苏木乡镇的农田积水普遍在 0.3～0.6m，局部深达 1m 之多。罕台川山洪冲毁两条 10kV、一条 35kV 高压线路，共 1500m，西沿滩停电一星期。据不完全统计，截至 8 月 20 日，达拉特旗 23 个苏木乡镇，受灾 26238 户 110581 人，雷击、水淹死亡各 1 人。受灾总面积 2.19 万 hm²，其中洪灾 0.44 万 hm²，涝灾 1.42 万 hm²，风灾 0.34 万 hm²。粮食减产 3444 万 kg，受灾草牧场 0.7 万 hm²，倒塌房屋 865 座、棚圈 3908 处，死亡牲畜 3164 头（只）。水毁工程 385 处，冲毁大口机井 114 眼、小口机井 111 眼、鱼池 10 个、旗乡公路 12 处，倒杆倾斜高低压线路 26.5km，水淹煤窑 3 个。直接经济损失达 7281 万元。

2.5　第一次水利普查

根据 2011 年水利部、国务院水利普查办公室发布的"全国水利普查地（市、盟、州）水土保持情况汇总表"来看，鄂尔多斯市土壤侵蚀总面积 37750.7km²，占全市总面积 86881km² 的 43.45%，其中，水力侵蚀面积 12210.48km²、风力侵蚀面积 25540.22km²，分别占土壤侵蚀总面积的 32.3%、67.7%。2010 年治理保存面积 22245.48km²，治理程度 25.60%。各旗区情况如下：

（1）准格尔旗水土流失面积 3352.05km²，占总面积 44.39%。其中水力侵蚀面积 3188.70km²，占流失面积 95.13%；风力侵蚀面积 163.35km²，占流失面积 4.87%。2010 年治理保存面积 3393.65km²，治理程度 44.94%。

（2）达拉特旗水土流失面积 3739.62km²，占总面积 45.38%。其中水力侵蚀面积 2492.09km²，占流失面积 66.64%；风力侵蚀面积 1247.53km²，占流失面积 33.36%。2010 年治理保存面积 2482.99km²，治理程度 30.13%。

（3）东胜区水土流失面积 1518.57km²，占总面积 60.12%。其中水力侵蚀面积 994.83km²，占流失面积 65.51%；风力侵蚀面积 523.74km²，占流失面积 34.49%。2010 年治理保存面积 933.21km²，治理程度 36.94%。

（4）伊金霍洛旗水土流失面积 3314.16km²，占总面积 60.40%。其中水力侵蚀面积 1070.23km²，占流失面积 32.29%；风力侵蚀面积 2243.93km²，占流失面积 67.71%。2010 年治理保存面积 2852.04km²，治理程度 51.98%。

（5）乌审旗水土流失面积 6318.83km²，占总面积 54.13%。其中水力侵蚀面积 809.18km²，占流失面积 12.81%；风力侵蚀面积 5509.65km²，占流失面积 87.19%。2010 年治理保存面积 3947.43km²，治理程度 33.81%。

（6）杭锦旗水土流失面积 9618.58km²，占总面积 51.12%。其中水力侵蚀面积 1616.32km²，占流失面积 16.80%；风力侵蚀面积 8002.26km²，占流失面积 83.20%。2010 年治理保存面积 3582.99km²，治理程度 19.04%。

（7）鄂托克旗水土流失面积 5722.43km²，占总面积 28.10%。其中水力侵蚀面积 1389.13km²，占流失面积 24.28%；风力侵蚀面积 4333.30km²，占流失面积 75.72%。2010 年治理保存面积 2582.56km²，治理程度 12.68%。

（8）鄂托克前旗水土流失面积 4166.46km²，占总面积 34.09%。其中水力侵蚀面积 650.00km²，占流失面积 15.60%；风力侵蚀面积 3516.46km²，占流失面积 84.40%。2010 年治理保存面积 2470.61km²，治理程度 28.64%。

小贴士：民谚民谣

水是生命之源，土为生存之本。
土为邦本，本固邦宁。
山上开荒，山下遭殃。
山上和尚头，山下洪水吼。

高含沙山洪造成河堤决口洪水泛滥

暴发山洪冲毁堤防

暴雨洪峰下泄泥沙淤堵黄河（1998年7月5日，光明日报、
经济日报、中国水利报、农牧报记者现场查看）

两次暴雨洪峰下泄泥沙淤堵黄河（1998年7月14日，西柳沟，
淤积泥沙约1亿m³，包头钢铁厂三个取水口全部堵死）

水土流失对黄河的危害

第3章

水土保持规划

为了防止水土流失，做好国土整治，合理开发和利用水土和生物资源，改善生态环境，促进农林牧渔及各业经济发展，根据土壤侵蚀状况、自然社会经济条件，应用水土保持学原理、生态学原理及经济规律，制定的水土保持综合治理开发的总体部署和实施安排的工作计划谓之水土保持规划。水土保持规划是预防和治理水土流失，保护、改良和合理利用水土资源的专业规划。

十八大以来，党中央把生态文明建设提升到前所未有的高度，水土保持是生态文明建设的重要组成部分，也是保障经济社会可持续发展的基础。为适应鄂尔多斯市生态文明建设和经济社会发展的要求，破解水土保持工作面临的挑战，保障鄂尔多斯社会经济持续、稳定、健康地发展，必须首先制定自上而下系统完善的水土保持规划。

新的历史时期，《中华人民共和国水土保持法》《内蒙古自治区实施〈中华人民共和国水土保持法〉办法》的颁布以及鄂尔多斯市全面建设小康社会目标的实施，给全市水土保持事业发展指明了方向，因而，系统编制全市各类中长期水土保持规划，推动全市水土保持生态建设进程尤为重要和必要。

3.1 规划的基本原则及基本要求

3.1.1 基本原则

水土保持规划涉及自然条件、社会经济、农业生产、基本建设等多方面的问题，必须用系统工程的方法和原理进行编制。应把规划对象看成一个完整的系统，按照系统的四个特性去研究和处理规划中出现的一切问题。四个特性即"整体性、相关性、目标性、环境适应性"。应用系统工程原理进行水土保持规划，一般反映为水土保持工作中的全面规划，综合治理，因地制宜，扬长避短，当前利益与长远利益结合的原则。在新时期党中央提出的"创新、协调、绿色、开放、共享"五大发展理念指导下，当前的水土保持规划应坚持以下基本原则：遵循规律，科学防治；以人为本，和谐发展；多规协调，协同推进；因地制宜，因害设防；生态优先，绿色发展。

按照上述方针，结合鄂尔多斯地区地广人稀、居住分散，风沙区、风蚀水蚀交互侵蚀区及裸露砒砂岩区（多沙粗沙区）占比相对大的自然条件，同时结合鄂尔多斯地区成为国家能源重化工基地的经济发展特点，确定水土保持规划编制应坚持以下原则：生态保护修复为主，重点治理为辅，减少入黄泥沙的原则；产业发展绿色化、生态治理产业化，统筹协调，绿色发展的原则；因地制宜、因害设防、综合治理、分类指导的原则；政府主导、部门管理，动员群众、广泛参与，调动全社会投入生态建设和保护环境的积极性的原则。坚持山水林田湖草沙系统治理的原则，将水土流失治理、水资源保护、面源污染防治、水环境整治、农村污水垃圾处理、村容村貌整治等融为一体，实现天蓝、地绿、水清、民富、国强。本章主要从鄂尔多斯地区的角度出发对规划基本要求、分类、具体内容，以市、旗（区）为单元的区（规）划加以论述。

3.1.2 基本要求

（1）水土保持规划编制的基本资料应来源可靠，数据准确，并体现所规划区域（单元）的代表性。

（2）水土保持规划编制应以上一级水土保持区划或分区规划为基础拟定规划总体部署和布局。

（3）水土保持规划的编制应遵循下级规划与上级规划相协调，专项规划与综合规划相协调的要求。

（4）水土保持规划的规划水平年宜与相关国民经济和社会发展规划相一致，可分为近期和远期两个水平，并以近期为重点。

（5）水土保持综合规划报告提纲可参考水利部最新水土保持规划技术规范，结合规划区域实际情况和规划任务要求适当取舍或调整。对于基础设施建设、矿产资源开发、城镇建设、公共服务设施建设等规划实施过程中可能产生水土流失的，在规划中应简要说明规划区水土流失现状，初步分析规划实施可能产生的水土流失影响，提出水土流失防治总体要求和对策措施。

（6）水土保持规划应与国家和地区的经济社会发展规划、土地利用规划、生态建设规划、环境保护规划相适应，与有关部门发展规划相协调，做到工程措施、生物措施、农业技术措施、环境保护措施相结合；综合治理、生态修复、预防保护与开发利用相结合；经济效益、社会效益和生态效益相结合；综合监管与风险评估相结合。

（7）水土保持规划的编制应根据现代科技开发进程尽量采用新理论、新技术和新方法，重视和加强调查研究，不断提高规划的质量与水平。

（8）水土保持规划编制的规划期，市级、旗级规划应为5～10年。规划编制应研究近期和远期两个水平年，近期规划水平年为5年，远期规划水平年10年，并以近期为重点。水平年宜与国民经济计划及长远规划的时段相一致。

（9）修订水土保持规划时，应在对原规划进行回顾评价的基础上，根据新的情况和要求加以补充和调整。

3.2 规划分类

按照党中央提出的"创新、协调、绿色、开放、共享"五大发展理念和新时期水土保持工作的战略方针，进一步确立新的发展观，即"三生统一"（生态恢复、生产发展、生活改善）和"三效统一"（经济效益、生态效益、社会效益）的发展观，以系统治理观持续推进水土保持综合治理提质增效，从而实现生态重建、植被恢复与经济发展并举双赢，不断满足人民日益增长的美好生活需要的目标。水土保持规划分综合（区域性）规划和专项规划。

3.2.1 水土保持综合（区域性）规划

水土保持综合规划应体现方向性、全局性、战略性、政策性和指导性，突出其对水土资源的保护和合理利用，以及对水土资源开发利用活动的约束性和控制性。同时要特别注重工程项目中、后期的综合监管以及风险评估。水土保持综合规划编制应包括下列内容：

（1）开展相应深度的现状调查及必要的专题研究。

（2）分析评价水土流失的强度、类型、分布、原因、危害及发展趋势，根据社会经济发展要求，进行水土保持需求分析，确定水土流失防治任务和目标。

（3）开展水土保持区划，根据区划提出规划区域布局，在水土流失重点预防区和重点治理区划分的基础上提出重点布局。

（4）提出预防、治理、监测、监督、综合管理、风险评估等规划方案。

（5）提出实施进度及重点项目安排，匡算工程投资，进行实施效果分析，拟定实施保障措施。

水土保持综合规划的规划期，市级宜为 10 年，最长不超过 20 年；旗级不宜超过 10 年。

3.2.2　水土保持专项规划

水土保持专项规划应以水土保持综合规划为依据，确定规划任务和目标，提出规划方案和实施建议。规划范围应根据编制的任务、水土流失情况、水土保持工作基础、工程建设条件、项目区范围内经济社会发展等多方面因素分析确定。

水土保持专项规划编制应包括下列内容：

（1）开展相应深度的现状调查，并进行必要的勘察。

（2）分析并阐明开展专项规划的必要性，在现状评价和需求分析的基础上，确定规划任务、目标和规模。

（3）开展项目范围内水土保持类型区划分，并提出措施总体布局及规划方案。

（4）提出规划实施意见和进度安排，估算工程投资，进行效益分析或经济评价、风险评估，拟定实施保障和综合监管措施。

水土保持专项规划的规划期宜为 3～5 年。

3.3　规划的主要内容

水土保持规划编制的主要内容，应该包括：开展综合调查和资料的整理分析（现状调查）；研究规划范围水土流失状况、成因和规律；划分水土流失类型区；拟定水土流失防治目标、指导思想和原则；因地制宜地提出防治措施；拟定规划实施进度，明确近期安排；估算规划实施所需投资；预测规划实施后的综合效益并进行经济评价、风险评估；提出规划实施中的组织管理措施以及竣工验收后综合监管措施。

3.3.1　基本资料整理分析（现状调查）

基本资料主要包括规划区自然条件、社会经济条件、水土流失和水土保持状况，以及相关规划、区划成果等。

基本资料主要采用资料收集、实地调查、遥感调查、研究成果分析等方法获取。典型小流域或片区调查可参照最新修订的《水土保持工程调查与勘测标准》（GB/T 51297—2018）执行。基本资料的时效应符合规划基准年的要求，不符合要求的应采取相关方法进行修正。基本资料内容可根据规划的级别做相应调整。

1. 自然条件调查

自然条件调查包括地质地貌、水文气象、土地植被、光热、生物、水、矿产资源等基础资料的搜集、整理。地质资料主要包括能反映规划区域地质构造、地面组成物质及岩性等方面的资料；地貌资料主要包括地貌类型、面积及分布的有关文字、图件、表格等。

气象、水文资料包括能反映规划区气象、水文特征的有关特征数据，其系列年限应基本符合有关专业规范的要求，并符合下列规定：

（1）气象资料主要包括多年平均降水量、最大年降水量、最小年降水量、降水年内分布，最大降雨强度以及当地可造成土壤侵蚀的临界雨强，多年平均蒸发量，年平均气温、大于等于 10℃的年均积温、极端最高温度、极端最低温度，年均日照时数，无霜期，冻土深度，年平均风速、最大风速、大于起沙风速的日数、大风日数、主害风风向等。

（2）水文资料主要包括规划区域所属流域、水系，地表径流量，年径流系数，年内分配情况，含沙量，输沙量等水文泥沙情况。

（3）土壤资料主要包括能反映规划区土壤有关特征的土壤普查资料、土壤类型分布图等。

（4）植被资料主要包括规划区植被分布图，主要植被类型和树（草）种、林草覆盖率，以及有关的林业区划成果等。

（5）自然资源资料主要包括土地、水、生物、光热、矿产等资源。

2. 社会经济条件调查

社会经济资料主要包括规划区最小统计单元的有关行政区划、人口、社会经济等统计资料及国民经济发展规划的相关成果。

土地利用资料包括能反映规划区土地利用现状及开发利用规划的相关成果。

3. 水土流失与水土保持勘查

水土流失资料包括规划区水土流失类型、面积、强度、分布、土壤侵蚀模数等及相关图件，水土流失危害等相关资料。

水土保持现状资料包括规划区已实施的水土保持措施类型、分布、面积、数量、保存情况、防治效果、治理经验及教训，以及监测、监督、管理等现状。

4. 其他

特别提醒：如果规划区域涉及自然保护区、风景名胜区、地质公园、文化遗产保护区、重要生态功能区、水功能区划、重要水源地等分布，必须要注意收集相关的规划、管理办法等资料。相关规划资料包括主体功能区规划、土地利用总体规划、水资源规划、城乡规划、环境保护规划、生态保护与建设规划、林业区划与规划、草原区划与规划、农业区划与规划、国土整治规划等资料。规划区内少数民族聚集区、文物古迹及人文景观等方面资料。

3.3.2 现状评价与需求分析

1. 一般要求

现状评价应包括区域的土地利用和土地适宜性评价、水土流失消长评价、水土保持现状与功能评价、水资源缺乏程度评价、饮用水水源地保护区面源污染评价、生态状况评价、监测与管理评价等。

现状评价应遵循客观公正、有针对性、实用可行等原则。

需求分析应在经济社会发展预测的基础上，结合土地利用规划、水资源规划、林业发展规划等，从土地资源可持续利用、生态安全、粮食安全、防洪安全、饮用水安全、水土保持功能维护、宏观管理等方面，分析不同规划水平年对水土保持的需求。

区域规划和较大流域水土保持综合规划可根据实际情况从宏观角度简化评价和需求分析内容。

专项规划可根据规划需要，有针对性地进行现状评价与特定工程的需求分析。

修编规划时应对现行规划实施情况进行评价。

2. 现状评价

（1）土地利用现状评价应评价土地利用结构的合理性，分析存在的问题；分析土地利用方式造成的水土流失对农业综合生产能力的影响程度，提出通过土地利用调整提高土地生产力的途径。

（2）土地适宜性评价应根据水土流失在不同土地利用类型中的分布情况，从土层厚度、理化性质等方面，评价土地适宜性，确定宜农、宜果、宜林、宜牧以及需改造才能利用的土地面积和分布，为规划用途的确定提供依据。评价方法可参照《水土保持综合治理　规划通则》（GB/T 15772—2008）中"表 B.1 土地资源评价等级表"。

（3）水土流失消长评价应根据不同时期水土流失分布，结合土地利用情况，对水土流失面积、强度变化及其原因进行分析，总结水土流失变化规律和特点。

（4）水土保持现状与功能评价应分析水土流失治理度、治理措施保存率、水土保持效益，结合现状区域水土保持功能，评价水土保持功能变化情况及特点。

3. 需求分析

（1）不同水平年的社会经济发展预测应在国民经济和社会发展规划、国土规划以及有关行业中长期发展规划的基础上进行，缺少中长期发展规划时，可根据规划区历史情况，结合近期社会经济发展趋势进行合理估测。

（2）土地资源可持续利用对水土保持的需求分析应符合下列规定：

1）根据经济社会发展对土地利用的要求和土地利用规划，结合水土流失分布，分析不同区域土地资源利用和变化趋势，提出水土流失综合防治方向。

2）对土地利用规划已确定的指标，可直接采用；对土地利用规划未明确的，建设用地需求可采取以人定地法、以产定地法、结构比例法、趋势分析法、定额法进行预测；农用地需求可采用目标产能法、结构比例法进行预测；生态用地的需求应在调查评价基础上，按照保护自然生态和保障生态安全的要求确定。

3）生态安全对水土保持的需求分析应根据生态状况评价结果，提出林草植被保护与建设等的任务和措施布局要求。

4）粮食安全对水土保持的需求分析应根据粮食安全规划、土地利用规划、规划区的人口及增长率、粮食生产情况、畜牧业发展等，提出坡耕地改造及配套工程、淤地坝建设和保护性农业耕作措施等的任务和布局要求。

5）防洪安全对水土保持的需求分析应根据山洪灾害防治规划、防洪规划，从涵养水源、削减洪峰、拦蓄径流泥沙等方面，提出沟道治理、坡面拦蓄等的任务和布局要求。

6）饮用水安全对水土保持的需求分析应根据饮用水源地安全保障规划，结合水资源缺乏程度和面源污染评价结果，提出水源涵养林草建设、湿地保护、河湖库及侵蚀沟岸植物保护带等的任务和布局要求。

7）水土保持功能维护对水土保持的需求分析应根据水土保持现状及功能评价结果，提出不同水土保持功能维护对水土流失综合防治的需求。

8）宏观管理对水土保持的需求分析应根据水土保持监测与管理评价结果，提出水土保持监测、综合监督管理体系和能力建设需求。

应在第2~8条规定的分析基础上，进行归纳总结，提出不同规划水平年水土保持需求。

3.3.3　规划目标、任务和规模

综合规划应根据水土流失现状评价、需求分析，确定规划目标、任务和规模。

专项规划应按照现状评价和特定工程的需求分析，结合投入可能，确定规划任务、目标和规模。

1. 规划目标和任务

（1）综合规划目标应分不同规划水平年确定，应从防治水土流失、促进区域经济发展、减轻山洪灾害、减轻风沙灾害、改善农村生产条件和生活环境、维护水土保持功能等方面，结合区域特点分析确定定性、定量目标。近期以定量为主，远期以定性为辅。

（2）综合规划任务应从防治水土流失和改善生态环境，促进农业产业结构调整和农村经济发展，维护水土资源可持续利用等方面，结合区域特点分析确定。

（3）专项工程规划主要任务可结合工程建设需要，从以下方面选择并确定主次顺序：

1）治理水土流失，改善生态环境，减少入河入库（湖）泥沙。

2）蓄水保土，保护耕地资源，促进粮食增产。

3）涵养水源，控制面源污染，维护饮水安全。

4）防治滑坡、崩塌、泥石流，减轻山地灾害。

5）防治风蚀，减轻风沙灾害。

6）改善农村生产条件和生活环境，促进农村经济社会发展。

专项规划目标应分不同规划水平年确定，主要包括与任务相适应的定性、定量目标。近期以定量为主，远期以定性为主。

2. 规划规模

（1）综合规划的规模主要指水土流失综合防治面积（含综合治理面积和封育保护面积），应根据自然环境、水土流失状况、区域社会经济、资金投入保障等情况按照规划水平年分近、远期分别确定。

（2）专项规划的规模应根据规划任务和目标、治理的难易程度、轻重缓急、资金投入保障，拟定水土流失综合治理面积；对于水土保持单项工程应初步拟定建设范围和建设工程数量。

3.3.4　总体布局

1. 一般原则

（1）水土保持规划应根据国民经济和社会发展规划，在充分协调主体功能区规划、土地利用规划、生态建设与保护规划、水资源规划、城乡规划、环境保护规划等相关规划，对规划区域内预防和治理水土流失、保护和合理利用水土资源提出总体布局。

（2）综合规划中的总体布局应在水土保持区划、水土流失重点防治区划定的基础上，根据现状评价和需求分析，围绕水土流失防治任务、目标和规模进行，包括区域布局和重点布局两部分内容。

（3）专项规划中的总体布局应根据规划的任务、目标和规模，结合水土流失重点防治区，按水土保持分区进行。

2. 区域布局

（1）区域布局应根据水土保持区划，分区提出水土流失现状及存在的主要问题；统筹考虑各行业的水土保持相关工作，拟定水土流失防治方向和措施布局。

（2）专项规划应明确相应水土保持区划确定的水土保持主导基础功能，根据综合规划的区域布局，结合规划区实际情况，分区提出水土流失防治对策和技术途径。

3. 重点布局

（1）综合规划中的重点布局应根据规划区涉及的水土流失重点预防区和重点治理区，分析确定水土流失防治重点布局和范围。结合水土保持主导基础功能，提出重点布局区域的水土流失防治途径。

（2）专项规划可结合工程特点，提出重点布局方案。

3.3.5　预防规划

1. 一般规定

（1）综合规划中的预防规划应突出体现预防为主、保护优先的原则，主要针对重点预防区、重要生态功能区、生态敏感区，以及主导基础功能为水源涵养、生态维护、水质维护、防风固沙等区域的预防措施和重点工程布局。

（2）预防专项规划应符合水土保持综合规划总体布局的要求，针对特定区域存在的水土流失主要问题，结合区域水土保持主导基础功能的维护和提高，提出预防措施与重点工程布局。

（3）其他专项规划中的预防规划参照综合规划中的预防规划编写。

（4）预防规划应明确预防范围、对象、项目布局、措施体系及配置等内容。

2．项目布局

（1）预防范围宜保持行政区、自然单元及流域的完整性，并应包括以下内容：

1）政府公告的水土流失重点预防区，县级以上地方人民政府划定并公告的崩塌、滑坡危险区和泥石流易发区。

2）水土流失严重、生态脆弱的地区。

3）山区、丘陵区、风沙区以外的容易发生水土流失的其他区域。

4）水土流失轻微、主导基础功能为水源涵养、水质维护、生态维护、防风固沙等的区域。

5）重要的生态功能区、生态敏感区域以及对国计民生影响较大的区域。

（2）在确定的预防范围内选择预防对象，包括以下内容：

1）天然林、植被覆盖率较高的人工林、草原、草地。

2）植被或地貌人为破坏后，难以恢复和治理的地带。

3）侵蚀沟的沟坡和沟岸、河流的两岸以及湖泊和水库周边的植物保护带。

4）山区、丘陵区、风沙区及其以外的容易发生水土流失的其他区域的生产建设项目。

5）水土流失严重、生态脆弱的区域可能造成水土流失的生产建设活动。

6）重要的水土流失综合防治成果。

（3）综合规划的预防规划应在确定预防对象的基础上，明确管理措施和必要的控制指标，并根据经济社会发展趋势与水土保持需求分析，提出预防项目。

（4）重点预防项目应按拟解决问题的轻重缓急选择确定，并符合下列条件：

1）保障水源安全、维护区域生态系统稳定的重要性。

2）生态、社会效益明显，有一定示范效应。

3）当地经济社会发展急需，有条件实施。

4）近期预防项目应优先安排实施重点预防项目。

3．措施体系及配置

（1）预防措施体系应包括管理措施和技术措施。

（2）管理措施应包括管理机构及职责、规章制度建设和管理能力建设等。

（3）技术措施应包括封禁管护、自然修复、抚育更新、植被恢复与建设、生态移民、农村能源替代、农村垃圾和污水处置设施和其他面源污染控制措施，以及局部区域的水土流失治理措施等。

（4）预防措施配置应符合以下规定：

1）根据预防对象及其特点，进行措施配置。所选择的措施应能够有效缓解区域潜在水土流失问题，并具有明显的生态、社会效益。

2）沟、河源头和水源涵养区应突出封育保护、自然修复和水源涵养植被建设；饮用水水源保护区应以清洁小流域建设为主，突出植物过滤带、沼气池、农村垃圾和污水处置设施和其他面源污染控制措施，以及局部区域水土流失的治理措施。

3）重点预防区应突出生态修复、生态移民、局部区域水土流失的治理措施。

4）以生态维护、防风固沙等为主导基础功能的区域应突出维护和提高其功能的措施。

（5）预防措施配置应按分区和预防对象，各选择 1~2 条典型小流域或片区进行分析。典型小流域或片区选择应符合以下原则：

1）在地形地貌、土壤植被、水文气象、水土流失类型和特点、社会经济发展水平等方面具有代表性。

2）水土流失防治措施配置应与其代表的区域水土流失防治途径和技术体系协调一致。

（6）根据典型分析结果，确定相应的措施配比，推算措施数量。

3.3.6 治理规划

1. 一般规定

（1）综合规划中的治理规划应根据总体布局，对水土流失区进行综合治理，突出重点治理区的水土流失治理。

（2）专项工程规划应符合综合规划总体布局的要求，针对特定区域存在的水土流失主要问题，结合区域水土保持主导基础功能，提出治理措施与重点工程布局。

（3）其他专项规划中的治理规划参照综合规划中的治理规划编写。

（4）治理规划应明确治理范围、对象、项目布局、措施体系及配置等内容。

2. 项目布局

（1）治理范围宜保持行政区、自然单元及流域的完整性，并符合以下规定：

1）以政府公告的水土流失重点治理区为主要范围。

2）水土流失严重，具有重要的土壤保持、拦沙减沙、蓄水保水、防灾减灾、防风固沙等水土保持主导基础功能的区域。

3）水土流失程度高、危害大的其他区域。

（2）在确定的治理范围内选择治理对象，包括以下内容：

1）坡耕地、四荒地、水蚀林（园）地。

2）侵蚀沟沟坡、重力侵蚀坡面。

3）支毛沟、侵蚀沟道、山洪沟道。

4）沙化土地、砂砾化土地、风蚀水蚀交互区的退化草地等。

5）其他水土流失严重地块。

（3）综合规划的治理规划应在确定治理范围和对象的基础上，根据社会经济发展趋势与水土保持需求分析，提出治理项目。

（4）重点项目应有利于维护国家或区域生态安全、粮食安全、饮水安全和防洪安全，根据轻重缓急的原则选择确定，并符合下列条件：

1）水土流失强度大、程度高，迫切需要治理。

2）对区域水土保持主导基础功能产生重大影响，急需治理。

3）水土流失危害大，严重制约经济社会发展，治理效益显著。

4）符合国民经济发展规划，需要实施的项目。

（5）近期治理项目应优先安排重点治理项目。

3. 措施体系及配置

（1）治理措施体系应包括工程措施、林草措施和耕作措施。确定措施体系应符合以下要求：

1）综合治理规划在水土保持区划的基础上，应根据区域水土保持主导基础功能、水土流失情况和区域经济社会发展需求等，制定水土流失综合治理措施体系。

2）专项治理规划根据工程特点和任务拟定相应的治理技术措施体系。

（2）治理措施配置应符合以下规定：

1）根据治理对象及其水土流失特点，进行措施配置。所选择的措施应能够有效治理水土流失，并具有显著的生态、经济、社会效益。

2）不同区域水土保持措施配置应根据水土保持措施体系突出维护和提高其区域水土保持主导基础功能。

（3）治理措施配置应按分区和治理对象，各选择1～2条典型小流域或片区进行分析。典型小流域或片区选择原则应参照 GB/T 16453.1～16453.6—1996《水土保持综合治理技术规范》执行。

（4）根据典型分析结果，确定相应的措施配比，推算措施数量。

3.3.7 监测规划

1．一般规定

（1）综合规划中的监测规划应在监测现状评价和需求分析的基础上，围绕监测任务和目标，提出监测站网布局和监测项目安排，并应遵循以下规定：

1）满足重点预防区和重点治理区监督检查和考核的要求。

2）充分考虑政府决策、社会经济发展和社会公众服务的需求。

3）满足规划、科研、监督、示范、风险评估等不同层次管理信息的需求。

（2）监测专项规划应根据特定的项目和任务，按相关技术规定进行规划。

（3）其他专项规划中的监测规划参照综合规划中的监测规划编写。

2．监测站网

（1）监测站网规划应包括监测站网总体布局、监测站点的监测内容及设施设备配置原则。

（2）站网总体布局应遵循以下原则：

1）统筹协调各类监测站点，分区、分类布局。

2）按照水土流失重点防治区、不同水土流失类型区、生产建设项目集中区和重点工程区等监测的需要布局。

（3）监测站点的监测内容应按《水土保持监测技术规程》（SL 277—2002）规定执行，满足不同类型监测站点监测任务和目的。

（4）监测站点设施设备配置应根据典型监测站点调查分析，遵循先进、经济、实用的原则，按照《水土保持监测设施通用技术条件》（SL 342—2006）规定执行。

3．监测项目

（1）监测项目应主要包括水土流失定期调查，水土流失重点防治区、特定区域、重点工程区和生产建设活动集中区域等动态监测。

（2）监测项目应根据水土流失类型、面积、强度、分布状况和变化趋势，水土流失造成的危害，水土流失预防和治理情况，满足定期公告的需要。

（3）重点监测项目应根据水土保持发展趋势和监测工作现状，结合国民经济和科技发展水平进行选择，并应满足下列条件：

1）水土流失重点预防区和重点治理区目标责任考核。

2）重要河川源头、饮用水源地、重要生态功能区及大中型水库综合利用工程的上游区域动态评价。

3）水土流失严重、生态脆弱区的监测评估。

4）水土保持重点工程项目区效果评估。

5）其他迫切需要监测的。

（4）近期监测项目应优先安排重点监测项目。

3.3.8 综合监管规划

1．规划原则

（1）综合监管规划包括管理体制与机制建设、规划管理、监督管理、法律法规和政策建议、科技支撑及基础设施与管理能力建设等。

（2）专项规划中的综合监管规划可根据特定的任务和内容适当取舍和调整。

2. 管理体制与机制

（1）管理体制与机制规划应主要包括流域与区域管理相结合的管理体制，跨部门管理机制和综合管理运行机制。

（2）管理体制与机制规划应符合下列规定：

1）满足法律法规相关规定和流域机构及地方各级水利部门的职责权限。

2）满足经济社会发展对水土保持改革与发展的需求。

3）根据流域与区域管理的需要，提出流域与区域管理的事权划分建议。

4）根据水土保持统一管理的需要，提出协商议事、联合决策、合作框架的跨部门管理机制的建议。

5）提出公众参与、信息共享、科普教育、应急响应等综合管理运行机制，满足水土保持社会管理的需求。

3. 规划管理

（1）规划管理的主要内容应包括水土保持规划体系、规划编制审批、规划实施管理，以及涉及水土保持的其他规划的管理。

（2）水土保持规划管理应符合以下规定：

1）明确规划体系分类、作用、任务及其从属关系。

2）提出各级、各类规划实施和中期、后期评估主体及风险评估的有关建议。

3）根据重点项目安排，提出需编制规划项目的建议。

（3）对涉及水土保持的规划，提出分级管理和落实规划征求意见制度的要求及意见。

4. 监督管理

（1）监督管理规划应包括生产建设活动和生产建设项目的监督、水土保持综合治理工程建设的监督管理、水土保持监测工作的管理、违法查处、纠纷调处、行政许可和水土保持补偿费征收监督管理等内容。

（2）监督管理规划应根据现状监督管理评价和需求分析，提出监督管理的重点和措施，并应满足以下要求：

1）生产建设活动和生产建设项目的监督应满足预防规划提出的预防目标和控制指标；生产建设项目水土保持方案编制、实施、验收、备案、督查等方面的要求；生产建设项目水土保持监测资质和监测成果质量评价、考核的需要。

2）水土保持综合治理工程建设的监督管理应满足评价工程建设和管理及特定区域的水土流失治理工作的需要。

3）水土保持监测工作的管理应满足水土保持公告、政府水土保持目标责任考核等的需要。

4）违法查处、纠纷调处、行政许可和水土保持补偿费征收等的监督管理应满足考核各级监督执法机构履行行政职责的需要。

5. 法律法规与政策建议

（1）应根据经济社会及水利发展改革对水土保持工作的新要求，结合流域、区域、部门综合管理权限，从水土资源保护、水土保持监督管理等方面，提出法律法规、规范性文件、管理制度、政策等方面的建议。

（2）提出规划期内需要重点制定和完善的法律法规与政策建议。

6. 科技支撑

（1）科技支撑规划应包括科技支撑体系、基础研究与技术研发、技术推广与示范、科普教育等内容。

（2）应根据不同分区水土保持存在的重大科学与技术问题及水土保持工作需要，提出科技支撑规划，并符合下列规定：

1）根据科研基础设施建设和科技协作平台构建的需要，提出水土保持科研机构、队伍和创新体系建设的目标和内容。

2）根据分区水土流失防治的需要，提出水土保持领域内的科学技术攻关的关键环节和内容。

3）根据科技示范的需要，提出水土保持科技示范园区建设的布局和主要内容。

4）根据分区水土流失特点和技术需要，提出科技示范推广和科普教育的工作方向和主要内容。

5）根据水土保持规划设计和管理的发展与需求，提出完善水土保持技术标准体系的建议。

（3）提出规划期内重点科技攻关项目、科技推广项目和水土保持科技示范园区建设规模。

7. 基础设施与管理能力建设

（1）基础设施与管理能力建设规划主要包括基础设施建设、监督管理能力建设、监测站点标准化建设、信息化建设。

（2）基础设施建设与能力建设规划应符合以下规定：

1）根据水土保持科技和管理的需要，提出科研示范基地建设内容。

2）根据监督管理任务和形势需要，提出水土保持监督管理机构体系、执法装备等方面的建设内容和提高监督管理水平的建议。

3）根据有关监测技术标准，提出不同类型监测站点的标准化建设内容。

4）根据水土保持信息管理需要，提出信息管理体系、监测信息管理平台和综合监管应用系统等建设内容。

（3）提出基础设施与管理能力建设的重点项目。

3.3.9　实施进度及近期重点项目安排

1. 实施进度

（1）应说明实施进度安排的原则，提出近、远期规划水平年实施进度安排的总体意见。

（2）应提出近期规划水平年的实施进度的具体安排意见。

2. 近期重点项目安排

（1）综合规划重点项目安排应符合以下规定：

1）按照轻重缓急、先易后难以及所需投入与同期经济发展水平相适应的原则，应优先安排在下列地区：

a. 水土流失重点预防区、水土流失重点治理区。

b. 对国民经济和生态系统有重大影响的河川中上游地区、重要水源区。

c. 投入少、见效快、效益明显、示范作用强的地区。

d. 符合国民经济发展规划，需要优先安排的其他地区。

2）应在分析可能投入的情况下，合理确定近期水平年规划实施的重点项目规模。

3）概括提出近期水平年规划实施重点预防和治理项目的区域范围和分布，简要说明其他重点项目的主要实施内容。

4）按轻重缓急对近期水平年规划实施重点项目进行排序。

（2）专项工程规划重点项目安排应符合以下规定：

1）在规划方案总体布局的基础上，近期重点工程优先安排下列地区：

a. 当地政府重视，群众治理积极性高的地区。

b. 水土流失比较严重，有水土保持工作基础的地区。

c. 投入少、见效快、效益明显的地区。

2）应在分析可能投入情况下，合理确定近期重点工程治理规模和分布。

3）按轻重缓急对近期规划实施的重点工程进行排序。

（3）专项工作规划在规划方案总体布局的基础上，根据水土保持近期工作的迫切需要，提出近期重点项目安排。

3.3.10 投资匡（估）算

1. 一般规定

（1）水土保持综合规划和专项规划宜按综合指标法进行投资匡算。

（2）水土保持专项工程规划应按照水土保持工程概（估）算有关规定进行投资估算。

2. 投资估算的编制

（1）通过不同地区典型小流域或工程调查，推算工程单价，分析单项措施投资、工程总投资，测算分年度投资。

（2）利用外资工程的内外资投资估算应在全内资估算的基础上，结合利用外资形式进行编制。

3.3.11 实施效果分析

1. 一般规定

实施效果的分析应包括生态、经济和社会效果分析以及社会管理与公共服务能力提升的分析，分析方法应遵循定性与定量相结合的原则。

2. 实施效果分析应符合下列规定：

（1）应从蓄水保土、水土保持功能的改善与提升、生态环境改善等方面进行生态效果分析。

（2）从农业增产增效、农民增收等方面进行经济效果分析。

（3）从提高水土资源承载能力、优化农村产业结构、防灾减灾能力等方面进行社会效果分析。

（4）从公众参与、信息公开等方面进行社会管理与公共服务能力提升分析。

3. 专项工程规划分析

专项工程规划分析应在效益分析的基础上进行国民经济评价。效益分析按《水土保持综合治理效益计算方法》（GB/T 15774—2008）执行，国民经济评价按《水利建设项目经济评价规范》（SL 72—2013）执行。

4. 风险评估

（1）风险识别。规划实施过程中，可能存在的风险有以下几个方面：

1）群众支持的风险。水土流失严重地区社会经济发展速度较为缓慢，当地群众迫切需要改善生产生活和基础设施等基本条件。虽然规划的实施可以改善当地基础设施条件，提供发展生产和提高生活水平的机遇，但如果在实施过程中与当地群众没有充分沟通和交流，容易发生不必要的误会和误解，从而会出现群众从支持变为阻碍水土保持治理的情况。

2）政策风险。在信息共享方面，需要有政策法规进一步明确共享水土保持数据的范围以及用户权限、使用范围等，才能实现信息共享。

3）技术风险。水土保持监测站点建设过程中，会存在一定的风险。计算机与通信技术日新月异，未来公用信道变换、升级及改造将会给工程运行带来技术风险。

4）资金风险。由于水土保持预防、治理工程点多、面广，治理过程中具体承建单位众多，在资金使用和管理上也存在着风险。

5）涉密信息管理风险。按照目前水利涉密数据规定，水土保持信息尚未列入涉密信息，但随着时间的推移，一部分信息有可能被列为涉密信息。目前在信息服务系统构架与建设中，尚未考虑到这一点，存在着涉密信息安全管理风险。

6）人员与管理风险。由于现有水土保持专业人员有限，给规划实施带来一定风险。规划实施涉及全市范围，单项工程繁多，建设任务和管理任务重，能否很好保证规划、施工质量、进度等，存在着一定风险。

（2）风险防范和化解措施。根据规划实施过程中可能出现的不稳定性因素，为了从源头上化解矛盾，研究制定的主要化解措施如下：

1）鼓励群众参与水土流失综合治理，积极做好正面宣传和协调沟通，切实解决群众关心的问题，为地方提供更多的就业机会，提高居民经济收入。

2）研究并制定相应的政策法规，明确水土保持信息共享的范围以及用户权限、使用范围。

3）工程建设过程中严格监管，更新技术，选择合适的通信方式（如网络、无线等）、选择最可靠的通道（如公网 SDH 等）和新型稳定设备，加强技术协调，特别是数据格式和数据库表结构与标识符的协调与统一，来规避技术风险。

4）规范项目管理、经费使用和审计。

5）针对涉密信息，根据相关法律法规，采取措施，增加有关设备，进行严格的物理隔离。

6）加强人员技术培训和实地考察学习，从而规避专业人员缺乏带来的风险。

3.3.12 实施保障措施

1. 一般规定

保障措施应包括政策保障、组织管理保障、投入保障、科技保障等内容。

2. 实施保障措施应符合下列规定：

（1）从政策和制度制定、落实等方面提出政策保障措施。

（2）从组织协调机构建设、目标责任考核制度和水土保持工作报告制度落实以及依法行政等方面提出组织管理保障措施。

（3）从稳定投资渠道、拓展投融资渠道、建立水土保持补偿和生态补偿机制等方面提出投资保障措施。

（4）从科研和服务体系建立健全、科技攻关、科技成果转换等方面，提出科技保障措施。

3.3.13 规划成果

规划必须提交的主要成果包括以下三个方面的内容。

1. 文字报告

（1）水土保持综合治理规划报告。

（2）单独编制的专项报告。

2. 附表

（1）土地利用现状表。

（2）水土保持措施规划表。

（3）水土保持工程量表。

（4）投资概（估）算表。

（5）实施进度表。

3. 附图

附（1）规划区域行政区划图。

附（2）规划区域水系图。

附（3）规划区域水土流失（风蚀）现状图。

附（4）规划区域土壤侵蚀强度分布图。

附（5）规划区域水土保持分区图。

附（6）规划区域水土流失重点预防范围图。

附（7）规划区域水土保持监测站点布局图。

附（8）规划区域水土保持措施规划图。

关于规划的详细要求参照各类水土保持规划编写提纲执行。

3.4 编制鄂尔多斯水土保持规划应重点把握的几个问题

3.4.1 认真分析自然地理条件

1. 掌握地形地貌的基本特征

鄂尔多斯地区的地形地貌，大致可划分为：丘陵沟壑地貌区（进一步划分为黄土丘陵地貌区、裸露砒砂岩丘陵地貌区、漫岗丘陵地貌区、砂砾石丘陵地貌区、片沙覆盖丘陵地貌区五个分区）、风沙区、波状高原区、黄河冲积平原区四大地形地貌类型区。发源于本市境内的黄河主要支流，有东部的十里长川和纳林川（合称皇甫川）、勃牛川和乌兰木伦河（合称窟野河）、孤山川、清水川、沙梁川等黄河流域著名的多沙粗沙支流，北部的穿越库布其沙漠进入黄河的"十大孔兑"支流，南部的穿越毛乌素沙地的红柳河、海流图河、纳林河等（合称无定河）支流，西部波状高原区的都思图河支流等，外流区面积 40220km²，占全市总面积 46.3%。在丘陵沟壑地貌区二级类型区都有分布的砒砂岩裸露地貌，面积达 5000km²，土壤侵蚀模数平均达到 30000t/(km²·a)，最高达到 40000t/(km²·a)，而且 80%以上为粒径大于 0.05mm 的粗沙，成为对黄河输沙"贡献"最大，而且也是黄河流域水土流失治理难度最大，同时也是国内外泥沙专家最为关注的热点地区，被中外专家称为"世界水土流失之最""环境癌症"。

2. 掌握水土流失发生发展的基本规律

根据对该区地质地貌以及各大支流多年水土流失状况的分析，鄂尔多斯地区的水土流失大体有五个特征：

（1）地形陡峻，沟壑纵横，河流短暂，形成了鄂尔多斯地区水土流失的地理特点。该地区属西北黄土高原和鄂尔多斯高原的过渡带，黄河在东、北、西三面环流，境内流域水系发育，大多为季节性河流，河床比降大，沟壑密度高，呈现出千沟万壑、支离破碎的地形地貌，直接进入黄河的洪水泥沙远远大于其他区域。

（2）气候恶劣，降雨集中，降雨强度大，造就了鄂尔多斯地区水土流失的动力优势。从气候特点看，该地区既具有鄂尔多斯高原风大沙多的特点，又具有黄土高原大陆性气候雷阵雨频繁（阵雨天数占全年总降雨天数的 66%）、暴雨强度大（阵雨量占全年总降雨量的 80%）的特点，降雨速度大大超过土壤渗透速度，产生了大量的地表径流（径流系数达 0.6~0.7），加之暴雨击溅地表形成大量泥浆，高强度的暴雨和迅速汇集的径流为该地区的水蚀提供了强大的动力。

（3）土质疏松、基岩裸露，为鄂尔多斯地区水土流失奠定了物质基础。从土体结构看，该地区大部分地区属第四纪黄土覆盖，由于多年的流失破坏，母质和基岩裸露，而且多为壤土或砒砂岩，遇风雨极易风化和崩解，抗蚀性能差，因此从土壤机理上为水土流失创造了先决条件。如皇甫川、孤山川、窟野河等流域之所以成为黄河的多沙粗沙集中产区，主要是因为上游极易风化的裸露砒砂岩和极易崩解的黄土层。

（4）风力、水力交互作用，风蚀水蚀并重，加剧了鄂尔多斯地区水土流失。鄂尔多斯高原干旱多风，大风扬沙也是该地区粗泥沙形成的重要因素之一。由于受蒙古高压气旋环流的影响，北方的强盛冷空气不断南下，鄂尔多斯高原每年冬、春、夏三季风沙肆虐，尤以 3—5 月最为突出，平均风速达 2.3m/s，最大风速达 24m/s，能见度仅 0.2m。由大风引起的沙尘暴是该地区常见的自然灾害。当北方冷空气南下途经鄂尔多斯高原时，由于下垫面松散，植被稀疏，特别是毛乌素沙地、库布其沙漠横陈于境内南北两端，引发大量扬沙，直接输送到境内沟道，到汛期由洪水挟带进入黄河。如北部的库布其沙漠，使得十大孔兑进入黄河的泥沙占到 80％以上。十大孔兑中较典型的西柳沟，汛期输入黄河的泥沙曾多次形成沙坝，堵塞了黄河水的正常下泄，抬高了水位，导致黄河两岸的工农业生产屡屡蒙受巨大损失。

（5）人类经济活动频繁，成为新的水土流失的主要形式。随着鄂尔多斯全市工业化、城镇化的强力推进和经济建设的快速发展，开发建设项目造成的人为水土流失也十分严重，使原本十分脆弱的生态环境更是"雪上加霜"。据 2008 年专项普查，全市共有各类厂矿企业 577 家（其中采矿企业 316 家），建成交通干线 3207km（其中公路 2765km），累计排弃堆放物 10249 万 m³，破坏地貌植被面积 4238.5km²，可能造成水土流失量 10073 万 t。总体上看，造成水土流失较严重的生产建设项目主要为煤矿开采、公路建设、园区建设、城镇建设，重点区域为煤矿采掘区、沉陷区、取弃土场等。

3.4.2 防治新的人为水土流失是今后水土保持工作的重点

进入 21 世纪以来，鄂尔多斯市充分利用得天独厚的矿产资源和独具特色的生物资源，已初步建成了农牧业绿色产业基地，煤炭、天然气、电力为主体的能源基地，绒纺科研生产基地，精细化工、有机化工的化工基地，高新技术的建材基地，生物资源优势的生物制药基地等六大基地。一次创业打下了坚实基础，二次创业谱写了华丽篇章，经济建设实现了由以农牧业为主导向以工业为主导的转变，被国家列为能源重化工重点建设地区之一。伴随着工业化、城镇化和农牧业产业化的进程，生态建设也取得了历史性突破，在资源开发与环境保护问题上，坚持走开发与保护并重的可持续发展的路子，着力构筑以生态环境建设为根本，建设绿色生态大市和国家北部边疆生态屏障，实现了大地增绿、企业增效、群众增收的多赢目标。

不可否认，鄂尔多斯生态环境的建设与保护工作取得了巨大成就。但从自然条件看，鄂尔多斯正处在黄土高原风蚀沙化和黄河中游水土流失区相重叠的地区，沙化土地及干旱草原区丘陵区两个"48％"的自然条件和"十年九旱"的自然规律，干旱少雨、风蚀沙化和水土流失严重仍然是该地区生态环境的主要特征，生态状况尚处于"整体遏制、局部好转"的相持阶段，进入了一个调整产业结构、优化经济发展布局、建设鄂尔多斯秀美山川的关键时期。同样不可否认，生态建设与生态文明的要求相比还有一定差距。经济建设的快速发展，使得人类经济活动成为主要的水土流失形式，也使得生态建设与环境保护变得尤为突出而紧迫。

从全市工矿及工业园区发展现状看，还存在一些问题。一是有些生产建设项目的生态环境治理和保护工作缺乏统筹的总体规划，整体布局和景观不协调。既没有制定长期综合整治规划，也没有形成长效的投入机制。在实施水土保持方案时，就出现治理措施不到位、恢复治理标准不高、后期管护不落实的现象，在一定程度上影响了工矿园区水土保持设施效益的持续发挥。二是工矿区分布地域广、项目多、建设周期长，工矿区各类建设项目的水土保持治理都是各自为政，围绕自身防护搞治理，矿与矿之间、园区与园区之间形成空白地带，不利于整个生态系统的恢复和保护。三是工矿及工业园区生态环境治理的基础管理和能力建设不能满足需要，水土保持监测不到位，动态监测工作薄弱，基础性资料缺乏，难以为科学管理提供支持。四是全市有近千个各类生产建设项目，涉及的面积大、范围广、种类多，水土保持监督检查既要面对如此繁重的工作任务，又要面对生产建设项目水土保持方案的落实由事前审查改革为事中、事后督查的新要求，现有监管力量严重不足，迫切需要不断提升科技支撑能力，提高水土保持监督执法部门的综合监管能力和综合服务水平。这些不足和问题，应该在编制规划时加以改进。

由此来看，防治生产建设项目造成的水土流失应成为今后编制水土保持规划的一项重要内容。

党的十八大报告把生态文明建设首次列为"五位一体"的总体布局，推进绿色发展、循环发展、低碳发展、高质量发展，构建资源节约型、环境友好型社会，从而实现中华民族永续发展，为今后鄂尔多斯市水土保持生态建设和环境保护指明了方向，提出了更高的目标要求——要实现人与自然和谐、人与水和谐、人与经济社会和谐，促进可持续发展，达到生产发展、生活富裕、生态良好的美丽愿景。

3.4.3 从黄河流域高质量发展的战略高度，重视水土保持规划工作

1. 因地制宜，分区防治

鄂尔多斯高原地域辽阔，沟壑纵横，东西部自然地理、社会经济差异较大，必须因地制宜采取不同的防治措施。

（1）鄂尔多斯东南部以皇甫川、孤山川、窟野河、无定河为代表的多沙粗沙区以及北部的十大孔兑，属黄土丘陵区、砒砂岩丘陵区、砂砾石丘陵区、片沙覆盖丘陵区的风蚀水蚀交错地带，这一区域土壤侵蚀剧烈，水力侵蚀强度大，风蚀、水蚀交错进行，治理难度大，是水土流失重点治理区。该区域的生态建设要以小流域为单元，集中连片、规模治理，生物措施、工程措施、农业耕作措施和封禁治理相结合，合理利用水土资源，提高土地生产力，增加当地群众收入。要紧密结合退耕还林还草项目、砒砂岩区沙棘生态建设项目、黄河大支流水土保持生态重点建设项目，在积极发展坝系农业解决粮食生产的同时，全面开展封育措施。要在尽量不破坏原生植被的基础上，按照沟、坡、峁三道防线的综合措施配置原则，根据不同立地条件合理配置林草和工程措施，实现"农田下川，林草上山"。

（2）鄂尔多斯北部沿黄支流属风沙区和片沙覆盖区的主要分布地带，要在大力发展防风固沙林带的同时，种植人工优良牧草，积极发展沟道库坝建设和沿河商品粮基地建设，搞好以种养业为主体的农业综合开发。在减少入黄泥沙的同时，实现这一区域的农业可持续开发利用。

根据鄂尔多斯高原干旱、半干旱丘陵区的自然特点，造林中的林种配置除沟道和低洼地带适宜栽植乔木林外，梁峁坡应布设以灌木为主体的混交林。在沙区应以沙柳为主，在砒砂岩区应以沙棘为主，在黄土丘陵区应以柠条和各种乡土树种为主，进行块状、带状混交，以提高其生态与经济的整体效益。

（3）鄂尔多斯西部牧区属干旱草原区和风沙区，该区域要实行轮封轮牧还草。在半农半牧区要退耕还林还草和轮封轮牧还草相结合，采取彻底禁牧、季节性休牧、划区轮牧、封山育林、封沙绿化、退耕还林还草等措施，保护和恢复植被。通过加快自然放牧向舍饲半舍饲和轮封轮牧转变的同时，加快畜种改良，提高管理水平，实现畜牧业的产业化经营。在"三化"草原区，要大力建设好灌溉草库伦建设，发展基本草场，减轻天然草原压力。在生态环境极度恶化的地区，实行草场全部围封，彻底禁牧。对围封区内的群众实行生态移民，搬迁到交通、水源、土质条件好的地区。对大面积沙地要扩大围封面积，在牧草返青期全面实行季节轮封轮牧；同时要抓好水资源的开发利用，发展灌溉饲草料基地，搞好棚圈建设，逐步推行舍饲养畜。

（4）在生态条件较好的农牧交错区，在合理规划的基础上搞好围封草场建设和小流域综合治理，鼓励农牧民承包开发"四荒"，以多种形式加快这一地区的水土保持生态建设步伐。

2. 制定规划与政策法规，加强生态保护与生态重建

（1）要牢固树立"保护生态环境就是保护生产力，改善生态环境就是发展生产力"的观念，在注重水土资源开发利用的同时，更要注重其有效保护和可持续利用，确保区域内经济社会的可持续发展。必须把保护和改善生态环境放在首位，妥善处理生产、生态、生活三者之间的关系。在治理方略上，要加强人工治理，通过管理和保护，充分发挥生态的自然修复能力，加快植被恢复；正确处理好人工治理同自然恢复的关系，加强基本农田、饲草料基地和小型水利工程建设，为改善农牧

民生产条件、禁牧和封育创造条件，支持和保护大面积植被恢复。

（2）要从实际出发，因地制宜，因害设防，综合考虑多种因素，以涵养水源为中心，保护与重建相结合，以大流域为骨干、小流域为单元，进行科学规划、科学实施。从人口、资源、环境协调的高度，建立既符合自然规律又符合经济规律的自然、经济、社会系统，建设良好生态体系，达到控制水土流失、改善生态环境之目的。对生态环境和生态功能良好的区域，实施保护战略，防止新的人为破坏。对生态环境和生态功能轻微破坏的区域，采取封禁为主的方法。对生态破坏严重、环境条件较差的区域，采取人工重建为主的方法。通过退耕还林还草、坡耕地改造、系统配置排蓄工程和适当布设坡面与沟道治理工程，有效涵养水源，调节地表径流，滞洪削峰，减轻洪涝灾害，增加枯水期流量，调节小气候。同时，规划要把水土保持生态建设与调整农村产业结构、建设农村主导产业结合起来，充分发挥资源优势，优化资源配置，使控制水土流失和发展地方经济融为一体。已有水土保持生态建设规划的地方，要根据目前的生态建设要求，对原规划进行合理的修改完善。规划一经同级人民政府批准，应将规划确定的任务纳入国民经济和社会发展计划，并精心设计，积极实施。同时要切实做好实施中的综合监管和风险评估。

（3）要加大水土保持监督执法力度，运用法律武器来保证和推动水土保持生态建设工作。对有害于水土保持生态建设的各类经济活动，必须坚持依法落实水土保持实施方案和事后监管审查制度。对境内公路、铁路、电力、煤矿、天然气等基础设施建设过程中遭到破坏区域的恢复治理和各类开发建设项目的废渣、废料、废水治理，要明确责任单位，并监督其严格执行水土保持"三同时"制度，将开发建设过程中的水土流失减少到最低程度。

（4）要全力抓好水土保持生态修复工程。采取多种措施，特别是依靠法律、制度、乡规民约以及强化管护、封山禁牧、轮封轮牧等措施抓好生态修复工作，为大范围实施生态修复积累经验。

（5）要积极抓好水土保持生态建设科技示范区建设。认真总结国家八片水土保持重点治理工程、中央财政预算内专项资金水土保持工程、砒砂岩区沙棘生态减沙工程、黄河重点支流水土保持生态建设工程、黄土高原淤地坝建设工程等重点项目的建设管理经验和治理模式，将好的建设管理经验、成功的治理模式和先进技术复制到各类水土保持规划之中。

（6）要认真抓好生产建设项目水土流失防治工作，总结不同的生产建设项目实施水土保持方案的成功案例，在编制工矿园区水土保持专项规划时，根据项目的水土流失特点，增加规划建设的科技含量，丰富规划建设内容，提高规划建设标准质量，完善建设管理机制，巩固治理成果，建成一批区域特点明显的生产建设项目水土保持生态建设示范区。

2014年，鄂尔多斯市水土保持局委托甲级设计单位编制了《鄂尔多斯市水土保持规划（2014—2033）》《鄂尔多斯市工矿区及经济开发园区水土保持专项规划（2014—2023）》《鄂尔多斯市沙棘资源建设及产业发展规划（2015—2024）》，2015年经市人民政府批准施行。这三个规划的概要列于附录 A～C，可供今后修编水土保持规划时参考。

附录 A　《鄂尔多斯市水土保持规划（2014—2033）》概要

一、规划必要性

1. 生态文明建设的需要

2. 治理黄河的需要

3. 改善区域生态环境的需要

4. 促进社会经济持续发展的需要

5. 贯彻水土保持法的需要

二、规划编制说明

本次规划依据水利部办公厅印发的《全国水土保持区划（试行）》（办水保〔2012〕512 号）文件，并按照《水土保持规划编制规范》（SL 335—2014）进行编制。主要规划技术路线和规划内容包括：深入调查收集基础资料，在《全国水土保持区划（试行）》三级分区框架下进行水土流失防治四级分区，本次规划以鄂尔多斯境内入黄一级支流为流域单元、以旗县行政区为行政单元进行规划，在大量基础数据分析基础上，进行现状与水土保持需求分析，分区制定水土保持措施体系和布局。对近期、中期、远期治理任务和远期治理规模进行规划，分区进行预防保护规划（丘陵沟壑区生态修复、风沙区生态修复、波状高原区生态修复）、治理规划（丘陵沟壑区综合治理、风沙区综合治理、波状高原区综合治理、工矿产业园区水土流失治理）、监测规划、综合监管规划，对近中期水土保持重点项目实施进度进行安排，对投资进行匡算，对规划期水土保持措施实施效果进行预测性分析，提出了实施规划的保障措施。

三、基本概况

（一）自然条件

1. 地质构造和岩性

2. 地形地貌

3. 气象水文

4. 土壤植被

5. 自然资源

（二）社会经济

（略）

（三）治理现状

1. 水土流失现状

鄂尔多斯市土地面积 86881km²，水土流失面积 37750.7km²，占总土地面积的 43%。主要侵蚀类型有以面蚀、沟蚀为主的水力侵蚀，以坍塌、泻溜为主的重力侵蚀和以风力吹蚀表土形成土地沙漠化为主的风力侵蚀。鄂尔多斯市侵蚀模数 0.5 万～1.88 万 t/(km²·a)，最高达 4 万 t/(km²·a)（裸露砒砂岩区）。

2. 水土流失危害

（略）

3. 水土保持现状

截至 2013 年年底，累计完成水土保持治理措施面积 2.8 万 km²，占到最初水土流失面积 71159.4km² 的 39%。根据 2011 年全国水利普查成果，全市水土保持治理保存面积 22245.48km²，治理程度 25.60%。其中：梯田 8637.5hm²；沟坝地 3545.3hm²；水地 38724hm²；水保林 192.49 万 hm²，包括乔木林 29.42 万 hm²、灌木林 163.07 万 hm²（含沙棘 21.45 万 hm²）；经济林 2.65 万 hm²；人工种草 22.22 万 hm²。累计实施大中小型淤地坝 1633 座；完成各类小型蓄水保土工程 6698 处，其中包括谷坊坝 2798 处、塘坝 589 座、水窖旱井 2589 眼，以及其他小型工程 722 处。现有水土流失面积 37750.7km²。

4. 防治效果

（1）黄土高原水土保持世行贷款项目取得丰硕成果。

（2）沙棘生态建设治理砒砂岩取得明显成效并带动了沙棘产业化发展。

（3）淤地坝坝系工程建设、拦沙淤地效果显著。

（4）多沙粗沙区综合治理工程治理效益显著，明显减少入黄泥沙。

5. 成功经验

（1）上中下游兼顾，拦、蓄、防结合，综合治理水沙灾害。

（2）实施坝系工程建设，凸显防洪拦沙效果。

（3）保护优先，实施生态修复和人工治理相结合。

（4）大力发展水土保持产业，以产业开发逆向拉动生态建设。

（5）在治理项目中坚持执行禁牧、划区轮牧和草畜平衡政策。

（6）与全市农牧业经济"三区"规划结合实施。

根据发展目标，将全市划分为农牧业优化开发区、农牧业限制开发区和农牧业禁止开发区（简称"三区"）。农牧业优化开发区主要分布在沿黄河、无定河流域，区域面积 1.05 万 km²，占全市总面积的 12.1％；农牧业限制开发区主要分布在生态环境相对较好的西部草原和东部水土资源条件较好的河川流域及城郊，区域面积 3.19 万 km²，占全市总面积的 36.8％；农牧业禁止开发区主要分布在库布其和毛乌素沙漠腹地、西部波状高原（干旱硬梁）区的缺水草场和水土流失严重的丘陵沟壑区，以及依法设立的各类自然生态保护区和工矿采掘区，该区域面积 4.44 万 km²，占全市总面积的 51.1％。

四、现状评价及需求分析

（一）土地利用现状

全市总土地面积 86881km²，农林牧土地结构为 1∶3.2∶13.2，其主要的土地利用结构情况为：现有农地 4062.09km²，占总面积的 4.6％；现有林地 1.31km²，占总面积的 15％；现有草地 5.38 万 km²，占总面积的 61.9％（其中，天然草场 4.94km²，占草地的 92％；人工草地 662.7km²，占牧草地的 0.7％），而天然草场（地）中覆盖和低覆盖草地各占草地的 40％；其他土地（裸土地、裸岩石砾地和未利用地）1.25km²，占总面积（不包括十大孔兑平原区）的 14％；现有水域及水利设施用地 1659.23km²，占总面积的 1.9％。

从土地利用现状来分析，林草资源尽管数量可观，但林地稀疏，草地退化，利用率很低。荒山荒坡包括裸露土地、岩砾地和未利用地，该类土地在鄂尔多斯市八旗区均有大面积分布，其中裸露土地主要分布在库布其沙漠、西部干旱草原区；岩砾地在鄂尔多斯市数量少，主要分布在丘陵沟壑地貌区和西部干旱草原地貌区。荒山荒坡在鄂尔多斯市占有比例较大，一直未能开发利用，通过生态自我修复来恢复植被是改善这一地区土地状况的有效途径。

（二）土地适宜性评价

本次土地适宜性评价参照了《鄂尔多斯市人民政府关于印发全市农牧业经济三区发展规划的通知》（鄂府发〔2007〕49 号），该规划提出了以生态环境建设为核心，围绕水资源，合理开发利用农牧业资源，逐步形成资源节约型的农牧业经济发展模式，加强生态治理和保护，促进经济、社会、人口、资源和环境之间的可持续协调发展目标。

（1）丘陵沟壑地貌区，坡度大于 15° 的土地占到丘陵区的近 60％，大部分属于四级、五级土地，属宜林宜牧地区。整体看，该区域生态严重退化、环境恶劣，多不宜耕作，主要属于"农牧业禁止开发区"。在不具备农牧业生产条件、不宜人居住的水土流失严重的丘陵沟壑区，主要发展方向是减少人类的干扰破坏，加大退耕还林、退牧还草力度，减轻生态环境承载压力，恢复植被，改善生态，促进生态系统的修复与保护。在生态修复与保护的前提下，在沿河沟畔的下湿地、工程淤地区域，其土壤种类以栗钙土为主，适宜发展粮食生产；同时这一地区条件极好，日照充足，水源丰富，受风沙影响小，特别适宜发展沙棘等价值高的生态经济林。

（2）毛乌素沙地地下水赋存条件很好，发展林牧业前景广阔，推行土地有偿转让，谁治理、谁受益，以促进植被建设，改善生态环境，加速畜牧业生产发展。库布其沙漠重点发展林沙产业。

（3）西部波状高原地貌区是鄂尔多斯市新牧区建设的重点，适宜发展草原畜牧业。该区域发展方向是落实以水定田、以田定人、以草定畜、草畜平衡的发展方针，以生态建设和保护为重点，加强以水为中心的农田草牧场建设。在生态环境相对较好的西部草原，实行禁牧、休牧、划区轮牧；在生态环境较好、水土资源较为富集、农牧业生产条件较为优越的区域，积极发展林沙产业和饲草料产业，发展以耐旱性的乔灌林草为主的植被建设，在半荒漠草原搞生态畜牧业、效益畜牧业。

（4）黄河冲积平原地貌区的发展方向是建设现代农牧业，提高农牧业综合生产能力，加快建设沿河现代农牧业产业带和城郊农牧业经济区。这一地区主要是配套灌溉水源工程设施，发展粮食生产，开展多种经营。

（三）水土流失消长评价

在 2000 年以前，一方治理，多方破坏，治理成效甚微，生态环境一直处在局部治理、整体恶化状态。进入新世纪，生态环境开始明显好转，步入整体遏制、局部好转相持阶段。特别是经过近 20 年的高强度治理，鄂尔多斯水土流失面积逐步减少。据 2011 年水利普查成果，鄂尔多斯市的水土流失面积现状为 37750.7km²，与 20 世纪 50 年代初的 71159.4 km² 相比减少了 47%。截至 2013 年年底，治理度（原水土流失面积基数）由 20 世纪 90 年代的 30% 增加到 36%。2013 年鄂尔多斯市森林覆盖率达到了 23%，水土流失侵蚀模数明显降低，丘陵地貌区侵蚀模数由 20 世纪 90 年代普遍 15000～20000t/(km²·a) 降低到 13000～18000t/(km²·a)，风沙区侵蚀模数也由原来的 10000t/(km²·a) 降低到 7000～8800t/(km²·a)。经过多年治理，每年水土流失量由 20 世纪 90 年代的 1.9 亿 t，降低为如今的 1.6 亿 t。

（四）水资源丰缺程度评价

鄂尔多斯市属资源性缺水地区，全市水资源总量约 31.23 亿 m³，其中可利用水资源量 20.17 亿 m³，人均水资源占有量低于国际警戒线。

1. 现状用水量

根据《鄂尔多斯水资源评价》分析，水资源评价用水按生活、生产、生态三大类用水户分别统计，生活用水可分为城镇生活用水（居民生活和公共用水）和农村生活水，生产用水分为第一产业、第二产业和第三产业用水。2009 年鄂尔多斯市总用水量 184145.49 万 m³，其中，生活用水量 4131.24 万 m³，占总用水量的 2.24%；第一产业用水量 147830.21 万 m³，占总用水量的 80.28%；第二产业用水量 25803.39 万 m³，占总用水量的 14.01%；第三产业用水量 1416.99 万 m³，占总用水量的 0.77%；生态用水量 4963.66 万 m³，占总用水量的 2.7%。

2. 水资源丰缺程度评价

按照《鄂尔多斯水资源评价》分析，鄂尔多斯市 1980—2009 年多年平均水资源总量为 264344.50 万 m³（其中地下水矿化度不大于 2g/L 的为 258167.64 万 m³），人均水资源量低于全国人均水资源量。随着经济和社会的迅猛发展，水资源需求日趋紧张。

（五）饮用水水源地保护区面源污染评价

1. 水源地

2011 年 5 月 25 日，内蒙古自治区人民政府正式批复鄂尔多斯市 13 个城镇饮用水源地水源保护区划定方案（内政字〔2011〕145 号），其中包括中心城区的 4 个现有饮用水源（西柳沟水源地、展旦召水源地、乌兰木伦水库和札萨克水库）和 2 个规划备用饮用水源（哈头才当水源地和木肯淖尔水源地）。仅中心城区水源地保护区面积就达到 446.75 km²。

2．水质监测

据 2009 年鄂尔多斯市实际监测成果，按照《地表水环境质量标准》（GB 3838—2002），在鄂尔多斯 25 条河沟的 49 个断面中监测，符合Ⅲ类水质标准的达标河段数占 36.7%，治污形势相当严峻。严重的水土流失，必然造成江河湖泊的面源污染。因此鄂尔多斯市水源区的水土保持要常抓不懈。

（六）水土流失对面源污染影响评价

水土流失裹挟着地表人畜活动的污染源和耕作的农药化肥成分直接威胁饮水水源的水质。鄂尔多斯大开发大建设，破坏地表结构，造成植被占压和减少，堆土弃渣也不可避免在汛期径流过程中对水质产生污染。近年来，鄂尔多斯市为创建国家生态园林城市，大力推进水源地保护区、城市周边开展生态清洁型小流域建设。以小流域为单元，实施了生态修复、坡面治理、沟道工程建设为一体的水土保持小流域综合治理和水源涵养林建设，先后实施的伊金霍洛旗掌岗图小流域（片）、东胜区吉劳庆小流域是重点打造的生态清洁型小流域典型示范区，但防治饮用水水源地化肥、农药以及生活垃圾由于水土流失而造成的面源污染仍缺乏整体规划。由于水资源的短缺，在地方社会经济可持续发展的过程中，防治水源地污染任务更加严峻。

（七）生态状况评价

鄂尔多斯地处的特殊地理位置，荒漠沙生植被、草原植被、高山稀疏植被和人工植被类型均有分布。据《鄂尔多斯生态建设与发展规划（2011—2020）》中基础数据分析，境内植被覆盖率最低的是乌审旗（26.7%），最高的是伊金霍洛旗（76%）；在全市植被覆盖面积中，草地占到近 80.4%，而且高覆盖率草地只有 13.61%；林地覆盖仅占全市植被覆盖的 19.6% 左右。植被建设明显不平衡。

（八）监测监督管理评价

1．水土保持监督

截至 2013 年 12 月底，全市各级水行政主管部门共审批开发建设项目水土保持方案 1752 个，其中建设类项目 471 个，占已审批项目的 26.9%；建设生产类项目 1281 个，占已审批方案项目的 73.1%。开发建设项目水土保持设施验收累计达到 741 个，占已审批项目的 42%。

目前，水土保持方案的实施有三种情况：①建设单位执行"三同时"制度，按照批复的水土保持实施方案，组织开展水土流失防治工作。建设单位主要是国有企业和大型民营企业。②建设单位能够按照批复的水土保持实施方案，组织开展水土流失防治工作，但防治措施都是重点实施在工业广场这类人员生产生活频繁的区域，其治理的规模和质量较好，弃渣场、取土场等区域治理标准低，建设单位主要是中小工矿企业。③不能执行"三同时制度"，与主体工程同步编制方案，或不能同步按照水土保持方案落实具体的防护措施，恢复治理工作滞后。

2．水土保持监测评价

鄂尔多斯市 2005 年成立了市水土保持监测站，准格尔旗、达拉特旗、伊金霍洛旗和乌审旗相继成立了水土保持监测站，按照水利部《关于在全国范围内开展监测网络规划的通知》精神，仅针对水土保持生态项目开展实施成果监测，由于缺少先进的数据采集、存储设备，监测工作整体相对滞后。

（九）存在问题

（1）黄河内蒙古段泥沙淤积洪水威胁依然是心腹之患。

（2）多沙粗沙区水土流失尚未得到有效遏制。

（3）风沙危害十分严重。

（4）维护天然植被和治理成果措施薄弱。

（5）资源开发引起的生态环境破坏治理问题突出。

（6）治理任务艰巨，资金投入不足。

（十）水土流失治理相关的需求分析

1. 土地资源可持续利用的需求

由于自然和人为因素，农、林、牧产业结构不合理，是造成鄂尔多斯植被退化的突出问题之一。草地超载过牧现象普遍，林草地存在退化和破坏的压力逐年上升，要使草场实现持续利用，必须开展封禁治理，提高植被盖度和生产生物量。同时，鄂尔多斯经济快速发展，大开发大建设，工矿建设用地需求不断增加，土地利用粗放，破坏了地貌的自然降雨汇流通道。在这些区域，就地拦蓄水资源困难，通过今后水土保持生态建设，扩大草地面积，防治草地退化，提高草地的质量和生产能力，促进水土资源可持续利用。在水土保持建设中，还需加大旱耕地退耕还林，营造梯田、坝地、小片水地，调整土地利用结构。

2. 生态安全的需求

鄂尔多斯市地处黄河上中游鄂尔多斯高原，地理位置处在具有特殊地理景观的生态过渡带上，在自然生态系统方面，其大气环流系统处在蒙古-西伯利亚反气旋高压中心向东南季风区的过渡；在气候上，它是一个自西北向东南，从干旱、半干旱区向湿润区的过渡；在地质、地貌方面，它处在戈壁、沙漠向黄土高原的过渡；在水文系统上，它处在大陆内流区向外流区的过渡，即风蚀地带向水蚀地带的过渡；在植被地带上，它处在典型草原向东南的森林带向西南的荒漠化草原的过渡；在植物区系上，它是古地中海区系——中亚旱生区系向东亚森林区系的过渡。在人工生态系统方面，它是典型牧区、典型耕作农业向工矿业的过渡，属于农、牧、工况交错带。在社会文化系统方面，它又是以蒙古族汉族为主的多民族杂居区，历史上就是游牧文化与农业文化的复合交错区。自然生态系统、人工生态系统和社会文化系统的融合交错，构成了以人类活动为主旋律的高度复杂的复合生态系统。

同时，鄂尔多斯市又是中国最典型的生态敏感区。首先，该地区处在复杂的过渡带上，具有过渡带的一般性质，即多种生态类型交汇于此；但是处在相变的临界状态，对外界干扰相当敏感，一旦干扰超过一定的阈限，便可迅速放大，难以逆转。其次，该地区的地质基质抗蚀性差，广大地区所处的白垩纪、侏罗纪和第三系的灰绿色、红色砂岩、砂质岩极易风化；遍布高原的古代冲积物、洪积物以及现代河流的洪积、残积的泥沙是沙丘物质的重要来源，这些沉积物，在风蚀风积作用下，很容易形成新的沙丘。最后，该地区气候要素值年际变化大，保证率小，剧烈的冷热变化加剧了砂岩风化，为土地沙化提供了物质基础；该地区的降雨多属暴雨，对梁坡形成强烈冲刷，山洪挟带大量泥沙，风干后的沉积物也是沙化物质的来源；更为严重的是，干旱季节与大风季节同步，从而加剧了风蚀作用。一旦天然植被遭到破坏，在风水两相自然营力作用下，地表上层很快被剥蚀，导致古沙翻新，"暗沙"活化，沙漠化迅速发展。

鄂尔多斯市平均海拔高度在 1400～1700m，地形地貌复杂，黄土丘陵沟壑、沙漠、波状高原地貌分布在东部、中部和西部。鄂尔多斯高原东部、中部和西部地区沟壑纵横，沟川沟谷不断下切，坡面剥蚀强烈，沟壑密布，沟壑密度 5～11km/km²，主沟比降高达 6‰～10‰。

鄂尔多斯市地处特殊地形地貌和气候，其成土条件从东南到西北出现四个地带性土壤，即栗钙土、棕钙土、灰钙土和灰漠土，土壤有机质含量低，结构松散，易风化。全市总土地面积 86881km²，水土流失面积达 37750.7 km²。近年来，鄂尔多斯经济快速发展，在进行大规模开发建设活动的同时，也必然发生人为活动造成的水土流失加剧，生态环境存在生态安全危机，如果不同步进行开挖扰动后的水土流失治理，势必造成水土流失向恶性方向发展，生态安全面临严重威胁。

因此，在今后发展生产的同时，应采取工程措施和植物措施，进行土地整治和植被恢复同步治理，恢复土地的生产能力和生态植被，维护生态环境向良性发展。

3. 防洪安全的需求

解决入黄泥沙和防洪安全问题的根本途径是全面实施境内一级黄河支流水土流失治理。境内黄河一级支流上游丘陵沟壑区的侵蚀模数为 0.5 万～1.88 万 $t/(km^2 \cdot a)$，最高达 4 万 $t/(km^2 \cdot a)$，年均侵蚀总量为 1.9 亿 t，年均入黄泥沙为 1.5 亿 t，其中粒径大于等于 0.05mm 的粗沙占 70% 以上，约 1 亿 t，分别占黄河上中游入黄泥沙、粗沙的 1/10 和 1/4。

在境内黄河二级支流上，需要科学规划水土保持治沟坝系工程，加大生态保护修复力度，因地制宜进行人工治理，是防止黄河内蒙古河段河床持续抬高、保护两岸经济社会发展和人民生命财产安全的需要。

4. 饮水安全的需求

鄂尔多斯市城镇生活用水水平是全国平均水平的 41%，农村用水定额是全国平均水平的 59%；与自治区平均水平比较，城镇用水定额是全区平均水平的 54%，农村用水定额是全区平均水平的 96%。水资源极其短缺。

随着区域经济的大开发、大建设，长期农耕使用化肥等人类活动，鄂尔多斯市水污染的威胁日趋严重。根据 2011 年鄂尔多斯水资源评价，按照《地表水环境质量标准》（GB 3838—2002），据鄂尔多斯市 25 条河沟的 49 个断面监测，符合Ⅲ类水质标准的达标河段数占 36.7%。河流下游均有不同程度的污染。

鄂尔多斯不仅水资源短缺，而且水污染现状不容乐观，一旦持续下去，该市的水资源紧缺问题将越来越严重，直接引起水生态严重恶化，饮用水水源减少，水质变差，直接威胁饮水安全。而水土保持的一项重要任务就是从水源源头防止水土流失，禁止水资源面源污染的发生，通过综合治理饮用水水源地水土流失，采取生态建设措施保护和改善饮用水水源地，清洁环境，制止发生水质污染及饮用水量减少的饮水安全问题。

5. 水土保持功能维护的需求

截至 2013 年，鄂尔多斯市完成了 2.8 万 km^2 的水土保持治理，建设淤地坝 1633 座，持续有效地起到了控制水土流失、拦截入黄泥沙、改善生态环境、维护和提高水土资源利用的作用。但现存的乔灌草受自然条件因素和自身寿命的限制，乔灌草植被自然死亡，现存措施面积保存率维持在 70%～80% 左右，同时，乔灌草受人为生产活动占压破坏的区域，需要不断地进行修复性维护；另外，早期建成的 150～200 座大中型淤地坝已运行多年，也需要分期进行溢洪道续建和改小水库，进行加固性工程维护，使其稳定持续地发挥水土保持功能。

6. 监督监测管理的需求

目前，鄂尔多斯水土保持相关的配套法规不尽完善，执法机构尚需健全，执法队伍力量亟待加强，需要加快开展执法能力建设。鄂尔多斯地域广，造成水土流失的因素多种多样，从一定角度讲，水土保持监测在宏观管理上有不可替代的作用。首先需要做好长远监测规划，指导持续、长期的水土保持监测工作，为水土保持工作做支撑。

五、规划目标、任务和规模

（一）指导思想和遵循原则

（1）以党的十八大提出的"生态文明建设"为宏观指导思想，把生态文明建设与经济建设、政治建设、文化建设、社会建设一道纳入中国特色社会主义事业总体布局。围绕建设祖国北方重要的生态屏障战略目标，做好长期水土保持规划，采取水土保持综合措施，巩固水土保持建设成果，筑牢祖国北疆生态屏障鄂尔多斯防线，最终实现建成"祖国北疆亮丽生态风景线上的璀璨明珠"的目标。

（2）坚持预防为主、防治并重、保护优先原则。水土流失治理要遵照新的思路，依靠大自然自身修复能力，加上人工辅助措施、优先保护预防措施，遏制水土流失的恶化趋势，巩固水土保持成果；同时采取综合措施，在水土流失严重区域大力开展人工治理。

（3）坚持分区防治、分类指导、因地制宜、因害设防原则。鄂尔多斯地形地貌复杂，丘陵沟壑、风沙和波状高原地貌并存，不同地貌区的水土流失特点有明显差异，因此，水土保持规划应在区分地貌类型的基础上，因地制宜，因害设防，采取有效措施，有针对性地治理水土流失。

（4）坚持全面规划、统筹兼顾、突出重点的原则。规划具有全面性，在全市范围的 9 个旗（区）开展规划，从预防、治理、监督管理、监测和科学研究等方面全面规划，同时，突出近期工作重点，将规划任务落实到重点实施项目中。

（5）坚持多方参与、尊重农民意愿和集体决策规划方向的原则。必须坚持多部门参与、咨询多方专家，尊重农民意愿的原则，优化规划，以提高规划的可操作性、实用性和科学性。

（二）规划发展目标

1. 近期发展目标（2014—2017 年）

（1）完成水土保持综合措施治理面积 4800km^2（每年完成 1200km^2，其中每年完成人工治理面积 640km^2，生态修复面积 560km^2）。

（2）新增治理度（2017 年年末）13％，达到 53％。

（3）新增植被覆盖率 6％，达到 38％。

（4）年均减少入黄河泥沙 960 万 t。

（5）农牧民生产条件改善，生活水平稳步增加，人均年收入增长 1300 元。促进农民人均年收入在 2013 年 12800 元的基础上，在 2017 年达到 18000 元。

2. 中期发展目标（2018—2023 年）

（1）完成水土保持治理措施面积 7200km^2，其中人工治理面积 3840km^2，生态修复 3360km^2（每年人工治理面积达到 640km^2，生态修复面积 560km^2）。

（2）6 年新增治理度 19％，达到 72％。

（3）6 年新增植被覆盖率 9％，达到 47％。

（4）年均减少入黄河泥沙 2800 万 t。

（5）农民生活环境改善，人均年收入增加 1300 元，促进农民人均收入在 2023 年达到 25800 元。

（6）建立健全水土保持监督体系，彻底制止由于人为活动造成水土流失增加的现象，鄂尔多斯市工矿园区周边水土流失得到全面治理。

（7）建成完善的市、旗（区）、黄河支流三级水土保持监测站网，建立水土保持建设和管理信息化体系，实现应用全球定位、遥感、地理信息技术支持水土保持行业的管理。

3. 远期发展目标（2024—2033 年）

（1）完成水土保持治理措施面积 12000km^2，其中人工治理面积 6640km^2，生态修复 5360km^2（每年新增人工治理面积 664km^2，生态修复面积 536km^2）。

（2）远期 10 年新增治理度 30％，达到 75％以上。

（3）10 年新增植被覆盖率 13％，达到 60％以上。

（4）年均减少入黄河泥沙 5500 万 t。

（5）农民生活环境改善，生活水平稳步增加，促进农民经济收入在 2023 年的基础上翻一番，人均年收入达到 5 万元。

（三）建设规模

规划期主要措施总规模为：完成水土保持综合措施治理面积 2.4 万 km^2，其中，新增人工治理面积 1.3 万 km^2，生态修复 1.1 万 km^2；新建拦沙坝 826 座，淤地坝续改建和加固 235 座，发展基本农田 167.46km^2，引洪拉沙 16 处，维修、加固堤防 226km，改扩建道路 894km。

1. 近期规模（2014—2017 年）

2014—2017 年，完成水土保持综合措施治理面积 4800km^2（其中新增人工治理面积 2560 km^2）。新建中小型拦沙坝 411 座，淤地坝续改建 111 座（实施溢洪道续建工程 94 座，进行淤地坝小水库改造 17 座）。引洪滞沙 4 处，维修、加固堤防 62km，生态修复辅助措施标志牌、宣传碑、网围栏、青贮窖、圈棚等措施。

2. 中期规模（2018—2023 年）

2018—2023 年 6 年间，完成水土保持综合措施治理面积 7200km^2（其中新增人工治理面积 3840km^2）。新建中小型拦沙坝 206 座，淤地坝续改建 56 座（实施溢洪道续建工程 49 座，进行淤地坝小水库改造 7 座）。引洪滞沙 7 处，维修、加固堤防 93km，生态修复辅助措施标志牌、宣传碑、网围栏、青贮窖、圈棚等措施。

3. 远期规模（2024—2033 年）

完成水土保持综合措施治理面积 12000km^2（其中新增人工治理面积 6640km^2）。新建中小型拦沙坝 209 座，淤地坝续改建 58 座（实施溢洪道续建工程 63 座，进行淤地坝小水库改造 3 座），引洪滞沙 5 处，维修、加固堤防 70km，生态修复辅助措施标志牌、宣传碑、网围栏、青贮窖、圈棚等措施。

六、水土保持区划与总体布局

（一）水土保持四级分区

在《全国水土保持区划（试行）》（办水保〔2012〕512 号）三级分区框架下，对鄂尔多斯总面积 86881km^2 进行了水土流失防治四级分区，包括丘陵区 18227km^2、风沙区 41703km^2、波状高原区 23476km^2（包括石质山区 2805km^2）和平原区 3475km^2。

（二）总体布局

1. 布局原则

依靠大自然修复为主，采取工程措施、植物措施因地制宜综合治理。

2. 分区治理重点

丘陵沟壑区：开展水土保持林生态建设，提高植被覆盖率和生物量产出；重点开展蓄水保土，拦截泥沙，减少土壤流失。

风沙区：重点开展防风固沙，防治土壤沙化。开展建设引洪拉沙，一级支流下游堤防工程措施，在有治理条件的区域，开展防风固沙林、沙障固沙建设植被措施。

波状高原区：选择适宜树种草种，增加人工林和人工草场植被建设，加大封禁生态修复。

（三）主要措施

治理丘陵区水土流失植物措施包括人工造林、种植乔木林、灌木林、种草，适当开展经济林建设，特别是大力开展沙棘灌木林建设；开展的水土保持工程措施有新建中小型淤地坝、全面完善淤地坝溢洪道续建工程，提高工程运行安全程度，开源节流，发展小型水源工程。因地制宜建设小型蓄水保土工程以及工程道路等。治理风沙区主要采取防风固沙林带、防风沙障等措施。在波状高原区，采取引进优良牧草品种、增加饲草料产量、加强禁牧轮牧工作力度、建设节水灌溉工程、解决草库伦灌溉水源等措施。

七、水土保持监测

按照水土保持工作的新要求和新思路，水土保持监测规划在 2014—2023 年间，分别在不同类型地貌区、不同一级支流、9 个旗（区）建成三级监测网络机构，建成比较完善的监测站点，开展水蚀、风蚀、水土流失观测。动态监测水土流失、水土保持治理成效和饮用水水源地水质的变化情况，采取宏观数据采集加微观实地调查数据相结合的途径，应用先进的监测设备采集数据，建立信息数据平台，规范数据采集标准，建立较为完善的符合鄂尔多斯实际的监测技术标准体系。做到数据的实用性和实效性，实现信息共享。

八、综合监管规划

到 2033 年，建立起完善配套的水土保持法规体系，健全执法机构，提高执法队伍素质，规范技术服务工作，全面落实水土保持"三同时"制度，落实综合监管责任，有效控制人为因素产生的水土流失，从根本上扭转生态环境恶化的趋势，使植被覆盖率大幅度提高，水土资源得到有效保护和可持续利用，为全面建设小康社会提供支撑和保障。

九、水土保持科研规划

2014—2033 年水土保持科研重点研究方向有林草植被快速恢复与生态修复关键技术、降雨地表径流调控与高效利用技术、水土流失区面源污染控制与小流域整治技术、水土流失试验方法与动态监测技术、沙棘资源的开发利用技术等。

十、重点项目及实施进度安排

近期规划 2014—2017 年的 4 年间：完成治理面积 2560km²，其中基本农田（梯田、沟坝地、水地）3700hm²、水保林 215000hm²、人工种草 37300hm²，实施封禁面积 200000hm²，生态修复 24000hm²。新建中小型拦沙坝 411 座，引洪滞沙 4 处，开展淤地坝维修加固工程 111 座，完成小型水保蓄水工程 1150 处，此外配套生态修复建设辅助措施标志牌、圈舍、围栏等措施。

中期规划 2018—2023 年的 6 年间：完成新增治理面积 3840km²，其中基本农田 6000hm²、水保林 363000hm²、人工种草 15000hm²，实施封禁面积 301000hm²，生态修复 35000hm²。新建大中小型淤地坝 206 座，引洪滞沙 7 处，堤防 93km，实施溢洪道续建工程 56 座，生态修复辅助措施标志牌、宣传碑、网围栏、青贮窖、圈棚等措施。

远期规划 2024—2033 年的 10 年间：完成新增治理面积 6640km²，其中基本农田 7500hm²、水保林 611500hm²、人工种草 45000hm²，实施封禁面积 471000hm²，生态修复 65000hm²。新建大型拦沙坝 209 座，需改建加固淤地坝 58 座、引洪滞沙 5 处、堤防 70km，生态修复辅助措施标志牌、宣传碑、网围栏、青贮窖、圈棚等措施。

十一、投资匡算

2014—2033 年水土保持规划总投资约 59 亿元，其中工程建设投资 143304 万元，林草措施投资 236604 万元，生态修复（封禁、补植、辅助措施）投资 126871 万元，独立费 49824 万元，基本预备费 33396 万元。

十二、效益分析

经测算，完成规划期水土保持各项治理措施后，可减沙 75683 万 m³，近期末年减沙能力达到 960 万 m³，中期末年减沙能力达到 2817 万 m³，远期末年减沙能力达到 5494 万 m³。可拦蓄地面径流保水 67771 万 m³，其中近期末年保水能力达到 799 万 m³，中期末年保水能力达到 2398 万 m³，远期末年保水能力达到 5018 万 m³。

完成规划期的水土保持各项治理措施后，产生的主要实物量直接经济效益为 1202 亿 t，其中：

基本农田增产粮食 44.72 亿 t；水保林的乔木林积材 62.70 亿 t，灌木林产枝条 519.16 亿 t；产草量增加 86.45 亿 t；生态修复产枝条积材 487.5 亿 t。按静态产值测算，水土保持效益产值合计约 63 亿元，其中基本农田 17.89 亿元，水土保持林 27.88 亿元，人工草地 2.59 亿元，生态修复 14.63 亿元。

十三、结论

鄂尔多斯总面积 86881km²，水土流失面积 37750.7km²，规划在 2014—2033 年间实施水土保持治理面积 1.3 万 km²，每年治理速度在 630～640km²。到 2033 年，新建拦沙坝和骨干坝、淤地坝续改建共计 826 座，治理度新增 34% 以上，植被覆盖新增 15% 左右。本规划将建设规模的措施分流域、分旗区、分类型区、分时间段分别进行了规划，比较切合实际，具有一定的可操作性，可以指导今后有序开展水土保持工作。

编制单位：水利部水土保持植物开发管理中心（2015 年 4 月）

附录 B 《鄂尔多斯市工矿区及经济开发区（园区）水土保持治理规划（2014—2023)》概要

一、规划背景与必要性

2000 年以来，鄂尔多斯市进入了大开发、大建设、大生产的工业经济迅猛发展阶段，各类生产建设项目规模不断扩大，种类繁多，分布广泛，虽然按照《水土保持法》等法律法规的要求，开展了水土流失防治和土地整治工作，但都是各自为战，工矿区及经济开发区（园区）水土保持治理工作缺少统一的规划，矿区生态重建规划的土地利用、植物选择以及工程技术等方面没有统一的标准和要求，导致大部分区域生态修复水平不高，与周围生态景观不协调，也容易造成矿区与矿区之间出现生态修复空白地带等现象，水土流失整体防治效果不明显。为贯彻党的十八大精神，落实新水土保持法，根据鄂尔多斯市人民政府关于抓好全市生态文明建设的新要求，鄂尔多斯市水土保持局委托水利部牧区水利科学研究所编制《鄂尔多斯市工矿区及经济开发区（园区）水土保持治理规划》（以下简称《规划》）。《规划》以科学发展观为指导，以合理开发、利用和保护自然资源为主线，以国家、自治区及鄂尔多斯市关于生产建设项目水土保持的方针政策为依据，将区域的自然、社会、经济、文化等因素纳入工矿区及经济开发区（园区）的水土保持工作中，立足区域环境的整体协调性，对全市生产建设项目水土保持工作进行统一规划。《规划》满足了全市工矿区及经济开发区（园区）水土保持工作的现实要求，适应工矿区及经济开发区（园区）水土保持工作可持续发展的需求，可成为全市工矿区及经济开发区（园区）水土流失治理的主要依据。《规划》对指导生产建设项目编报和实施水土保持方案，促进监督执法工作的开展，推进水土保持事业的发展具有重要意义，同时，对合理利用自然资源和社会经济资源，实现生态与经济的良性循环具有积极推动作用。

二、规划目标、规划期限、规划范围

（一）规划目标

1. 近期目标（2014—2017 年）

（1）摸清现有生产建设项目的种类、分布、生产规模、发展规划等情况，按年度更新数据库。

（2）健全水土保持监督管理体系，完善生产建设项目水土保持方案申报审批制度和水土保持设施与主体工程的"三同时"制度。

（3）把工矿区恢复治理及经济开发区（园区）治理纳入全市水土保持总体规划中，统筹兼顾，从整体上考虑到工矿区、经济开发区（园区）水土保持治理措施及布局，强化工矿区及经济开发区

恢复治理力度，促进治理区生态恢复。

（4）督查生产建设单位编报、补报水土保持方案，2017 年，水土保持方案编报率达到 95％；重点督查开发建设单位申报水土保持设施竣工验收。

（5）完善工矿区及经济开发区（园区）水土保持监督管理体系，2017 年，全市工矿区及经济开发区（园区）内总治理度达到 90％以上，新建项目的水土保持方案编报率达到 100％。

2．远期目标（2018—2023 年）

进一步完善工矿区及经济开发区（园区）水土保持监督管理体系，实施水土保持的动态监测；生产建设项目产生的水土流失得到遏制；铁路、高速公路、国道公路沿线和城镇周边废弃矿山开挖裸露面基本得到整治，全市工矿区及经济开发区（园区）内总治理度达到 90％以上，规划期内拟建生产建设项目治理水土流失面积为 52860hm²，扰动区域水土流失得到有效控制，生态环境得到明显改善。同时，要求新建项目的方案编报率达到 100％。

（二）规划期限

规划水平年：专项规划期（2014—2023 年）10 年，现状基准年为 2013 年。其中，近期规划时段为 2014—2017 年，远期规划时段为 2018—2023 年。

（三）规划范围

原则上全市境内涉及水土流失防治任务的所有生产建设项目及其影响区均在规划范围内，包括公路、铁路、电力、输油输气管线、化工、矿山开采等生产建设项目及易引发新的水土流失的经济开发区（园区）建设等；同时综合考虑工矿区及经济开发区（园区）开发实施可能影响的范围、周边重要环境敏感保护目标、生态系统等。

三、全市生产建设项目基本情况

（一）生产建设项目水土保持分区情况及成果

鄂尔多斯市生产建设项目分为六个水土保持分区：丘陵沟壑保土蓄水区、覆沙丘陵拦沙防沙区、库布其沙漠防风固沙区、波状高原固沙保水区、毛乌素沙地生态维护区和石质山地防风固土区。其中，毛乌素沙地生态维护区面积最大，其次是波状高原固沙保水区、库布其沙漠防风固沙区、覆沙丘陵拦沙防沙区、丘陵沟壑保土蓄水区，石质山地防风固土区面积最小。

截至 2012 年年底统计，全市通过水土保持设施验收的项目共计 274 个，水土保持措施总面积 28601.6hm²，主要集中在丘陵沟壑保土蓄水区和覆沙丘陵拦沙防沙区；共有未进行水土保持设施验收的生产建设项目 802 个，因开发建设活动扰动地表产生水土流失总面积 244770.1hm²，各个分区均有分布。

1．丘陵沟壑保土蓄水区

本区主要包括准格尔旗南部、东胜区以及伊金霍洛旗的纳林陶亥镇，总土地面积为 8359km²，占鄂尔多斯市总土地面积的 9.6％，是鄂尔多斯市重点水力侵蚀区、黄河中游粗泥沙的主要来源区，也是鄂尔多斯市矿产资源开发较早的地区，即城镇建设及工矿、经济开发区（园区）集中分布的区域。本区未达到验收要求的生产建设项目 298 个，水土流失面积 52645.1hm²，水土保持工作任务是蓄水保土、保护和恢复植被、改善能源化工基地的生态环境，重点是加强弃渣场综合治理，加强矿区结合部水土流失治理。

2．覆沙丘陵拦沙防沙区

本区主要是库布其沙漠向东部的延伸区域，包括准格尔旗北部、达拉特旗、伊金霍洛旗绝大部分地区以及东胜区的泊尔江海子镇，总土地面积 13453km²，占鄂尔多斯市总面积的 15.5％，水土流失类型以风水复合侵蚀为主，也是鄂尔多斯市生产建设项目较为集中的区域。本区未达到验收要求的生产建设项目 235 个，水土流失面积 111964.8hm²，生产建设项目水土保持工作任务是拦沙防沙、加强风沙治理，重点是加强弃渣场综合整治，加强矿区结合部水土流失治理。

3. 库布其沙漠防风固沙区

本区主要是库布其沙漠西部地区，包括杭锦旗和达拉特旗的恩格贝镇、中和西镇，总土地面积 13283km²，占鄂尔多斯市总面积的 15.3%，水土流失以风力侵蚀为主。本区未达到验收要求的生产建设项目 37 个，水土流失面积 15562.2hm²，生产建设项目水土保持工作任务是防风固沙、保护和恢复植被、减少地表扰动，重点是加强保护，对扰动活化沙丘加强治理，防止进一步沙化。

4. 波状高原固沙保水区

本区主要位于鄂尔多斯高原西部，包括鄂托克旗蒙西镇、棋盘井镇绝大部分和阿尔巴斯苏木、杭锦旗西部和南部以及鄂托克前旗上海庙镇部分地区，总土地面积为 24547km²，占鄂尔多斯市总土地面积的 28.2%，水土流失类型是以风力侵蚀为主的风水复合侵蚀。该区未达到验收要求的生产建设项目 42 个，水土流失面积 12716.1hm²，生产建设项目水土保持工作任务是加强线型建设项目水土保持监督管理、注重预防保护，重点是加强建设项目取土弃渣场治理。

5. 毛乌素沙地生态维护区

本区位于鄂尔多斯高原与黄土高原之间的湖积冲积平原凹地上，属于鄂尔多斯高原向陕北高原的过渡区域。主要包括乌审旗全部、鄂托克前旗部分地区、鄂托克旗东部地区，总土地面积 24435km²，占鄂尔多斯市总面积的 28.1%。本区未达到验收要求的生产建设项目 86 个，水土流失面积 33223.6hm²，生产建设项目水土保持工作任务是防风固沙、加强生态建设，重点是对扰动活化沙丘、线型工程沿线加强治理。

6. 石质山地防风固土区

本区位于鄂尔多斯高原西部，包括鄂托克旗棋盘井镇、蒙西镇的西部地区，总土地面积为 2805km²，占鄂尔多斯市总土地面积的 3.2%。煤炭资源富集，生态环境相对脆弱，水土流失类型为以风蚀为主的风水复合侵蚀。本区未达到验收要求的生产建设项目 104 个，水土流失面积 18658.4hm²，生产建设项目水土保持工作任务是采取工程措施为主、多种措施结合扩大恢复植被、有效遏制水土流失，重点是加强弃土弃渣治理。

（二）各类生产建设项目情况

按照编制规划大纲要求，鄂尔多斯市生产建设项目按矿山开采、经济开发区（园区）、点型工程和线型工程四类生产建设项目进行统计。截至 2012 年年底，全市生产建设项目总计 1058 个，占地面积达 137962hm²。其中，矿山开采类项目共计 382 个，占地 22890.7hm²；线型工程共计 376 个，占地 96515.5hm²；点型工程共计 300 个，占地 18555.9hm²。全市批准设立的重点经济开发区（园区）有 18 个，总规划面积 144698hm²。

在各类生产建设项目中，矿山开采类项目最多，井工煤矿和露天煤矿数量达 343 个，占各行业总数的 32.4%；其次是交通类线型项目，铁路和公路工程总数为 154 个，占总量的 14.6%；生产建设项目中，占地最大的是线型工程类项目，占总占地面积的 70%；其次为矿山开采类工程项目，占总占地面积的 16.6%；生产建设项目多集中在伊金霍洛旗、准格尔旗和达拉特旗，共 620 个，占全市生产建设项目调查总量的 58.6%。

1. 矿山开采类生产建设项目基本情况

本次水土保持治理规划所涉及的矿山开采类项目主要为以煤矿开采为主的项目，包括井工煤矿、露天煤矿以及石英砂矿、石灰石矿、硅石矿等其他矿产类项目。截至 2012 年年底，累计查明全市境内井工煤矿 199 个，占地总面积为 7504.1hm²，在全市均有分布；露天煤矿 144 个，占地总面积为 13496.4hm²，主要分布在东胜区、准格尔旗、达拉特旗、伊金霍洛旗和鄂托克旗；其他矿产生产建设项目共计 39 个，占地总面积为 1890.2hm²，主要分布在准格尔旗、达拉特旗、鄂托克旗和鄂托克前旗；矿区结合部主要分布在东胜区、准格尔旗、伊金霍洛旗和达拉特旗。根据鄂尔多斯市煤炭工业"十二五"规划，截至 2010 年，煤炭开采影响土地面积约 1200km²，形成老采空区面积约 30700hm²，沉陷区面积 74100hm²，主要分布在东胜区、准格尔旗、达拉特旗、伊金霍洛旗和鄂托克旗。

2. 经济开发区（园区）基本情况

鄂尔多斯市目前有 18 个重点经济开发区（园区），包括高新技术产业园区、空港物流园区、装备制造基地、东胜经济科教（轻纺工业）园区、铜川汽车博览园、达拉特经济开发区、准格尔经济开发区、大路煤化工基地、江苏工业园区、圣圆煤化工基地、苏里格经济开发区、纳林河工业园区、独贵塔拉工业园区、新能源产业示范区、鄂托克经济开发区、蒙西高新技术工业园区、上海庙经济开发区和康巴什产业园区，总规划建设面积 1446.98km²，约占鄂尔多斯市总面积的 1.7%。其中，江苏工业园区面积最大，规划建设面积 238km²，康巴什产业园区面积最小，为 20km²；东胜区和伊金霍洛旗有重点经济开发区（园区）各 4 处，准格尔旗、乌审旗、鄂托克旗、杭锦旗各有重点经济开发区（园区）2 处，鄂托克前旗和达拉特旗各有重点经济开发区（园区）1 处。

3. 点型工程类生产建设项目基本情况

点型工程类生产建设项目主要包括电厂、风电场、光伏电站、化工、建材、站场（集装站、集运站）、选煤厂、灭火工程等项目。截至 2013 年年底，累计查明鄂尔多斯市境内点型工程类生产建设项目共计 300 个，在全市各个旗区均有分布。

4. 线型工程类生产建设项目基本情况

线型工程类生产建设项目主要包括公路工程、铁路工程、输气管道工程、水利工程（供水及河道整治工程）和输变电工程。截至 2012 年年底，累计查明鄂尔多斯市境内线型工程类项目共计 376 个，占地面积共 96515.5hm²。

（三）规划期内生产建设项目发展规模

规划期内，估算全市拟建生产建设项目的建设区总面积为 52860hm²，其中，新建或改扩建的矿山类生产建设项目建设区总面积为 11340hm²，拟建的线型工程类生产建设项目预计的建设区总面积为 29340hm²，拟建的点型工程类生产建设项目预计的建设区总面积为 12180hm²。

四、生产建设项目水土保持综合防治

（一）生产建设项目水土保持方案执行情况

截至 2012 年年底，全市已经编制并批复水土保持方案的生产建设项目总计 1058 个，水利部审查批复项目 114 个，自治区水利厅审查批复项目 592 个，市水保局和各旗区水务（保）局审查批复项目 452 个，项目总占地面积 137962hm²，概算总投资为 274.21 亿元。通过水土保持设施验收的项目共计 274 个，水土保持措施总面积 28601.6hm²。其中，全市已编报水土保持方案的矿山开采类项目共计 382 项，通过水土保持设施验收的共计 162 项，治理面积 7312.6hm²；除大路煤化工基地基础设施建设水土保持设施已通过自治区水利厅竣工验收外，其余 17 个经济开发区（园区）均未进行水土保持设施竣工验收，需进行水土流失治理的面积为 133998hm²；通过水土保持设施验收的点型工程共 72 项，治理面积 2744.0hm²；通过水土保持设施验收的线型工程共 40 项，治理面积 14958.3hm²。

（二）各类生产建设项目水土流失防治模式和水土流失治理规划

不同类型的生产建设项目所产生的水土流失主要发生在施工准备期和建设期，所造成的水土流失形式主要体现为项目建设区的水资源、土地资源及其环境的破坏和损失。截至 2012 年年底，鄂尔多斯市产生水土流失面积为 112948hm²，约占全市总面积的 1.3%。其中，矿山开采类项目水土流失面积为 15578hm²；线型工程水土流失面积为 81558 hm²；点型工程水土流失面积为 15812 hm²。

根据估算结果，规划期内，鄂尔多斯市拟建生产建设项目的总水土流失面积为 52860hm²，其中新建或改扩建的矿山开采类生产建设项目在开发建设过程中预计的水土流失面积为 11340hm²，拟建的线型工程类生产建设项目预计的水土流失面积为 29340hm²，拟建的点型工程类生产建设项目预计的水土流失面积为 12180hm²。估算规划期末，全市拟建主要类别的生产建设项目如不采取有效的水土流失防治措施将可能发生 26981 万 t 的水土流失量。

1. 矿山开采类项目水土流失防治模式和水土流失治理规划

（1）水土流失防治模式。工程措施配置模式有径流调控模式、坡面工程措施防护模式和立地条件重建模式；植物措施配置模式有工业广场景观生态植被配置模式、矿区周边防护林模式、废弃地植被重建模式、矿路和管线区植被恢复模式、矿山开采沉陷区水土保持模式及矿区结合部水土保持模式。

露天矿水土流失防治以排土场、采掘场沿邦为重点，采取径流调控、拦挡防护等工程措施与植被措施相结合的方式。井工矿以排矸场和开采沉陷区为水土流失防治重点，排矸场划区分块有序堆放，堆完一块及时覆盖表土，并采取植物措施恢复植被。开采沉陷区除防治水土流失外，应有保护水系、保护和恢复土地生产力方面的措施。

（2）水土流失治理规划。规划期 2014—2017 年内，对未治理的项目按水土保持方案实施治理措施，需治理的项目共计 220 项，水土流失治理总面积约为 15134.8hm²；规划期 2018—2023 年（远期）内，对拟建矿山开采类生产建设项目进行水土流失治理，治理面积为 11340hm²，规划期内对矿区结合部及采空沉陷区实施水土保持生态修复工程。

2. 经济开发区（园区）水土流失防治模式和水土流失治理规划

（1）水土流失防治模式。经济开发区（园区）水土保持防治措施总体上按"单元控制分片集中治理"进行布局，以主体工程建设为单元进行水土流失总量控制。工程措施配置模式为排水模式、拦挡工程防护模式，植物措施配置模式有绿地园林景观配置模式、道路两侧防护林模式、周边防护林设置模式。

选择水土保持技术措施时，对于位于城镇周边的经济开发区（园区），其植物措施要与人文景观相协调，草、灌、乔合理配置，适当提高绿化标准；对于远离城镇的经济开发区（园区），其水土保持措施的配置要最大限度地和周边环境保持一致。

（2）水土流失治理规划。规划期 2014—2023 年内，对未治理的项目按水土保持方案实施治理措施，需治理的项目共计 17 项，水土流失治理总面积约为 133998hm²。

3. 点型生产建设项目水土流失防治模式和水土流失治理规划

（1）水土流失防治模式。点型生产建设项目水土保持应通过工程措施、植物措施和临时措施的有机结合，加强微地形处理，建设生态景观绿地，形成景观多层次利用的"景在厂内，厂中看景"的生态治理新思路。工程措施配置模式主要包括截排水模式、坡面防护模式和立地条件重建模式；植物措施配置模式主要包括厂区园林景观配置模式、弃渣（土）场植被重建模式、特殊场地植被建设模式、施工扰动区植被恢复模式。

（2）水土流失治理规划。近期规划期 2014—2017 年内，对未治理的项目按水土保持方案实施治理措施，需治理的项目共 229 项，治理总面积为 14079.9hm²；规划期 2018—2023 年（远期）内，对拟建点型生产建设项目进行水土流失治理，治理面积为 12180hm²。

4. 线型生产建设项目水土流失防治模式和水土流失治理规划

（1）水土流失防治模式。根据线型工程建设特点以及水土流失特点，将不同水土流失类型区的线型生产建设项目分为主体工程区治理模式、取弃（土）治理模式、一般施工扰动区治理模式三种类型。工程措施治理模式有以截排水工程、工程护坡为主要措施的主体工程区治理模式，取弃（土）场治理模式以消坡、截排水沟、挡土墙为主，一般施工扰动区采取土地整治、客土回填综合治理模式；植物措施配置模式包括主体工程区的边坡种草模式、两侧防护林模式，取弃（土）场的边坡沙障内种草恢复植被模式、边坡灌草结构植被重建模式、平台或取土坑内灌草结合植被重建模式，一般施工扰动区的造林种草措施恢复植被。

（2）水土流失治理规划。规划期 2014—2017 年（近期）内，对未治理的项目按水土保持方案实施治理措施，需治理的项目共计 336 项，水土流失治理总面积约 81557.4hm²；规划期 2018—2023 年（远期）内，对拟建线型生产建设项目进行水土流失治理，治理面积为 29340hm²。

（三）生产建设项目水土保持工程技术方案

1. 工程措施技术方案

（1）固体废弃物拦挡工程。生产建设项目的固体废弃物拦挡工程主要指在堆弃场地建设挡渣墙和拦渣坝。

（2）斜坡防护工程。生产建设项目施工过程中形成的各类边坡，根据坡度不同而采用削坡开级工程、砌石护坡工程或综合护坡工程。

（3）坡面截排水工程。对影响生产建设项目安全的坡面，根据坡长分段布设截流沟、排水沟等工程，并配以防护林草带，增加植被覆盖，减少坡面径流对地表的冲刷，保证生产建设安全运行。

（4）土地整治工程。土地整治工程适用于生产建设项目水土流失防治区域内具有表层土，而后期进行植被恢复需要进行表土剥离与回铺的情况，可采取表土剥离及整治措施。

（5）降水蓄渗工程。降水蓄渗工程主要包括蓄水池和水窖等。

2. 植物措施技术方案

（1）植物种的选择。植物种选择是生产建设项目植被恢复技术的关键环节，应从生态适应性、和谐性、抗逆性和自我维持性等方面选择适合于当地生长的植物种。

（2）植物措施技术方案。针对不同区域和不同建设项目类型，应分别确定植被建设目标，如：城区的植被建设应以观赏型为主，偏远区域应以防护型为主；植物防护可采取种草（移植草皮）、造林等措施。根据不同立地条件大致划分为土质或沙质坡面植物措施、条件较为复杂的不稳定坡段植物措施和工程措施综合护坡、特殊场地植物措施等。

（3）植物措施技术实施要点。植物措施技术实施要点包括乔灌木栽植及抚育技术、草坪栽植及抚育管理技术、水土保持种草、露地花卉种植、绿篱栽植、草方格沙障和绿化阻沙林带。

（四）生产建设项目水土保持工作成效、经验与存在的问题

1. 生产建设项目水土保持工作成效

鄂尔多斯市对生产建设项目的水土流失问题一直十分关注，近些年开展了卓有成效的水土保持工作，在一系列法律法规、管理制度、专门管理机构的指导下，以水土保持技术规范与标准为基础，建设了一支业务过硬的监督执法队伍。市旗（区）两级水土保持行政主管部门加大对生产建设项目水土流失防治工作的管理，一是注重规范水土保持方案的审查审批工作；二是注重检查落实工作，在如何取得实效上下功夫，不仅重视审批，更重视检查验收；三是注重依法办事，规范管理，做到有法规、有制度、有标准、有程序；四是注重提高生产建设项目的水土保持科技含量，积极推动新技术的应用，提高水土流失防治效果，营造优美环境；五是注重队伍素质提高和机构能力建设；六是注重协调各方面的关系，争取社会各方面支持，从而使生产建设项目水土保持工作取得显著成效。

2. 生产建设项目水土保持工作经验

加强对生产建设项目水土保持工作的管理，一是要求项目建设单位依法编报水土保持方案，切实落实生产建设项目水土保持"三同时"制度；二是优化主体工程设计，将水土保持的理念贯穿工程设计全过程；三是加强水土保持监理、监测工作，充分发挥水土保持监测、监理单位的作用；四是因地制宜，采取工程措施、植物措施和临时措施相结合的方式进行综合防治。

3. 生产建设项目水土保持工作存在的问题

存在的问题包括：工矿园区水土流失整体防治质量不高、治理标准低、景观效益差；各行政主管部门联动机制不健全，缺乏长期综合整治规划和长效投入机制，导致恢复治理标准不高，长期防护效益差；水土保持动态监测工作薄弱，基础性资料缺乏，难以为科学管理提供支持；缺乏统一规划，措施布局不合理，整体景观不协调；监督执法力量严重不足，部分领域的监督执法尚未开展。

五、监测规划

结合现有监测网络，以实地调查监测和场地巡查相结合的方法，在各水土保持分区选取具有代表性的生产建设项目建设区设立固定的监测点，在建设项目整个建设期内全程开展监测，规划期内建成鄂尔多斯市生产建设项目水土保持监测信息管理系统，实现人员专业化、设备现代化、执法规范化、查处法制化。

六、技术支撑体系规划

针对全市生产建设项目和城市建设过程中水土流失产生及防治机理模糊、土壤侵蚀区植被结构不尽合理、大型弃土弃渣场边坡植被恢复效果差、林草措施成活率与保存率偏低等问题，适时开展"生产建设项目与城市水土流失防治技术""林草植被快速恢复与生态修复关键技术""基于边坡植被需水与稳定的灌水调控技术""水土流失试验方法与动态监测技术""水土保持新材料、新工艺、新技术"等关键技术的研究，建立起多学科、综合性、系统性的水土保持工程体系。同时，有针对性地遴选一批先进成熟的科技成果和实用技术应用到工矿业及工业园区水土保持工程建设中，提高全市工矿业及产业园区水土保持治理的科技含量，有效防治生产建设项目和城市建设过程中产生的水土流失。

七、投资需求估算及效益分析

（一）规划总投资

经估算，鄂尔多斯市工矿区及经济开发区（园区）水土保持规划总投资为 427932.57 万元。其中，水土保持工程治理费用 352574.23 万元，独立费用 39135.74 万元，科研试验费 12000 万元，预备费 24222.60 万元。资金筹措方式为生产建设单位实施水土保持方案投资（投资主体）和征收的水土保持补偿费，用于返还治理投资，重点用于矿山之间空白地带的治理。

（二）效益分析

本规划针对生产建设项目建设过程中，可能造成水土流失的各种因素，均考虑了行之有效的水土保持治理模式，扰动土地整治率、水土流失总治理度、土壤流失控制比、拦渣率、林草植被恢复率、林草覆盖率 6 项指标都将达到规范要求，生态效益显著。

规划的实施，将减少工矿区及经济开发区（园区）各生产建设项目水土流失对主体工程带来的危害，同时植被恢复及对项目建设区的绿化美化，改善了项目建设区及其周边人民群众的工作、生产、生活环境；工程建设可帮助当地剩余劳动力就业，同时改善群众生产生活条件，还可带动当地相关产业发展，促进项目及周边地区经济的发展。

编制单位：水利部牧区水利科学研究所（2015 年 4 月）

附录 C　《鄂尔多斯市沙棘资源建设及产业发展规划（2015—2024）》概要

一、规划背景

鄂尔多斯市沙棘保存面积累计达 428 万亩，已经形成了集中连片的全国最大的沙棘资源林，培育出了抗旱、抗病能力强，具有果大、少刺、高产等特点的适合鄂尔多斯市自然条件下栽培和不同经营目标的沙棘优良新品系 10 多个。2005 年，投资近 1 亿元在东胜区塔拉壕镇建设了占地面积 2.5km² 的沙棘加工园区。全市目前有 6 家沙棘初加工和深加工企业，产品主要有沙棘饮料、药品、保健品、化妆品等几十种沙棘产品，在国内有较好的销售市场，并有沙棘原汁、沙棘粉远销到中亚、欧洲等地区。2007 年，沙棘工业园区龙头企业实现产值 1.93 亿元、利税 2055 万元，增加就业岗位 170 个，直接带动农民采摘出售沙棘果、叶、枝收入近 3000 万元，使 3 万多农牧民人均增收近 1000 元。但也存在一些影响着沙棘产业进一步发展的问题，如农民种植沙棘的积极性不高、沙棘优质原料不足、产品研发水平不高、市场竞争力不强等。

二、规划总则

（一）规划指导思想

以党的十八大精神为指导，深入贯彻落实科学发展观，在鄂尔多斯市"三区"发展规划的基础上，以满足国际国内市场需求为导向，以"转型发展、创新创业"为着力点，以体制机制建设为保障，加快沙棘资源林建设步伐，着力打造国际沙棘产品交易平台，着力加强沙棘加工基地建设，不断提高沙棘产业专业化、规模化、标准化、集约化和信息化水平，努力构建生产稳定发展、产销衔接顺畅、质量安全可靠、市场波动可控的现代沙棘产业体系，更好地实现生态效益、经济效益和社会效益的协同发展。

（二）规划期

规划期限为 2015—2024 年，分为近期（2015—2017 年）、中期（2018—2019 年）、远期（2020—2024 年）。

（三）规划目标

近期目标（2015—2017 年）：到 2017 年末，全市沙棘生态林新增面积达到 105.04 万亩，沙棘原料林面积达到 26.54 万亩，疏雄抚育林面积达到 14.95 万亩，年产沙棘果 6.68 万 t；全市沙棘企业加工能力达到 8 万 t，年度产品总产值达到 146.55 亿元。

中期目标（2018—2019 年）：到 2019 年末，全市沙棘生态林新增面积达到 181.92 万亩，沙棘原料林面积达到 49.28 万亩，疏雄抚育林面积达到 24.85 万亩，年产沙棘果 15.45 万 t；全市沙棘企业加工能力达到 18 万 t，年度产品总产值达到 337.04 亿元。

远期目标（2020—2024 年）：到 2024 年末，全市沙棘生态林新增面积达到 215.7 万亩，沙棘原料林面积达到 100 万亩，疏雄抚育林面积达到 29.8 万亩，年产沙棘果 34.46 万 t；全市沙棘企业加工能力达到 40 万 t，年度产品总产值达到 631.4 亿元。

三、总体布局

（一）沙棘资源建设总体布局

沙棘资源建设包括沙棘疏雄抚育建设、沙棘原料林建设以及沙棘生态林建设。依据 2014 年 6 月水利部沙棘开发管理中心与鄂尔多斯市委市政府就"以发展沙棘产业作为振兴鄂尔多斯经济的一个突破口"汇报和座谈的意见，尽快将鄂尔多斯市打造成工业化的沙棘原料基地，沙棘资源建设要开展现有沙棘林疏雄抚育工作并新建高效沙棘种植园。

规划总面积为 345.5 万亩。各旗区的规划面积分别为：准格尔旗 108.2 万亩，东胜区 37.8 万亩，伊金霍洛旗 16.3 万亩，达拉特旗 104.4 万亩，杭锦旗 31.1 万亩，乌审旗 29.7 万亩，鄂托克旗 7.0 万亩，鄂托克前旗 11.0 万亩。

沙棘林疏雄抚育建设。是为了提高现有沙棘林的果实产量，选取生长在水分条件较好的河滩地上的沙棘林进行疏雄抚育改造，规划总面积 29.8 万亩。各旗区的沙棘生态林规划面积分别为：准格尔旗 12.2 万亩，东胜区 7.4 万亩，伊金霍洛旗 7.3 万亩，达拉特旗 2.5 万亩，杭锦旗 0.4 万亩。

沙棘原料林建设。选取鄂尔多斯比较平坦、水分条件较好、洪水威胁不大的河滩地，露天煤矿开采后的复垦地，毛乌素风沙区地势平坦、水分条件较好的半固定沙地，部分弃耕农地发展沙棘经济林，选取高产优质沙棘苗，集中打造沙棘经济林，为沙棘产业提供资源。规划沙棘原料林建设规模 100 万亩（其中准格尔旗 20 万亩，东胜区 9 万亩，伊金霍洛旗 9 万亩，达拉特旗 18 万亩，杭锦旗 7 万亩，乌审旗 19 万亩，鄂托克旗 7 万亩，鄂托克前旗 11 万亩），水利部沙棘开发管理中心在"晋陕蒙砒砂岩区十大孔兑沙棘生态减沙工程"和"晋陕蒙砒砂岩区皇甫川等五条黄河支流沙棘生态减沙工程"两个项目中争取安排 20 万亩，其余 80 万亩沙棘原料林由鄂尔多斯市组织建设。

沙棘生态林建设。综合鄂尔多斯市现在实施的国家沙棘生态建设项目"晋陕蒙砒砂岩区十大孔兑沙棘生态减沙工程"和已经立项即将实施的国家沙棘生态建设项目"晋陕蒙砒砂岩区皇甫川等五条黄河支流沙棘生态减沙工程"，沙棘生态林种植总规模为 215.7 万亩（其中准格尔旗 76 万亩，东胜区 21.4 万亩，达拉特旗 83.9 万亩，杭锦旗 23.7 万亩，乌审旗 10.7 万亩）。

（二）沙棘产业发展总体布局

沙棘产业发展规划总体布局可概括为"园区＋基地＋体系"三方面，即沙棘产业园区、沙棘科研示范基地和服务支撑体系建设。具体部署为建立一个中心、两个基地、两个平台。一个中心是国际沙棘协会研发中心；两个基地是一个沙棘加工基地，一个苗木繁育基地；两个平台是一个沙棘国际交易平台，一个沙棘展示平台（即沙棘博物馆）。

四、建设内容及规模

（一）沙棘资源林建设

规划总面积为 345.5 万亩。各旗区的规划面积分别为：准格尔旗 108.2 万亩，东胜区 37.8 万亩，伊金霍洛旗 16.3 万亩，达拉特旗 104.4 万亩，杭锦旗 31.1 万亩，乌审旗 29.7 万亩，鄂托克旗 7.0 万亩，鄂托克前旗 11.0 万亩。

1. 沙棘疏雄抚育

2015—2020 年完成现有沙棘生态林疏雄抚育 29.8 万亩，平均每年近 5 万亩，分别为：准格尔旗 12.2 万亩，东胜区 7.4 万亩，伊金霍洛旗 7.3 万亩，达拉特旗 2.5 万亩，杭锦旗 0.4 万亩。

2. 沙棘原料林建设

到 2024 年年底新增原料林种植面积 100 万亩。其中，依托晋陕蒙砒砂岩区十大孔兑及皇甫川等五条黄河支流沙棘生态减沙工程种植沙棘原料林 20 万亩，地方政府、企业等安排实施 80 万亩。

3. 沙棘生态林建设

2015—2017 年依托晋陕蒙砒砂岩区十大孔兑沙棘生态减沙工程种植沙棘生态林 110 万亩、沙棘生态经济林 8 万亩，2016—2020 年依托晋陕蒙砒砂岩区皇甫川等五条黄河支流沙棘生态减沙工程种植沙棘生态林 70 万亩、沙棘生态经济林 12 万亩，到 2020 年底新增沙棘生态林 180 万亩、沙棘生态经济林 20 万亩。

（二）沙棘产业园区建设

1. 沙棘加工基地

园区内将建设一个沙棘原料加工生产区（1000 亩）、一个沙棘有效成分提取及深加工区（1000 亩），以及沙棘速冻库 20 间（每间 100 m²）。2017 年年底实现沙棘工业园区年设计加工沙棘果能力为 8 万 t，沙棘加工产业链条由初级原料产品加工延伸到沙棘饮品、沙棘保健品、沙棘日化用品、沙棘辅助药品等多领域；2019 年加工能力扩大到 18 万 t；2024 年加工能力达到 40 万 t。

2. 沙棘国际交易平台

2015 年第七届国际沙棘大会（印度）上宣布在鄂尔多斯市建立沙棘国际交易平台决议。2016—

2024 年每年在鄂尔多斯市组织召开一届"国际沙棘产品交易会"，同时建设网上交易平台。

3. 沙棘博物馆

拟在东胜区建立一座规模为 1000m² 的沙棘博物馆，2015 年设计，2016 年建造并投入使用，2017—2024 年边运行边完善资料和产品。

（三）沙棘科研示范基地建设

1. 沙棘苗木繁育基地

在准格尔旗、达拉特旗各建一处种苗基地和采穗圃。到 2016 年实现全市年产沙棘扦插苗 2000 万株，满足全市沙棘原料林建设用苗需求。由鄂尔多斯市扶持实施。

2. 国际沙棘协会研发中心

2017 年年底在东胜区建成一处 1000m² 的国际沙棘协会研发中心，争取每年研发沙棘新产品 2～3 个，申报相关技术专利。由国际沙棘协会、水利部沙棘中心和沙棘企业共同组织实施，市政府适当奖励扶持。

（四）服务支撑体系建设

1. 政策机制研究

研究制定政府、企业和农户在产业发展及运行中的管理机制。2015 年初出台并试行政策机制管理办法，内容涉及沙棘企业组织管理与原料林抚育管护机制、沙棘枝果收购机制（订单农业、与农户签订包收协议、最低保护价收购）等；2016 年初修订完善后在全市正式施行。

2. 沙棘科技服务支撑体系建设

把沙棘病虫害防治作为研究重点，开展基础资料分析并研究制定防治办法。制定并颁行原料林种植、疏雄抚育等规范标准，明确苗木种类、品种、每亩种植株树、雌雄株比例、疏雄抚育后雌株数量、株行距、疏雄抚育年限等主要技术指标。

五、建设技术

（一）疏雄抚育

1. 实施技术

主要采取疏伐及疏雄，采用带状间伐改造，按设计要求进行廊状间伐，保留带宽 2m，带间距 2m，在保留带上进行间伐，伐去杂木和雄株，清除病死株，通过间伐使保留带的沙棘株行距均达 1m 左右。每隔一带将其中一带雄株全部去除，另一带为雌株雄株混合带，在带内每隔 4～5m 保留一株雄株作为授粉树。最后雌雄株比例达到 8∶1 左右。

改造后的沙棘林要达到密度适中、通风透光，雌雄株比例合理。

2. 实施季节

全年可以进行，但为使去除的沙棘雄株等不再萌发，最好在沙棘旺盛生长的夏季进行，一般在 6—8 月效果较好。

3. 改造后管理

（1）除草和根蘖苗。行间采用旋耕机浅耕除草，深度 15cm 左右。也可采用除草剂（建议采用百草枯、拿扑净、精喹禾灵、高效盖草能等）除草和根蘖苗。

（2）追施磷钾为主的复合肥，建议采用二铵和硫酸钾，促进沙棘生长和结果。

（3）修剪沙棘植株，控制树势，促进沙棘植株多分枝。使沙棘结果主要在分枝上，促使沙棘结果枝数量增加，且采果对沙棘生长影响减少。修剪分为休眠期修剪和生长期修剪两类。

4. 实施进度

沙棘疏雄抚育改造沙棘林面积实施进度：2015—2016 年每年实施 5.00 万亩，2017—2018 年每年实施 4.95 万亩，总计实施 29.8 万亩。

5．改造投资

根据调查，现有沙棘林因树龄、密度等不同，难度不同，改造一亩需要投资 200～400 元。按照平均标准 300 元/亩计算，改造 29.8 万亩需要投资 8940 万元，建议由鄂尔多斯市政府补助实施。

6．组织实施

沙棘林疏雄抚育和抚育后的经营管理，建议由沙棘龙头企业牵头实施。在改造前，鄂尔多斯市水土保持局、水利部沙棘开发管理中心组织技术人员协同沙棘龙头企业技术人员，对计划改造的沙棘林逐片进行调查，落实沙棘林范围和面积；根据沙棘林具体情况落实改造工作技术细节，核定工作量，确定具体改造费用定额。

沙棘龙头企业与当地农民和政府协商落实沙棘林产权和经营管理方式后，由沙棘龙头企业向鄂尔多斯市水土保持局申请沙棘林改造任务和费用，按要求组织当地农民实施改造。

鄂尔多斯市水土保持局负责沙棘林改造的项目管理工作，水利部沙棘开发管理中心负责沙棘林改造的技术指导工作。

沙棘龙头企业组织完成沙棘林改造后，由鄂尔多斯市水土保持局组织技术人员验收。沙棘龙头企业要负责改造后的后续的管护、抚育、采果利用等工作。

（二）原料林建设

1．良种选择

优良沙棘品种有"生态经济型"（杂雌优 1 号、杂雌优 10 号、杂雌优 12 号、辽杂优 4 号、AA54 号、AC2 号）和"叶用型"（杂雄优 1 号）两类共七个品种，建议采用以杂雄优 1 号为主进行沙棘原料林建设。

2．苗木标准

为了保证沙棘原料林的果实产量和质量，应采用优质沙棘良种的嫩枝扦插苗进行原料林建设。对苗木质量要求为：株高≥40cm，地径≥5mm，侧根 3 条以上，无病虫害及机械损伤，所有苗木必须具有完全活力，无腐烂、干枯等现象出现。苗木假植要选择有浇水条件的背风地段集中进行。假植时确保苗木根系不暴露，及时浇水。

3．种植密度和配置

规划的沙棘原料林栽植在河滩地、半固定沙地、煤矿复垦地，种植密度依据立地条件而定。兼顾沙棘产量和便于后期的采果利用，栽植密度不宜过小。沙棘种植的株距一般为 2m，行距 2m。沙棘原料林建设中，应留出采果通道，株行距可适当调整为 1m×（3～6）m。沙棘是雌雄异株植物，必须合理配置授粉的良种雄株，雌雄比按 8∶1 配置。

4．种植季节

根据晋陕蒙砒砂岩区沙棘生态工程实施经验，沙棘栽植在春季和秋季效果都较好，而且春秋两季栽植的沙棘苗木有保障，因此建议采用春季种植和秋季种植。

春季造林可在土壤解冻 20cm 左右时开始，至沙棘苗木发芽为止，时间一般在 3 月 20 日左右至 4 月底。在早春土壤刚解冻时种植沙棘，俗称"顶凌种植"，效果最好。此时气温较低，沙棘先发根后长叶，对后期高温和干旱抵抗力较强。时间越晚效果越差，一旦气温升高，沙棘开始发芽后种植，如当年春季降水频繁，沙棘成活率仍能保持很高，否则沙棘种植成活率显著下降。

秋季栽植时间自沙棘苗木开始落叶起，到土壤结冻前为止，时间在 10 月中下旬至 11 月中旬左右。据实地观测，秋季种植的沙棘在第二年春季 3 月底时已经大量萌发新根，具备了从土壤中吸取水分的根系吸水系统，有利于提高沙棘种植的成活率。秋季种植的缺点：一是沙棘苗木种植后易受冬春风沙的影响，容易出现干梢现象。二是存在野兔危害。野兔是啮齿类动物，非常喜欢啃咬沙棘枝干，如栽植质量高，沙棘苗木地上部分被野兔啃断后，类似于人工平茬，对沙棘成活和生长没有负面影响；如果栽植时没有踏实，沙棘苗木会被连根拔起。因此，秋季种植沙棘要注意深栽少露、踏实。

5. 整地标准

鄂尔多斯市气候干旱、降水量少，沙棘需要深栽，否则容易干旱死亡，成活率低。对于沙棘经济林必须要保证较高标准的整地质量和规格，沙棘原料林整地采用块状整地，规格为 50cm×50cm×50cm（长×宽×深）。

沙地比较疏松，采用块状整地。整地时要注意将干沙层清走，然后挖坑栽植，严禁将干沙混入种植穴中。要注意迎风坡和背风坡，迎风坡上主要的问题是风力剥蚀严重，整地栽植要深。背风坡沙埋严重，并且落沙埫情很差，栽植沙棘要在落沙坡中下部 1/3 左右处，整地深度要适中。有大量卵石沉积的河滩地，整地比较困难，一定要挖够深度。

6. 栽植

沙棘栽植采用边整地边种植方式，一般不需要提前整地。不同立地条件下沙棘栽植要点如下：沙地上沙棘种植要点是深栽、踏实。风沙土孔隙多，土壤水分不仅易向下渗漏，而且易向上蒸发，踏实环节十分重要。风沙土土壤孔隙多为大孔隙，毛管孔隙不发达，因此不必覆虚土。河滩地由于有大量卵石，种植穴内要选择细颗粒土，栽后踩实。栽植过程中，注意苗木的假植。选择有浇水条件的背风地段进行集中假植。假植时确保苗木根系不暴露，及时浇水。

7. 实施进度

国家沙棘生态项目安排的沙棘原料林建设规模和进度为：2015 年实施 1.8 万亩，2016—2019 年每年实施 3.37 万亩，2020—2021 年每年实施 1.57 万亩，2022 年实施 1.58 万亩，总计实施 20 万亩。

8. 抚育管理

栽植后的沙棘林初期不耐羊畜啃食，被羊过度啃食极易大面积死亡，因此沙棘种植后前三年必须实施禁牧。

对未成活的空穴在下一个种植季节及时进行补植。对 2 年龄的沙棘幼林，还应进行松土锄草，减少杂草与沙棘幼树争水争肥，促进沙棘苗木成活和生长。对产生的萌蘗苗也要及时清除，防止沙棘林密度过大。

按照果树修剪原则，对沙棘原料林进行修剪。有条件的沙棘原料林，要施肥，可施用农家肥和追施复合肥。

9. 组织实施

沙棘原料林需要规模化、集约化建设管理，从沙棘原料林建设开始要组织沙棘企业参与。由沙棘企业与当地农民协商，将准备建设沙棘原料林的土地使用权流转到沙棘企业。

鄂尔多斯市水土保持局、相关旗（区）水土保持业务部门、水利部水土保持植物开发管理中心组织技术人员，对准备建设沙棘原料林的土地进行调查，落实种植面积和种植技术要求等。

沙棘企业向鄂尔多斯市水土保持局提出沙棘原料林建设申请，由鄂尔多斯市水土保持局根据年度沙棘原料林建设方案进行落实，落实后签订沙棘原料林建设协议。

沙棘企业根据批复，组织当地农民种植。种植前，要加强种植农民的技术培训；种植过程中，要严格质量要求，及时进行检查、指导。

沙棘原料林种植后，由鄂尔多斯市水土保持局组织技术人员验收。根据验收结果，向沙棘企业兑付沙棘原料林建设补助费。沙棘企业在沙棘原料林建设完成后，要负责后续的管护、抚育、采果利用、平茬更新等工作。

（三）生态林建设

1. 建设技术及管理

基本同原料林。

2. 建设进度

沙棘生态林建设规模和进度：2015年实施28.17万亩，2016—2019年每年实施38.44万亩，2020—2022年每年实施11.26万亩，总计实施215.71万亩。

（四）资源采收

1. 果实采收

（1）采果方法。目前沙棘采收方法主要有手工采摘、剪枝采收、冻果振落采收、化学采收和手工器具采收等。目前以人力手工采摘为主，待条件成熟时，采用机械化采摘。

（2）采果季节。鄂尔多斯果实采收通常为8—9月前后，持续约一个半月。

（3）运输和保鲜。沙棘鲜果采摘后应立即运往冻库，运输时间应小于4h。并应有保鲜技术，防止果汁损失。

2. 叶采收

（1）制茶用沙棘叶。

1）采摘标准。

a. 名贵茶类的采摘标准：要求原料细嫩匀净，只采初萌的壮芽或初展的一芽一、二叶。

b. 红茶、绿茶类的采摘标准：红茶、绿茶采摘标准是量质兼顾，以收益最高为据。一般待新梢伸长，到一定程度后，采一芽二、三叶和柔嫩的对夹叶。一般春茶在开采时制特级和一级茶叶的阶段，以一芽二叶为主；采至近高峰前期前后，主要加工二级、三级成茶，以采一芽二、三叶和对夹叶为主；此后加工四级、五级成茶阶段，以采一芽三叶和对夹叶为主。

c. 乌龙茶类的采摘标准：乌龙茶要求原料不带生长的顶芽，采摘标准须待新梢伸长将成熟，叶片开度达80%～90%，采下驻芽带二、三片嫩叶。

d. 边茶的采摘标准：边茶要求含糖量高，需待新梢茎部木质化后采摘，主要采用粗大的叶片（所以又称粗茶）。其中黑茶的标准稍细。待新梢伸长停止，出现驻芽后，以留余叶为主要的标准采摘。

采摘标准除芽叶数目外，还要结合嫩度分析，以嫩者为高。

2）采摘时间：以春季为宜。春茶的开采期受早春气温的影响，一般在5月中旬至6月下旬，当10%～15%芽梢达采、留标准时，即可开采。

3）采摘批次：除按标准及时采摘外，还必须早发早采，迟发迟采，进行分批多次采摘。即符合标准的先采，未达标准的等长到标准时再采。采用分批多次采的方法，可以缩短休眠期，造成芽位饱和，使下一轮茶芽萌发迅速，促进树势，而且采下的鲜叶嫩度匀净。

4）采摘方法：应根据沙棘生长特性和各茶类对加工原料的要求，遵循采留结合、量质兼顾和因园制宜的原则，按照标准，适时采摘。

a. 手工采茶：要求提手采，保持芽叶完整、新鲜、匀净，不夹带鳞片、鱼叶、茶果与老枝叶，不宜捋采和抓采。

b. 盛茶用具：清洁、通风性良好的竹编、网眼茶篮或篓筐盛装鲜叶。

（2）提取黄酮用沙棘叶。

1）采摘要求。

a. 采摘时间：7月前后。

b. 采摘部位：在雄株新长出的枝条上捋采嫩叶，顶端嫩枝条不超过2.5cm。

c. 其他要求：禁止采摘雌株上的叶子，特别是带有沙棘果的叶。

2）晾晒方法：在干净的空地或凉房铺开，厚度不超过3cm，最好阴干，不能出现霉烂现象。

3）收购标准：干叶子整洁、干净、无沙土、无沙棘果、无枝条、无霉变结块，带沙棘果或质量极差的不予收购。

（3）包装、运输及收购。

1）包装与运输：采下的茶叶应及时运抵茶厂，防止鲜叶质变或混入有毒、有害物质；提取黄酮用沙棘叶包装物要干净、无毒、无撒漏；自运到储藏收购点。

2）收购组织：各村镇或居民点设若干个收购点，统一定点收购储存；然后运输至沙棘加工企业集中收购点；最后统一运输至沙棘加工企业。

六、投资估算

（一）投资定额

（1）根据调查，改造一亩老沙棘林需要投资 300 元。

（2）按照国家发展改革委批复的"晋陕蒙砒砂岩区十大孔兑沙棘生态减沙工程"和"晋陕蒙砒砂岩区皇甫川等五条黄河支流沙棘生态减沙工程"，沙棘经济林定额为 790 元/亩（其中苗木费 580 元/亩，整地、栽植、抚育费用 210 元/亩），沙棘生态林定额为 162 元/亩（其中苗木费 28 元/亩，整地、栽植、抚育费用 134 元/亩）。

（二）总投资估算

本次规划估算总投资为 214926.96 万元，其中沙棘资源建设估算投资为 132836.96 万元，沙棘产业建设估算投资 82090 万元。

1. 沙棘资源建设投资

沙棘资源建设估算总投资为 132836.95 万元。其中沙棘原料林建设费 79000 万元（790 元/亩），沙棘生态林建设费 34943.4 万元，沙棘林疏雄抚育建设费 8940 万元，独立费用 6267.05 万元，基本预备费 3686.50 万元。

2. 沙棘产业建设投资

沙棘产业建设估算总投资为 82090 万元。其中果实初加工投资估算 37900 万元，有效成分提取投资估算 8900 万元，饮品投资估算 12460 万元，药品、保健品投资估算 16510 万元，沙棘博物馆与展馆投资估算 2420 万元，国际沙棘协会研发中心投资估算为 2700 万元，沙棘苗木繁育基地投资估算 1200 万元。

3. 沙棘产业建设分年度投资估算

沙棘产业建设估算总投资为 82090 万元，沙棘产业建设投资主要集中在前三年，因此各项估算到 2017 年。

（三）资金筹措

1. 资金来源

规划期内沙棘资源及产业建设估算总投资 214926.96 万元。其中沙棘资源建设估算投资 132836.96 万元，资金来源由以下几部分组成：

（1）215.7 万亩沙棘生态林建设投入，将依托国家沙棘生态建设项目，按照十大孔兑沙棘生态减沙工程和皇甫川等五条黄河支流沙棘生态减沙工程设计国家发展改革委批复意见，中央投资占 80%，地方配套和群众投入占 20%。即：中央投资为 27954.7 万元，地方配套和群众投入为 6988.7 万元。

（2）沙棘原料林建设（国家项目部分 20 万亩），将依托国家沙棘生态建设项目，按照十大孔兑沙棘生态减沙工程和皇甫川等五条黄河支流沙棘生态减沙工程设计国家发展改革委批复意见，中央投资占 80%，地方配套和群众投入占 20%。即：中央投资为 12640 万元，地方配套和群众投入为 3160 万元。

（3）沙棘原料林建设（新增 80 万亩部分），总投资为 63200 万元，建议市政府每年补助 1000 万元，其余投入由受益企业和社会投融资参与。

（4）现有沙棘林疏雄抚育，总投资 8940 万元，建议现有沙棘生态林疏雄抚育市级政府每年补助 750 万，其余由受益企业投入参与实施，根据规划设计 6 年完成 29.8 万亩生态林改造；待抚育林效益凸显后，可带动企业和农牧民参与实施。5 年后，可根据产业发展需求，对新增沙棘生态林实施疏雄抚育，建议由前期受益企业和社会力量投入。

（5）沙棘产业建设估算投资 82090 万元，资金来源渠道分为三部分：一是地区有关企业等自有资金，地区有关公司自有资金约 11985.14 万元，占投资的 14.6%；二是申请银行贷款，建设投资贷款 28074.78 万元，占投资的 34.2%；三是其余部分通过招商途径解决，这部分为 42030.08 万元，占投资的 51.2%。

2. 融资方案分析

根据项目的资金需求及业主的筹资能力，规划期内沙棘资源及产业建设投入总资金额为 214926.96 万元。资本金、债务资金及招商资金的构成比例符合国家关于项目投资方面的要求，且由于目前国内银行的利率均受人民银行的调控，而相对其他融资方案较稳定，投资风险小，融资成本较低，加之鄂尔多斯大果沙棘的巨大开发潜力，招商引资的成功率很高，因此，融资方案较为可行。

七、效益分析

以直接经济效益分析为主。

1. 近期直接经济效益

预计到 2017 年年末，根据规划设计的种植规模，鄂尔多斯沙棘资源林面积将达到 146.53 万亩，其中，现有沙棘林抚育面积 14.95 万亩，新增沙棘原料林面积 26.54 万亩，新增沙棘生态林面积 105.04 万亩。届时沙棘疏雄抚育林平均亩产沙棘果量达到 280kg；沙棘原料林平均亩产沙棘果量达 320kg；2016—2017 年新增原料林尚未进入产果期，不计入效益测算；新增沙棘生态林亦不计入效益测算。以 2014 年国际沙棘协会调查得到的沙棘带枝果平均价格为基准价估算，预计到 2017 年鄂尔多斯沙棘果价格为 20 元/kg，当年产生直接经济效益 13.36 亿元。

2. 中期直接经济效益

预计到 2019 年年末，根据规划设计的种植规模，鄂尔多斯沙棘资源林面积将达到 256.05 万亩，其中，现有沙棘林抚育面积 24.85 万亩，新增沙棘原料林面积 49.28 万亩，新增沙棘生态林面积 181.92 万亩。届时沙棘疏雄抚育林平均亩产沙棘果量达到 280kg；沙棘原料林平均亩产沙棘果量达 320kg；2018—2019 年新增原料林尚未进入产果期，不计入效益测算；新增沙棘生态林亦不计入效益测算。预计到 2019 年鄂尔多斯沙棘果价格为 40 元/kg，当年产生直接经济效益 61.80 亿元。

3. 远期直接经济效益

预计到 2024 年年末，根据规划设计的种植规模，鄂尔多斯沙棘资源林面积将达到 345.5 万亩，其中，现有沙棘林抚育面积 29.8 万亩，新增沙棘原料林面积 100 万亩，新增沙棘生态林面积 215.7 万亩。届时沙棘疏雄抚育林平均亩产沙棘果量达到 280kg；沙棘原料林平均亩产沙棘果量达 320kg；2023—2024 年新增原料林尚未进入产果期，不计入效益测算；新增沙棘生态林亦不计入效益测算。预计到 2024 年鄂尔多斯沙棘果价格为 80 元/kg，当年产生直接经济效益 275.65 亿元。

编制单位：水利部水土保持植物开发管理中心（2015 年 4 月）

第4章

不同地貌类型区治理模式

不同地貌类型区的治理模式，是依据地形地貌、土壤植被、水文气象等自然条件，所采取的不同的水土保持治理方略。鄂尔多斯根据本地区自然条件和水土流失的特点，将全市分为丘陵沟壑地貌区、风沙区、波状高原区、十大孔兑治理区四种治理模式进行水土保持治理。

4.1 丘陵沟壑地貌区治理模式

丘陵沟壑地貌区面积 18227km²，占全市总土地面积的 21%，是全市水土流失最严重地区，特别是其中的裸露砒砂岩地貌区堪称世界水土流失之最。根据地形地貌和土壤侵蚀差异，可以进一步细分为黄土丘陵沟壑地貌区、漫岗丘陵沟壑地貌区、砂砾质丘陵沟壑地貌区、覆沙丘陵沟壑地貌区和严重裸露砒砂岩地貌区，不同丘陵沟壑地貌区的水土流失特点应当采取不同的水土保持治理措施，体现出"因地制宜、因害设防"的指导思想。

丘陵沟壑地貌区表现明显的"峁、坡、沟"地形地貌特征，使得小流域分水岭非常明显。对水土流失的治理则以小流域为单元，从分水岭的源头至沟口不同地段有不同的方式。总体来说，主要采取治沟与治坡相结合的原则，植物措施与工程措施、蓄水保土耕作措施相配套，生态移民与封禁保护相配合，在梁峁、山坡、台地、沟坡、沟道形成五道防线。

4.1.1 黄土丘陵沟壑地貌区治理模式

4.1.1.1 地形地貌特征

黄土丘陵沟壑地貌区面积 4394km²，占丘陵沟壑地貌区面积的 24.1%。主要分布在鄂尔多斯的皇甫川流域及东部直接入黄的龙王沟、黑岱沟、罐子沟、九分地沟等支流区，该区梁峁起伏、沟壑纵横、沟深坡陡，地形破碎，沟谷多呈 V 形，径流系数最大达 0.6，沟壑面积占 30%。尤其是上游沟掌地段及小型支毛沟，沟坡直立，沟道落差较大，呈窄深式沟道。

4.1.1.2 水土流失特点

黄土高原具有连续的第四纪黄土堆积，土壤主要为风尘粉砂土堆积，质地疏松多孔，水土流失类型以水力侵蚀为主。干旱裸露的黄土地遭遇强降雨，表土遇雨滴溅蚀，下渗缓慢，迅速形成径流侵蚀地表，形成较大水土流失。特别是每年降雨较为集中的 7 月、8 月，局地频繁发生较大降雨，表现为历时短、强度大，降雨迅速形成径流，使得沟道下切，沟头向上游延伸，两岸沟沿向外扩张，洪水挟杂着泥沙迅速冲向下游，形成严重的水土流失。多年平均侵蚀模数 8000～18800t/(km²·a)。

4.1.1.3 治理模式

黄土丘陵沟壑地貌区治理以小流域为单元，从分水岭的源头至沟口不同地段有不同的方式。总体来说，是"山水林田湖草"综合治理，"农林牧副渔游"全面发展的格局。在梁峁、山坡、台地、沟坡、沟道形成五道水土保持防线。

1. 生态治理模式

（1）峁顶和川台地的蓄水保土耕作措施。梁峁平缓地带，地处小流域的分水岭附近，土地较为平缓，坡度一般小于 10°。地块相对连续，面积较大，也是村民集居地。房前屋后往往是就近耕地，多采用整修水平梯田、沿等高线耕作的耕作措施。小流域的中下游川台地，地形平缓适于耕作，常常采取整修水平梯田、田块四周栽种水土保持防护林的保土耕作措施，沟道有条件的地段还能修建截伏流大口井，截蓄沟道内的潜流，发展小片水地。

（2）梁峁缓坡地的水平沟整地山杏油松、油松沙棘植被治理措施。梁峁缓坡地，坡度一般小于 20°，为地形相对平缓、地块较完整的地带，多采用机械开挖水平沟，结合人工整理边埂的整地方式，栽植以油松与杏树、沙棘为主，一般阳坡以油松与杏树混交为主，阴坡以油松与沙棘混交成效更佳。在较大的区域为防止病虫害、防火等，常采用山杏油松、沙棘油松行间的隔行混交造林、多行间隔的条带状混交造林或不同树种的块状配置造林。

（3）山坡地鱼鳞坑整地造林治理模式。山坡地带坡度相对较陡，一般都在 20°～25° 之间，支毛沟溯源侵蚀使地块分割成较小地块，大多配合人工开挖鱼鳞坑整地工程，树种还是以油松为主，阳坡配置部分山杏，阴坡配置沙棘。鱼鳞坑沿等高线布设，上下相邻两行间形成品字形。

（4）支毛沟沟头布设沟头防护工程。为了防止坡面水流集中汇入沟头，径流加剧沟头的向源侵蚀，要切断沟头的下切侵蚀。一般距沟沿 3～5m 布设沟头防护工程，经小型机械并结合人工开挖沟头截水沟槽，及时整理埂堰，并在沟内栽植油松与沙棘，在埂堰部位种草加大植被的密度，增加防治效果。

（5）沟坡穴状沙棘造林。沟坡坡度一般都大于 25°，坡面土层较薄，而且会随沟道侵蚀下切随时下滑，属极不稳定地带。一般采用穴状整地沙棘造林，充分发挥沙棘根蘖性、根系横向浅层生长发展较快的特点，防治效果较好。

2. 工程治理模式

工程治理模式主要采用沟道综合治理配置。一般从上游沟头到下游沟口依次选用谷坊坝、中小型淤地坝、治沟骨干工程等工程措施，有条件的中下游地段也有引洪淤地、拦沙澄地、治河造地等生产措施。

（1）谷坊坝。谷坊坝配置在毛沟或者接近沟头部位，一般控制面积很小。土质沟道多布置为土谷坊、柳谷坊；石质沟道也有采用砌石谷坊、柳桩填石谷坊。

（2）中小型淤地坝。中小型淤地坝一般布设在小支沟，控制面积一般小于 3km²，根据拦截径流泥沙需要及地形地质特点，选择适宜的坝址。中小型淤地坝枢纽常由均质碾压土坝和钢筋混凝土涵卧管放水工程"两大件"组成。随着运行年限的增加，淤积库容逐年增加，库内泥面不断抬高，后期陆续增设了溢洪道，形成土坝、放水工程、溢洪道工程"三大件"的枢纽组成。

（3）治沟骨干工程。支沟或主沟上中游可布置控制性骨干坝，提高沟道的洪水泥沙拦蓄率。骨干坝控制面积根据流域治理程度和土壤侵蚀强度及当地的地形条件选址布设，控制面积一般在 3～5km²，个别条件好的也可适当增加到 10km²。治沟骨干工程由均质土坝、放水涵卧管、溢洪道"三大件"组成。

（4）治河造地工程。有条件的宽浅式河沟地段，结合生产需要，利用洪水泥沙实施治河造地工程，形式上有引洪淤地工程、治沟淤地（裁弯取直）工程、改河（缩窄宽浅河道）造地工程等。治河造地工程可提高水沙利用率，发展坝地等高质量基本农田，改善居民的生产生活条件，改变种植结构，提高当地居民的生活质量。

4.1.1.4　治理实例：准格尔旗西黑岱沟小流域综合治理工程

西黑岱沟小流域是准格尔旗最早开展的国家水土保持重点治理工程之一。1983 年列入重点治理项目，1986 年开展了水土保持治沟骨干工程建设，2004 年又实施了黄土高原地区水土保持淤地坝试点工程建设。西黑岱沟位于皇甫川支流十里长川上游右岸的一级支沟，地理位置为东经111°05′30″～111°13′15″，北纬 39°50′05″～39°56′45″，行政区划属准格尔旗薛家湾镇巴润哈岱村。流域面积 132km²，海拔在 1152～1401m 之间，主沟道长 11.2km，沟道比降 1/100，沟网密度 3.7km/km²，流域平均宽度 3.4km，是典型的黄土丘陵沟壑地貌区。经过梁峁川台修建水平梯田、山坡上植树造林，支毛沟修建小谷坊坝与小淤地坝，支沟中下游打坝造地，主沟道内修建控制性骨干坝。在宽浅沟道治河造地，发展坝系农业，生态环境发生较大改善。现累计建成骨干坝 9 座、中小型淤地坝 28 座、小谷坊坝 18 座、治河造地工程 2 处。坝控制面积 53.38km²，总库容 1414.75 万m³，拦泥库容 846.35 万 m³，可淤地面积 327.44hm²，已淤坝地 142.7hm²。经过多年治理，水土保持综合治理面积 2375.03hm²，其中水土保持林 1754hm²、经济果木林 33.33hm²、人工草地 460.7hm²、基本农田 127hm²（其中坝地种植 87.1hm²），治理程度已达到 74%。现在的西黑岱沟小流域达到了径流泥沙不出沟的目标。1991 年，原巴润哈岱乡被命名为准格尔旗第一个自治区级文明乡；1994 年 2 月，西黑岱村入选全国造林绿化千佳村，2020 年被国家林业和草原局命名为"国家森林乡村"。

4.1.2　漫岗丘陵沟壑地貌区治理模式

漫岗丘陵沟壑地貌区主要分布在达拉特旗十大孔兑上游与东胜区的大部，面积 4518.54km²，占丘陵沟壑地貌区面积的 24.8%。

4.1.2.1　地形地貌特征

漫岗丘陵沟壑地貌区分布于平原向山地的过渡地带，地形较为平缓，地块比较完整，小流域的分水岭不明显。沟道大部宽浅，切入基岩，沟壑面积占 20%。海拔 1300～1500m。

4.1.2.2　水土流失特点

水土流失的主要原因是水力侵蚀，兼有风水复合侵蚀，土壤侵蚀模数 5000～8000t/(km²·a)，沟网密度 5～6km/km²，径流系数 0.4～0.5，造成水力侵蚀的关键是坡长，因此截断长坡是治理水土流失的重要措施。

4.1.2.3　治理模式

大面积采用机械开挖水平沟、鱼鳞坑等水土保持整地工程，选择樟子松、油松造林并多采用带状混交沙棘、沙柳、柠条实施造林，形成多种模式的混交林带防护林。

4.1.2.4　治理实例：达拉特旗河洛图小流域综合治理工程

河洛图小流域位于十大孔兑之一的罕台川流域右岸，属典型的漫岗丘陵沟壑地貌区，总面积 35.5km²，行政区划属达拉特旗耳字壕镇。小流域整体地形比较平缓，沟道宽浅，大多切入砒砂岩基岩，坡面呈现比较完整的大块坡面，水土流失主要是水力侵蚀，兼风水复合侵蚀，造成水力侵蚀的关键因素是坡长，因此截断长坡是治理水土流失的重要措施。1994 年该小流域列入黄土高原水土保持世界银行贷款项目一期工程开始实施治理，防治措施采取大面积机械化开挖水平沟、鱼鳞坑等水土保持整地工程，选择樟子松、油松造林，并多采用带状混交沙棘、沙柳、柠条，实施造林，抚育管理机械化程度较高。到 2001 年经过 5 年集中连续治理，共完成水土保持综合治理面积 2329.9hm²，其中梯田 121.5hm²，坝地 177.2hm²，水浇地 22.3hm²，乔木林 174.4hm²，灌木林 1792.2hm²，经济林 25.3hm²，人工种草 17hm²，共建成沟道工程 153 座，其中骨干工程 2 座，淤地坝 8 座，治河造地工程 4 处，谷坊坝 139 座。共完成土方 57.76 万 m³，石方 1605m³。上述工程共可淤澄农田 177.2hm²，现已投入生产 96hm²。项目实施以来，还资助当地农民建设养羊圈舍

300m²，为了提高饲草料的利用转化率，新建圈舍都配备了饲草料粉碎机、青贮（或微贮）窖，或氨化（碱化、糖化）池，小流域共配备饲草料粉碎机 15 台，建成青贮窖等 20 个。

通过 8 年治理，河洛图小流域综合治理面积累计达到 2778hm²，治理度由 7.9％提高到 81.5％，林草覆盖率由原来 6.3％提高到 68％，基本形成上坝拦洪、下坝淤地生产，坡面林草植被建设和沟道坝系工程相结合的综合治理防护体系，各项治理措施效益显著，平均每年减沙 20.07 万 t，拦沙减沙效益达到 74％，水土流失基本得到控制。坝系工程充分发挥了防洪、滞洪、减沙、淤地效益，提高了抗灾能力。

小流域内农民生活水平得到大幅度提高，人均粮食由原来的 257.5kg 提高到 2001 年的 920kg；人均纯收入由原来的 387 元提高到 1800 元；砖木结构住房比例由 30％提高到 70％，拥有彩电、冰箱、摩托车等生活性固定资产的户数由 40 户上升到 120 户；拥有小四轮车或其他农用车及农业机械的户数由 20 户上升到 80 户；恩格尔系数由 0.7 下降到 0.58。据 2003 年调查，小流域内又新发展了基本田 321hm²，人均基本田由 1993 年的 0.06hm² 提高到 2003 年的 0.47hm²；坡耕地面积则由原来的 340hm² 减少到 2003 年年底的 48.3hm²，坡耕地占总耕地比例由 88.5％下降到 11.7％。

4.1.3 砂砾质丘陵沟壑地貌区治理模式

砂砾质丘陵沟壑地貌区面积约 4603.68km²，占丘陵沟壑地貌区面积的 25.3％。主要分布东胜区南部、伊金霍洛旗东部和准格尔旗西部地区。

4.1.3.1 地形地貌特征

类似于黄土丘陵沟壑地貌区，砂砾质丘陵沟壑地貌区流域界线沿分水岭较为明显，地形波状起伏，梁平坡缓，地面切割较浅，海拔 1250～1450m，沟网密度 2～3km/km²。

4.1.3.2 水土流失特点

该区属风蚀水蚀并重区域，土壤侵蚀模数一般为 10700～13800t/(km²·a)。在夏季降雨期，特别是 7 月、8 月，当土壤含水量较高即将达到饱和时，坡面和沟道往往存在发生泥石流的较大危险。

4.1.3.3 治理模式

该区水土保持综合治理措施大都以小流域为单元，在梁峁、缓坡、沟坡、沟道等区段分区分段布设水土保持措施。

1. 梁峁缓坡地治理

在梁峁缓坡地主要采取水平沟、鱼鳞坑整地，配置乔灌混交林。通常乔木以常绿的油松、侧柏、桧柏为多，灌木多有柠条、沙棘、黄刺梅等，尤其是黄刺梅，在该地貌区有非常好的适应性。

2. 沟坡地段治理

陡坡地段则多以灌木造林为主，常用的灌木树种以沙棘、柠条为主，尤其是沙棘具有速生性，在陡坡地段有较好的适应性。

3. 沟道治理措施配置

支毛沟沟掌以栽植沙棘防护林、沙棘柔性坝为主，即在沟道的流水线两侧栽植沙棘控制水流的侧向侵蚀，逐步固定河床、抬高河床侵蚀基准面以达到控制水土流失的效果。在采取植物措施的同时，在有条件的支毛沟也布设少量谷坊坝、中小型淤地坝，支沟则建控制性骨干坝，从根本上控制径流泥沙，达到保持水土的目的。

含砾的土壤使得水土保持整地造林较为困难，起伏的山丘与沟壑使施工场地不大，机械开挖水平沟、鱼鳞坑等整地工程时，效率不高；人工开挖水平沟、鱼鳞坑等整地工程时，因土壤夹杂砂砾石，只能使用铁镐配合铁锹进行施工，施工难度大，工作效率较为低下。沟道谷坊坝、淤地坝、骨干坝等工程措施机械化程度高，工程施工碾压密实度控制难。

4.1.3.4 治理实例：窟野河流域活吉尔兔小流域综合治理典型

活吉尔兔小流域是黄河水土保持生态工程重点支流窟野河流域的一个重点治理小流域，位于勃牛川上游一级支流，地理位置为东经 $110°19'39''\sim110°28'47''$，北纬 $39°32'16''\sim39°40'13''$。流域总面积 $78.7km^2$，水土流失面积 $72.04km^2$，海拔 $1200\sim1450m$，相对高差 $250m$，行政区划属准格尔旗准格尔召镇。流域治理期为 2001—2005 年。通过 5 年的治理，完成治理面积 $1372.83hm^2$，其中小片水地 $16.09hm^2$、乔木林 $235.61hm^2$、灌木林 $626.66hm^2$、经济林 $23.17hm^2$、人工种草 $471.3hm^2$；封禁治理 $2605hm^2$，未计入治理面积。建设小型淤地坝 26 座、塘坝 1 座、骨干坝 4 座，修建大口井 11 眼、旱井 1 眼、沟头防护 9 处、截伏流 2 处，共动用土石方 27.71 万 m^3。治理程度由治理前的 15.51% 提高至 45% 以上，生态环境明显改善，人为水土流失得到有效控制，人畜饮水和灌溉问题得到缓解，交通条件得到改善，群众生产生活条件大大提高，为流域经济可持续发展奠定了坚实的基础。

4.1.4 覆沙丘陵沟壑地貌区治理模式

覆沙丘陵沟壑地貌区面积 $4710.78km^2$，占丘陵沟壑区面积的 25.8%，主要分布在准格尔旗呼斯太河中游、大沟中下游、孔兑沟流域的左岸（西部）片区，一部分分布在勃牛川流域的西部。

4.1.4.1 地形地貌特征

该区表层沙土覆盖，梁峁坡面相对完整，但水力侵蚀使沟道切割剧烈，沟坡陡直。由于冬春干旱风大，风蚀土壤在背风处沉积，沟坡被风蚀沙土覆盖，坡度变得较缓。6 月进入汛期之后，当发生第一次洪水时，洪水就冲刷坡面、坡脚较松散的风积沙土，形成了高含沙量的洪水，随着洪水下泄，风沙土迅速被推移到河道下游直至黄河。

4.1.4.2 水土流失特点

该区是典型的水蚀与风蚀交错侵蚀区，冬、春季主要表现为梁峁覆沙的风力侵蚀，夏秋季则表现为沟道不断下切、沟头向上游延伸、沟坡向外扩展的水力侵蚀，土壤侵蚀在时间上交错、空间上叠加。沟道的中下游表现为宽浅的 U 形。海拔 991（大沟沟门）$\sim1406m$（大沟支沟准混兑沟掌与呼斯太河支沟尔圪壕沟掌分水岭处），覆沙区坡面较无覆沙区初始产流时间明显延长，产流速度和产流量小，侵蚀模数一般为 $5000\sim12000t/(km^2\cdot a)$。（摘自中国黄土高原水土保持世界银行贷款项目一期、二期工程准格尔旗项目区监测资料）

4.1.4.3 治理模式

根据覆沙厚度、沙层空间分布、覆沙坡面大小、沙层粒径组成等存在的差异，不同覆沙条件下土壤侵蚀的特征，因地制宜，合理选择水土保持综合治理措施。

1. 坡面治理

（1）坡面工程整地。根据该区的地形地貌及水土流失特点，水土保持治理措施采用适合沙地生长的乔灌草相结合的植物防护措施。覆沙相对较薄，一般覆沙厚度小于 50 cm，则结合坡面整地工程造林种草。春秋适宜造林季采用机械开挖水平沟、人工整理埂堰的方式进行水土保持整地工程，埂堰种草，水平沟内植树，必须随整地随造林。

（2）坡面植被防治措施。植被措施较多选用适宜沙地生长发育的柠条、沙柳、沙棘、樟子松等树种，以及沙打旺、紫花苜蓿、羊柴等乡土草种。常用柠条网格、沙柳网格防风固沙后，进行樟子松植苗造林；也有柠条网格、沙柳网格防风固沙林后种植优质牧草；在背阴坡采用樟子松与沙棘、樟子松与沙柳乔灌带状混交造林，靠近沟沿及沟道流水线两侧采取沙棘与种草灌草带状混交方式防治效果均较好。

（3）覆沙较厚地域防风固沙林。沙土覆盖较厚（一般超过 50cm）或是移动半移动的裸露沙丘沙地，采取飞播种草、封禁封育植被自我修复保护措施防治效果明显，待沙丘植被有所恢复再采取改善性造林措施。在自然植被资源较好的地段，采用封禁围栏、撒播牧草等自然修复的保护措施。

（4）房前屋后的绿化美化。覆沙丘陵沟壑地貌区由于上覆沙层，降雨下渗较好，水源条件相对较好，因此也是居民密集区域。利用较为充足的水源在居民集中点的房前屋后平整土地，打机电井保证水源，发展保护地蔬菜和瓜果种植，栽种经济果木林发展小果园，种植优质牧草发展养殖业，利用水面发展渔业，充分发展庭院经济。既可改善当地居民的生产生活条件，绿化美化人居环境，又可提高居民收入，提振群众的治理积极性，为农牧民的脱贫致富达小康打下良好的基础。

2. 沟道治理

（1）引洪淤地工程。该区的上游沟掌河道并不明显，俗称"壕"，往往控制区域较大，在此地段下游修建埝堰围埝造田，即控制径流泥沙，也可改善土壤条件发展基本田。覆沙丘陵地貌区主沟中下游河道较宽，在宽浅沟道采取治沟引洪淤地方式，拦蓄泥沙发展高质量基本农田，即起到既治理水土流失又充分合理利用水沙资源的效果。

（2）蓄水为主的小塘坝小水库工程。该区梁峁坡面由于覆沙增加降水下渗，减少地表径流。水流下渗汇集到沟道形成泉水，在沟道内修建小型塘坝、小型水库拦蓄径流，即减少了径流产生的水蚀，也为当地居民用水提供了便利。开发水资源，发展水浇地，极大地激发了群众修建小塘坝、小水库的积极性，为农牧业发展提供了水源保障。

（3）水土保持治沟骨干工程。该区在小流域主沟道的中下游，一般布设控制性水土保持治沟骨干工程，在全流域范围内起到总体控制性骨干作用，大大提高了小流域的防洪标准和拦截洪水泥沙、削减洪峰、调节径流的作用。

4.1.4.4　治理实例：中国黄土高原水保世行贷款项目二期工程准格尔旗呼斯太河大沟流域

大沟流域位于准格尔旗东北部，是黄河流域一级支沟，流域总面积 282km²，其中水土流失面积 267.9km²。地理位置为东经 110°15′00″～110°55′26″，北纬 39°55′49″～40°06′32″，行政区划属准格尔旗布尔陶亥苏木和大路镇，项目实施期为 1999—2004 年，共 6 年。经过 6 年的综合治理，共完成综合治理面积 13397.84hm²，其中基本农田 1217.8hm²（其中梯田 409.2hm²、水浇地 738.6hm²、坝地 70hm²）、造林 6567.27hm²（其中乔木林 1030.9hm²、灌木林 5304.47hm²、经济林 231.9hm²）、苗圃 10hm²、果园 48.17hm²、人工种草 5314.6hm²、天然草场封育 240hm²、建成骨干坝 3 座、淤地坝 11 座、谷坊坝 101 处、塘坝 17 处、旧坝加固 5 座、修建沟头防护 10km、灌溉渠道 11km、发展与保护滩地 5 处；建设畜棚 33806m²，引进种畜 931 头（只），配套饲草料加工设备 53 台（套）。取得了显著的生态效益、经济效益和社会效益。

4.1.5　严重裸露砒砂岩地貌区治理模式

严重裸露砒砂岩地貌区在各类型的丘陵沟壑地貌区都有分布，确切面积因缺乏实测数据，故包含在丘陵沟壑地貌区内，估算面积约 5000km²，最严重裸露地貌区约 915km²，主要分布于皇甫川流域、孤山川上游、窟野河上游等部分地区。

4.1.5.1　地形地貌特征

砒砂岩指鄂尔多斯地区在中生代形成的地层中的砂岩（粒径 0.1～2.0mm 的颗粒大于 50%）、粉砂岩（粒径 0.01～0.1mm 颗粒大于 50%）和泥岩，以及砾岩和页岩等沉积岩，外观表现有粉红色、灰白色和棕红色等多种颜色，民间俗有"远看像火烧云，近看似五花肉"的"美称"。裸露砒砂岩地貌区地形起伏大，沟壑十分发育，地面支离破碎，沟壑切割裂度大于 30°以上的占到 68.3%，沟网密度 4～10km/km²。各级沟道多呈 V 形，沟床狭窄，沟间坡面退缩成狭长的坡梁，有的地方完全呈现出裸露的砒砂岩沟坡，沟壑区面积占 45%。土层极薄、土壤含水量、养分极低，使得一般草、树种植物存活生长极其困难。

4.1.5.2 水土流失特点

砒砂岩为主的小流域，沟壑十分发育，沟道侵蚀强烈，水土流失以水蚀为主，伴有重力侵蚀、冻融侵蚀和风蚀，沟道侧向扩张侵蚀强于沟头溯源侵蚀，泥沙数量巨大。粒径以大于 0.05mm 的泥沙含量为标准，砒砂岩地貌区大于 0.05mm 以上的粗颗粒约占 60%～70%，是黄河泥沙特别是粗泥沙的主要来源地。砒砂岩地貌区坡面水蚀量分别是黄土坡地的 1.42 倍、风沙土的 10.14 倍。以砒砂岩为主的小流域多年平均侵蚀模数分别是以黄土为主的小流域的 1.6 倍、以风沙土为主的小流域的 2.4 倍。皇甫川上游最严重的裸露砒砂岩区侵蚀模数最高竟然达 40000～60000t/(km²·a)。

4.1.5.3 治理模式

针对砒砂岩地貌区的特征，作为一个特殊的环境单元，综合考虑该区生态环境条件，着眼于植被资源的保护与恢复，促进环境的逐步好转，以植被建设为突破口，采取坡面治理与沟道治理相结合的措施，采取"沙棘封沟、柠条缠腰、松柏戴帽"植物防治和支毛沟建设谷坊坝、淤地坝相结合的综合治理模式。

（1）在梁峁采取固土保水的植物措施，向阳坡面结合鱼鳞坑、水平沟整地工程，栽植油松与沙棘乔灌混交林、杏树与油松混交林；背阴坡面则选择油松与沙棘乔灌混交林、沙棘与柠条灌木混交林；在地块土壤条件较好又有养殖要求的地方则采取沙棘与紫花苜蓿、草木樨、沙打旺灌草混交，沙棘采用穴状整地，种草在雨季翻耕，改善土壤养分条件。

（2）沟坡沟道治理。沟头沟掌采用沙棘柔性坝封沟，密植沙棘，形成"沙棘柔性坝"，封闭沟道阻止沟道向上游扩张；沟坡采用沙棘与草木樨灌草混交护坡模式，在沙棘行间撒播草木樨，能有效增加砒砂岩沟道坡面的植被盖度，防止坡面松散土壤的水土流失，起到很好的防治水土流失效果。

（3）在沟道流水线两侧外围种植沙棘护岸林，有效阻止水流向两岸侵蚀，削减洪水的侵蚀动力，缓减洪水冲刷。

（4）在严重砒砂岩裸露地貌区支毛沟的上游，为了切断沟头扩张，更快更有效控制沟道的向源侵蚀，采用沙棘与谷坊坝配合，先布设谷坊坝，并在土质谷坊坝的坝体及坝控上游栽植沙棘，快速形成水土流失防护屏障，充分发挥生物措施与工程措施相结合的治理成效。

（5）在砒砂岩沟道的支沟布设淤地坝，同时配合治沟骨干工程建设，有效提高小流域的防洪标准。1995 年设计、1996 年开工建设、1997 年建成运行的小纳林沟砒砂岩试验坝，设计洪水标准为 10 年一遇，校核洪水标准为 50 年一遇，建成至今运行良好，充分发挥了控制性防护作用。

4.1.5.4 生态自然修复模式

皇甫川上游最严重的裸露砒砂岩地貌区，在 2007 年的"三区"划分中被划分为农牧业禁止发展区，2009 年准格尔旗暖水乡一次性搬迁农牧民 9700 多人，整体性退出 552km²，率先建设生态自然恢复区。

4.1.5.5 生态治理与开发建设相结合尝试

随着人们生活水平的提高，需求不断增加，回归大自然、亲近大自然也成为一种新时尚。经过多方努力，策划筹备，在准格尔旗暖水乡的最严重裸露砒砂岩地貌区划出近 100km²，由政府与企业投资建设砒砂岩地质风景旅游区。市旗两级水土保持部门利用地方资金，租用圪秋沟小流域一块土地，打造水土保持科技示范园区。根据区域的土壤地质、地形地貌实施工程措施，部分地区恢复植被，让治理区与非治理区形成鲜明对照，给旅游者以最直观的印象。2011 年 10 月，暖水砒砂岩景区入围第 11 批国家水利风景区。并在此成功举办了中蒙俄国际汽车摩托车场地越野赛，吸引中蒙俄越野爱好者 160 多人、国内外重要新闻媒体记者 80 多人和游客 6500 多人齐聚砒砂岩景区。

4.1.5.6 治理实例：国家水土保持重点工程准格尔旗昌汗不拉沟小流域

国家水土保持重点工程（2019 年度）准格尔旗昌汗不拉沟小流域，属于最新的国家水土保持重点工程。地处皇甫川流域上游最严重的裸露砒砂岩地貌区，位于 109 国道昌汗敖包段北、纳林川上游干擦板沟南，地理位置为东经 $110°29'2.02''\sim110°35'45.15''$，北纬 $39°47'47.79''\sim39°51'15.44''$。行政区划属准格尔旗暖水乡，该区属农牧业禁止开发区，现已整村实施生态移民。项目区总面积 $18.28km^2$，水土流失面积 $15.30km^2$。新增水土保持治理面积 $1500hm^2$，其中支毛沟种植沙棘灌木林 $300hm^2$，实施生态修复面积 $1200hm^2$；修建谷坊坝 79 座（其中柳桩块石谷坊坝 27 座、柳谷坊坝 21 座、铅丝石笼谷坊坝 31 座），沟头防护工程 5km（14 处），作业路 6km，建设网围栏 10km。树立封禁牌、宣传碑、标志碑，加大宣传力度，提高群众对于控制水土流失、综合治理与保护生态环境重要性的认识，引导群众自觉投入到治理水土流失、保护生态环境的建设中来。

通过一年的治理，充分发挥生态自我修复与人工补植补种相结合的治理措施效果，增大了林草植被盖度，生态环境有较大改善。

改造坡耕地，修建基本田

陡坡整地营造乔木防护林

灌草混交林带

治沟骨干工程

上拦下蓄的库坝连环工程

宽浅河道的治河造地工程

黄土丘陵沟壑地貌区治理模式

较陡坡面整地营造乔木防护林

溯源侵蚀沟整地营造乔木防护林

人工草地

沟头防护工程

治河造地工程

治沟骨干工程

漫岗丘陵沟壑地貌区治理模式

陡坡整地乔木防护林

缓坡整地乔木防护林

人工草地

沟坡兼治

支毛沟修建淤地坝工程

沟道台地修建的大口井

砂砾质丘陵沟壑地貌区治理模式

乔灌草混交治理

乔灌混交林带防护林

人工种草

沟坡兼治

支毛沟修建淤地坝工程

宽浅河道沙棘生物护岸工程

覆沙丘陵沟壑地貌区治理模式

沟坡沙棘固坡防护林（一）

陡坡沙棘生态减沙防护林

沟坡沙棘固坡防护林（二）

沟坡沙棘固坡防护林（三）

陡坡垂吊人工种植沙棘

陡坡沙棘固坡治理

严重裸露砒砂岩地貌区治理模式

4.2　风沙区治理模式

风沙区主要指库布其沙漠和毛乌素沙地，沙漠总面积 41703km²。按鄂尔多斯市内部专业技术分工，风沙区治理主要以林业部门为主，水土保持部门为辅。对于风沙区水土流失危害，水土保持部门主要在水土保持项目区内涉及的沙漠进行防治，并在借鉴《库布其沙漠分区综合治理新模式》的基础上，也探索了许多治理模式，总结出丰富的防治经验和技术措施，这些经验和措施也是林业部门进行沙漠防治的重要补充。

4.2.1　库布其沙漠治理模式

4.2.1.1　地形地貌特征

库布其沙漠大部由流沙与半固定沙丘组成，以新月形沙丘链和格状沙丘为主，流动性极强。属温带干旱草原、荒漠草原过渡带，半干旱大陆性季风气候区。具有两大特点：其一是沙丘高大，地下水位深，一般高 10~15m，个别高 50~60m，流动沙丘占总面积的 80%，沙丘移动快，是治理难度大的沙漠；其二是横贯沙漠中游的十大孔兑，洪水暴涨时常常造成巨大危害，成为黄河泥沙的重要来源。

4.2.1.2　综合防治模式

防治库布其沙漠的风蚀沙化和水土流失，总体来讲就是采用"南围北堵中切割"的综合治理模式，即采取"锁住四周、中部开花，以路划区、分割治理，保护湿滩、防治结合"的治沙措施。在沙漠南北两侧营造生物锁边林带，阻止沙漠南侵、北扩、东移；利用沙漠东西排列的十大天然山洪沟（即十大孔兑）和修建的穿沙公路进行切割治理，在中间生态相对稳定的核心滩地，建设生态治理示范区。

1. 南围北堵锁边林治理模式

库布其沙漠北缘与黄河冲积平原区接壤，地形平坦，沙丘低矮稀疏，水分条件好，库布其沙漠南缘与漫岗丘陵沟壑区连接，复沙梁地土质较好，可采取营造南围北堵防护林治理模式。防治技术就是"前挡后拉"，周边与区内结合，固沙与绿化并重。在沙丘迎风坡 1/2 处设置沙障，并在沙障中种草种灌，降低风蚀。背风坡脚采用"高秆造林"技术栽植高秆旱柳，形成乔灌结合、带状混交的防风固沙锁边林带和隔离林带，遏制沙漠的扩展。

治理实例 1　内蒙古亿利资源集团在库布其沙漠北缘、黄河南岸边建起一条长 240km 的防沙护河锁边林带，有效遏制了荒漠化蔓延的同时，大量减少了入黄泥沙。在库布其沙漠南缘、七星湖为轴线，实施了全长 150km、宽 5km 的沙生旱生林草植被复合生态工程，号称"东西两横"生态防护绿化工程。

2. 穿沙道路分区切割治理模式

穿沙道路分区锁沙，区内固沙。在库布其沙漠内修建的纵横交错的公路和铁路，既是发展交通运输的需要，也为分区治理沙漠提供了便利条件。在道路两侧种植道路防护林，向两侧风沙区延伸 0.5~3.0km 铺设沙障，种植灌草，把沙漠分割成若干区域，分而治之。

治理实例 2　内蒙古亿利资源集团在库布其沙漠实施的"南北五纵"工程，就是以南北布局，以路划区、分割固沙的治理方略，共修建了 5 条全长 230km 的纵向穿沙公路。道路修建、治沙绿化、节水灌溉统一规划、同步落实。穿沙公路的修建，也使得沿公路两侧的沙漠得以绿化治理，面积约 800km²。穿沙公路建设及全民义务修路护路工程的实施，锁住流沙，实现了道路畅通与生态治理的共赢,为后续的生态保护起到了重要作用。穿沙公路不仅改变了库布其沙漠景观,而且为沙区治理创造了条件。

3. 十大孔兑沟川综合治理模式

十大孔兑是南北向穿越库布其沙漠的十大季节性山洪沟,也是黄河的一级支流。其上游为丘陵沟壑区,中游为库布其沙漠,下游为沿河平原区。十大孔兑既是分隔库布其沙漠的天然山洪沟,也是最严重的水土流失区,大量洪水泥沙多次给洪沟两岸和黄河下游造成极大危害。鄂尔多斯市将十大孔兑确定为水土保持重点治理区,以孔兑为单位开展了一批水土保持重点治理项目。仅就风沙区治理而言,除一般地营造防风固沙林、水土保持林外,实施引洪滞沙、淤澄造田工程是典型的治理模式。

引洪滞沙、拉沙造田。通过修筑沙坝和导流渠,把洪水引入沙漠腹地,拉沙造田。充分开发利用洪水资源,既防止洪水肆意泛滥成灾,又淤澄了大量良田,使洪水泥沙变害为利。

治理实例 3 达拉特旗引洪滞沙、拉沙造田工程。

达拉特旗水利水土保持部门在总结多年的孔兑山洪规律的基础上,坚持探索引洪滞沙造田的路子。先后在十大孔兑兴建了布尔嘎斯太河阿什泉林召分洪工程、哈什拉川的新民堡分洪工程、母花日沟的公乌素引洪滞沙造田工程、母花日沟的三眼井引洪滞沙造田工程、壕庆河引洪淤地工程等 16 处水土保持工程,控制面积达 1.71 万 hm²,使风沙土成为中壤土和轻壤土,土壤有机质含量由 0.3%～0.4%提高到 0.8%～1.2%。大片荒漠变为良田,引洪滞沙淤澄造田的技术日臻完善。引洪滞沙淤澄造田工程的实施,使入黄泥沙大量减少,同绿色屏障一样保卫了黄河中下游的生态安全。

位于沙漠腹地的恩格贝生态示范区,就利用洪水资源引洪淤地,面积达 495hm² 的沙漠变成园区高产稳产耕地及林业育苗基地,并已引导周边农民走上脱贫致富的小康之路。

4. 丘间滩地保护性治理模式

丘间滩地是库布其沙漠腹部的大小沙丘之间的低洼湿地,为周围高大沙丘的汇水区域,地下水位较高,一般在 1～3m 之间。原生植被多为碱性寸草滩,在其迎风坡灌木密植造林,其旱柳高秆造林、防治沙漠"入侵"滩地,面积较大时,种植灌草可按混交带状或块状配置,植物的根系可以吸收利用地下水,易存活,能形成乔、灌、草结合的一个绿岛或一片绿洲。恩格贝生态示范区的 3000 多 hm² 沙漠绿洲,已经形成郁郁葱葱的生态景观。

5. 恩格贝生态治理示范区模式

恩格贝地处库布其沙漠中段,位于布日嘎斯太沟与黑赖沟两大孔兑之间,常受上游特大洪水危害,总面积 2 万 hm²。历史上曾是一块水草丰美的地方,20 世纪 80 年代,由鄂尔多斯羊绒集团创建为生态示范区,成为库布其沙漠治理"中部突破"的重点。长期吸引国内外志愿者参与沙漠绿化,在茫茫沙海中开辟出一块沙漠绿洲。历经 40 年的发展,恩格贝的沙漠治理和土地开发日新月异,沙漠治理取得明显成效,生态环境得到有效改善,成为国家级生态建设示范区、国家 AAAA 级景区、全国农业生态旅游示范点、国家级地质公园恩格贝园区和内蒙古自治区文化产业示范基地。

6. 沙产业开发治理模式

内蒙古亿利资源集团在库布其沙漠治理中,把"科技、产业、生态、富民"结合在一起,利用光能资源发展沙产业。采取植物、工程相结合的综合固沙防护模式、林间复合套种模式,在治理区内种植有经济价值、实用价值的沙生植物,大规模造林种草,绿化沙漠。建立沙地保护区,大力发展沙漠旅游业。把恢复植被、经济开发、环境美化融为一体,既防沙固沙,又形成了立体复合循环产业链,实现了沙漠经济反哺沙漠治理。

7. 东达风水梁治沙养殖模式

内蒙古东达蒙古王集团公司也是企业化治沙用沙的先行者，其生产建设基地就建立在风蚀沙化严重的风水梁上，成为东达集团防沙治沙、改造沙漠和生产经营、经济开发的试验田。在钱学森院士的产业化治沙理论指导下，东达集团长期致力于库布其沙漠防治，发展沙漠经济与农牧业生产治理同步开发，实施精准扶贫，建设节水灌溉苗圃基地，发展沙地植物种植业、獭兔养殖业。在有效遏制沙漠化蔓延的同时，推动地区生态环境和人民生活水平得到明显改善，取得了荒漠化和沙化土地持续"双减少"、森林覆盖率和植被覆盖度持续"双提高"的可喜成绩，走出了一条生产发展、生活改善、生态恢复的多赢之路。

8. 引进光伏产业治理模式

库布其沙漠光热资源丰富，达拉特旗光伏发电应用领跑基地就坐落在沙漠中段，规划建设规模200万kW，年发电量40亿kW·h，占地面积0.67万hm²，一期工程已建成投产。相对于火力发电，年减排二氧化碳320万t，粉尘90万t，节约标准煤135万t。该模式的特点是空中采光发电，地面设置沙障，种植沙柳等沙生植被防沙固沙，配套建设种植养殖业，有效防治面积达到1.33万hm²，使沙漠腹地变成太阳能农场，展望了立体光伏基地建设与沙区防治综合开发治理模式的发展前景。

9. 沙漠土地的集约化利用治理模式

对库布其沙漠土地的集约化利用，也是防治沙区风蚀加剧和荒漠化扩展的一种治理模式。杭锦旗独贵塔拉镇在2008年因黄河凌汛受灾后，新镇建设规划在沙漠边缘台地，这样既保障了人民群众的财产安全，同时也节约了土地，为农业的持续化发展奠定了基础。新址位于沙漠边缘，生态脆弱，因而建镇之初，就注重沙漠治理，将防沙治沙、绿色林带、环境美化统筹安排，统一规划，同步建设，一座生态小镇充满了生机，美丽的小镇装点了沙漠。随后的招商引资，吸引了有实力企业在此安家落户，肉羊养殖园区建设、林中地农业开发、沙海食用菌生产等，利用了大片沙漠，既绿化和治理了沙漠，又带动了地方经济发展。达拉特电厂以及树林召镇扩建也是在大片的沙化土地上建设，上万亩的沙漠得到有效利用，保护了大量耕地。城镇建设带动了生态建设，走出了库布其沙漠治理的独特之路。

10. 库布其沙漠水生态综合治理模式

杭锦旗水利部门在黄河凌汛期，根据实际情况分蓄凌水，通过引水渠道从黄河干流引水进入库布其沙漠腹地的蓄水区，用水分隔沙漠，适当减轻凌汛灾害，使库布其沙漠形成沙水相连的沙漠生态湿地格局，沙丘之间出现了星罗棋布的小水面。在充足的水分滋润下，大量的沙生水生植物竞相生长，大大促进了库布其沙漠的生态环境改善。通过生态景观建设，形成内蒙古西部地区最大的沙漠湖泊，打造出"沙漠绿洲、大漠天堂"的神奇景观，同时在库布其沙漠外围大量造林种草，最终形成沙漠的生态湿地保护圈，为生态旅游和第三产业发展注入新的血液，从而带动地方经济发展。

11. 沙漠旅游资源开发治理模式

库布其沙漠的生态旅游开发，是从开发响沙湾沙漠旅游区起步的。这是依据库布其沙漠独特的自然条件，适当保留部分原生态沙漠发展假日旅游经济，减少大面积植被建设耗费、蒸发水量所带来的负面影响，将沙漠资源开发与保护有机地结合起来。利用这种沙漠旅游资源开发治理模式，陆续在库布其沙漠开发建设了恩格贝、神光、夜鸣沙和七星湖等各具特色的沙漠生态旅游区，开发了沙漠驼队风情、沙漠湖泊戏水、沙漠温泉度假、沙漠博物馆漫步等生态旅游与生态教育为一体的特色旅游产品，使沙漠生态产业链向纵深延伸，沙漠生态环境得到保护性建设，建成了响沙湾、七星湖、恩格贝沙漠地质公园等品牌风景区。

12. 飞播造林恢复植被模式

根据库布其沙漠分布面积大的自然条件和人工治理成本高、耗时长的现实条件，对于未进入开发建设项目的人迹罕至的纵深区域，封沙育林育草的主要措施就是采取飞播造林恢复植被模式。具体防治模式和技术列入毛乌素沙地飞播造林部分介绍。

13. 扶持当地农牧民脱贫致富的"五个一"工程建设模式

根据风沙区农牧民人少地多、居住分散的生产生活特点，防治风沙危害和土地荒漠化，从改善生态环境与畜牧业发展的矛盾入手，实施"五个一"工程建设模式，是扶持当地农牧民脱贫致富奔小康的根本性措施。其建设模式是"五个一"工程——每户农牧民在自己承包的草场上打一眼机电井、建一个 15～20m³ 小水塔、建一座 150～200m² 舍饲棚圈、建一处 30～50m³ 青贮窖、开发一处小经济园。通过打井开发小片水地，实施引农入牧、以农促牧，减轻传统畜牧业对生态环境的破坏，从而达到经济、生态的可持续发展。该模式优点如下：①畜牧业变"散养"为"舍饲"，草原植被自然恢复速度加快，3～5 年草原生态即可修复；②发展小片水浇地，使种植业稳产高产；③建设小经济园，增加了经济收入；④解决了人畜饮水的卫生问题，喝上了符合国家饮用水标准的自来水，结束了多年来人拉畜驮的饮水历史，提高了生活质量；⑤提高了防灾抗灾能力，大量种植沙柳、旱柳、柠条、沙棘、杨树、沙枣等生态防护林，防止风蚀沙害，改善了生态环境。

北堵：沙漠北缘防护林

南围：沙漠南缘防护林

穿沙公路：敖银高速风沙区沙柳防护林

穿沙公路：锡尼独贵公路沙障沙柳防护林

孔兑分割：沙区引洪滞沙工程

孔兑分割：风沙区生态治理

库布其沙漠治理模式：南围北堵锁边林

丘间滩地旱柳造林（一）

丘间滩地旱柳造林（二）

恩格贝生态示范区全景

恩格贝示范区治沟骨干工程

亿利资源在沙漠生态治理中发展沙产业（一）

亿利资源在沙漠生态治理中发展沙产业（二）

库布其沙漠治理模式：丘间滩地保护性治理

东达集团在沙漠治理中发展獭兔产业

东达集团风水梁沙区防护林

沙漠腹地发展光伏发电产业

空中光伏发电，地面沙障治理

杭锦旗新建独贵塔拉生态文明小镇

杭锦旗新建独贵塔拉生态产业园区

库布其沙漠区治理模式（一）

凌汛期黄河水引入沙漠腹地景观

沙区外围人工种草的生态保护圈

沙漠生态旅游产业（一）

沙漠生态旅游产业（二）

杭锦旗库布其沙漠生态修复（一）

杭锦旗库布其沙漠生态修复（二）

库布其沙漠区治理模式（二）

一眼机电井 一座水塔

一片水浇地

一座舍饲棚圈

一处小经济园

住户外围实施生态防护治理

一处青贮窖

库布其沙漠治理模式："五个一"工程建设

4.2.2　毛乌素沙地治理模式

4.2.2.1　综合防治概述

在毛乌素沙地，针对沙丘低缓、地下水位高、有不少天然绿洲的特点，采取"庄园式生物经济圈"的治理模式。以建设生态经济园和防风固沙林草带网为主，全面治理，形成以草库伦（林、草、料、水、机称为"五配套"）为中心的一家一户庄园式生态经济圈。运用"封、飞、造"等措施进行综合治理开发，坚持增加绿色和提高质量并重，治理率达到70%以上。绿色，不仅改善了生态环境，也提升了人居环境的质量和人们的幸福指数。

在治理技术层面，对流动沙丘、半固定半流动沙丘采取"一封、二障、三上"的治理模式。"一封"就是对治理区全面封禁，防止牲畜随意进入踩踏破坏。"二障"是利用造价低廉的植物固沙措施"设置沙障"，即用沙柳枝条、沙蒿或者农作物秸秆、草绳从沙丘中、上部到底部打成网格或条状，设置沙障方向与迎风方向垂直，防止沙丘移动。"三上"就是因地制宜采取治理措施，在沙障内种植羊柴、花棒、沙柳等优良固沙灌木。对固定沙丘采取封沙育草的生态自然修复措施，必要时补植补种带状优质灌草（羊柴），逐步取代天然蒿类植被。在丘间滩地种植高秆旱柳或沙柳、沙棘、紫穗槐等锁边防护林。

在毛乌素沙地布设的沙障种类很多，按类型分为植物活沙障、工程死沙障；按材料分为沙柳沙障、草绳沙障、稻草（麦秸秆）沙障、塑料编织带沙障、遮阳网沙障、黏土沙障；按形状分为平铺式沙障、直立式沙障、条状沙障、网状沙障；按施工方式分为人工沙障、机械沙障。因为乌审旗全境都在毛乌素沙地，故以该旗为例总结提炼综合防治模式。

4.2.2.2　综合防治模式

1. 以水为中心，加强农田草牧场建设模式

创造出了"家庭牧场""五配套灌溉草库伦""联户连片开发"等一系列水利建设兴利、水土保持治理的防护模式。土地沙化、土壤贫瘠、气候干旱是毛乌素沙地的基本条件，也是导致农牧民长期处于贫困状态的主要原因。夯实农牧业发展基础，解决农牧民温饱问题，成为乌审旗水利建设中的重中之重。

（1）综合防治措施之一：增水。开挖大口井、筒井，发展小片水地；筑坝修渠、引流灌溉；打井上电发展井灌，2002年全旗水浇地面积达到28000hm²，农牧业人口人均达到0.37hm²，畜均灌溉饲草料地达到0.02hm²，农牧业抗御自然灾害的能力显著提高，实现了饲草料自给有余，整体上解决了温饲问题，为开展风沙区生态治理奠定了物质基础。

（2）综合防治措施之二：保水。乌审旗80%的土地面积在无定河流域，过去由于滥垦过牧，水土流失逐年加剧，流沙掩埋草场、农田、青苗的现象时有发生。从1983年开始，以国家八片水土保持重点治理为依托，以小流域治理为单元，以生物治理为主要措施，积极实行开发性治理，合理保护利用水土资源，对境内28条小流域实施综合整治，累计治理保存面积达到了11.89万hm²，综合治理程度达到80%以上，实现了小群体大连片，初步建立起了南部无定河流域水土保持防护林带，在保持水土、涵养水源方面发挥出了显著的效益。

（3）综合防治措施之三：节水。重点发展节水灌溉工程，每年以2000hm²的速度加快发展。初步构筑起了以衬砌渠道节水为主，管灌、喷灌、滴灌等多元发展的节水灌溉新格局。2002年全旗节水灌溉面积发展到了9320hm²，占水浇地总面积的33.3%，水的利用率提高到了80%，每亩水浇地节约生产成本10元。

2. 分类指导，不同区域重点治理模式

（1）在沙区以"家庭牧场"为基本模式。承包到户的草场分类网围，沙区植树造林，恢复植

被，下湿滩地划区轮牧，休养草场；水土条件较好的地块，打井上电，开发小片水浇地，建设饲草料基地，步入了粮多、草多、畜多的良性循环。这一模式也逐渐发展成为内蒙古草原建设的基本模式，包括以下两种：

1）"高效益家庭牧场"模式。该模式规划户均水浇地达到 3.33hm²，其中 2hm² 种草，1.33hm² 种植饲料玉米；户均牲畜总头数达到 200 个绵羊单位，母畜比例达到 75%，基础母畜比例达到 55%，年出栏率达到 50%，当年羔羊全部育肥出栏；养殖户青贮窖、棚圈、粉碎机具配套齐全，户均年纯收入达到 2 万元或人均纯收入达到 5000 元。

2）"水、草、林、料、机"五配套灌溉草库伦建设模式。引种入牧，农牧互补，进一步增强饲草料供给能力，着力培植了一批基础建设水利化、种养一体化、生产经营规模化、棚圈建设标准化、畜种良种化、饲料配方化、饲养科学化、效益最大化的养殖大户，发展"水、草、林、料、机"五配套的"水保生态牧户"，努力推动畜牧业总量扩张和效益提升。

（2）在水蚀为主的流失区，以建设"小生物经济圈"为基本模式。以治理水土流失为前提，以开发小片水浇地为重点，加大小型水利设施建设力度，挖潜扩灌，积极发展玉米制种、水稻、大苹果等高效作物和经济林草种植；发展乌审旗的玉米制种、水稻和大苹果基地。全面推行舍饲养殖，大力发展农区畜牧业。

（3）在生态恶化区，以异地搬迁、整体封育保护为基本模式。对生态环境极为恶劣，基本失去生产生活条件的农牧民，采取异地整体搬迁的办法，选择水土条件较好的地块，由水利部门统一规划、统一设计，农口项目集中投入、统一建设，建成后承包到户，分户管理，分户经营，分户受益。

（4）沿河农业高效开发区。采取引水拉沙的措施营造水稻田，为群众提供高产优质的农田，促进坡地退耕还林还草。开展了以小片水地（饲草料地）建设和植被建设为基础的综合治理，提高了小流域的经济效益，增强了小流域发展后劲，为农牧业产业结构调整奠定了基础，实现了可持续发展。大力发展庭院经济，鼓励群众利用房前屋后的小片荒地，种植经济林草，建成"绿色小银行"。

3. 因地制宜，不同措施重点治理模式

（1）网围封育禁牧休牧模式。对过度放牧以致退化的草原，采取网围封育、禁牧休牧模式，使其自然复壮，实现草原生态保护治理和畜牧业可持续发展。承包到户的草牧场，根据草场类型、优劣及载畜量的大小，划分为若干个小草库伦，进行围栏封育，实施分区治理，轮封轮牧。并选择条件好的地块，每户建设一处 6.7hm² 以上的饲草料基地，实现电、井、地、机、林、路、渠七配套。封育时间一般为 3～5 年，再辅以人工措施，如补播牧草、改良草场、补种优良灌木等措施，营造牧场防护林，使之达到治理和恢复。封育是为了恢复，治理是封育的补充，前者是基础，后者是前者的完善。

（2）飞机播种治理模式。为解决沙区牧场地多、劳力少与治理任务大之间的矛盾，采取飞播治理模式。

1）播前准备：在重点播区内设置沙障，飞播区域全部围封；与牧户签订保护利用合同，三年内禁牧；采取种子大粒化和吸水剂新技术，进行药物处理。

2）飞播地选择：一般应选择在年降水量 350mm 左右的流动、半流动沙丘地，丘间低地占比应在 15% 以下。

3）飞播植物种子选择：可按不同作用进行混合配置。用以改变飞播植物群落结构的，选择草木樨和沙打旺；用以易生根成活保护其他植物的，选择沙米、籽蒿；用以提高植被质量和效益的，选择羊柴、花棒，它们是飞播治理长期效益的主要体现者。

4）确定适宜的飞播期：试验验证，5 月下旬至 6 月底是理想的飞播期。

5）播种量：一般为 6kg/hm²，羊柴（或花棒）、籽蒿（或沙米）、沙打旺、草木樨混播比例为

4∶2∶2∶2。

治理实例 4 1996 年 6 月，首次在水保重点治理区开展了飞机播种造林试验。同年 10 月调查，出苗达 87～110 株/m²，平均生长高度为 45cm，最高达 69cm。次年 9 月调查，平均保苗 38 株/m²，平均生长高度 132cm。第三年沙打旺鲜草产量达 22500kg/hm²，草籽产量 375kg/hm²，收入 4125 元/hm²。流沙得到了固定，取得了显著的生态和经济效益。

（3）联户连片开发治理模式。实行统一规划、统一开发、分户经营、分户受益的联户连片开发治理模式，能够充分体现小流域治理的综合效益。这是针对面积较大、人口较少、居住分散，一家一户难以完成治理的实际，而采取的大面积联户连片开发治理模式。既加快了治理进度，又能形成规模，便于统一经营管理，发挥整体防护能力，提高经济效益，是风沙区治理的一种好形式。

（4）培植治理大户模式。鼓励有资金、有劳力、有技术的农牧民大户，采取个体成片承包治理或联户连片承包治理的方法，只要面积达到 333.3hm² 以上，经主管部门验收合格后，一次性以奖代投 1 万～5 万元。治理所需苗条及部分网围栏设施由有关部门予以支持，限期 3～5 年完成，完不成治理任务的收回承包权，重新拍卖。

4.2.2.3 治理典型实例

治理实例 5 以开展水保发家致富的典型牧户。

敖云巴特尔，居住在乌审旗乌兰陶勒盖镇巴音敖包嘎查，全家 5 口人。共有草场 1845 亩，其中流动沙丘 1310 亩，占草场总面积的 71%。2013 年以前未治理时，1310 亩草场上不放牲畜，基本没有什么植物，一片明荒沙。通过水土保持重点工程 1 年治理、3 年管护，现在每年饲养 70 多头牛，每年宰杀 15～20 头，平均每头牛收入 15000 元。2017 年冬，出售牛肉平均单价 64 元/kg，市场上圈养的牛肉单价 60 元/kg，比别人每斤多卖 2 元。由于他家的牛是散养，不喂任何饲料和添加剂，属纯天然无污染产品，不用拿到市场上出售，提前 20 多天就预订出售了。2017 年他家纯收入 15.8 万元，人均 3.16 万元。他高兴地说："是你们水土保持局给我做下好事了。"

敖云达赖，也居住在乌兰陶勒盖镇巴音敖包嘎查，全家 4 口人，种 50 亩水浇地，饲养 110 只绵羊、70 头牛。草场面积 5100 亩，其中流动半流动草场 3200 亩，占总面积的 62.75%。2014 年春季，赶上京津风沙源项目实施，他通过水土保持项目的实施，种植了羊柴，管护 3 年后，到 2017 年秋季，饲养肉牛从治理前的 20 头增加到 70 头。这几年平均每年出售 10 头牛（1.5 万元/头）、50 多只羊（1000 元/只），2017 年收入 20 万元左右，人均 5 万元。敖云达赖逢人便说："水土保持部门让大家在沙上种植羊柴，一来能固沙丘，二来能放牲口，确实是好项目。通过水土保持治理，我们全家摘掉了穷帽子，过上了好日子，每年都有大票子。"

在乌审旗水土保持重点治理一、二期工程中，以开展水土流失综合治理发家致富的典型水土保持生态牧户，占到项目区牧户的 98%，取得了显著效益。据调查，年均收入达 3 万元以上的占总户数的 64%。这一治理模式的突出特点是：在不增加畜群数量的情况下，通过调整畜群结构，提高了养殖质量和效益，同时也保护了生态环境。该模式适宜在土地资源丰富的风沙草原地区，草场载畜能力低，生态环境脆弱的地区推广。

治理实例 6 国家重点建设工程无定河流域 20 年综合治理成果。

1. 经济效益显著

（1）粮食生产大幅度增加，人均粮食达到 2534kg，比治理前增加了 1989kg，自给有余。

（2）牲畜头数达到 24.8 万头（只），是治理前的 4.6 倍，出栏率达 40% 以上，商品率 85% 以上。

（3）人均纯收入大幅度提高，2002 年底达到 3387 元，是治理前的 10 倍，比全旗人均纯收入水平高 36%，率先达到小康。

（4）治理区林果业效益可观，订单农业发展良好，仅此两项每年人均收入 1780 元。

2. 生态效益突出

（1）蓄水保土效益明显，据 2002 年实测推算，各项治理措施年蓄水量 2047.13 万 m³，保土 564.48 万 t。

（2）治理区生态环境得到明显改善，植被覆盖度由治理前的 14.6% 上升到 2002 年年底的 69.7%，年侵蚀模数由治理前的 6400t/km² 下降为 2002 年的 1306t/km²，治理区内沙丘移动速度由治理前的 5～7m/a 下降到 2002 年的 1.6～2.3m/a，生态环境的改善为农牧业生产创造了良好的条件。

3. 社会效益巨大

（1）狠抓了植被和基本农田两大基础设施建设，使治理区形成了"林多—草多—畜多—肥多—粮料多"的良性循环格局。

（2）彻底解决了治理区"三料"短缺问题，保护了自然植被和草场。

（3）治理区的"二转三变"在乌审旗发挥了辐射带动作用。"二转"指粗放经营向集约经营转变，单一的农牧业经济向多种经济、面向市场转变；"三变"指广大农牧民随着科技意识逐渐增强，生产生活条件显著改善之后，其物质文化生活、思想观念和生活习惯都有明显变化。

小贴士

治沙造林，前挡后拉；先封后植，先围后歼。

造林种草，人进沙退；垦荒种田，沙进人退。

发展小水利：机电井工程建设

节水灌溉：推行喷灌滴灌技术

家庭草库伦建设

国家水土保持重点工程内蒙古乌审旗通史河项目通史小流域——防风固沙林灌木乔木混交（2004年种植）

沙区乔灌草混交林

国家水土保持重点工程内蒙古乌审旗通史河项目——通史小流域牧民道布庆的舍饲养殖

舍饲养牛膘肥体壮

舍饲养羊提质增效

毛乌素沙地治理模式

平整土地引农入牧

果粮套种增加收入

种植灌草防沙固沙

施肥喷灌改良土壤

建设饲草料基地

栽培苗木绿化荒沙

毛乌素沙地治理模式——小生态经济圈建设

纳林河灌区治河造地

粮食生产种植基地

经济果林种植基地

网围栏封禁封育治理

生态修复恢复植被（一）

生态修复恢复植被（二）

毛乌素沙地治理模式（一）

远沙、大沙飞播造林

飞播造林与自然修复

全国治沙劳模殷玉珍

坚持在承包的荒沙上种植沙柳

沙漠深处人家水保治理大户

门前黄沙弥漫，固沙植树绿化

毛乌素沙地治理模式（二）

4.3 波状高原区治理模式

4.3.1 地形地貌特征

波状高原区就是当地人们俗称的"干旱硬梁区",包括高平原丘陵典型草原、高平原丘陵荒漠草原两大草原类型。地形起伏不大,地势平缓,波状高平原与风蚀洼地相间,表面被风积沙覆盖,岩层裸露,气候干燥,风蚀强烈。内流流域大多位于该区,淖尔分布较多,属于典型的半荒漠草原。植被以野生植物为主,许多濒危植物也划入了自治区级、市级自然保护区。

4.3.2 治理原则

总结多年的治理经验,该区的经济发展和生态建设应遵循以下基本原则:

(1)在生产经营上,加强以水为中心的农田草牧场建设,适宜发展草原生态畜牧业。关键是以水定田、以田定人、以草定畜、草畜平衡。应坚持实行:围栏封育,划区轮牧;以草定畜,舍饲养畜;轮封轮牧,抚育改良;补植补播,恢复植被。

(2)在生态建设与保护上,坚持"以生态保护为主,实行保护优先"的生态修复措施和小流域综合治理。在生态环境较差以及自然保护区,严格封育、禁牧,恢复和保护原生生态,有计划、有保障地实施生态移民。在生态环境较好的区域,适当补植补种,实行禁牧休牧、划区轮牧,积极发展耐旱性的乔灌草植被建设。在丘间低湿洼地土壤水分条件较好的区域,种植优良牧草,作为舍饲半舍饲的补充性饲草料基地。在广大的波状草原区,对现存的大面积柠条林带进行保护性的平茬复壮。

(3)在治理模式上,主要采取封禁保护、生态修复和重点治理三大模式。

4.3.3 治理模式

1. 封禁保护

干旱波状草原区封育保护以旱生灌木和濒危植物为主,采取的主要措施为:①设置标准的网围栏;②将濒危植物申报划入自治区级、市级自然保护区,实现重点保护;③设置监测监督哨,委派专(兼)职林业监测监督执法人员定期巡回检查。

2. 生态修复

干旱波状草原区封育保护实行保护优先的生态自然修复措施。采取的主要措施包括:①工程措施,通过设置网围栏,以保护原生植被为重点,减少人为的扰动和破坏;②植物措施,对于依靠自然修复难以很快恢复植被的重点区域,采取适当的人工治理措施,建立保护型生态经济区;③行政措施,由各级政府出台政策,划定轮封轮牧休牧区,明确轮封轮牧休牧区区域范围及实行时段,加强行政督查落实,保护生态自我修复。

3. 重点治理

采取"窄林带、宽草带、灌草结合,两行一带"的治理模式,重点是补植灌木林带。行植灌木,带间种草,灌草搭配,为舍饲养畜提供充足的饲草料。不同区域选择不同植物品种,增强抗逆性、适应性。

采取的主要措施包括:①实施草地生态综合治理工程。突出灌木生态建设,大力推广适宜当地生长的抗逆性强的灌草种,补植柠条、沙柳、旱柳等耐旱树种,加强人工改良草场,补播补植改良草地,建设草灌结合、以灌护草、以灌育草等多种形式的人工、半人工草地;②充分发挥柠条在干旱波状草原区的优势,根据不同用途,大力保护和发展柠条林网田、柠条放牧林和柠条采籽林。

鄂托克前旗生态自然修复区

杭锦旗白音恩格尔濒危植物自然保护区

杭锦旗波状高原区生态修复旱柳防护林

鄂托克前旗生态修复措施设置网围栏

杭锦旗生态修复区柠条放牧林

鄂托克旗生态修复区带状直播柠条

干旱波状草原区治理模式（一）

坡面实施水平沟工程整地造林

坡面实施鱼鳞坑工程整地造林

水平沟工程整地造林远景图

鱼鳞坑工程整地造林远景图

鄂托克旗沙柳防护林

杭锦旗沙柳林网格防护林

干旱波状草原区治理模式（二）

4.4　十大孔兑治理区治理模式

十大孔兑是指黄河内蒙古段右岸由南向北的 10 条直接入黄支流,位于鄂尔多斯市北部,从西向东依次为毛不拉、布尔嘎色太沟、黑赖沟、西柳沟、罕台川、壕庆河、哈什拉川、母哈日沟、东柳沟、呼斯太河。十大孔兑均发源于鄂尔多斯台地,流经库布其沙漠,横穿下游冲洪积平原后,汇入黄河。区域总面积 10767km²。分为上游丘陵沟壑地貌区、中游风沙区和下游平原区三个区域,其中,丘陵沟壑地貌区和风沙区面积 8803.17km²。根据十大孔兑不同类型区水土流失状况和水土保持生态建设工程规划,将上中游划分为水土保持重点治理区,下游冲积平原区划分为预防保护区。

4.4.1　上游丘陵沟壑地貌区

十大孔兑南部的丘陵沟壑地貌区,在黄土高原水土流失类型区划分中属于丘陵沟壑地貌区 I 副区。主要特征是地表支离破碎,沟壑纵横,植被稀疏,以水蚀为主。面积为 4610.4km²,占十大孔兑总面积的 43%。由于从东到西在地形、地貌、土壤上的差异,表现出土壤侵蚀强度的差异。

1. 东部区

东部区位于哈什拉川以东各孔兑的南部,水土流失以水蚀为主,地表层为侵蚀剧烈的片沙覆盖及基岩裸露区,面积 1613.5km²。河谷多呈 V 形,比较固定,两岸有大小不等的川滩地,支毛沟仍在发展中,沟壑密度 5km/km²。地表被切割成漫岗丘陵、窄条状硬梁地,沟深坡陡,沙砾、卵石、砒砂岩露于地表,地表渗透能力极低,径流模数 4 万～8 万 m³/(km²·a),土壤侵蚀模数 2500～12000t/(km²·a)。

2. 西部区

西部区位于哈什拉川以西各孔兑的南部,为波状高原沟壑区,面积 2996.9km²,沟谷较为开阔,地表有少量宽阔的沟间凹地,沟间梁峁多数是宽阔的分水岭。支沟、毛沟正处于发育阶段,沟沿线以下砒砂岩裸露,大部分梁峁有片沙覆盖,风蚀也较强烈,属于以水蚀为主的风蚀水蚀复合侵蚀区。土壤侵蚀模数 2500～8000t/(km²·a)。

4.4.2　中游风沙区

十大孔兑中游段被库布其沙漠从西向东穿越,沙丘密布,沙带平均宽度 30km 左右。面积 4192.7km²,占十大孔兑总面积的 39%。地貌可分为固定、半固定沙地和流动沙丘。其中,罕台川以西多属流动沙丘,沙丘最高超 50m,且成片分布;以东多属固定半固定沙地,丘间有较开阔的低地和河谷阶地分布,沙丘又多为相对较好的植被分隔。西部风沙区风蚀模数 2500～15000t/(km²·a),最大达 30000t/(km²·a);东部风沙区风蚀模数 2500～10000t/(km²·a),最大 15000t/(km²·a)。

4.4.3　下游冲积平原区

十大孔兑下游为黄河冲积平原,从达拉特旗西部的中和西镇至东部的吉格斯太镇,长 150 余km,宽度 5～30km,面积 1963.9km²,占十大孔兑总面积的 18%。因受十大孔兑洪水泥沙和黄河凌灾危害严重,该区域土地潜在沙化危险。该区域是主要产粮区,土地利用程度较高,但地下水位高,盐渍化、沼泽化严重。

4.4.4　治理模式

4.4.4.1　丘陵沟壑地貌区治理

丘陵沟壑区的一部分坡度大,土壤肥力差,已造成水土流失,坡耕地已大部分退耕。退耕下来的坡耕地用于林草植被建设。

1. 丘陵区梁峁治理

通过人工种草、草场改良等措施将梁峁全部变为牧业用地。黄土梁峁选择以苜蓿、沙打旺为主要草种，覆沙梁峁选择以沙打旺、羊柴为主要草种。

2. 丘陵区坡面治理

将退耕的坡耕地发展为高产人工草地。为了解决饲草来源，选择土层深厚的坡面，建设人工草地。在土层较薄、地面较完整的坡面，进行水平沟整地，沟内种植油松、沙棘等，沟间种植柠条、苜蓿、沙打旺等，实行乔、灌、草混交，以提高植被覆盖度。在土层较薄的破碎坡面，进行鱼鳞坑整地，坑内栽植油松，坑间播种适生牧草如苜蓿等，形成立体防护。覆沙黄土坡面以穴状整地，栽植沙柳，行间播种沙打旺、羊柴等牧草。覆沙较厚的坡面，配合沙障治沙，栽种沙柳、沙打旺、羊柴等，重建和恢复林草植被。

3. 丘陵区沟坡治理

丘陵区沟坡一般较陡，不进行工程整地，在土质沟坡段，实施人工撒播沙棘、苜蓿或拌有同类灌草种籽的泥丸喷播等措施，使植物在靠沟坡坑凹和侵蚀松散土体地段着根、发芽、生长，达到增加植被的目的。

4. 丘陵区沟道治理

丘陵区主沟、干沟一般都较为宽阔，在干沟中下部及主沟两侧依水流条件实施治河造地、引洪澄地等措施，发展基本农田。在支毛沟通过修筑骨干工程、淤地坝、塘坝等形成科学合理的治沟工程体系，在拦泥蓄水、治沙减沙的同时，进行灌溉和发展沟坝地。其次，配合工程措施，在水分条件较好的小支毛沟内进行沙柳、沙棘封沟，拦沙蓄水，稳定河床。

大支沟布设控制性的骨干工程，小支沟布设中小型淤地坝，地形条件好的可布设小塘坝。

4.4.4.2 风沙区治理

1. 流动沙丘治理

初期采用锁边治理措施，从沙丘外围和周边开始，通过设置人工沙障，在控制沙丘发展的基础上，在沙障中间栽种沙柳、花棒、沙打旺等进行防沙治沙植被建设。同时，在有条件地段的沙丘间下部较低处筑沙坝蓄水，通过前拉后挡逐步削平沙丘，拉沙造地，削减沙丘高度。治理中期，在治理区成为半流动沙丘时再配合沙障分段隔断，在雨季条件成熟时进行人工飞播种草造林加快治理进度。

2. 固定、半固定沙丘治理

风沙区固定、半固定沙丘地带一般地下水较为丰富，可直接进行林草植被的建设和恢复，途径是以沙柳、羊柴为主要草树种，带状、菱形状栽种形成网格，其间撒播适生牧草。

3. 丘间低地及丘外平地治理

这些地区较为平坦，土壤水分条件好，一般已开辟为农地。在此类地区，采用营造防护林进行保护，并通过拉沙造田抬高田面，防止盐渍化、钙化等危害。

4. 风沙区低洼碱滩治理

库布其沙漠北缘与平原相接带，有大片沙荒低洼地，沙峁碱坑相连，不治理则无法利用。根据现状条件，在各流域中游修建引洪淤灌工程，通过洪水泥沙的引入，沿途拉沙治沙，用水用沙造田，与此同时相应减轻了下游的洪水危害，收一举两得之效。

4.4.4.3 冲积平原区治理

1. 引洪减沙淤地工程

风沙区下游冲积平原区随着十大孔兑洪水泥沙的不断冲淤和黄河主河槽的不断淤高，区内很多地方已低于十大孔兑沟床和黄河河床，加之沙漠区潜水出流，土地盐渍化、沼泽化严重，对耕地生产力的影响极大。另外，在各孔兑（尤其是东部）的中下游有 10 万 hm² 的低洼地、山盆地、水草滩地亟待治理和开发利用。为了充分利用各孔兑水沙资源，兴利除害，从有地形条件的孔兑中游或中下游引洪淤地，改造中低产田和低洼滩地，达到治沙减沙和改造开发宜农耕地的目的。

2. 引洪灌溉工程

十大孔兑下游冲积平原区农田长期以来一直靠地下水井灌，地下水超采严重，已形成较大"漏斗"。利用汛期洪水，在适宜地段修建引洪水利工程，引洪灌溉。这样可以缓解用水困难，利用洪水水温高、富含养分的优势，增加土壤养分，改良土壤，还可以减轻下游防洪负担，一举数得。

小贴士：先哲语录

（1）有患在下，治患在上。（汉，张霭生）

（2）引洪淤灌，励精图治。（宋，王安石）

（3）水分则势缓，势缓则沙停，沙停则河饱。（明，潘季驯）

（4）治河、垦田，事实相因，水不治则田不可治，田治则水当益治，事相表里。（明，周用）

（5）治河先治源。水利之法，当先于水之源。水聚之则害，而散之则利，弃之则害，而用之则利。（明，徐贞明）

（6）未开之山，土坚石固，草树茂密……滴沥成泉……以斧斤童其山，而以锄犁疏其土，一雨未毕，砂石随下。（清，梅伯言）

（7）山地得力在堰。一则不致冲决，二则雨水落淤。（清，蒲松龄）

（8）草木缺乏，水旱不调。肥美土地，变作荒芜。（中华民国，彭家元）

（9）治河下游无良策，洪水之源，源于中上游；泥沙之源，源于中上游。（中华民国，李仪祉）

（10）演成西北破落景象，概由黄土刷冲流失。（中华民国，凌勉之）

摘自《水土保持百家言帖》水利部黄委会黄河上中游管理局编印（1993 年内部发行刊物）。

丘陵区沟坡沙棘固坡治理

库布其沙漠中游沙障治理

丘陵区沟道旁建设的大口井

丘陵区节水灌溉工程

达拉特旗公乌素枢纽工程

达拉特旗壕庆河枢纽工程

十大孔兑治理模式（一）

达拉特旗阿什全林召分洪工程

达拉特旗八一胜利渠渠首工程

达拉特旗召沟门治河造地工程

达拉特旗可图沟治河造地工程

达拉特旗康家湾治河造地工程

达旗阳塔治河造地工程浆砌石丁坝

十大孔兑治理模式（二）

第5章

水土保持防治措施配置

5.1 主要防治措施

防治措施配置指在不同地貌类型区治理模式下所采用的具体治理措施。多年实践证明，鄂尔多斯的水土保持治理成效是显著的，治理技术是成熟的。主要防治措施有林草措施、生产措施、整地措施、工程措施。

5.1.1 林草措施

林草措施指人工营造的由乔木林、灌木林、优良牧草、经济果木林组成的配置在坡面、沟坡、川滩、沙丘等地貌类型上的纯林和混交林的总称，包括人工造林种草和生态修复两大类。

原则上，在干旱区，除园林绿化外，应慎用乔木，多选灌木。鄂尔多斯地区水土保持治理常用草、树种主要有以下几种。

5.1.1.1 乔木树种

常用的乔木树种有油松、樟子松、圆柏、侧柏、落叶松、杜松等针叶乔木和白榆、旱柳、国槐、沙枣、新疆杨、稠李等阔叶乔木。

1. 油松（Pinus tabuliformis Carrière）

（1）立地条件：土层深厚、排水良好的酸性、中性或钙质黄土生长良好。瘠薄的石质梁地上也能生长。

（2）整地措施：鱼鳞坑、水平沟整地。

（3）苗木规格：2年以上生实生苗，5年以上生大苗必须带土球。

（4）苗木处理：假植，裸根苗避免长时间风吹日晒、蘸泥浆栽植或种植后浇水，土球苗保护土球；大苗造林后及时绑扎，防止风摆。

（5）造林配置：常为纯林或与其他乔灌木组成混交林，株行距一般（2～3）m×（3～4）m。

（6）技术评估：水土保持林和园林绿化常用造林树种；喜光、抗瘠薄、抗风；2年生的裸根实生苗和带土球大苗易成活；蘸泥浆或保水剂靠土壁栽植，种植后浇水、覆土防蒸发，并尽可能用杂草遮阴；成林后注意防火、防病虫害。

2. 樟子松（Pinus sylvestris var. mongolica Litv.）

（1）立地条件：喜风沙土，在土层瘠薄的山地石砾土也可生长；低洼积水处生长不良。

（2）整地措施：鱼鳞坑、穴状、水平沟整地；沙地造林一般不提前整地，常为随整地随造林。

（3）苗木规格：2年以上生实生苗，5年以上生大苗必须带土球。

（4）苗木处理：假植，裸根苗避免长时间风吹日晒、蘸泥浆或植后浇水，土球苗保护土球；大苗造林后绑扎，防止风摆。

（5）造林配置：常为纯林或与其他乔灌木组成混交林，株行距一般（2～3）m×（3～4）m。

（6）技术评估：水土保持林和园林绿化常用树种；沙地易成活，生长较油松为快；成林后注意防火和防病虫害。

3. 圆柏 ［Sabina chinensis（L.）Ant. ］

（1）立地条件：对土壤要求不严，能生于酸性、中性及石灰质土壤上，对土壤的干旱及潮湿均有一定的抗性。但以在中性、深厚而排水良好的土壤中生长最佳，忌积水。

（2）整地措施：鱼鳞坑、穴状、水平沟整地。

（3）苗木规格：一般为 5 年以上生带土球大苗。

（4）苗木处理：保护土球；造林后及时绑扎，防止风摆。

（5）造林配置：常为纯林或与其他乔灌木组成混交林，株行距一般（2～3）m×（3～4）m。

（6）技术评估：因其树形优美、耐修剪、易整形，常作为庭院绿化美化树种，水土保持措施中常用作道路防护林和景观点缀，大面积造林少；注意防火。

4. 侧柏 ［Platycladus orientalis（L.）Franco］

（1）立地条件：耐干旱，喜湿润，但不耐水淹。耐贫瘠，可在微酸性至微碱性土壤上生长。

（2）整地措施：鱼鳞坑、水平沟整地。

（3）苗木规格：2 年以上生实生苗，5 年以上生大苗必须带土球。

（4）苗木处理：假植，裸根苗避免长时间风吹日晒、蘸泥浆栽植，土球苗保护土球；大苗造林后及时绑扎，防止风摆。

（5）造林配置：常为纯林或与其他乔灌木组成混交林，株行距一般（2～3）m×（3～4）m。

（6）技术评估：2 年生的裸根实生苗和带土球大苗易成活；蘸泥浆或保水剂靠壁栽植，植后浇水、覆土防蒸发；成林后注意防火、防病虫害。

5. 落叶松 ［Larix gmelinii（Rupr.）Kuzen. ］

（1）立地条件：对土壤适应性较强，有一定的耐水湿能力，生长速度与土壤水肥条件密切相关，在水分不足或过多、通气不良的立地条件下，生长不好，甚至死亡，过酸过碱的土壤均不适于生长。

（2）整地措施：鱼鳞坑、水平沟整地。

（3）苗木规格：3 年以上生实生苗。

（4）苗木处理：假植和造林时注意保护好苗木顶芽。

（5）造林配置：常为纯林或与其他乔灌木组成混交林，株行距一般（3～4）m×（3～4）m。

（6）技术评估：因其对水分养分要求较严，鄂尔多斯地区水土保持造林主要用于道路绿化。

6. 杜松 （Juniperus rigida S. et Z.）

（1）立地条件：对土壤的适应性强，耐干旱、瘠薄土壤，能在岩缝中顽强生长。

（2）整地措施：鱼鳞坑、水平沟整地。

（3）苗木规格：3 年以上带土球实生苗。

（4）苗木处理：运输苗木时应在树冠上喷雾保湿，用苫布盖好。从起苗到运输存放时间不宜过长。

（5）造林配置：一般常用来营造道路防护林和园林景观林，株行距 3m×3m。

（6）技术评估：栽后应立即浇透水、覆土，之后每隔 10 天浇水 1 次，连续浇水 3 次，成活后一般不需要再浇水。

7. 白榆 （Ulmus pumila L.）

（1）立地条件：抗逆性强，几乎可在除岩石外的任何立地条件下生长。

（2）整地措施：鱼鳞坑、穴状、水平沟整地。

（3）苗木规格：2 年以上生实生苗。

（4）苗木处理：假植，裸根苗避免长时间风吹日晒。

（5）造林配置：常为纯林或与其他乔灌木组成混交林，株行距一般(2～3)m×(3～4)m。

（6）技术评估：2年生裸根实生苗易成活；蘸泥浆或保水剂栽植，植后浇水、覆土，防蒸发。

8. 旱柳（Salix matsudana Koidz）

（1）立地条件：湿地、旱地皆能生长，但以湿润而排水良好的沙质土壤上生长最好。

（2）整地措施：鱼鳞坑、穴状整地。

（3）苗木规格：大头直径8cm左右生长健壮、无病虫害的枝条，截成长2.5m的插干。

（4）苗木处理：截取、截干时应用锋利的斧头砍切，切忌用锯锯断；造林前在流水中全株浸泡10天左右。

（5）造林配置：常为纯林或与其他乔灌木组成混交林，株行距一般(3～4)m×(6～8)m。

（6）技术评估：西部风沙区常用；萌蘖力极强，树龄长，常作为牧场防护林和园林绿化树种；成林后注意防病虫害。

9. 国槐（Sophora japonica Linn.）

（1）立地条件：对土壤要求不严，较耐瘠薄，石灰及轻度盐碱地（盐量0.15%左右）上能正常生长。但在湿润、肥沃、深厚、排水良好的沙质土壤上生长最佳。

（2）整地措施：鱼鳞坑、穴状整地。

（3）苗木规格：3年以上生实生苗或扦插苗。

（4）苗木处理：造林后应及时截去头部，切口涂漆。

（5）造林配置：常为纯林或与其他乔灌木组成混交林，株行距一般(3～4)m×(3～4)m。

（6）技术评估：常作为庭院绿化美化树种，水保常用作道路防护林和景观点缀，大面积造林少；造林后需绑扎。

10. 沙枣（Elaeagnus angustifolia Linn.）

（1）立地条件：抗旱，抗风沙，耐盐碱，耐贫瘠，不耐水湿。

（2）整地措施：鱼鳞坑、穴状整地。

（3）苗木规格：一般多采用2年生实生苗。

（4）苗木处理：假植，裸根苗避免长时间风吹日晒。

（5）造林配置：常为纯林或与其他乔灌木组成混交林，株行距一般(3～4)m×(3～4)m。

（6）技术评估：因天然沙枣只分布在年降水量低于150mm的荒漠和半荒漠地区，故在鄂尔多斯地区仅西部风沙区有少量引种。

11. 新疆杨（Populus bolleana Lauche）

（1）立地条件：耐干旱瘠薄及盐碱土，但在未经改良的盐碱地、沼泽地、黏土地、戈壁滩等均生长不良。

（2）整地措施：鱼鳞坑、水平沟整地。

（3）苗木规格：3年以上生扦插苗。

（4）苗木处理：造林前，在流水中浸泡5天左右。

（5）造林配置：一般常用来营造道路防护林和园林景观林，株行距3m×3m。

（6）技术评估：因其生长较快、需水量大，常用作道路防护林和农田防护林。造林后应及时截去头部，切口涂漆。大苗造林需要绑支架。

12. 稠李（Prunus padus L.）

（1）立地条件：喜光也耐阴，抗寒力较强，怕积水涝洼，不耐干旱瘠薄，在湿润肥沃的砂质壤土上生长良好。

（2）整地措施：鱼鳞坑、穴状、水平沟整地。

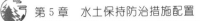

（3）苗木规格：2～3 年生带土球实生苗和扦插苗。

（4）苗木处理：植后浇水。

（5）造林配置：株行距一般 3m×3m。

（6）技术评估：稠李具有很好的药用价值，果实含蛋白质和糖分等多种营养物质，对人身体有益。树形优美，花叶精致，常栽于园林景区当中。

> **小贴士**
>
> 一草一木凝聚绿色美景
> 一心一意建设生态文明

生长10年以上油松林

油松当年生新枝

生长8年的樟子松林

带土球樟子松大苗

旱柳道路防护林

生长百年以上的旱柳（空中苗圃）

新疆杨防护林

新疆杨当年生新枝叶

水土保持植物措施——常用乔木树种（一）

国槐纯林防护林

国槐行道树

沙枣花

沙枣果叶枝

圆柏园林景观林

圆柏枝叶果

侧柏林

侧柏枝叶果

水土保持植物措施——常用乔木树种（二）

白榆纯林防护林

白榆枝叶果

华北落叶松防护林

华北落叶松枝叶果

园林绿化杜松

杜松枝叶果

开花期的稠李

稠李枝叶果

水土保持植物措施——常用乔木树种（三）

香花槐防护林

香花槐开花

火炬树

火炬树果叶

黄花槐

黄花槐花与叶子

龙爪槐

垂槐

水土保持植物措施——常用乔木树种（四）

臭椿防护林

臭椿花叶

刺槐防护林

刺槐花叶

金叶槐

金叶槐叶

洋槐

洋槐花叶

水土保持植物措施——常用乔木树种（五）

5.1.1.2　灌木树种

鄂尔多斯市水土保持常用的灌木树种有沙棘、柠条、沙柳、紫穗槐、黄刺玫、白刺、紫叶稠李、欧李、蒙古扁桃、榆叶梅、丁香、连翘、菌草等阔叶灌木和怪柳、沙地柏、羊柴（花棒）、蒙古茫等狭叶灌木。

1. 沙棘（Hippophae rhamnoides Linn.）

（1）立地条件：耐严寒，耐瘠薄，耐水湿，耐盐碱和抗旱；沙壤土生长良好；在地下死水和沼泽土壤上，根系会因缺氧而腐烂死亡。

（2）整地措施：鱼鳞坑、穴状、水平沟整地。

（3）苗木规格：1 年生实生苗和嫩枝扦插苗。

（4）苗木处理：假植，避免长时间风吹日晒；蘸泥浆栽植或植后浇水。

（5）造林配置：生态林一般（2～3）m×3m，以实生苗为主；经济林一般常采用扦插苗，带状栽植，株行距 1.5～4m 或 1～6m，雄雌株比例 1∶8。

（6）技术评估：抗性强、易成活、郁闭快，是鄂尔多斯砒砂岩地区灌木造林先锋树种；常与油松、樟子松、柠条、牧草组成混交林；早春顶凌造林成活率高，造林后前 3 年严禁放牧，及时防治病虫害。

2. 柠条（Caragana Korshinskii Kom）

（1）立地条件：耐瘠薄土壤，耐旱性强。喜生于通气良好的沙地、沙丘及干燥山坡地，多用于管理粗放或立地条件差的地区。

（2）整地措施：植苗造林常用鱼鳞坑、穴状、水平沟整地；播种造林一般不整地，雨后用畜力耧直播。

（3）苗木规格：1 年生实生苗和纯度 90% 以上、无病虫害发霉的种子。

（4）苗木处理：造林前修剪掉过长的根系；播种前用水选法剔除病虫害和发霉种子，晾至半干后播种。

（5）造林配置：实生苗造林一般（2～3）m×3m；耧播造林选择地势较平整、土质疏松、不太破碎的缓坡，2 耧 4 行为 1 带，行距一般多为 0.24m，带间距一般 4～6m；固定沙地、小片退耕地和地形破碎的丘陵坡面，宜采用穴播，每穴 3～5 粒种子，株行距 2～3m。

（6）技术评估：柠条耐牧，抗性强，生长快，羊只喜食。在各个类型区都能生长，是鄂尔多斯地区水保林常用灌木树种。

3. 沙柳（Salix cheilophila）

（1）立地条件：较耐旱，喜水湿；抗风沙，耐一定盐碱，耐严寒和酷热；喜适度沙压，越压越旺，但不耐强风蚀。

（2）整地措施：随整地随造林，以穴状为主。

（3）苗木规格：造林前，在母株上砍取 2～4 年生生长健壮、无病虫害枝条，截成长 0.4～0.6m 插条（视干沙层厚度确定）。

（4）苗木处理：造林前刀斧砍伐；大头直径在 1～1.5cm 最好，过细过粗均不利于萌发。

（5）造林配置：丛植，每穴 2～3 株，株行距（2～3）m×（3～4）m。

（6）技术评估：速生、耐砍伐、萌蘖强，是沙区水保灌木林先锋树种。

4. 紫穗槐（Amorpha fruticosa Linn.）

（1）立地条件：耐寒、耐旱、耐湿、耐盐碱，抗风沙、抗逆性强。

（2）整地措施：随整地随造林，以穴状为主。

（3）苗木规格：1 年生实生苗或扦插苗。

（4）苗木处理：造林后在根茎以上 10～15cm 处截去头部。

（5）造林配置：株行距一般（1～1.5）m×（1.5～2）m。

（6）技术评估：紫穗槐枝叶繁密且营养丰富，含大量粗蛋白、维生素等，常作饲料植物和蜜源植物，是优良的固沙、护堤树种，也作绿植。

5. 丁香（Syzygiumaromaticum）

（1）立地条件：喜光，喜温暖、湿润及阳光充足。稍耐阴，阴处或半阴处生长衰弱，开花稀少。具有一定耐寒性和较强的耐旱力。对土壤的要求不严，耐瘠薄，喜肥沃、排水良好的土壤，忌低洼积水地种植。

（2）整地措施：鱼鳞坑、穴状、水平沟整地。

（3）苗木规格：2～3 年生的营养袋实生苗，每袋 3～4 株。

（4）苗木处理：栽植时小心去掉营养袋，但不得损坏原营养土；栽植后浇水。

（5）造林配置：株行距一般 3m×3m。

（6）技术评估：常作为园林绿化美化树种。

6. 榆叶梅（Amygdalus triloba）

（1）立地条件：喜光，稍耐阴，耐寒，能在−35℃下越冬。对土壤要求不严，以中性至微碱性而肥沃土壤为佳。根系发达，耐旱力强，不耐涝。

（2）整地措施：鱼鳞坑、穴状、水平沟整地。

（3）苗木规格：2 年生实生苗和 3～4 年生嫁接苗，均需带土球。

（4）苗木处理：栽植后浇水。

（5）造林配置：株行距一般 3m×3m。

（6）技术评估：枝叶茂密，花繁色艳，常与樟子松、丁香、连翘等混交，作为园林绿化植物。成林后注意防止病虫害。

7. 连翘［Forsythia suspensa（Thunb.）Vahl］

（1）立地条件：喜温暖，湿润气候，也很耐寒；耐干旱瘠薄，怕涝；不择土壤，在中性、微酸或碱性土壤均能正常生长。

（2）整地措施：鱼鳞坑、穴状、水平沟整地。

（3）苗木规格：1～2 年生扦插苗，实生苗较少。

（4）苗木处理：栽植后浇水。

（5）造林配置：株行距一般 2m×2m，设计为花篱、花丛、花坛等配置时，可适当加大密度。

（6）技术评估：连翘萌发力强、郁闭较快、根系发达，是良好的水土保持和经济树种；连翘树姿优美、生长旺盛，先生叶后开花，且花期长、花量多，芬芳四溢，是早春优良观花灌木，在绿化美化城市方面应用广泛。

8. 菌草（Pennisetum giganteum z. x. lin，暂定名）

（1）立地条件：适生于土层深厚、水源较充足的土壤，河滩、沙地或较平整的坡地。

（2）整地措施：穴状、水平沟整地。

（3）苗木规格：1 年生扦插苗。

（4）苗木处理：植后浇水。

（5）造林配置：点穴状栽植时，株行距(2～3)m×(2～3)m；作沟道柔性坝时，单行密植，行距视比降而定，一般 4～6m。

（6）技术评估：多年生植物，植株高大，丛生，根系发达，生长快，抗逆性强，产量高，粗蛋白和糖分含量高，是优良的水土保持灌木和经济植物。

9. 黄刺玫（Rosa xanthina Lindl）

（1）立地条件：喜光，稍耐阴，耐寒力强。对土壤要求不严，耐干旱和瘠薄，在盐碱土中也能生长，以疏松、肥沃土地为佳，不耐水涝。

（2）整地措施：鱼鳞坑、穴状、水平沟整地。

（3）苗木规格：常用分株法，1～2 年生带土球扦插苗。

（4）苗木处理：分株法一般在春季 3 月下旬芽萌动之前进行。将整个株丛全部挖出，分成几份，每一份至少要带 1～2 个枝条和部分根系，然后重新分别栽植，栽后灌透水，隔 3 天左右再浇 1 次，便可成活。

（5）造林配置：株行距一般 3m×3m。

（6）技术评估：黄刺玫栽培容易，管理粗放，病虫害少，对土壤要求不严，耐干旱和瘠薄，是丘陵区水土保持林和观赏树种之一。

10. 蒙古扁桃 ［Amygdalus mongolica（Maxim.）Ricker］

（1）立地条件：生于荒漠和荒漠草原区的山地、丘陵、石质坡地、山前洪积平原及干河床等地，在水分及土壤条件较好的地区，生长、结果良好。

（2）整地措施：鱼鳞坑、穴状、水平沟整地。

（3）苗木规格：2～3 年生的裸根或营养袋实生苗。

（4）苗木处理：裸根苗栽植每穴 2～3 株；营养袋每穴 1 株，植时去掉营养袋，不得损坏营养土球。

（5）造林配置：株行距一般（2～3）m×3m。

（6）技术评估：成活率高，适应性强，生长条件要求低，适宜进行大面积造林，可作为水保先锋树种大范围推广。

11. 欧李 ［Cerasus humilis（Bge.）Sok.］

（1）立地条件：阳坡砂地、山地灌丛或庭园，缓坡、丘陵区、梯田向阳面生长较好。

（2）整地措施：鱼鳞坑、穴状、水平沟整地。

（3）苗木规格：1～2 年生的裸根或营养钵实生苗和扦插苗。

（4）苗木处理：裸根苗一般每穴 1～2 株，营养钵 1 株。植前施肥，植后浇水。

（5）造林配置：水肥条件好的平地和缓坡地株行距 0.5m×0.5m，其他 1m×1m。

（6）技术评估：欧李含天然活性钙，易吸收，利用率高，是老人、儿童补钙的最好果品；生长快，结果能力强，可以作为"草地果园"和城市园林绿化栽培。目前仅有少量引种。

12. 羊柴（Hedysarum fruticosum var. Mongolicum Turcz.）

（1）立地条件：耐寒、耐旱、耐贫瘠、抗风沙，适应性强，能在极为干旱瘠薄的流动半流动、半固定、固定沙地上生长。喜适度沙压，较耐风蚀，茎被沙压后可萌发新枝。

（2）整地措施：随整地随造林，以穴状为主。

（3）苗木规格：1 年生实生苗和纯度 90% 以上、无病虫害发霉的种子。

（4）苗木处理：假植，避免长时间风吹日晒；蘸泥浆栽植或植后浇水；雨前播种。

（5）造林配置：植苗造林株行距一般（1～2）m×（2～3）m；播种造林一般常用耧播和撒播，耧播 2 行 1 带，行距 0.25m 左右，带间距 3～4m。

（6）技术评估：固沙、速生、羊只喜食，是鄂尔多斯西部风沙区主要水土保持树种。

花棒基本与其相同，但植株高大，寿命较羊柴长。

13. 沙地柏（Sabina vulgaris Antoine）

（1）立地条件：耐寒、耐旱、耐瘠薄，对土壤要求不严，不耐涝，成片生长在固定和半固定沙地上，经驯化后，在覆沙的黄土丘陵地及水肥条件较好的土壤上生长良好。

（2）整地措施：随整地随造林，以穴状为主。

（3）苗木规格：1～2年生扦插苗。

（4）苗木处理：出圃时带塑料袋包裹的小土球苗，栽植时去掉袋，植后浇水。

（5）造林配置：株行距一般（0.3～0.5）m×（1～1.5）m。

（6）技术评估：适应性强，是鄂尔多斯地区良好的水土保持护坡及固沙造林绿化树种。常植于坡地观赏及护坡或作为常绿地被和基础种植，增加层次。

14. 柽柳（Tamarix chinensis Lour.）

（1）立地条件：喜生于河流冲积平原，河滩地、潮湿盐碱地和沙荒地。

（2）整地措施：随整地随造林，以穴状为主。

（3）苗木规格：1年生插条。

（4）苗木处理：造林前选用直径1cm左右的1年生枝条作为插条，剪成长25cm左右的插条，扦插。

（5）造林配置：株行距一般(2～3)m×(2～3)m。

（6）技术评估：适应性强，易成活、生长，是防风固沙、改造盐碱地、绿化环境的优良水保树种之一。

15. 蒙古莸（Caryopteris mongholica Bunge）

（1）立地条件：喜光，极耐旱、耐寒，萌蘖性强，耐沙埋，对土壤要求不严，在疏松渗透性良好的沙壤土生长最佳。能够在年降水量200mm以下地区自然生长，冬季能耐−35℃低温，夏季能耐40℃高温。

（2）整地措施：随整地随造林，以穴状为主。

（3）苗木规格：1～2年生分株苗造林，播种造林。

（4）苗木处理：造林前选用1～2年生株丛，带根分植，植后浇水。5月中旬播种，播种前2～3天，将种子用温水喷洒翻动，使它充分吸收水分膨胀，以种子不黏手为宜；播后覆土，厚度1.0～1.5cm，种植后浇水一次；播种量为1kg/亩。

（5）造林配置：株行距一般(2～3)m×(2～3)m。

（6）技术评估：适应性强，易成活生长，是防风固沙、绿化环境的优良水土保持树种之一。花型美丽，花序较长，蓝紫色，观赏价值较高。栽培生长旺盛，抗逆性强，可作为我国西北地区干旱、半干旱地区城市街道主要绿化树种，与地被菊、景天、叉枝圆柏等叶色浓绿的低矮植物材料配置或成片栽植。

大果沙棘结果枝

中国沙棘结果株

蒙古沙棘

俄罗斯沙棘

柠条护坡放牧林

柠条花果荚

大白柠条

柠条锦鸡儿

水土保持植物措施——常用灌木树种（一）

藏叶锦鸡儿

狭叶锦鸡儿

当年春季种植的沙柳固沙林

平茬3年后的沙柳

柽柳防护林

柽柳枝叶及花序

郁闭后的紫穗槐

紫穗槐路堤边坡防护

水土保持植物措施——常用灌木树种（二）

羊柴固沙林

当年生羊柴实生苗

毛乌素沙地自然生长的沙地柏

沙地柏公路隔离带绿化

庭园栽植的紫丁香

紫丁香花叶

开花期的榆叶梅

榆叶梅花叶

水土保持植物措施——常用灌木树种（三）

连翘边坡防蚀林　　　　　　　连翘枝叶花（右下角为果实）

当年生菌草　　　　　　　　　菌草根系发达护岸效果

开花期的黄刺玫　　　　　　　黄刺玫枝叶果实

开花期的蒙古扁桃　　　　　　蒙古扁桃枝叶果实

水土保持植物措施——常用灌木树种（四）

欧李植株

成熟的欧李果实枝条

白丁香

黑果枸杞

红叶李

红叶李叶子

山刺玫

山刺玫花叶

水土保持植物措施——常用灌木树种（五）

野玫瑰

沙地和滩地上生长的白刺

珍珠梅开花期

紫叶稠李

紫叶小檗苗圃

紫叶小檗花果

单株小叶黄杨

蒙古莸

水土保持植物措施——常用灌木树种（六）

5.1.1.3　优良牧草

水土保持常用草种有苜蓿、沙打旺、草木樨、红豆草、苏丹草和黑麦草等。

1. 苜蓿（Medicago Sativa Linn.）

（1）立地条件：适应性广，可以在各种地形、土壤中生长，最适宜的是土质松软的沙质壤土，不宜种植在低洼及易积水地。

（2）种子处理：杂质较多的种子播前要清选到净度 90％以上、发芽率 85％以上、纯度 98％以上；种子最好丸衣化处理，避免病虫害，配方为种子 500kg＋包衣材料 150kg＋黏合剂 1.5kg＋水 75kg＋钼酸铵 1.5kg。

（3）种植方法：大部分地区以条播为主，行距 30cm，利于通风透光及田间管理；播种深度是影响出苗好坏的关键，最佳深度为 0.5～1cm。

（4）种子用量：播种量一般为每亩 1kg 左右，采种田要少些，盐碱地可适当多些，播量过大易致幼苗细弱。

（5）播种时间：一般多在 6 月上旬至 8 月上旬，过早不利发芽，过晚影响越冬。

（6）技术评估：多年生植物，耐旱再生性强，每年可收割 3～4 次，产量高，草质优良，畜禽均喜食，又能改良土壤，是人工种植牧草的主要草种。

2. 沙打旺（Astragalus adsurgens Pall.）

（1）立地条件：抗旱、抗寒、抗风沙、耐瘠薄等，且较耐盐碱，但不耐涝；土层很薄的山地粗骨土和肥力低的沙丘、滩地上均能生长。

（2）种子处理：杂质较多的种子播前要清选，使净度达 90％以上、发芽率 85％以上、纯度 98％以上。

（3）种植方法：条播和撒播；种子细小，应浅播，以 1.5～2cm 为宜。

（4）种子用量：条播每亩 0.5kg，撒播每亩 0.75kg。

（5）播种时间：春季到夏季均可播种，沙害严重地区宜在风沙过后播种。

（6）技术评估：地上部分冠幅大、根系发达，抗逆性强，特别是在荒沙地上有很好的适应性，成为治沙的首选草种之一。

3. 草木樨（Melilotus suaveolens Ledeb.）

（1）立地条件：喜生于温暖而湿润的沙地、山坡、草原、滩涂及农区的田埂、路旁和弃耕地上。

（2）种子处理：播种前采取措施擦破硬质种皮；种子细小，为了播种均匀，可用 4～5 倍于种子的沙土与种子拌匀后播种。

（3）种植方法：条播和撒播；种子细小，应浅播，以 1.5～2cm 为宜。

（4）种子用量：条播每亩为 0.75kg，撒播每亩 1kg。

（5）播种时间：以春夏季为主，初冬较少，但初冬播种翌年春季出土后，苗全苗齐，且与杂草的竞争力强。

（6）技术评估：耐寒、耐旱、耐高温、耐酸碱和耐贫瘠土壤性能很强；开花前，茎叶幼嫩柔软，营养成分含量高，牲畜喜食；是人工种草的主要草种之一。

4. 红豆草（Onobrychis viciaefolia Scop）

（1）立地条件：性喜温凉、干燥气候，适应性较强，可在干燥瘠薄的砂砾、沙壤土和白垩土、富含石灰质的土壤、疏松的碳酸盐土壤和肥沃的田间生长。在酸性土、沼泽地和地下水位高的地方不适宜。

（2）种子处理：清除虫害和霉变种荚。

（3）种植方法：带荚播种，条播，覆土要浅，适宜播种深度为 2～4cm。

（4）种子用量：每亩 2.5～3.0kg。

（5）播种时间：春季土壤解冻后及时抢墒播种，如土壤墒情过差，也可在初夏雨后播种；播种后一定要镇压接墒，以利出苗。

（6）技术评估：花色粉红艳丽，饲用价值可与紫花苜蓿媲美，青草和干草的适口性均好，各类畜禽都喜食；根系大，枝叶繁茂，护坡保土作用好；含氮素高，是优良的绿肥植物和中长期草田轮作植物。

5. 苏丹草〔Sorghumsudanense（Piper）Stapf.〕

（1）立地条件：对土壤要求不严，在弱酸和轻度盐渍土壤能生长，但过于湿润、排水不良或过酸过碱地的土壤上生长不良。

（2）种子处理：选籽粒饱满、无病虫的种子，播前晒种 1～2 天，然后用 0.2% 的磷酸二氢钾或温水浸种 6～8h，以打破休眠，提高种子发芽率。此外，用粉锈宁拌种可预防锈病的发生。

（3）种植方法：干旱地区，宜采用宽行条播，行距 45～60cm；土壤水分条件好时，采用窄行条播，行距 30cm 左右。播种深度一般为 4～6cm，如表土过干，应加镇压以利出苗。

（4）种子用量：宽行播种量每亩 1.5～2kg；窄行播种量每亩 2～2.5kg。

（5）播种时间：一般在 4 月上旬至 6 月，当表土 10cm 处地温达 12～14℃ 即可开始春播。

（6）技术评估：一年生牧草，植株较高，产草量高，须根粗壮，是优良的牧草品种之一。

6. 黑麦草（Lolium perenne L.）

（1）立地条件：耐寒耐热性均差，不耐阴，不耐旱，尤其夏季高热、干旱更为不利；对土壤要求比较严格，喜肥不耐瘠，排水不良或地下水位过高也不利于生长。

（2）种子处理：播前清选，滤去碎屑浮皮等杂质。

（3）种植方法：选择土质疏松、质地肥沃、地势较为平坦、排灌方便的土地，播种前全面翻耕，并保持犁深到表土层下 20～30cm，精细重耙 1～2 遍，并清除杂草，破碎土块后镇压地块，亩施 1000～1500kg 的农家肥或 40～50kg 钙镁磷肥作底肥。

（4）种子用量：条播每亩 1.2～1.5kg，撒播每亩 2～2.5kg。

（5）播种时间：一般以条播为主，辅以撒播。将整理好待用的土地以 1.5～2m 进行开墒；以行距 20～30cm，播幅 5cm，进行播种；覆土 1cm 左右，浇透水即可。

（6）技术评估：生长快、分蘖多、耐牧，是优质的放牧用牧草。常用于高尔夫球道和草坪。因需水量大、生长管理要求严，故在水土保持园林绿化中种植。

开花期的苜蓿

苜蓿枝叶花

成片种植的沙打旺

开花期的沙打旺

黄花草木樨

白花草木樨

红豆草全株

开花期的红豆草

水土保持植物措施——常用牧草（一）

成片种植的苏丹草

苏丹草全株

成片种植的黑麦草

黑麦草全株

花棒

金皇后

高丹草

小萱草

水土保持植物措施——常用牧草（二）

野生牧草：白草

野生牧草：根茎冰草

野生牧草：披碱草

野生牧草：沙生冰草

野生牧草：克氏针茅

野生牧草：羊胆草

景观草花：八宝景天

景观草花：角堇

水土保持植物措施——常用牧草（三）

景观草花：三七景天

景观草花：马兰花

景观草花：桔梗

景观草花：细叶白头翁

景观草花：地榆

野生牧草：赖草

景观草花：二色补血草

景观草花：千屈菜

水土保持植物措施——常用牧草（四）

景观草花：常夏石竹　　　　　　　　　景观草花：地黄

景观草花：亚洲百里香　　　　　　　　景观草花：旱金莲

景观草花：黄花菜　　　　　　　　　　景观草花：虎耳草

野生牧草：麦冬　　　　　　　　　　　景观草花：矮牵牛

水土保持植物措施——常用牧草（五）

景观草花：雏菊

景观草花：曼陀罗花

景观草花：美人蕉

景观草花：美女樱

景观草花：石竹

景观草花：矢车菊

景观草花：洋桔梗

固沙植物：沙盖

水土保持植物措施——常用牧草（六）

5.1.1.4 经济果木林

水土保持常用经济果木品种有苹果、苹果梨、山杏、枣、葡萄等。

1. 苹果（Malus pumila Mill.）

（1）立地条件：喜光，喜微酸性—中性土壤。最适于土层深厚、富含有机质、心土为通气排水良好的沙质土壤。

（2）整地措施：大穴状整地。

（3）苗木规格：2～3 年生嫁接苗。

（4）苗木处理：栽植前对苗木分级，剔除病伤和根系损伤严重或仅有极少量须根的苗木。栽植穴施足底肥，植后浇透水，视缺水程度随时浇灌。栽植完成后应准备 5%～10% 以上的树苗作为预备苗，用作补种。

（5）造林配置：株行距一般(4～5)m×(4～5)m。视品种和土壤水肥情况可适当增减。

（6）技术评估：果实富含矿物质和维生素，为人们最常食用的水果之一。适生于山坡梯田、平原矿野以及黄土丘陵等处，能够适应大多数的气候，但花期遇低温、霜冻，影响产量。成林后应加强管理，做好施肥、修剪、防治病虫害。

2. 苹果梨（Apple pear）

（1）立地条件：适应性及抗寒力强，能耐−30℃低温，抗旱、抗黑心病，极适合在北方寒冷地区栽培。

（2）整地措施：大穴状整地。

（3）苗木规格：2～3 年生实生苗。

（4）苗木处理：栽植前对苗木分级，剔除病伤和根系损伤严重或仅有极少量须根的苗木。栽植穴施足底肥，植后浇透水，视缺水程度随时浇灌。栽植完成后应准备 5%～10% 以上的树苗作为预备苗，用作补种。

（5）造林配置：株行距一般(4～5)m×(4～5)m。

（6）技术评估：果肉细脆多汁，含营养物质多，耐贮存，是鄂尔多斯大部分地区主栽品种。

3. 山杏（Armeniaca sibirica（L.）Lam）

（1）立地条件：适应性强，喜光，根系发达，深入地下，耐寒、耐旱、耐瘠薄，在深厚的黄土或冲积土上生长良好，在低温和盐渍化土壤上生长不良，常生于丘陵区干燥向阳山坡上，或与落叶乔灌木混生。

（2）整地措施：鱼鳞坑、穴状、水平沟整地。

（3）苗木规格：1～3 年生实生苗。

（4）苗木处理：栽植前对苗木分级，剔除病伤和根系损伤严重或仅有极少量须根的苗木。植后浇透水，视缺水程度随时浇灌。

（5）造林配置：株行距一般（2～3)m×3m。

（6）技术评估：生长快，是鄂尔多斯地区优良的水保经济树种，栽植多。

4. 枣（Ziziphus jujuba Mill.）

（1）立地条件：喜光树种，较抗旱，需水不多，适合生长在贫瘠的土壤和向阳黄土地。

（2）整地措施：鱼鳞坑、穴状、水平沟整地。

（3）苗木规格：1～2 年生分株或嫁接苗。

（4）苗木处理：一般在枣树萌芽前一周内栽植，栽植深度与根茎相齐，边回填边踏实，扶正苗木；栽后立即灌水，根系蘸磷肥泥浆，有利于成活。为促进结果，须加强土、肥、水管理。

（5）造林配置：株行距(4～5)m×(5～6)m。

（6）技术评估：果实味甜，含有大量的维生素、多种微量元素和糖分，是优良的药食同源植物；具根蘖性，也是良好的水土保持经济树种。

5. 葡萄 （Vitis vinifera L.）

（1）立地条件：喜光、喜暖温、对土壤的适应性较强，较耐干旱和土壤瘠薄。

（2）整地措施：北方地区常采用沟植，秋季开挖栽植沟，沟宽 80～100cm，沟深 60～80cm。挖沟时应注意将表土与心土分开堆放；施足底肥，每亩施腐熟有机肥 3000～4000kg、磷肥 100kg。底肥施于沟内，分两层施，土肥结合，心土填于底层，表土填于畦面。

（3）苗木规格：1 年生扦插苗。

（4）苗木处理：按照确定的株行距挖浅穴，将苗木垂直放入穴内，使根系在穴内完全伸展，均匀分布。培土时，先将一半土培在根系上；然后将苗木轻轻往上提，使土壤充分进入根系间；再将剩余土培上，踩紧踏实，浇透水。

（5）造林配置：长势中庸的品种宜采用双十字 V 形架，行距 2.5m，株距 1.2～1.5m，每亩栽 170～250 株。长势旺盛的品种宜采用棚架，行距 3m，株距 1～1.5m，每亩栽 150～220 株。

（6）技术评估：适应性较强，果实酸甜可口，营养价值高，鄂尔多斯地区多零星栽植于庭院及附近水肥条件好的向阳坡地，适宜家庭小果园经济林建设。

苹果树小果园

苹果梨树小果园

海红果树小果园

山杏树小果园

枣树小果园

葡萄树小果园

水土保持植物措施——经济果林

5.1.1.5 混交林

在水土流失比较严重的区域，采取造林种草的植物治理措施，要坚持因地制宜、适地适树的原则，应慎选乔木，多选灌木和优良牧草。在造林配置上，为防止病虫害，水土保持林草措施常采用林草混交种植。从植物混交看，有乔灌草混交、乔灌混交、灌草混交、灌灌混交等形式，尤以灌草混交为主；从地块混交看，有带状混交、块状混交等形式。

1. 乔灌草混交

（1）带状混交：窄带乔灌木与宽带草混交。

（2）块状混交：乔灌草各自成块。

（3）整地措施：乔灌木鱼鳞坑、穴状、水平沟整地，草带耕翻后条播或撒播。

（4）混交配置：带状混交常采用2行乔木、3行灌木行间混交，与树带隔1.5～2m种草，草带宽度一般为乔木高的10～15倍；块状混交视地形而定，无固定方式。

（5）技术评估：带状混交常用于地形平整，风多、风大的平原区和较平缓的固定、半固定沙地；块状混交常用于流动半流动沙地。树种多为油松、樟子松、山杏、旱柳、小叶杨、沙棘、柠条、沙柳、紫穗槐，草种多为苜蓿、草木樨、沙打旺、羊柴等。

2. 乔灌混交

（1）带状混交：乔灌木各自成带状。

（2）块状混交：乔灌木各自成块。

（3）整地措施：鱼鳞坑、穴状、水平沟整地。

（4）混交配置：带状混交常采用2～3行乔木与2～3行灌木行间混交，有特殊要求的也可采用株间混交。

（5）技术评估：常用于坡地和半流动沙地防护林及沙漠锁边林。乔木树种常用油松、樟子松、山杏、旱柳、小叶杨，灌木树种常用沙棘、柠条、羊柴、沙柳。

3. 灌草混交

（1）带状混交：多采用窄带灌木与宽带草混交。

（2）块状混交：灌草各自成块。

（3）整地措施：灌木鱼鳞坑、穴状、水平沟整地，草带耕翻后条播或撒播。

（4）混交配置：常采用2～3行灌木为一带，间隔1.5m种草，草带宽视地形而定，一般最宽8m。

（5）技术评估：常用于地形平缓完整和土层较厚的坡地、固定半固定沙地、退耕地，在西部牧区常用作草场改良。

4. 灌灌混交

（1）带状混交：灌木各自成带状。

（2）块状混交：灌木各自成块。

（3）整地措施：鱼鳞坑、穴状、水平沟整地。

（4）混交配置：带状混交时常采用2～3行灌木为一带，带间混交；块状混交视地形而定，无固定方式。

（5）技术评估：常用于地形破碎、水肥条件差的坡地及风沙区道路防护林和半流动沙地锁边林。树种多采用沙棘、柠条、羊柴、沙柳、沙蒿等。

固定沙地乔灌草混交林

半固定沙地乔灌草混交林

覆沙丘陵地貌区小叶杨、沙柳乔灌混交林

丘陵沟壑地貌区油松、柠条乔灌混交林

水土保持植物措施——混交林配置（一）

半固定沙地上沙柳、羊柴灌草混交林

丘陵地貌区柠条、苜蓿灌草混交林

干旱波状草原区柠条、沙棘带状混交林

风沙区沙柳、羊柴带状混交林

水土保持植物措施——混交林配置（二）

5.1.1.6　生态修复

为加快水土流失防治步伐，促进草原保护和建设，充分发挥大自然的力量，利用生态的自我修复能力，在较短的时间内实现大面积水土流失的初步治理和生态系统的初步恢复，1999 年鄂尔多斯市开展了以禁牧休牧、舍饲养畜为主的生态自我修复。采取的主要措施有行政措施、工程防护措施、植物措施三方面。

1．行政措施

禁牧是在生态极其脆弱的丘陵沟壑地貌区、重点治理区实施全年禁牧；休牧是在西部牧区草场，每年从 3 月牧草开始生长，禁止放牧 3～5 个月。禁牧休牧期间，牲畜不得外出放牧，全部实行舍饲，利于牧草生长。为保证禁牧休牧措施顺利实施，一般配套建设饲草料种植基地、饲草料加工机械、养殖棚舍等。

2．工程防护措施

为防止人畜破坏，在道路周边、居民点附近设置网围栏。网围栏一般有两种，一种是过去常用的钢丝、木桩围栏，每隔 7～10m 埋设 1 根木头固定桩（也有的采用角钢桩），水平拉设 5～7 层钢丝，用细铁丝绑扎在固定桩上。另一种近年几乎全部采用的是混凝土桩和铁丝网片，由预制混凝土固定桩和铁丝网片组成。固定桩分为两种：一种为直线固定桩，正方形，尺寸为 10cm×10cm，高 180cm，用于固定沿线网片；另一种为转折点及大门固定桩，正方形，尺寸为 15cm×15cm，高 180cm。网片规格采用 7×90cm×60cm 型，即纬线 7 道（纬线采用电镀锌工艺，边纬线直径 2.5mm，中纬线直径 2.3mm），经线每 60cm 设 1 道（经线采用电镀锌工艺，直径为 2.3mm），围栏成形后高度 90cm。每隔 7m 设 1 根小立柱（正方形，尺寸为 10cm×10cm，高 180cm），转弯处设角柱，角柱采用正方形，尺寸为 15cm×15cm，高 180cm，预制水泥桩混凝土强度等级为 C18，小立柱内含直径 4.5mm 钢筋 4 根，角柱内含直径 10mm 钢筋 5 根。在必要位置设置进出门，出入门根据需要布置，门宽一般 2.5～4m，门高 1.2～1.5m。

3．植物措施

在植被盖度较低、自然条件恶劣、植被恢复较慢的地块，可采取补植补种，加快植被恢复。多采用灌木或半灌木树种，牧草偶有使用，乔木不用。常用的灌木品种有柠条、羊柴、沙柳、沙棘、紫穗槐等，牧草品种有沙打旺、苜蓿。除固定半固定沙地有时采用撒播种子补种外，一般都采用植苗补植。

5.1.2　生产措施

5.1.2.1　水平梯田

水平梯田可以减除坡度、缩短坡长、拦蓄径流、减免冲刷，便于耕作，易于灌溉，增加土壤肥力，保证高产稳产。它是控制坡耕地水土流失的根本措施。

1．修建条件

修建水平梯田，应选择土层深厚，面积较大，靠近村庄、水源地，便于机耕的区域，方便生产经营。

2．工程设计

（1）水平梯田断面要素及关系如图 5.1（a）所示，图中：L 为斜面距，m；H 为田坎高，m；B 为田面宽，m；B_m 为田面净宽，m；h 为地埂高，m；D 为地埂底宽，m；d 为埂顶宽，m；a 为地面坡度，（°）；β 为田坎侧坡，（°）；S 为挖（填）方的断面积，m²。田面宽 $B = H(\mathrm{ctg}\alpha - \mathrm{ctg}\beta)$，田坎高 $H = B/(\mathrm{ctg}\alpha - \mathrm{ctg}B) = L\sin\alpha$。

（2）土方量的计算。在挖填方相等时，梯田挖（填）方的断面积 S 可由下式求得：

$$S = \frac{1}{2} \times \frac{B}{2} \times \frac{H}{2} = \frac{HB}{8}$$

每公顷梯田坎长（单位：m）为

$$L=\frac{10000}{B}$$

则每公顷梯田土方量（单位：m^3）：

$$V=\frac{HB}{8}\times\frac{10000}{B}=1250H$$

（3）梯田需工量的计算。每公顷梯田需工量为

$$W=\frac{2B}{3}\times1250H$$

式中　$2B/3$——田面土方的平均运距，m。

不同田面宽、田坎高与土方量、需工量的关系
见表 5.1。

（4）梯田道路的布设。为了便于农机具进入梯田
作业，在梯田里设置 2m 宽的便道。由于梯田的
地面坡度较缓，道路基本上可垂直等高线布设，这
样可减少道路占地。

（5）梯田的防洪及排水设施。为了保证能将
10 年一遇 24h 最大降雨量全部拦蓄，梯田埂高应

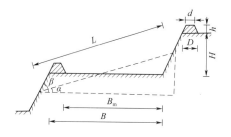

(a) 梯田断面图

α	β	d	D	田面段 B	B_m	H	L
3°	76°	0.2m	0.4m	25.5m	25.1m	1.44m	27.5m
5°	75°	0.2m	0.4m	16.7m	16.3m	1.5m	17.2m

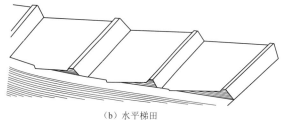

(b) 水平梯田

图 5.1　水平梯田设计图

高出田面 0.3m，并在田坎上（上部 1/3 处）栽植深根系灌木。同时还应在田面上（靠近上一级田
坎）修排水沟（比降为 1/150）将多余的降雨排到梯田两侧的沟道内。

表 5.1　　　　　　　　　　　不同田面宽、田坎高与土方量、需工量的关系

田面宽 B/m	田坎高 H/m	每公顷土方量 V/m^3	每公顷需工量 W/($m^3\times m$)
25.5	1.44	1800	30600
16.7	1.5	1875	20875
8.1	1.5	1875	10125

3. 施工技术

采用机修梯田，逐级下翻的办法，近埂处和梯田两端由人工挖运和修整边埂。

4. 技术评估

实行"坡改梯"是防治坡面水土流失最有效的措施。通过将坡耕地修整为水平梯田，能够深
翻、多耙、早锄、多锄，改善土壤结构和土壤性状。增施和合理施肥，促进土壤熟化等，都是保证
梯田的增产措施。

有时，受土层厚度、面积大小和劳动少的限制，梯田还可以修成坡式梯田、隔坡梯田、反坡梯
田。有的地方就地取材，还有石坎梯田、砌石梯田等。

5.1.2.2　小片水浇地

在水土流失严重的丘陵沟壑地貌区，土地利用程度低，干旱少雨多风、降水量少的特点使得居
住在该地区的群众千方百计地修建小水利工程，保障农业生产。发展小片水浇地，减少坡耕地种
植，就成为当地发展生产、治理水土流失的一种生产措施。

发展小片水浇地，建设水源工程是关键。最早是一家一户的小筒井，用撑杆、辘轳、水车提
水，投劳少，见效快，但灌溉面积小。随后，随着国家投资扶持力度不断加大，进入修建大口井
（截伏流工程）、机电井灌溉的发展阶段，大大增加了水浇地面积，为丘陵区大规模坡耕地退耕还林
还草创造了条件。以户承包治理小流域，建设"3153 工程"（指丘陵山区人均 3 亩基本田，10 亩林

果树，5只羊，户均饲养3头猪），更加促进了小片水浇地的发展进程，人均水浇地达到3.2亩。

1. 灌溉方式

部分地方采取渠灌方式，水的利用率低。大部分地方采取低压管道输水的喷灌、滴灌方式，应作为今后的节水灌溉措施大力推广。

2. 效益评估

实践证明，丘陵区小片水浇地的发展不仅可以拦泥澄地，而且是拦蓄洪水泥沙下泄的有效措施，同时又是抗旱夺高产、改善农业生产条件、改善生态环境、保证粮食自给、促进退耕还林还草、促进群众脱贫致富的关键。其效益主要体现在以下四个方面：

（1）改变了原有的生产方式。有了水浇地，大量坡耕地退耕还林还草。水浇地产量相当于坡梁地的20多倍，且旱涝保收。

（2）改种了玉米、小麦等高产作物和葵花、蔬菜等高收入经济作物，经济效益大为提高。

（3）促进了小流域经济的发展。过去当地群众只为填饱肚子而忙碌，现在人们的目光转向了增加经济收入上。

（4）为搞好水土流失治理、生态环境建设和再造秀美山川创造了条件。

5.1.2.3　水源工程建设

水浇地灌溉水源井主要有大口井、机电井、筒井。建设水源井应以合理开发利用地下水资源、保护环境为原则。必须根据水文地质条件、主要含水层厚度以及降低工程造价等因素确定井型、井径和井深。

水源井依据《机井技术规范》（SL 256—2000）和《农田灌溉水质标准》（GB 5084—2005）设计。

1. 大口井设计

（1）结构设计。根据地形条件，大口井井型设计为宽浅式，形式为矩形，结合当地实践经验，大口井上口尺寸为40m×40m（长×宽），下口尺寸为20m×20m（长×宽）。

（2）出水量计算。出水量采用以下公式计算，并结合当地实践经验选取计算参数见表5.2。

$$Q = 4\pi TS / W(u)$$
$$T = KH$$
$$U = r^2 \mu / 4Tt$$

式中　Q——出水量，m^3/d；

　　　T——含水层导水系数，m^2/d；

　　　S——潜水位埋深，m；

　　　K——含水层渗透系数，m/d，砂卵石取70～90m/d；

　　　H——含水层厚度，m；

　　　U——博尔兹门变换参量；

　　　r——井内半径，m；

　　　μ——含水层释水系数，砂卵石取0.04～0.06；

　　　t——设计抽水时间，h；

　　$W(u)$——泰斯井函数。

表5.2　　　　　　　　　　　　大口井计算参数选取表

参　数	K	H	S	r	μ	t
单位	m/d	m	m	m		h
数值	85	4.5	0.7	2.5	0.044	8

由上述公式及所选参数计算出水量为

$$Q = 4 \times \pi \times 382.5 \times 0.7 / 6.8880 = 488.23 (m^3/d) = 20.34 m^3/h$$

设计时取 $Q=20\text{m}^3/\text{h}$。

（3）井深设计。井深由蓄水深度和其上部井深两部分组成，总深度为5.7m。

1）蓄水深度。根据当地经验，蓄水量一般为出水量的20%～40%，设计取蓄水量为出水量的25%，由此求得蓄水深度为

$$h_1=0.25Q/(\pi r^2)=5.02(\text{m})$$

取 $h_1=5.0\text{m}$，井底已深入到基础之下0.5m。

2）上部井深：地面坡度均在3°以内，基本水平，可视为水平，含水层顶部距地面垂距为 $S=0.7\text{m}$，即为上部井深。

3）大口井设计与施工图如图5.2所示。

（4）大口井土方工程量。大口井挖出的土方直接填筑围堤，每眼大口井挖方量为5700m³。

（5）周边防护措施设计。为了保护大口井的安全，在其外围设计梯形挡水围堤，高1.0m，顶宽0.5m，外边坡比1∶1.5，内边坡比1∶1.0，土方308m³。堤上种植一行沙柳，株距1m，总共需要苗条176株。本次设计井

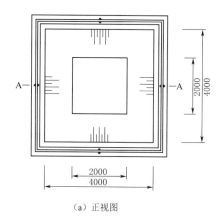

（a）正视图

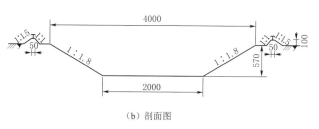

（b）剖面图

图5.2 大口井结构设计图（单位：cm）

口为开敞式，为防止人畜跌落井中，在土围堤周围内侧设围栏。围栏长176m，采用水泥桩铁丝网片围封，规格同生态修复工程防护措施。

（6）大口井工程总工程量见表5.3。

表5.3 大口井工程总工程量表

工程名称	规格型号	单位	数量	工程名称	规格型号	单位	数量
新建大口井	平均井深5.7m 井径40m×40m	眼	1	沙柳	2年生枝条	株	176
				围栏	高1.2m	m	176
大口井土方开挖		m³	5700	潜水电泵	QS40-32/2-5.5	套	1
围堤		m³	308				

（7）大口井施工。采取机械为主、人工辅助的直接开挖施工方式。施工机械主要有推土机、挖掘机，边坡一般不加衬砌。

2．机电井设计

目前，鄂尔多斯农村牧区的水浇地大部分采用低压输水管道灌溉农田，故机电井建设也以此为依据进行设计。

（1）设计灌水定额的确定。根据作物种植结构、灌水方式等因素，在充分灌溉条件下设计灌溉制度。

1）灌水定额

$$m=0.1H\rho_{\pm}(\beta_1-\beta_2)\times 1/(\rho_{水}\eta)$$

式中 m——灌水定额，m³/亩；

$\rho_{水}$——土壤干密度，取1.3g/cm³；

H——计划湿润层，参照大田作物，取50cm；

β_1——适宜土壤含水量上限，取 $\beta_1=90\%\beta_田=22.3\%$；

β_2——适宜土壤含水量下限，$\beta_2 = 62\% \beta_{田} = 15.4\%$；

$\beta_{田}$——田间土壤含水量，取 24.8%；

$\rho_{水}$——水的密度，取 1.0g/cm^3；

η——管道灌溉水利用系数，$\eta = 0.85$。

经计算灌水定额

$$m = 0.1 \times 50 \times 1.3 \times (22.3 - 15.4)\% \times 1/(1.0 \times 0.85) \times 667 = 35(\text{m}^3/\text{亩})$$

2）灌溉周期。作物日最大需水量为

$$e = 7.02\text{mm/d}$$

则设计灌水周期为

$$T = m/e\eta = 52.76/(7.02 \times 0.85) = 6.4(\text{d})$$

由此确定灌水周期为

$$T = 7.0\text{d}$$

3）单井控制面积。参照《节水灌溉工程技术规范》（GB/T 50363—2006），确定设计灌溉保证率为 85%。单井控制灌溉面积按下式确定：

$$A_1 = \frac{Qt\eta T}{m}$$

式中　A_1——单井控制灌溉面积，亩/眼；

　　　Q——机电井出水量，取 $40\text{m}^3/\text{h}$；

　　　t——灌水高峰期井泵日工作时数，取 $16.0 \sim 18.0\text{h}$；

　　　η——灌溉水利用系数，取 0.85；

　　　T——灌水延续天数，取 7.0d；

　　　m——灌水定额，取 $35\text{m}^3/\text{亩}$。

可计算得

$$A_1 = \frac{40 \times 18.0 \times 0.85 \times 7.0}{35} = 122.4(\text{亩/眼})$$

取单井控制灌溉面积 $\qquad A_1 = 120$ 亩

（2）井深与井型设计。根据《机井技术规范》（SL 256—2000）要求，参照本区地质剖面图等资料，确定井深 100m。井深范围内井管采用钢筋混凝土透水管和密实管，井管的内管径 400mm、外管径 480mm，钻孔孔径 700～800mm，井动水位 60m。钢筋混凝土管井下管深度为 100m，其中井壁实管长 60m、滤水管长 35m、沉淀管长 5m。实管安装在不透水层处，周围采用黏土填充；滤水管安装在含水层处，含水层回填滤料粒径为 2～4mm；单井出水量 40m³/h 以上。

水源机电井的设计指标为：井径规格尺寸 400mm，设计井深 100m，主要工程量：井管 100m，滤料 20m³。

机电井设计与施工图如图 5.3 所示。

3. 筒井设计

（1）井深与井型设计。根据《机井技术规范》（SL 256—2000）的要求，参照本区地质剖面图等资料及已建机电井的情况，确定井深 10m，设计静水位 4m、动水位 8.5m。

钻孔孔径 186cm，井管采用钢筋混凝土滤水管和密实管，井管内径 150cm、外径 166cm，井管壁厚 8cm。钢筋混凝土管总长 11m，其中高出地面以上实管 1m、地面以下下管深度 10m（其中实管长 1m、滤水管长 9m）。地面以下 1m 采用实管，四周全部用黏土封闭；1～10m 之间采用滤水管。

安装完成后，钢筋混凝土管外回填砾料，滤料层厚 10cm，滤料粒径为 4～6mm。滤料选用磨圆度好的砂质砾石，以圆形卵石或砂料为宜，质地坚硬，不含化学成分，不得含土过多或含有其他杂质。随后进行井管外封闭，封闭材料为黏土。

筒井设计与施工图如图 5.4 所示。

地质年代	序号	层厚/m	地质剖面及机井结构	岩性描述	静水位/m	动水位/m	出水量/(m³/h)
第四系	1	20		沙壤土 无水			
	2	5		细沙 含水			
	3	45		蓝泥 无水	13	60	40
	4	30		褐色、粉细沙含水			
	5			蓝泥			

井深100m

纵比：1:500
横比：1:30

（a）钻孔柱状图

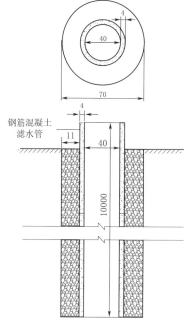

（b）剖面图

图 5.3　机电井设计与施工图

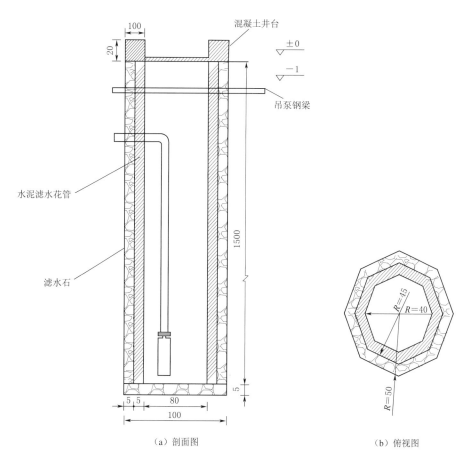

（a）剖面图

（b）俯视图

图 5.4　筒井设计与施工图（单位：cm）

（2）筒井出水量。

根据实地调查及已打 10m 深筒井的抽水试验，单井出水量 12m³/h。

4. 水泵选型

（1）沿程水头损失计算公式如下：

$$h_{沿} = fLQ^m/D^b$$

式中　$h_{沿}$——沿程水头损失，m；

　　　　f——管材摩阻系数，PVC 管取 0.948×10^{-5}，抽水管取 0.861×10^{-5}；

　　　　L——管道长度，m；

　　　　Q——设计流量，取 40m³/h；

　　　　m——流量指数，PVC 取 1.77，抽水管取 1.74；

　　　　b——管径指数，PVC 取 4.77，抽水管 4.74；

　　　　D——管道内径，出水量 40t 潜水泵的厂家标准抽水管内径取 80mm，PVC 管道 Φ110 管内径取 104mm。

（2）低压管道沿程水头损失计算见表 5.4。

表 5.4　　　　　　　　　　低压管道沿程水头损失计算表

管道名称	管道流量/(m³/h)	管道长度/m	管道内径/mm	水头损失/m	总水头损失/m
干管	40	350	104	5.4	
支管	0	75	104	4.0	12.2
抽水管	40	80	80	1.2	
地面移动管道	40	100	104	1.6	

（3）总扬程计算。该筒井以展旦召嘎查一社节水灌溉工程的水源井为例，其管道布置及管材尺寸、数量和水头损失均由低压管道节水灌溉工程计算得出。

根据沿程水头损失的 10% 进行估算可得局部水头损失 $h_{局} = 1.22m$，则有

$$h_{总} = h_0 + h_{沿} + h_{局} + h_{吸} + \Delta h$$
$$= 0.2m + 12.2m + 1.22 + 60m + 1.0m = 74.62m$$

式中　$h_{总}$——水泵总扬程，m；

　　　　h_0——管道系统工作水头，m；

　　　　$h_{沿}$——沿程水头损失，m；

　　　　$h_{局}$——局部水头损失，m；

　　　　$h_{吸}$——地面至动水位高程，$h_{吸} = 60m$；

　　　　Δh——出水口至供水地面高差。

依照计算结果，取总扬程为 75m。

（4）水泵选型。根据设计流量和总扬程选择，200QJ40-78 型水泵，额定功率为 15.0kW。

5. 井房设计

每眼机电井建一机电井管理泵房。井房面积 6m²，砖混结构，房顶采用采光板。井房设计与施工图如图 5.5 所示。

6. 节水灌溉低压管道输水工程设计

以展旦召苏木展旦召嘎查一社玉米基地作典型设计，地理坐标为北纬 40°19′29.51″、东经 109°51′53.68″，灌溉面积 8.00hm²，土壤为沙壤土。

（1）灌溉制度。科学合理地制定作物的灌溉制度，充分利用大气降水和土壤水，是实行节水增效的技术关键，也是强制节水控制体系的关键。

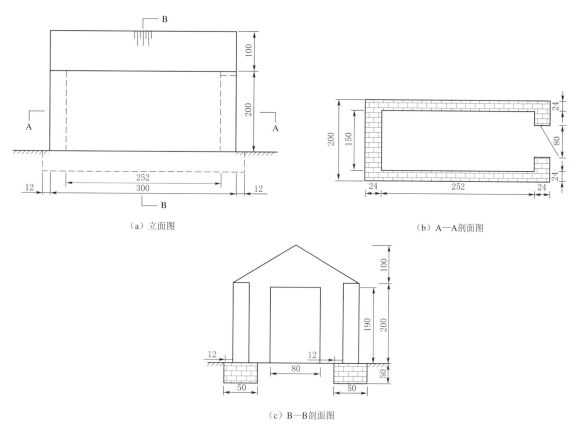

（a）立面图　　　　　　　　　　　　　　　（b）A—A剖面图

（c）B—B剖面图

图 5.5　机电井机房设计与施工图（比例：1∶50；单位：cm）

1）设计灌溉保证率。参照《节水灌溉工程技术规范》（GB/T 50363—2006），确定设计灌溉保证率为 85%。

2）灌水定额和灌水周期。灌水定额计算公式为

$$m = 0.1HR(\beta_1 - \beta_2) \times 1/(R\eta)$$

设计灌水周期计算公式为

$$T = \frac{m}{W}\eta$$

式中　m——灌水定额，$m^3/$亩；

　　　　T——灌水周期，d；

　　　　W——灌溉面积；

　　　　R——土壤干容重，取 $1.3g/cm^3$；

　　　　H——计划湿润层，取 50cm；

　　　　β_1——适宜土壤含水量上限，$\beta_1 = 90\%\beta_m = 22.3\%$；

　　　　β_2——适宜土壤含水量下限，$\beta_2 = 62\%\beta_m = 15.4\%$；

　　　　β_m——田间持水量，取 24.8%；

　　　　η——灌溉水利用系数，取 0.85。

需水试验资料参照作物玉米为日最大需水量 $e = 7.02mm/d$。

经计算，灌水定额（参照玉米）为 $m = 35m^3/$亩。

设计灌水周期（参照玉米）为 $T = 7.0d$。

3）设计灌溉定额及灌溉制度。根据内蒙古自治区水利科学研究院在达拉特旗的灌溉试验资料

及《内蒙古自治区主要作物灌溉制度与需水量等值线图》，以及玉米生长期降水量及需水量情况，当设计灌溉保证率为 85% 时，确定玉米灌溉定额为 $280 \text{m}^3/$ 亩。

为了提高灌溉水利用率，节约水电成本，采用低压输水管道输水。低压管道输水灌溉工程的水源为机电井，单井出水量 $40 \text{m}^3/\text{h}$。

（2）管网布置。布置管道时既要经济合理，又要适用、可操作性强。根据水源井的位置及典型地块形状和面积布置管网。

本典型设计水源井位于地块边缘，地块形状为矩形，面积为 8.00hm^2，采用"丰"字形管网布置形式，布置两级固定式管道，即干管和支管。低压管道工程管网布置如图 5.6 所示。

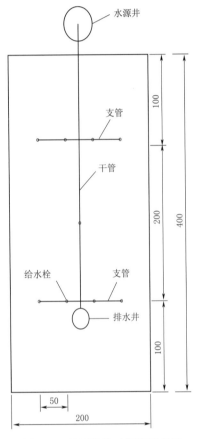

图 5.6　低压管道工程管网布置
平面图（单位：m）

干管布置在地块中央，支管垂直干管双向布置，管道埋深 100cm，管道末端最低处布置退水井，灌溉结束后泄空管内积水。管网布置要考虑植物种植方向，即干管平行植物种植行、支管垂直植物种植布置。干管长 350m，干管上布置 2 条支管。支管间距 200m，管长 150m。支管上布置给水栓，给水栓间距 50m。给水栓出水口高出地面 10～20cm。田间灌溉采用 PVC 软管输水，井口泵管与地埋输水管道用 Z 形弯头连接，在泵管出口处安装放气阀和止回阀，在拐弯处地埋部分用 $\phi110$ 的 PVC 二通、三通或四通等连接，出水口采用钢管件。

（3）管道设计。

1）管道材料及规格。固定管道主要是由水源井到田间的输水管道。管径的选择是根据流量和适宜流速确定的，PVC 管的适宜流速应控制在 $1.0\sim1.5\text{m/s}$ 之间，本次设计采用流速 $v=1.3\text{m/s}$，管道流量 $Q=40\text{m}^3/\text{h}$。经验公式如下：

$$d=\left[4Q/(\pi v)\right]^{1/2}$$

式中　D——管道直径，mm；

　　　Q——管道流量，m^3/h；

　　　v——管道流速，m/s。

根据 PVC 管材规格，取干管管径 $d=110\text{mm}$（内径 104mm）。低压管道节水灌溉已在鄂尔多斯市全面展开，特别是在干旱缺水地区应用更为广泛，工作压力在 0.63MPa 以上的 PVC 管材，均能满足低压管道输水的设计要求。本次设计采用 PVC 硬塑管材。

2）管道工程量计算。经计算，共需安装管道 650m。

3）管沟开挖设计。地埋管沟挖深 1.0m，下底宽 0.5m，上口宽 1.0m。底部必须平顺，遇到交叉点向外延挖 1.0m；待管道安装完毕，放入基坑底部中线上，经检测，试水检验合格后，方可回填，回填时先用人工回填松细土 40cm；检验合格后，再用机械结合人工回填，并压实平整。

（4）管网水力计算。

沿程水头损失计算公式如下：

$$h_{沿}=f L Q^m/D^b$$

具体计算及结果参见 5.1.2 生产措施中沿程水头损失计算公式及结果。

（5）排水井设计。在地埋主管线尾部设一排水口，并建一眼排水井，其作用是封冻前放掉管道内余水，平时清理管内积淤的泥沙等沉积物。

排水井采用口小肚大的"坛子"型，底部内直径 1.5m，顶部内直径 0.8m，排水井底部低于管道 30cm，顶部高于地面 30cm，以防止灌水时或雨季地表水流入井内。

顶部采用预制钢筋混凝土盖子封顶。井壁采用干砌红砖块，墙体厚 24cm。排水井施工前，基坑开挖的尺寸为：底部直径 3m，顶部直径为 9m，挖深度 2m，边坡比为 1：1.5。

（6）设计结果。以展旦召嘎查一社玉米基地作典型的节水灌溉工程设计见表 5.5。

表 5.5 节水灌溉工程设计表

社	灌溉类型面积/hm²		主要工程量					
	耕地	小计	土方/m³	干管		支管		排水井/眼
				长度/m	数量/条	长度/m	数量/条	
展旦召嘎查一社	8.00	8.00	938	350	1	150	2	1

5.1.2.4 引洪淤地工程简介

引洪澄地工程是水土保持的一项重要措施，是将水土流失形成的洪沙危害科学地加以利用，变洪沙害为水沙资源用来澄地。鄂尔多斯水土流失严重，洪沙灾害频繁。长期以来，广大农牧民利用洪沙资源，在山洪沟的一侧下游或沙漠地带引洪淤地造田，既消减了洪峰，减少了入黄泥沙，又淤积了大片良田，一举多得。清光绪十七年（1891 年），达拉特旗农民韩金马首开卜尔洞沟下游灌区，淤地 13.2hm²，之后相继淤地 2000hm²，后被库布其沙漠吞没。中华民国 2 年（1913 年），王同春于哈什拉川筑"活水坝"开渠引水，灌地 1200hm²。新中国成立后，达拉特旗人民政府开始兴建十大孔兑灌溉区。下述的几个较大规模的引洪淤地工程，就是多年来在十大孔兑陆续修建的。

1. 九大渠引洪澄地工程

九大渠引洪澄地工程于 1969 年开工兴建，建成后澄地 534hm²。后因河道变化和干渠淤积，不能充分发挥效益。1998 年 10 月，利用黄土高原水土保持世行贷款重新立项建设，效益显著。后面在 9.6 节按典型案例详述。

2. 阿什泉林召分洪工程

阿什泉林召分洪工程于 1958 年开工建设，1959 年建成，到 1985 年先后淤地 1467hm²，该工程对促进农牧业生产发展和保护乌兰水库起到很大作用。

3. 公乌素引洪治沙造田工程

公乌素引洪治沙造田工程是引母哈日沟洪水到沙巴拉儿（意为"连绵的低矮沙丘"）改造沙荒地。该工程从 1954 年群众开挖小渠澄地 33.3hm² 开始，到 1985 年成功淤澄农田近 666hm²，1995 年利用水土保持世行贷款进行扩建，1998 年建成，当年就新增淤地 67hm²，已淤土地 966.7hm²。

4. 三眼井引洪治沙造田工程

三眼井引洪治沙造田工程包括"八一"胜利渠渠首工程，1967—1977 年为渠系建设阶段，1977—1983 年为建筑工程配套阶段，工程自 1977 年建成到 2000 年，已淤澄农田近 1333.3hm²。

5. 哈什拉川新民渠灌区

哈什拉川新民渠灌区在中华民国 21 年（1932 年）就开渠引水灌溉。1952 年进行整修扩建。1972 年春，根据国家治黄座谈会议确定的"黄河支流要进行全面规划，综合开发"，达拉特旗人民政府决定对哈什拉川进行全面规划治理。1972 年经内蒙古自治区水利部门核准开工修建，到 1975 年 6 月 13 日竣工，当年引洪澄地面积达到 2000hm²。1976 年又修建了东、西干渠分水闸，1975—1978 年运行 4 年，共淤灌农田 3333.3hm²。1980 年因洪水冲毁停用。

6. 罕台川下游引洪澄地工程

1959—1963 年，树林召乡曾组织民工在罕台川下游沟内筑坝引洪，建设罕台川下游引洪澄地工程，到 1975 年罕台川下游陆续修建引洪渠 9 条，淤地 1666.7hm²。

5.1.2.5　达拉特旗世行贷款项目二期工程——壕庆河引洪淤地工程简介

壕庆河引洪淤地工程是达拉特旗水土保持世行贷款二期工程的重点项目，由枢纽工程、引洪渠及淤地围堰组成。枢纽工程位于壕庆河主河道，淤灌区分别为王爱召镇的马莲壕和树林召镇的二贵壕。工程设计方案经内蒙古自治区和盟旗水利专家多次考察论证，2000 年 5 月 26 日，内蒙古水土保持世行贷款项目办公室以内保世字〔2000〕第 18 号文《关于对达拉特旗水土保持世行贷款二期工程壕庆河引洪淤地工程扩大初步设计的批复》，批准了壕庆河引洪淤地工程扩大初步设计。工程建设的主要目的是引用壕庆河洪水泥沙淤澄盐碱荒滩，发展基本农田，同时兼有减轻下游山洪灾害、保护公路交通安全、补充地下水的作用。工程总投资 650 万元，工程建成后，新淤澄农田 866.7hm²，改善农田 133.3hm²，经济效益十分显著。

1. 枢纽工程

枢纽工程由拦河堰闸和分洪闸两部分组成，按 10 年一遇洪水标准设计，20 年一遇校核，Ⅳ 等 4 级工程，设计洪水流量为 448m³/s，校核洪水流量为 670m³/s。

（1）拦河堰闸。拦河堰闸分为闸和堰两部分，左边七孔拦河闸，每孔净宽 3m，总净宽 21m；长 26.5m 的溢流堰，堰顶宽 2m、高 2m，上游直立，下游为 1:2 的梯形堰。设计堰顶高程为 101.00m，设计闸底板高程为 99.00m（假设高程系统）。由于工程位置处基础为软基，所以基础采用钢筋混凝土灌注桩。桩长 16m，直径 1.0m，建筑物坐于桩基上部的钢筋混凝土梁上。拦河堰闸后端接消力池，消力池长 35m，其中斜坡段长 15m，池身段长 20m，消力池底板高程为 94.00m。为防止冲刷，消力池出口处设深 1.5m、长 8m 的铅丝石笼防冲体，消力池下设直径 1.0m、长 8.5m 的一排井柱，共 10 根。

（2）分洪闸。分洪闸为王爱召镇引洪渠首工程，分洪闸共分七孔，每孔净宽 3m，总宽度 30.7m，为开敞式平底闸，设计引洪流量 100m³/s，设计闸底板高程 99.00m。基础为钢筋混凝土灌注桩，桩长 10m、直径 1.0m。

2. 王爱召引洪渠及淤地围堰

王爱召引洪渠全长 7.65km，设计流量为 100m³/s，渠底宽 12m，内边坡为 1:2，比降由 1/800 逐步变为出口的 1/70。

王爱召淤灌区主要为卜尔合社以北的马莲壕，灌区内南高北低、西高东低，地表 3m 以内土质均为淤泥，地下水位较高，筑坝十分困难，采取引洪漫淤的方式进行淤澄，共设两条围堰：第一条围堰长 5.4km，堰顶高程为 76.00m，顶宽 3.00m，设计淤地面积 573.3hm²；第二条位于第一条东侧，全长 3km，顶高程 78.00m，顶宽 2.0m，淤地面积 86.7hm²。第一条围堰 2km+450m 处设箱形涵闸一座，设计流量为 3.0m³/s，用以排放清水。

3. 树林召引洪渠及围堰

树林召引洪渠渠首位于枢纽工程下游 0.75km 处主河道左岸，利用自溃拦河坝取水，渠线基本沿原有渠道布设，在原渠道基础上挖深拓宽，不足部分开挖。渠道全长 4.9km，设计流量为 100m³/s，渠底宽 12m，内边坡 1:2，渠底比降为 1/125~1/714。

树林召二贵壕淤地工程采取填筑格坝淤澄。共设四条格坝，格坝最大坝高 5.1m，边坡 1:2.0，顶宽 2~3m。经测算，可淤地 206.7hm²，还可通过引洪复淤原有农田 133.3hm²。

5.1.2.6　治河造地

治河造地工程，也是水土保持治理用洪用沙、引洪淤地的一种生产措施。所不同的是，治河造地是利用宽阔河道两岸的河滩地、低洼地，在整治河道的基础上，通过修建引洪渠拦洪淤澄，建设高标准基本农田的工程措施，它可以起到稳定河岸、防治沟壑侵蚀、发展基本农田的作用。

1. 治河造地工程的规划设计原则

工程规划设计的基本原则如下：

（1）全面规划，综合利用。治河造地工程必须与河道治理和防洪工程结合起来统一规划，做到上下游、左右岸、新老滩地统筹兼顾。采取工程措施与生物措施相结合的办法固岸护滩，利用河滩地发展农业生产，达到既保护现有农田又扩大淤地面积的双重效果。

（2）因势利导，因地制宜。布置和设计新河道的平面位置与形式，应根据新河岸的要求设置顺河堤、丁坝以及生物防护措施。

（3）正确处理治河造地与安全泄洪的关系。工程布置不能盲目追求造地面积，不合理地缩窄行洪断面，致使行洪受阻，造成新的灾害。

十大孔兑治河造地工程设计图如图 5.7 所示。

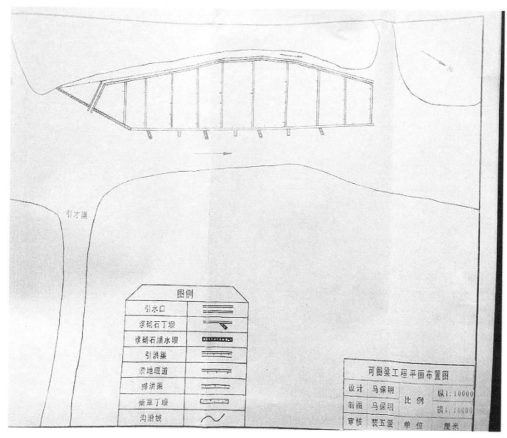

图 5.7　十大孔兑治河造地工程设计图

2. 治河造地工程布置形式

治河造地工程一般布置在沟道宽阔的干、支沟内，按照行洪河道形态和当地生产发展需要，确定工程的具体位置和规模。预留行洪河道的一侧岸坡要比较顺直、稳定，对村庄、工矿的安全影响要小。通常布置在干、支沟弯道凹岸和常水流量非淹没的河滩阶地上。

治河造地工程由护岸丁坝、澄地格坝、顺河堤、引洪口、自溃堤组成。护岸丁坝根据需要确定其座数和长度。第一座护岸丁坝位于工程上游，利用丁坝挑流作用，将洪水导向预留的行洪断面，保护围堰工程安全。顺河堤为新河岸的防洪堤，与格坝组成新的淤地围堰，通过引洪口和自溃堤拦截洪水进入围堰淤澄土地。

3. 治河造地工程规划设计

（1）设计标准。设计标准为 20～50 年一遇洪水，防洪校核标准为 100～200 年一遇洪水。根据工程规模和危害程度具体确定。

（2）设计洪峰流量的计算。根据经验公式进行计算：

$$Q_{mp} = k_p Q_m$$

其中

$$Q_m = CF^n$$

式中　Q_{mp}——不同频率的洪峰流量，m^3/s；

　　　　K_p——不同频率的模比系数；

　　　　Q_m——多年平均洪峰流量，m^3/s；

　　　C、n——与流域自然地理有关的参数和面积指数；

　　　　F——流域面积，km^2。

$F > 100km^2$ 时，取 $C = 18.8$，$n = 0.55$；$F \leqslant 100km^2$ 时，取 $C = 10.6$，$n = 0.67$。

（3）新河道断面设计。计算公式如下：

$$Q_p = \omega C (Ri)^{1/2}$$

其中

$$\omega = (Hi + B)H$$

$$C = 1/n R^{1/6}$$

$$R = \omega / \chi$$

式中　Q_p——设计频率的洪峰流量，m^3/s；

　　　　ω——过水断面面积，m^2；

　　　　C——谢才系数；

　　　　R——水力半径；

　　　　χ——湿周，m；

　　　　n——河床糙率；

　　　　B——河床底宽，m；

　　　　H——过水断面平均水深，m；

　　　　i——河床比降。

通过以上公式试算，确定出合理的行洪宽度和河道水深，最后校核河道的实际过洪能力能否满足设计要求。

（4）护岸坝设计。护岸坝由护岸丁坝和顺河堤组成。顺河堤的作用是控制河势，形成新河道的边岸，以控制水流和保护河滩地。顺河堤为均质土坝，坝顶宽 2～3m，边坡根据坝高确定，一般在 1：1.5～1：3 之间。坝高按河道设计洪水深加安全超高计算，安全超高取 1.0m。顺河堤外侧要栽植沙乌柳等抗冲性能好的树种，形成生物护滩林，保护顺河堤。护岸丁坝长度的确定与坝顶高度有一定关系，可按实践经验确定。

护岸丁坝分为柴草丁坝和浆砌石重力坝两种结构。柴草丁坝一般布置在冲刷轻微的部位。浆砌石丁坝一般布置在治河工程上游一端，其作用是在治河工程中起挑水作用，将水流导向预留的新河道，按治导线方向，设计坝的角度和长度。

坝顶高程按下式计算：

$$H = h_1 + h_2 + h_3$$

式中　H——坝顶高程，m；

　　　　h_1——河道洪水位，m；

　　　　h_2——波浪爬高，m；

　　　　h_3——安全超高，m。

浆砌石丁坝的埋置深度，采用实际调查和计算相结合的方法确定。根据达拉特旗已建护岸丁坝的经验，丁坝基础一般埋置在河床覆盖层下砒砂岩地基之下 0.5m，就能避免丁坝因洪水冲刷而破坏。（河床覆盖层深在 3～5m 之间。）

浆砌石丁坝断面为梯形断面的重力式坝，坝顶宽 0.5～1.0m，内外边坡比在 1∶0.3～1∶0.5 之间。

（5）澄地格坝设计。根据实践经验，格坝间距在较大干支沟因沟道比降缓，洪水资源丰富，宜采用大间距，一般取 200～300m。小支沟因沟道比降陡，间距一般取 100～200m。

格坝高度根据下式计算：

$$H = h_1 + h_2 + h_3$$

式中　H——格坝高度，m；

　　　h_1——拦泥坝高，m；

　　　h_2——设计洪水深度，m；

　　　h_3——安全超高，m。

（6）自溃堤与引洪口设计。治河造地新河槽宽度是按一定频率的防洪标准计算确定的。在低标准洪水时，很难分洪进入引洪口进行滞洪澄地。为此在河槽修建自溃堤，拦引低标准洪水。而在高标准洪水时，漫顶溃决，洪水由河槽下泄。自溃堤由引洪口向上游斜向对岸与水流成 60°左右夹角，堤顶部高程与顺河堤接头处与格坝内设计洪水位齐平。靠近对岸岸边自溃堤顶高程低于洪水位 0.2m，使自溃堤对岸主河槽先行溃决，保证主体工程安全。堤顶宽取 1.0m，边坡为 1∶1。自溃堤属于临时建筑物，每次引洪后要进行维护。引洪口宽度按围堰蓄洪库容确定，一般在 10～20m 之间。引洪口布置在淤地格坝的上游。

4. 治河造地工程施工技术

治河造地工程施工技术简单易行，施工过程中主要控制以下几点：

（1）测量放线一定要按设计的河道宽度和主河道流向准确确定丁坝位置、角度。

（2）丁坝基础一定要埋置在砒砂岩地基下 0.5m。

（3）施工以机械为主，人工辅助。常用施工机械有推土机、装载机、挖掘机。

（4）在施工过程中，按照水利工程土石方工程施工技术规范进行质量控制。

5. 治河造地工程管理与维护

（1）管护方式。每项工程在实施前，项目建设单位与项目运行管护单位签订工程管理与维护责任书，制定管理维护办法，明确技术负责人。项目运行管护单位与受益户签订工程管理使用与维修合同书，明确管理维护负责人。每年汛前，项目建设单位会同运行管护单位，全面检查工程安全度汛情况，并制定防汛值班制度和各项工程防汛抢险措施，以确保工程安全度汛。

（2）运用方式。治河造地工程运用方式是滞洪排清、拦泥淤地。为保证工程安全运用，引洪期间要有专人观测格坝内水位上升情况，如果水位上升到设计洪水位，自溃堤还没有溃决，就要赶快用人工开挖缺口，以免洪水漫溢格坝，造成格坝毁坏。每次洪水过后要及时检查淤积情况，确定是否继续引洪。继续引洪的要恢复自溃堤，不需要引洪的要关闭引洪口。根据经验一般引洪 2～3 次，平均淤泥厚达 0.5m 左右，即可进行耕作。以后每年进行引洪灌溉农作物，逐年增加淤泥厚度，提高土壤肥力。

6. 效益评估

达拉特旗在水土保持世行贷款项目实施期间，共建成治河造地工程 93 处，完成土方 457.57 万 m³，浆砌石、混凝土工程量 7.1 万 m³，设计淤地面积 2150.92hm²，保护农田 458hm²，现已淤成坝地 1568hm²。根据监测，治河造地工程已拦蓄洪水 3567 万 m³，泥沙 856.2 万 t。治理效益非常突出。

（1）理顺河道，保障安全。治河造地工程通过整治河道的工程措施，使冲刷河段得到防护，弯道得到治理，主流归槽，水流顺势，有效地保护了两岸村庄、农田的安全。

（2）拦洪减沙，护卫黄河。治河造地工程也是分洪引洪进行淤地的工程措施，按已淤成的坝地测算，平均拦泥厚度 0.8～1.0m，每公顷坝地拦泥达到 0.8 万～1.0 万 m³。洪水含沙量按罕台川实测多年平均值 210.4kg/m³ 计算，淤澄坝地每公顷拦蓄洪水 5.1 万～6.4 万 m³。达到了减少洪峰流量和入黄泥沙的目的。

（3）治沙造田，改造荒滩。大量的荒沙荒滩通过引洪淤澄，就可变为优质农田。因为洪水泥沙来自上游坡面和农田，所淤成的坝地土壤有机质含量高，同时具有黏性，是旱涝保收的高产田。据测定，坝地土壤有机质含量高达 1.17%，比坡耕地高 1 倍左右，粮食产量是坡耕地的 5～10 倍。

（4）提升水位，发展水地。治河造地工程所淤坝地位于河川，拦蓄洪水入渗补充地下水，使得地下水位升高。通过开挖大口井、打筒井、修建截伏流等水源工程建设就可发展为水浇地。同时每年还可引洪灌溉，不断提高土壤肥力，降低农业生产成本。

（5）造林种草，恢复生态。丘陵山区大量的坡耕地可以退耕还林还草，恢复生态，为进一步调整土地利用结构，调整产业结构和快速发展农牧业经济创造了条件。

在十大孔兑的西柳沟、黑赖沟、东柳沟的下游还有许多小型引洪淤灌工程。除此之外，准格尔旗在皇甫川流域也修建了一些引洪灌溉工程，在勃牛川流域修建了引洪治河造地工程，乌审旗在无定河流域修建了引洪拉沙造田工程，伊金霍洛旗在窟野河流域修建了治河造地工程，等等。全市水土保持治理利用洪沙资源，引洪滞沙、淤澄农田、变害为利，累计建造高产稳产田超过 1 万 hm²。

5.1.3　整地措施

水土保持造林，常常采取工程整地措施，用以拦蓄坡面径流雨水，提高造林成活率。

常见的整地措施有水平沟整地、鱼鳞坑整地、穴状整地、沟头防护整地等。根据地形地貌的破碎程度选择不同的整地措施，施工方法多为人工整地和机械整地相结合。整地标准根据坡面完整程度、集水面积、坡度确定整地工程的行距、带距、坑距。

5.1.3.1　水平沟整地

1. 第一种设计方法

（1）水平沟最大间距的确定。不同坡度的坡面上水平沟的配置见表 5.6，水平沟最大间距计算公式如下：

$$L = v_K \left(RCQI \right)^{\frac{1}{2}}$$

式中　v_K——临界冲刷流速，本流域取 0.16m/s；

　　　R——流速系数，根据地形切割度大小而定，取 1～2；

　　　C——根据坡降 i 及地面粗糙 n 决定的系数，其值在 $7i$～$30i$；

　　　Q——径流系数，取 0.53；

　　　I——降雨强度，m/s，取 20mm/min。

表 5.6　　　　　　　　　　不同坡度的坡面上水平沟的配置

坡度 /(°)	水平沟间斜距 /m	水平沟间水平距 /m	每公顷水平沟长度/m	坡度 /(°)	水平沟间斜距 /m	水平沟间水平距/m	每公顷水平沟长度/m
5°	12.0	11.9	840	25°	5.2	4.7	2128
10°	8.5	8.4	1190	30°	4.7	4.1	2439
15°	6.8	6.6	1515	35°	4.3	3.5	2857
20°	5.9	5.5	1818				

（2）单位长度来水量计算公式如下：

$$W = L H_{10\%} Q$$

式中 L——两水平沟之间的斜距，m；

  $H_{10\%}$——10年一遇24h降雨量，m，取124mm，即124×10^{-3}；

  Q——径流系数，取0.53。

坡度为35°时，单位长度来水量为
$$W=LH_{10\%}Q=4.3\times124\times10^{-3}\times0.53=0.28(\text{m}^3)$$
坡度为5°时，单位长度来水量为
$$W=LH_{10\%}Q=12\times124\times10^{-3}\times0.53=0.79(\text{m}^3)$$

（3）水平沟断面尺寸的确定。采取试算法，取沟深0.6m、沟底宽0.6m、沟口宽0.8m、土埂高0.6~0.7m、埂顶宽0.3m，则水平沟蓄水容积依下式计算：
$$V=Lh^2/(2i+\Omega)$$

式中 L——防护长度，m；

  h——蓄水深度，m；

  i——地面坡度，（°），取5°~35°；

  Ω——水平沟断面积，m²。

坡度为35°时，水平沟蓄水容积为
$$V=Lh^2/(2i+\Omega)=0.41$$
坡度为5°时，水平沟蓄水容积为
$$V=Lh^2/(2i+\Omega)=1.20$$

由计算结果可知：可完全拦蓄10年一遇24h降雨。在水平沟中每隔5~10m打一横档，横档高度低于土埂0.4m，便于水的流动。

2. 第二种设计方法

坡面水平沟、鱼鳞坑、沟头防护等整地工程防御标准，按10~20年一遇3~6h最大暴雨量设计。

鄂尔多斯地区10年一遇6h最大降水量为77.1mm，因此每公顷流量为
$$W=FH\phi/1000$$

式中 W——来水量，m³；

  F——集水面积，m²；

  H——设计降雨量，mm；

  ϕ——径流系数，取0.25。
$$W=15\times666.7\times77.1\times0.25/1000=193(\text{m}^3)$$

水平沟设计图如图5.8、图5.9所示。

5.1.3.2 鱼鳞坑整地

1. 第一种设计方法

在坡度较陡、支离破碎的地方挖水平沟较困难，可挖鱼鳞坑。鱼鳞坑要沿等高线自上而下挖成鱼鳞形，上下错开成品字形分布。

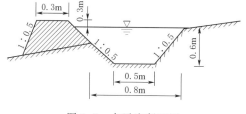

图5.8 水平沟断面图

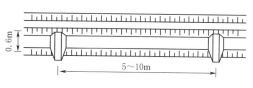

图5.9 水平沟平面图

挖坑时，先将表土刮向两侧，然后把心土翻向下方，围成弧形土埂，埂高 0.3m，埂要踏实，将表土放入坑内，坑底呈倒坡形。鱼鳞坑按 10 年一遇 24h 降雨量设计。

根据《内蒙古自治区水文手册》推算得 $H_{10\%}=124\text{mm}$。每公顷洪水总量计算公式如下：

$$W_{10\%}=FH_{10\%}Q$$

式中　F——集水面积，m^2；

$\quad\quad Q$——径流系数，取 0.53；

$\quad\quad H_{10\%}$——10 年一遇 24h 降雨量，m。

则　　　　　　　　$W_{10\%}=FH_{10\%}Q=10000\times124\times10^{-3}\times0.53=657(\text{m}^3)$

鱼鳞坑尺寸分为以下两种：间断式鱼鳞坑，主要营造经济林或乔木林；连埂式鱼鳞坑，主要营造沟坡防冲林。

（1）间断式鱼鳞坑。一个鱼鳞坑的蓄水量的计算公式：

$$V=\frac{2}{3}ABH$$

式中　V——鱼鳞坑蓄水容积，m^3；

$\quad\quad A$——鱼鳞坑的上口长，m；

$\quad\quad B$——鱼鳞坑的半径，m；

$\quad\quad H$——鱼鳞坑蓄水深，m。

设鱼鳞坑的上口长 $A=2\text{m}$，宽（半径）$B=1\text{m}$，蓄水深 $H=0.5\text{m}$，则一个坑的蓄水容积为

$$V=\frac{2}{3}ABH=\frac{2}{3}\times2\times1\times0.5=0.667(\text{m}^3)$$

设坑间距为 2.5m，坑行距 4m，每公顷可挖 1000 个鱼鳞坑，则每公顷可蓄水 667m³，可拦蓄 10 年一遇 24h 最大降雨径流。

（2）连埂式鱼鳞坑。设鱼鳞坑的上口长 $A=1\text{m}$，宽（半径）$B=0.5\text{m}$，蓄水深 0.5m，则一个坑的蓄水容积为

$$V=\frac{2}{3}ABH=\frac{2}{3}\times1\times0.5\times0.5=0.167(\text{m}^3)$$

坑间距为 1m，坑行距为 2.5m，则每公顷可挖 4000 个鱼鳞坑，每公顷可蓄水 668m³，可拦蓄 10 年一遇 24h 最大降雨径流。

鱼鳞坑设计图如图 5.10、图 5.11。

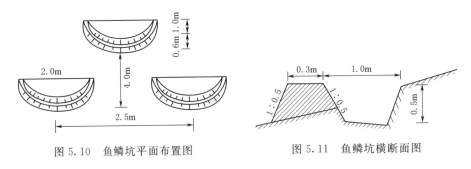

图 5.10　鱼鳞坑平面布置图　　　　　图 5.11　鱼鳞坑横断面图

2. 第二种设计方法

（1）采用《中国水土保持》1985 年第 6 期推荐的公式确定每个鱼鳞坑的蓄水容积：

$$V_{鱼}=2/15AH(3H\text{tg}\alpha+5H)$$

式中　A——鱼鳞坑的弦长，m；

$\quad\quad B$——鱼鳞坑的中宽，m；

H——鱼鳞坑的下沿深，m；

α——地面坡度，以 $\alpha=20°$ 为例计算。

取 $A=15m$、$B=0.6m$、$\alpha=20°$、$H=0.5m$，可得一个鱼鳞坑的蓄水容积为

$$V_\text{鱼}=2/15\times1.2\times0.6\times(3\times0.6\times tg20°+5\times0.5)=0.30(m^3)$$

（2）确定每公顷需鱼鳞坑个数

每公顷鱼鳞坑个数 n 为每公顷坡面面积的来水量与每个坑蓄水量之商，即

$$n=193/0.30=643（个）$$

由单坑蓄水量大于等于单坑来水量，在设计时，按株行距为 $3m\times5m$ 计，每公顷坡面开挖鱼鳞坑 675 个，可满足拦蓄的要求。

5.1.3.3 穴状整地

在平缓的地面，为了蓄积雨水在坑内，增加造林成活率，需要进行穴状整地，其整地标准和规格较水平沟、鱼鳞坑要低一些。栽植乔木林时，孔穴稍大一些，穴直径 $0.5\sim1.0m$、深 $0.5\sim1.2m$，行距 $5\sim8m$，一般用机械钻孔机打孔。栽植灌木林时，孔穴稍大小些，穴直径 $0.3\sim0.4m$、深 $0.2\sim0.4m$、行距 $3\sim5m$，人工开挖，随整地随造林。

在 35°以上的陡坡栽植灌木林，不适宜采用水平沟或鱼鳞坑整地时，也采用穴状整地的方法。孔穴规格应根据施工难度和陡坡土壤确定，一般不计算水账。

5.1.3.4 沟头防护整地

沟头防护工程是在沟头、沟沿修筑的一道拦蓄坡面径流的防护设施，防止坡面径流冲刷沟头、沟沿，导致沟头向前扩展和沟沿塌落，形成更大的侵蚀沟。沟头防护工程的防护型式和规格标准可参照水平沟修建，沿着沟沿线布设一道水平沟即可。如图 5.12 所示。

设定水平沟深 $0.6m$、沟底宽 $0.6m$、沟口宽 $0.8m$、土埂高 $0.6\sim0.7m$、埂顶宽 $0.3m$，在水平沟中每隔 $5m$ 打一横档，横档高度低于土埂 $0.4m$，便于水的流动。在最低处或其他合适位置，设一防冲排水沟，将沟内多余的积水挑流到沟道内。

沟头防护工程设计中的来水量计算公式如下：

$$W=10KRF$$

式中　W——来水量，m^3；

　　　K——系数；

　　　F——沟头以上集水面积，hm^2；

　　　R——10 年一遇 $3\sim6h$ 最大降雨量，mm。

围埝断面与位置：围埝为土质梯形断面，埝高 $0.8\sim1.0m$（根据来水量具体确定），顶宽 $0.4\sim0.5m$，内外坡比各约 $1:1$。围埝位置应根据沟头深度确定，一般沟头深度 10m 以内的，围埝位置距沟头 $3\sim5m$。围埝蓄水量计算公式如下：

$$V=LHB/2-LH^2/(2i)$$

式中　V——围埝蓄水量，m^3；

　　　L——围埝长度，m；

　　　B——回水长度，m；

　　　H——埝内蓄水深度，m；

　　　i——地面比降，%。

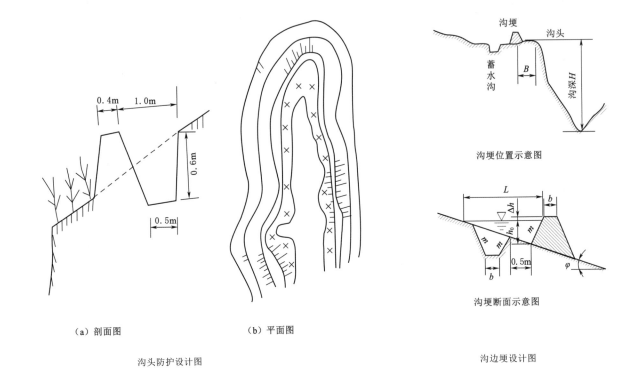

（a）剖面图　　　　　　（b）平面图

沟头防护设计图

沟边埂设计图

图 5.12　水土保持整地工程——沟头防护及沟边埂设计图

鱼鳞坑（长径0.8m，短径0.5m，深0.5m）

鱼鳞坑布局（行距4m，坑距1m）

水平沟（沟深0.6m，沟宽0.6m）

水平沟布局（带宽间距4m）

穴状整地工程施工

穴状整地工程完成

水土保持造林整地工程图片

5.1.4　工程措施

水土保持工程措施指在各级沟道修建的防治工程，主要型式有控制性的治沟骨干工程，淤地为主的中小型淤地坝，蓄水灌溉为主的小水库、小塘坝，防治沟道溯源侵蚀的谷坊工程等。本节选取了几个典型库坝工程，分别从工程布局、工程设计、施工技术、综合评估几个方面加以技术性总结。至于引洪滞沙工程、治河造地工程等，其主要作用是淤澄农田，发展生产，故作为生产措施已在前文介绍。

5.1.4.1　骨干坝工程

5.1.4.1.1　高家渠骨干坝工程

1. 工程地点

高家渠骨干坝工程位于杭锦旗塔然高勒镇格点尔盖村，是毛不拉孔兑上游右岸的一级支沟格点尔盖沟小流域。坝址中心地理坐标为北纬38°57′42″、东经109°03′17″。

2. 工程布局

坝址所在的高家渠，位于格点尔盖沟的主沟道上游，为小流域的Ⅲ级沟道，坝址以上沟道长2.93km，坝址处沟底宽度90.8m，比降为1.51%。该骨干坝工程布设在高家渠下游，坝址沟道两侧及岸坡属第四系风积黄土状砂土或沙壤土覆盖。库容大，两岸岸坡完整，坝址左岸有适宜布设放水建筑物的条件，上下游两岸岸坡有充足筑坝土料。

根据坝系总体布局和坝址选择的原则，采取拦河坝和放水工程"两大件"的布置型式。拦河坝为碾压式土坝，放水工程由卧管和坝下输水涵管及消力池组成。工程运行方式是滞洪排清，作用是缓洪、拦泥、淤地，保护下游工程和坝地安全生产。

3. 工程设计

该工程设计单位为鄂尔多斯市水土保持工作站。依据《水土保持治沟骨干工程技术规范》（SL 289—2003）并结合实际，按照20年一遇洪水标准设计和200年一遇洪水标准校核，淤积年限20年。该工程坝控集水面积4.63km²，可淤地面积15.40hm²，坝顶长度406.48m，最大坝高8.4m，总库容73.19万m³（其中：拦泥库容34.30万m³，滞洪库容38.89万m³），骨干坝等别为Ⅴ等，坝体土方量52361m³，工程总投资98.52万元。2009年9月建成运行。工程平置如图5.12所示。

4. 施工技术

（1）土坝施工。

1）基础处理。坝体填筑前，必须清除草皮、树根、腐殖土等，根据熟土层或淤积层厚度确定清理厚度平均为0.3~0.5m。施工放线范围需宽于上下游坝脚线0.5~1.0m，施工以74kW推土机开挖为主、人工修理配合的方法进行。坝基及岸坡开挖一道结合槽，底宽1.0m、深1.0m、边坡1:1。坝基与岸坡的处理应一次性完成。

2）坝体填筑。铺土时采用推土机推土，沿坝轴方向辅土，厚度应均匀，碾压铺土厚度不得超过0.25m。土料开挖顺序坚持先低后高、先近后远、先易后难的原则，做到高土高用、低土低用。由于坝坡较陡，坝体填筑上部土方时直接推土上坝较困难，因此，上坝土方采用推土机直接推运和装载机结合自卸汽车拉运两种方式进行，后者平均运距500m。坝体填筑采用74kW推土机推土、2.0m³装载机及8t自卸汽车运土、74kW拖拉机碾压为主配合蛙式打夯机夯实。

3）坝体碾压的技术要求。坝体填筑土料含水量按最优含水量控制。坝基表面应洒水、压实。沿坝轴方向铺土，厚度应均匀，压迹重叠10~15cm。铺土前应进行刨毛、洒水处理。经机械压实后，干容重达到设计干容重1.65t/m³。土坝与岸坡、土坝与涵洞结合部位机械碾压不到的地方必

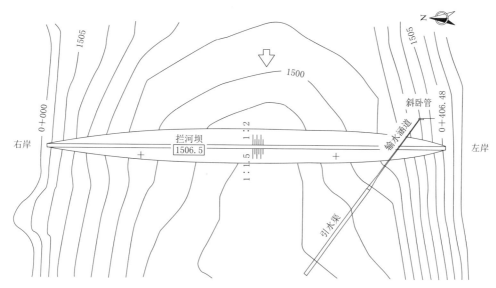

图 5.12　杭锦旗高家渠骨干坝工程平面布置图

须采用人工或蛙式打夯机夯实，铺土厚度 10～15cm，夯迹应重合 25cm。

坝体分段施工时，应清除接头表土，削成台阶或斜坡，形成梳状齿槽。坝体横向缝隙结合部位坡度，不应陡于 1∶3，高差应小于 5m。

4）坝坡防护的技术要求。整坡时只允许削土，穴坑应回填处理。植物护坡应选用易生根、能蔓延、耐旱、固土能力强的沙柳，采用 1m×1m 的方格状布置，人工插条密植；插穗选取粗壮无病枝条，截成长 50cm 段，露头长度 5～8cm 左右。

5）坝肩排水沟修筑。采用人工施工方法，基础开挖、预制混凝土块衬砌和基础回填相衔接，连续进行。

（2）放水工程施工。

1）基础开挖与回填。卧管及涵管基础开挖均采用人工方法施工，基础回填采用人工为主，结合机械碾压。开挖边界较设计断面边界拓宽 0.4m，以利于立模等施工操作，同时开挖底坡必须达到设计要求；回填土人工夯实或机械压实，干容重达到设计值。开挖土方除部分回填外，其余土料可直接用于坝体填筑。

2）现浇混凝土与砂浆技术要求。工程建筑中的现浇混凝土强度等级为 C20，每立方米级配为水泥（425 号）270kg、砂子 0.49m³、石子 0.86m³、水 0.15m³；抹面水泥砂浆标号为 M10，每立方米级配为水泥（425 号）327kg、砂子 1.08m³、水 0.29m³。也可直接使用标号 425 号的商用混凝土。

混凝土现浇时，立模及其尺寸要符合设计要求，达到支撑系统牢固、严密；半成品混凝土材料下落高度不应超过 2m，连续作业间隔时间不地得超过初凝时间，控制在 2h 之内；浇筑时振动捣实使水泥砂浆均匀填充空隙，将气体排出孔隙充满模型，直到表面溢出水泥砂浆为止。混凝土养护气温不得低于 5℃，洒水养护使混凝土在规定时间内保持湿润状态，养护期 7～14d，必要时覆盖黑色塑料薄膜。

3）涵管施工。根据设计，该坝涵管为预制钢筋混凝土圆涵，采用人工安装方法施工。涵管安装时，首先在安装段现场浇筑混凝土管座，接着由一端向另一端顺次进行涵管安装，接头缝隙应用沥青麻刀填实。平口式预制涵管采用"一网二浆"接头法施工，包裹的一层钢丝网和两层砂浆，总厚度约 2cm，宽约 10cm，铺好的涵管及其接头要立即覆盖塑料薄膜养护，以防暴晒产生裂纹。沿管线每隔 10～15m 应设一道截水环。管壁附近应用人工分层夯实土料,当填土超过管顶 1m 时,再用机械压实。涵管安装完毕应进行灌水或放浓烟检查,如发现有漏水、漏烟处,应用水泥砂浆或沥青麻刀认真堵封。

4)卧管施工。基础垫层采用人工现浇混凝土的方法施工,卧管基础及侧墙采用人工现浇钢筋混凝土的方法施工,卧管盖板和放水孔塞采用预制钢筋混凝土块、人工安装的方法施工。

5)消力池及涵管出口连接段施工。基础垫层采用人工现浇混凝土的方法施工,卧管消力池及涵管出口连接段采用人工现浇钢筋混凝土的方法施工,卧管消力池钢筋混凝土盖板采用现场预制、人工安装的方法施工,涵管出口连接段尾部的引水渠采用人工开挖渠道和整修边坡的方法施工。

5. 综合评估

根据该工程初步设计报告效益分析,每年可拦蓄泥沙 0.50 万 t,在淤积年限 20 年内共可拦蓄泥沙 10 万 t,可淤地面积 15.40hm²。该工程已建成 11 年,因上游建有两座小型淤地坝,洪水在上游已拦蓄,该坝只有利用两坝间面积产生径流集水,淤积高仅 0.65m,面积约 1hm²,淤积年限过半,只占设计拦蓄泥沙量的 2.32%,远未达到设计淤积量,但对下游河床起到一定的稳定作用,使得沟道地下水位抬高,上下游河床植被长势良好。

该工程经 11 年运行,骨干坝工程设计、施工的质量达到了规范要求。在没有大洪水情况下,一条沟道内同时连续建坝会影响下游工程的淤地和种植效益。淤地坝已设有防汛安全及管护警示牌,防汛责任单位由工程属地的乡镇人民政府、村委会及河长制人员负责。为确保工程安全,后期维护应增设溢洪道。

5.1.4.1.2　李永珍门前渠骨干坝工程

1. 工程地点

李永珍门前渠骨干坝工程位于达拉特旗树林召镇草原村,地理位置在北纬 40°08′57″、东经 110°04′02″。

2. 工程布局

李永珍门前渠骨干坝,位于十大孔兑之一的壕庆河左岸一级支沟阎家沟上游,库容大,两岸岸坡完整,坝址左岸有适宜布设放水建筑物的条件,上下游两岸坡有充足筑坝土料。

根据坝系总体布局和坝址选择的原则,采取拦河坝、开敞式溢洪道和放水工程"三大件"的布置型式。工程运行方式是滞洪排清,作用是缓洪拦泥淤地,保护下游工程和坝地安全生产。

3. 工程设计

该工程设计单位为鄂尔多斯市水土保持工作站。依据《水土保持治沟骨干工程技术规范》(SL 289—2003),并结合实际,按照 20 年一遇洪水标准设计和 200 年一遇洪水标准校核,淤积年限 20 年。该工程控制面积 5.64km²,最大坝高 19.3m,坝顶长 206.75m,坝顶宽 3m,上游坡比 1:2.0,下游坡比 1:1.5;放水建筑物卧管高度 16.8m;圆涵涵管长 76m,内径 80cm;溢洪道进口段总长 79m,溢流堰段长 8m,陡坡段(泄槽)水平长 65m,出口段消力池长 11m。尾水渠长 85m,底宽 8m。总库容 95.56 万 m³,其中,拦泥库容 61.69 万 m³,滞洪库容 33.87 万 m³。骨干坝等别为 V 等,总投资 387.52 万元。2014 年建成运行。工程平面布置如图 5.13 所示。

4. 施工技术

(1)土坝施工。土坝施工技术和要求与前述的高家渠骨干工程相同。不同的是,在护坡施工中,植物护坡选用了活沙柳栽植网格沙障,沙障规格 1m×1m,格内种植紫花苜蓿。采用人工撒播方法施工。

(2)溢洪道施工。

1)溢洪道基础开挖。由技术员沿溢洪道轴线打桩放线。先拉槽,再逐步扩大到设计断面,采用 2m³ 挖掘机挖土、15t 自卸汽车运输的方法开挖。

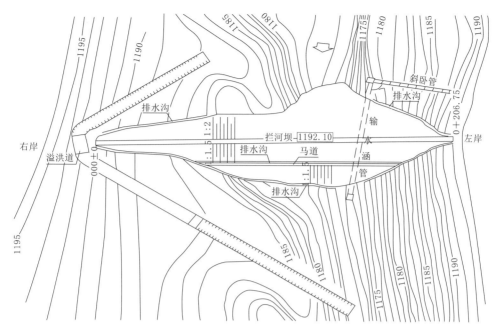

图 5.13 达拉特旗李永珍门前渠骨干坝工程平面布置图

2）溢洪道尾水渠防冲铅丝笼块石施工。尾水渠出口接防冲铅丝笼块石，铅丝石笼编织网眼规格为 20cm×20cm，采用 8 号铅丝。块石各面尺寸都应大于 20cm，干砌块石时每层大面向下，上下前后错缝，内外搭界，最外层大面向上，砌石完成后，编织封口。采用人工施工。

3）溢洪道钢筋混凝土工程施工。采用人工现场浇筑的方法施工。

混凝土采用 0.3~0.4m³ 的小型搅拌机进行拌和，坍落度均匀。混凝土浇筑技术要点：①模板支撑系统要牢固，模板接缝严密，保持清洁，并浇水湿润；②检查钢筋种类、预埋件位置；③清除地上杂物，保持湿润；④混凝土下落高度不应超过 2m；⑤连续作业间隔时间不得超过初凝时间；⑥浇筑时振动捣实使水泥砂浆均匀填充骨料空隙，将气体排出孔隙充满模型，直到表面泛出水泥砂浆为止；⑦混凝土养护气温不得低于 5℃，洒水养护在规定的时间内保持湿润状态，养护期为 7~14d，表面覆盖黑色塑料薄膜；⑧现浇混凝土应合理安排时间和工人，必须一次完成，中间不得停歇。

（3）放水工程施工。放水工程施工与前述的高家渠骨干工程相同。

5. 综合评估

根据该工程初步设计报告效益分析，每年可拦蓄泥沙 3.43 万 t，在淤积年限 20 年内共可拦蓄泥沙 68.6 万 t；可淤地面积 12.39hm²。该工程已建成 6 年，因上游已建两座小型淤地坝，该坝只有两坝间流域集水，坝内淤积高仅 1.50m，面积约 0.5hm²，也未达到设计淤积量及效益。

经 6 年运行，该骨干坝工程设计、施工的质量达到规范要求，运行安全可靠。淤地坝已设有防汛安全及管护警示牌，防汛责任单位由工程属地的乡镇人民政府、村委会及河长制人员负责。

5.1.4.2 淤地坝工程

5.1.4.2.1 袁朗沟中型淤地坝工程

1. 工程地点

袁朗沟中型淤地坝位于毛不拉孔兑一级支沟塔拉沟小流域，坝址地理位置为北纬 39°06′12″、东经 109°55′10″。

2. 工程布局

该坝上游已建谷坊坝及小型淤地坝两座，修建该坝的目的主要是拦泥淤地。根据实际情况，工程枢纽组成采用"三大件"，即拦河坝、放水涵卧管和溢洪道，拦河坝为均质碾压土坝。放水建筑物布设在右岸，溢洪道布设在左岸。

3. 工程设计

依据《水土保持治沟骨干工程技术规范》(SL 289—2003)并结合实际，按照 20 年一遇洪水标准设计和 200 年一遇洪水标准校核，淤积年限 20 年。该工程控制面积 1.98km²，拦河坝坝顶长度 249.20m，坝顶宽 3.00m，最大坝高 12.40 m，迎水坡坡比为 1∶2，背水坡坡比为 1∶1.5。反滤体高 2.23m、长 144m。放水建筑物布设在沟道的右岸，由卧管、涵管、消力池三部分组成。卧管台阶高 0.40m，垂直高度 4.8m，涵管长 81.4 m。溢洪道采用开敞式，布设在沟道的左岸，沿水流方向长度为 56.66m，宽度为 3.0m；明渠长度为 7.9m，明渠与出口渐变段连接处设置铅丝石笼防冲槽，沿水流方向长度为 3.0m，宽度为 3m，厚度为 1.0m。

设计总库容为 28.29 万 m³，其中拦泥库容 19.07 万 m³、滞洪库容 9.22 万 m³，可淤地面积 5.06hm²，总投资 217.20 万元，2013 年 7 月建成运行。工程平面布置如图 5.14 所示。

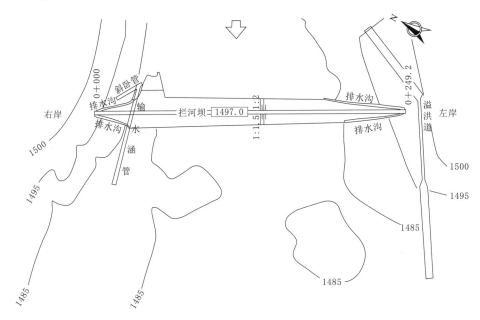

图 5.14　袁朗沟中型淤地坝工程平面布置图

4. 施工技术

(1) 土坝施工方法：与前述的高家渠基本相同。

(2) 放水工程施工：与前述的高家渠基本相同。

(3) 溢洪道施工：与前述的李永珍门前渠骨干坝基本相同。

5. 综合评估

根据本工程初步设计报告效益分析，在 20 年淤积年限内共可拦蓄泥沙 18.73 万 t，可淤地面积 6.70hm²。由于未发生过大洪水，流域内植被长势良好，工程建成 7 年来坝内淤积厚度只有 1.3m。经过 7 年运行，工程设计、施工质量达到规范要求，运行安全可靠。淤地坝设有防汛安全及管护警示牌，防汛责任单位由属地乡镇人民政府、村委会及河长制人员具体负责。

5.1.4.2.2　哈不其沟中型淤地坝工程

1. 工程地点

哈不其沟中型淤地坝位于黄河的一级支流塔哈拉川上游小流域，坝址中心地理坐标为北纬 39°50′05″、东经 111°05′30″。

2．工程布局

该坝所在沟道为黄河Ⅲ级沟道，主沟道平均比降为 3.9％，两岸黄土覆盖，筑坝土料丰富，地层较完整，土层厚 30m，下部为砒砂岩，左岸基础坚固。该工程布设采用挡水建筑物和放水建筑物，放水卧管布设在坝肩右岸的砒砂岩基础上。

3．工程设计

依据《水土保持治沟骨干工程技术规范》（SL 289—2003），建设标准为 30 年一遇洪水设计，300 年一遇洪水校核，淤积年限 10 年。该坝控面积 2.5km^2，坝高 15.5m，坝顶长 153.8m，坝顶宽 3.0m，设计总库容 59.27 万 m^3，淤积库容 22.2 万 m^3，滞洪库容 37.1 万 m^3，淤地 5.92hm^2。工程于 2006 年 4 月开工建设，同年 11 月 15 日竣工运行。工程平面布置如图 5.15 所示。

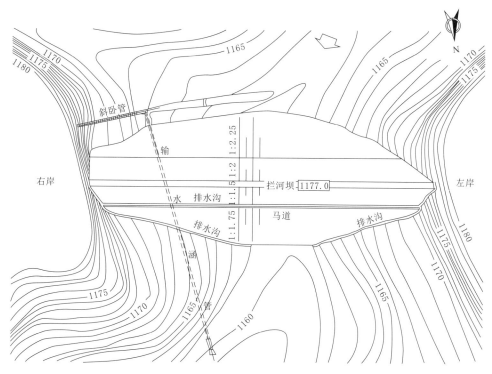

图 5.15 哈不其沟中型淤地坝工程平面布置图

4．施工技术

（1）土坝施工方法与前述的高家渠基本相同。不同的是坝体防护采取生物护坡芨芨草，并按 0.5m×0.5m 的株行距栽植，采用人工种植方法施工。为了防止雨水直接冲刷坝顶及坝坡，人工开挖底宽 0.3m、顶宽 0.9m 的排水沟。排水沟设计断面为梯形，底宽 0.3m、顶宽 0.9m，采用预制混凝土板衬砌，预制混凝土板设计为矩形，尺寸为 0.5m×0.3m×0.06m（长×宽×厚）。采用人工开挖和人工砌筑的方法。

（2）放水工程施工：与前述的高家渠基本相同。

5．综合评估

根据该工程初步设计报告效益分析，在设计淤积年限内，拦泥总量 22.2 万 m^3，可淤成坝地 5.92hm^2。工程建成运行 14 年，因上游已建坝将部分洪水拦蓄，故该坝内淤积厚度 1.6m，已淤地面积 3.5hm^2，占设计淤地面积的 59.12％，拦蓄泥沙效果较好。该坝的上下游小片水地作物及林草植被长势良好，生态环境得到改善。建坝后，下游沟道水位抬高，当地群众修建了小水井，解决了人畜饮水困难。

该工程运行 14 年来，坝体及放水设施运行正常，工程设计、施工及运行管理符合有关规范要求。淤地坝已设有防汛安全及管护警示牌，防汛责任单位由属地乡镇人民政府、村委会及河长制人员负责。为安全起见，坝面应更新植被护坡及增设溢洪道，确保工程安全。

5.1.4.3 施工导流与度汛

1. 导流方案的确定

在沟道中修建淤地坝，如果工程所在沟道有长流水，或者必须在汛期施工，应该在施工期采用如下应急方案排导：

（1）修筑临时导流堤，利用水泵抽放排水。

（2）利用已建好的放水工程下泄洪水导流。

2. 施工度汛方案

在建工程的临时防洪库容（最低放水孔以上的有效库容）应不低于一次设计标准（20 年一遇）洪水总量，据此编制施工度汛方案。

5.1.4.4 塘坝工程

5.1.4.4.1 敖包壕塘坝工程

1. 工程地点

敖包壕是呼斯太河流域上游左岸的一条支沟，沟道比降 1%，为季节性河沟。敖包壕塘坝工程位于准格尔旗布尔陶亥乡李家塔村，其地理位置为北纬 39°57′40″、东经 110°39′17″。

2. 工程布局

流域内大部土地为沙地，降水形成径流的很少，基本上都渗入沙地，补给地下径流。工程由坝体、进水卧管、输水涵管组成，经计算最大库容为 10.4 万 m³。

3. 工程设计

该工程设计单位为准格尔旗世行贷款项目技术服务中心。该工程坝控面积 5.6km²，工程级别属 1 级塘坝，防洪标准为 10 年一遇设计、50 年一遇校核。设计坝高 11.50m，坝顶长 105.5m，坝顶宽 4m，上下游坡比 1∶2.5。卧管高 9.0m，输水涵管长 55.0m，管径 0.8m。1997 年 10 月竣工运行。工程平面布置如图 5.16 所示。

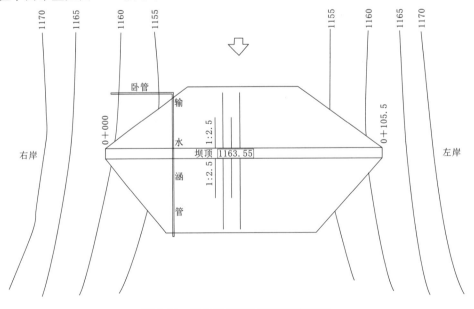

图 5.16 敖包壕塘坝工程平面布置图

4. 施工技术

施工技术与前述的高家渠骨干坝基本相同。

5. 综合评估

该塘坝蓄水后，能灌溉果园及下游农田 100 亩，并可缓解当地农牧民人畜饮水困难。塘坝建成初期有一定的灌溉效益，现已运行 23 年，坝内已严重淤积，若有大雨，坝内可蓄水灌溉，大旱时无水，但坝下池塘可灌溉小片水地及解决当地农牧民人畜饮水。坝上游及坝面植被长势良好。

因上游没有拦蓄工程，塘坝严重淤积，已成为淤地坝。

5.1.4.4.2 南沟塘坝工程

1. 工程地点

南沟塘坝工程位于准格尔旗布尔陶亥乡尔格壕村。

2. 工程布局

该工程位于呼斯太河上游的壕赖河小流域沟掌，属于覆沙丘陵沟壑地貌区，上游库区设有拦洪坝，坝内洪水泄入沙地，塘坝所控制流域面积不大，又是沙化土质，故产生径流较小，上游也没有洪水，只蓄沙漠涌出的泉水，因此该工程设计不考虑放水和排洪设施，只设计了拦河坝（土坝）工程。

3. 工程设计

该工程设计单位为准格尔旗世行贷款项目技术服务中心。南沟塘坝坝控流域面积 1.4km²。工程级别属 2 级塘坝，最大土坝高 7.3m（其中安全超高 1.0m），顶宽 4m，上下游边坡均为 1∶2.0，坝顶长 89.5m，底宽 33.20m。总库容 3.5 万 m³，工程总造价 3.06 万元，1998 年 10 月竣工运行。工程平面布置如图 5.17 所示。

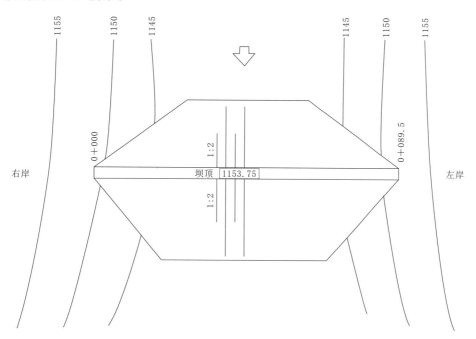

图 5.17　南沟塘坝工程平面布置图

4. 施工技术

施工技术与前述的高家渠骨干坝基本相同。

5. 综合评估

南沟塘坝建成后，采用提水灌溉下游的沟塔地 70 亩，每年增加收入 2.05 万元；同时发展养鱼，每年增加收入 3.00 万元。该工程已建成 23 年，管理运行良好，有一定的灌溉及养殖效益，并能解决当地农牧民人畜饮水。坝上游及坝面植被长势良好，改善了生态环境。

为了防止塘坝周边洪水泥沙入库，在库区两岸应修建排洪沟，加高、加厚坝体，坝库内清淤，扩大库容，发展水浇地及养殖业。塘坝库区周边更新种植优质牧草或果树，有助于更好的发展经济。

5.1.4.5　谷坊坝工程

谷坊坝设计要点如下：

（1）洪水计算。根据《内蒙古自治区水文手册》（以下简称《水文手册》）查得多年平均洪峰流量，按流域面积可计算设计洪水。因是谷坊坝，均按 20 年一遇洪水标准设计。

（2）泥沙计算。根据《水文手册》查得土壤侵蚀模数（悬移质）$m_0 = 1200 t/(km^2 \cdot a)$，由公式 $S = m_0 F/r$ 计算年输沙量，另外再加 15% 推移质输沙量，即可得总来沙量。

（3）坝体设计。按 3～5 年淤满的原则，确定坝高。因是谷坊坝，不久就要淤满，并且坝高不大，为了节省投资，拟定上、下游坝坡均采用 1∶1 和 1∶1.5，坝顶宽 2m，坝趾不设反滤体，坝顶及坝肩坡面每 10m 设一道土埂（梯形断面），高 20～50cm，起拦水护坡作用，并进行绿化。上、下游坝面均种植牧草以防风蚀、水蚀，并有稳定坝坡的作用。

（4）溢洪道设计。溢洪道断面均按宣泄 20 年一遇洪峰流量计算，并采用边坡为 1∶1 的梯形断面和宽顶堰型式，溢洪道位置选在坝轴一侧，利用山坡的有利地形，基础放在砒砂岩或硬土上，并尽可能减少挖填土方。这样，布置工程量较小，并便于坝后淤地耕种。溢洪段两侧翼墙采用水泥砂浆砌砖，厚 6cm，外用水泥砂浆加厚 3cm，每间隔 0.5m 做一边墩，嵌入土坡内，以起稳定作用。溢洪段护面及下游防冲措施采用浆砌卵石护面：先在已修筑好的坝面铺 3cm 厚的砂子，再将厚 8～10cm 的卵石铺好整平，然后将 1∶3 的水泥砂浆灌入卵石缝隙，最后洒水养护两周。溢洪段下游的消能防冲措施采用消力戽挑流消能，并用铅丝石笼护坦，两翼墙做成柳捆木桩加固的生物墙。

5.1.4.5.1　交界渠口谷坊坝工程

1. 工程地点

交界渠口谷坊坝位于东胜区添漫梁乡交界沟村，属黄河流域一级支沟罕台川上游右岸的交界沟小流域。地理坐标为北纬 39°54′43″、东经 109°55′30″。

2. 流域概况

谷坊坝上游集水面积 0.02km²，主沟长 120m，沟深 10～13m，沟底宽 22m，沟底比降 1∶25。覆盖层深度 1.3m，河床由粗沙砾石组成，基岩为灰绿色砒砂岩。流域表面土层较薄，多为砒砂岩裸露地貌，植被稀疏，水土流失十分严重。

3. 工程设计

该工程设计单位为鄂尔多斯市水土保持科学研究所。该工程坝高 5m，坝顶长 38m，上、下游坝坡分别为 1∶1 和 1∶1.5，淤地面积 0.03hm²，库容 0.15 万 m³，淤积年限 3 年。溢洪道底宽 1.5m，水深 1.2m，超高 0.30m，上口宽 4.5m，溢流段采用卵石浆，两侧墙护坡采用水泥砂浆砌砖，厚 6cm。工程总投资 0.45 万元，1991 年 7 月完工。工程平面布置如图 5.18 所示。

4. 施工技术

（1）坝体施工。根据地形先在坝轴线上、下游（下游推土深小于 1.5m）用推土机堆土上坝，然后在两岸山坡推土，每 40cm 为一层碾压。因是谷坊淤地坝，不做专门洒水或晒干处理，采取自然含水量。

（2）溢洪段施工。溢洪段坝面施工，必须进行严格加水拌土夯实，测定其含水量、容重，符合

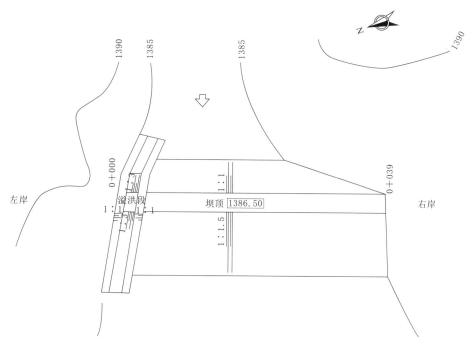

图 5.18 交界渠口谷坊坝工程平面布置图

设计标准即可做护面材料的施工。护面材料施工要严格控制配比，然后拌和、夯实、铲平压光及养护。两侧翼墙要先将土坡加水夯实铲平后，再按设计要求掏出边墩，方可水泥砂浆砌砖（砖平铺厚6cm），外抹 3cm 厚水泥砂浆抹面。

坝体施工完后，应立即种植优质牧草，以防风防雨固坡，并绿化坝体。用沙打旺和紫花苜蓿行间混种，每 0.3m×0.4m 一坑（每坑放入 3～5 粒种子为宜），并加强管护。

5. 综合评估

据初步设计报告测算，累计拦蓄泥沙 2.3 万 m³，可淤地面积 0.03hm²。由于闭牧封育，流域植物长势良好，山坡地面径流小，经测算淤积泥沙 0.10 万 m³，坝上、下游河床植被长势良好。修建谷坊坝控制了沟底向上延伸和沟底下切，抬高侵蚀基点，河床稳定。考虑到工程运行近 30 年，需对溢洪道两侧边墙抹水泥砂浆，补修陡坡段。

5.1.4.5.2　六十二渠口谷坊坝

1. 工程地点

六十二渠口谷坊坝位于东胜区添漫梁乡交界沟村，属黄河流域一级支沟罕台川上游右岸的交界沟小流域。谷坊坝地理坐标为北纬 39°54′53″，东经 109°55′17″。

2. 流域概况

该坝集水面积 0.03km²，主沟长 160m，沟底宽 27m，沟底比降 1∶35。覆盖层深度为 1.1m，河床由粗沙砾石组成，表面土层较薄，多为砒砂岩裸露地貌，植被稀疏。

3. 工程设计

该工程设计单位为鄂尔多斯市水土保持科学研究所。该工程坝高 5.7m，坝顶长 42m，上、下游坝坡分别为 1∶1 和 1∶1.5，淤地面积 0.05hm²，库容 0.25 万 m³，淤积年限 5 年。溢洪道底宽2.0m，水深 0.9m，超高 0.30m，上口宽 2.0m，溢流段设在左岸山坡的砒砂岩处，不采用护面。投资 0.55 万元，1990 年 6 月完工。工程平面布置如图 5.19 所示。

4. 施工技术

施工技术与前述交界渠口谷坊坝基本相同。

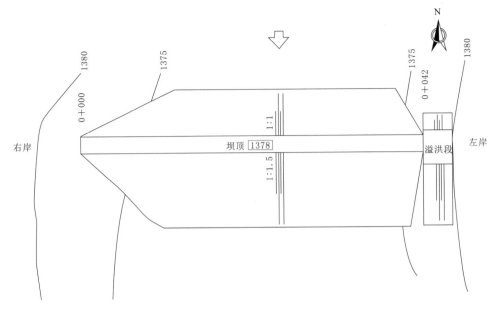

图 5.19　六十二渠口谷坊坝工程平面布置图

5. 综合评估

该工程建成 30 年来，由于未发生大洪水，加之闭牧封育，流域植物长势良好。经实地测算，拦蓄泥沙 0.18 万 m³，淤积面积 0.03hm²，未达到溢洪道底高程，尚未耕种。但控制了沟底向上延伸和沟底下切，抬高了侵蚀基点，河床稳定。

5.1.4.6　大沟湾水库

1. 工程地点

大沟湾水库位于鄂托克前旗城川镇大沟湾村，地理坐标为北纬 37°40′3″～37°42′27″、东经 108°28′35″～108°29′32″。

2. 工程布局

大沟湾水库修建在无定河干流上，属黄河流域一级支沟，坝肩基岩以砂岩为主，表层覆盖第四纪风积沙、冲积砂砾石。原大沟湾水库修建于 1961 年，总库容 230 万 m³，运行 40 年淤积严重，不能正常发挥效益。于 2003 年在原水库坝址下游 1.3km 处重建新坝，坝高 18.42m，坝控面积 308km²，大沟湾水库枢纽平面布置如图 5.20 所示。

3. 工程规模和任务

该工程设计单位为鄂尔多斯市水利勘测设计院。该工程防洪标准为 30 年一遇设计、300 年一遇校核，设计淤积年限 30 年。工程等级为 Ⅵ 等，属小（1）型水库，主要建筑物级别为 4 级。总库容 784.20 万 m³，灌溉面积 5.25hm²，工程总投资 1269.29 万元。该工程建设的主要任务是以灌溉为主，兼顾养殖业、生态旅游等综合利用。

4. 工程设计

工程由拦河坝和泄水建筑物两大件组成。

（1）拦河坝。最大坝高 18.42m，坝长 158.75m，坝顶宽 8.0m。上游边坡，马道以下 1∶3.25，马道以上 1∶2.75，采用砌石护坡；下游边坡，马道以下 1∶3.0，马道以上 1∶2.5；采用植物措施护坡，坝肩及坝坡面设有纵、横向排水沟；坝体防渗采用型号为 350g/m²－厚 0.5mm "二布一膜" 防渗土工膜。

（2）泄水建筑物。设计校核洪水位时最大下泄流量 21.30m³/s，泄水采用坝下泄洪洞，泄水渠

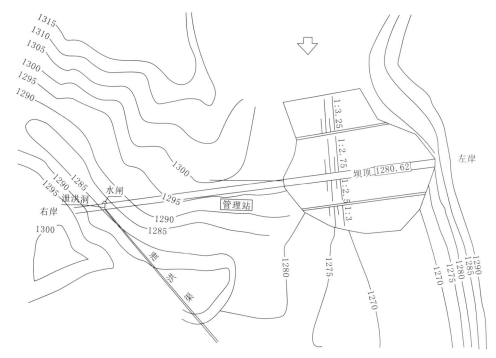

图 5.20　鄂托克前旗大沟湾水库枢纽平面布置图

总长 300m（洞身长 95m），闸门采用全封闭止水铸铁闸门，单孔泄水洞在进出口均设有闸门，孔口宽 2.0m、高 2.0m，2 扇；灌溉、泄洪渠水闸 3 孔，包括 1 孔泄洪闸和 2 孔灌溉分水闸，泄洪闸孔宽 2.50m，闸孔高 2.50m，1 扇。灌溉分水闸放水孔径 0.4m。螺杆直升式启闭机（8t）3 台。

5. 工程施工

土方开挖及坝体填筑施工与前述高家渠基本相同。砌石、混凝土及钢筋混凝土施工与前述李永珍门前渠骨干坝基本相同。

该水库拦河坝防渗材料采用"二布一膜"复合土工膜，复合土工膜铺设施工顺序为：土工膜下游坝体碾压—开挖沟底防渗锚固槽—固定土工膜—防渗膜铺设—碾压土工膜上游坝体。

（1）土工膜下游坝体施工。按设计要求先施工下游坝体土工膜，进行削坡、整平、压实，并捡去土内杂草、树根及碎石，以免刺穿土工膜。开挖沟床防渗槽，浇筑混凝土，并将土工膜一端埋入混凝土内固定，再焊接铺设土工膜，在坝坡及坝顶挖固定槽，把土工膜放在槽内，槽内膜上压混凝土。然后施工上游坝体土工膜。

（2）土工膜防渗施工。

1）防渗层施工应具备下列条件：

a. 复合土工膜及辅助材料均应委托有资质的检测单位对进场材料经过检测，质量合格后才能使用。

b. 已进行下料分析，已绘制复合土工膜拼接详图。

c. 复合土工膜铺设、拼接、锚固工艺参数已确定。

d. 复合土工膜临时保护措施已落实。

2）复合土工膜的施工应符合以下要求：

a. 应按设计确定的顺序和方向分区、分块铺设。纵向接缝应设在平面处。

b. 宜采用人工配合卷扬机、专用运输小车等铺设。

c. 膜块间的接缝，应为 T 形，不得做成十字形。

d. 铺设时，应平顺、松弛适度，与下支持层贴实，不宜褶皱、悬空。

e. 应随铺随压，在膜的边角处每隔 2~5m 放 1 个 20~30kg 的砂袋压重。

f. 坡面铺设时，复合土工膜在坡顶和坡底处固定，临时压重物不应在坡面上滚动下滑。

g. 铺设时，应在干燥和暖天气进行，以便拼接和适应气温变化。

h. 坡脚下防渗墙、坡顶、坡中及两侧的锚固槽复合土工膜铺设应按设计图纸要求施工。

i. 复合土工膜应随铺随检查其外观质量，标识、记录并修补检查缺陷。对外观存在质量缺陷，应按设计要求处理。

3) 复合土工膜焊接方式应符合以下要求：

a. 焊接前应将焊缝搭接面清洁干净，做到无水、无尘、无垢。上下层接缝应平行对正。

b. 焊接型式采用缝宽 2×10mm 的双焊缝搭焊。跨沟槽、转角等特殊部位及修补采用单焊缝焊接。采用双焊 ZPR-210 型自动爬行热焊机，土工布采用手提式封包机缝接。接缝焊接强度应不低于母材强度的 85%。

c. 焊缝部上、下膜应熔结为一个整体，不应有虚焊、漏焊。焊接接缝 2h 内不得承受任何拉力。

d. T 形接头宜加盖圆形补丁方式处理。补丁材质与主膜相同，直径不小于 25cm。补丁应与主膜采用粘接或焊接连接。

e. 复合土工膜母材缺陷应修补。针眼、孔洞、碳化部位可采用补丁修补，虚焊、漏焊可重新焊接或粘接。补丁修补采用与主膜同材质的复合土工膜。

f. 复合土工膜与混凝土防渗槽、锚固槽施工，按设计要求选取锚固结构型式，锚固部位复合土工膜两侧的混凝土应填压密实。

g. 复合土工膜施工时，施工范围内严禁烟火。施工作业人员禁止穿钉鞋及硬底鞋在土工膜上踩踏。铺设复合土工膜时，严禁折压。

4) 接缝质量检测要求：

a. 复合土工膜连接后，应及时对全部接缝、接缝终点和修补部位的接缝质量进行检测。接缝质量检测应随施工进度同步进行，检测合格率应符合设计要求。

b. 在施工中，应采取抽样法对土工膜接缝质量进行室内拉伸试验。试验时，每 1000~2000m² 取一现场接缝试样进行拉伸试验，以接缝强度不小于母材强度 85% 为合格。

c. 目测法、充气法、真空法是检测土工膜接缝和 T 形接头质量的基本方法。所有接缝应采用目测法 100% 检查，检查接缝是否漏焊，拼接是否清晰、均匀，是否有烫损、褶皱、夹渣、气泡、漏点、熔点或焊缝跑边。接缝及检测出的质量缺陷或有怀疑的部位均应进行定位测绘和标记，并分别编号、详细记录。

d. 充气法、真空法、电火花法、超声波法、压力箱法等接缝质量检测方法，可查阅有关技术资料。

e. 检测完毕，应对检测时所做的充气打压穿孔用挤压焊接法修补。检测过程及结果应详细记录并标识在施工图上，且在土工膜检测部位醒目标识。

f. 接缝质量检测结果不合格，应按要求处理，并对处理部位进行复检。关键是把好准备、铺设、拼接、检验和回填等五道质量关。

6. 综合评估

经实地调查，该水库可灌溉农田 1846.67hm²，主要作物有玉米、牧草、麻黄，种植比例 4:3:3。根据本地区类似工程经济效益测算资料，分析本工程具体情况，灌区新增产值 987.25 万元，水库应分摊灌溉效益 271.49 万元。另外，年产鲜鱼 3 万斤（1.5 万 kg），年纯收入 12 万元，其经济效益非常接近设计水平。如果再进行渠系配套及利用水库水面科学养殖，其经济效益将更大。水库周边坡面治理植物措施长势良好，生态环境宜人。该水库已运行 17 年，工程设计、施工及运行管理满足有关规范要求，工程运行良好。

小贴士

七绝·鄂尔多斯颂

魏乔松

一

沙山沙海绿安家，沙柳沙棘锁漠沙。

古道西风牛马壮，天骄胜地灿云霞。

二

红黄青绿入眸来，大漠长河视野开。

花棒年年新绿吐，休愁塞野变沙埃。

三

菁菁草色倩谁栽，惹得诗人动咏怀。

草长莺飞添碧彩，钟灵毓秀赛瑶台。

（魏乔松，鄂尔多斯电台编辑）

杭锦旗高家渠骨干坝现状图　　　　　　　达旗李永珍骨干坝现状图

杭锦旗袁朗沟中型淤地坝现状图　　　　　　准旗哈不其中型淤地坝现状图

准旗敖包壕塘坝工程现状图　　　　　　　准旗南沟塘坝工程现状图

各级沟道水土保持工程措施建设与运行情况综合评价图片（一）

东胜区交界渠口谷坊坝现状图

东胜区六十二渠口谷坊坝现状图

鄂托克前旗大沟湾水库枢纽现状图

准旗纳林沟水坠砂坝现状图

杭锦旗垛子渠1号骨干坝工程现状图

准旗世行项目壕口水库现状图

各级沟道水土保持工程措施建设与运行情况综合评价图片（二）

准旗纳林沟骨干坝除险加固

准旗打麻沟骨干坝除险加固

准旗淤地坝溢洪道浇筑（泵送商品混凝土）

准旗东沟骨干坝除险加固

淤地坝工程除险加固工程图片

治沟骨干淤地坝

治沟小塘坝

治沟中型淤地坝

治沟小型淤地坝

沟掌小谷坊节节拦蓄

沟掌小谷坊层层利用

水土保持沟道治理——各种库坝工程图片

5.2　丘陵沟壑地貌区防治措施配置

丘陵沟壑地貌区流域界线分明，形成相对独立的水沙汇集与水土流失单元，对该区的治理必须以小流域为单元进行全面规划、综合治理。梁峁坡面采取水平沟、鱼鳞坑、沟边埂、沟头防护等整地工程配合造林种草的植物措施，形成防治水土流失的第一道防线；沟道内兴建谷坊坝、淤地坝等工程治理措施，形成防治水土流失的第二道防线；干支沟修建骨干坝等控制性工程，提高洪水防御标准，形成防治水土流失的第三道防线，由此组成丘陵沟壑地貌区防治水土流失的综合防治体系，以达到保护水土资源、控制沟壑发展、减少水土流失，提高整个区域的水土保持综合治理的效果。

5.2.1　梁峁坡面治理措施配置

5.2.1.1　缓坡地带治理措施布置

根据坡面完整程度和坡度坡长、植树造林等实际要求，选择设置水平沟、鱼鳞坑、沟头防护等不同的整地工程形式，在实施整地工程基础上植树造林，达到拦截降雨产生的坡面径流泥沙、增加土壤下渗、涵养水源之目的。水平沟、鱼鳞坑、沟头防护等整地工程措施的布置、设计规格，根据拦蓄坡面径流标准设计，结合植树造林株行距综合确定。整地工程防御标准，依据《水土保持综合治理　技术规范　荒地治理技术》（GB/T 16453.2—2008）可按 5 年一遇 3～6h 设计暴雨量计算。

1．水平沟

水平犁沟布置在梁峁坡度较缓、地块相对完整的地带。地面坡度在 5°～10°的缓坡地块，地面较完整、地块面积较大，一般选择为水平犁沟。水平沟布置采用拖拉机机械带动开沟犁沿等高线向下翻土拉沟，加上人工整理挡埂的施工方式，挡埂间距与造林株距结合确定，上下两行呈"品"字形布置。水平沟断面尺寸采取经验值：水平犁沟深 0.2～0.4m，上口宽 0.3～0.6m ［《水土保持综合治理　技术规范　荒地治理技术》（GB/T 16453.2—2008）］，底宽为机械犁沟自然形成，宽 0.2～0.3m；根据拦截径流泥沙设计结合造林行距的需要，确定犁沟间距，一般 3～6m，带间混交林依实际也可以选择较大行间距。

地面坡度在 10°～15°的缓坡地块，适宜机械拉开沟犁开水平沟，水平沟断面一般上沟口宽为 0.4～0.6m，沟深 0.3～0.4m；底宽由机械犁自然形成，一般 0.2～0.3m。水平沟沿等高线布置，上下两行水平沟间距按拦蓄坡面径流泥沙结合造林行距要求确定，一般 3～6m。开沟犁"从上向下"翻土，新翻土用人工整修拍实筑埂。沟内人工整修挡水埂，起到分区拦挡坡面水流的作用。水平沟内挡水埂间距根据实际地形确定，一般 6～10m 设一道埂。

地面坡度在 15°～25°的较陡坡地，地块较完整的地段适用于水平沟整地。依据 GB/T 16453.2—2008，根据设计的造林行距和坡面暴雨径流等情况，确定上下两行水平沟的间距和水平沟断面的具体尺寸。一般水平沟口上宽 0.6～1.0 m，沟深 0.4～0.6m，沟底宽 0.3～0.5m，上下两行水平沟一般为 3～6m。水平沟由半挖半填做成，内侧挖出的生土用在外侧做埂，树苗植于沟底外侧。在机械能够到达并可以操作实施的地块则用机械开挖水平沟，人工配合整理；在地块面积较小、机械作业面受限的地方则由人工开挖完成。

2．鱼鳞坑

地面坡度较陡、地形破碎地带，一般采取人工开挖鱼鳞坑整地工程。依据 GB/T 16453.2—2008，鱼鳞坑平面布置采用半月形，各坑在坡面基本沿等高线布设，上下两行坑口呈"品"字形错开排列。根据设计拦蓄径流量泥沙量以及造林的株距和行距等，确定鱼鳞坑的行距、坑距及断面尺寸。鱼鳞坑断面尺寸一般为：长径 0.8～1.5m，短径 0.5～0.8m，坑深 0.3～0.5m。坑内取土在下沿修成弧状土埂，埂高 0.2～0.3m（中部较高，两端较低）。坑的两端开挖宽深各 0.2～0.3m 的倒"八"字形截水沟。

　　3. 沟头防护与沟边埂工程

　　（1）沟头防护工程布置。修建沟头防护工程的重点位置是当沟头以上有坡面天然集流槽，暴雨中坡面径流由此集中泄入沟头、引起沟头剧烈前进的地方。沟头防护工程的主要任务是制止坡面暴雨径流由沟头进入沟道或使之有控制地进入沟道，从而制止沟头前进，保护坡面不被沟壑切割破坏。如坡面来水不集中于沟头，同时在沟边另有多处径流分散进入沟道的，应当在修建沟头防护工程的同时，围绕沟边，全面地修建沟边埂，制止坡面径流进入沟道。考虑到本地区降水历时短、雨强大的实际，依据 GB/T 16453.3—2008，沟头防护工程设计防御标准为 10 年一遇 3～6h 最大暴雨。

　　为了拦蓄汛期降水保证造林成活，多采用蓄水型围堰式沟头防护工程。一般布设在沟头以上 3～5m 处，围绕沟头挖沟修筑土埂，沟槽开口断面尺寸下筑埂，高度根据拦蓄径流泥沙量确定。一般沟槽开口宽 0.6～0.8m，底宽 0.4～0.5m，沟深 0.4～0.6m。将开挖沟槽内土方向外翻放沟槽下边沿筑埂，堰埂结构一般顶宽 0.3～0.4m，埂坡 1∶1，根据土方量确定堰埂高度。沟槽的开挖方式有两种：间断开挖方式，两沟槽间预留间隔埂；连续开挖方式，筑埂分蓄径流泥沙。

　　（2）沟边埂工程布置。当坡面来水不仅集中于沟头，同时在沟边另有多处径流分散进入沟道时，应围绕沟边全面修建沟边埂，拦蓄坡面上来水，制止坡面径流集中进入沟道。沟边埂一般距沟沿 3～5m 布设，连续开挖。断面尺寸、结构尺寸、堰埂结构尺寸与沟头防护工程类似。

　　水土保持整地工程一般安排在 7—10 月（鄂尔多斯雨季一般在 6—9 月）施工，在雨季土壤吸收水分变得相对松软。在较大区域适合机械开挖，在破碎地带更方便人工开挖。整地工程挖掘的松土更容易整形、踩实，可减少在采取造林种草措施前因为动用土方造成的水土流失。经过一个雨季，水土保持整地工程能够充分拦蓄径流，增加土壤含水量，改善土壤湿度，保证来年造林成活率。

5.2.1.2　陡坡地带治理措施布置

　　陡坡指坡度大于 25°的坡面和沟坡，陡坡地带在沟沿一般设置沟头防护工程（或沟边埂工程），整地工程完成后结合乔木、灌木造林和埂边种草形成沟沿水土流失防护措施。

　　陡坡地带根据陡坡坡度、坡面土壤等的不同分别采取不同的林带布置模式。坡度大于 35°时，采取穴状整地，采用株行距 1m×1m 密植沙棘。在坡度更陡、不易栽种的地段，采取带状密植，每带 3～5 行，株行距 1m×1m；带与带之间间隔距离视实际地形条件确定。陡坡坡脚处密植沙棘成带，一带 3～5 行。但在完全裸露的砒砂岩坡，则沿着泥质岩层（红色）密植沙棘，沟底沿坡脚密植成带。沟坡一般采用穴状整地，株行距随开挖难度而定，可疏可密，主要种植沙棘固坡林。

　　穴状整地规格一般依"穴径×穴深"控制，常用尺寸为 0.3m×0.3m、0.4m×0.4m，全部采用人工边挖边栽植的方式。

5.2.2　溯源侵蚀沟道治理措施配置

5.2.2.1　浅沟、细沟治理措施布置

　　浅沟、细沟是侵蚀沟的初级形式，主要采用沙棘、沙柳、柠条造林和沙打旺、羊柴、种草等植物防护措施，封闭沟头。

5.2.2.2　小毛沟治理措施布置

　　在浅沟、细沟发生发展的基础上形成的小毛沟，具有沟道短浅、数量多的特点，形似鸡爪状。

一般采取沙棘植物柔性坝，拦截径流中的泥沙，固结表层土壤，改善土壤结构，增加地表降雨径流下渗，减少表层土风力侵蚀强度和地表径流引起的水力侵蚀强度，从而达到防治水土流失的目的。并与沟边埂、沟头防护等工程措施截流相结合，提高植物措施的成活和保存率，提高水土流失综合防治效果。

5.2.3　小支沟治理措施配置

丘陵沟壑区流域界线明显，根据小支沟降雨径流、控制面积等情况可修建谷坊坝、小型淤地坝等小型拦蓄工程。

5.2.3.1　谷坊坝工程

5.2.3.1.1　谷坊坝布设

在控制面积较小的小支沟上，一般布设谷坊坝工程防治水土流失。谷坊坝工程主要修建在沟底比降较大（5%～10%或更大）、沟底下切剧烈发展的沟段，其主要任务是巩固并抬高沟床，制止沟底下切。同时，也能够稳定沟坡，制止沟坡崩塌、滑塌、泻溜等，防止沟岸扩张。

谷坊坝工程在防治沟蚀的同时，应利用沟中水土资源，发展林（果）业。

5.2.3.1.2　谷坊坝设计

设计防御标准为 10～20 年一遇 3～6h 最大暴雨，采用最易产生严重水土流失的短历时、高强度暴雨。设计标准可参考准格尔旗贾浪沟小流域的治理经验，采用 10 年一遇洪水设计、50 年一遇洪水校核，设计淤积年限 5 年。

5.2.3.1.3　不同建筑材料谷坊坝

根据建筑材料的不同，谷坊坝又分为土谷坊、石谷坊、柳桩谷坊、柳桩抛石谷坊、混凝土谷坊等坝型。

1. 土谷坊

土层较厚的小支沟，土料丰富，就地取材，修筑容易，施工简便，一般修建土谷坊。土谷坊坝体断面尺寸，根据谷坊所在位置的地形条件，参照表 5.7 确定。

表 5.7　　　　　　　　　　　　　土谷坊坝体断面尺寸

坝高/m	顶宽/m	底宽/m	迎水坡比	背水坡比	坝高/m	顶宽/m	底宽/m	迎水坡比	背水坡比
2	1.5	5.9	1:1.2	1:1.0	4	2.0	13.2	1:1.5	1:1.3
2	1.5	9.0	1:1.3	1:1.2	5	2.0	18.5	1:1.8	1:1.5

　　注　1. 坝顶作为交通道路时，应按交通要求确定坝顶宽度。
　　　　2. 在谷坊能迅速淤满的地方，迎水坡比可与背水坡比一致。

为防止较大的洪水冲毁土谷坊坝，在适宜地形条件处应布设溢洪口。溢洪口设在土坝一侧的坚实土层或岩基上，上下两座谷坊坝的溢洪口应尽可能左右交错布设。对沟道两岸是平地、沟深小的沟道，如坝端无适合开挖溢洪口的位置，可将土坝高度超出设计坝高的 0.5～1.0m，坝体在沟道两岸坝肩处各延伸 2～3m，并用草皮或块石护砌，使洪水从坝的两端泄至坝下，并防止水流直接回流到坝脚处。

2. 石谷坊

基岩出露、地基较为坚硬的小支沟，土料缺乏、石料较为丰富的地区，本着就地取材原则，一般选择建设石谷坊。石谷坊断面有两种型式：一种为干砌阶梯式石谷坊，其坝高 2～4m，顶宽 1.0～1.3m，迎水坡 1:0.2，背水坡 1:0.8，坝顶过水深 0.5～1.0m，一般不蓄水，设计 2～3 年淤满。另一种为重力式浆砌石谷坊，一般坝高 3～5m，顶宽为坝高的 0.5～0.6 倍，迎水坡 1:0.1，背水坡 1:0.5～1:1。坝顶可允许过流，在坝顶预留过流断面溢洪口，一般采用矩形断面宽顶堰设计，计算控制断面。浆砌石谷坊在稳固沟床的同时还可蓄水利用，如果有蓄水要求，则质量要求较高，需做坝体稳定分析。

3. 柳桩（编篱）谷坊

在沟道比降较大、来水较急并且含有泥石的地区，为增加谷坊的抗冲刷稳定性，选择柳桩（编篱）谷坊。

（1）多排密植型柳桩谷坊。在沟中确定谷坊位置，垂直水流方向挖沟密植柳秆。沟深 0.5～1.0m，秆高 2.0m，胸径 5～7cm。埋深 0.5～1.0m，露出地面 1.0～1.5m。每处谷坊栽植柳秆 5排以上，行距 0.6～1.0m，株距 0.3～0.5m。

（2）柳桩编篱型谷坊。在小支沟中设计布置谷坊的位置，垂直水流方向在沟道全横断面布设 3～5 排柳桩，桩长 1.5～2.0m，胸径 5～7cm。埋入地下 0.5～1.0 m，排距 0.8～1.0 m，株距 0.3～0.5m。用柳梢将柳桩编织成篱。

4. 柳桩编篱抛石谷坊

为了进一步增加柳桩谷坊的抗冲能力，在小支沟设计布置柳桩编篱抛石谷坊。选择胸径 5～7cm 柳桩，桩长 1.5～2.0m，埋入地下 0.5～1.0m，埋排距 1.0m，株距 0.3m。一般垂直水流方向在沟道全横断面布设 3～4 排柳桩。用柳梢将柳桩编织成篱，在每两排篱间空隙中抛入较大卵石（或块石），再用柳梢覆顶绑扎。用铅丝将前后 3～4 排柳桩联结绑扎，使之成为整体，增强抗冲能力。

5. 混凝土谷坊

在土料、石料均较为缺乏的地区，也可采用混凝土谷坊。混凝土谷坊的设计、布置同砌石谷坊，但结构更为小巧，可大大减少工程量。施工中的地基处理，可参照砌石谷坊。准格尔旗暖水的圪秋沟，修建有混凝土挡板与砒砂岩土夹心的混凝土谷坊试验工程。

5.2.3.1.4　谷坊坝施工

谷坊坝在施工前要根据工程设计布设坝址位置，设计断面尺寸应测量放线。施工方法与淤地坝基本相同。

柳桩谷坊一般在春季采用人工配合机械进行施工。按照设计要求的埋桩长度和桩径，选择生长能力强的活立木柳树桩，根据测量放线进行布设。利用挖掘机垂直水流方向将沟道全断面挖掘出栽植柳桩的沟槽，一般深 0.5～1.0m，人工插入活木柳桩，并人工结合机械分层回填夯实。在河床土层较松软的地段，柳桩也可采用打入法施工。柳桩株距 0.3～0.5m，行距 0.6～1.0m，各排桩位呈"品"字形错开。编篱柳桩谷坊则以柳桩为主，从地表以下 0.2m 开始，安排柳梢横向编篱。与地面齐平时，在背水面的最后一排桩间铺设柳枝，厚度 0.1～0.2m，桩外露枝梢约 1.0m，作为海漫。

柳桩编篱抛石谷坊，类似于柳桩编篱谷坊的施工，只是在编好的各排编篱中抛入较大卵石（或块石）。靠篱处填大块，中间填相对较小块。编篱（其中填石）顶部做成下凹弧形溢水口。编篱与填石完成后，在迎水面培土，高与厚各约 0.5m。

砌石谷坊则以人工砌石为主，机械配合进行。在测量定线后首先要用机械进行清理基底，土基与土谷坊相同；岩基沟床应清除表面强风化层，两岸沟壁凿成竖向结合槽。基底铺筑砂砾石（或素混凝土）垫层，按照设计要求选择块石，人工从下向上分层进行垒砌，逐层向内收坡，块石应首尾相接，错缝砌筑，大石压顶。要求料石厚度不小于 30cm，接缝宽度不大于 2.5cm。同时应做到"平、稳、紧、满"（砌石顶部要平，每层铺砌要稳，相邻石料要靠紧，缝间砂浆要饱满）。

5.2.3.1.5　谷坊坝的管理维护

谷坊工程所处的小支沟，一般沟道比降较大。上游径流进入谷坊水流较急，但谷坊坝控制面积较小，来水量不大，泥沙淤积较快。在修建布设谷坊坝的同时，一定要加强上游梁峁坡面的综合治理工作，结合沟边埂、沟头防护、鱼鳞坑、水平沟等整地工程实施好植树种草及其抚育管理工作，分截拦蓄径流，增加下渗和拦截泥沙作用，延长谷坊寿命。

谷坊坝土建工程完成后，一定加强坝坡坝顶的植被建设，增加植被覆盖率，使谷坊坝坝体及其上游降雨径流得到有效的拦截，达到水土保持综合治理的目的。

5.2.3.2　小型淤地坝工程

1. 小型淤地坝设计与布设

在小支沟的下游或较大支沟的中上游，一般布设小型淤地坝，并配合上游谷坊、坡面植物治理工程来控制水土流失。小型淤地坝的单坝集水面积（控制面积）在 1km² 以下，一般坝高 5～15m，库容 1.0 万～10.0 万 m³，淤地面积 0.2～2.0hm²，建筑物一般为土坝与放水工程"两大件"。放水工程通常采用钢筋混凝土结构涵卧管。涵管基础、卧管及进出口消力池一般现场浇筑，涵管采用预制钢筋混凝土圆涵，运输到现场安装连接。依据《水土保持综合治理　技术规范 沟壑治理技术》（GB/T 16453.3—2008），小型淤地坝设计标准采用 10～20 年一遇洪水标准，校核标准 30 年一遇洪水标准，设计淤积年限 5 年。卧管过水断面高×宽一般为 40cm×40cm、45cm×45cm，放水台阶高差 40cm，每台阶设单孔，最多同时开启 3 孔放水，管底纵坡 1：2；钢筋混凝土预制圆管内径一般40～50cm，壁厚依据涵管顶部覆土厚度选择，一般 10cm，沿管线长度方向布置纵坡比 1：100。

2. 小型淤地坝的运行管理

小型淤地坝控制面积较小，上游来水量较少，但沟道比降较大、洪水含泥沙较大，来洪历时短，库容增长较快，所以运行中必须重视汛期的局部降雨对淤地坝的影响；更重要的是要注意上游沟道的来水情况，每年应在汛期前，检查落实淤地坝的运行管理措施，对于坝体、放水工程有毁坏的情况，应及时修复。汛期遇特殊降雨应及时巡检排查，发现问题及时处理，保证工程安全正常运行。

5.2.4　大支沟治理措施配置

沟道治理以工程措施为主。在较大支沟布设大中型淤地坝，在具有控制作用的沟段布治沟骨干工程，在泉水露头或有蓄水条件的沟段，布设少量蓄水塘坝和小水库等工程措施，在中下游有条件的宽浅河道结合土地开发利用可以实现引洪淤地、治河造地等工程。

鄂尔多斯水土保持治沟骨干工程建设始于 1986 年，最早在水土流失严重的皇甫川流域首先开展水土保持治沟骨干工程的规划设计、建设实施，并在伊金霍洛旗、达拉特旗、东胜区陆续开展，截至 2002 年，全市累计建设淤地坝 482 座，其中骨干坝 217 座，中小型淤地坝 265 座。在控制河床下切侵蚀、提高小流域综合治理效益和防御洪水能力起到积极作用。2003 年水利部启动黄土高原地区水土保持淤地坝试点工程建设项目，以小流域为单元结合坡面治理在沟道内布设大、中、小型坝，从小流域的沟掌到沟口、从支毛沟到干沟全面规划，上下游统一协调配置，全面提高流域防洪能力和治理水平。随着投资力度加大，加快沟道工程建设进度，截至 2020 年，鄂尔多斯市淤地坝保有数量达到 1682 座。

5.2.4.1　控制性水土保持治沟骨干坝

1. 骨干坝的选址与布设

水土保持治沟骨干工程一般布设在主沟道的中下游，起控制性防御洪水泥沙的作用，使整个小流域形成较高的防御洪水能力。枢纽组成一般有土坝和放水工程"两大件"枢纽型、土坝与放水工程配合溢洪道"三大件"枢纽型组成。

骨干坝的单坝控制流域面积，按现行规范要求，在剧烈侵蚀区 [侵蚀模数大于 15000t/(km²·a)] 坝控面积一般为 3km²，在极强度侵蚀区 [侵蚀模数在 8000～15000t/(km²·a)] 坝控面积一般为 3～5km²，强度侵蚀区 [侵蚀模数在 5000～8000t/(km²·a)] 坝控面积一般为 3～8km²。

骨干坝的设计，依据《水土保持治沟骨干工程技术规范》（SL 289—2003）进行。骨干坝的库容多数为 50 万～100 万 m^3，个别库容为 300 万～500 万 m^3。对库容大于 500 万 m^3 的骨干坝，应进行专门论证。库容小于 50 万 m^3 的淤地坝，执行《水土保持综合治理 技术规范 沟壑治理技术》（GB/T 16453.3—2008）。

2. 骨干坝设计

骨干坝的设计，以等别划分及设计标准按表 5.8 确定。一般分为两种情况：①按 20 年一遇洪水标准设计、200 年一遇洪水标准校核，设计淤积年限 10～20 年；②按 30 年一遇洪水标准设计、300 年一遇洪水标准校核，淤积年限 30 年。放水工程设计标准采用 3～5 天排完 10 年一遇一次性洪水。

表 5.8　　　　骨干坝等别划分及设计标准

总库容/$10^4 m^3$		100～500	50～100
工程等别		IV	V
建筑物级别	主要建筑物	4	5
	次要建筑物	5	6
洪水重现期/年	设计	30～50	20～30
	校核	300～500	200～300
设计淤积年限/年		20～30	10～20

5.2.4.2 小塘坝

小流域较大支沟中下游布置控制性骨干坝的同时，在骨干坝的下游有水源条件的河段可以布置小型塘坝，拦蓄上游坝控制下泄水量及下渗水流，解决干旱地区用水水源。小型塘坝防洪设计标准一般采用 20 年一遇洪水设计、50 年一遇洪水校核，坝高确定必须充分考虑丰水期蓄水、保证枯水期用水的兴利库容，在淤积库容、防洪库容的基础上增加兴利库容。保证汛期安全的前提下，小型塘坝的运行管理应利用丰水期蓄水，以备枯水期用水。

5.2.4.3 大中型淤地坝

控制性治沟骨干坝的上游支沟，一般布置建设大中型淤地坝，主要任务是拦蓄泥沙，延长下游控制性骨干坝的运行寿命，同时淤泥澄地，发展高质量的基本农田。

中型淤地坝一般坝高 15～25m，库容 10 万～50 万 m^3，淤地面积 2～7hm^2 以上；大型淤地坝一般坝高 25m 以上，库容 50 万～500 万 m^3，淤地面积 7hm^2 以上；修建在主沟的中、下游或较大支沟下游，单坝集水面积 1～3km^2。建筑物组成多数为土坝与放水工程"两大件"，部分为土坝、放水工程、溢洪道"三大件"，个别有土坝与溢洪道工程"两大件"。

中型淤地坝设计标准采用 20～30 年一遇洪水标准设计、50 年一遇洪水标准校核，淤积年限 5～10 年。大型淤地坝设计标准采用 30～50 年一遇洪水标准设计，50～300 年一遇洪水标准校核，淤积年限 10～30 年。放水工程设计采用 3～5 天排完（高秆作物 3 天排完，不种作物 5 天排完）10 年一遇一次洪水。

5.2.4.4 淤地坝建设中采取的新技术、新材料、新工艺

1. 高精测量计算技术的应用

随着科学技术的发展，测量的仪器设备、卫星监测系统控制、设计数据化处理、成果记录计算等都有了长足发展，成熟稳定。有许多新技术、新材料、新工艺都在淤地坝建设与管理上得到了应用。如沟道工程的精确定位、精准测量计算，都较 20 世纪有了新的突变，全站仪测量、RTK 应用、设计软件、CAD 制图软件、定型设计计算、概算预算多种软件的应用，让工程设计走向了精准化、精细化、快速化、智能化的模式。

2. 大型机械参与施工作业

随着科技技术的发展，工程机械多样化，普及化，施工机械化程度大大提高。在土方工程施工中各种型号的挖掘机、装载机、自卸汽车、压实机械普遍应用，施工机械化程度的大大提高，确保了施工质量，加快了施工进度，减少了地表裸露时间，并且提高了施工的精准度，减少了不必要的地表扰动、植被破坏，在保证工程质量的前提下保护了环境。

3. 新型复合材料、添加剂的运用

地处北方的鄂尔多斯地区，涉"水"工程的防冻、防渗技术问题既是重点也是难点。与水有关的建筑物必须防渗，而在四季分明的鄂尔多斯地区冬季寒冷，最低气温低于－20℃，春季回暖使混凝土工程在与水接触的冰水变化区域常有冻融变化使表层脱落剥蚀，有的甚至使配筋外露失去作用。解决这一技术问题主要靠选择适宜的水泥及其掺合料，在混凝土拌制过程中掺入引气剂、引气减水剂、早凝剂等外加剂，增加混凝土的密实度，提高抗渗抗裂强度，从而提高耐久性。

4. 商品混凝土工厂化定点拌制

随着分工的精细化，机械化、标准化施工程度不断提高。混凝土工厂化定点拌制在各类水土保持工程的运用大大增多，实行订单化工厂制作，可满足多种强度等级、多功能混凝土的需求。混凝土转筒运输车运到工程现场浇筑，既较为严格地控制了混凝土拌制质量，又解决了拌制场分散占地多、扰动大，废弃物不能有效处理而造成环境压力的问题。

5. 混凝土泵浇筑

水土保持治沟工程大都地处偏远地区，沟道淤积较厚、路面松软、交通运输困难。在混凝土转筒运输车不能到达的施工场地，取消了人工现场搅拌混凝土的施工办法，采用了人工支模、混凝土泵浇筑混凝土的施工技术，改善了施工环境，降低了劳动强度，保证了工程质量和进度。

5.2.5　宽浅式河道治理措施配置

丘陵沟壑区宽浅式河道治理工程，主要是保证河道水流顺畅，避免水流左右折冲，保护两岸不受水流冲刷。在结合梁峁坡面治理的同时，在宽浅式河道内采取的治河造地工程措施以引洪淤泥澄地、治河造地工程居多。

5.2.5.1　引洪淤地工程

1. 工程布局

引洪淤地工程一般布设在宽阔的河滩上，在规整、改造河川之后，将腾出的区域通过引洪淤澄变为良田；或针对河川两岸土壤质地极差、比较平缓的一级川台地，通过引洪淤澄将其变为高质量基本农田。

引洪淤地工程因地形地势不同，所设工程内容也不同，总体上包括渠首工程、引洪渠、排清渠、田间围堰或格坝等，靠近河岸边还要修建护堰工程。

在人均高标准农田较缺乏地区，利用宽浅式河道"凹"岸，结合地形条件布设引洪淤地工程，发展高标准农田，退坡耕地还林还草。选择河段顺水流方向布设纵向围堰，与纵向围堰垂直布设横向围埂，将围堰建设与淤地田面相结合。考虑上游洪水泥沙情况，如淤积厚度、淤积年限，设计围堰、横堰的建筑材料、结构型式及断面尺寸等。在上游修筑临时挡水坝拦截洪水引入围堰，进口端修筑引洪建筑物；引入含泥量较大的洪水进入围堰，经围堰沉淀后，由下游排水设施排泄清水，在下游端修筑排水建筑物（设施）。利用含泥沙洪水进入围堰沉淀泥沙，淤积成坝地，在达到设计的淤积面积和开发种植的程度时，封闭上游入水口，开发利用种植农作物。

（1）渠首工程。渠首工程应布设在河道水流平缓、河床稳定、狭窄、弯道"凹"岸的下游以及引口高于灌区的位置。工程型式可根据引流量的大小确定。洪源多、引洪量少、河岸质地坚硬时，可利用自然河岸开口引洪，引水口设简易闸门或采用临时措施控制引水流量；引洪量较大时，可垂直河道修建临时性溢流坝，利用导流堤引洪入渠，导流堤的扩张角以 10°～20° 为宜。

（2）引洪渠、排清渠。为适应引洪之需，可采用多渠口引洪。渠道断面形状一般为梯形，边坡 1∶1.5～1∶2，比降 1/300，渠线尽量要短。排清渠将泥沙淤积后的清水排入原河道。

2. 设计要点

引洪淤地工程的设计目前没有统一的规范标准，依据多年建设实践，引洪淤地工程设计洪水一般为 20 年一遇洪水标准、校核洪水为 50 年一遇洪水标准、排清渠按引水流量的 50％设计断面。

根据设计标准、引洪地区上游来水面积、泥沙等情况，计算来洪量及确定引入围堰的引洪量。依据引洪量确定引水建筑物的结构、断面尺寸。

3. 工程特点

建设引洪淤地工程的目的，主要是发展高质量农田，并且保证农田的安全有效利用。应结合地形地质条件及引水量选择引水建筑物的建筑材料。纵向、横向围堰一般采用土堤，使用推土机推土碾压填筑，按设计干容重控制碾压密实度。在引洪渠首端的取水建筑物一般采取浆砌块石、素混凝土、钢筋混凝土等建筑材料防护。在块石充足的地区一般选择浆砌石；在石料缺乏地区则多采用混凝土、钢筋混凝土现场浇筑（商品混凝土）进口端建筑物；在交通条件差地区，一般头年冬季采购砂石料和水泥钢筋，运输到施工现场，存储到来年解冻后，进行现场砌筑浆石、现场拌制混凝土、现场浇筑混凝土。

4. 运行管理

引洪淤地工程在立项建设的同时，应落实运行管理单位和管理人员。工程竣工验收后，一般移交农业开发合作社管理运行或者种植利用土地的农户管理，产权移交所在地乡镇人民政府，效果较好。

5. 工程效益

引洪淤地工程效益，主要体现在农田种植的经济效益，兼有改善当地生产条件的社会效益和水土保持生态效益。

5.2.5.2　治河造地工程

治河造地工程，是对宽阔平缓的河滩、河道转弯较大的地段，通过改变河道、裁弯取直，将空出的区域经淤澄、复垦改造成为基本农田。

1. 工程特点

治河造地工程的特点是将弯曲的河道取直。在上下游落差不大的情况下，减少水流的流径，结合地形条件，在上游拦截洪水引入围堰，下游修筑排水设施，利用含泥沙洪水进入围堰沉淀泥沙，淤积成坝地。当达到设计的淤积面积和开发种植的程度时，封闭上游入水口，开发利用种植农作物。

2. 设计要点

治河造地工程的设计要点是确定控制过水断面，保证汛期洪水安全平稳通过控制过水断面平顺进入下流河道。过水断面的确定取决于其过水流量，过水流量通过上游降雨在设计标准下产生的径流、泥沙来确定。

目前也没有统一的设计标准，依据当地多年来实施的治河造地工程的技术和经验，工程设计标准采用 20 年一遇洪水设计、50 年一遇洪水校核。洪水泥沙的确定，有试验资料的采取实测的多年平均值，无实测的河段参照相邻、相似地区的相关数据，也可采用内蒙古自治区水文手册相关数值。

3. 运行管理

治河造地工程的运行管理主要是工程运行管理和基本农田的管理，其重点在于保证汛期洪水安全、顺畅地通过工程控制断面进入下游河道。

4. 工程效益

治河造地工程效益包括农田种植经济效益、改变当地生产条件的社会效益和改善环境的生态效益。

5.2.6　覆沙丘陵沟壑地貌区治理措施配置

鄂尔多斯境内覆沙丘陵沟壑地貌区主要分布在库布其沙漠、毛乌素沙地的边缘地带，主要包括乌审旗东南部、伊金霍洛旗南部、杭锦旗北部、达拉特旗东南部、准格尔旗北部部分地区，形成于风积沙丘陵沟壑地貌区域。该区水土流失的特点是春秋两季以风力侵蚀为主，夏季汛期则以水力侵蚀为主，全年的综合性风水复合侵蚀。根据其水土流失的特点，因地制宜选择水土保持综合治理措施。

5.2.6.1　覆沙较厚的丘陵沟壑地貌地带治理

风积沙厚度超过 0.5m 时，首先要以沙柳防风带、柠条防风带来防沙固沙。沙柳、柠条林带带宽 3～4m，行距 1m，株距 1m，林带与林带之间宽 6～12m，在防风带内采取樟子松造林、人工条播牧草、飞播种草相结合的综合治理措施。

覆沙丘陵区背阴潮湿地带、宽浅河段流水线两侧采用沙棘造林措施。

5.2.6.2　覆沙较薄的边缘地带治理

风积沙厚度小于 0.5m 时，一般采用水平犁沟整地，开沟犁沟上口宽 0.4～0.6m，沟深 0.3～0.4m，行距配合造林株行距确定，一般为 3～6m。造林以樟子松为主，在土埂种植牧草，恢复植被。

5.2.6.3　居民点的治理

覆沙丘陵沟壑地貌区由于上覆沙层，降雨下渗较好，水源条件相对较好，利用较为充足的水源在居民集中点的房前屋后平整土地，打机电井保证水源，发展保护地蔬菜、反季节瓜果种植，栽种经济果林发展小果园，种植优质牧草发展养殖业，利用水面发展渔业，充分发展庭院经济。既改善当地居民的生产生活条件，绿化美化人居环境，又提高居民收入，提振群众的水土保持治理积极性，为广大农村牧区农牧民的脱贫致富达小康打下良好的基础。

5.2.6.4　覆沙区沟道工程

覆沙区土壤的下渗力较强，降水过后下渗的水流集中汇流到下游沟道，在沟道内除修建控制性工程骨干坝以外，在水源条件较好的地方可兴建小型塘坝，满足当地居民的生产生活用水，也为坡面生态治理实施提供水源保障。

1. 沟道内控制性骨干坝

控制性骨干设计标准按照《水土保持综合治理技术规范》（GB/T 16453—2008）和《水土保持治沟骨干工程技术规范》（SL 289—2003）选用。设计洪水标准为 20～30 年一遇洪水，校核洪水标准 200～300 年一遇洪水，淤积年限为 20～30 年。在覆沙丘陵地貌区兴建骨干工程进行洪水泥沙计量时，应考虑地形地貌、土壤植被等因素，折算其产生径流泥沙的面积，将不产流的区域扣除。筑坝土料含沙量较大时，进行坝体渗流稳定计算，确定坝坡坡率。根据渗流情况设计上游防渗措施，并选择下游坡脚排水设施。

2. 小型蓄水塘坝

覆沙丘陵地貌区土壤下渗较大，沟道内水源条件相对较丰富，在有水源条件的沟段，设计布设小型蓄水塘坝，解决当地居民的用水问题，实现"沙水林田湖草"综合治理，提高水土保持综合治理的效益。

设计标准一般参照《水土保持综合治理　技术规范 沟壑治理技术》（GB/T 16453.3—2008）选用，根据来水量、用水量，设计坝体结构型式、建筑物组成、放水工程及蓄放水的运行管理模式。

覆沙区建设小型蓄水塘坝要进行坝体渗流稳定分析计算，并根据计算结果选择上下游坝坡坡比，选择布置上游防渗设施、下游坡脚排水设施。

3. 引洪淤地（治河造地）工程

覆沙丘陵地貌区的上游沟道并不明显，当地称作"壕"，往往控制区域较大，在此地段下游修建埝堰围埝造田，即控制径流泥沙，也可改善土壤条件发展基本农田。覆沙丘陵地貌区主沟中下游河道较宽，在宽浅沟道采取引洪滞沙淤地方式，拦蓄泥沙发展高质量基本农田，既起到了治理水土流失的作用，又合理利用了水沙资源。

5.2.7　裸露砒砂岩地貌区治理措施配置

5.2.7.1　梁峁坡面植物措施治理配置

裸露砒砂岩地貌区因严重水土流失，表土流失，基岩裸露，被中外生态环境专家称为"地球上的月球""环境治理的癌症"。要在裸露砒砂岩地貌区实施水土保持综合治理措施十分困难。鄂尔多斯市水土保持工作者经过坚持不懈的努力和探索，终于攻克了这道难题。

在砒砂岩裸露的梁峁坡地，阴面种植沙棘成活与保存较好；阳坡则宜采取小鱼鳞坑整地，营造沙棘油松混交林。在阳坡先期沙棘的成活生长较好，但阳坡水分缺乏，沙棘根系沿表层土发展生长，经过多年的种植，到了后期油松的保存生长相对较好，是相互配合伴生的较为优选方案。

5.2.7.2　沟坡沟道植物措施与工程措施治理配置

1. 沟头沟掌沙棘柔性坝封沟

砒砂岩沟头、沟掌、小毛沟密植沙棘，形成"沙棘柔性坝"，封闭沟道阻止沟道向上游扩张。

2. 沟坡沙棘与草木樨护坡

沙棘有非常发达的根系，深入土层一般可达4m，水平根系发展延伸可达10m，分枝多，形成复杂的根系系统。在沟坡土壤疏松、剥蚀、散落的过程中，被散落松土暂时淹埋的沙棘枝芽能够钻出土壤继续生长发育，其根系有效固结土壤、截留降水和拦蓄径流，进而提高土壤的抗冲刷能力。沙棘还具有根瘤固氮能力，加上沙棘枯落物的分解，能够提高土壤的有机质含量，改善土壤结构，增强土壤的抗蚀、抗水和渗透能力。在砒砂岩沟坡细泥层（红色）密植沙棘，在沙棘行间撒播草木樨，能有效增加砒砂岩沟道坡面的植被盖度，防止坡面松散土壤的水土流失，起到很好的防治水土流失效果。

3. 沟道沙棘护岸林

在沟道流水线两侧外围，顺水流方向成行布设3~5行沙棘护岸林，充分利用沙棘不怕水湿和积水、不怕埋压，而且埋压后根系萌蘖力更强的特点，可开成密集结构的植物群，形成新的侧根系，削减洪水的侵蚀动力，减缓洪水冲淘河岸，有效阻止水流向两岸扩张。

4. 沙棘与谷坊坝相结合配置

在砒砂岩严重裸露地貌区支毛沟的上游，为了切断沟头扩张，更快、更有效地控制沟道的向源侵蚀，布设谷坊坝，并在土质谷坊坝的坝体及坝控区上游栽植沙棘，快速形成水土防护，充分发挥植物措施与工程措施相结合的治理成效。

5. 淤地坝与治沟骨干工程建设

在砒砂岩沟道的支沟同时配置淤地坝和治沟骨干工程建设，可有效拦截径流泥沙，提高小流域的防洪标准，充分发挥控制性防护作用。

5.2.7.3　集中居民点的综合治理

严重裸露砒砂岩地貌区水源奇缺，解决当地村民的人畜饮水很关键。针对当地现状，在水土保持治理中结合民生问题首先解决饮用水源，主要是在居民集中点的沟道适宜位置实施截伏流大口井工程。在沟道边台地布置大口井，河道沙卵（砾）层内布设截渗流管引入大口井，是裸露砒砂岩地貌区解决水源的较成功模式。有了水源保证，也可发展小片水地种植蔬菜瓜果，改善当地居民的生活条件。

5.2.7.4　居民搬迁移居，促进生态自然修复

皇甫川上游最严重的裸露砒砂岩地貌区，在2007年的"三区"划分中被划分为农牧业禁止发

展区，2009 年一次性转出 9700 多人，整体性退出 552km^2，率先建设生态自然恢复区。搬出的村民由人民政府提供住房，推荐工作，落实社保，发放补贴，使移出农民解除了后顾之忧，融入了城镇生活。农民在"五花肉"上种沙棘，郁闭成林，"地上一把伞，地面一块毯，地下一张网，"将 80% 的泥沙留在原地，准格尔旗暖水乡森林覆盖率达 73%。

在陡坡地段营造沙棘护坡林，沿等高线布设护坡林带。一般 3～5m 行为一带，穴状整地，随整地随造林，株行距一般为 1m×1m，密植，带间距要结合现场的土壤、坡度实际情况灵活掌握。

在缓坡地段营造沙棘生态经济林，可按带状或块状进行布设，按沙棘、柠条混交林进行配置。带状种植时，一般 3～5m 行为一带，株行距 1m×2m，一带沙棘，一带柠条，穴状整地，随整地随造林；块状种植时，将种植地段划分为几个区域，相邻区域用沙棘、柠条分隔开，防止病虫害。

> **小贴士：沙棘的保水固土作用**
>
> 沙棘根蘖性强，栽后 4～5 年郁闭成林，3～4 年生的沙棘可控制水土流失 80%、水蚀 75%、风蚀 83%。1 亩沙棘林可以吸收上方 3 亩地表径流，变为地下水。一株平茬后 3 年生的沙棘根系水平伸延最长达 6.3m，固土面积 4.8m^2，构成了纵横交错的地下"钢筋"网。1 亩沙棘林可通过根瘤固氮 12kg，相当于 25kg 尿素。6 年生沙棘林地内土壤有机质含量为 2.12%，被群众称为"植物谷坊""植物水库""植物化肥"。

机械开挖的沟头防护工程

人工开挖的沟头防护工程

防治溯源侵蚀沟的沟头防护工程

防治沟头沟沿的沟头防护工程

丘陵沟壑区防治措施配置之沟头防护工程

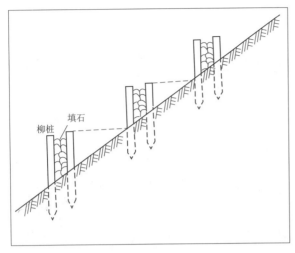

柳谷坊断面示意图

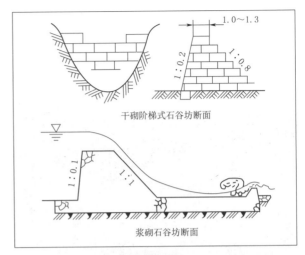

1.0~1.3

1:0.2　1:0.8

干砌阶梯式石谷坊断面

1:0.1　1:1

浆砌石谷坊断面

石谷坊断面示意图

土谷坊实景图

柳桩（编篱）谷坊实景图

柳桩编篱抛石谷坊实景图

砌石谷坊实景图

丘陵沟壑区防治措施配置之谷坊工程设计图

沙柳防风林带

柠条防风林带

带间樟子松造林

潮湿背阴地带沙棘造林

机械犁开挖水平沟整地造林

樟子松工程整地造林

覆沙丘陵沟壑区之生态治理工程

砒砂岩区峁顶治理

砒砂岩区坡面治理工程

砒砂岩沟道生物措施工程

砒砂岩沟道综合治理工程

溯源侵蚀沟沙棘封沟治理

沟掌乔灌草结合综合防治措施

裸露砒砂岩丘陵区防治措施配置

5.3 风沙区防治措施配置

库布其沙漠、毛乌素沙地的水土保持治理，按区域分布形态，分为流动沙丘、半固定半流动沙丘、固定沙丘、丘间滩地四个防治区域。流动沙丘治理，先设置沙障，后采取种植锁边防护林，由边缘逐渐向中心推进；半固定半流动沙丘治理，应先设置沙障，后上种植措施。沙障设置技术要求基本相同。固定沙丘治理，采取封沙育草生态自然修复措施，如沙丘起伏高度小于5m时，在必要的情况下，先用机械带状整地，带距20～30m，带宽1m，带状种植优质灌草（柠条），逐步取代天然蒿类植被。丘间滩地治理，在地下水位较高的条件下，一般采取种植高秆旱柳、沙棘、沙柳、紫穗槐等灌木为主的防护林，控制沙丘移动，保护滩地。

5.3.1 流动沙丘、半固定半流动沙丘治理措施配置

5.3.1.1 沙障设置技术

从治理实践效果看，对较为活跃的移动沙丘实施造林种草前，必须设置沙障。目前，大面积设置沙障材料一般选用沙柳或草绳。

1. 沙柳沙障设置技术

（1）沙柳平茬时间。应选择秋季落叶后或第二年发芽前。使用手持式小型割灌机，靠近沙柳生长底部平茬，茬度不能留高，应与地面大致相平，这样不影响第二年沙柳抽芽成活。如果是较为平坦的坡地沙柳林，也可使用灌木平茬机械，提高作业效率。

平茬下的沙柳条，就地取材用细柳条或专用绑绳扎成15～30kg的捆子，便于人工搬运。装车后，尽快运输至指定地点。

（2）沙障设置顺序。应从沙丘顶部至底部摆放，即从上到下，沿主风的垂直方向布设。如此设置沙障，不易被机械运动或施工人员破坏。

（3）沙障设置技术。把沙柳条3～5根摆放在地上，用细铁丝或其他材料绑缚住，再用沙柳插条固定，可防止大风吹散沙柳起不到沙障的作用。

（4）沙障设置标准。设置标准视沙丘的高度而定，一般当沙丘高度小于等于10m时，沙障间距设置为2m条状为宜；当沙丘高度大于10m时，沙障设置为2m×2m网格状为宜。

2. 草绳沙障设置技术

（1）草绳材料选择。可到种植水稻、麦子的地区订购草绳材料。一些产地将编织草绳作为副业进行加工，可按需要订购不同材料的草绳。订购的草绳规格只有直径2cm、2.5cm两种，呈麻花状拧在一起，均匀不松散，长40m。如草绳干燥时，应先洒水喷湿增加韧劲，利于两股草绳拧在一起，防止拉断、损耗。

（2）沙障设置时间。不受季节限制，一年四季均可实施。如果工期紧张，可作为首选。

（3）沙障设置顺序。与沙柳沙障相同，也是从沙丘顶部到底部施工。

（4）沙障设置技术。依据沙丘高度的不同，布设不同规格的沙障。沙丘高度小于5m时，布设条状沙障，条间距为2m；沙丘高度在5～10m之间时，布设2m×2m网格沙障；沙丘高度大于10m时，布设1.2m×1.2m或1.5m×1.5m网格沙障。

草绳沙障施工时，先钉好基准桩。四人一组，草绳两端各一人，将两根草绳用专用工具拧在一起，把第一道草绳放置在基准桩位置上固定，放置时让草绳与地面充分接触，防止草绳架空。一人在中间提草绳同时掌握草绳间的距离，一人往来运输草绳。接着铺设第二道草绳。按此方法依次按规格要求等间距平行铺设剩余草绳。最终形成2.0m带状或2m×2m网格状防风固沙沙障，网格状的两根草绳夹角以

45°为宜。实践证明，如直接用一根草绳作沙障，阻沙作用明显很弱，效果不如两根草绳拧起来的好。

铺下的草绳每隔 1.5～2m 必须用柳条或其他材料固定，防止草绳吹撒起不到沙障作用。草绳铺好后，用直径大于或等于 1cm 的沙柳插条在草绳两侧每 2m 各插一根，沙柳插条大头向下，与地面垂直栽植，栽植深 40cm，地面露出 10cm。插沙柳插条的目的，一是用来固定草绳，二是让沙柳插条成活。沙柳插条和草绳互相作用，草绳保护插条防止风蚀，而插条又防止草绳被大风吹散移动，达到固定的目的。

3. 草方格沙障设置技术

草方格沙障是在流动沙丘上扎成方格状的挡风墙，以削弱风力的侵蚀，增大地面粗糙度，减少风力，截留雨水。草方格沙障具有很好的防风固沙、涵养水分的作用，相比沙柳沙障、草绳沙障，草方格密度更高，防治效果更好，但费时费力，人工成本较高。

草沙障的材料应就近取材，麦子秸秆、稻子秸秆、玉米秸秆、糜黍秸秆均可，长度至少 15cm 以上。施工时，先有技术人员按主风向布线，纵横行距一般 30～50cm。可随手把草秸秆抓成把，用锹铲开垄道，密集插入沙中，草秸秆上露 5～10cm，下埋 10～20cm。每米用量 0.5～1kg。为增强防治效果，草沙障网格内都要栽 1～3 株粗细均匀的 2～3 年生的活沙柳（梢和根部截去），高 40～50cm，埋入地下 35～40cm。若用干沙柳每米用量 1～1.5kg 即可。因为当地劳动力短缺，已经很少采用这种沙障。

4. 沙柳沙障和草绳沙障对比

试验结果表明，草绳沙障具有以下特点：一是造价低，设置 0.067hm²（1 亩）规格为 1.5m×1.5m 的沙柳网格沙障，造价 1250 元；而布设相同面积、同样规格的草绳网格沙障，造价 850 元。二是施工不受季节限制，设置沙柳沙障只有在植物休眠期即未发芽时才可施工，否则，砍伐沙柳时，影响沙柳的成活；而布设草绳沙障一年四季均可实施，不受季节限制。三是布设草绳沙障工序简单、操作安全；而设置沙柳沙障，需经割灌机平茬、绑缚成捆、机械运输、人工装卸等环节，工序较多、费时费力。四是设置草绳沙障更符合环保要求，草绳沙障与铁路项目塑料网格沙障相比较没有污染，而且草绳腐烂后混入沙土，增加腐殖质，又给植物生长提供了营养物质。五是草绳沙障在背风面堆积下沙子较厚，积沙层厚度 2～5cm，有利于羊柴萌蘖生长。

小贴士：黄河小知识

黄河流域。 黄河全长 5464km，经青海、四川、甘肃、宁夏、内蒙古、山西、陕西、河南、山东等 9 个省（自治区），在山东垦利县注入渤海。流域面积 75.2 万 km²。流域面积大于 1000km² 的一级支流有 76 条，其中上游至河口镇干流段汇入的有 43 条。

黄河上游。 黄河在内蒙古自治区托克托县河口镇以上河段称为上游。该河段长 3472km，落差 3464m，有龙羊峡、刘家峡、黑山峡和青铜峡等峡谷，水力蕴藏量丰富。上游流域面积 38.6 万 km²，主要支流有白河、黑河、大夏河、洮河、湟水、祖历河、清水河及大黑河等。上游水量占全河水量的 53% 左右，沙量只占 9%，水多沙少，河水较清，是黄河水量主要来源区。

黄河中游。 黄河从河口镇至河南省郑州市桃花峪为中游河段，长 1206km，落差 880m。河口镇至龙门、潼关至孟津两峡谷段，有许多优良的坝址可供开发，已建成三门峡水利枢纽、天桥水电站和小浪底水利枢纽等工程。区间流域面积 34.4 万 km²，主要支流有窟野河、无定河、汾河、北洛河、渭河、洛河及沁河。河口镇至潼关间来水量占全河的 37%，而来沙量却占 89%，是黄河的主要产沙区。

黄河下游。 黄河桃花峪以下为下游，该段河长 786km，河底坡度比较平缓，落差只有 95m；河道上宽下窄，最宽处 20km，最窄处仅 400 余米；由于泥沙淤积，河道宽浅，河势多变；河床逐年抬高，依靠堤防束水行洪，形成滩面高于两岸地面 3～5m，部分堤段成为高达 10m 的地上河，为世界著名的"悬河"。黄河下游流域面积 2.2 万 km²，主要支流有金堤河和大汶河。

未设置沙障前羊柴苗风蚀深度达16.5cm

用沙柳卡子固定沙柳

沙障形式：沙柳立式方格工程沙障

沙障形式：沙柳立式菱形网格式沙障

沙障形式：沙柳平铺式网格沙障

沙障形式：沙柳平铺式平行沙障

风沙区防治措施配置——沙柳沙障设置技术

订购草绳及拧草绳专用工具

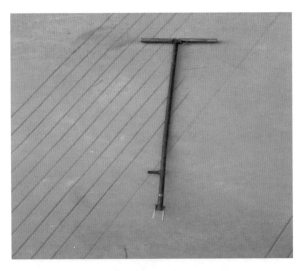

羊柴植苗种植专用工具

沙障形式：草绳菱形沙障

沙障形式：草绳平行沙障

平缓流动沙丘：草绳平行沙障

高大流动沙丘：草绳平铺菱形沙障。
迎风面布设，沙障纵横行距1m

风沙区防治措施配置——草绳沙障设置技术

沙障形式：沙蒿网格沙障

沙障形式：草方格沙障

沙障形式：沙柳立式活沙障

沙障形式：沙柳立式活沙障

沙障形式：平缓沙丘编织带网格沙障

沙障形式：高大沙丘塑料网格沙障

风沙区防治措施配置——各种沙障设置技术

高大独立沙丘：平铺式沙柳沙障网格　　　　　　不同部位沙丘：配置不同草绳沙障

连绵低矮沙丘：平铺式草绳沙障网格　　　　　　半固定沙丘：平铺式草绳条状沙障

高大连续沙丘：沙柳平铺方形沙障，布设在其中　　　低矮流动沙丘：沙柳直立菱形沙障，纵横
上部，纵横行距1m，顶部靠风力削平　　　　　　　行距1m，株距密植

风沙区防治措施配置——不同沙丘沙障设置技术

5.3.1.2　沙障内种植林草技术

实施沙区沙障只是防沙治沙的一种临时性防护措施，还需要在沙障内种植各种沙生植物，达到固沙改沙恢复植被的长期作用。常用的植物主要有羊柴、柠条、紫穗槐、花棒等，它们既是优良的固沙植物，又是优质牧草。

1. 种植部位

羊柴、柠条、紫穗槐等灌木应种植在草绳背风向距草绳 10～15cm 处，该位置属于流沙堆积地段，不易风蚀，草绳的保护作用效果好。栽植时，一人往地上放 2 株苗，另一人使用专用工具，放在苗木根部底端向上 3～5cm 处，然后用力插入沙中，深度为地径以上 3～5cm 合适，切不可图快、省事，把苗木直接插入沙中，出现窝根现象，影响苗木成活。

2. 灌木栽植技术

（1）羊柴。

1）立地条件：沙地。

2）苗木规格：地径大于 0.3cm。

3）苗木处理：蘸泥浆栽植，反季节栽植可用冷藏苗。

4）造林配置：3m×2m。

5）栽植方法：深度地径以上 3～5cm，踩实，使用专用工具种植。

（2）柠条。

1）立地条件：沙地。

2）苗木规格：地径大于 0.3cm。

3）苗木处理：蘸泥浆栽植，反季节栽植可用冷藏苗。

4）造林配置：3m×2m。

5）栽植方法：种植深度地径以上 1～3cm，踩实，用铁锹种植。

（3）紫穗槐。

1）立地条件：沙地。

2）苗木规格：地径大于 0.4cm。

3）苗木处理：截梢 1/3，蘸泥浆栽植，反季节栽植可用冷藏苗。

4）造林配置：3m×2m。

5）栽植方法：种植深度地径以上 3～5cm，踩实，用铁锹种植。

网格状草绳沙障内羊柴栽植

网格状草绳沙障内羊柴第一年生长效果

网格状草绳沙障内羊柴第二年生长效果

网格状草绳沙障内羊柴第三年生长效果

沙障内种植灌草防护林

沙障内种植灌草防护林

风沙区防治措施配置——沙障内栽植羊柴等优良牧草

5.3.2　固定沙丘治理措施配置

固定沙丘按实际情况采取不同的防治措施：

（1）原生植被、人工植被保存完好，主要措施是采取封沙育林育草生态自然修复措施，可作为轮封轮牧的草牧场，按不同的承包户划分为若干个放牧草场，用网围栏保护。实行轮牧休牧制度。

（2）如果固定沙丘植被以蒿类植物为主，为改良草牧场质量，应采取人工辅助治理措施，增加人工植被。如沙丘起伏高度小于 5m 时，在必要的情况下，先用机械带状整地，带距 20～30m，带宽 1m，带状种植优质灌草（柠条），或者种植羊柴苗条，逐步取代天然蒿类植被。

（3）如果固定沙丘面积不大，可在雨季组织农牧民撒播柠条、羊柴、沙打旺等混合种子。

5.3.3　丘间滩地治理措施配置

丘间滩地的地下水位较高，多为碱性寸草滩。一般采取迎风坡密植灌木林，坡脚种植高秆旱柳防护林，中间带状种植紫穗槐、沙棘、沙柳混交林带等，控制沙丘向滩地移动。

5.3.3.1　高秆旱柳栽植技术

高秆旱柳应按照"三适时、三选秆、三注意"的技术要点栽植。

（1）三适时。即适时备秆（当地称为栽子）。大约春分后 10 天内砍伐高秆栽子，栽子长 2.5～3m，小头直径大于 4cm；适时浸水，将高秆根部 15～20cm 浸泡水中 15～20 天；如果是清明后砍下的高秆，应将柳秆全部浸入水中 2～3 天，适时栽植。清明至谷雨之间栽植最好，株行距为 6m×6m。

（2）三选秆。选适龄母树砍取树栽子，老枯母树上枝干不宜选择树栽子。选 3～5 年生有粗皮出现的枝干作栽子，适宜在流沙里栽植；无粗皮的树栽子可用在河、渠两边栽植。选择适当的部位栽植。在流沙里选择 1/2 以下部位，在沙滩交界处或沙滩上种植为宜。

（3）三注意。即注意树栽子的长短，一般要求 2.5～3m，树栽子太短，易被沙埋没。注意栽植质量，栽植深度必须在 1m 以上，易被风蚀的地方栽的更深一些。挖坑时先铲出干沙，然后再深挖，以防干沙留到坑内；埋沙时，分层捣实，或者把栽子放入坑内后，用铁锹把干沙倒入坑内，一边埋沙一边摇栽子，沙子填满直至栽子摇不动为止；注意保护树栽子。种植前防止风吹日晒，最好将栽子放在水中浸泡，随栽随取，一时栽不完的就用湿沙埋起来，并且注意不要碰伤树皮。

栽植高秆旱柳的树坑，可用螺旋式机械挖坑机挖坑，比人工省时省力。

5.3.3.2　迎风坡密植灌木林

为更好地防治迎风坡的流沙，可在迎风坡面先设置沙障，然后在坡脚上面的 1/3～1/4 处，密植灌木苗条，株行距为 10cm×30cm。

5.3.3.3　灌木混交林带

碱性较重的滩地，适宜种植沙棘林带；碱性较轻的滩地，适宜种植紫穗槐；覆盖沙土的滩地，适宜种植沙柳。也可几种灌木带状混交种植。

小贴士：一亩树林的作用

一亩树林每天可吸收 67kg 二氧化碳，释放 49kg 氧气，每月可吸收二氧化碳 2t，每年可吸收灰尘 22～60t。一亩松柏林，一昼夜分泌出 2kg 杀菌素，可杀死肺结核、伤寒、白喉、痢疾等病菌。一亩阔叶林，一年可蒸发 300 多吨水。一亩防风林，可以保护 100 多亩农田免受风灾。25m² 的草地每天能吸收一个人呼出的二氧化碳，制造出一个人一天需要的氧气。一亩草坪每天蒸发出 4200kg 水分，增加空气湿度（相对）5%～9%。草坪上空的含尘量比无绿化的街道少 50%～60%，灰尘少，细菌就更少。

盐碱滩地　栽植高秆旱柳　　　　　　　　　　　　　　　　　沙化滩地　种植紫穗槐

围封禁牧　补植林草　　　　　　　　　　　　　　　　　轮封轮牧　自然修复

沙丘坡脚　种植阻沙防护林（一）　　　　　　　　　　　沙丘坡脚　种植阻沙防护林（二）

风沙区防治措施配置——丘间滩地治理技术

5.3.4 造林新技术的应用

5.3.4.1 冷藏苗反季节造林技术

传统的植树造林时间一般以春季为宜。为应对严重春旱，在土壤墒情差、干沙层深度超过15cm、近期又无雨时，勉强造林成活率很低。为此，将苗木在冷库暂时冷藏保存起来，等待雨季多雨时，抓住时机组织造林，会取得极大成功。称之为冷藏苗反季节造林技术。

1. 苗木冷藏

（1）由于春天气温增高，树液流动，开始抽芽生长。但是，因为春旱，种植地块墒情极差，采取让树苗在冷藏环境内延迟萌动，延长种植期。

（2）冷藏苗可等墒种植，减少坐水、浇水、覆膜等措施的费用。

（3）冷藏苗可推后种植，不与农业争劳力，可减少种植费用。

2. 适宜范围

冷藏苗反季节造林技术适宜于沙地、梁地、滩地。

3. 冷藏设备

贮苗窖、冷库、简易低温深坑。

4. 适宜树种

羊柴、花棒、柠条、沙棘、紫穗槐等一年生实生苗；旱柳、杨树、榆树等带根苗；沙柳、乌柳、柽柳等插穗苗。

5. 贮藏方法

（1）集中贮藏。首先要解捆，一排苗子一排湿沙，苗木均匀地立着，湿沙埋在根系和根茎以上3～10cm，覆沙量视苗子大小而定，大苗多埋沙，小苗少埋沙，一定要露头。插穗平铺或立着都行，全部用湿沙埋着，但不宜过厚，立码3层。用窖底地面灌水和抽气口控制温湿度。

（2）分散贮藏。在种植地阴坡处挖深1m以上的深坑，把苗木埋在深层，苗木以上至少有1m厚的沙子，这种沙子不能过湿，也不能过干，手捏住沙子刚散为宜。这种贮藏方法简单易行，但时间不能过长。

（3）苗木保质。冷窖藏苗要经常检查，严防苗木发热、发霉。

5.3.4.2 苗木蘸泥浆技术

在苗圃地内挖一小坑，根据出苗量的多少，施放苗圃母土，然后加水，搅拌成黏糊状即可。苗木放在泥浆坑内来回往复蘸根，使每株苗木根部都粘上泥浆为准，然后把打好泥浆的小苗根部装入塑料袋内，扎紧即可。造林时，将塑料袋直接带到施工地点，种植一颗拿出一颗，随种随取。

5.3.4.3 顶凌造林技术

开春时节，一般气温早晚低、中午高。地面覆盖的积雪开始融化，土壤刚解冻时，沙土层的含水率较高。凌晨时常常在表土结有一层薄薄的冰凌，科技人员利用此时沙土水分充足的条件，发明了顶凌造林技术，造林成活率高达85%。

5.3.4.4 抗旱造林技术

为提高造林成活率，引进和推广了抗旱保水剂、ABT生根粉等药物，使造林成活率大幅提高。

5.3.4.5 栽植新技术

1. 采用大坑深栽技术

风沙区遇到干旱水土流失更为严重，因为沙漠土、沙壤土表层蒸发快、深层下渗快，栽植树木不易成活。在库布其沙漠治理中，科技人员采用大坑深栽技术，较好地解决了问题。所谓大坑深栽，就是树坑比一般标准的树坑要更大更深，可以灌更多的水，可以吸取深层沙土的水分。

2.螺旋式打孔植树技术

该技术适用在沙丘滩地以及打孔能够成形的地块，所用打孔机有人工手持式螺旋打孔机和拖拉机携带的螺旋式打孔机两种。打孔深度根据地下水位确定，地下水位较低时，孔的深度适当加大；地下水位较高时，孔的深度适当减小。使用该技术栽植的树木试验成活率达 65% 以上。

3.水冲沙柳栽植技术

水冲沙柳栽植技术是由内蒙古亿利资源集团绿化公司在 2009 年发明的。最早在库布其沙漠种植水冲沙柳 0.4 万 hm^2，验收成活率达 90% 以上。证明该技术适合在流动沙丘、半流动半固定沙丘种植沙柳等灌木苗条。其原理非常简单，就是在沙柳栽植地块，把水枪与水源连接，用水枪对准栽植位置发射急速水柱，冲成 30～60cm 深的水洞，随即将沙柳苗快速插入，表层踩实，浇水、回填一次完成。2011 年，这项新的造林技术在杭锦旗开始大面积推广应用，亿利集团、嘉烨生态等多家公司使用该技术先后种植水冲沙柳 3.15 万 hm^2，沙柳成活率较一般造林技术提高了近一倍。

沙区水枪冲孔种植灌木技术

沙区手持机械打孔机种植灌木技术

高秆旱柳造林前充分吸水保湿

大苗常绿乔木造林前应带土包移植

沙区人力打孔专用工具种植沙柳

拖拉机牵引机械打孔机种植乔木技术

风沙区防治措施配置——造林种草实用技术

库布其沙漠综合治理效果图（一）

库布其沙漠综合治理效果图（二）

毛乌素沙地综合治理效果图（一）

毛乌素沙地综合治理效果图（二）

两大沙漠治理效果图

5.4 波状高原区防治措施配置

5.4.1 灌草带状结合治理措施配置

建设"窄林带、宽草带，灌草结合，两行一带"的人工草牧场，一般选择的灌木有柠条、羊柴、沙柳等，牧草有沙打旺、紫花苜蓿、草木樨、披碱草等。灌木作为生态屏障，牧草在带间生长，灌草分层，高低相间。牧草最好选用多年生植物。补植补播时间，一般在早春顶凌种植和利用雨季播种，用沙柳做灌木带的通常在春季造林期进行。

在极干旱地区，也可采用沙枣灌木化栽培技术培植灌木带，带间种植牧草。一般为打草和放牧利用，即夏季封育保护，秋季打草，冬春放牧利用。

1. 立地条件

该防治措施配置的立地条件如下：

（1）覆沙厚且形成沙丘的退化草地，一般是先栽植羊柴带、沙柳带。每带种植 2～4 行，行距 0.5～1.0m，带宽 1.5～3.0m，带间距 8～12m。

（2）地势平坦开阔的沙梁地、丘间地，一般栽植柠条带。

2. 配置方式

（1）在已退化草地上种植与主风向垂直的灌木带，每带种植 2～4 行，行距 0.5～1.0m，带宽 1.5～3.0m，带间距 8～12m。

（2）在波状坡地沿等高线种植灌木带，一般带间距 4～8m，坡度越大，带距越小。

（3）当种植的灌木带生长形成一定的灌丛并发挥生态效益时，在其带间耕翻种植或直接补种（地表比较疏松地段）优良牧草，实行带间种草。

5.4.2 补播补种治理措施配置

建设"补播补种，生态修复与人工治理结合"的半人工草地，一般选用适应性强、饲用价值高的柠条灌木（常见的有中间锦鸡儿、小叶锦鸡儿、柠条锦鸡儿）进行补种改良。

1. 补播改良的作用

对退化沙化草地实施补播改良，其作用如下：

有效地增加和扩大植被覆盖度，促进草地生态快速恢复；有效地提高草地生产力，促进畜牧业稳定优质高效的发展；有效地防风固沙，保持水土，改善草地生态环境；有效地提高补播草地的稳定性、抗逆性、丰产性和适应性，可使生态、经济、社会三大效益得到进一步提高。

2. 补播方式

在退化沙化较轻的区域，柠条带间不补种牧草，靠带间天然植被的恢复提高产草量。种植主副交织的网状型灌木林带，主网带与主风向垂直，带宽一般 2～4m，带间距 3～8m。对于坡度较大的丘陵坡地，要沿等高线种植柠条带，带距一般 2～5m，以防止水土流失。

当柠条生长形成株丛发挥生态效益时，即可实现以带促草。柠条作为屏障，促进带间原生牧草恢复生长，形成以灌护草、以灌育草的半人工草地。该人工草地一般作为放牧利用，夏秋季采食牧草，冬春季采食柠条，既是护牧林，又是放牧林。

单纯采用饲用灌木柠条进行多行密植形成片状或网状，株行间不补种牧草。这种方式主要选择在年降水量 250mm 以下，且直播牧草不易成活的沙化退化草地、严重风蚀的风沙地和山地丘陵沟坡地，以及地形复杂的沟边、路旁、堤坝等荒废地段。

一般采取片状密植办法，行距 0.5～1.0m，株距 0.3～0.5m。由于株行距小，株丛矮小分枝多，可促进柠条向适宜放牧的牧草型转化，作为放牧地利用。补种柠条一般选择在 7～8 月雨季进行。

3. 补播灌草的选择

对于干旱硬梁草地，选择抗旱能力强、根深、再生性好的品种，如柠条、草木樨状黄芪；对于干旱沙梁草地，选择柠条、草木樨状黄芪、沙竹、羊柴、沙柳等；对于丘陵沟壑草地，选择柠条、沙棘、沙柳、沙打旺、紫花苜蓿、白花草木樨、黄花草木樨等；对于固定、半固定沙地草地，选择羊柴、柠条、沙柳、花棒、沙竹、沙打旺等；对于滩地草地，如水分条件好、土壤肥沃、不起沙的退化滩地，选择白花草木樨、黄花草木樨、沙打旺、羊柴、披碱草、紫穗槐、沙棘等。

如是轻度退化的盐碱化滩地，选择芨芨草、碱草、马兰、紫穗槐、多枝柽柳等；如果是耕翻过的撂荒的沙化滩地，选择紫花苜蓿、白花草木樨、黄花草木樨、沙棘、沙柳等；如果是水分条件较好、表层轻度覆沙的滩地，选择白花草木樨、黄花草木樨、沙打旺、羊草、披碱草、无芒雀麦、沙棘、沙柳、紫花苜蓿等。

4. 牧草播种方式

目前，牧草播种主要有人工点播、畜力耧条播、人工播种机机播和机械条播四种方式，根据播种地地形情况、面积大小和生产力水平选用。

5. 牧草播种时间

一般在 3～4 月早春顶凌播种。如遇春旱，可选择在 7—8 月降雨时机多的雨季播种。如春夏连旱，也可在 11 月上旬封冻前寄籽播种。

6. 牧草播种量和深度

对于豆科牧草，每亩播种量为 0.5～1.0kg，播深 1～3cm；对于禾本科牧草，每亩播种量为 1.0～1.5kg，播深 2～3cm。牧草播种后，必须禁牧 3 年。

小贴士

禁牧休牧，舍饲养畜；
以林促牧，沙退畜增；
种树种草基本田，保水保土绿荒原。

杭锦旗柠条防护林

杭锦旗松树防护林

鄂托克旗旱柳防护林

鄂托克旗柠条防护林（一）

鄂托克前旗沙柳防护林

鄂托克旗柠条防护林（二）

波状高原区防治措施配置——乔灌混交防护林

鄂托克旗柠条林网田

杭锦旗四十里梁柠条林网田

鄂托克旗柠条采籽基地

鄂托克前旗柠条采籽基地

鄂托克前旗柠条林网田（一）

鄂托克前旗柠条林网田（二）

波状高原区防治措施配置——柠条林网田

灌草混交治理（一）

羊柴植苗造林

灌草混交治理（二）

灌草混交治理（三）

杭锦旗人工种草

鄂托克旗人工种草

波状高原区防治措施配置——灌草混种

鄂托克旗机械栽植柠条苗

杭锦旗畜力耧播柠条籽

杭锦旗趁降雨前撒播草籽

鄂托克旗机播羊柴

杭锦旗补播柠条（一）

杭锦旗补播柠条（二）

波状高原区防治措施配置——补种补播

第6章
水土保持典型技术及成果

6.1 工程建设技术

6.1.1 连环库坝工程

6.1.1.1 兴建连环库坝工程的目的及作用

鄂尔多斯市在长期的农业生产和治山治水的实践中积累了丰富经验。连环坝就是其中沟壑治理的创造性技术，为坝系工程建设提供了范式。连环坝是指在一条沟道里打多条坝，一般修建顺序是小沟道从沟口向沟掌布设，而大沟道则是由沟掌向沟口布设，淤满一座，再建一座，形成上蓄下拦（上坝蓄水，下坝淤地）或下蓄上拦（上坝拦洪，下坝蓄水）的沟道治理模式，这样节节拦蓄，既安全又淤出大量良田，同时为退耕还林还草创造了条件。"农田下川，林牧上山"成为水土保持治理的典型模式，这一经验在黄河流域特别是其中游地区全面推广，得到了水利部、黄河水利委员会、黄河上中游管理局的充分肯定，1979 年获得国家科技进步奖。

在小流域综合治理中，随着沟道库坝群出现，库坝的名称随其主要作用的不同而不同。如承担淤地发展生产作用的称为淤地坝，蓄水灌溉的称为小水库、小塘坝，治理小沟小岔的称为谷坊坝；一定时期内主要承担缓洪削峰任务的称为缓洪坝，在宽浅沟道修建的工程称为治河造地、引洪淤地坝；坝下建蓄水池塘的称为一坝一塘或一坝多塘工程。把上述各种库坝工程合理布局、综合利用的则称为水土保持连环库坝工程，其作用是保护下游小的或成群的淤地坝和沟坝地，减轻下游危害，缓洪拦泥淤地，稳定河床，防治沟壑侵蚀。

6.1.1.2 兴建坝库连环工程的原则与要求

1. 突出重点，保障安全

兴建连环库坝工程必须有控制性骨干工程为安全保障。重点应建在侵蚀模数大于 5000t/(km²·a) 的多沙粗沙区。单坝的控制面积一般在 3～5km²，库容一般在 50 万～100 万 m³。个别条件好的单坝控制面积可扩大到 5～10km²，库容 100 万～200 万 m³。

2. 全面规划，统筹安排

兴建连环库坝工程必须从坡面到沟道，从沟掌到沟口，因地制宜、因害设防，合理布设各项治理措施，集植物措施、工程措施及水土保持耕作措施于一体，自上而下逐步形成植物措施、工程措施相结合的群体防护体系，要上中下游、干支毛沟全面规划，沟头防护、谷坊坝、淤地坝、骨干坝、塘坝、引洪漫地、治河造地等工程统筹安排，达到层层控制，节节拦蓄，坝系成群，主副结合；也应与防洪、拦泥、生产、灌溉相结合，达到水沙资源合理利用，坝系工程安全运行，形成完整的沟道工程防护体系。

3. 沟坡兼治，控制得当

兴建连环库坝工程，应做到工程控制面积与坡面治理相结合。库坝工程建设一般控制流域面积以 3～5km² 为宜。坡面治理度达到 40％以上，有利于建立小流域完整的水土保持防护体系，取得良好的增产、拦泥、减沙效益。实践证明，凡是坡面治理差的，洪水泥沙威胁大，垮坝概率就大；反之，坝系水毁较轻或安全无损。

1986 年开始修建的水土保持治沟骨干工程，就是在上述工程布局思路下实施的，多年运行实践证明，是完全符合科学规律的，无论是拦蓄泥沙，还是发展坝地生产，都取得了显著的经济效益、生态效益和社会效益。

6.1.1.3　库坝布设与建坝顺序

1. 库坝布设

在较大的小流域内可根据沟道级别、工程作用布设坝系工程，分期兴建，逐步形成梯级开发，充分利用水沙资源。连环坝系防洪、淤地以骨干控制、大小结合、库容制胜、合理布设和联合运用为原则。坝系联合运用是保证淤地坝防洪、拦泥、发展生产的良好的运用形式。通过对比选择防洪能力大、拦泥多、淤地快、见效早、效益大、投资少的优化坝系布设方案。

2. 建坝顺序

建坝顺序是和小流域面积、单坝控制面积、淤积年限、库容规模、工程型式等因素有关，分为以下三种形式：

（1）"自上而下"，即先支毛沟后干沟。这种形式符合先易后难的原则，比较安全，适合以户或联户承包修建。

（2）"自下而上"，即先干沟后支毛沟。小流域中的骨干坝，为了最大限度地利用水沙资源，对人力较充足的小流域，以"自下而上"为优。因建坝初期可拦蓄小流域的全部径流，拦截泥沙效果显著，淤地快，早投产，淤成下坝建上坝，上坝拦洪，下坝生产，既安全又能蓄水灌溉增产。

（3）以干沟分段，按支毛沟划片，段片分治，小集中大联片。按照坝系工程进行总体规划，分期建设。

6.1.2　水坠砂坝试验工程

6.1.2.1　建设背景

水坠法筑坝是黄土高原地区群众在水土保持治理实践中总结出的一种筑坝施工方式。水坠坝就是巧妙利用水力冲刷泥土形成泥浆，引入预设的坝体围堤内，然后经过淤澄变成坝体的一种筑坝技术。1974 年，伊克昭盟从山西、陕西两省引进了水坠坝和水枪冲土打坝技术，又结合当地实际对施工工艺进行了改进。实践证明，水坠黏性坝与碾压坝比较，工效提高 3～6 倍，投资不到碾压坝的 40％。1974 年之前打一座坝，需要动员几百人，完全靠手推、肩挑、车拉。采用水坠坝技术打一座坝，有一台柴油机、一台水枪、十几个人一个月就完成了，而且工程质量高。

为进一步总结经验，研究水坠砂坝的施工技术及坝体固结变化规律，根据黄河流域水坠坝科研协调组的建议，原伊克昭盟水利科学研究所和原内蒙古农牧学院农田水利工程系，合作开展了水坠砂坝试验项目，经原水电部批准在准格尔旗纳林沟进行水坠砂坝试验。该项目于 1981 年勘测设计，1982—1983 年施工，同时进行观测，1986 年结束，经鉴定获得内蒙古自治区科技进步二等奖。

6.1.2.2　试验工程概况

试验工程位于准格尔旗纳林川中游东岸纳林沟第五坝坝址处。纳林沟小流域面积 18.1km²，为季节性河沟，属砂质丘陵地貌区，水土流失较严重。坝址左岸是砒砂岩，右岸是砂土。砒砂岩经试验其抗压强度为 80.5kg/cm²，容易风化，遇水易分解，其生成物经试验鉴定为不良级配砂 SP。坝址右岸是砂土，土层深厚且分布范围很广，经取样试验，为极细砂 MLS，是水坠砂坝之料场。坝址河床覆盖层试验为微含粉质土砂 S-M，覆盖层最深为 9.23m，以下为砒砂岩。准格尔旗纳林沟水坠砂坝工程平面布置如图 6.1 所示。

水坠砂坝为无防渗设施的均质砂坝，最大坝高 25.77m，坝顶宽 7.6m，坝底最大宽度 173.2m，坝顶长 171.0m，冲填土方 22.64 万 m³。坝体排水设施采用暗管排水。在离下游坝趾 10m 和 18m 平行于坝轴线的河床上，设两排滤水管（预制无砂多孔混凝土管），在与滤水管垂直方向设三排排水管（预制混凝土管），排水管间距 20m。护坡采取工程措施与生物措施相结合的方式。在上游一级边坡、下游两级边坡上共设五道植树沟（台阶），沟宽 1.2m，沟长度方向平行于坝轴。在坝的左端坝坡与岸坡交界处设坡脚排水沟，用来排泄流入树沟内的水和岸坡径流。生物措施是在坝顶和上下游边坡上种柠条、乌柳、沙柳和杨树。

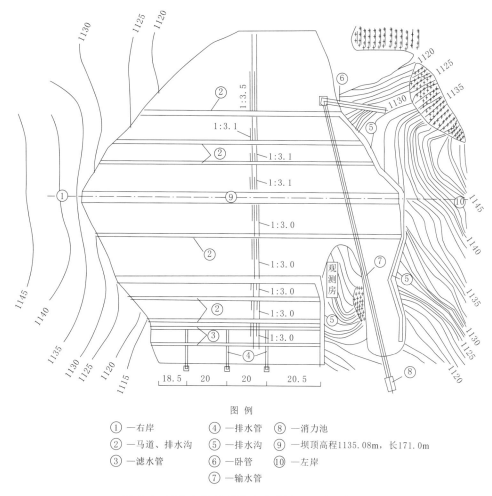

图 例

① —右岸　　　④ —排水管　　⑧ —消力池
② —马道、排水沟　⑤ —排水沟　　⑨ —坝顶高程1135.08m，长171.0m
③ —滤水管　　⑥ —卧管　　⑩ —左岸
⑦ —输水管

图 6.1　准格尔旗纳林沟水坠砂坝工程平面布置图

观测试验项目有：孔隙水压力观测，土压力观测，测压管水位、库水位及排水量观测，固结管观测，容重、含水量现测，坝体变形观测等。在施工期还进行了冲填泥浆浓度、冲填方式、冲填速度以及边埂尺寸和稳定性等项目的观测。

6.1.2.3　施工特点

水坠砂坝的施工技术与方法与水坠黏性土坝基本相同。水坠砂坝的特点表现在以下几个方面。

1. 泥浆浓度

根据现场多次不同泥浆浓度试验，确定适宜的泥浆浓度土水比为 1.24～1.84，相应含水量为 60.5%～42.0%。

2. 造泥与输泥过程

水坠砂坝因砂土较松散，很容易被水冲动，故不需用人力或其他措施松土。另外，在冲填池之前都是造泥沟，造泥沟为窄深式沟，比降为 1:9～1:11，比黏性土陡，并大于地面坡度。泥浆通过造泥沟流入冲填池，由于比降骤然减小，加之冲填池宽而长（长 80～170m），当泥浆较稠时在冲填池内不能自流，则需在冲填池面挖渠输泥，并用人工以木杆拍打泥浆疏通，让泥浆流至预定部位，输泥渠并不是在冲填池前，而是在冲填池中。

3. 砂坝的冲填方式

冲填方式为大面积的连续冲填。先在料场开挖两条造泥沟，分别冲填靠近上下游边埂区域。然后在中部开挖一条造泥沟继续冲填。冲填土经过 3h 后，可取土用拍埂法筑成其上一层之上游边埂和下游边埂。此法的优点是连续冲填，还不影响修筑边埂，取消中埂，可以省工省时，从而提高冲填速度。根据实测，最大冲填速度达 0.7m/日，连续冲填 10h 以上的情况很多，最长时间达 17h。

4. 边埂施工

边埂须采用碾压法施工，边埂宽须经稳定计算确定。而砂性冲填土经沉淀析水后，渗透固结速度快，可用铁锹挖取初步固结的淤泥拍成边埂。取淤泥时离边埂内缘 0.5m 即可。其断面一般高 60～80cm，顶部宽 30～40cm，底宽 70～90cm。边埂土方量仅占坝体的 0.86%，少于水坠黏性土坝边埂土方量。施工平面布置如图 6.2 所示，筑埂及冲填分区横断面如图 6.3 所示。

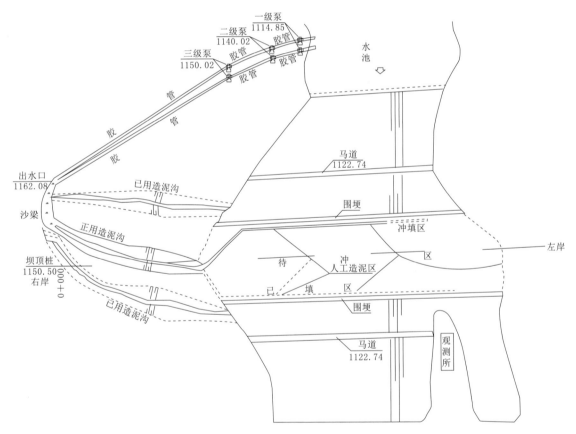

图 6.2 准格尔旗纳林沟水坠砂坝施工平面布置图

6.1.2.4 试验结论

水坠砂坝脱水固结速度相当快。冲填停止后 6h 内，消散孔压增量为 80%。完工后 10 日内，消散最大孔压为 64%～90%。1～8 个月，不同部位的孔压就先后消散为 0。8 个月后全坝已完全脱水

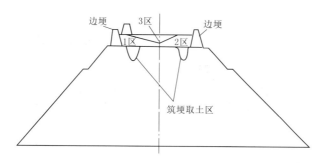

图 6.3 准格尔旗纳林沟水坠砂坝筑埂及冲填分区横断面图

固结，处于稳定状态。

水坠砂坝在施工冲填阶段不存在流态区，能较高速度连续冲填，施工期坝体稳定性良好。但运用期高水位是可能的不利情况。

水坠砂坝冲填池前均为造泥沟，而输泥渠在冲填池面上。采用不设中埂大面积连续冲填方式是完全可行的。

与碾压土坝比较，水坠黏性土坝工效高（比碾压坝高 3～6 倍）、投资少（为碾压坝投资的 40% 以下）、施工快（0.3m/日）、质量能保证而且坝体均匀（干容重平均达 1.50～1.60t/m³）。而水坠砂坝比起水坠黏性土坝，工效更高（综合工效为水坠黏性土坝的 5～7 倍）、投资更省（该工程 0.183 元/m³）、施工更快更简便（冲填速度可达 0.7m/日，不用人为松土，边埂不用碾压），施工质量能达到同样标准。

水坠砂坝存在的主要问题有：无防渗设施时渗漏量大，并可能产生渗透变形；无坝体排水设施时浸润线高，对坝体稳定不利；无护坡设施时抗风浪冲击剥蚀能力较差；特别是较均匀粉细砂易产生液化。在有足够数量的适合于冲填用的砂土料，有充足的冲填水源及合适的地形、地质条件，对于 4 级以下水库土坝以及水土保持工程淤地坝，当地震烈度低于Ⅵ度时，水坠砂坝是可以优先选用的。

该试验工程是结合生产需要而修建的，工程的任务是防洪、拦沙、灌溉和开展科研项目。能拦蓄 500 年一遇的洪水而不泄，以保护下游 60hm² 的沟坝地和过坝公路的安全，设计淤积年限 20 年内（1983—2003 年）拦蓄泥沙总量 214 万 m³，灌溉面积 60hm²。工程总造价（包括科研埋设的监测仪器）16 万元。1993 年调查，仅灌溉一项年增产效益 5.4 万元，3 年就可收回工程投资。

注：该工程设计单位为原内蒙古农牧学院农田水利工程系。

水坠砂坝施工现场（一）

水坠砂坝施工现场（二）

准旗纳林沟水坠砂坝坝体

准旗纳林沟水坠砂坝上游

准旗纳林沟水坠砂坝全景

准旗纳林沟水坠砂坝库区淤积

水土保持水坠砂坝的工程试验与建设

6.1.3 淤地坝"拦沙换水"试点工程

鄂尔多斯地区矿产资源丰富,是国家能源重化工基地,但水资源严重短缺。随着经济社会快速发展,水资源供需矛盾日益突出,严重制约了当地经济社会的可持续发展。为缓解水资源短缺矛盾,鄂尔多斯市按照"拦沙换水"新思路,在十大孔兑建设拦沙坝工程,用减少入黄泥沙数量置换一定数量的黄河水量指标,解决鄂尔多斯水资源短缺的问题。因"拦沙换水"试点工程在设计上技术要求更高,考虑问题更加全面,故用一个典型设计案例——达圪图1号中型拦沙坝工程加以说明。

6.1.3.1 工程概况

1. 地理位置

达圪图1号中型拦沙坝工程,位于十大孔兑之一的黑赖沟流域上游左岸支沟内,是鄂尔多斯市"拦沙换水"试点工程之一,隶属达拉特旗恩格贝镇茶窑沟村,坝址处地理坐标为北纬40°9′59″、东经109°19′47″。

2. 工程规模

该工程控制流域面积2.73km²,坝肩基岩以砂岩为主,表层覆盖第四纪风积沙、冲积砂砾石。

按照水利部《关于进一步加强淤地坝等水土保持拦挡工程建设管理和安全运行的若干意见》(水保〔2010〕455号)要求,该工程应提高标准建设,参照《水土保持工程设计规范》(GB 51018—2014)大(1)型淤地坝标准进行设计,建设标准为30年一遇洪水设计,300年一遇洪水校核,设计淤积年限30年。工程等别为Ⅰ等,主要建筑物为1级建筑物,次要建筑物为3级建筑物,临时建筑物为4级建筑物。

设计最大坝高14m,总库容70.72万m³,其中:拦沙库容42.52万m³,滞洪库容28.20万m³。工程建成后可拦截泥沙57.40万t,淤地11.41hm²,工程总投资252.51万元。

根据《中国地震动参数区划图》(GB 18306—2015),一般场地条件下地震动峰值加速度为0.2g,相应的地震基本烈度为Ⅷ度,地震动反应谱特征周期为0.4s。

3. 工程总体布置

该工程坝型为碾压式均质土坝,由坝体、放水工程和溢洪道"三大件"组成。

达圪图1号中型拦沙坝工程特性见表6.1。

6.1.3.2 工程设计

6.1.3.2.1 库容计算

工程总库容由淤积库容和滞洪库容两部分组成,淤积库容及淤地面积通过坝高-库容-淤地面积曲线进行确定,滞洪库容经调洪演算后确定。

1. 坝高-库容-淤地面积曲线的绘制

采用坝库面积分层法,在1:10000地形图上量算绘制坝高-库容-面积关系曲线。

2. 淤积库容计算

淤积库容采用GB 51018—2014中的公式计算:

$$V_1 = F M_0 N / r$$

式中　V_1——拦泥量,万m³;

　　　M_0——侵蚀模数,万t/(km²·a),该工程$M_0=0.70$万t/(km²·a);

　　　F——坝控流域面积,km²,该工程$F=2.73$km²;

　　　r——泥沙容重,t/m³,该工程取1.35t/m³;

　　　N——淤积年限,年,该工程$N=30$年。

经计算,$V_1=2.73×0.70×30/1.35=42.47$(万m³)。

表 6.1　　　　　　　　　　　　　　达圪图 1 号中型拦沙坝工程特性表

		水　系	黑赖沟	涵洞 （管）	型　式	涵管
		建设地点	达拉特旗恩格贝镇茶窑沟村		洞（管）身长度/m	76
地理 坐标		东　经	109°19′47″		断面尺寸（直径）/cm	80
		北　纬	40°9′59″			
		建设性质	新建	涵管 消力池	长度/m	1.00
工程 规模		控制面积/km²	2.73		断面尺寸（宽×高）/(m×m)	0.8×0.5
		总库容/万 m³	70.67	溢洪道	型　式	溢流堰
		拦沙库容/万 m³	42.47		总长度/m	168.79
		洪水重现期（设计/校核）/a	30/300		断面尺寸（宽×高）/(m×m)	4×2.1
		淤积年限/a	30	主要 工程量	土方/万 m³	5.45
中型 拦沙坝		型　式	均质土坝		石方/万 m³	1.94
		施工方式	碾压		混凝土/m³	736.56
		坝高/m	14		合计/万 m³	7.46
		坝顶长/m	240.49		投工/万工时	4.67
		坝顶宽/m	4		总投资/万元	252.51
	坝坡比	上游	1∶2.5		淤地面积/hm²	11.41
		下游	1∶2.0		单位库容投资/(元/m³)	3.57
		坝体方量/万 m³	4.35		单位拦沙投资/(元/m³)	5.94
		投资/万元	85.63		单位工程量投资/(元/m³)	33.83
反滤体		型　式	贴坡		单位淤地投资/(元/hm²)	22.13
		尺寸（高）/m	2.8		单位工程量换库容/(m³/m³)	9.48
放水 设施		型　式	卧　管		单位淤地面积拦沙/(m³/hm²)	3.73
		总高度/m	13.125	主要 材料 用量	商混凝土/m³	821.11
		每台高度/m	0.3		钢材/t	23.53
		断面尺寸（宽×高）/(m×m)	0.8×0.6		木材/m³	2.56
					砂/m³	336.93
		进水口直径/(m×m)	0.25		柴油/t	24.32
消力池		断面尺寸（宽×高）/(m×m)	0.8×0.6	计划 施工	开工时间	2019-03-15
					竣工时间	2019-06-15
		长度/m	3.50		总工期/月	3

3. 滞洪库容计算

该工程不串联相同等级的工程，调洪演算只考虑本工程控制区域内的洪峰流量。工程设计拦泥库容为 42.52 万 m³，由水位-库容曲线查对应的坝高为 10.78m，即起调水位（堰底高程）为 1309.18m。依据 GB 51018—2014，溢洪道调洪演算可按公式法和水量平衡法进行计算。

（1）公式法。溢洪道调洪演算可按下列公式计算：

$$q_p = MBH_0^{1.5}$$

$$q_p = Q_p \left(1 - \frac{V_z}{W_p}\right)$$

式中　Q_p——频率为 p 的洪水时溢洪道最大下泄流量，m³/s；

　　　　q_p——频率为 p 的设计洪峰流量，m³/s；

W_p——频率为 p 的设计洪水总量，万 m^3；

V_z——滞洪库容，即坝地淤泥面与设计洪水位间的库容，万 m^3；

M——溢洪道流量系数，宽顶堰取 1.5；

B——溢洪道底宽，m；

H_0——计入行进流速的水头，m。

该工程中，$Q_{3.33\%}=69.76\mathrm{m}^3/\mathrm{s}$，$W_{3.33\%}=12.30$ 万 m^3，$Q_{0.33\%}=168.59\mathrm{m}^3/\mathrm{s}$，$W_{0.33\%}=31.43$ 万 m^3。根据公式，初步选定溢洪道断面尺寸，进行调洪计算：①由公式 $q_p=Q_p\times\left(1-\dfrac{V_z}{W_p}\right)$ 可计算出最大下泄流量 q_{p1}；②由公式 $q_p=MBH_0^{1.5}$ 可求得溢洪道最大下泄流量 q_{p2}，当 $q_{p1}\approx q_{p2}$ 时，调洪验算结束；③依据调洪计算结果，对假定的溢洪道宽度选择是否合适进行判断，若计入行进流速水头较大，需重新假定溢洪道宽度，重复以上计算步骤①、②。

经公式法调洪演算结果为：溢洪道底宽 4m，在设计洪水条件下，下泄流量为 $5.11\mathrm{m}^3/\mathrm{s}$，滞洪水深 $H_Z=0.90\mathrm{m}$；在校核洪水条件下，下泄流量为 $17.34\mathrm{m}^3/\mathrm{s}$，滞洪水深 $H_Z=2.03\mathrm{m}$，滞洪库容 28.20 万 m^3。

（2）水量平衡法公式为

$$V_1+\frac{1}{2}(Q_1+Q_2)\Delta t=V_2+\frac{1}{2}(q_1+q_2)\Delta t$$

式中 V_1、V_2——时段初、时段末库容，万 $10^4\mathrm{m}^3$；

Q_1、Q_2——时段初、时段末入库流量，万 $10^4\mathrm{m}^3$；

q_1、q_2——时段初、时段末出库流量，$10^4\mathrm{m}^3$；

Δt——时段长度，h。

溢洪道下泄流量按下式进行计算：

$$q_p=MBH_0^{1.5}$$

利用洪水过程线及历时，绘制本坝的来水曲线及溢洪道下泄洪水曲线。在起调水位即淤积高程的基础上，依据水位-库容关系曲线，通过水量平衡法计算公式，列表试算库水位。当库水位达到最高时，对应的下泄流量即为溢洪道最大下泄流量，其水位高程即为设计、校核洪水条件下的滞洪高程。

水量平衡法调洪演算结果为：溢洪道底宽 4m，在设计洪水条件下，下泄流量为 $5.11\mathrm{m}^3/\mathrm{s}$，滞洪水深 $H_Z=0.90\mathrm{m}$；在校核洪水条件下，下泄流量为 $17.33\mathrm{m}^3/\mathrm{s}$，滞洪水深 $H_Z=2.03\mathrm{m}$，滞洪库容 28.21 万 m^3。

4. 滞洪库容确定

由上述计算可知，公式法及水量平衡法调洪演算结果基本一致。因此，结合坝址区工程建设条件，确定溢洪道底宽 4m。在设计洪水条件下，下泄流量为 $5.11\mathrm{m}^3/\mathrm{s}$，滞洪水深 $H_Z=0.90\mathrm{m}$；在校核洪水条件下，下泄流量为 $17.34\mathrm{m}^3/\mathrm{s}$，滞洪水深 $H_Z=2.03\mathrm{m}$，滞洪库容 28.20 万 m^3。

5. 总库容确定

工程总库容由滞洪库容和淤积库容两部分组成，淤积库容即为设计拦泥库容，工程总库容为

$$V_{总}=V_L+V_Z=42.52+28.20=70.72（万\ \mathrm{m}^3）$$

6.1.3.2.2 工程布置及主要建筑物

该工程坝型确定为碾压式均质土坝，由坝体、放水工程和溢洪道"三大件"组成。

1. 坝体

坝体土坝坝轴线垂直沟道布设，坝顶长 240.49m，坝顶宽 4m，最大坝高为 14m。上游坝坡 1：2.5，下游坝坡 1：2.0。坡脚设置贴坡式反滤体。在岸坡布设纵向排水沟，坝坡栽植沙柳沙障 15500m^2。

2．放水工程

放水工程布设在右岸，由卧管、卧管消力池、涵洞、出口消力池、尾水渠组成。卧管采用矩形断面，纵坡比降为 1:2，总高度为 13.13m，分为 38 台阶，每级台阶设 1 个放水孔，按 3 台 3 孔放水设计。卧管消力池采用矩形断面，顶部设盖板。涵管采用钢筋混凝土预应力圆管，内径 0.8m，总长 76m，纵坡为 1:100；涵管消力池采用矩形断面，消力池出口布设土质尾水渠，尾水渠采用梯形断面，边坡比 1:1.5；尾水渠首端采用铅丝石笼衬砌。

3．溢洪道

溢洪道。布设在右岸，由进水渠（引水渠和渐变段）、控制段、泄槽、消力池、出水渠组成，总长 168.79m。进水渠总长 41m，其中进口为喇叭口形式，边坡比 1:1，明渠采用梯形断面，边坡比 1:1，渐变段断面从梯形渐变为矩形，进口断面与明渠相同，出口段面与控制段相同，控制段采用矩形断面，泄槽采用矩形断面，底坡比降 1:7；消力池采用矩形断面，出水渠采用梯形断面，边坡比 1:1.5，渠底纵坡 1:200。渐变段由矩形渐变为梯形断面，进口断面与消力池出口相同，出口段面与出水渠相同。出水渠渠底纵坡 1:200。工程平面布置如图 6.4 所示。

6.1.3.2.3　坝体设计

1．坝高确定

坝高由拦泥坝高、滞洪坝高、安全超高三部分组成。按照《水土保持治沟骨干工程技术规范》（SL 289—2003）的要求，安全超高 ΔH 取 1.19m，由总库容、拦泥库容查水位-库容-面积关系曲线，查得坝高为

$$H = H_L + H_Z + \Delta H = 10.78 + 2.03 + 1.19 = 14 \text{（m）}$$

相应的坝顶高程为 1312.40m。

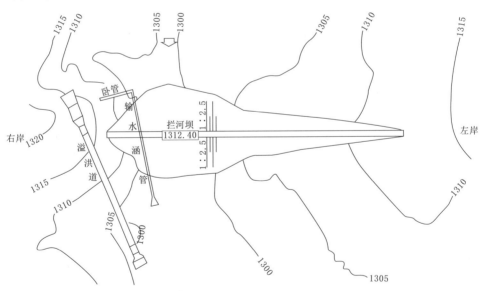

图 6.4　达拉特旗达圪坨 1 号中型拦沙坝工程平面布置图
注：曲线标注的数字为等高线高程，坝顶标注的数字为坝顶高程。

2．坝体断面尺寸确定

（1）坝体断面尺寸设计。该坝为机推碾压法施工的均质土坝，坝高 14m，按照 SL 289—2003 的要求，坝顶宽取 4m，上游坝坡坡比为 1:2.5，下游坝坡坡比均为 1:2.0。经计算，坝体铺底宽为 67m。

（2）清基及削坡设计。在土坝填筑前，应清除坝基范围内的草皮、树根、耕植土和乱石，清基厚度为 0.5m。基础开挖后要求轮廓平顺，避免地形突变，如开挖后发现破碎带，应视具体情况进行处

理。按照规范要求，坝体与岸坡结合应采用斜坡平顺连接，岸坡整修成正坡，土坡不得大于 1：1.5。

（3）结合槽设计。为使坝体与坝基及岸坡的牢固结合，在坝轴线与沟底及岸坡结合处开挖结合槽，结合槽总长 234.0m。其中：坝基结合槽长 102.0m，底宽 2.0m，深 3.5m；岸坡结合槽长 132.0m，底宽 2.0m，深 2.0m，结合槽坡比均为 1：1。

（4）渗流计算。为了解坝体及坝基在稳定渗流期的渗漏量及渗透稳定性情况，进行了稳定渗流期的坝体及坝基平面稳定渗流分析。选取最大断面进行渗流计算。

1）计算参数。筑坝土料和坝基的计算参数根据试验成果确定，上游淤积库容的土料参数与坝体一致，坝体填筑及坝基的渗流计算。

2）计算程序及方法。计算方法是基于三角形单元的有限元法。

3）计算工况。根据《水土保持治沟骨干工程技术规范》（SL 289—2003）及《小型水利水电工程碾压式土石坝设计规范》（SL 189—2013），并结合该工程特点，渗流计算工况如下：

工况一：正常运用条件下，上游水深 6.69m、下游无水（非常运用条件Ⅱ考虑地震时，渗流计算同该工况）。

工况二：正常运用条件下，上游淤积厚度 9.07m，上游水深 10.15m、下游无水（非常运用条件Ⅱ考虑地震时，渗流计算同该工况）。

工况三：非常运用条件Ⅰ，上游水深 9.18m、下游无水。

工况四：非常运用条件Ⅰ，上游淤积厚度 6.45m，上游水深 10.15m、下游无水。

4）计算模型及水力边界。计算模型水平向（X 向）从上游坝脚延伸 160m，下游坝脚延伸 50m，竖向（Z 方向，以高程为坐标）向下截取地勘钻孔深度。

计算模型水力边界类型主要有已知水头边界、出逸边界两种：①已知水头边界包括坝体上下游水位淹没线以下的定水头边界；②下游坝坡地下水位高程以上为出逸边界。

5）渗流计算成果。由计算结果可知：四种计算工况坝体、坝基渗流量均较小；因坝前淤积渗透系数较小，淤积起到良好的铺盖作用，淤积对水头折减效果明显；坝体和坝基各区域水力坡降均未超过允许渗透坡降，坝体、坝基渗透稳定。

6）反滤体设计。根据以上渗流分析计算结果，为了增加下游坝坡的稳定性，同时排泄地基及坝体渗透水流，防止渗透水流将坝身及基础的小颗粒带走，在下游坝坡趾部设置贴坡式反滤体。依据《水土保持工程设计规范》（GB 51018—2014）表 7.3.12（反滤体尺寸），结合坝坡渗流计算结果，确定反滤体高度为 2.8m，反滤体砂层厚 0.25m、砾石层厚 0.25m、块石层厚 0.6m。

7）坝坡稳定计算。

a. 计算方法。依据《水土保持治沟骨干工程技术规范》（SL 289—2003），采用简化毕肖普法对该拦沙坝进行稳定计算。计算公式如下：

$$K = \frac{[1/(1+\tan\alpha\tan\phi'/K)]\sum\{[(W\pm V)\sec\alpha - ub\sec\alpha]\tan\phi' + c'b\sec\alpha\}}{\sum[(W\pm V)\sin\alpha + M_c/R]}$$

式中　K——抗滑稳定安全系数；

　　　W——土条重量，kN；

　　　V——垂直地震惯性力，kN；

　　　μ——作用于土条底面的空隙压力，kPa；

　　　α——条块重力线与通过此条块底面中点的半径之间的夹角；

　　　b——土条宽度，m；

　c'、ϕ'——土条底面的有效应力抗剪强度指标；

　　　M_c——水平地震惯性力对圆心的力矩，kN·m；

　　　R——圆弧半径，m。

计算稳定渗流期坝坡稳定时，假定上游坝体内浸润线与上游水位相同；坝体内浸润线依据渗流计算成果确定。

b. 稳定安全标准。根据《水土保持治沟骨干工程技术规范》（SL 289—2003）及《小型水利水电工程碾压式土石坝设计规范》（SL 189—2013），正常运用条件和非常运用条件Ⅰ、非常运用条件Ⅱ，坝体允许抗滑稳定安全系数应分别采用1.25、1.15、1.10。

c. 计算工况如下：

工况一：正常运用条件下，上游水深6.69m、下游无水。

工况二：正常运用条件下，上游淤积厚度9.07m、上游水深10.15m、下游无水。

工况三：非常运用条件Ⅰ，上游水深9.18m、下游无水。

工况四：非常运用条件Ⅰ，上游淤积厚度6.45m、上游水深10.15m、下游无水。

工况五：非常运用条件Ⅱ，工况一＋地震组合。

工况六：非常运用条件Ⅱ，工况二＋地震组合。

d. 力学参数。依据地勘报告，该工程坝体填土及坝基的力学参数见表6.2。

表6.2　　　　　　　　　　　　坝体填土及坝基的力学参数

材料名称	饱和重度 /(kN/m³)	黏聚力 /kPa	摩擦角 /(°)	材料名称	饱和重度 /(kN/m³)	黏聚力 /kPa	摩擦角 /(°)
筑坝土料	21.11	8.80	25.60	坝基中 zk2-4	20.31	19.60	31.60
坝基中 zk2-1	21.01	0.00	34.00	坝基中 zk2-5	20.31	19.60	31.60
坝基中 zk2-2	20.42	24.10	29.30	坝基中 zk2-6	20.31	19.60	31.60
坝基中 zk2-3	20.42	24.10	29.30	上游淤积土	21.11	8.80	25.60

e. 计算结果。各工况下坝坡稳定计算结果见表6.3，最危险滑面分布如图6.5～图6.12所示。

表6.3　　　　　　　　　　　　坝坡稳定计算结果

运用条件	工况	工况描述	边坡位置	最小安全系数 K	允许安全系数 [K]	是否满足
正常运用条件	工况一	上游水深6.69m、下游无水	上游坝坡	1.794	1.25	满足
			下游坝坡	1.368		满足
	工况二	上游淤积厚度9.07m，上游水深10.15m、下游无水	上游坝坡	2.430		满足
			下游坝坡	1.304		满足
非常运用条件Ⅰ	工况三	上游水深9.18m、下游无水	上游坝坡	1.960	1.15	满足
			下游坝坡	1.339		满足
	工况四	上游淤积厚度6.45m，上游水深10.15m、下游无水	上游坝坡	2.277		满足
			下游坝坡	1.326		满足

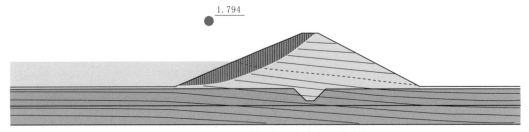

图6.5　工况一上游坝坡最危险滑面分布图

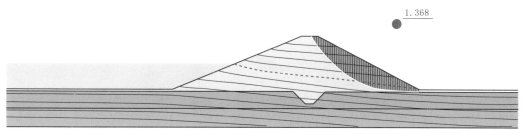

图 6.6 工况一下游坝坡最危险滑面分布图

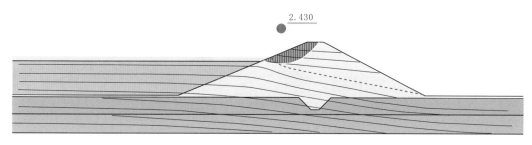

图 6.7 工况二上游坝坡最危险滑面分布图

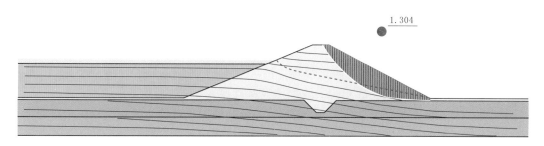

图 6.8 工况二下游坝坡最危险滑面分布图

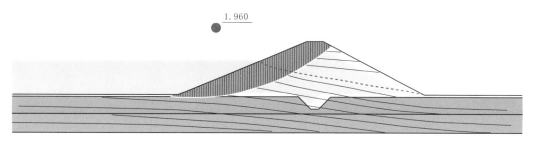

图 6.9 工况三上游坝坡最危险滑面分布图

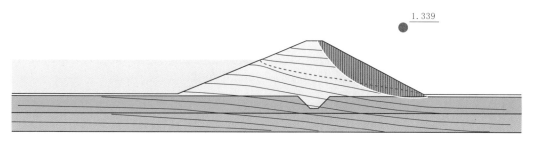

图 6.10 工况三下游坝坡最危险滑面分布图

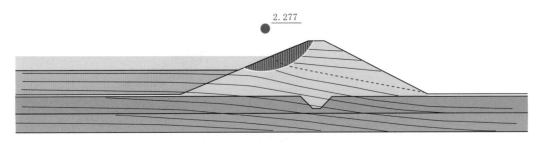

图 6.11　工况四上游坝坡最危险滑面分布图

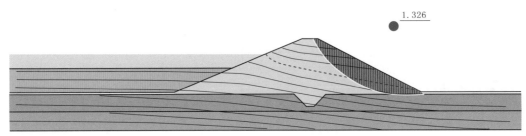

图 6.12　工况四下游坝坡最危险滑面分布图

从计算结果可见，工况二、工况四坝前淤积阻止上游坝坡滑面向上游滑动，上游坝坡安全系数大大提高，坝前淤积对上游坝坡稳定有利。四种工况上下游坝坡稳定安全系数均满足规范要求，坝坡稳定安全性是可靠的。

8）坝面护坡及坝坡排水设计。为防止坝坡冲刷，上、下游岸坡与坝坡结合处分别布设横向混凝土排水沟，排水沟断面尺寸 0.3m×0.3m，侧墙及基础厚 0.1m，布设长度 433m。

工程竣工后，对坝体上游淤积面以上、下游坝坡设置护坡，护坡措施采用生物护坡，即上、下游坝坡栽植沙柳沙障，沙障为方格形，间距为 1m×1m，共计布设沙柳沙障 15500m²。沙障内采取撒播种草恢复植被，撒播种草 1.55hm²，草种选择紫花苜蓿，播种量为 70kg/hm²，共需种子 108.5kg。

6.1.3.2.4　放水建筑物设计

1. 放水建筑物结构型式

放水工程布设在右岸，根据工程地质、地形条件与 GB 51018—2014 的要求，确定放水工程由卧管、卧管消力池、涵管、涵管消力池及尾水渠组成。放水建筑物均采用钢筋混凝土修筑，涵管采用预制混凝土圆管。

2. 卧管设计

（1）放水孔尺寸的确定。根据《水土保持工程设计规范》（GB 51018—2014）要求，放水工程的设计流量按 4～7 日内排完 30 年一遇的一次洪水总量计算，假定放水天数为 5 日，则

$$Q = W_{3.33\%}/(5×86400)$$
$$= (12.29985×10000)/(5×86400) = 0.28(\text{m}^3/\text{s})$$

卧管采用平孔进水，进水孔断面为圆形，由开启台数控制水量。按同时开启三台，每台一孔放水设计，设计卧管台阶高度为 0.3m，则第一孔水头为 $H_1 = 0.3$m，第二孔水头为 $H_2 = 0.6$m，第三孔水头为 $H_3 = 0.9$m，放水孔直径采用 SL 289—2003 中公式

$$d = 0.68\left(Q/H_1^{\frac{1}{2}} + H_2^{\frac{1}{2}} + H_3^{\frac{1}{2}}\right)^{\frac{1}{2}}$$

式中　　　　Q——卧管放水流量，m^3/s；

　　　　　　d——放水孔直径，m；

H_1、H_2、H_3——孔上水深，m。

计算得 $d = 0.24$m，取 $d = 0.25$m。

（2）放水流量确定。通过选定的放水孔直径 $d=0.25$m，反算卧管放水流量 $q=0.307$m³/s，并由此计算出实际的放水天数为 4.63 日，满足规范 4～7 日的要求。

计算卧管、消力池断面时，考虑水位变化而导致放水流量的调节，在设计时，按照放水工程的正常流量加大 20％考虑。则加大流量为

$$Q_{加}=0.307×(1+20\%)=0.368(\text{m}^3/\text{s})$$

（3）卧管断面与结构尺寸确定。假定卧管底宽为 0.8m，卧管内水深计算采用 SL 289—2003 中公式

$$Q=\omega C(Ri)^{1/2}$$

其中
$$R=\omega/\chi=0.8h/(0.8+2h)$$

式中　Q——通过卧管的加大流量，m³/s；

　　　　ω——卧管过水断面面积，m²；

　　　　C——谢才系数，$C=(1/n)R^{1/6}$；

　　　　n——糙率，卧管糙率 $n=0.017$；

　　　　i——卧管底坡，$i=0.5$；

　　　　χ——湿周，m，$\chi=B+2h=0.8+2h$；

　　　　R——水力半径，m。

当卧管宽为 0.8m 时，经试算当卧管内水深 $h=0.072$m 时，可通过加大流量 $Q_{加}=0.368$m³/s。为了使水流由进水孔跌入卧管时跃起水头不致封住卧管，卧管高度取正常水深的 3～4 倍（该工程取 4 倍），即卧管高度为 0.072m×4＝0.287m，为了检修方便，卧管高取 0.6m，卧管断面尺寸（净宽×净高）取 0.8m×0.6m。

1）卧管第一孔进水口高程确定。根据涵管布设位置及进出口高程，经计算确定卧管第一台进水口高程 1300.29m，最高一台进水口高程 1311.39m，垂直高 11.4m，共 38 个台阶，为防止卧管放水时发生真空，在卧管顶部设有通气孔，通气孔高程应高出最高洪水位 0.5m。确定其高程为 1311.89m，通气孔尺寸（净宽×净高）为 0.8m×0.6m。并在通气孔顶部设钢筋网，防止人畜误入。配筋同卧管盖板，并与侧墙砌筑为一体。

2）通过查表确定卧管结构尺寸为：侧墙高 0.87m，卧管侧墙底宽 1.2m；卧管底板、侧墙、盖板采用钢筋混凝土结构，侧墙顶宽 0.2m，底厚 0.25m，盖板厚 0.2m，底板主筋 Φ10@16cm，副筋 Φ10@16cm，盖板主筋 Φ6@10cm。

为了保证卧管底板的稳定，在卧管底板每隔 6m 设一道齿墙，齿墙深 0.5m，厚 0.5m。

（4）卧管消力池断面与结构尺寸确定。根据 SL 289—2003，卧管与涵管由消力池连接，消力池采用矩形断面。

1）消力池断面尺寸的确定。第一共轭水深 h_1 可近似地采用卧管中的正常水深。第二共轭水深 h_2 的计算公式为

$$h_2=\frac{h_1}{2}\left(\sqrt{1+\frac{8\alpha Q^2}{gb^2h_1{}^3}}-1\right)$$

式中　h_1——第一共轭水深，m；

　　　　h_2——第二共轭水深，m；

　　　　α——系数，采用 1.1；

　　　　Q——卧管加大流量，m³/s；

　　　　g——重力加速度，取 9.81m/s²；

　　　　b——卧管宽度，m。

2）当卧管中的正常水深 $h_{卧管}=h_1=0.072$m 时，$h_2=0.78$m。

消力池深度按下式进行计算：

$$d_0 = 1.1h_2 - h_0$$

式中　h_2——第二共轭水深，m；

　　　h_0——涵管正常水深，m，取 0.33m。

经计算，消力池深度 $d_0 = 1.1 \times 0.78 - 0.334 = 0.524$（m），取值 0.6m。

消力池长度 $L_k = (3 \sim 5)h_2$，按 4 倍的 h_2 计，则 $L_k = 0.78 \times 4 = 3.12$m，取 3.5m。

消力池宽 $b_0 = b = 0.8$m。

消力池断面尺寸（长×宽×深）为 3.5m×0.8m×0.6m。

3）消力池结构尺寸确定。确定消力池结构尺寸为：侧墙高 1.83m，侧墙顶宽 0.2m，侧墙底宽 0.2m，基础厚 0.25m。消力池盖板厚 0.2m，主筋 Φ10@16cm，副筋 Φ10@16cm。

3. 输水涵管设计

（1）涵管布置方案。涵管的结构型式采用无压输水钢筋混凝土圆涵。根据 SL 289—2003 以及实际地形情况，确定涵洞进口高程 1298.76m，比降 1：100，涵洞全长 76m，涵洞出口高程 1298.00m。为了避免涵洞在平面上转弯，涵洞轴线尽量与坝轴线垂直。涵洞进口与卧管消力池连接，出口与涵管消力池连接。

（2）涵管尺寸与结构尺寸确定。为了保证涵管内水流呈明渠流状态，满足涵管检修要求，断面尺寸一般不得小于 0.8m，涵管内水深应不大于涵管直径的 75%。

涵管内水深按明渠均匀流公式试算确定：

$$Q = \omega C \sqrt{Ri}$$

$$C = \frac{1}{n} R^{1/6}$$

其中　　　　　　　　　　　　　　　$R = \omega / \chi$

式中　Q——涵管流量（采用加大流量），m^3/s；

　　　ω——涵管断面过水面积，m^2；

　　　C——谢才系数；

　　　R——涵管横断面的水力半径，m；

　　　χ——湿周，即过水断面内水流与涵管接触线长度，m；

　　　i——涵管比降，取 1/100；

　　　n——糙率，取 0.017。

假设涵管直径为 0.8m，当涵管正常水深为 0.334m 时，可以通过加大流量 $Q_{加} = 0.368\text{m}^3/\text{s}$，按照检修要求涵管直径取 0.8m。

根据计算管壁厚 0.125m，为增加涵管的稳定和防止渗流，涵管每隔 10m 设一道截水环，结构尺寸为：环宽 2.0m，环高 2.0m，厚度 0.6m。

（3）沿涵管渗流稳定计算。参考《水闸设计规范》（SL 265—2016），通过计算涵洞防渗长度，判断是否满足渗流稳定要求。计算公式如下：

$$L = C\Delta H$$

式中　L——防渗长度，m；

　　　ΔH——上、下游水位差，m；

　　　C——允许渗径系数。

该工程筑坝土料为粉土质砂，结合试验测定的土料场力学性质，本次设计对涵管管壁外铺设一层厚 1.0m 的黏土，参考黏土的允许渗径系数值，并结合壤土、轻粉质砂壤土、轻砂壤土的允许渗径系数值，按无滤层考虑，综合确定该工程的允许渗径系数为 6。

涵管每隔 10m 设置一道截水环，截水环高出外管壁 0.48m，由于截水环对渗径有影响，计算时予以考虑。经计算，防渗长度 $L=72.54m$，小于涵管实际渗径长度 $83.68m$，满足渗径要求。因此通过涵管周围铺设黏土，能有效缩短防渗长度，削弱或遏制涵管出现集中渗漏导致的坝体与涵管结合部位发生渗透破坏。

（4）涵管消力池断面与结构尺寸确定。涵管出口设置消力池，消力池采用矩形。

1）消力池断面尺寸的确定。第一共轭水深 h_1、可近似地采用涵管中的正常水深。第二共轭水深 h_2 的计算公式为

$$h_2 = \frac{h_1}{2}\left(\sqrt{1+\frac{8\alpha Q^2}{gb^2 h_1^3}} - 1\right)$$

式中　h_1——第一共轭水深，m；

　　　 h_2——第二共轭水深，m；

　　　 α——系数，采用 1.05；

　　　 Q——涵管加大流量，m^3/s；

　　　 g——重力加速度，取 $9.81m/s^2$；

　　　 b——涵管直径，m。

2）当涵管中的正常水深 $h_{涵管}=h_1=0.33m$ 时，$h_2=0.25m$。消力池深度计算公式：

$$d_0 = 1.1h_2 - h_0$$

式中　h_2——第二共轭水深，m；

　　　 h_0——下游水深，m；取下游水深 $h_0=0m$。

则消力池深度 $d_0=1.1\times0.25-0=0.275$（m），取池深为 $0.5m$。

消力池长度 $L_K=(3\sim5)h_2$，按 4 倍的 h_2 计，则 $L_K=4\times0.25=1$（m），取 $1m$。

消力池宽 $b_0=b=0.8m$。

消力池断面尺寸（长×宽×深）为 $1m\times0.8m\times0.5m$。

3）消力池结构尺寸确定：侧墙高 $1.3m$，侧墙厚 $0.2m$，基础厚 $0.25m$。

6.1.3.2.5　溢洪道设计

1. 溢洪道布设及结构型式

（1）溢洪道方案比选。溢洪道布设应进行方案比选，根据地形、地质条件及实测地形图，并结合谷歌卫星地图，对溢洪道位置进行初步拟定，并估算其工程量，通过方案比选，最终确定溢洪道布设位置。因该工程溢洪道布设受限，方案可比性不强，因此在实际布设过程中，结合地形条件，通过轴线的多次初步拟定，结合溢洪道开挖工程量，选定最优的溢洪道轴线。

（2）溢洪道宽度比选。根据内蒙古现状淤地坝调查和病险淤地坝除险加固工程的溢洪道设计方案，本次对溢洪道宽度按 4m 和 6m 两个方案进行了比选。通过对比两种方案的调洪演算结果可以得出：溢洪道宽度增加 2m，滞洪坝高降低 0.17m，坝体碾压土方量减少不明显，但溢洪道整体的土石方开挖及钢筋混凝土工程量增加较大，且设计洪水条件下溢洪道下泄流量由 $5.11m^3/s$ 增加到 $6.79m^3/s$，单宽流量的加大，会加大消力池尺寸并增加一定工程量。由两个方案对比可以得出，溢洪道宽度增加对降低坝高效果不明，但会使溢洪道工程量增加明显，从而加大工程投资。因此，本次设计最终确定溢洪道宽度为 4m。

（3）溢洪道布设。通过方案比选及溢洪道宽度比选，最终确定该工程采用开敞式溢洪道，布设在右岸，由进水渠、控制段、泄槽、消力池及出水渠五部分组成，总长 $168.79m$。采用现浇钢筋混凝土结构。

2. 溢洪道水力计算

（1）进水渠水力计算及结构尺寸确定。进水渠总长 $41m$。其中进口为喇叭口形，长 $10m$，进水口宽 $8m$，出水口宽 $4m$，侧墙高度由 $1m$ 渐变为 $2.1m$，边坡比 $1:1$；明渠采用梯形断面，长 $25m$，底宽 $4m$，口宽 $8.2m$，高 $2.1m$，边坡比 $1:1$；渐变段断面从梯形渐变为矩形。进口断面与明渠相

同，出口段面与控制段相同，为钢筋混凝土扭曲面结构。根据《溢洪道设计规范》（SL 253—2018），渐变段长度一般不小于堰上水头的2倍，依据调洪演算结果，校核工况堰上水深为1.7m，本次设计取6m。进水渠侧墙顶宽0.5m、底宽1.0m、基础厚0.4m，在其起始端下设深为1.0m、宽为0.5m的齿墙。基础以下设0.1m的C15混凝土垫层，垫层下铺设一层无纺布。进水渠首端渠底高程1309.18m，在进水渠末端预留伸缩缝，伸缩缝用聚乙烯闭孔泡沫板填塞。

（2）控制段水力计算及结构尺寸确定。控制段选用宽顶堰型式，现浇C25钢筋混凝土结构，矩形断面，底宽4m，侧墙高2.1m。根据《水土保持治沟骨干工程技术规范》（SL 289—2003），控制段长度为3～6倍堰上水深，由校核工况堰上水深为1.7m，经计算长取6m。控制段侧墙高同渐变段侧墙高，取2.1m，侧墙顶宽0.5m、底宽1.0m、基础厚0.5m。在堰底靠上游设深为1.0m、宽为0.5m的齿墙，底部高程为1309.18m。基础铺设0.1m的C15混凝土垫层，在溢流堰末端预留伸缩缝，伸缩缝用聚乙烯板填塞。

（3）泄槽水力计算及结构尺寸确定。泄槽采用矩形断面，现浇C25钢筋混凝土结构，矩形断面，总长88m，宽4m，首端深1.3m，末端深0.7m，底坡比降1:7。

1）正常水深计算。

a. 临界水深计算。由调洪演算结果知，在设计及校核洪水条件下，溢洪道下泄流量分别为5.11m³/s、17.34m³/s。由此计算泄槽段临界水深与临界坡度，判断水流形态。

临界水深按下式进行计算：

$$h_k = \sqrt[3]{\frac{\alpha q^2}{g}}$$

式中 q——单宽流量，m³/s；

α——流速不均匀系数，取1.05；

g——重力加速度，取9.81m/s²。

经计算，设计洪水条件下$h_{k设}=0.5677$m，校核洪水条件下$h_{k校}=1.282$m。

b. 临界坡度计算临界坡度按下式进行计算：

$$i_k = g\chi_k/(\alpha C_k^2 B_k)$$

式中 i_k——临界坡度；

C_k——相应于临界水深的谢才系数（糙率$n=0.017$）；

χ_k——相应于临界水深的湿周，m；

B_k——相应于临界水深的水面宽，m；

α——流速不均匀系数，取1.05。

经计算，设计洪水条件下临界坡度$i_k=0.0043$，校核洪水条件下临界坡度$i_k=0.0046$。

c. 水流形态判定。经以上临界水深和临界坡度的计算结果判断：

设计洪水条件下，$i_设=0.1429>i_{k设}=0.0043$，坡度为陡坡，水流为急流；

校核洪水条件下，$i_校=0.1429>i_{k校}=0.0046$，坡度为陡坡，水流为急流。即泄槽段水流形态为急流，泄槽段的起始断面水深为临界水深。其水面曲线类型为降水曲线。

2）泄槽降水曲线的计算。

a. 泄槽长度计算。通过计算及绘图分析，泄槽坡比确定为$i=1:7$，泄槽长度确定为88m。

b. 泄槽降水曲线的计算。泄槽段水流为急流，水面线为降水曲线。泄槽降水曲线根据《溢洪道设计规范》（SL 253—2018）采用逐段累计法进行计算，即根据能量守恒，断面1—1和断面2—2存在关系式

$$\Delta l_{1-2} = \frac{\left(h_2\cos\theta + \frac{\alpha_2 v_2^2}{2g}\right) - \left(h_1\cos\theta + \frac{\alpha_1 v_1^2}{2g}\right)}{i - \overline{J}}$$

其中
$$\overline{J} = \frac{n^2 \, \overline{v}^2}{R^{4/3}}$$

式中　h_1——断面1—1的水深，m；

　　　v_1——断面1—1的平均流速，m/s；

　　　α_1——断面1—1的流速不均匀系数，选1.05；

　　　g——重力加速度，$g = 9.81\text{m/s}^2$；

　　　h_2——断面2—2的水深，m；

　　　v_2——断面2—2的平均流速，m/s；

　　　α_2——断面2—2的流速不均匀系数，选1.05；

　ΔL_{1-2}——两断面的距离，m；

　　　i——陡坡的坡度；

　　　$\overline{J}$——平均水面坡降；

　　　R——分段平均水力半径，$R = (R_1 + R_2)/2$，m；

　　　$\overline{v}$——分段平均流速，$\overline{v} = (v_1 + v_2)/2$，m/s；

　　　n——泄槽槽身糙率系数。

设泄槽缓坡断面1—1处的水深为临界水深，按一定步长，采用试算方法得到设计与校核洪水条件下的泄槽水面线。经计算，在设计洪水条件下，泄槽末端水深为0.186m；在校核洪水条件下，泄槽末端水深为0.406m。

当水流速度大于10m/s时应考虑掺气对水深的影响，增加水深。掺气水深计算公式为
$$h_a = (1 + \xi \times v/100) \times h$$

式中　h_a——掺气水深，m；

　　　ξ——修正系数，取1.3；

　　　v——断面的流速，m/s，经计算流速为10.682m/s；

　　　h——未掺气水深，m。

在设计洪水条件下，泄槽段流速小于10m/s，因此不考虑掺气对水深影响。

在校核洪水条件下，泄槽末端的掺气水深为
$$h_a = (1 + 1.30 \times 10.682/100) \times 0.406 = 0.462 \text{(m)}$$

即泄槽末端水深为0.462m。

根据《水土保持治沟骨干工程技术规范》（SL 289—2003），泄槽边墙高度按设计流量计算，高出水面线0.5m，判断是否满足下泄校核流量的要求，确定泄槽侧墙高度变化。溢洪道泄槽各控制断面侧墙高度见表6.4。

表6.4　　　　　　　　　　　　　溢洪道泄槽各控制断面侧墙高度确定表

洪水标准	水深及安全超高	泄槽侧墙高度			
		泄槽起点	8m处	16m处	末端
设计洪水	水深/m	0.56	0.24	0.21	0.19
	安全超高/m	0.50	0.50	0.50	0.50
	加超高水深/m	1.06	0.74	0.71	0.69
校核洪水	水深/m	1.26	0.67	0.57	0.41
侧墙高度取值		1.70	0.90	0.80	0.80

为降低工程造价，并考虑施工方便，泄槽段的侧墙高度选取四个值，经过与设计洪水水面线加0.5m安全超高与校核洪水比较后，选取最合理的高度值，如表6.4所示。

c. 泄槽断面与结构尺寸确定。泄槽断面尺寸：底宽4m，侧墙起始高1.7m，8m处侧墙高度

0.9m，16m 侧墙高度为 0.8m，出口末端侧墙高 0.7m，泄槽坡比 1∶7，长 88m，侧墙顶宽 0.3m、底宽 0.5m、基础厚 0.4m。主筋 Φ12@16mm，副筋 Φ8@16mm，沿纵向每 8m 设一道沉降伸缩缝，缝宽 1~2cm，并用沥青浸透的麻丝填满孔隙，每隔 8m 设一道深 0.40m、宽 0.80m 的齿墙。

（4）溢洪道消力池结构计算。根据《溢洪道设计规范》（SL 253—2018），等宽矩形断面自由水跃共轭水深 h_2 及水跃长度可按下列公式计算。

1）自由水跃共轭水深 h_2 计算公式为

$$h_2 = \frac{h_1}{2}(\sqrt{1+8Fr^2_1} - 1)$$

其中

$$Fr_1 = v_1/\sqrt{gh_1}$$

式中　Fr_1——收缩断面弗劳德数；

　　　　h_1——收缩断面水深，m；

　　　　v_1——收缩断面流速，m/s。

取 $h_1 = 0.19m$，$v_1 = 6.87m/s$。经计算，$h_2 = 1.4m$，$Fr_1 = 5.09m$。

2）水跃长度 L 计算公式为

$$L = 6.9(h_2 - h_1)$$

经计算，水跃长度 $L = 6.9 \times (h_2 - h_1) = 6.9 \times (1.4 - 0.19) = 7.34(m)$。

根据《溢洪道设计规范》（SL 253—2018），等宽矩形断面下挖式消力池池深、池长可按下列公式进行计算：

$$d = \sigma h_2 - h_t - \Delta Z$$
$$\Delta Z = \frac{Q^2}{2gb^2}\left(\frac{1}{\phi^2 h_t^2} - \frac{1}{\sigma^2 h^2_2}\right)$$
$$L_k = 0.8L$$

式中　d——池深，m；

　　　σ——水跃淹没度，可取 $\sigma = 1.05$；

　　　h_2——池中发生临界水跃时的跃后水深，m；

　　　h_t——消力池出口下游水深，m；

　　　ΔZ——消力池尾部出口水面跌落，m；

　　　Q——流量，m³/s；

　　　b——消力池宽度，m；

　　　ϕ——消力池出口段流速系数，可取 0.95；

　　　L——自由水跃的长度，m；

　　　L_k——池长，m。

经计算，消力池尾部出口水位跌落 $\Delta Z = 0.19m$，池深 $d = 0.5m$，取 0.5m。

池长 $L_k = 0.8L = 5.87$（m），取 6m。

消力池侧墙高取 1.9m。

3）基础排水及反滤。为防止溢洪道消力池底部扬压力对其造成损坏，在消力池底板间隔 1m 设置 PVC 排水孔，管径 5.5cm，在底板下布设反滤体，自上而下分别为砾石、砾石、粗砂，厚度分别为 20cm、15cm、15cm。

4）出水渠。出水渠总长 27.79m，渠底纵坡 1∶200。其中渐变段长 5.0m，采用铅丝石笼衬砌，断面由矩形渐变为梯形，进口断面与消力池出口相同，底宽 4.0m，出口段面与出水渠相同，底宽 6.0m；出水渠渠首采用铅丝石笼衬砌，长 5.0m，衬砌厚 0.5m，梯形断面，底宽 6.0m，口宽 9.6m，侧墙高 1.2m，边坡比 1∶1.5，末端接土渠，长 17.79m。

6.1.3.3　施工场地治理

1. 取土场整治

在取土前要对取土场表层厚 0.3m 的耕作层进行清理，清理的表层土堆放在土场旁边，以便还原利用。经计算，清理表层面积为 16000m²，土方 4800m³。取土结束后，平整取土场并进行熟土还原撒播种草恢复植被，撒播面积 1.6hm²，草种选择紫花苜蓿，播种量为 70kg/hm²，共需种子 112.0kg。

2. 施工迹地恢复

施工结束后，对施工营地进行土地整治并采取撒播种草恢复植被，撒播种草面积 0.07hm²，草种选择紫花苜蓿，播种量为 70kg/hm²，共需种子 4.9kg。

注：该工程设计单位为水利部黄河水利委员会黄河上中游管理局西安规划设计研究院。

达拉特旗达图骨干坝建设地点

达拉特旗达图骨干坝取土场

达拉特旗达图骨干坝溢洪道施工

达拉特旗达图骨干坝土坝修筑

达拉特旗达图骨干坝放水工程施工

达拉特旗达图骨干坝施工布局图

水土保持拦沙换水试点工程建设现场图片

6.1.4　淤地坝坝系工程

6.1.4.1　项目建设背景

淤地坝坝系工程建设，是在总结黄土高原地区几十年修筑淤地坝经验的基础上，2003年水利部提出的在黄土高原地区多沙粗沙区配套建设的试点工程。淤地坝坝系工程建设以小流域为单元，以大型淤地坝工程为主体，合理配置中小型淤地坝，做到拦、蓄、种、养相结合，最大限度地发挥坝系工程的防洪、拦泥、种植、灌溉等多种效益。

6.1.4.2　典型案例分析

以准格尔旗塔哈拉川小流域坝系工程为典型案例，说明坝系的工程布局。

1. 塔哈拉川上游小流域基本概况

塔哈拉川是黄河的一级支流，位于准格尔旗东部旗政府所在地薛家湾镇上游。地理坐标为北纬 $39°50'05''\sim39°56'45''$，东经 $111°05'30''\sim111°13'15''$。小流域总面积 92.6km²，属黄土丘陵沟壑地貌区。平均沟壑密度 3.87km/km²，相对高差 314.3m，沟道断面形状多呈 V 形或 U 形。流域多年平均年降水量为 400mm，多年平均径流深 46.9mm，多年平均土壤侵蚀模数 12000t/(km²·a)，年输沙量 111.12 万 t。流域内地面组成物质以栗钙土为主。

塔哈拉川上游小流域片，地势西北高东南低，海拔高程 1142.6～1456.9m，相对高差 314.3m。流域支沟开阔，建坝条件丰富，坡度大于 15°的面积占总面积的 50% 以上，工程建设前植被稀疏，治理度仅为 28.5%。梁峁土层较薄，以栗钙土为主，塔哈拉川上游小流域地面坡度组成见表 6.5。

表 6.5　　　　　　　　　　　塔哈拉川上游小流域土地坡度组成表

坡度/(°)	<5°	5°～15°	15°～25°	≥25°	合计
面积/hm²	1064.9	3287.3	2662.3	2245.6	9260
占比/%	11.5	35.5	28.75	24.25	100

2. 沟道分级及特征

按照 A.N.Strahler 沟道分级方法，对小流域沟道特征进行分级，通过分类统计计算出，该流域各级沟道的总数为 651 条，其中：Ⅰ级沟道有 512 条，Ⅱ级沟道 104 条，Ⅲ级沟道 24 条，Ⅳ级沟道 7 条，Ⅴ级沟道 3 条，Ⅵ级沟道 1 条。塔哈拉川上游小流域各级沟道特征值见表 6.6。

表 6.6　　　　　　　　　　　塔哈拉川上游小流域各级沟道特征表

分级标准		沟道特征				
沟道等级	集水面积/km²	数量/条	平均沟长/km	平均沟床宽/m	平均比降/%	沟道形状
Ⅰ级	54.552	512	0.45	24.4	12	V 形或 U 形
Ⅱ级	52.867	104	0.53	27	3.37	U 形
Ⅲ级	57.107	24	1.28	48.5	2	U 形
Ⅳ级	73.454	7	3.18	104.76	1.29	U 形
Ⅴ级	69.304	3	2.23	196	1.33	U 形
Ⅵ级	92.6	1	13.55	137.4	1	U 形
合计	399.88	651				

从沟道分级看，塔哈拉川上游小流域片主要由邦郎色太沟、圪驼店沟、达连沟、圪柳沟和巴汉图沟五大支沟与主川掌（包括碾房沟，东、西麻架沟）汇合而成，沟道形状呈阔叶形。主沟道长 13.55km，平均沟底宽 130m 左右，沟道断面呈 U 形，主沟平均比降 1%，沟道呈西北—东南走向。

流域沟壑密度为 3.87km/km²。

流域Ⅰ级沟道有 512 条，集水总面积 54.552km²，平均沟长 0.45km，平均沟床宽度 24.4m，沟道平均比降 12%。集水面积在 0.1km² 以下的Ⅰ级支沟，沟道较窄，比降较大，沟道断面多呈 V 形；集水面积在 0.1～0.5km² 之间的Ⅰ级支沟均位于主沟道两岸，沟床稍宽，比降较小，沟道断面呈窄 U 形。

流域Ⅱ级沟道有 104 条，集水总面积 52.867km²，平均沟长 0.53km，平均沟床宽度 27m，沟道平均比降 3.37%。面积在 0.1～0.5km² 之间的Ⅱ级沟道，沟道较窄，比降稍大，沟道断面呈 V 形；面积在 0.5～1.5km² 之间的Ⅱ级沟道一般沟床较宽，比降较小，多呈 U 形。

流域Ⅲ级沟道有 24 条，集水总面积 57.107km²，平均沟长 1.28km，平均沟床宽度 48.5m，沟道平均比降 2%。

流域Ⅳ级沟道有 7 条，集水总面积 73.454km²，平均沟长 3.18km，平均沟床宽度 104.76m，沟道两岸边坡较缓，沟道平均比降 1.29%；沟道断面呈 U 形。

流域Ⅴ级沟道有 3 条，集水总面积 69.304km²，平均沟长 2.23km，平均沟床宽度 196m，沟道平均比降 1.33%；沟床宽，比降较小，沟道两岸边坡较缓，沟道多呈 U 形。

流域Ⅵ级沟道有 1 条即主沟道，总面积 92.6km²，沟道长 13.55km，沟底平均宽度 137.4m，沟道平均比降 1%；沟床宽，比降较小，沟道两岸边坡较缓，沟道呈 U 形。

塔哈拉川上游小流域片坝系工程沟道组成结构如图 6.13 所示。

3. 各级沟道建坝资源分析

通过实地踏勘，结合各级沟道的分布结构分析，流域整体建坝条件良好，建坝资源丰富。适宜在上游主沟及各大支沟内分段建设骨干坝，全拦全蓄支沟洪水泥沙，其他部分支沟适宜建设中型淤地坝。

流域Ⅰ、Ⅱ级沟道较多，且沟道较窄，比降较大，只有部分沟道建坝条件良好。位于邦郎色太沟道下游的Ⅰ、Ⅱ级沟道，适于建设中型淤地坝。Ⅲ级沟道较少，只有极个别沟道适于布设中型淤地坝。Ⅳ、Ⅴ级沟道地形较缓，沟床宽，比降较小，沟道多呈 U 形，建坝条件良好，适宜建骨干坝。Ⅵ级沟道为塔哈拉川流域主沟下游，受农田、道路及居民较多的影响，没有建坝条件。通过两个坝系工程布局方案比选，选定最优方案，根据各级沟道建坝资源分析，最终确定建坝 41 座，其中骨干坝 15 座、中型淤地坝 20 座、小型淤地坝 6 座。塔哈拉川上游小流域片坝系建设规模见表 6.7。

表 6.7　　　　　　　　　　塔哈拉川上游小流域坝系建设规模表（截至 2010 年）

时段	坝型		工程数量/座	库容/万 m³			淤地面积/hm²		
				总库容	拦泥	滞洪	可淤	已淤	灌溉
现状	骨干坝		1	124.61	86	38.61	18.7	13.2	5.3
	中型坝								
	小型坝								
	小计		1	124.61	86	38.61	18.7	13.2	5.3
新增	骨干坝	新建	15	1812.76	988.62	824.14	194.53	0	465.3
		加固							
	中型坝	新建	20	449.83	210.93	239.58	51.52		74.3
		加固							
	小型坝	新建	6	23.24	8.05	15.19	3.43	0	7.6
		加固							
	小计		41	2285.83	1207.6	1078.91	249.48	0	547.2

续表

时段	坝型	工程数量/座	库容/万 m³			淤地面积/hm²		
			总库容	拦泥	滞洪	可淤	已淤	灌溉
达到	骨干坝	16	1937.37	1074.62	862.75	213.23	13.2	470.6
	中型坝	20	449.83	210.93	239.58	51.52		74.3
	小型坝	6	23.24	8.05	15.19	3.43	0	7.6
合 计		42	2410.44	1293.6	1117.52	268.18	13.2	552.5

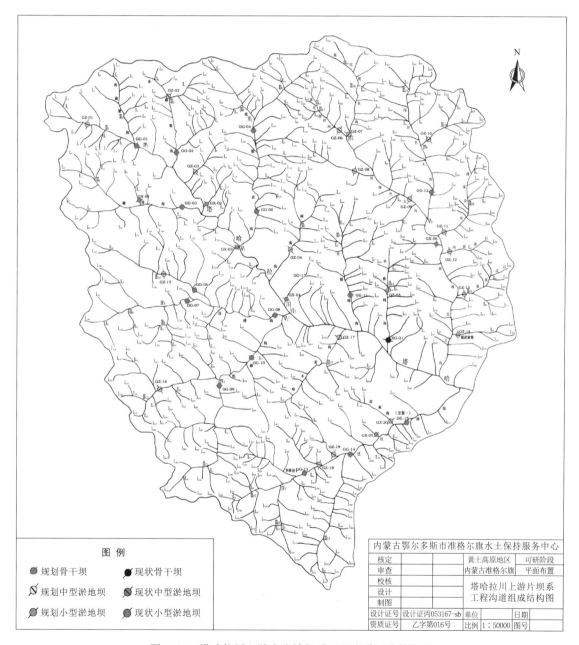

内蒙古鄂尔多斯市准格尔旗水土保持服务中心

核定		黄土高原地区	可研阶段
审查		内蒙古准格尔旗	平面布置
校核		塔哈拉川上游片坝系 工程沟道组成结构图	
设计			
制图			
设计证号	设计证丙053167-sb	单位	日期
资质证号	乙字第016号	比例 1：50000	图号

图例

⬢ 规划骨干坝　　◆ 现状骨干坝

◪ 规划中型淤地坝　　◪ 现状中型淤地坝

◓ 规划小型淤地坝　　◓ 现状小型淤地坝

图 6.13　塔哈拉川上游小流域坝系工程沟道组成结构图

4. 坝系实施情况

根据坝系工程可行性报告批复，坝系工程总建设规模 41 座，其中骨干坝 15 座，中型淤地坝 20

座，小型淤地坝 6 座。淤地坝控制面积 58.37m²，占小流域面积 63%。总库容 2285.83 万 m³，其中滞洪库容为 1078.91 万 m³，拦泥库容 1207.6 万 m³。可淤地面积达到 268.18hm²。工程概算总投资 2663.1635 万元，其中骨干坝占总投资的 73.5%，中型淤地坝占总投资的 24.8%，小型淤地坝占总投资的 1.7%。工程于 2006 年开始兴建，坝系工程总建设期 4 年。

根据坝系工程投资批复下达情况，坝系工程实际只实施了 40 座，其中大型淤地坝 15 座（8 座增设了溢洪道），控制面积 58.37m²，占小流域面积 61.1%。总库容 1693.97 万 m³，其中滞洪库容为 796.29 万 m³，拦泥库容 897.68 万 m³。设计可淤地面积 172.32hm²，总投资 1824 万元。工程于 2006 年开始兴建，2009 年全部竣工运行。塔哈拉川上游小流域坝系实施布局如图 6.14 所示，已实施工程基本情况见表 6.8。

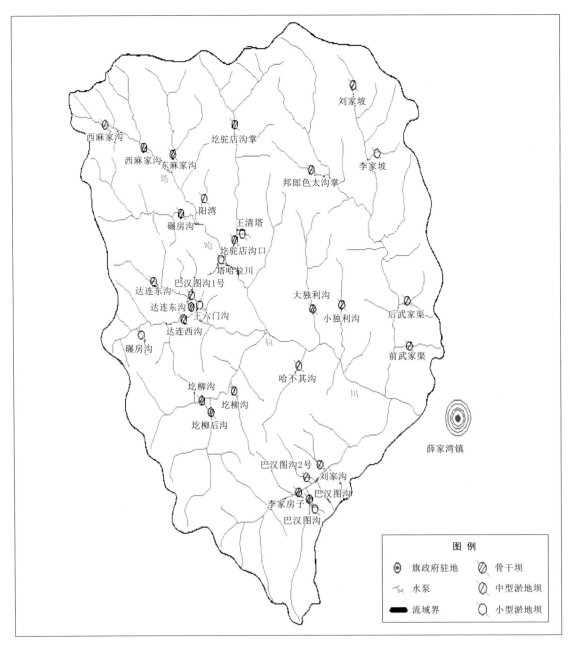

图 6.14　塔哈拉川上游小流域坝系实施布局

表 6.8 塔哈拉川上游小流域坝系已实施工程基本情况

序号	工程名称	工程类型	控制面积/km²	坝高/m	可淤地面积/hm²	总库容/万 m³	拦泥库容/万 m³	滞洪库容/万 m³	总投资/万元	溢洪道
1	达连东沟	骨干坝	3.00	19.80	9.06	97.80	53.34	44.46	59.69	
2	东麻家沟		2.93	19.80	9.23	95.51	52.09	43.42	112.59	增设
3	大独利沟		2.97	17.70	10.00	96.82	52.80	44.02	85.33	增设
4	西麻家沟		3.80	19.20	11.31	123.90	67.60	56.30	152.65	增设
5	达连西沟		3.47	18.80	11.37	113.10	61.70	51.40	64.42	增设
6	巴汉图沟		4.66	16.70	17.75	151.90	82.84	69.06	139.43	
7	圪柳后沟		4.70	19.70	13.94	153.21	83.56	69.65	132.27	增设
8	碾房沟		4.43	18.60	11.80	144.40	78.90	65.50	132.11	增设
9	圪驼店沟掌		3.39	17.00	10.48	110.51	60.27	50.24	126.80	
10	圪驼店沟口		3.11	17.60	12.76	101.38	55.29	46.09	148.00	增设
11	李家房子		3.83	21.30	10.65	124.84	68.08	56.76	126.66	增设
12	圪柳沟		3.48	21.40	10.89	113.44	61.87	51.57	91.52	
13	西麻家沟		0.62	13.00	1.61	11.42	5.51	5.91	65.14	
14	阳湾		0.55	11.40	2.24	10.14	4.89	5.25	11.39	
15	小独利沟		0.80	12.00	2.17	14.74	7.11	7.63	23.64	
16	邦郎色太沟掌	中型坝	0.83	14.90	1.78	15.30	7.38	7.92	40.92	
17	刘家坡		1.08	16.30	2.11	19.90	9.60	10.30	23.02	
18	达连东沟		1.85	14.90	3.61	34.09	16.44	17.65	32.82	
19	圪柳沟		1.90	18.00	3.50	35.02	16.89	18.13	46.56	
20	哈不其沟		2.50	15.60	5.92	59.27	22.22	37.05	51.49	
21	前武家渠		0.62	12.50	1.49	11.42	5.51	5.91	24.21	
22	巴汉图沟 1 号		0.54	12.50	1.60	9.95	4.80	5.15	23.46	
23	巴汉图沟 2 号		0.61	9.50	2.13	11.24	5.42	5.82	22.06	
24	后武家渠		0.62	12.50	1.49	11.42	5.51	5.91	26.35	
25	碾房沟	小型坝	0.33	0.40	0.57	4.24	1.47	2.77	5.13	
26	王六门沟		0.33	11.30	0.67	4.24	1.47	2.77	10.26	
27	塔恰拉川		0.39	12.60	0.62	5.01	1.74	3.27	11.77	
28	王清塔		0.25	8.70	0.58	3.21	1.11	2.10	6.03	
29	已汉图		0.15	9.80	0.26	1.93	0.67	1.26	9.98	
30	李家坡		0.36	11.50	0.73	4.62	1.60	3.02	18.30	
合计			58.10		172.32	1693.97	897.68	796.29	1824.00	

5. 综合评价

淤地坝坝系工程布局优点很多，集中投资修建坝系工程，能够将控制流域范围内的径流、泥沙全部拦蓄，提高流域地下水位，促进流域林草植物生长，在无特大洪水的情况下，多级坝拦蓄，坝系相对安全。但也有明显的不足：一是上游坝拦蓄快，下游坝洪水及淤积量小，有的下游坝库几年来未进洪水泥沙，还是原河床；二是投资大，近期效益低。根据已建坝系运行情况，认为在一条沟内，应从上游或下游实施淤地坝，淤满一座后再实施下一座。这样投资小，效益快。根据实际情况，再建淤地坝或塘坝工程。

塔哈拉川上游小流域坝系工程运行以来，未发生大洪水，实测工程年拦沙量约为 66.54 万 m³。通过该坝系建设，不仅减少了入黄泥沙，补充了沟底地下水，而且保护了沟道台地高产稳产基本农田的生产安全，流域林草覆盖率提高到 50%。工程建设后蓄洪、缓洪对薛家湾镇的防洪安全起到很大的作用，自坝系建成后，薛家湾镇的塔哈拉川沟段未发生大洪水。

坝系工程竣工验收交付使用后，所在地镇人民政府、村委会为坝系工程运行的具体管理单位和受益人，在建设单位的指导、协调、监督下，不断完善坝系工程的产权和经营使用权，负责建立管护组织，制订管护公约；各坝均设有警示牌，落实了河长制、管护人员和管护职责，并公布了联系人手机号等联系方式，建立了奖罚制度。

6.1.4.3 淤地坝增设溢洪道典型设计

6.1.4.3.1 工程概况

垛子渠 1 号骨干工程位于霍吉太沟流域主沟道上游的垛子渠，隶属杭锦旗独贵镇塔拉沟管委会塔拉沟村，坝控面积 4.73km²。地理坐标为北纬 39°59′11″、东经 109°51′15″。2000 年建成运行。

该工程原为土坝和放水建筑物"两大件"，防御洪水标准按 20 年一遇设计、200 年一遇校核，设计淤积年限 20 年。工程总库容 85.70 万 m³，其中，淤积库容 38.54 万 m³，滞洪库容 47.16 万 m³。坝顶高程 1554.00m，坝底高程 1541.20m，最大坝高 12.8m。放水建筑物设计流量 0.45m³/s，卧管由 17 级台阶和前消力池组成，总高度 6.8m。涵管内径 80cm，长度 70m，涵管尾接陡坡段、消力池及出口段。

2017 年 3 月，设计单位项目组对该工程进行了实地勘测，坝顶高程 1553.25m，现状淤积高程 1545.24m，现状淤积量为 8.65 万 m³。坝体内坡与外坡分别为 1∶2.52 和 1∶2.20，坝顶长度 470m，坝顶宽度 3.0m。放水建筑物完好，运行正常。

6.1.4.3.2 增设溢洪道原因

垛子渠 1 号骨干工程是垛子渠上游的一座控制性骨干坝，其下游有垛子渠 2 号骨干工程。两座工程为串联坝。垛子渠 1 号骨干工程一旦失事，直接危及垛子渠 2 号骨干工程的安全，进而对小流域下游主沟道内的大量农业设施构成安全威胁，波及该流域出口下游毛不拉孔兑沿川农田、水利设施甚至人民生命与财产的安全。为了排除这些安全隐患，按照水利部的统一要求，将其列入淤地坝除险加固工程，计划增设溢洪道。

6.1.4.3.3 溢洪道布设

溢洪道布设在坝体左岸，紫红色砒砂岩沟岸上。溢洪道进水段由软岩性段的引水渠、钢筋混凝土结构的溢流堰及泄槽、浆砌石消力池及铅丝石笼尾渠防冲段组成。溢洪道全长 242.80m，溢流堰宽 3.0m、深 1.31m。工程平面布置如图 6.15 所示。

6.1.4.3.4 溢洪道水力计算

1. 进水段

进水段平坡布置，采用矩形断面，引水渠由首端底宽 6m 直线段缩窄到底宽 3m 后接圆弧段，通过堰前直线段连接圆弧段与溢流堰，圆弧段到溢流堰底宽均为 3m。

（1）溢流堰水力计算。溢流堰采用堰前无坎式宽顶堰，根据《溢洪道设计规范》（SL 253—2018），作为控制性工程段，堰上水深，取校核流量的水深即调洪演算的校核滞洪水深 $h_z=0.97$m，堰顶长度为 $L=(3\sim6)h_z=(2.91\sim5.82)$m。

考虑到坝顶通行小型农用机械，需要预留 4m 宽度路面，将溢流堰长度向路面两侧各拓延 2.5m。这样，取溢流堰堰顶长度 9.0m。

（2）引水渠水力计算。引水渠各组成段水力计算依据恒定非均匀渐变流能量方程进行，公式

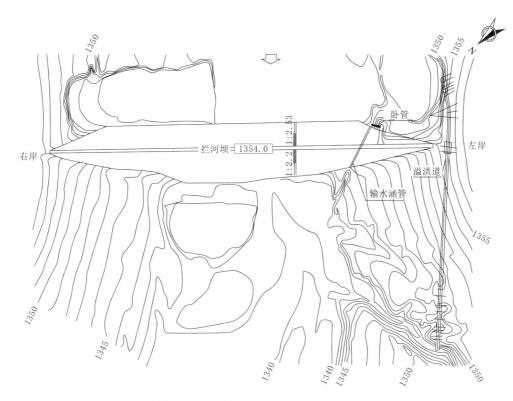

图 6.15　垛子渠 1 号骨干工程平面布置图

如下：

$$Z_1+\frac{\alpha_1 V_1^2}{2g}=Z_2+\frac{\alpha_2 V_2^2}{2g}+h_f+h_j$$

式中　Z_1、Z_2——上游断面和下游断面水位，m；

　　　　V_1、V_2——上游断面和下游断面流速，m/s；

　　　　α_1、α_2——上游断面和下游断面动能修正系数，一般为 1.0～1.1，取 1.0；

　　　　　h_f——水流沿程水头损失，m，$h_f=J_c\Delta L$；

　　　　　J_c——相邻断面间平均水力坡降，$J_c=V_c^2/(C_c^2 R_c)$；

　　　　　V_c——相邻断面间平均流速，m/s，$V_c=(V_1+V_2)/2$；

　　　　　C_c——相邻断面间平均谢才系数，m，$C_c=(C_1+C_2)/2$；

　　　　C_1、C_2——上游断面和下游断面谢才系数，$C_i=R_i^{1/6}/n$，$i=1$，2；

　　　　　R_c——相邻断面间平均水力半径，m，$R_c=(R_1+R_2)/2$；

　　　　R_1、R_2——上游断面和下游断面水力半径，m；

　　　　　ΔL——相邻断面间距，m；

　　　　　g——重力加速度，取 9.81m/s^2；

　　　　　h_j——水流局部水头损失，m。

　　不同约束边界条件计算方法不同。具体计算公式详见以下各节，由溢流堰首端断面向上游方向逐段推算，确定引水渠各组成段端部水深。

　　（3）堰前直线段水力计算。此段为通直渠道，忽略局部水头损失即 $h_j=0$，且渠尾水深为溢流堰渠首水深：设计洪水时取 0.78m，校核洪水时取 0.97m。

　　（4）圆弧连接段水力计算。此段既有沿程水头损失，又有弯曲产生的局部水头损失，局部水头损失计算公式如下：

$$h_j = \zeta \frac{v^2}{2g}$$

其中
$$\zeta = \frac{19.62l}{C^2 R}\left(1 + \frac{3}{4}\sqrt{\frac{B}{r}}\right)$$

式中　h_j——水流局部水头损失，m；

$\qquad \zeta$——水流局部水头损失系数；

$\qquad v$——弯曲渠道断面平均流速，m/s；

$\qquad g$——重力加速度，m/s^2；

$\qquad l$——弯曲渠道段长度，m；

$\qquad B$——弯曲渠道断面水面宽度，m；

$\qquad R$——弯曲渠道断面水力半径，m；

$\qquad r$——弯曲渠道中心曲率半径，m；

$\qquad C$——弯曲渠道断面谢才系数。

水流通过弯曲渠道时于凹岸壅高，壅水超高计算公式如下：

$$\Delta h = K \frac{Bv^2}{gr_c}$$

式中　Δh——弯曲渠道壅水超高，m；

$\qquad B$——弯曲渠道水面宽度，m；

$\qquad v$——弯曲渠道断面平均流速，m/s；

$\qquad r_c$——弯曲渠道中心曲率半径，m；

$\qquad K$——超高系数，对于简单圆曲线取值为1.0；

$\qquad g$——重力加速度，m/s^2。

依此并利用恒定非均匀渐变流能量方程编制 Excel 单变量求解程序模块，进行求解沿程水深计算，计算中注意运用水面连续即堰前直线段渠首水深（设计洪水时为 0.757m，校核洪水时为 0.944m）为该段的相应渠尾水深。

（5）收缩直线段水力计算。此段既有沿程水头损失，又有收缩产生的局部水头损失，局部水头损失计算公式如下：

$$h_j = \zeta\left(\frac{v_2^2}{2g} - \frac{v_1^2}{2g}\right)$$

式中　h_j——水流局部水头损失，m；

$\qquad \zeta$——水流局部水头损失系数，本次设计为楔形收缩，$\zeta = 0.2$；

$\qquad v_1$、v_2——水流上游断面和下游断面流速，m/s；

$\qquad g$——重力加速度，取 9.81m/s^2。

以此并根据恒定非均匀渐变流能量方程编制 Excel 单变量求解程序模块，利用"圆弧段渠首水深（设计洪水 0.680m 和校核水深 0.791m）即为本渠段末端水深"的水面连续关系，计算沿程水深。经计算渠尾水深为：设计洪水水深为 0.004m，校核洪水水深为 0.217m。

2. 泄槽段

泄槽采用矩形断面，底宽 3m。根据地形条件，泄槽由紧接溢流堰段（即前段）和后续段（即后段）两段组成：泄槽前段底坡 1/100，坡长 87.2m，段首渠底高程（溢流堰底高程）1549.32m，段尾渠底高程 1548.45m；泄槽后段底坡 1/16，坡长 76.0m，段尾渠底高程 1543.71m。

（1）临界水深及临界底坡计算。矩形断面单宽流量及临界水深与临界底坡计算公式如下：

$$q = Q_{泄}/B$$

$$h_k = \sqrt[3]{\frac{\alpha q^2}{g}}$$

$$i_k = \frac{gA_k}{\alpha C_k^2 R_k B_k}$$

式中　　q——单宽流量，$\mathrm{m^3/(s \cdot m)}$；

　　　　h_k——临界水深，m；

　　　　$Q_{泄}$——泄流量，$\mathrm{m^3/s}$；

　　　　B——水面宽度，m；

　　　　α——流速不均匀系数，一般为 $1.0 \sim 1.1$，本次设计取 1.1；

　　　　g——重力加速度，取 $9.81\mathrm{m/s^2}$；

　　　　i_k——临界底坡；

　　　　B_k——临界水面宽度，m，$B_k = B$；

　　　　A_k——临界过水面积，$\mathrm{m^2}$，$A_k = B_k h_k$；

　　　　C_k——临界谢才系数，$C_k = R_k^{1/6}/n$；

　　　　n——渠道糙率，本次设计为混凝土，0.017；

　　　　R_k——临界水力半径，m，$R_k = A_k/X_k$；

　　　　χ_k——临界湿周，m，$\chi_k = B_k + 2h_k$。

据此计算得：设计临界水深为 0.59m，其相应临界底坡为 0.0048m，校核临界水深为 1.33m，其相应临界底坡为 0.0055m。

（2）坡型判别。泄槽前段设计洪水标准下设计底坡 $i = 0.01$ 大于临界底坡 $i_k = 0.0048$，校核洪水标准下设计底坡 $i = 0.01$ 大于临界底坡 $i_k = 0.0055$，泄槽属陡坡；泄槽后段设计洪水标准下设计底坡 $i = 0.0625$（即 1/16）大于临界底坡 $i_k = 0.0048$，校核洪水标准下设计底坡 $i = 0.0625$ 大于临界底坡 $i_k = 0.0055$，泄槽属陡坡。无论是泄槽前段还是泄槽后段，坡型均为陡坡。

（3）水面曲线类型判别。通过临界水深与正常水深的比较来判别陡坡水面曲线类型，需要计算正常水深，计算正常水深的明渠均匀流公式如下：

$$Q_{泄} = AV$$

其中

$$V = C\sqrt{Ri}$$

式中　　$Q_{泄}$——泄流量，$\mathrm{m^3/s}$；

　　　　A——过水断面面积，$\mathrm{m^2}$，$A = Bh$；

　　　　B——过水断面宽度，m；

　　　　h——过水断面正常水深，m；

　　　　V——过水断面流速，m/s；

　　　　R——过水断面水力半径，m，$R = A/X$；

　　　　X——临界湿周，m，$X = B + 2h$；

　　　　C——谢才系数速，$C = R^{1/6}/n$；

　　　　n——渠道糙率，本次设计为混凝土 0.017；

　　　　i——渠道设计底坡。

据此并结合设计条件、运用 Excel 单变量求解程序计算得到：泄槽前段设计正常水深 0.46m，校核正常水深 1.07m；泄槽后段设计正常水深 0.25m，校核正常水深 0.56m。

经计算设计及校核的正常水深 h 小于临界水深 h_k，水流为急流，则在陡坡上的水面曲线为 b_2 型降水曲线。

（4）水面曲线推求。采用《溢洪道设计规范》（SL 253—2018）提供的如下能量方程推求泄槽水面曲线：

$$\Delta L_{1-2}=\frac{\left(h_2\cos\theta+\dfrac{\alpha_2 v_2^2}{2g}\right)-\left(h_1\cos\theta+\dfrac{\alpha_1 v_1^2}{2g}\right)}{i-\overline{J}}$$

其中

$$\overline{J}=\left(\frac{n\overline{v}}{\overline{R}^{2/3}}\right)^2$$

式中　ΔL_{1-2}——上游断面与下游断面之间斜坡间距，m；

h_1、h_2——上游断面与下游断面水深，m；

v_1、v_2——上游断面与下游断面流速，m/s；

α_1、α_2——上游断面与下游断面流速不均匀分布系数，一般为 $1.0\sim1.1$，本次设计统一取 1.0；

θ——泄槽底坡坡角；

i——泄槽底坡，$i=\tan\theta$；

$\overline{J}$——上下游断面间平均阻力坡降；

n——泄槽槽身糙率，本次设计为混凝土，取 0.017；

$\overline{v}$——上下游断面间平均流速，m/s，$\overline{v}=(v_1+v_2)/2$；

$\overline{R}$——上下游断面间平均水力半径，m，$\overline{R}=(R_1+R_2)/2$；

R_1、R_2——上下游断面水力半径，m，$R_r=A_r/X_r$，$r=1$，2；

A_1、A_2——上下游断面过水断面面积，m^2，$A_r=Bh_r$，$r=1$，2；

X_1、X_2——上下游断面过水断面湿周，m，$X_r=B+2h_r$，$r=1$，2；

B——泄槽水面宽度，m；

g——重力加速度，取 $9.81 m/s^2$。

泄槽首端上接宽顶堰，起始断面定在宽顶堰末端，临界水深作为起始断面水深，泄槽后段水面顺接泄槽前段尾端水面。据此以上述公式编制 Excel 单变量求解程序模块，计算两段泄槽前段、后段的设计及校核水面曲线。

3. 消能设施段

消能设施各组成部分采用同底宽 3m 的矩形断面，其中，消力池为底流消能型式，首端衔接泄槽末端，尾端连接下游河道，池底高程（泄槽末端底高程）1543.71m。水流由陡坡泄入消力池发生水跃后，势能增大，动能亦即流速减小，以均匀流态泄入下游河道。

（1）尾水深度计算。根据实测坝址地形图，消力池下游河道断面特征如表 4.16，断面上游河道纵比降 $i=0.0223$，由此采用明渠均匀流公式（公式具体见"泄槽段水面曲线类型判别"部分）计算得到的水力学特性概化函数如下（计算中河床为杂草稀少的砂卵石河道，糙率 $n=0.04$）。

1）水位 Z（m）-过水断面面积 A（m^2）概化函数为

$$A(Z)=\begin{cases}3.8824(Z-1543.32)^2, & Z\in[1543.32,1545]\\ 1.2446+[7.3210+4.7167(Z-1545)](Z-1545)/2, & Z\in[1545,1546]\\ 7.2634+[16.7544+4.1336(Z-1546)](Z-1546)/2, & Z\in[1546,1547]\end{cases}$$

2）水位 Z(m)-过水湿周 χ(m) 概化函数为

$$\chi(Z)=\begin{cases}5.7467(Z-1543.32), & Z\in[1543.32,1545]\\ 3.9077+5.1442(Z-1545), & Z\in[1545,1546]\\ 9.0519+4.6282(Z-1546), & Z\in[1546,1547]\end{cases}$$

3）水位 $Z(\mathrm{m})$-流量 $Q(\mathrm{m}^3/\mathrm{s})$ 概化函数为

$$Q(Z)=3.7295\left\{\frac{[A(Z)]^5}{[X(Z)]^2}\right\}^{1/3}$$

根据国家规划重点图书《水工设计手册 第6卷 土石坝》（第2版）中"紧接消能设施下游的水深为河道在同流量下的水深"，不同频率洪水泄流量条件下，利用以上概化函数采用 Excel 单变量求解手段，计算得到的尾水深度为：设计洪水水深为 0.86m，校核洪水水深为 1.37m。

（2）消力池水力计算。

1）设置消力池与否的判断。通过消能设施跃后水深与下游河道正常水深的比较来判断是否需要设置消力池：当跃后水深大于下游河道正常水深时，发生远驱式水跃，需要设置消力池，否则不设消力池。根据《溢洪道设计规范》（SL 253—2018），等底宽矩形断面的跃后水深采用如下水平自由水跃共轭水深公式进行计算：

$$h_2=\frac{h_1}{2}\left(\sqrt{1+\frac{8\alpha Q^2}{gB^2h_1^3}}-1\right)$$

式中 h_1——跃前水深（第一共轭水深），m，采用泄槽末端水深；

h_2——跃后水深（第二共轭水深），m；

Q——泄流量，m^3/s；

α——动能修正系数，一般为 1.0～1.1，本次设计取 1.0；

B——水面宽度，m；本次设计为 3.0m；

g——重力加速度，取 $9.81\mathrm{m/s}^2$。

据此，不同频率洪水泄流量条件下计算得：设计跃前水深 0.25m，设计跃后水深 1.08m；校核跃前水深 0.58m，校核跃后水深 2.43m。

由计算结果可知：无论是设计洪水还是校核洪水条件下，跃后水深均大于下游河道正常水深，因此，需要设置消力池进行消能。

2）消力池型式的选择。由于溢洪道地基为土基或软岩性基础，不宜采用挑流型式，只能采用底流消能型式。从施工方便与运行维护简单的角度出发，有坎消力池施工需要考虑池底铺设反滤层及设置排水孔，运行中容易产生池内积水，年际间反复冻溶变化影响结构稳定性，增加维修频率与资金，因此，本次设计选择无坎消力池型式，结构为铅丝石笼。

3）消力池计算。在定底宽 3m 的情况下，消力池水力计算集中为池长的确定。在水跃长度计算的基础上确定消力池长度，计算采用《溢洪道设计规范》（SL 253—2018）中的等底宽矩形断面消力池水平护坦水跃长度计算公式：

$$L_j=6.9(h_2-h_1)$$

式中 L_j——水跃长度，m；

h_1——跃前水深（第一共轭水深），m；

h_2——跃后水深（第二共轭水深），m。

按照设计规范要求，消力池水力计算采用设计泄流量进行。设计洪水泄流量条件下，利用前文计算的共轭水深，计算得消力池水跃长度为 $L_j=6.9\times(1.08-0.25)=5.72(\mathrm{m})$。

另外，消力池收缩断面处弗劳德数 $Fr_1=Q/(B\sqrt{gh_1^3})=3.36$，处于 $2.5\leqslant Fr_1<4.5$ 范围。该范围内水跃不稳定，不仅水跃段中的高速水流间歇性地向水面蹿升，而且跃后水面波动较大且向下游传播，因此，消力池池长须取得较计算水跃长度更长。根据溢洪道平面布置处的地形情况，本次设计取池长 $L=12.0\mathrm{m}$，延伸到下游河道沟坡。

6.1.4.3.5　溢洪道设计

1. 结构设计基本参数的选取

(1) 参数选取依据。依据《水工挡土墙设计规范》(SL 379—2007) 关于"结构布置"规定：不允许越浪的墙前泄水挡土墙，其墙顶高程不应低于设计洪水位 (或校核洪水位) 与相应安全超高之和；挡土墙顶宽，混凝土 (或钢筋混凝土) 不应小于 0.3m；底板厚度，混凝土 (或钢筋混凝土) 不宜小于 0.3m。挡土墙分段长度，钢筋混凝土不宜超过 20m，岩石地基上不宜超过 15m；混凝土结构随地基软硬状况酌减，软性地基较短；分段处设置结构伸缩缝，有防渗要求的缝间应铺贴柔软性材料。

《溢洪道设计规范》(SL 253—2018) 关于"溢洪道布置"规定：3 级建筑物的溢洪道控制段安全超高下限值为 0.3m，宣泄校核洪水时顶部高程不应低于校核洪水位加安全超高。

根据《水土保持工程设计规范》(GB 51018—2014)，溢洪道边墙高度设计时，控制段宜采用校核洪水洪水位，其他段可以采用设计洪水泄流量水面线超出水面线 0.5m，并满足下泄校核洪水泄流量要求。为稳定建筑物，进水段和泄槽一般每隔 10～15m 设置齿墙，齿墙深 0.8～1.0m，厚 0.4～0.5m。本次设计控制性溢流堰边墙高度设计以校核洪水泄流量为基础，其他组成段以设计洪水泄流量为基础。

(2) 基本参数确定。综上所述并参照地区实践经验，确定本次设计的基本参数如下：

1) 安全超高。除控制段直接采用校核洪水位而不考虑安全超高外，其他段安全超高统一取 0.5m。

2) 边墙结构断面。采用临水侧铅直、背水坡斜倾的梯形断面。混凝土结构与砌石结构墙体统一取值：除过堰交通涵处顶宽 1.0m 外，其他顶宽 0.4m，背水坡坡率 0.25，基础襟边宽 0.2m，底板厚 0.4m。

3) 齿墙。齿墙为梯形断面，其规格为：底宽统一取 0.5m，除泄槽末端深度取 1.5m 和边坡系数取 0.2 外，其余深度和边坡系数统一分别取 0.8m 和 0.5。

4) 基础垫层。由于溢洪道所处地质条件为软质砂岩 (砒砂岩) 岩性，为增强工程的稳定性，混凝土及钢筋混凝土工程段基础采用混凝土垫层支撑，垫层厚度统一取 10cm。

2. 进水段设计

逐渐收缩直线段为土渠，由渠首端宽度 6m 收缩到渠尾端宽度 3m，长 28.2m；收缩直线段与堰前直线段之间以圆心角 20°、半径 24.6m 的圆弧段连接土渠；堰前直线段长度 22.1m，其中，前段 12.9m 长度段为土渠，后段 9.2m 长度段为 C20 现浇混凝土结构；溢流堰长度 9.0m，结构为现浇 C20 钢筋混凝土。混凝土及钢筋混凝土部分采用边墙与底板整体式构造，底板厚 0.4m，底板下设厚 10cm 的 C10 混凝土垫层。

3. 引水渠设计

(1) 边墙。

边墙高度：按照设计洪水泄流量并考虑安全超高确定边墙高度，且满足能够通过校核洪水泄流量的条件。据此，结合水力计算结果，注意到平坡布置及墙高的连续性，确定引水渠边墙高度为 1.30～1.50m。

边墙排水：除土渠外，混凝土段临水侧距底板高度 0.2m 设置一排 φ100PVC 排水管，伸出墙面 2cm，孔距 2m。根据《水工挡土墙设计规范》(SL 379—2007)，排水管由背水坡向临水侧纵坡不应小于 3%，本次设计取最小值 3%。背水坡一侧孔口以上 10cm 到墙底之间贴坡填筑碎石砂反滤料，厚 10cm (由墙背向外依次为 6cm 碎石层和 4cm 粗砂层)，宽 50cm。反滤料以钢丝网护罩。

(2) 齿墙、伸缩缝及止水。引水渠中，仅堰前直线段紧接溢流堰部分为混凝土渠道，为防止水流冲掏混凝土段首端，在该段首端设齿墙，尾端齿墙、伸缩缝及止水与溢流堰一并考虑。

4. 溢流堰设计

渠底等宽度 3m 平坡布置，堰顶高程 1549.32m，堰顶长度 9m；采用边墙与底板整体式构造，C20 钢筋混凝土现浇，底板厚度 0.4m，底板下设厚 10cm 的 C10 混凝土垫层，墙顶宽度 1.0m。

（1）过堰桥涵。为维持现状小型农机通行，设置跨堰桥涵。桥涵采用预制钢筋混凝土结构 C30 盖板涵，型式为半"工"型，盖板厚 0.40m，全堰宽搭接，长 5.0m。桥涵由 4 块宽 1.0m 的盖板组成，总宽度 4.0m。根据《公路钢筋混凝土及预应力混凝土桥涵设计规范》（JTG D62—2004）规定，工作桥需要上填土缓冲行车载荷对混凝土的直接震动压力，填土厚度不应小于 0.5m，本次设计填土厚度为 0.6m。桥涵两侧设置 $\phi 3.3cm$ 和 $\phi 4.0cm$ 两种规格钢管护栏。

（2）边墙。控制段溢流堰位于坝端附近，根据《溢洪道设计规范》（SL 253—2018），顶部高程应与坝顶高程协调一致，考虑到该工程溢流堰同时作为小型交通之用，为便于车辆通行畅顺，路面高程与坝顶取得一致，即为 1553.52m，则有

$$墙顶高程＝路面高程 1553.52m－桥涵顶部填土厚度 0.6m＝1552.92m$$
$$墙高＝墙顶高程 1552.92m－堰顶高程 1549.32m＝3.60m$$

按照通过校核洪水泄流量的水位并考虑桥涵盖板厚度计算边墙高度，结合调洪演算成果计算的边墙高度。综合上述两个方面，确定溢流堰墙高为 3.60m，此时，满足渠道通过校核流量的要求。边墙排水设计同引水渠边墙排水。

（3）齿墙。溢流堰首端和尾端设置钢筋混凝土齿墙，共 2 道，齿墙高 3.60m、长 7.20m，为 C20 钢筋混凝土结构。

（4）伸缩缝及止水。参考《水工挡土墙设计规范》（SL 379—2007）关于挡土墙长度的划分，注意到该工程为较软岩性地基，并考虑施工方便因素，设计确定：在每道齿墙处设置 1 道结构伸缩缝，宽 10mm，溢流堰段共设置伸缩缝 2 道。伸缩缝内填充 WB4-300-8 型橡胶带止水，以便于永久性防渗。

5. 泄槽设计

渠道等底宽 3m 分两段陡坡布置，泄槽前段纵坡 1/100 和坡长 87.2m，泄槽后段纵坡 1/16 和坡长 76.0m。渠底高程由首端 1549.32m、分段界点 1548.45m 到尾端 1543.71m。采用边墙与底板整体式构造，C20 钢筋混凝土现浇，底板厚 0.4m，底板下设厚 10cm 的 C10 混凝土垫层。

（1）边墙。

边墙高度：按照设计洪水水深并考虑掺气及安全超高确定边墙高度，且满足能够通过校核洪水泄流量的条件。结合水力计算结果，根据如下公式进行掺气水深计算：

$$h_s = (1 + \zeta v / 100) h$$

式中　h_s——断面掺气水深，m；

　　　h——不计入波动及掺气时的断面水深，m；

　　　v——不计入波动及掺气时的断面平均流速，m/s；

　　　ζ——掺气水深修正系数，一般为 1.0～1.4，本次设计取中值 1.2。

在计算墙高的基础上，从施工尤其是配筋方便的角度出发，泄槽前段和泄槽后段与消力池墙顶线交汇点上游段设计墙高取得一致，为最大高度 1.33m，泄槽后段段尾墙高 0.77m，满足宣泄校核流量的要求。

泄槽后段与消力池墙顶线交汇点下游墙高是变化的，交汇点位置及其渠底高程通过以下方法计算：

$$x = [Z_消 - (h_槽 / \cos\theta + Z_{0槽尾})] / \tan\theta$$
$$L_x = x / \cos\theta + h_槽 \tan\theta$$
$$Z_{0x} = Z_{0槽尾} + L_x \sin\theta$$

式中　x——交汇点距泄槽尾端上游水平距，m；

　　　L_x——交汇点下游泄槽坡长，m；

　　　Z_{0x}——交汇点处泄槽渠底高程，m；

　　　$Z_消$——消力池墙顶高程，m；

　　　$h_槽$——交汇点上游泄槽墙高，m；

　　　$Z_{0槽尾}$——泄槽尾端渠底高程，m；

　　　θ——泄槽底坡坡角，（°），本次设计中 $\tan\theta = 1/16$。

据此并结合后续消力池设计交汇点上游泄槽墙高 $h_槽 = 1.33\text{m}$ 计算得到：$x = 17.56\text{m}$，$L_x = 17.68\text{m}$，$Z_{0x} = 1544.81\text{m}$。

综上所述，确定泄槽后段墙高设计值为段首墙高 1.33m，相应墙顶高程＝渠底高程 1548.45＋1.33＝1549.78（m），尾端墙高＝2.43m，相应墙顶高程 1546.14m；距尾端上游水平距离 17.56m 处开始到以下段墙顶水平延伸衔接消力池墙顶，墙顶高程保持 1546.14m。边墙排水设计，同引水渠边墙排水。

（2）齿墙。泄槽前段距段首下游 7.0m 处设置第 1 道齿墙，此后每隔 10.0m 设置 1 道齿墙，段尾设置齿墙，该段共设置 9 道。泄槽后段段首共用前段末端齿墙，段尾设置齿墙；上游坡长 68.04m 段内每隔 9.72m 设置齿墙共 7 道；泄槽后段共设置齿墙 8 道。齿墙为 C20 钢筋混凝土结构。齿墙排水设计同引水渠边墙排水。

（3）伸缩缝及止水。溢流堰尾端与泄槽首端之间设置结构伸缩缝及止水，泄槽尾端与消力池首端之间设置结构伸缩缝及止水，泄槽段内每一齿墙处设置 1 道结构伸缩缝，共 18 道。伸缩缝宽度 10mm。为防止渗漏，伸缩缝内填充 WB4 - 300 - 8 型橡胶带止水。

6. 消力池设计

消力池平坡布置，渠底高程 1543.71m，池底宽 3m，池长 12m。采用边墙与底板整体式构造，铅丝石笼结构，底板厚度 0.5m。

（1）边墙。按照设计洪水泄流量并考虑安全超高确定边墙高度，且满足能够通过校核洪水泄流量的条件。结合水力计算结果，设计水深 1.08＋安全超高 0.50＝1.58m，小于校核水深 2.43m；墙高取校核水深 2.43m，相应墙顶高程 1543.71m＋2.43m＝1546.14m。边墙采用梯形断面，顶宽 0.40m，内坡铅直、外坡坡率 0.25。

（2）齿墙及伸缩缝与止水。消力池较短且平坡布置，利用泄槽末端齿墙并在下游端设 1 道齿墙，齿墙为深 0.8m、底宽 0.5m、外侧铅直、内侧坡率 0.5 的梯形断面。由于齿墙处于消力池末端，不设置伸缩缝及止水。

7. 渠尾防冲设计

为防止溢洪道出口部位受河道洪水冲淘作用而影响安全运行，在消力池出口到沟床之间设置铅丝石笼防冲设施。平面布置形式为矩形，长 2m；底宽在消力池基础宽度的基础上向两侧各拓宽 0.5m；计算总宽度为 2.43m（墙高）×0.25×2＋0.4m（顶宽）×2＋3.0m＋0.5（拓宽）m×2＝6.015m，取 6.0m。根据实际地形状况，顶部高程与沟床地面高程一致，为 1543.32m。纵向断面为矩形，厚 0.5m。

8. 钢筋混凝土构件配筋设计

（1）配筋参数确定。根据《混凝土结构设计规范》（GB 50010—2010）确定该工程钢筋混凝土构件配筋设计的基础参数。

1）钢筋。钢筋采用普通钢筋 HPB300（300MPa 强度等级的热轧光圆钢筋）Φ6 - 22 型，设计选定墙体和基础纵向及竖向受力钢筋 Φ12 型、横向构造分布钢筋 Φ8 型、盖板受力筋 Φ25 型和构造钢筋 Φ12 型。

2）钢筋保护层。受力钢筋的保护层厚度不应小于钢筋的公称直径。混凝土墙体，在严寒和寒冷露天环境中的保护层厚度最小为 20～25mm，当混凝土强度不大于 C25 时，保护层厚度应增加 5mm；钢筋混凝土基础宜设置混凝土垫层，基础中钢筋的混凝土保护层厚度应从垫层顶部算起，且不应小于 40mm。本次设计钢筋混凝土强度为 C20，确定钢筋保护层厚度为：墙体 30mm，基础和盖板 50mm。

3）钢筋配筋率。受力构件全部为纵向钢筋、强度等级 300MPa（或 333MPa）时，最小配筋率为 0.60%；卧置于地基上的混凝土板中受力钢筋的最小配筋率可适当降低，但不应小于 0.15%。本次设计确定整体式墙体及底板综合配筋率为 0.33%～0.46%，齿墙配筋率为 0.29%～0.52%，盖板配筋率为 1.00%。

4）钢筋分布间距。墙体厚度大于 160mm 时应配置双排分布钢筋网。双排分布钢筋网沿墙体的两个侧面布置，且应采用拉筋连接，拉筋直径不宜小于 8mm，间距不宜大于 600mm。墙体水平及竖向分布钢筋直径不宜小于 8mm，间距不宜大于 300mm。墙体为水平分布钢筋应伸至墙端，并向内水平弯折 10 倍的钢筋直径长度。本次设计中的墙体最小厚度为 400mm（墙顶宽度），沿墙的两个侧面配置双排分布钢筋网，竖向钢筋采用 Φ12 型钢筋，间距 200mm；水平方向采用 Φ8 型钢筋连接，间距 200mm。

板中受力钢筋间距，当板厚不大于 150mm 时不宜大于 200mm；当板厚大于 150mm 时不宜大于板厚的 1.5 倍，且不宜大于 250mm。本次设计中底板厚度 400mm，纵向钢筋采用 Φ12 型钢筋；横向钢筋采用 Φ8 型钢筋，钢筋间距取 200mm。

（2）配筋设计。依据确定的上述配筋参数，对设计工程分段逐段进行整体式边墙及底板与齿墙配筋设计。

9．溢洪道周边防护设计

在溢洪道开挖边界之外 2m 处设置围栏，除进口与出口外，全部围封。围栏采用混凝土桩支撑的钢片丝网结构，基本桩距 7m，桩间布置钢片丝网。为稳固支撑桩，每一角桩与中间桩处设置俯角 45°的张紧力固桩钢丝，向两侧拉伸并固结在混凝土固块脚桩上。依据《草原围栏建设技术规程》（NY/T 1237—2006）进行防护设计。

6.1.4.3.6 溢洪道施工技术

1．施工方案

为有效控制工程施工进度，全线工程同时开工，流水作业，工序间合理有效衔接。暴雨季前必须完成基础开挖工作，采用已建放水工程排放，并做好防洪预案。

2．施工准备

（1）前期准备工作。通过招投标选择施工承包商和施工监理单位，组建由业主、监理单位和施工单位三方专人组成的工程施工领导小组，制定工程建设管理制度，明确各自的主要职责和分工协作机制，协调解决施工中出现的矛盾、问题。

施工单位编制施工组织设计，经审批后落实。监理单位要做好施工监理规划并制定相应的实施细则，积极组织图纸会审、设计交底和施工技术交底工作，在充分调查研究的基础上严格审核施工单位的各项施工组织设计。

（2）施工测量。施工承包商根据工程建设单位提供的三角网点、水准网点和图纸进行测量、校对，建立施工测量固定基准点，加密布设控制点，以便施工放样，并记录整理成资料，报监理工程师审批。

3．混凝土工程施工

混凝土工程包括溢洪道进水段、泄槽、消力池和尾水渠，这些分项工程底板下铺设 C10 素混凝土基础垫层，垫层上浇筑 C20 钢筋混凝土建筑体。

（1）精准放线。在基础开挖与边界整修形成的开挖渠道基础上，按照设计轴线和建筑体底宽范围外侧边界精确放线并设桩控制，整平建筑体渠底宽度和修整渠底纵坡；同时，在两侧开挖底坡处每隔合适距离设置固定桩，桩上标识底板顶高程和边墙顶高程刻度，以便控制横向施工。之后，在渠底两侧渠道净宽处放线加密设桩，以便控制边墙纵向施工。除轴线外，其他设桩之间用尼龙绳纵向连接。

（2）基础处理。齿墙断面尺寸较小，采用人工开挖，开挖土体用胶轮架子车推运、堆置在建筑体施工区之外附近基础开挖区域。该工程所处地基为弱岩性砒沙岩基础，易于风化出现碎粒，铺设垫层与浇筑齿墙时必须保持清洁、无碎粒的基础面，进行破碎物及其他杂物清理，排除积水。对于混凝土施工缝的处理，要求表面洁净成毛皮，否则应清洗凿毛。

（3）混凝土拌制与运输。垫层混凝土 C10 采用强度等级为 32.5 的普通硅酸盐水泥，水灰比为 0.76 的三级级配；墙体及底板混凝土 C20 采用强度等级为 42.5 的普通硅酸盐水泥，水灰比 0.65 的三级级配。材料必须保证质量，尤其是水泥不得超保质期限、未受潮且没有结块现象存在。采用 0.8m³ 混凝土搅拌机拌制。

混凝土运输采用 1t 机动翻斗车，运输距离不宜过长，沿较平缓地面运输，避免运输过程中混凝土出现离析和初凝现象。

（4）混凝土浇筑。依循《混凝土结构工程施工规范》（GB 50666—2011）要求，严格按照设计标准配置、制作钢筋；立模满足混凝土结构设计形状、尺寸和相对位置要求，并防止漏浆；混凝土浇筑前，须将模板内杂物清除干净；混凝土浇筑时，表面干燥的地基、垫层、模板上应洒水湿润，洒水后不得留有积水，应保证混凝土的均匀性和密实性；宜一次连续浇筑，当不能一次连续浇筑时，可留设施工缝或后浇带分块浇筑。施工缝或后浇带处浇筑混凝土时，结合面应清除浮浆、疏松石子、软弱混凝土层，并应清理干净；水平分层浇筑时，分层厚度不大于 50cm，每层应铺设均匀，无骨料集中现象；采用 4.0kW 插入式振动器施工时，要求有次序、均匀、无漏振捣。混凝土浇筑过程中，在工程分段分割处同时进行止水处理，按照设计伸缩缝宽度将橡胶止水材料填塞密实，固定在模板内，并依设计标准间隔与纵坡布设边墙排水体。

（5）混凝土养护。由于环境温度与湿度变化往往影响水泥水化作用，浇筑后的混凝土逐渐凝结硬化过程中，容易形成影响强度的不良因素：一方面，混凝土中水分会蒸发过快，形成脱水现象，会使已形成凝胶体的水泥颗粒不能充分水化，不能转化为稳定的结晶，缺乏足够的黏结力，从而会在混凝土表面出现片状或粉状脱落；另一方面，时干时湿现象的发生，会使混凝土产生较大的收缩变形，出现干缩裂缝甚至露筋。为避免不良影响情况的发生，确保混凝土强度与质量，须进行混凝土养护，使混凝土凝结过程保持在湿润状态条件下，逐渐成形。

混凝土浇筑后应进行及时养护，养护时间一般不宜少于 7 天。尽量减少混凝土表面裸露时间，防止表面水分蒸发，可以采用在混凝土裸露表面覆盖草帘、麻袋、塑料薄膜、塑料薄膜加麻袋或塑料薄膜加草帘方式，喷淋、洒水或浇水，保证混凝土处于湿润状态。暴露面保护层混凝土初凝前，应卷起覆盖物，用抹子搓压表面至少两遍，使之平整后再次覆盖，此时应注意覆盖物不要直接接触混凝土表面，直至混凝土终凝为止。

混凝土带模养护期间，采取保湿措施，保证模板接缝处不致失水干燥。为了保证顺利拆模，可在混凝土浇筑 24～48h 后略微松开模板，并继续保湿养护至拆模后规定龄期。混凝土去除表面覆盖物或拆模后，应根据凝结实际情况仍然维持一定时段的保湿养护。养护结束及时进行墙体背水坡反滤体铺设，并实施土体回填。

4. 铅丝石笼砌筑工程施工

（1）精准放线与筑床开挖。按照消力池及防冲设施设计平面轮廓放线，控制开挖范围，然后进行轮廓内的砌床基础开挖。

（2）基础处理。该工序为石笼筑床边界整平处理，包括床底与侧面的修整，以便于铅丝石笼砌筑。

（3）铅丝石笼砌筑体。砌石采用人工施工方式，按照《砌体结构工程施工质量验收规范》（GB 50203—2011）和《建筑工程施工质量验收统一标准》（GB 50300—2013）要求进行铅丝编织与石料砌筑。

建筑体砌筑应符合以下要求：①砌筑前，选择粒径不同的石料，以便为砌筑体嵌合紧密运用；②砌筑时由下而上逐层进行，先摆块石后加以碎石或片石填充，不同粒径筑料合理配合，填筑嵌实；③上下层砌石应错缝砌筑，水平缝宽应不大于 2.5cm，竖缝宽应不大于 4cm；④砌筑时分层厚度控制在 40cm 以内，每砌筑一层都须进行铅丝编织，尽可能使缠接网络均匀。

5. 边墙排水反滤体施工

符合设计标准的边墙建筑完成后，在墙体背水坡按照设计要求实施排水反滤层放线、布置。伸出墙壁的排水管采用 1mm×1mm 规格筛孔的细钢丝网罩防护，防罩外侧设置反滤层，设计高度范围内通坡铺设。反滤层组成为近墙层厚 6cm、粒径大于 15mm 的碎石和远墙层厚 4cm、粒径 5～10mm 的粗砂。为防止回填土时对反滤层的破坏作用，反滤体表面采用钢丝网罩罩护，护罩宽度向两侧拓宽 25cm。

人工施工时采用定制坡度的模板立模，沿墙体面贴坡匀厚、密实铺筑，逐段连续推进。铺筑完成一段，及时实施钢丝网罩罩护一段。

6. 溢洪道周边防护围栏施工

防护栏施工应遵循如下程序进行，即围栏定线、设桩锚固、网屏架设、自检验收。

（1）围栏定线：沿建设防护栏路段的两端各设一个标桩，定准方位，从起始标桩起，每隔 30m 设置一个标桩（如遇到地形转折较大点时适当增设标桩，要求同时可以观察到 3 个标桩），直至全线完成，使得各标桩成一直线。

（2）设桩锚固：对于角桩及中间柱设置锚固，在线路转折点设置角桩，为使围栏有足够的张紧力，每隔一定长度要设置中间柱，一般间距为 100～200m。当角桩之间距离不超过 100m 时中部仅设置一个中间柱。当角桩之间距离超过 200m 时，用中间柱将围栏划分为不超过 200m 的若干部分。地形起伏处要将中间柱设置在凸起地形的顶部和低凹地形的底部，将围栏分隔成数段直线。角桩和中间柱设置张紧力钢丝，向两侧混凝土角桩连接锚固，角桩埋置深度要满足设计要求（不小于 0.3m）；在角桩内侧必须加设支撑杆，必要时，中间柱在受力方向上也加设支撑杆。对于小立柱设置，小立柱间距一般为 8～10m，地势平坦，土质疏松时减小为 4～6m，地形起伏地段 3～5m，地埋深度满足设计要求（最小深度 0.5m）。

（3）网屏架设：遵循《草原围栏建设技术规程》（NY/T 1237—2006）进行网屏架设，在门柱、角桩和中间柱之间展开网片，先固定起始端，用张紧器进行固定，注意夹紧纬线，绑扎固定网片后，移至下一个网片施工。

7. 弃土处理

溢洪道施工产生的弃渣采用 2.0m³ 装载机和 15t 自卸汽车运输组合方式，拉运到坝下游附近河道临时弃土场堆置。然后利用 2.75m³ 自行式铲运机铲运土上坝坡，在施工放线基础上，人工结合 2.8kW 蛙式夯实机培筑成长 210m、宽 1.55m 的贴坡土体。培筑时，逐层分层夯实，分层厚度不宜超过 0.15m。

8. 自检验收

除了严格控制施工过程各个环节的质量外，全部施工结束时必须重点检验整体质量情况，保证工程合格。对于存在的问题要及时解决，直到合格。

6.1.4.3.7　施工导流与度汛

工程施工安排在暴雨季之后，无须考虑施工导流与度汛。如工期紧张，必须在主汛期施工的，应编制施工导流与度汛方案。

6.1.4.3.8　安全生产

将"以人为本，安全生产"理念和"安全第一，预防为主"方针贯彻在工程施工过程始终，坚持常抓不懈，确保施工人员安全。应重点落实如下要求：

（1）设置施工安全区警示标志，杜绝非施工人员及牲畜进入。

（2）强化施工安全职责，应建立健全岗位责任制，签订安全施工责任书。

（3）制定安全施工规章制度和操作规程，加强对施工人员的安全教育。

（4）严格落实各项安全措施，特种作业人员必须持证上岗，严禁无证人员作业。

（5）严禁酒后操作施工机械、驾驶车辆，挖掘机回转半径内严禁人员通过。

（6）柴油、汽油等易燃品存放处不得进行明火作业，严禁吸烟。

注：本工程设计单位鄂尔多斯市茂源水土保持工程有限责任公司。

6.1.5　塘坝工程

塘坝工程应根据洪水调节计算确定规模。塘坝总库容应由死库容、兴利库容和滞洪库容组成。塘坝由坝体、放水建筑物、溢洪道组成。

6.1.5.1　坝体设计

1. 坝顶高程

为校核洪水位加坝顶安全超高，塘坝坝顶安全超高值应采用 0.5～1.0m。

2. 坝顶宽度

坝顶宽度应满足施工和运行检修要求。当坝顶有交通要求时，路面宽度宜按公路标准确定。对于心墙坝或斜墙坝，坝顶宽度应满足心墙、斜墙及反滤过渡层的布置要求，在寒冷地区，黏土心墙或斜墙上下游保护土层厚度应大于当地冻结深度。

3. 坝体断面

坝体断面宜采用梯形。坝体断面设计应根据坝高、建筑材料、坝址的地形和地基条件，以及当地的水文、气象、施工等因素合理确定。

4. 坝体结构

坝体的结构及稳定计算，按有关规范要求进行。

5. 地基与岸坡处理

（1）应拆除各种建筑物，清除坝断面范围内地基与岸坡上的草皮、树根、腐殖土等，清理并回填夯实水井、洞穴等。

（2）坝断面范围内岸坡应尽量平顺，不应成台阶状、反坡或突然变坡，岸坡上缓下陡时，凸出部位的变坡角宜小于 20°。

（3）与防渗体接触的岩石岸坡不宜陡于 1∶0.5，土质岸坡不宜陡于 1∶1.5，防渗体与混凝土建筑物接触面的坡度不宜陡于 1∶0.25。

（4）土石坝的坝基处理应满足渗流控制、静力和动力稳定、允许沉降量等方面的要求。浆砌石坝和混凝土坝地基及岸坡处理应满足坝体强度、稳定、刚度和防渗、耐久的要求。

6. 坝体防渗

（1）土坝防渗体断面应满足渗透比降、下游浸润线和渗透流量的要求。防渗体应自上而下逐渐加厚。心墙顶部厚度不应小于 0.8m，底部厚度不应小于 2.0m；斜墙顶部厚度不应小于 0.2m，底部厚度不应小于 2.0m。心墙和斜墙防渗土料渗透系数不应大于 $1×10^{-4}$cm/s。

（2）土工膜防渗体应在其上铺设保护层，其下设置垫层。防渗土工膜应与坝基、岸坡或其他建筑物形成封闭的防渗系统，应做好周边缝的处理。

（3）防渗体顶部高程应高出正常蓄水位 0.3m 以上。

（4）砌石坝迎水面应采用高强度水泥砂浆勾深缝防渗，并应对坝体与地基的连接部位进行防渗设计。

7．坝体排水

（1）坝体为均质土坝时，应设置坝体排水。坝体排水应按反滤要求设计，排水设施可采用棱式排水、斜卧式排水等型式。

（2）在土质防渗体与坝壳排水体或坝基透水层之间，以及坝壳与坝基之间，应满足反滤要求，不满足时均应设置反滤层。

（3）当采用几种不同性质的土石料填筑坝体时，靠近心墙或斜墙的部位宜填筑透水性较小、颗粒较细的土石料，靠近坝坡处宜填筑透水性较大、颗粒较粗的土石料。

（4）反滤层的透水性应大于被保护土，既能通畅地排出渗透水流，还能被保护土不发生渗透变形。同时反滤层还应耐久、稳定、不致被细粒土淤塞失效。

（5）反滤层厚度应根据材料的级配、料源、用途等确定。人工施工时，水平反滤层每层的最小厚度可采用 0.30m，竖向或倾斜反滤层的最小厚度可采用 0.40m；采用机械施工时，最小厚度应根据施工方法确定。

（6）除干砌石、堆石护坡外，坝高 5m 以上的塘坝坝坡应设置坝面排水沟。排水沟可采用浆砌石或混凝土块砌筑。坝体与岸坡连接处也应设置排水沟，其集水面积应包括岸坡的有效集水面积。

8．坝体护坡

（1）坝体表面为土、砂、砾石等材料的塘坝，应设专门的坝体护坡。

（2）塘坝迎水坡应采用坝顶至死水位以下，护坡型式可采用堆石、干砌块石、浆砌石。塘坝背水坡应采用碎石（卵石）护坡和植物护坡型式。

（3）在寒冷地区，坝体上下游护坡和垫层的厚度应分析冻结深度影响。

（4）浆砌石、混凝土护坡应设置伸缩缝和排水孔。

6.1.5.2 泄洪消能设施设计

（1）塘坝应设置泄洪设施，泄洪形式应结合地形条件、筑坝材料选择。

塘坝泄洪设施应采用开敞式，且不宜设置闸门，堰顶高程宜与正常蓄水位齐平。

（2）塘坝采用坝顶泄洪时，应进行消能防冲设计。

6.1.5.3 放水设施设计

（1）塘坝应设计放水设施，放水设施可采用管涵和浆砌石拱涵。

（2）放水设施的轴线与坝轴线应垂直，宜采用明流，其水深应小于净高的 75%，结构应采用混凝土或钢筋混凝土。当为压力流时，宜用钢管或钢筋混凝土管。

（3）放水设施应按明渠均匀流公式计算，底坡取 1∶1000～1∶200。放水设施下泄水流应经消能后送至河道下游，消能建筑物结构按有关规范要求设计。

（4）放水设施结构尺寸除根据水力计算确定外，还应结合检查和维修的要求，混凝土涵管管径不应小于 0.8m，浆砌石拱涵断面宽不应小于 0.8m、高不应小于 1.2m。

6.1.5.4 施工组织

（1）导流建筑物度汛洪水重现期应取 1～3 年（设计洪水标准）。

（2）施工导流利用已建成的卧管放水工程泄流。

6.1.6　壕口水库设计实例

6.1.6.1　工程概况

壕口水库位于呼斯太河上游的一级支沟，地处库布其沙漠东端区域，准格尔旗布尔陶亥乡铧尖村，地理坐标为北纬 $40°25'7''$、东经 $110°27'55''$。水库建设主要是为了拦蓄上游洪水，为下游呼斯太河灌区提供灌溉补充水源及当地农牧民人畜饮水。

水库控制流域面积 $40.4km^2$，沟道比降 1.6%。1997 年以来，在坝址以上 3km 处，已陆续建成了壕赖河水库、苁苁草滩小塘坝、尔圪壕骨干工程以及小谷坊坝，上述已建工程的控制面积为 $35km^2$，主要是利用河道基流和洪水，引入库布其沙漠东端，进行生态绿化。河道两岸有水平梯田、乔灌草混交林，坡面治理度 60%。因此，其上游的洪水也不进入下游河道。该水库是沙坝，渗流量较大，渗流量 315.36 万 m^3/a。上下游两座水库的区间流域面积 $5.4km^2$，为壕口水库的来水量区域。该区间流域面积不大，加之为风沙区，产流洪水量小。故水库设计由"两大件"组成，土坝为亚黏土心墙坝，坝壳采用水坠法筑坝，钢筋混凝土卧管放水，钢筋混凝土涵管输水。工程总投资 99.88 万元。1997 年 5 月开工，同年 10 月竣工投入运行。

6.1.6.2　工程设计

6.1.6.2.1　水文计算

1. 来水量计算

该水库上游的壕赖河水库的洪水量泄入沙区灌溉，不进入下游水库，壕口水库控制上游面积为 $5.4km^2$，经计算得来水量 24.3 万 m^3/a，加上上游壕赖河水库渗水量 315.36 万 m^3/a，壕口水库来水总量为 339.66 万 m^3/a。

2. 损失水量计算

（1）蒸发损失。根据年来水量、库水蒸发面积及蒸发量计算得 25 万 m^3。

（2）渗漏损失。土坝设计为亚黏土心墙，水坠沙土冲填坝壳，黏土心墙做至坝基透水层 2.0m 下。经计算坝体渗漏量为 18.1 万 m^3/a。

水库总损失水量为蒸发损失与渗漏损失之和，即 43.1 万 m^3/a。

6.1.6.2.2　坝体设计

1. 土坝设计

经计算，坝高＋安全超高＝20.2m，上、下游坝坡为 1∶3.5、1∶4，在下游坡高 10m 和 15.0m 处，各设宽 2.0m 的马道一条。

2. 黏土心墙断面设计

按照规范，心墙顶高程超出正常高水位 0.80m。心墙顶宽 4.0m，上下游坡比均为 1∶0.50，坝基有 2.0m 的透水层心墙设有齿墙。齿墙基底宽 4m，两侧坡为 1∶1，齿墙伸入不透水基本 1.0m。齿墙与两岸连接处伸入山体 1.5m、2m 完好的齿槽，不允许山体有反坡和垂直阶梯形。

3. 坝面防护设计

马道上设有草皮排水沟，排水沟水经顺坝坡混凝土预制板排水沟排入下游。坝顶填筑厚 20cm 亚黏土，上游坡用柴草作防冲刷坝坡设施；下游坡种植马蔺、沙打旺草护坡。

4. 筑坝土料

采用当地风积沙和沙壤土料，水坠冲填筑坝，竣工后干容重 $1.5\sim1.65t/m^3$，渗透系数在 $5\times10^{-5}m/s$ 左右。心墙土料设计为亚黏土，干容重控制在 $1.6t/m^3$ 以上，渗透系数在 $2\times10^{-7}m/s$ 左右。

5. 坝体排水设计

为了降低冲填坝体浸润线，在坝面设排水，在坝下设无砂钢筋混凝土暗管排水，管外设无纺布及滤料厚 1.0m。暗管长 50m，平行坝轴，在坝脚上游 25m 处的沟底，设置为两头高、中间低，中间低处设 1 排垂直于暗管的输水管将渗水排出坝外下游河床，管内径均为 30cm，管臂厚 8cm。坝脚设贴坡式排水体，顶宽 1.0m、高 4.0m，在坝脚处按 1∶1 坡度深入不透水层。

6. 坝体稳定分析

按圆弧法分析试算，求土坝的稳定安全系数。计算认为施工期和刚竣工时比运行期安全，所以只计算固结后的运行期。

4 级建筑物允许稳定安全系数为 1.2。经计算壕口水库上游坡稳定系数分别为 2.4 和 1.63，下游坡稳定系数为 1.46，均大于 1.2，满足安全要求。

由于该地区抗震烈度在 Ⅵ 度以下，所以这座小型水库不必验算。根据水坠砂坝试验，水坠砂坝不存在液化现象。

6.1.6.2.3 卧管和涵管设计

卧管放水结构，主要由进水口、卧管、输水涵洞和消力池组成。进水口设计为圆形孔，为了运行管理方便设计为双孔，高 30cm 布设一层。斜槽为矩形钢筋混凝土，坝下输水洞为预制钢筋混凝土管，出水口设消力池。

1. 孔口设计

该水库是为干旱季节放水补给下游呼斯太河灌区的水源。放水期定为 30～40 天。灌溉可用水量（来水量减去损失水量）为 296.56 万 m^3，按放水期计算引水流量为 1.144～0.858 m^3/s。

按引水量 0.90 m^3/s 设计两层开启计算孔口尺寸。求得 $d=0.397m$，取 $d=0.40m$。放水孔面积 $\omega=0.126m$。当孔口上水深为 0.30m 时，放水流量为 0.91 m^3/s。共 46 个放水台阶。孔口设圆形钢的翻板门，门下有橡胶板止水，上有启吊环，侧有固定轴轴套。开启时有管理人员用启吊勾拉启或放下。

2. 卧管连接结构

卧管设计为钢筋混凝土矩形槽，坡比 1∶2.7，槽内部设计双孔，孔口直径 0.40m，宽为 1.20m。放水流量最大为 1.23 m^3/s，考虑水位变化和开启时间不当导致放水流量加大的可能性，按加大 15% 计，加大流量为 1.41 m^3/s，试算求得 $h=0.14m$。

为了避免水柱跌起淹没进水口的底缘造成槽内形成压力流，规范要求取槽的水深 4 倍净高，槽深 $h_槽$ 为 0.56m，为了施工方便取槽内净高 $h_槽$ 为 0.7m。

按《小型水利工程设计手册》消力池宽 $b=1.3h_槽$，取 $b=1.60m$。经计算得消力池深 1.90m，消力池底板厚 0.40m。

3. 输水涵管设计

输水涵管采用钢筋混凝土涵管，管底铺设厚 20cm 混凝土垫层，每 15m 做一截水环。其内径按无压管计算，在加大流量（$q=1.41m^3/s$）时充水度为 75%，坡度 i 为 1%，管糙率 n 为 0.017，输水管比降为 1%，经计算得管内径为 1.0m。

4. 出口消力池设计

经计算消力池宽 1.60m、长 6.50m。

5. 尾水渠设计

设尾水渠下游水深为 0.40m，经计算得尾水渠长 6m，采用混凝土衬砌 2m，下游采用铁丝石笼衬砌。

壕口水库工程平面布置如图 6.16 所示。

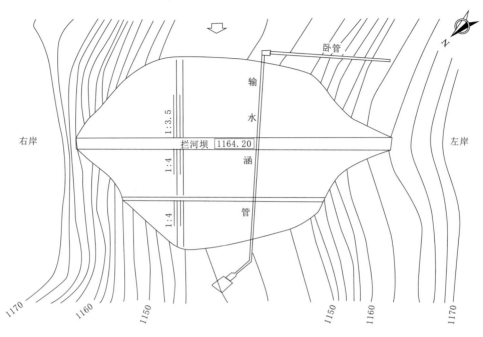

图 6.16　准格尔旗壕口水库工程平面布置图

6.1.6.3　工程施工

工程施工参见 5.1.4 和 6.1.4 节淤地坝工程相应的施工技术和方法。

6.1.6.4　经济效益

该工程建成运行以来，成为水库下游灌溉 5 万亩高产农田的重要补充水源。按水量计算，可发展保灌面积 466.7hm²，水库水面面积 28 万 m²，同时发展了养殖业，是当地群众非常依赖的重要的水利工程。

注：该工程设计单位为准格尔旗世界银行贷款项目技术服务中心。

小贴士

对于资源性缺水的鄂尔多斯市来说，利用水资源实施水土保持综合治理的经验是：利用整地工程蓄住天上水，修筑沟道工程拦截地表水，建设深机电井开发地下水。

坝体土料推平碾压作业

坝体分层碾压作业

坝体推土机修坡作业

坝体中部排水沟作业

坝肩排水沟作业

坝脚排水沟作业

坝体反滤体作业

进水卧管底板与侧墙结合作业

水土保持淤地坝施工技术现场图片（一）

卧管与涵管连接隐蔽工程施工作业

坝下涵管每10m处强化截水环作业

坝下涵管基础现浇作业

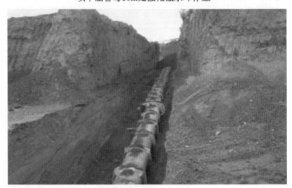

坝下输水涵管竣工回填

坝下涵管与出水口消力池对接支模作业

涵管与出水口消力池连接作业

涵管与出水消力池一体衔接作业

涵管出水口消能池竣工

水土保持淤地坝施工技术现场图片（二）

坝体工程护坡

背水面坝体植物护坡（一）

背水面坝体植物护坡（二）

迎水面坝体植物护坡

筑坝土料取土场

淤地坝取土场治理

淤地坝周边生态防护治理（一）

淤地坝周边生态防护治理（二）

水土保持淤地坝施工技术现场图片（三）

混凝土与砒砂岩结合实验坝

砒砂岩改性材料淤地坝

溢洪道地基夯实作业

溢洪道溢流堰配筋作业

溢洪道进水口作业

溢洪道出水口作业

溢洪道施工作业布置全图

淤地坝增设溢洪道竣工图

水土保持淤地坝施工技术现场图片（四）

6.2　植物治理技术

6.2.1　沙棘种植技术

6.2.1.1　沙棘概述

按照我国学者廉永善和陈学林对沙棘的系统分类，沙棘全属现有 6 种 12 亚种，分为有皮组和无皮组。无皮组包括：①鼠李沙棘：中国沙棘、云南沙棘、中亚沙棘、蒙古沙棘、高加索沙棘、喀尔巴千山沙棘、海滨沙棘、溪生沙棘；②柳叶沙棘。有皮组包括：①棱果沙棘；②江孜沙棘；③肋果沙棘；④西藏沙棘。其中亚洲分布的最多，有 6 种 8 亚种，鄂尔多斯地区天然生长的为中国沙棘亚种。

沙棘生物学特性：沙棘为喜光的强阳性中生树种，常为灌木状，在条件优越处可长成亚乔木，速生期为 3～7 年，一般 5 年左右就需平茬，起到更新复壮的作用；枝条坚挺、枝刺多、叶对生、叶片披针形、叶柄长、叶面深灰绿色，叶被为银灰色；根系一般为水平根型，但也发现有"复合根型"（即垂直根和水平根均较为发达的类型）；0～40cm 土层为根系密集层，根系具根瘤，固氮能力很强；花很小，单性，雌雄异株，风媒授粉；3～4 年开始挂果，一般 5～10 年为结果盛期。

沙棘生态学特性：沙棘具有很强的抗逆性，耐干旱和高温，耐水湿和盐碱，适应多种贫瘠的土壤；根系发达，萌蘖性强，枯枝落叶多，根部有根瘤，可以改良土壤。

沙棘是治理黄土高原地区水土流失的突破口，也是鄂尔多斯治理裸露砒砂岩水土流失顽症的先锋灌木树种。鄂尔多斯在实施黄河支流（皇甫川、窟野河、十大孔兑）沙棘生态减沙工程中，积累了丰富的治理经验，形成了比较成熟的沙棘育苗技术和沙棘种植技术，在沙棘病虫害方面也进行了有益的探索。

杂雌优1号

杂雌优10号

杂雌优12号

辽杂优4号

AA54号

AC02

杂雌优1号

沙棘果采收

生态经济型沙棘优良品种

6.2.1.2 沙棘育苗一般要求

1. 土壤选择

育苗地应选择壤土或沙壤土，土壤中无砾石或其他杂质。土壤过黏或过沙不利于出苗和幼苗期保苗。同时必须具备保证灌溉条件。

2. 整地要求

育苗地要深耕细作，耙磨后保持地面平整，表面无土壤结块，没有上一年农作物的残茬等。

3. 改良土壤

有条件时应施腐熟的农家肥，每亩用量 4m³，作为基肥改良土壤。育苗时化肥要施足，每亩 50～60kg，以磷肥为主，配合 30%～40% 的氮肥和钾肥。若育苗地上茬作物为蔬菜类或块茎、块根类，结合施基肥要施一定的土壤杀菌剂和杀虫剂。

4. 筛选种子

沙棘种子最好选用当年新种，播种前要进行发芽试验，发芽率达到 80% 以上方可以播种。播种前种子要进行晾晒。若播种面积小，人工充足，可以进行人工开沟播种和种子催芽，种子催芽后播种，出苗快，出苗齐。若播种面积大，则以机械播种为宜，机播种子应包衣处理，种子包衣后一定要晾晒干。

5. 种子催芽处理

（1）水浸催芽法：即用 40～60℃ 的水浸种 24～48h 即可；也可以将浸泡的种子混湿沙进行催芽，15 天左右即可。当种子裂口露白达到 30%～40% 时即可播种；或将种子与湿沙混合进行低温法催芽。

（2）洗衣粉水催芽法：先将 40℃ 温水配成 1% 的洗衣粉水，加入种子，用手搓洗，洗去种皮上的油脂，控水捞出在清水中淘洗几次；再泡入 40℃ 温水中一昼夜，捞出后装入草袋或尼龙编织袋中，放在温暖地方催芽，每天用清水冲洗至无异味。2～4 天后 1/3 的种子裂口露白时，即取出播种。

（3）沙藏催芽法：春播前先将种子沙藏 3 个月，然后播种。

（4）溶液浸种催芽法：用 0.02% 碘化钾（KI）溶液或 0.05% 硫酸锌（$ZnSO_4$）溶液浸泡沙棘种子，分别可使发芽率增加 8.6%。

6.2.1.3 露地沙棘实生苗育苗技术

1. 种子播种量

人工种植播量为 15～20kg/亩，机械播种播量为 25kg/亩。

2. 播种方法

人工开沟播种，种子覆土厚度以 0.5～0.8cm 为宜。使用机械播种时，播深 0.6～1.0cm 为宜。播种后要及时浇水，第一水要保证土壤浇透。出苗前保持表土湿润，基本出齐苗时必须要控制浇水。

3. 苗期管理

（1）除草。一般播种后 3～5 天打一次除草剂，以一氧氟草醚类为佳。同时苗期要及时拔草，保证田间无杂草，发现有虫害要及时打药。

（2）浇水。幼苗期（苗子 3 对叶子前）要水浅、勤浇，每次浇水以土壤下渗深度 10～15cm 为宜。成苗期浇水间隔时间延长，每次浇水要浇透。

（3）施肥。苗期施肥一般施氮肥就可以，苗子 3～4 对叶子可以结合浇水开始施追肥，前期施肥量少点，以后视苗子长势逐渐增量；施肥量最少每次 4kg/亩，最大每次 15kg/亩，每次施肥间隔时间 6～10 天；根据育苗地土质情况，一般施肥量 60～100kg/亩。苗木生长量达到要求标准，即停止施肥，控制浇水，以促进苗木木质化程度。一般在苗木停止生长前一个月停止施肥，同时控制浇水。

（4）苗木规格。沙棘实生苗木主要指标为：株高不小于 30cm，地径不小于 3mm，侧根 3 条以上。实生苗木无病虫害及机械损伤。

（5）起苗假植。一年生沙棘苗起苗可分两期进行，一是育苗当年在苗木停止生长后 20～30 天左右至土壤冻结前。二是在翌年土层解冻 35cm 以上至苗木返青前。苗木根系保持 25cm 以上，同时根系无机械损伤。起出的苗木要及时假植、浇水，防止根部失水和冻害。

（6）储藏运输。临近造林前，应估算沙棘苗条用量，将假植的沙棘苗条起出，每 50 株为 1 束，每 10 束为 1 捆，根部朝里码放在运输车内，每码放两层由编织袋苫盖。若气温过高，应及时洒水降温，防止霉变，抓紧时间运输到造林地。

如果错过最佳造林时机，沙棘苗条则应在冷库储藏，用于反季节造林。

6.2.1.4　大棚沙棘嫩枝扦插育苗技术

6.2.1.4.1　采穗圃的营建和管理

1. 整地建圃

（1）平整土地。每亩施入有机肥 6m³，作为基肥；然后翻耕、耙平。

（2）苗木定植。株距 1m，行距 2m，采用小穴栽植，定植后浇透水。雌雄株比例，每 5 行雌株栽植 1 行雄株。

2. 采穗圃管理

（1）建立档案。按沙棘品种分区域定植，现场做好记录，建立品种分布档案。

（2）除草管理。采用机械除草、化学除草与人工除草相结合。

（3）浇水管理。视土壤墒情而定，重点是早春灌水和秋季冻水。

（4）施肥管理。每年春季或秋季，每亩施有机肥 1t。4—8 月三次追施化肥（以氮肥、磷肥为主），每亩用量 20～30kg，8 月追施钾肥，每亩 5～10kg。追肥后及时灌水。

（5）修剪管理。因为插穗选用当年生半木质化枝条，可于 3—4 月对采穗圃母株进行平茬，使其萌条，供 6—7 月采条。冬眠期剪短沙棘枝条，截留 10～15cm，并结合冬剪去除病枝、弱枝。

（6）病虫害防治。以防为主，做好监测。重点防控卷叶蛾的发生。如发现严重病虫害，应及时、彻底连根拔除，焚烧后掩埋。

（7）采穗圃更新。根据沙棘雌株的树势等情况一般 4～5 年进行更新。如无条件建立专用的采穗圃，可选择一片成熟的生长旺盛的沙棘纯林充当采穗圃。选择条件是枝条健壮、雌株数量多、无病虫害，可在雌株上做好标记，便于采摘雌株嫩枝。

6.2.1.4.2　育苗大棚型式

设施育苗型式，根据建设资金可选择钢骨架塑料大棚、保温墙半圆形塑料大棚、简易日光温室大棚、荫棚下全封闭塑料小拱棚、全光照自动间歇喷雾温室大棚。根据苗圃土地和育苗用量，每个大棚占地面积控制在 0.5～1.0 亩。全自动日光温室大棚占地面积 15～30 亩。

无论是哪种育苗设施，都应具有可调节大棚的温度、湿度条件。0～3cm 深处基质温度应保持在 19.8℃以上，平均值在 22～24℃；叶面层的相对湿度一般都控制在 90％以上，平均达 95％。

1. 灌溉方式

首选自动化控制的喷雾方式，次选喷灌方式。灌溉用水应事先进行消毒、过滤杂质，防止堵塞喷头。

2. 苗床规格及消毒处理

（1）苗床形式。采用高苗床整地，床面宽 1.2m，长 10～15m，高 15～20cm，床面铺 6～8cm

河沙。也可根据地形条件做相应调整。

（2）消毒处理。铺河沙前应进行消毒。床面完成消毒后，喷施除草剂。

（3）苗床施肥。按每亩施入有机肥 2000kg、复合肥 50kg，换算每个大棚的施肥量。

（4）调试喷雾设备。

（5）大棚河沙每年更换，以减少土壤污染和病虫害的发生。

6.2.1.4.3　扦插育苗

1. 扦插穗采集及处理

（1）插条采集。应到采穗圃采集沙棘嫩枝插条。沙棘嫩枝指当年 5 月底起植株枝条顶端新抽生的绿色新枝，至 8 月上旬前新梢上部的半木质化的灰色枝条。最佳时间是 6 月上旬到 8 月初，最好在阴天或早、晚进行，要避开光照强烈的高温时段。采穗时要选择生长旺盛健壮、无病虫害的母株，采集半木质化的嫩枝条，直径 3mm 以上，长度 7～12cm，剪口平滑，尽可能不伤韧皮部，立即装入塑料袋中，码放在采穗箱，做好降温保湿处理。

（2）插条处理。把采穗箱运回育苗大棚后，尽量留 3～6 片叶子，每个插条上保留顶芽，下部的叶片全部去掉。制备插穗的整个过程，要使插条少失水，切忌日晒或用水浸泡插条。

采用生长物质或生长调节剂处理嫩枝插条是保证插条生根的重要条件，有助于迅速形成均匀的根系。处理沙棘插条时，最常用的方法有两种：一种是低浓度水溶液处理法，采用 500mg/kg 浓度处理，简便易行；另一种是采用 NAA 生根剂，浸入插条基部 3cm，迅速拿出存放备用。

（3）扦插时间。最佳扦插期因地而异，应根据当地的具体条件来确定。从 6 月中旬到 8 月中旬这一段都可进行扦插。采插穗处理完毕，即可组织人工进行扦插。株行距采用 10m×10cm，扦插苗用量估算一亩大棚大约 9 万株。

2. 苗期管理

（1）松土。种子萌芽出土时，切忌土壤表面板结将嫩芽闷死在土中，要及时用带齿的手锄把地表土壤打碎。

（2）喷水。苗木长出 3～4 枚真叶后，可以进行移苗。移苗时要先浇一遍水，在傍晚或阴天把过密的苗木带土移出，栽在断垄缺苗的苗床中，再浇一遍水。苗木长到 8～12cm 高时，要在早晨或傍晚用喷壶向地面喷水，使土壤保持湿润，否则苗木易被太阳晒死或被土面灼伤死亡。苗木长到 15cm 以上时，用小水浇灌，以解除旱情。

采用自动喷雾设备时，视天气情况要进行及时调整，保持棚内相对湿度在 90% 以上，生根后逐渐减少喷水进行炼苗。

（3）通风。视天气情况及时通风降温，保持棚内正常光照（为外界光照的 60%～90%）。当苗木大部分生根，地上部分生长至 10cm 左右时，要再次降低棚内温度和湿度，并适量揭棚，增加光照及通风，让新的有机体（幼苗）逐渐适应棚外环境。

（4）施肥。前期以叶面肥为主，浓度 0.3%～0.5%，隔 5～7 天喷施一次。8 周后追施化肥，每亩 20～30kg。一般要施足基肥，主要是有机肥和磷肥，氮肥则以追肥为主，在 6—7 月间追速效氮肥 1～2 次。每亩用硫铵 7.5～10kg。

（5）除草。除草要趁早除小，待苗床晾干后中耕除草，打碎土壤。

（6）病虫害防治。在整个育苗期间，要重视病虫害防治工作。

（7）练苗。大约从第 8 天起练苗，每天喷水次数减少 1～2 次；第 17～18 天起，白天将小拱棚的塑料薄膜卷起，卷起高度可逐步加大；第 22～23 天，沙棘苗条生长到 30～50cm 高时，将塑料薄膜全部撤掉，直到炼苗，让苗条逐渐适应野外的自然生存环境，为起苗做好充分准备。

3. 苗木规格

以苗高、地径作为分级指标，根据水利部颁布的行业标准《沙棘苗木》（SL 284—2003），沙棘扦插苗木主要指标为：株高不小于 40cm，地径不小于 5mm，侧根 3 条以上，无病虫害及机械损伤。所有苗木必须具有完全活力，无腐烂、干枯等现象出现。

Ⅰ级、Ⅱ级苗木可出圃造林。

沙棘 2 年生嫩枝插条苗木分级标准如下：

Ⅰ级苗，苗高大于 40cm，地径大于 0.80cm。

Ⅱ级苗，苗高 25～40cm，地径 0.50～0.80cm。

Ⅲ级苗，苗高小于 25cm，地径小于 0.50cm。

起苗后要及时进行分级和打捆。对苗木进行分级，不同规格的苗条按每捆 100 株打捆，要求捆扎结实、做好标记、分类存放。

4. 起苗假植

(1) 起苗。10 月下旬或翌年 3 月中旬土层解冻后起苗。苗木主根系要完整。

(2) 假植。苗木打捆后如不立即调运必须及时假植。越冬假植应按照"深埋、疏排、实踩"的要求，假植后浇透水，待地表开始封冻时灌冻水封头。注意假植时必须按品种分区并加挂品种标签，标签要防止浸水后无法识别，同时做好品种分区记录以便起苗时核对。

5. 包装及运输

苗木装运应避开大风天气以免过度失水，苗木长途运输必须进行保湿处理。每捆苗木必须有品种防水标签，不同品种分开码放。运输途中车辆要加盖苫布以防风吹失水，还要检查苗木有无失水或捂苗情况，以便及时处理。

6. 移栽培育

不能出圃的小苗在春季进行移栽抚育。移栽后要及时灌透水，必要时加遮阳网减少日晒。栽后前期注意及时浇水，缓苗后要控水炼苗。除草及病虫害防治同 6.2.1.4 节的"采穗圃管理"。

小贴士：民谚民谣

在水土流失严重的裸露砒砂岩区大力种植沙棘，当地干部群众形容为：

大地盖被子、群众挣票子、黄河减沙子。

高原增绿、农民增收、经济增效。

治理一方水土，发展一方经济，富裕一方群众。

沙棘露地微灌喷灌育苗 沙棘露地畦灌育苗

大棚扦插沙棘嫩枝育苗（一） 大棚扦插沙棘嫩枝育苗（二）

大棚扦插沙棘育苗（一） 大棚扦插沙棘育苗（二）

沙棘育苗技术现场图片

6.2.1.5 沙棘种植技术

1. 初春顶凌栽植

春季造林可在土壤解冻 20cm 左右时开始，至沙棘苗木发芽为止，时间一般在 3 月 20 日至 4 月底。在早春土壤刚解冻时种植沙棘，水分条件好，俗称"顶凌种植"。此时气温较低，沙棘先发根后长叶，对后期高温和干旱抵抗力较强。时间越晚，效果越差。一旦气温升高，沙棘开始发芽后种植，沙棘成活率显著下降。

2. 雨季栽植

雨季栽植又称反季节造林。当遇到春旱时，土壤墒情很差，如果勉强造林，沙棘的成活率就难以保证。此时，可将沙棘苗木储藏在冷库，等待雨季降雨后，及时组织群众造林。

3. 初秋栽植

进入初秋时节的 9 月，当地降雨仍然较多，可利用秋雨连绵的有利时机，组织大面积的秋季造林。秋季造林宜早不宜晚，否则，沙棘越冬会遭遇冻害。

6.2.1.6 沙棘生态经济林种植配置方式

沙棘生态经济林是介于沙棘生态林与沙棘经济林的一种沙棘造林配置模式。造林的主要目的和作用是发挥生态效益，同时兼顾经济效益。

1. 种植地块

（1）在河道两岸，选择地势平坦、水分条件较好、土层较厚、集中连片的区域。

（2）在梁峁坡地，选择坡度平缓、有一定的水分条件、土层较厚、面积较大的区域。

（3）在地下水位较高、水分条件较好、地势平坦、集中连片的丘间低地。

种植沙棘生态经济林，行的布置要求与当地主害风方向垂直，株距 2.0m，行距 3.0m，采用 1～2 年生沙棘良种扦插苗植苗造林。沙棘为雌雄异株植物，必须合理配置授粉的良种雄株，雌雄比按 8:1 配置。

2. 工程整地

在河道两岸和沙化土地，一般不需要提前整地，沙棘栽植采用穴状整地、边整地边种植方式。在梁峁坡地，需提前整地，完整的坡面采用水平沟整地，破碎的坡面采用鱼鳞坑整地。在丘间低地，用穴状整地，直径×深为 50cm×50cm，随整地随种植。

3. 种植配置

（1）带状种植：带宽 3～5m，每带 5 行，行距 1.5～3.0m，株距 0.5～1.0m。

（2）块状种植：行距 1.5～3.0m，株距 1.0～1.5m。

（3）混交种植：沙棘＋乔木，沙棘＋柠条，沙棘＋种草，带状配置。株行距同带状种植。

4. 种植要求

在河道两岸沙棘栽植要点是距河岸边缘线 1m 左右顺序栽植，要深栽、踏实，栽植密度高。

在梁峁坡地栽植沙棘的要点是靠近水平沟或鱼鳞坑上部，挖出生土，培入熟土，提苗舒根，分层踏实。在砒砂岩上栽植沙棘的要点是深栽、砸实，使沙棘根系与砒砂岩母质紧密接触。

在沙地上种植沙棘的要点是深栽、踏实，使土壤水分不易向上蒸发。在丘间低地栽植，用 1～2 年的扦插苗。春、秋季或雨季，苗木直立于穴中，分层覆土踏实，覆土至根茎以上 10cm。

5. 抚育管理

（1）去雄及疏伐。利用实生苗造林具有成本低、抗逆性强的优点，但沙棘雌雄异株，沙棘林中存在大量不结果的雄株，占比高达 45%～65%，过多的雄株会影响沙棘林的结果量。为此有必要去除部分雄株，可相对增加能结果的雌株比例和营养面积，从而增加单位林分沙棘产果量。此外，沙棘萌蘖力强，沙棘林 4～5 年后密度可达 600～1200 株/亩，林分密度大，透风、透光差，也会影响沙棘的结果量。所以沙棘林分应经常进行疏伐。

（2）全年禁牧，封育 3 年。

梁峁坡面沙棘生态经济林（一）　　　　　　梁峁坡面沙棘生态经济林（二）

梁峁坡面沙棘生态经济林（三）　　　　　　梁峁坡面沙棘生态经济林（四）

砒砂岩坡面沙棘生态经济林（一）　　　　　　砒砂岩坡面沙棘生态经济林（二）

沙棘造林配置方式——沙棘生态经济林

6.2.1.7　沙棘生态林种植配置方式

沙棘生态林大多选择种植在生态恶化、水土流失严重的区域，坡面支离破碎，沟坡面积大，不易采摘果叶的地方。

1. 种植地块

选择Ⅳ级地力的地块，这些区域地形破碎，自然条件恶劣，水土条件较差，只能发展沙棘生态林，用以防治水土流失和风蚀沙化。不适宜发展沙棘原料林。

2. 工程整地

在丘陵地貌区种植沙棘生态林，需采用水平沟、鱼鳞坑、穴状整地。当坡面坡度为 $15°\sim25°$ 时，采用水平沟整地方式，坡度大于 $25°$ 时采用鱼鳞坑或穴状整地方式。

3. 种植配置

沙棘生态林株距 2m、行距 3m，每隔开 3 行沙棘，种植 1 行柠条，沙棘、柠条配置比例 3：1。

环绕侵蚀沟沟头防护林型采用水平沟整地，选用中国沙棘，株行距 2m×3m。每隔 3 行沙棘，种植 1 行柠条。

营造沙棘沟沿防护林、沙棘河岸防护林，按一带 3 行（5 行）配置。采用随挖坑随栽植的方式。

在风沙区栽植沙棘防风固沙林，行的布置与当地主害风方向垂直，种植 3 年后就可形成茂密的沙棘林地，使风沙得到有效治理，起到良好的防风固沙效果。

应选择平缓的半固定半流动沙丘，或者是丘间滩地造林。可用穴状整地，穴径 40cm、深 40cm，随整地随种植。选用中国沙棘，株距 1.5m，行距 3m。半固定半流动沙丘，每隔 3 行沙棘，种植 3 行沙柳或羊柴。丘间滩地每隔 3 行沙棘，种植 3 行紫穗槐。采用一年苗沙棘实生苗植苗造林，为防止风蚀保证成活按一穴两株种植。春、秋季或雨季均可栽植，苗木直立于穴中，分层覆土踏实，覆土至根茎以上 10cm。全年禁牧，封育 3 年。

沙棘生态林封沟治理（一）　　　　　　沙棘生态林封沟治理（二）

沙棘生态林河道防护治理　　　　　　　沙棘生态林公路防护治理

沙棘生态林固坡治理（一）　　　　　　沙棘生态林固坡治理（二）

沙棘造林配置方式——沙棘生态林

6.2.1.8　沙棘经济林种植配置方式

沙棘经济林是采用果园式经营方法，以采收果实为主要目的，同时兼收叶子的一种经济树种，必须按果木经济林种植配置。

1. 种植地块

应选择Ⅲ级地力以上的地块。根据鄂尔多斯市沙棘生态建设经验，适宜发展沙棘经济林的区域，有地势平坦、水分条件好、洪水威胁不大的河滩地；有露天煤矿开采后的排土场复垦地；有风沙区地势平坦、水分条件较好的固定半固定沙地；也有退耕、弃耕的水平梯田、沟坝地等。

2. 工程整地

沙棘经济林必须保证较高标准的整地质量和规格。

在河滩地，采用小穴状整地，规格为直径 30cm、深 40cm。河滩地由于有大量卵石沉积，整地比较困难，一定要挖够深度；在露天煤矿排土场复垦地，有一定坡度的，多采用水平沟整地，规格为深 50cm、宽 50cm。平整的复垦地，采用大穴状整地，规格为直径 50cm、深 40cm；在风沙区地势平坦、水分条件较好的半固定沙地，采用小穴状整地，穴深 40cm，随整地、随造林；在退耕、弃耕的水平梯田、沟坝地，起垄不整地，便于浇水；在丘陵山地平缓的坡面，多采用水平沟整地，规格为深 50cm，宽 50cm。

3. 品种选择

沙棘种苗一律选用扦插雌性沙棘苗。沙棘经济林建园苗木首选大果无刺良种沙棘，即选择果实大、果柄长、产量高、毛刺少、易采摘的经济型良种沙棘。当前，我国已选育出 16 个沙棘优良品种和优良种源，如"黄河 1 号""森森""乌兰沙林"等。

根据达拉特旗三利公司在达拉特旗昭君镇种植 8000 亩沙棘经济林的实践经验，选取了中亚沙棘、蒙亚沙棘、深秋红沙棘、吉隆 1 号沙棘、吉隆大果沙棘等 8 个雌株品种，中欧沙棘雄株、蒙古亚种沙棘雄株、中国沙棘雄株等 4 个雄株品种，雌雄配比为隔 2 行雌株沙棘，种植 1 行雄株沙棘。采用林粮带间套种和林药带间套种模式，经济效益显著。

4. 种植配置

沙棘经济林种植密度应依据立地条件而定，还要考虑生产管理方便，兼顾沙棘产量和便于后期的采果利用。应留出采果通道，沙棘的株距一般为 2m，行距 3～6m，1 带 3 行，每隔开 3 行沙棘种植 1 行其他灌木。沙棘为雌雄异株植物，必须合理配置授粉的良种雄株，雌雄比按 8∶1 配置。

河滩地沙棘经济林一般株距为 1m，行距为 3m，1 带 3 行。靠近行洪河道可密植 1 带 3 行的活柳树，埋深 1.5m，株距 1m、行距 1m，交错栽植，作为沙棘经济林的防护林带。河滩地由于有大量卵石，种植穴内要选择细颗粒土，栽后踩实。

煤矿复垦地沙棘经济林应选择覆土深厚、有灌溉条件的排土场。结合既有的交通便道，按块状造林配置，株距 2m、行距 3m。四周栽植 1 带山杏防护林，株距为 2m，行距 3m。2 行 1 带。

风沙区固定半固定沙地沙棘经济林，土质多为沙壤土。第一种配置模式为株距 1.5m，行距 5m，2 行 1 带，带距 4m，每亩种植 80 株。套种玉米、葵花，当年收获，便于人工作业。第二种配置模式为株距 1.5m，行距 8m，2 行 1 带，每亩种植 80 株。套种黄芩，三年一熟，便于机械作业。

沙地比较疏松，整地时要注意将干沙层清走，然后挖坑栽植，严禁将干沙混入种植穴中。要注意迎风坡和背风坡，迎风坡风力剥蚀严重，整地栽植要深；背风坡沙埋严重，落沙墒情很差，栽植沙棘要在落沙坡中下部 1/3 左右处，整地深度要适中。

退耕、弃耕的水平梯田、沟坝地沙棘经济林，按块状造林配置，造林前设计好机械作业道路，株距 1.5m，行距 2m，或按作业路和田面宽度确定。如按带间混交配置，在沙棘种植带之间（1～3带）配置 1 带其他经济林；或者在沙棘经济林四周配置乔木防护林。

5. 经营管理

（1）沙棘种植园田间管理。

1）松土。松土的作用在于疏松表土，切断表层和底层土壤毛细管的联系，以减少土壤水分蒸发，改善土壤的通气性、透水性和保水性，改善土壤品质，促进沙棘幼林的成活和生长。对产生的萌蘖苗要及时清除，防止沙棘林密度过大。

根据沙棘生长特点，一般第1～3年，每年松土2～3次；第3～5年，每年1～2次。大约在5月、7月、9月三个月份进行松土为好。一般采用行间用机械中耕、株间用锄头进行松土的方式进行土壤管理。

中耕可采用装有专用防护罩的拖拉机进行，防止损伤和折断幼树枝条。幼龄沙棘林最好采用平面旋转犁，这种装置与悬挂式耙结合使用效果较好，耙后地表较平，对于防止土壤侵蚀有着非常重要的意义。

松土深度以"里浅外深，不要过多伤害幼树根系"的原则。沙棘幼林松土深度，行间应为8cm左右，植株旁应为3cm左右。对于挂果的沙棘林，行间中央地段的松土深度可增加到20cm，这样春季可积蓄较多的融化雪水，促进沙棘林来年的结实量。

2）施肥。施肥可以提高土壤肥力，改善幼林营养状况，提高生物量的积累，促进沙棘结实。

沙棘种植园的施肥，一般从栽植后第3年起，每3年施用矿质肥料1次，施用量：硫酸钾50kg/hm²，硫酸铵100kg/hm²。每3年根外追肥一次，氮、磷、钾的比率1∶1∶1，浓度0.2%，施用量60L/hm²。春季要施硫酸铵，夏季前期施氮肥而秋季则要施钾肥和磷肥。每5年施用有机肥一次，施用量30t/hm²；均在灌水或中耕前进行。

叶面喷施微量元素肥料对果实内的生化含量有显著影响。如想增加沙棘果内胡萝卜素的含量，就需喷施微量元素铜和锰；如想增加沙棘果实维生素C含量，就需喷施微量元素碘等。

沙棘是否严重缺乏某种元素，可通过观察沙棘外观形状发现。如中国沙棘、西藏沙棘、中亚沙棘和蒙古沙棘，出现叶片由绿变黄，最终变成黄褐色，严重者叶子枯萎等症状，是由于缺少多种微量元素造成的，可采用1.0%的多元素肥对叶面进行喷施；云南沙棘和中亚沙棘叶出现死斑、叶尖卷曲皱缩、枝条变成畸形、缩成团状等症状，是由于缺磷造成的，可以通过叶面喷施磷酸二氢钾来防治。

沙棘幼林阶段林地杂草较多，因此，施肥时将肥料与除莠剂结合使用，较为合适。有些肥料，如石灰氮，可以兼起除莠剂的作用。

3）灌溉。尽管沙棘具有发达的水平和垂直根系，如5年生沙棘水平根幅达1～2m，垂直根系深达2～3m，能充分吸收土壤水分，但是沙棘根系主要分布在表层，根系延伸的土壤层含水量较低，一般为5%～8%，为了获取较高的产果量，必须进行人工灌溉。

最佳的灌溉方式是滴灌，其次为喷灌。滴灌比喷灌省水86%～87%，比漫灌省水91%～94%。在滴灌时，将肥料或药物配制在灌桶内，既可结合施肥，还可结合用药，防治树冠上的蚧类、蚜虫和根部病害。滴灌与喷灌虽然需要较多的基建投资，但由于获得的效益较高，因此仍旧是合算的。而滴灌与喷灌相比，基建投资也较喷灌节省20%左右，所以更显优越。

4）除草。防治杂草的方法主要是机械除草、人工清理杂草和除草剂除草。

沙棘在一个生长季节中通常需要清理3次杂草。清理杂草深度通常不超过8cm，以免伤害沙棘树根。机械除草效率高，可采用旋耕机清理杂草，但是，操作时要防止对沙棘树木造成机械损伤；人工清理杂草，可清除种植带内的杂草和根蘖苗，但是，作业效率比较低。可采用机械除草和人工除草相结合的办法。

除草剂的使用要根据种植园立地条件，沙棘品种、配置、树龄、生长状况，以及杂草种类等选择。沙棘萌芽前，除草剂施于土壤表面，通过降水和灌溉使除草剂渗入土壤，发挥作用。沙棘萌芽后，除草剂施于旺盛生长期的杂草叶面即可。总之，要根据杂草生长状况特点决定。沙棘种植园除草剂可选用百草枯、草甘磷、拿扑净、精喹禾灵、高效盖草能。

（2）沙棘种植园抚育管理。

1）幼林抚育。沙棘经济林初期生长相对缓慢，不耐羊畜啃食，种植后前 3 年必须实施禁牧。对未成活的空穴在下一种植季节要及时进行补植；对 1～3 年沙棘幼林，还应进行松土锄草，蓄水保墒，减少杂草与沙棘幼树争水争肥，促进沙棘苗木成活和生长。

2）平茬复壮。沙棘林长期不平茬，严重时会导致沙棘林成片死亡。通过平茬更新，沙棘林能够复壮。沙棘的平茬可在造林后 8～10 年开始，水分条件好的地带，沙棘生长旺盛，丰产期维持时间长，平茬时间可稍晚；反之，平茬可开始早些。平茬间隔期 8～10 年为宜。平茬时间，自树木落叶后至发芽前均可进行，以早春土壤未解冻前最好。平茬方式应采用带状平茬，带宽 3～5m，隔带平茬，新茬更新复壮后，再对留下的沙棘带平茬。

3）修剪整形。为使沙棘经济林早结果、多结果，应对成熟林进行修剪整形。

修剪的基本要求：一是低干矮冠，秆高 40～50cm 左右，冠高 2m 以下为宜。有助于抗风力、生长快、早丰产、易采果。二是主枝与侧枝间的距离大致相同，叶幕距一般保持在 0.2～0.5m。三是壮树结果枝和营养枝的比例以 1：2 或 1：3 为宜。

整形的基本要求：一是疏剪，疏剪过多的骨干枝，去直立枝而留平展枝，去弱枝而留强枝。对枝条密集的树，应多疏少留，对枝条稀疏的树则多留少疏。二是短截，即剪去 1 年生枝梢的一部分，促进抽枝，改善树势，抑制徒长，提早结实。三是摘心，将新梢的嫩顶梢除掉，抑制生长，积累养分，促进分枝，提高坐果率。

小贴士：民谚民谣

> 沙棘封沟，
> 柠条缠腰，
> 松柏戴帽。
> 栽下沙棘摇钱树，
> 荒山变成聚宝盆。
> 十亩沙棘一只羊，
> 绿了山沟富了乡。

伊金霍洛旗大果沙棘经济林

准格尔旗沟道大果沙棘经济林

达拉特旗林粮间作大果沙棘经济林

达拉特旗白泥梁大果沙棘

东胜区聚隆鑫矿区排土场大果沙棘经济林

东胜区巴龙图煤矿排土场平台沙棘经济林

沙棘造林配置方式——沙棘经济林

6.2.1.9　砒砂岩丘陵沟壑地貌区沙棘配置方式

选择砒砂岩支毛沟道、河漫滩地作为沙棘种植主要区域，通过集中连片种植沙棘，形成沟头、沟沿、沟坡、沟底、沟道等多道防线，治理水土流失，减少泥沙危害。

1. 沟头沟沿沙棘植物防护篱

在沟头沟沿布设沙棘林带，利用沙棘茂密的灌丛和根系保护沟头和沟沿，拦蓄上方坡面径流，控制沟头侵蚀，防止沟头前进。

在侵蚀沟头的集水洼地区域，从沟沿线以上 1~2m 开始，沿等高线篱带状种植，共种植 2~3 个条篱带，带间距 3m，带内 2 行，株行距 1m×1m，株间品字形排列；在侵蚀沟两岸的沟沿区域，从沟沿线以外 1~2m 开始，平行沟沿线带状种植成锁边篱，共种植 2~3 个条带，带间距 3m，带内 2 行，株行距 1m×1m，株间品字形排列。采用 1 年生实生苗植苗造林。

2. 沟坡沙棘防蚀林

在沟坡种植沙棘，利用沙棘根系和地上部分对沟坡形成防护，覆盖裸露砒砂岩，减少砒砂岩的风化与水力、重力侵蚀。基本沿等高线布设种植行，株距 2m，行距 3m，株间基本呈品字形排列。

砒砂岩沟坡栽植沙棘，可采用沟坡上面打入牢固钎桩，用绳索绑束施工人员，顺绳下到沟坡种植，施工人员采用专用栽植工具，在砒砂岩上打孔，种植沙棘后，随脚踏实。可分层种植，株行距视沟坡栽植难度，由施工人员现场确定。此法施工至少要两人一组，一人在上面负责安全，一人在下面栽植。陡坡种植应随地形而定，株行距不做规定。对于坡缓沟浅的小沟坡，可采用穴状造林。

3. 沙棘沟道护岸林

在沟道两岸种植沙棘护岸林，可防止沟道内洪水冲刷、淘刷两岸。

（1）工程整地：穴状整地，直径×深为 40cm×40cm，随整地随种植。

（2）种植配置：株距 2.0m，行距 3m。

（3）苗木用量：1 年生实生苗，每公顷 1667 株。

（4）种植要求：春、秋季或雨季植苗，苗木直立于穴中，分层覆土踏实，覆土至根茎以上 5cm。

（5）抚育：禁牧封育 3 年。

4. 沟底种植沙棘防冲林

在沟底密集种植沙棘，随着沙棘的生长逐步将沟床全面固定，沙棘和拦截的泥沙逐步形成以植物为骨架的沙棘植物柔性防护坝，不仅固定沟床抑制沟底下切，而且保护沟底坡积物防止冲刷。在支毛沟的沟谷底部，留出水路，沙棘种植行与水流线平行布置。

（1）工程整地：穴状整地，直径×深为 40cm×40cm，随整地随种植。

（2）种植配置：株距 1.0m，行距 1.5m。

（3）苗木用量：1 年生实生苗，每公顷 6667 株。

（4）种植要求：春、秋季或雨季植苗，苗木直立于穴中，分层覆土踏实，覆土至根茎以上 5cm。

（5）抚育要求：禁牧封育 3 年。

5. 河滩地沙棘护岸林

砒砂岩丘陵沟壑地貌区的主沟道，均属宽浅式河道。在行洪主沟道之外的河滩地种植沙棘林，不仅能挂淤泥沙固岸护岸，起到工程措施难以实现的河道整治作用，而且通过营造沙棘护岸林，可逐步将宽浅式河道整治为窄深式，即淤出大量农田，又可改善河道的过流能力，特别是在洪水冲进沙棘林中，冲弯沙棘枝干时，其能量迅速衰减，冲刷和挟沙能力迅速下降，泥沙被拦截在沙棘林内，起到挂淤泥沙的作用，有效减少下泄洪水泥沙的含量。

在河床两侧或一侧的漫滩地上，以雁翅带状造林，带的走向与水流方向呈 45°夹角，挑向下游。

（1）工程整地：穴状整地，直径×深为 40cm×40cm，随整地随种植。

（2）种植配置：株距 1.0m，行距 1.5m，2 行，带间距 4m。

（3）苗木用量：1 年生实生苗，每公顷 3333 株。

（4）种植要求：春、秋季或雨季植苗，苗木直立于穴中，分层覆土踏实，覆土至根茎以上 5cm。

（5）抚育：禁牧封育 3 年。

6.2.1.10 病虫害防治

1. 主要病虫害简述

沙棘的病虫害很多，危害也十分严重。国外已登记注册的沙棘害虫就有 50 种，在中国目前发现的沙棘病虫害也有 20 多种。主要病害有沙棘果内真菌病、疮痂病、褐腐病、干枯病等。常见沙棘虫害有沙棘木蠹蛾、红缘天牛、沙棘巢蛾、舞毒蛾、金龟子、蚜虫等。

沙棘病虫害防治要贯彻"预防为主、综合防治"和"治早、治小、治了"的原则，把检疫、造林技术措施、生物防治结合起来。在沙棘休眠期，结合修剪清除病枝枯枝。在病虫害高发期，喷撒波尔多液、石硫合剂、高锰酸钾液、硫酸亚铁液等，有良好效果。对沙棘虫害防治，尽可能采用生物防治措施，加强沙棘林经营和复壮等技术措施。

2. 沙棘病害的防治

（1）沙棘果内真菌病。

1）表象特征。在 7 月末至 8 月间，明显成熟的向阳果实中见有高晶的斑点，起初象日灼病，后来果实变成黯白色，很快失去膨压，病果内含物发黏，采果时碰坏果实，果汁沿嫩枝流出。

2）病菌特征。真菌（Monilia altaica）于果柄基部的果膜残留物中越冬，并以厚实的黑膜覆盖。春天，厚垣孢子产生新的芽生孢子感染沙棘。6 月初果实感染，罹病率最高。7 月被机械损伤的果实感染也较严重。

3）防治方法。春季芽开放前及开花后，各喷洒 1 次 4% 的波尔多液。开花后子房可用 10.4% 的代森锌或 1% 波尔多液进行防护处理。

（2）沙棘干缩病（镰刀菌凋萎病）。

1）表象特征。7—8 月间，沙棘个别枝条或整株树上的叶片开始发黄，并很快掉落，果实过早变色和凋萎，植株不能恢复原状，以至来年完全或局部死亡。

2）病菌特征。传染性干缩病的病原菌为大丽花轮枝孢菌（Verticillium dahliae）和镰刀菌（Fusarium sporotrichiella），前者感染 4 年生以上的植株，后者能引起幼年植株的凋萎干缩。该病在沙棘林中很容易广泛蔓延，危险性很大。每年可使一些幼林或成年林的结果植株造成 10%～20% 的损失。该病可由死亡灌丛很快地传染到周围植株。

3）防治方法。目前还没找到有效的防治措施，主要应该注意预防，及时清除种植园中的所有病株，甚至个别枝条，尤其对繁殖地段要仔细检查。最简单的办法是把病株、虫株彻底砍伐运走作薪炭材烧掉。

（3）沙棘疮痂病。

1）表象特征。发生于仲夏，其症状是沙棘叶片出现暗褐色丘状斑点，随后枝条、果实上也接连出现。出现斑点后，叶片会提前变黄脱落，果实则干枯在果枝上，成为第 2 年感染沙棘疮痂病的病源。

2）病菌特征。缺乏病菌研究。

3）防治方法。目前尚未找到有效的防治方法。

（4）日本菟丝子危害。

1）表象特征。菟丝子茎为金黄色或黄褐色的细丝状物，靠旋卷、缠绕沙棘植株，以吸盘从沙棘体内摄取水分和养分，最后造成沙棘植株萎蔫、叶片发黄，直至枯死，被害植株率 1%。

2）菟丝子特征。菟丝子（Cuscuta japonica）属于旋花科，是一种攀缘性生长的草本植物，无叶、无根、无叶绿素，不能进行光合作用。

3）防治方法。应在春末夏初检查沙棘田地，发现菟丝子立即消除，以免扩展。按 $3.75 kg/hm^2$ 标准用敌草腈，或用 2%～3% 五氯代酚钠盐和二硝基酚铵盐防治均有效。

除上述四种沙棘灾害外，还有由棉黄萎轮枝孢菌和大丽花轮枝孢菌引进的沙棘枯萎病、镰刀菌引起的枯萎病及枯梢病等。

3. 沙棘虫害的防治

（1）蛀花、芽、叶害虫。

1）沙棘巢蛾。

a. 表象特征。沙棘巢蛾（Yponomeuta sp）的幼虫在沙棘芽苞含苞待放期间繁殖，钻入芽苞内，每条幼虫破坏 5 个芽苞；稍后便爬至顶叶丝缠做巢，潜入巢内危害。

b. 害虫特征。老熟幼虫长 14mm，头部灰绿带有棕色，在大发生年份，沙棘巢蛾会引起种植园和野生丛林沙棘植株干缩。幼虫营养发育结束后，便下地爬到根茎附近土壤表层作茧化蛹；于 7 月末至 8 月初蛹变成蛾，并开始羽化；8 月底至 9 月上半月产卵越冬。

c. 防治方法。在芽苞开放初期用浓度 1% 的枝状青虫菌生物制剂悬浊液进行喷雾，也可用 0.4%～0.6% 浓度的敌百虫进行喷洒。

2）舞毒蛾。

a. 表象特征。幼虫时就能完全吃光沙棘叶片和绿色嫩枝，造成整株受害致死。在大发生年份，能给沙棘林造成严重损害。

b. 害虫特征。舞毒蛾（Lymantria dispar）的幼虫长到 7cm 时，体灰褐色间有青红色条纹，善食沙棘叶片和绿色嫩枝，造成整株受害致死。6 月中旬幼虫从卵内孵化而出，营养发育持续约 2 个月之久，7 月化蛹，8 月羽化并产卵（250～600 枚/堆），以褐色茸毛覆盖和越冬。

c. 防治方法。在大发生时期可用敌百虫（0.2%）、马拉松（0.3%）进行喷雾，对防治幼虫特别有效；用浓度 1% 的枝状青虫菌生物制剂也可成功地防治幼虫。在防治成虫方面，多氯蒎烯（0.7%）、甲基硝磷钾、敌百虫（0.3%）等均甚为有效。

3）沙棘卷叶蛾。

a. 表象特征。幼虫喜食顶梢嫩胞，引起顶梢干缩。第一代幼虫在 4 月末至 6 月初为害，第二代幼虫从 6 月末至 8 月中为害。主要危害沙棘嫩叶，使其卷曲枯死。

b. 害虫特征。沙棘卷叶蛾（Acleris hippohaes）的幼虫为深绿色，头部褐色，生活和营养于叶巢内。

c. 防治方法。用浓度 1% 的枝状青虫菌生物制剂可成功地防治幼虫；在防治成虫方面，可以采用多氯蒎烯（0.7%）等，较为有效。

4）桦尺蠖。

a. 表象特征。桦尺蠖在沙棘发叶期间摄食叶片直至 9 月，会造成植株个别枝条光秃。它与沙棘卷叶蛾相反，大发生期间通常呈团状出现在林缘和稀疏的地方。

b. 害虫特征。桦尺蠖（Biston betularia），幼虫体大，约 6cm 长，带有深色纵纹和黄色疣状点。

c. 防治方法。一旦沙棘种植园每株树上有 80 条幼虫时，就得进行化学防治。方法同沙棘卷叶蛾。

5）沙棘木虱。

a. 表象特征。在沙棘芽苞开放时，幼虫开始在松软的芽苞内为害，稍后转移到叶的背部，吸吮叶汁，致使叶片扭曲和发黄、枯死。

b. 害虫特征。沙棘木虱（Psylla hippophaes）为跳跃昆虫，长 3mm。在 5 月上旬沙棘芽苞开放时，幼虫从卵中孵化出来，危害芽苞。6 月初变成虫，翅尚未发育健全；6 月末至 7 月初，木虱翅膀长全，变为成虫。8 月中旬开始产卵，孵初为白色，后为草黄色（5～12 枚/组），卵端牢牢地固定在芽鳞基部。

c. 防治方法。5 月底用马拉松或掺有肥皂水的硫酸烟碱溶液喷雾。

6）沙棘蚜虫。

a. 表象特征。芽苞开放时，5 月中旬幼虫孵化，钻入松软的芽内，吸吮嫩叶汁。叶子受害后扭曲、变黄和脱落。

b. 害虫特征。沙棘蚜虫（Capitophrus hippophaes）为浅绿色，红眼睛，在树枝芽苞处以卵越冬。5 月中旬幼虫孵化，经过 2 周变成奠基雌虫，产幼虫 40 多条。有翅雌虫于盛夏出现，在林中飞行，形成新的蚜虫群体。

c. 防治方法。用乐果（0.2%）或马拉松（0.3%）等有机磷制剂，防治效果较佳。用灭蚜松和腈肪磷（0.2%）效果也好。

（2）蛀果害虫的防治。

1）沙棘绕实蝇。

a. 表象特征。沙棘绕实蝇的卵产于果皮上（浅黄色）。初孵化幼虫，并摄食果肉，能危害沙棘林果实产量的 90%。3 周后下到土壤表层，以其被膜作假茧，然后化蛹越冬。

b. 害虫特征。沙棘绕实蝇（Rhagoletis batava）是最危险的害虫，每只雌性蝇产卵 200 多枚（浅黄色），卵产于果皮上。产卵后 1 周，孵化幼虫，幼虫系无足白蛆，长 7mm，蛹为黄白色，间有明显的、但尚未发育的成虫器官，3 周后下到土壤表层（10cm 深），以其被膜作假茧（草黄色），然后化蛹越冬。蝇的身体呈黑色，有翅一对，透明，于 6 月中至 7 月末开始羽化，持续到 8 月中。

c. 防治方法。敌百虫、乐果、甲基硝磷钾（工作溶液浓度 0.2%）以及马拉松的防治效果可达100%，其中敌百虫效果最好。对食害果实的幼虫和从假茧内羽化而出的蝇进行喷雾，杀伤率均达100%。喷雾时间因年份而异，一般从 7 月初至 8 月 10 日。用抽风喷雾器在上述时间内喷雾效果最佳（果实全部得以保存下来），喷洒剂量为 1200L/hm²。

（3）蛀干害虫的防治。

1）沙棘木蠹蛾。

a. 表象特征。沙棘木蠹蛾是近年来在内蒙古、辽宁、山西、陕西、甘肃和宁夏等地大面积暴发的一种钻蛀性害虫，主要以幼虫危害沙棘的根干部。一般不侵染 5 年生以下的幼林，而 8 年生以上的沙棘林被害严重，占被害林分的 90% 以上。该虫主要危害树干基部和根部，90% 以上的幼虫分布在地下根主干部位 0～30cm 和地上主干部位 80～120cm 范围内，造成根、主干腐烂直到全株死亡。

b. 害虫特征。沙棘木蠹蛾（Holcocerus hippophaecolus），是一种钻蛀性害虫，4 年 1 代，跨 5个年度；幼虫在 5 月、8 月和 9 月的生态位宽度较大；成虫在 6—8 月初羽化，多集中在下午15：00—19：00 之间；雌蛾求偶时间主要集中在 20：00—24：00。雄虫寿命为 2～8 天，雌虫寿命为 3～8 天。

c. 防治方法。夏季日均温在 21～25℃时，以每株 1 丸（3.2g）的磷化铝进行熏蒸防治，防治效果可达 82.61%。此外，还有性引诱及天敌防治等方法，其重要天敌有毛缺沟姬蜂（Lissonota setosa），属幼虫期单寄生天敌，寄生率达 10% 以上。

2）红缘天牛。

a. 表象特征。主要危害沙棘的主干部位（40～120cm），沙棘从萌蘖苗到成林，均受到不同程度的危害。

b. 害虫特征。红缘天牛（Asias halodendri）是一种钻蛀性害虫，5—9月，幼虫具有较高的生态位宽度，其危害更甚于沙棘木蠹蛾，在沙棘生长季节能同时危害，但在同一部位，两种害虫不能共存。

c. 防治方法。用西维因、氧化乐果、辛硫磷、溴氰菊酯进行树冠喷雾防治成虫，乐果树干点喷防治幼树内的初孵幼虫，磷化锌毒签、西维因毒麦秆等防治木质部幼虫均可取得良好的防治效果。此外，还可用人工培育的蛀姬峰、肿腿蜂，招引大斑啄木鸟等，对天牛种群的控制起着重要的作用。

3）芳香木蠹蛾。

a. 表象特征。芳香木蠹蛾的卵产于树干基部或树皮裂缝、伤口处，成堆。新孵幼虫蛀入树皮取食韧皮部和形成层，然后深入木质部，主要危害沙棘枝干和根部，使沙棘成片死亡。

b. 害虫特征。芳香木蠹蛾（Cossus cossus），在北方地区每2年发生1代。第1年在树干内越冬，第2年幼虫离开树干入土越冬。成虫羽化期为5月下旬至6月下旬。羽化多在夜间，羽化后1~2天即能交尾、产卵。当年幼虫9月下旬开始越冬。翌年4月中旬开始活动，多数在主干内部向上方钻蛀，筑成不规则的广阔连通坑道，并与外部排粪孔相通。老熟幼虫于9月上旬至9月末陆续由原蛀入孔爬出，在地面寻找适宜场所（多在靠近树干下2~3cm或其附近10cm深处）结土褐色的土茧越冬。

c. 防治方法。在卵及孵化期，向树干喷布浓度40%的乐果乳剂1000倍液、浓度50%的硫磷400~500倍250倍液。每隔15~20天一次，毒杀初孵幼虫；或以浓度40%的乐果柴油液（混合比为1:1）涂抹蛀孔处，浓度40%乐果的乳油60倍注入虫孔，外敷黄泥均有良好的杀虫效果。

（4）其他害虫的防治。除上述病虫害外，老鼠、囊地鼠和其他啮齿类动物也对沙棘产生严重危害。鼠兔害通常发生在幼龄林，野兔环状啃食树干，取食枝皮和新芽苞；田鼠危害通常发生在冬季，在雪下啃食沙棘树干。囊地鼠能严重危害树根，当果园周围种植牧草或紫花苜蓿时，危害更为严重。可通过遮挡物（金属丝网、网状织物和树木掩护物）、栽培管理以及投放驱避剂的办法防治鼠兔害。

4. 沙棘病虫害预防

在目前还没有非常有效的防治沙棘病虫害的技术手段之前，预防为主，积极干预，是防治沙棘病虫害最可靠、最关键的措施。应该在沙棘的不同生长期，认真开展疫情监控，发现苗头，立即扑杀。主要预防措施如下：

（1）3—4月（芽孢膨胀前），用浓度为3%的硝基酚或浓度为4%的波尔多液喷洒沙棘林，剪除并烧掉病枝和枯枝。移植苗运输到种植园定植前应及时消毒，即把苗木完全浸入2%的福美乳剂1min。经过处理后，苗木上的蚜虫、卷叶蛾或沙棘蝇的卵，以及其他越冬害虫均会死亡。

（2）5—6月（芽苞膨胀和开放），在沙棘开花后用浓度为4%的铜锌混合剂或浓度为1%的波尔多液处理，可以防治内真菌病的侵害。用浓度为0.2%~0.3%的甲基1605杀虫剂和4049有机磷化合物，能有效地防治吸管害虫。以浓度为0.8%的生物杆菌素对沙棘蛾最有防效。食叶幼虫可用敌百虫（0.2%，放叶前0.46%），食叶成虫则用多氯蒎烯（0.7%）、甲基硝磷钾（0.2%），蚜虫用乐果（0.2%）。针对沙棘内真菌病害及其他病害，在雌株开花后，立即用浓度1%的波尔多液或浓度0.4%的代森锌进行喷雾，代森锌可与马拉松调配使用。

（3）7—8月初（结果期）：当果实上出现沙棘蝇幼虫时，要用浓度0.2%的敌百虫对林分进行喷雾。

（4）10—11月（果实采收后）：树干和骨架枝用浓度10%的石灰溶液或涂料BC-511刷白。

（5）6—9月，在沙棘林地设置紫光灯诱杀和设置粘贴纸捕杀。设置密度一般为紫光灯2~3个/亩，粘贴纸10~20个/亩。

沙棘病虫害（一）

沙棘病虫害（二）

沙棘病虫害（三）

电网扑杀飞虫

药膜纸粘住飞虫技术

喷洒药物防治技术

沙棘病虫害防治技术

6.2.1.11　沙棘林平茬更新技术

沙棘在树龄达到 8～10 年后，树势逐渐衰弱，可以通过平茬更新复壮。

1. 平茬林龄

结合更新复壮，沙棘平茬林龄为 8～10 年左右，平均平茬周期亦为 8～10 年左右。

2. 平茬季节

从促进生长的目的出发，平茬可选在沙棘休眠期的冬季或早春，以免从伤口流失大量树液而影响沙棘正常生长，而且此时根部储存物质多，萌芽力强，春季树液萌动后能够很快恢复生长，萌生出健壮萌条；冬季或早春平茬还可延长生长期，促进新生萌条充分木质化，从而提高林分质量。

3. 平茬方法

沙棘林的平茬方法一般分为三种，即地面平茬、留桩平茬和截根平茬。留桩平茬因为涉及平茬后堆土堆的问题，工作量较大，因此一般不主张采用。不同平茬方法对沙棘年生长量无显著影响，但从各指标平均值来看，地面平茬后各生长指标均大于截根平茬。由于截根平茬后，沙棘要从根上萌芽，并有一个出土过程，因此，在平茬后的第 2 个月才出土抽条，生长期较地面平茬处理的少 1 个月，但中后期生长量较大，逐渐接近地面平茬。

从防治沙棘木蠹蛾角度，对有木蠹蛾的沙棘园，采用深度平茬可以去除沙棘枝干和根部的沙棘木蠹蛾，从而达到防治沙棘木蠹蛾的目的。沙棘主干土面下 3～5cm 就没有木蠹蛾寄生，因此深度平茬要求平茬深度为地表下 5cm。

4. 平茬方式

沙棘平茬方式可以采用片状平茬，也可以采用带状平茬。建议采用带状平茬，每 3 行为一组，每年平茬 1 行，3 年平茬完成。可以发挥保留林带的生态作用，平茬期间种植园减产少。

6.2.2　沙棘植物柔性坝

沙棘植物柔性坝是由我国水土保持专家毕慈芬提出的一种新型防止沟道小流域土壤侵蚀的生物工程，是在黄土高原严重水土流失的砒砂岩地区经过多年研究和治理实践的基础上提出来的。

沙棘植物柔性坝技术是指在砒砂岩地区沟道治理中，选择一段合适的沟道（不适宜布设小型淤地坝、谷坊坝的小支毛沟），遵循坝系工程布置原则，垂直于水流方向，按一定的株行距，密植一定数量的沙棘植物群，形成沙棘植物柔性坝坝系工程。起到拦蓄降雨径流泥沙、抬高侵蚀基点的作用。沙棘植物柔性坝与刚性谷坊坝、淤地坝工程配套建设，成为防治砒砂岩地区粗泥沙流失非常有效的一种联合拦沙模式。

6.2.2.1　小支毛沟特征

按有关沟道分级理论，将最小（没有分支）的沟道称为Ⅰ级沟道，Ⅰ级汇入Ⅱ级，Ⅱ级汇入Ⅲ级，直到汇入最高级水道。那么，Ⅰ、Ⅱ、Ⅲ级沟道，就是在细沟状面蚀的基础上，逐渐形成发育不完全的浅沟、切沟。浅沟向沟头前进，是溯源侵蚀沟形成的开始，数量多、沟道浅、发展迅猛。切沟向沟底下切，沟两侧的径流从沟沿以跌水形式进入侵蚀沟，对沟底进行重力下切，形成新的支沟沟头，沟道深且宽，形成侵蚀基准面。这些Ⅰ、Ⅱ、Ⅲ级的小支毛沟，就是布设沙棘柔性坝的主要区域。

6.2.2.2　沙棘植物柔性坝的原理与作用

沙棘植物柔性坝的基本原理是，在沟道内通过一定的株行距，垂直水流密植沙棘，形成沙棘坝系植物群，利用沙棘枝干构成的既柔软又有韧性的"植物篱"，形成可透水、可溢流、可拦沙的柔性坝，改变沟壑的输水输沙特性。洪水泥沙在输移过程中，碰到沙棘植物群受阻后，径流流速会变小，泥沙运动会减弱，径流穿林隙而过，而泥沙落淤在沙棘群中。当径流超过沙棘群顶端时，则沙棘顺势倒伏，让水流流过。过水结束后，沙棘依靠强大的根系和萌蘖力特性，倒伏的枝干很快恢复生机，新的枝条也破土而出。从整个过程看，沙棘群就像一个柔性的溢流坝。

大量试验证明，在沟道内种植沙棘等植物后，只要形成一定的密度和长度的植物群，这些柔性坝不但能够改变沟道的输水输沙特性，就地拦截粗泥沙，而且能遏制沟壑大量产沙抬高侵蚀基准面。

沙棘柔性坝与下游谷坊坝配套使用，可天然分选沟道泥沙，起到拦粗沙、淤细沙的作用。即把粗沙过滤拦截在沙棘柔性坝内，细沙随径流淤积在下游谷坊坝中，拦沙效果非常明显。

沙棘柔性坝系对沟道土壤水分具有较强的调节作用，可减缓沟道土壤水分蒸发，增大土壤入渗，起到拦沙保水作用，根系可显著改善沟道土壤的理化性质和肥力，提高土壤的蓄水保土功能。

6.2.2.3 沙棘柔性坝配置

通过多次试验得知，用于沙棘柔性坝的沙棘苗木中效果最佳的是2～4年生沙棘苗，主干粗壮，高70cm以上，根系发达，枝繁叶茂。

在一条小支沟内，如小沟小岔很多，可按植物坝系工程布设。每一条小沟，按一定株行距垂直水流方向交错种植若干行，从沟道左岸到右岸，密集栽植。如果沟道较大较宽，在沟道两侧应留出必要的行洪主沟道。

（1）小支沟沙棘配置。株距0.3m，行距2m，埋深0.4m。带状或块状配置，5行1带。根据沟道长度确定栽植几带。

（2）小毛沟沙棘配置。株距0.2m，行距1m，埋深0.4m。带状或块状配置，3行1带。根据沟道长度确定栽植几带。

6.2.2.4 拦泥封沟效果评估

从砒砂岩地区试验的沙棘柔性坝效果看，每年可以淤积泥沙0.3～0.5m厚，对于一般洪水，可拦截的泥沙量占到该场洪水泥沙总量的25%～30%。而且，拦截的泥沙基本上都是粗沙，泥沙粒径在0.01～0.1mm之间，大于0.05mm的占到60%。

近年，有福建农业大学的教授在准格尔旗暖水圪秋沟水土保持科技示范园区开展栽植菌草植物柔性坝试验，拦截泥沙效果更为显著。但是，菌草在北方的越冬问题没有解决。

小贴士：黄河多沙粗沙区

1996年水利部黄河水利委员会（以下简称黄委会）组织国内有关单位，开展了黄河中游多沙粗沙区区域界定及产沙输沙规律研究，以粒径0.05mm为粗泥沙界限，以产沙输沙模数5000t/(km²·a)、粗泥沙输沙模数1300t/(km²·a)为指标，界定出黄河中游多沙粗沙区面积为7.86万km²，涉及宁、甘、晋、陕、内蒙古5个省（自治区）的9个地区44个旗县。其中涉及鄂尔多斯市面积6955km²，包括东胜区173km²、达拉特旗111km²、伊金霍洛旗654km²、准格尔旗6017km²。

2004年，黄委会又组织国内有关单位，开展了黄河中游粗泥沙集中来源区界定研究。通过产沙面积与产沙量的比较分析，选定以粒径0.1mm的粗泥沙且输沙模数1400t/(km²·a)为指标，界定出黄河中游粗泥沙集中来源区面积为1.88万km²。其中涉及鄂尔多斯市的主要有皇甫川、清水川和窟野河三条流域，涉及面积为4295km²，其中达拉特旗4km²、准格尔旗3939km²、伊金霍洛旗352km²。

沙棘柔性坝在沟道分级配置

沙棘柔性坝沿沟岸布设中间行洪

沙棘柔性坝拦蓄泥沙排除清水

沙棘柔性坝就地拦蓄泥沙抬高侵蚀基点

水土保持典型技术——沙棘植物柔性坝

6.2.3　柠条林网田

6.2.3.1　柠条特性

　　柠条，又名锦鸡儿，俗名柠角，是豆科锦叶儿属，多年生落叶灌木，丛生。有12个品种2个变种，在鄂尔多斯分布的主要有三种：小叶锦鸡儿（Caragana microphylla Lam），狭叶锦鸡儿（Caragana sten-ophylla Pojark），柠条锦鸡儿（白柠条）（Cara-gana korshinskii Kom）。柠条寿命长、生长快，可达百年以上，若适当平茬更新，寿命还可更长。当地人评价柠条具有"三不死"（旱不死、牲畜啃不死、冻不死）特点。柠条年生长期在140天左右，但从萌芽至落叶约为200～230天。根系深且发达，经观测，1年生幼苗根深可达70cm，3年生根量显著增长，主根达2m，侧根达1.5m，多年生的柠条主根系可达3～5m，且根部具根瘤菌，能固定空气中游离的氮。据准格尔旗伏路水土保持站测定，1年生柠条的根瘤重0.032g，出苗40～45天的幼苗有根瘤7～15个，最大直径1.0～1.5mm。叶细小为羽状复叶，5月中旬开花，花期20～25天，播种后4年开花，平茬后2～3年开花，荚果成熟分裂。柠条萌蘖力强，3年后开始大量分枝。据调查，2年生柠条分枝4条，6年生分枝16条，12年生分枝40条，40年生可萌生枝365条。柠条耐干旱，经测定，在大旱的年份（1965年8月）1年生柠条地上部分含水率为61.9%，而土地表层含水量仅1.92%，在80～190cm深的土层含水量仅为5.96%时仍可顽强生长。柠条耐寒冻，能抗御−30℃的严寒。柠条耐沙压、耐风蚀、耐水蚀，具有极强的抗蚀能力，它的根被大风吹出地面30～50cm，仍然正常生长。柠条耐平茬，繁殖能力和再生能力强，枝条平茬后第二年分枝多达40～60枝，年生长高度可超过90cm。柠条种子散落后自萌能力强，经调查，发现一丛母株下1m²范围内可长出新生苗23株。柠条耐牧、耐啃食，经测算，多年生的柠条经放牧啃食后不仅不影响生长，反而生长更旺盛，当年枝可长30～50cm，有的可达70cm。当年新生枝条直径可达0.35～0.56cm，产生的新枝数和产草量都和人工平茬的效果几乎相当。柠条是鄂尔多斯市分布范围最广、种植面积最大、存活时间最长的灌木树种，它所具有的独特优势和防护效果，居全市三大灌木（柠条、沙柳、沙棘）之首。

　　以下论述柠条林带网的防风效能、柠条林网田的固沙保土效能、拦泥保水效能以及引洪淤地效能方面，参考了《陕西林业科技》《伊盟地区灌木林网田水土效益调查》和《黄土高原综合治理皇甫川流域水土流失综合治理农林牧全面发展试验研究文集》等文献资料。

6.2.3.2　柠条林带网的防风效能

　　柠条林带防风作用的大小与林带结构和林带配置有关。柠条林带的防风效能，体现在柠条林带系由纯柠条灌丛组成，其特点一是窄（一般幅宽在70～140cm之间），二是矮而密（柠条按丛密植，株高1～4m），这种林带多半种植在丘陵山区的川道旁一、二级阶地或缓坡地上，起到防风积沙作用，逐年积沙就自然形成一条软地埂，地埂高出地表数十厘米，甚至可达2～3m高。

　　1．林带结构

　　柠条林带防风作用的大小，随林带结构的不同而不同。

　　（1）不透风结构林带。其特征是林带年龄较长，由积沙形成较高的生物地埂，一般高度在50～100cm，地埂上柠条林带较宽（1.5～2.8m），柠条加地埂高度在2m以上，其上部透风很少，下部不透风，当风速在5～7m/s时，其透风系数小于0.2。

　　不透风结构林带的背风面最低风速在林缘附近，在柠条林带高度加地埂的高度的0.5倍的地方其风速为林外风速的11.6%，此后风速随着与林带距离的增加而迅速增大，经观测在距24倍林带高度的地方，风速增大到林外风速的85.3%，等到32倍处就等于林外的风速了。而在3～32倍林带高度之间的平均风速为林外风速的65.6%。

　　（2）透风结构林带。其特征是林带下积沙不太明显，大都在50cm以下，按其防风作用随林带的规格及郁闭度的变化，又可分为密透风结构和稀透风结构两种。

1）密透风结构林带。林带较宽，一般为两耧四行（种柠条一般采用耧播，为两只趾），冠幅在 140cm 左右，柠条地埂高度在 1.2～1.8m 范围内，郁闭度在 0.85 以上，林带上层枝叶茂密透风较少，林带下枝条有一定空隙，透风较上层多，当风速为 5～7m/s 时，透风系数为 0.2～0.35。

密透风结构林带的背风面最低风速同样在林缘附近。距林带 0.7 倍林带高度处，其风速为林外风速的 20% 左右，比在透风林带同样范围的风速要大 10% 左右，此后风速随着与林带距离的增加而加大，一直到 33 倍林带高度的地方的风速为林外风速的 90%，到距林带 40 倍林带高度时的风速才等于林外的风速。而在 4～33 倍林带高度之间的平均风速为林外风速的 61.1%，较不透风结构林带同样范围内的风速低 4% 左右。

2）稀透风结构林带。林带宽度较小，一般为一耧两行（冠幅 70cm 左右），林带加地埂高度在 1.2～1.6m，林带上下均较稀，郁闭度在 0.65 左右，且林带下层有较大的透风空隙，当风速为 5～7m/s 时，透风系数为 0.55～0.7。

（3）中度透风结构林带。介于密透风林带和稀透风林带之间。林带密度为一耧两行或两耧四行（带宽 70～140cm 左右），郁闭度在 0.7～0.85 之间，上层林冠枝密，下层有较大的透风空隙，当风速为 5～7m/s 时，透风系数为 0.35～0.55。

2. 柠条林带网的防护效能

林网是由许多林带纵横交错而构成的各种形状不同及大小不等的网格。网格内的土地和林网组合在一起统称林网田。鄂尔多斯境内的柠条林网田，不仅分布广泛，而且防护效能较好，获得了群众的认可和喜爱。柠条林网田的防护效能主要体现在以下几方面：

（1）防风。柠条林网田的防风效能和单一林带比较起来要显著得多。据准格尔旗十褀牛塔的观测资料，林网中的风速在距离林网 30～40 倍林带高度的地方，仅为林外空旷地风速的 80%。而单一林带间的风速则在距林带 30 倍林带高度处，就几近于林外的风速了。当大风进入林网后，距离林网 5～40 倍林带高度范围内，林网田中任何位置的风速均小于单一林带背风面的风速。林网田之所以比单一林带的防风效能高，主要在于大风碰到林网时风力受阻而减弱，减小了风速。

（2）调节地表温度。据准格尔旗 8 月下旬实地观测，在 30～40 年生不透风结构林带中，从离地表 50cm 高度至 10 倍林带高度处，白天平均气温比林网外空旷地高 1.2℃ 左右，夜间平均气温比空旷地低 0.9℃，而林网内温度的提高有利于作物的生长。

（3）增加空气湿度。经实地观测，林网内白天或夜间的相对湿度和绝对湿度均高于空旷地，夜间更为明显。夜间网内绝对湿度和相对湿度分别较空旷地高 0.5g/m³。林网内空气湿度的增大，主要是由于网内作物蒸腾散发出的水气增加，以及网内风速减低，作物蒸腾散发的水气在林网内停滞在下层的时间延长，故空气绝对湿度增加，相对湿度也随着提高。减轻了干旱风对作物的危害。

（4）减少蒸发。林网内由于风速、气温及湿度的变化，蒸发也随之发生变化。经实地观测，夏季林网田中距林带 10 倍林带高度处的水面蒸发量较空旷地低 19.3%，秋末冬初林网田中的水面蒸发量和土壤蒸发量在 10 倍林带高度处分别较空旷地少 13.3% 及 54.6%，30 倍处分别少 14.8% 及 32.5%。林网内蒸发量减小，尤其是土壤物理蒸发的减小是林网改善农田小气候的主要指标之一。这对于风沙干旱地区来说具有十分重要的意义。在一定程度上保证了农作物生长的水分条件。

（5）冬季积雪。林带及林网还有利于冬季积雪，提高土壤水分。

综上，柠条林网及林带对农田小气候的改善，主要表现为：降低风速，调节农田温度、湿度，减少农田土壤物理蒸发；有利于积雪，增加土壤水分，给作物生长创造了良好的环境条件；尤其是林网内风速的降低，减轻了早春风大对适时播种的影响。

6.2.3.3　柠条林带网的固沙保土效能

由柠条组成的林块、林带、林网都具有显著的固沙保土能力。

1. 林块的固沙保土作用

经观测在明沙上营造大片柠条林之后，地表植物相继定居，总覆盖度提高，有效地阻止了流沙移动，经过几年或十几年之后，不仅植被盖度增加而林间的植物品种也大大增多了。堆沙高度随着柠条的分枝增多及高生长拦沙及堆沙高度也逐渐加高，往往一丛柠条就堆积一堆高大的土丘。各土丘绵延连接起来就形成一块高出周围地面的一块高地。有的可高出周边一米多。

2. 林带的固沙保土作用

林带都有固沙保土功能，其作用大小随着林带的结构透风程度而异。密透风结构林带积沙最高，积沙顶峰在一楼两行的林带上发生在林带背风面的林缘附近。两楼四行的林带上积沙顶峰发生在林带内。中度透风结构林带积沙高度略低于密透风林带，积沙顶峰发生在林带背风面离开林带较远处。稀疏透风林带积沙高度最低，宽度最大，积沙顶峰不明显。林带的年龄、走向、间距等对积沙均有影响。

（1）林带的年龄与积沙成正比关系。据调查，柠条林带固沙形成生物地埂的高度随林带年龄的增大而增高。观测到5～7年的林带平均积沙10cm，年均积沙1.7cm，10～15年的林带平均积沙高度26cm，年均积沙2.1cm，30～40年林带平均积沙高度140cm，年均积沙4.1cm，较10～15年的林带年均积沙高1倍。

（2）林带走向与积沙的关系。经调查，林带与主风方向垂直时积沙作用不如与主风方向成一定交角时的积沙作用明显。因为林带和主风方向垂直时，当沙粒向前随风移动碰到透风林带时，不能最大限度地把沙粒阻挡在林带内，相当一部分沙将穿过林带，在林带背风面一定距离才落到地面积下来，春季大风时还把林带原来积的沙吹走，形成缺口，积沙的顶峰发生在林带背风面离开林缘一定距离。当林带与主风方向成一定交角，风吹向林带时气流受到林带的阻挡，产生分力把风向分开，这就大大降低了风速，同时风斜穿林带时就间接地增加了林带的宽度故积沙作用较为显著。积沙很少有被吹蚀的现象，因为积沙顶峰较高，且大都在林带内。经调查，林带与主风的交角大都以在60°～80°范围时效果较好。

（3）林带间距与固沙的关系。林带间距在林网的建设中至关重要。据在准格尔旗纳林河流域的调查，7年生的柠条林网林带的积沙高度，不管是荒地还是耕地均随林带间距增大而增加。林带间距为10m时，积沙高度6.5cm；林带间距为20m时，积沙高度增加到13.5cm；林带间距增大到35m时，积沙增高到21cm。这就说明林带间距的布设应因地制宜，过宽时田内风蚀强度就大。为便于耕种，同时最大限度减少风蚀，一般林带间距以10～30m为宜。林带间距的大小也要视土壤情况和林带内生产的方向来定，土壤质地好的，如黑垆土、白夹土、栗钙土，其间距可大一点；若为明沙土、二沙土，其间距可小一点。农耕地可小点，牧草地可大点。

3. 林网的固沙作用

林网的防风效能较林带大的多，网内风蚀现象减弱，林网林带下积沙量相应减少，积沙高度较单一林带为低。林网林带积沙最多的地方在林带交叉点上，其他处积沙高随与交叉点距离的远离而逐渐减少。因多年的积沙网格内就形成四面高中间凹的地块，四边的林带就成了生物地埂，林网就成了生物地埂网。由于生物地埂网的逐年积沙，有的高出地表10cm，甚至能高出地表2～3m以上，把农田和草场包围起来，并分割成各种大小不同的形状。农田就呈现出锅底状，有的是长方形，有的是正方形，这种生物地埂的形成不仅增加了林网的防风效能，进一步减轻了农田的风蚀程度，有助于农田的拦泥蓄水。

4. 减弱土壤风蚀

因柠条林带及林网消减风力降低风速，直接减轻了林网内土壤的风蚀强度，经监测在风速为8～10m/s时，观察到与林网相距30倍林带高度处离地面15cm高度的风速降低到4.4m/s左右，林网内土壤无风蚀现象。反之在林网外则观察到土壤风蚀现象严重。因为林网有较强的阻风作用，林网农田土壤颗粒在风力作用下发生风蚀的主要为小于 0.25mm 的直径粒级，网内土壤小于 0.25mm 的直径粒级含量随着离开柠条林带的距离而降低。与林带背风面风速的变化趋势相一致。经观测在离开林网林带 10m 及 30m，即林网林带防风作用范围内土壤小于 0.25mm 粒级含量在 88% 左右，当离开林网林带增大到 75m 时其含量降到 83.6%，超过这个范围之后的 120m 及 140m 的土壤中小于 0.25mm 的粒级降到最低为 81.4%，与没有林网林带保护的接近。

6.2.3.4　柠条林网田的拦泥保水效能

柠条林网所形成的生物地埂有较好的拦泥保水作用，这对于干旱而水土流失严重的地区具有十分重要的意义。尤其在 7—8 月暴雨时期，大量降水落入地面来不及渗透时往往汇成径流造成严重水土流失，而有了柠条林带或林网所形成的生物地埂的地段就起了拦水埂的作用，从而可以最大限度地拦泥保水。

据准格尔旗伏路水土保持试验站的监测资料，当年降雨量 493.6mm，在 100m² 的观测小区内，柠条林带的径流比对照区减少 59.6%，柠条林带内的拦蓄泥沙量比对照区增加 30.2%。

柠条林网田的保水作用比较明显。据测定，在 7 月中旬 30 年左右的林网田中，地形平坦的林网中心土壤湿度最大，2m 土层的湿度变化在 3%～15% 范围内，0～150mm 土层内贮水量高达 241.9mm，接近于田间持水量（267.4mm）的贮水量，而非林网的空旷地段的土壤湿度在 0～160mm 土层内变化在 3%～9% 范围内，较林网中心低 6% 左右；0～150mm 土层的贮水量仅为 141.5mm，较林网中心相同土层内低 100mm 左右，只相当于田间持水量时储水量的 53.5%。

6.2.3.5　柠条林网田的引洪淤地效能

柠条林网的生物地埂，除了最大限度地接纳降水和免于地面发生径流而引起肥沃的农田表土被冲走外，还可以在雨季中引洪淤地。据调查，准格尔旗纳林河流域的农民在 20 世纪 60—70 年代，就利用柠条林网生物地埂在雨季将洪水引入林网田内进行淤地，在原来的沙土地上淤一层厚 20～25cm 的泥，经过翻耕后，作物单产可增产 30%～35%。经过淤澄土地土壤物理性黏粒（粒径小于 0.01mm）的含量增加到 42.5%，土壤质地变成了中壤土，由于土壤物理组成发生变化，土壤结构也相应发生了变化，致使土壤容重减小，总孔隙及毛管孔隙度增多，非管孔隙减少，土壤渗透系数也随之降低，由此改变了沙土透风、漏水、漏肥的不良性状，增强了耕层土壤蓄水持水及保墒性能。经监测，经过引洪淤地的林网田土壤 0～50cm 土层（即根系集中最多的土层）的贮水量为 64.4mm，较未淤澄地的相同土层贮水量（22.3mm）多 42.1mm。

除此之外，柠条林及柠条林带、林网还有维护水土保持田间工程的作用。在梯田地埂、沟沿地埂、沟坡防护、沟头防蚀、淤地坝上游及周边配置柠条林带对工程的加固和维护都能起到显著的防护作用，对新修建的铁路、公路的路基、路堑边坡的防护和取弃土场的植被恢复效果都很好。尤其在砒砂岩的陡坡上，柠条能顽强地生长，而且在泻溜、坍塌的沟坡脚处柠条因特有的繁殖快、根系发达的优势，其沟坡防护作用显著。

6.2.3.6　柠条林、林网在发展农牧业中的作用

由于具有挡风固沙、拦泥保水、改良小气候的作用，柠条在干旱、风沙、水土流失严重的地区，尤其在旱作农田的情况下，能起到保耕、保苗、保收的良好效果。在 20 世纪 60—70 年代，因风沙灾害，农作物常常需要播种 2～3 次才能保苗成活。有了柠条林网的保护，能按时耕种、播种。经实地调查发现，林网田的农作物产量较没有柠条林网保护所种的旱作物谷子、糜子等可增产 23.5%～54%。尤其在水利化程度较低的年代，种田主要以旱作为主，柠条林网田发挥的作用非常明显。

柠条林网对牧业发展的作用就更明显。有柠条林网保护的草场野草的种类增多，植被发生明显变化。经调查，在沙荒化土地上营造柠条林网前，植被盖度为 1%～2%，种柠条林网后摞荒一年在

禁牧的情况下，植被（杂草）盖度可达 85%；亩产草量在撂荒一年放牧的情况下，亩产草仅21.3kg，而撂荒一年禁牧的情况下，亩产草可达 187.3～249.1kg。在空旷地未种柠条林网内的杂草平均高仅 4.0cm，而在柠条林网内的杂草高可达 20～45cm。而草的种类也发生了明显变化，未种柠条林网的沙荒土地上以狗尾草、沙米、地锦为主，而种上柠条林网内的植物可达 10 多种，种群也发生了变化，沙蒿、刺蓬、达乌里胡枝子、地椒、榛头等也多起来了，种群的增多使生态环境也发生了明显的改观。

柠条本身就是很好的草，尤其在旱年或冬天还是"救命草"，柠条的叶、枝、梢能被牲畜四季采食，故称之为"四季常青的救命草"。经准格尔旗海子塔站试验场测定：对 10～15 年生的柠条 5月下旬刈割一次，8 月下旬刈割一次，综合两次平均值可得每亩每年可产鲜草 753.25kg，折合产干草 365.10kg（50kg 鲜草可得 24.2kg 干柠条）。柠条的叶子、枝梢、皮部和种子都含有丰富的营养物质。经准格尔旗海子塔试验站化验分析，柠条全身含有丰富的蛋白质，这是其他属牧草不能相比的，柠条叶内的蛋白质是玉米的 2 倍多，柠条果实的蛋白质是玉米的 2.3 倍（玉米蛋白质含量为7.2%），其余如脂肪、淀粉、纤维素含量都很高。

柠条的产草量和可食率随着柠条生长环境、林型、规格、立地条件和树龄的不同而不同。在变化初期分枝较少，可食率较低，经平茬后第一年可食率可达 60%～70%，第二年可达 50%～60%，第三年可达 45%～50%，第四年可达 40%～45%。一般说来柠条的产草量以带距适当的带状块林产量较高，互生块林居中，林网次之。立地条件好的产量高，立地条件差的产量低。互生块林和带状块林分布在梁顶沟坡、梁坡及牧区硬梁地区，这些地方全年都可放牧。经测定互生块林每亩可产草 250～450kg，从 9 月到次年 3 月羊以吃柠条为主，4—8 月以采食杂草为主。梁峁山区载畜量每亩可达 0.2～0.33 头。带状、块林每亩可产草 400～600kg，载畜量每亩可达 0.33～0.45 头。如果将林间的杂草计算在内，载畜量就更高了。如遇旱年，1～2 亩互生块状、林带状柠条，可养活 1 只羊。可以说柠条是防灾、抗灾的救命草。

6.2.3.7 柠条林网田的配置

柠条林可分为经营型柠条林和体系型柠条林。

1. 经营型柠条林

经营型柠条林指以经营目的不同而划分的林型，如固沙保土林、农田防护林、护坡林、生物地埂林、沟坡防护林、护岸林、护路林、护水库林、沟岸防护林、生物工程地埂（引洪淤地工程防护林、梯田地埂防护林）等各种经营类型。

经营型柠条林又有块林、林网、林带等形状，块林有带状、块状和互生块状林之分（分布分散组成块），林网有大小之别，林带有宽有窄，其基本形式是林带；林带间距较宽（大于 10m）的单一林带是一般林带，林带间距较窄（2～8m）顺序排列的林带形成带状块林；在田间工程上配置的林带形成生物工程地埂；由柠条林带积沙形成的地埂是生物地埂；纵横交错的林带形成林网。

2. 体系型柠条林

体系型柠条林又分为区域体系和流域体系。

（1）区域体系：在某一地段（区域）由许多不同经营型柠条林组成。区域体系的布设，区域体系的出现是以当地自然环境条件、农牧业的经营情况而定的，以农业为主的乡村有大量的农田需要防护，就要以柠条林带、林网为主进行布设。以西北风为主风向的应布设东西走向的主林带和南北走向的副林带、林网，主副林带间距一般为 60～240m，林带内宽 2 耧 4 行，带宽 2～3m；4 耧 8 行带宽 3～4m，最宽 7 耧 14 行，带内宽 5～7m。小网格的主副林带间距 30～60m。较小的地块，如在沟边、水库旁的带间距也可为 3～8m 或 5～15m，而在沟坰地上应在 30～40m，林带多采用窄林带，2 耧 4 行或 4 耧 8 行（行距为 33cm）。（注：一般用耧播 2 趾耧，趾间距 33cm。）

牧区地势比较平坦，林网的布设多呈宽带大网格的形式，林带最窄的也在 5 楼 10 行，最多的可种 10 楼 20 行或更多，带间距一般在 30～100m，在硬梁地还可更大些，这样布设的多为轮封轮牧草场，网内草场要适当禁牧或进行草场改良，逐步提高植被覆盖度，亦可成大片大块种植。既可防风固沙，又可作为冬春牧场。

柠条林带及林网的防护效果从观测成果看主林带走向最好和主风方向有一定的偏角为宜，一般控制在 50°～60°最好，主林带不要垂直于主风方向（上面已有论述），副林带和主林带呈垂直关系。

（2）流域体系：是由许多区域体系在一个流域内的组合体，从某一区域布设来说，林网体系的综合作用是难以分割的整体。从某一经营类型来说，它是某一区域体系的组成部分。因此，不论是体系型还是经营型都要以因地制宜、因害设防、因利配置为布设原则。

流域体系的布设，是以流域作为一个大（或小）的单元，在其不同部位因其防护、经营目的不同而布设不同结构的柠条林。如沟头、沟坡、沟岸及大小不等的坡面、零星的地块等以防护水土流失为主进行柠条林的布设。而在较宽展的阶地上考虑农耕的需要就要布设林带或林网。以流域为一个整体，上下游、左右岸、农牧林综合考虑进行布设，形成点（丛）块、带、网综合整体的柠条防护林。体系内的规格尺寸灵活掌握。

6.2.3.8 柠条的营造和管理

鄂尔多斯种柠条已有悠久的历史和传统，现全市柠条保存面积 13.3 万 hm^2，在柠条的种植和管理上积累了丰富的经验。

柠条造林很简单，柠条枝条萌动于 4 月中旬，展叶期在 4 月中下旬，新梢生长从 4 月底开始，现蕾开花期为 4 月底，5 月中旬开始结果，7 月上旬果实成熟。当种子已成熟尚未开裂时就需采摘，晚了就散落了。柠条种子的发芽率随着保存时间的增加而降低，刚采下的种子发芽率在 85%以上，经半年储存，降低到 40%左右。若要较长时间储存要用药物处理一下。柠条造林比较简单，一般是采用种子直播造林，用新采的种子以 7 月下旬播种最好，因 7 月正值雨季，墒好，气温高，湿度大，风沙小，发芽率高。一般播后 2～3 天就可出土，90 天后苗高长 8cm 左右。当地多采用楼播 1 楼 2 行，每亩播量 0.5kg 左右，约 13513～18450 粒。播种随采随播最好。播种时间从 5 月一直到 9 月都可。栽培方法可楼播、撒播，也可栽实生苗，近几年搞小面积的工程防护，多采用 1 年生或 2 年生实生苗栽种。楼播行距 30～33cm、播深 8～9cm。若栽实生苗采用穴坑栽植即可，一般是随挖随栽。柠条管理比较简单，为了复壮应隔几年（3～5 年）平茬一次，它的病虫害较少，如遇特殊情况应注意防虫。

达拉特旗柠条林网田：每带2行，株距1m，带间宽5m种植农作物

鄂托克前旗柠条林网田：每带1行，株距0.5m，带间距3m

杭锦旗四十里梁柠条林网田

准格尔旗纳林川左岸柠条林网田

达拉特旗梁外柠条放牧林

鄂托克前旗敖银线柠条林网田

水土保持典型技术——柠条林网田

6.2.4　沙柳防护林

沙柳属杨柳科，是速生、多年生灌木，树皮幼嫩时多为紫红色，有时为绿色，老时多为灰白色，茎表层角质层较发达，叶互生。沙柳的特性主要是：抗逆性强，抗旱耐贫瘠；喜水湿，抗风沙，耐一定盐碱，耐严寒和酷热；喜适度沙压，越压越旺，繁殖容易，萌蘖力强，成活率高。因此，当地群众形象地说沙柳具有"干旱旱不死、牛羊啃不死、刀斧砍不死、沙土埋不死、水涝淹不死的"五不死特性。

这种特性来源于沙柳的根系发达，萌蘖力强。当冬、春季风沙肆虐时，不管沙柳被埋得多深，只要有一个头露在外面，它就能够破土而出，顽强生长。牛羊啃食后，只要一枝存活，过不了多久就又恢复了生机。沙柳在地面丛状高度可达 2m 以上，地下根系却向四处延伸寻求养分，能够延伸到 30 多米，一丛丛沙柳就可将周围流动的沙丘牢牢固住。此外，沙柳还具有多年生的特性，这种沙生灌木就像韭菜一样，割一茬长一茬，具有"平茬复壮"的生物习性。人们用刀齐根砍下这些沙柳条，再切成 70～80cm 的段，就成了栽植沙柳的扦插苗。砍过的沙柳并没有死，来年春天又会萌发新芽，三年成材，越砍越旺。但如果不砍掉过度成熟的枝干，要不了几年，它们就会成为枯枝，这是沙柳的本性使然。

沙柳是我国沙荒地区造林面积最大的树种之一。利用沙柳生长迅速、枝叶茂密、根系繁大、固沙保土力强的特点，鄂尔多斯地区把它作为风沙区水土保持治理的主要植物和首选措施。沙柳成为鄂尔多斯地区与柠条、沙棘并列的三大当家灌木之一。

6.2.4.1　典型的沙柳治理模式

在鄂尔多斯水土保持治理中，沙柳防护林主要应用在三个方面：一是库布其沙漠、毛乌素沙地的流动沙丘、半流动沙丘的防治。首先在沙丘上布设沙柳沙障，包括扦插鲜活沙柳条的活沙障，密植风干沙柳条的死沙障。随后，在沙障内栽植鲜活沙柳条，按带状配置，造成防治沙丘移动的防护林。不仅把不断侵蚀扩散的连绵沙丘牢牢地固住，而且成片成带的沙柳防护林带可涵养沙地的水分，削平沙丘，短短几年就能形成一片片绿地。二是在风沙区的农田四周营造沙柳防护林，保护农田，减少风沙侵袭。三是各类生产建设项目水土保持方案所采取的植物防治措施。如露天煤矿排弃土场边坡的植物防护，铁路、公路的路基边坡的植物防护，多采用沙柳沙障。沙柳在鄂尔多斯各个类型地貌区都有分布，纯林、混交的都有，树种配置、株行距根据不同的立地条件也有许多不同的选择，在有关章节中都有比较详尽的说明。在此只总结几种比较典型的治理模式。

1. 低立式沙柳枝条方格活沙障

低立式沙柳枝条方格活沙障，在水土保持植物治理措施中采用的最为普遍。其主要用途如下：

（1）用于风沙区的流动沙丘、半流动沙丘的防治。先实施沙障，然后在沙障网格内种植沙柳、羊柴、紫穗槐、沙打旺等灌草，将沙丘改良为较大面积的草牧场，既防沙治沙，保护生态，又为发展生态畜牧业创造条件。

（2）用于铁路、公路两侧的风沙区设置。

在春季萌芽前或秋季落叶后，选 2～3 年生沙柳活枝条，切成 60cm 长的段，按顺序排好成捆，注意不要把枝条上下颠倒。按照方格沙障规格要求，沿垂直主风方向拉线（细尼龙线），顺线挖 50cm 深的栽植沟，把活沙柳枝条按照 3～5cm 的间距立式摆放在栽植沟内，枝条大头向下，然后用湿土埋沟踩实，副带垂直主带，施工方法与主带相同。特别提醒：①枝条不能颠倒插进去；②一定要踩实。

通过各种带状沙柳沙障对风沙区治理效果的实践可知，带状沙柳沙障的防护效益与沙障设置的高度和规格关系密切。行数越多，带距越小，防护效果越好。考虑到种植成本，推荐两种配置模式：第一种配置模式为三行一带，带宽 1.5m，株行距 1m×1.5m，带距 10.5m；第二种配置模式为二行一带，带宽 1.5m，株行距 1m×1.5m，带距 7.5m。

2. 带状或块状种植沙柳防护林

对于覆沙层较薄的沙土地或者零星分散的低矮小沙丘，可采取带状或块状种植沙柳防护林。沙地面积较大时，可按带状栽植，沿主风向布设，带宽 4~8m，每带 4 行，株行距 0.5m×1.0m，交叉种植。沙柳苗条最好按 3~5 枝丛植，挡沙效果更好。沙地面积较小时，可按块状栽植，株行距 0.5m×1.0m。对于沙区的沟道两侧，在沟沿线栽植 1~2 带沙柳护岸林，株行距 0.2m×0.5m，密集栽植，防止沟岸冲刷。

3. 农田沙柳防护林

在风沙区开垦的饲草料生产基地，是当地群众的基本农田。为防止风沙对农田的侵袭，一般在农田四周种植沙柳防护林。选 2~3 年生沙柳活枝条，在农田土埂的外侧栽植 2~3 行沙柳，株行距 1m×1m，形成窄带沙柳防护林。配合栽植其他乔灌木和人工种草，当地的生态环境得到极大保护，生产条件得到明显改善。但需要注意的是，沙柳成林后，应每隔 3 年平茬一次。

6.2.4.2 简便高效的沙柳种植法

沙柳的种植方法很简单，在沙柳林砍伐鲜活的嫩枝条，截成 60~80cm 的沙柳扦插条，用铁锹挖一个 50~70cm 的小口坑，种植时露头 10cm，关键是要踏实。有条件时可适当浇水。人们在长期种植沙柳的实践中，摸索出一种新的简便高效的沙柳种植法：首先，用 16 的钢筋加工成一个简易种植工具，离钢筋底端 50cm 处焊接一个脚踏的横杆，钢筋底端加工成尖形，便于插入沙中；接着，用该工具垂直地面戳一个洞，洞深 50cm，然后将长 60cm、直径大于 0.5cm 的沙柳条放入洞中（注意沙柳条不能颠倒放），不用人工踩踏埋沙，而是利用风携带的沙子自然埋洞。经 2011 年秋季试验种植，该方法比用铁锹种植快 1~2 倍，植株成活率在 80% 以上，而且效果也不错。

此外，还有一种水冲沙坑栽植沙柳法，可参见 5.3.5 小节"造林新技术的应用"。

6.2.4.3 沙柳的综合效益

沙柳的生态效益、社会效益、经济效益都非常显著。沙柳防护林形成后，砍伐的新鲜柳条可以作为沙柳扦插苗出售；不宜用作苗条的沙柳枝梢、干枯枝条可作为沙障材料出售，也可以作为农牧户的生活薪柴。沙柳嫩枝叶可以粉碎青贮，饲养牲畜。2000 年以来，随着沙柳种植面积、种植规模快速扩大，鄂尔多斯市政府采取"反弹琵琶"的政策措施，调动农牧民种植沙柳的积极性，支持、鼓励各类企业做强做大林沙产业，沙柳摇身一变成为制作纸板、造纸、刨花板、中密度板的原材料，成为生物质发电厂的廉价燃料，出售沙柳成为农牧民一笔可观收入的来源。这一思路既解决了生态效益向经济效益转化的问题，又极大地推动了农村牧区全面推行舍饲圈养、保护生态环境的进程，由沙柳引发的林沙产业成为鄂尔多斯市新的经济增长点。

公路两侧沙柳防护林

沙柳、柠条混交防护林

沙柳、羊柴、灌草混交林

杭锦旗乌点不拉沙柳防护林

风沙区种植沙柳防护林带（一）

风沙区种植沙柳防护林带（二）

水土保持典型治理技术——沙柳防护林

6.2.5　山杏经济林

在水土保持生态建设中，鄂尔多斯一直把经济林草种植作为增加当地农牧民经济收入的一件大事来抓。祖祖辈辈居住在丘陵山区的村民，常常在房前屋后、背风向阳的地方栽植苹果、苹果梨、山杏、海红果等各种旱作经济林果树，当地人称之为"花果树"，一来给荒山荒坡增添一些绿色，二来也能有点收入。在当年光山秃岭、林草稀疏的丘陵山区，有树就有人家，果树成为山区的"交通标志"。因为村民们从不把花果树当作一项产业来经营，收入多少全凭风调雨顺而定。一个乡镇几乎家家户户都有几株花果树，品种多、数量少、产量低，不能形成规模效益。但一直保持着种植花果树的优良传统，其中的花果树主要以乡土树种为主，成片的较少，零散的居多。20世纪50年代，伊克昭盟第一个水土保持科研机构伏路（现更名为福路）水土保持试验站设在准格尔旗沙圪堵镇伏路村，第一个水土保持基点工作站设在达拉特旗的原青达门乡，后迁移到原耳字壕乡，是最早普遍开展水土流失治理和科学试验工作的基层场站。居住在这里的村民，深受水土保持基层场站的影响，踊跃参加水土流失治理劳动，对防治水土流失的各种林草措施、工程措施都比较熟悉，也比较容易接受一些新的观念和新的事物。对引进和推广新的经济林品种积极响应，先后建立了一些小果园，有村社集体的，也有个户种植的，但终因种植面积过小，不能形成规模效益。1993年，伊克昭盟成功引进黄土高原水土保持世界银行贷款项目，在水土流失治理和土地开发过程中，决定大力发展"八大产业"，其中之一就是核果类产业，大力推广种植仁用杏，发展山杏经济林。准格尔旗福路万亩山杏园和达拉特旗千亩扁杏园，就在这一背景下应运而生。

达拉特旗丘陵山区经济林的栽植，历来就以乡土树种山杏为主，山杏适应性较强，但经济效益远不及以仁用杏为主的大扁杏高。水土保持世界银行贷款项目（以下简称"世行项目"）是集经济效益、生态效益、社会效益为一体的开发治理项目，为了提高林业产值，增加商品率，使人工造林的三大效益同步增长，项目计划中把发展杏树产业作为经济林建设的重点。根据河北、辽宁等地丘陵山区发展扁杏产业的经验，大扁杏具有适应性强、耐寒、耐旱、成本低、见效快、效益高、好管理的特点。三年挂果，八年进入盛果期。盛果期内每亩收入300～800元，最高达3000元。杏仁用途广泛，市场前景看好，河北承德产的杏仁露和内蒙古高原杏仁露有限公司（厂址位于准格尔旗沙圪堵镇）生产的杏仁露饮品深受消费者欢迎，但杏仁原料严重不足，种植仁用杏就成为丘陵山区发展林产业的首选品种。1993年，达拉特旗按照盟里要求，利用世行项目，规划营造大扁杏经济林3094hm^2。

考虑到大扁杏是引进的新品种，需要试验成功后才能推广。1995年达拉特旗在世行项目区首次推广河北、辽宁发展扁杏的经验，采取了集体调苗、分户栽植的办法。经检查验收，成活率无几，严重挫伤了广大干部和群众发展扁杏的积极性。总结经验教训后，决定先试验示范，后推广发展。1996年秋季，旗世行项目办公室在原耳字壕镇学校湾小流域筹建千亩扁杏示范园，学校湾小流域是罕台川右岸的一个小流域治理单元，行政区划属达拉特旗耳字壕镇，土地权属达拉特旗水土保持局，由旗水土保持局设在该流域的水土保持工程专业施工队建设管理。造林地块就选择在该小流域沟掌部位的向阳缓坡地段，作为世行项目大扁杏造林基地。基地地表土层较深，一般均在80cm以上，土质为沙壤土，且背风向阳，适宜大扁杏种植。计划建设规模80hm^2，分为二期实施，第一期栽植面积60hm^2，第二期栽植面积20hm^2。

旗水土保持局责成施工队负责大扁杏基地的建设。1996年，首先将原来的"小老头"杨树全部拔掉，然后按地形进行了水平梯田整地，开挖了水平沟53.3hm^2。1997年春季定植时，聘请盟里的何石曾、李培荣二位专家进行技术指导。株行距采取3m×4m，每亩定植大扁杏苗55株，苗木选用河北培育的嫁接苗。定植后进行浇水和覆盖地膜，以提高地温，保水保墒，促进生长。但由于远距离运苗，苗木严重失水，加之定植时浇水不足，当年成活率仅有 10％～15％。由分散栽植到集中栽植，大扁杏栽植两度失败，大扁杏园是停建还是缓建成为争论的焦点。若在原基础上补植续建，仍有失败的可能，会造成不可弥补的损失；若就此停建，不仅已造成的损失无法挽回，而且会影响整个项目的经济林产业开发。通过认真分析研究认为，在选苗、运苗、假植、浇水等环节上存在疏漏，技术指导和监管跟不上是导致大扁杏园建设失败的主要原因。

1998 年春，紧紧抓住选苗、运苗、假植、浇水等各个环节，在补植原来的 60hm² 扁杏的基础上，新定植 20hm²，总栽植面积 80hm²，成活率达到 96％。后经 1999 年少量补植，成活保存率达到 99％。

在大扁杏园的抚育管理上，吸取了 1997 年建园失败的教训，认真落实四方面的工作：①请旗果品公司技术人员传授管理技术，指导抚育管理，定期修剪；②在大扁杏园东侧紫家渠骨干坝下游修建截伏流水源工程一处，用地埋塑料管将水输送到大扁杏园腹地的蓄水池，用水罐车拉水浇灌，保证春秋两季各浇灌一次；③组织施工队的工人及时除草松土；④开展药物灭虫、防虫，消除虫害。大扁杏园在精心管理下，经受了三年大旱的考验，仍然保持了良好的生长势头，一部分杏树从 2001 年起开始挂果，2008 年进入盛果期。春季杏花满园，芳香怡人，夏季绿树成荫，一望无边，生机盎然。

千亩大扁杏园的建成，对于发展水土保持经济林产业有着深远的意义和作用。

第一、通过大扁杏园建设，为世行项目区大面积种植大扁杏起到示范和推广作用。可激发周边地区群众种植大扁杏的积极性。由于大扁杏园栽植的全部是优质种苗，加之标准化栽植和抚育管理，林木生长快，结果早，群众在近期内能见到经济效益，都乐意接受，推广较为顺利。

第二、大扁杏园可为世行项目区以至项目区以外地区提供山杏嫁接枝条（接穗）。目前，山杏种植以点种杏核为主。点种杏核成本低，成活率高，生长快，通过嫁接即可改造成经济效益高的大扁杏。大扁杏园在秋、冬季修剪时，可采集大量枝条以供嫁接。

第三、有可观的经济效益。大扁杏定植或直接嫁接后三年结果，八年进入盛果期。亩产杏仁 45～80kg，按市场收购价杏仁 24 元/kg 计，亩产值 1080～1920 元，收入按产值的 60％计算，亩收入 640～1152 元。大扁杏园 1200 亩，年收入按最低 640 元/亩计算，可达 76.8 万元。如果项目区 3094hm² 山杏全部改为大扁杏，其收入每年可达到 2970.2 万元，将为项目区农牧民致富和偿还贷款奠定坚实的基础。

有达拉特旗千亩大扁杏园的试验示范，准格尔旗福路万亩山杏园的建成就顺理成章了。

2003 年，在准格尔旗实施退耕还林项目时，福路村的农民就在自己承包的退耕地上种植山杏树。因为当地农民深受水土保持试验场站的影响，对造林种草、种植经济果木的技术非常熟悉，为保护经济林木，防止林木病虫害，在营造山杏经济林时，采取了山杏、油松带状混交的配置模式，其中杏树占 70％、油松占 30％，株行距采取 3m×4m，种植油松同时对经济林有防护作用。在两行杏树之间定期除草松土，修补土埂，截留雨水。因而，虽然多年来没有修建水源工程，但是山杏仍然生长旺盛，只有遇到极度干旱时才需要临时拉水浇灌抗旱。

通过多年的经济效益监测，平均每亩年产杏核 50kg、杏肉干 50kg，每亩每年纯收入 800 元。山杏园原来一直由当地农民经营管理，随着农村劳动力的减少，有一些农民将山杏林承包给内蒙古高原杏仁露有限公司经营。目前，该公司采取"公司＋合作社＋农户＋贫困户"的经营管理模式，承包山杏林面积 1500 亩，并与农户签订了承包经营协议书。

2008 年，内蒙古高原杏仁露有限公司（甲方）与福路村福路社 49 户农民（乙方）签订的承包经营 479.78 亩杏树经济林协议书。按该协议书规定，农民在承包的退耕地种植山杏，国家给予的退耕还林的政策性补贴全部归农民所有，成片山杏油松混交林出租给甲方经营管护，租期 30 年。承包经营杏林的前 5 年，甲方每年支付农民每亩 50 元，后 25 年每年每亩支付 100 元。租期内，杏树的管理、投入、杏树产品的收益均归甲方；杏树间伐受益归农民，间伐费用也由农民承担；油松的田间管理、收益归农民，同时承担相关费用。甲方对杏树进行品种改良、补种、间疏苗等，农民不得干涉。在租期内，因国家政策调整，对林地征用时，土地受益归农民，杏树受益，农民分享 80%，甲方（公司）分享 20%。租期到期后，估算杏林产业的产值，甲方占 30%，农民占 70%。

按此协议计算，该公司承包经营 479.78 亩杏树经济林，在 30 年租期内，需要支付农民承包费 131.94 万元，平均每年支付 26926 元，平均每户每年收入 897.5 元。如果算上退耕还林的政策性补贴、杏树油松的收益等，当年参与建设山杏园的农民，所获得的经济效益就更高了。千亩扁杏园和万亩山杏园建成的成功实践，充分说明了山杏经济林可以在丘陵山区大面积推广栽植，并为鄂尔多斯市林产业开发和深入发展开创了良好局面。

达拉特旗耳字壕万亩大扁杏经济林（一）

准格尔旗福路万亩山杏油松混交林（一）

达拉特旗耳字壕万亩大扁杏经济林（二）

准格尔旗福路万亩山杏油松混交林（二）

达拉特旗耳字壕万亩大扁杏经济林（三）

准格尔旗福路万亩山杏油松混交林（三）

水土保持典型技术——山杏经济林

6.2.6 生态修复

6.2.6.1 生态修复的含义及其意义

生态修复是指利用大自然的自我修复能力和辅助人工措施进行植物生态系统的自我完善与发展的过程。不是指将生态系统完全恢复到其原始状态，而是指通过修复使生态系统的功能不断得到恢复和完善。通过生态修复能够遏制生态系统的进一步退化，加速恢复地表植被覆盖，防治水土流失。因而生态修复是一种新的水土保持措施，是水土保持新理念——保持人和自然和谐相处思想的具体体现。

鄂尔多斯草原由于水资源短缺、土地沙漠化、水蚀沙化严重、矿区环境退化和生物多样性降低等多种因素，成为中国最典型的生态敏感区，生态状况尚处于"整体遏制与局部好转，生态脆弱敏感与人为干扰强烈"的相持阶段。草原是鄂尔多斯生态环境的主体，全市草地面积占总面积的67.7%以上，大多以天然草地为主，草牧场超载过牧现象普遍，大部分沙化严重，植被退化，草质低劣。因此，采取生态修复技术保护和恢复植被是鄂尔多斯水土保持综合治理措施的重要组成部分。

进入21世纪，地方政府提出的"围封禁牧、舍饲养畜"的政策决策和水利部提出的"加强封育保护，开展生态修复试点"的治理方略，都意在促进生态自我修复，具有异曲同工之妙。鄂尔多斯市开展生态修复工作，采取了地方政府强力推动、行政措施和生产措施齐头并进、行业部门项目扶持、试点建设和示范推广双管齐下的实施模式。大致经历了三个阶段：探索起步阶段（约2000—2003年），全市推行禁牧休牧和划区轮牧，选取典型区域开展退耕还林、退牧还草和水土保持生态修复试点工程；稳定发展阶段（约2004—2010年），大力推行舍饲养畜和草畜平衡制度，将西部面积4.3万km²的地区（占全市总面积的49.5%）确定为自然生态恢复区，贯彻落实退耕还林、退牧还草政策，支持、鼓励农牧民生态移民；制度管理阶段（约2011年之后），全面推进生态文明体制机制建设，对重要的水源区、生态风景区、自然保护区、生态湿地、重点治理成果保护区等，严格划定生态保护区红线。

6.2.6.2 推进生态修复的主要措施

鄂尔多斯推进生态修复主要采取行政、生产和治理三大措施。按其效能和作用来说，行政措施占45%，生产措施占40%，治理措施占15%。

1. 行政措施

2001年，水利部印发了《关于加强封育保护，充分发挥生态自我修复能力加快水土流失防治步伐的通知》（水利部水保〔2001〕529号），启动实施水土保持生态修复试点工程。2003年又印发了《关于进一步加强水土保持生态修复工作的通知》（水利部水保〔2003〕236号），明确了生态修复工作的重点、任务和目标。鄂尔多斯市委、市政府根据当地实际，出台了一系列政策措施，全面推动了生态修复工作的开展。

（1）制定政策法规。2006年5月17日，鄂尔多斯市人民政府颁发了《鄂尔多斯市禁牧休牧划区轮牧及草畜平衡暂行规定》（鄂府发〔2006〕11号），在全市范围内推行禁牧休牧制度，东部的准格尔、达拉特、东胜、伊金霍洛4旗（区）全面禁牧；西部的鄂托克、杭锦、乌审、鄂托克前旗4旗生态项目区禁牧，非项目区季节性休牧轮牧，实施舍饲养畜和半舍饲养畜。禁牧草场234.5万hm²，休牧草场353.2万hm²，划区轮牧草场159.9万hm²，全市草场得到有效保护。

（2）提出"调整结构，改善生态，建设绿色大市、畜牧业强市"的农牧区经济发展思路，推进禁牧休牧，舍饲养畜，促进生态自我修复。

（3）提出实施"收缩转移、集中发展"的战略，根据生态环境和农牧业资源的承载能力以及发展潜力，制定主体功能区规划。将全市农村牧区划分为农牧业优化开发、限制开发和禁止开发三类主体功能区域（鄂尔多斯市人民政府关于印发全市农牧业经济三区发展规划的通知，鄂府发〔2007〕49 号）。其中农牧业禁止开发区主要分布在库布其、毛乌素沙漠腹地、干旱硬梁区的缺水草场和水土流失严重的丘陵沟壑地貌区，以及依法设立的各类自然生态保护区和工矿采掘区。涉及面积 4.3 万 km²，占全市总面积的 49.5%。有规划、有步骤地转移生态恶化区的农牧民，从减轻环境压力上促进生态平衡。通过实施退耕还林、退牧还草工程和水土流失重点防治工程，依靠大自然的力量促进生态自我修复。

（4）确立了"立草为业、为养而种、以种促养、靠养增收"的发展新思路。大抓舍饲养畜配套设施建设，进行科学养畜的宣传和培训，开展牲畜品种改良、畜群、畜种结构调整，饲草料储藏、加工，棚圈、围栏建设等科学养畜的技术指导和配套服务工作。

（5）出台了一系列优惠政策，如对贫困户、专业大户、畜牧业加工企业优先发放贷款，提供良种，配套扶持资金，无偿提供技术和信息服务，减免有关税费等。

（6）加强植被建设。进一步明确"五荒"土地使用权和草牧场承包使用权。把禁止放牧与舍饲养畜、治理"五荒"作为一个整体同步推进。

（7）加强组织领导，成立生态修复工作的领导小组，对全市禁牧、休牧、轮牧工作进行监督、检查及落实。市政府与旗区签订目标责任状，旗区与苏木乡镇、苏木乡镇与嘎查村、嘎查村与农牧民，层层签订建设管护责任状，将责任落实到户。建立管护制度和管护队伍，加强宣传教育工作，加大执法力度，依法禁牧。

（8）加强部门协调，农、牧、林、水等涉农部门密切配合，协调工作，各抓一片，分工负责，建立健全各项责任制和管理制度。要求各部门积极争取实施国家生态建设重点工程和生态修复试点工程，并对项目资金和项目建设进行监督管理。

2. 生产措施

（1）在丘陵山区全面推广舍饲圈养制度。

（2）在农区和牧区推行模式化养畜，以农牧户为单位建设标准化养殖基本设施。模式化养殖的特点如下：

1）投资小，见效快。一般农区建一个 60m² 的温棚需 3000 元，牧区建一个 60m² 的温棚需 5000 元，而温棚育肥的周期为两个月，2～3 次完成出栏即可收回投资。

2）可操作性强，易推广，操作规程通俗易懂。

3）以市场为导向，养殖规模和品种直接与市场挂钩。

4）以科技为依托，从棚圈建设到饲料配方，从品种改良到育肥出栏都有技术指标和全程服务。

5）以集约化经营为手段，达到保护改良草场和农牧民增收的双赢效益为目的。

（3）调整种植业结构，大力发展人工种草，立草为业。耕地种草保存面积达到 15 万 hm²。推广青贮技术，青贮饲料种植规模扩大到 8 万 hm² 以上，青贮总量达到了 50 亿 kg 以上，为舍饲养殖奠定了雄厚的物质基础。

（4）改善农村能源结构，制止乱砍滥伐。

3. 治理措施

（1）封山育林育草，恢复林草植被。具体措施如下：

1）"以建促封"，在山丘区通过修筑淤地坝蓄水淤地，使退耕封禁区群众通过坡改梯、旱改水解决生产生活问题，实现农田下川，林草上山。

2）"以改促封"，不论农村牧区，都应加大畜种畜群改良力度，发展集约化养殖产业，稳定增加群众收入。

3）"以调促封"，通过调整种养结构，大力发展经济作物和草产业，立草为业，以种促养。

4）"以移促封"，通过实施扶贫移民、生态移民工程使农户走出恶劣的生存环境，减少人为活动的破坏。

5）"以规促封"，通过强化政府行为，制定保护生态环境的政策法规，落实责任制，促进生态自我修复。

（2）因地制宜，综合治理。根据生态修复区植被现状，适当进行补植补种。大力推广沙棘、柠条等适应性强、效益好的灌木树种，改善生态环境，增加草料来源。综合治理要坚持"适地适树"的原则，具体可参考各类型区推荐的草树种和配置模式。

（3）开展生态修复试点，搞好修复效果监测。具体包括以下内容：

1）项目区选取：基本数据齐全，系列较长。面积适中，不大于 $200km^2$，水土流失类型比较典型，各种防治措施比较齐全。

2）防护设施：设置标准围栏，项目区内外界线清楚。在控制点设置宣传碑、标志牌若干块。

3）监测设施：建立监测站，配备监测人员。

4）监测项目：①植被恢复监测小区：在项目区封育管理区范围内根据不同林草的配置、林草覆盖度选取 n 个林草监测点，各点对应的对照观测点设在封育区外附近，每个观测点尺寸均为 $20m×20m$，并设立鲜明的标志桩。每年监测三次，即春监、夏监、秋监。春、夏季以监测生长量和新生物种为主；秋季以监测生长量和生物量及植被盖度为主。②典型农户监测。

首先，确定典型农户与典型地块，进行定点监测。典型农户选择，在实施项目区内选择一条或几条典型小流域，典型农户按其生活水平分为上中下三个档次为一组，具体标准根据当地经济状况确定。在项目区外也相应选取一组对照，作为有无水保项目的对比。典型地块选择，原则上选在典型农户经营的土地上，以有无水保措施进行对比。如梯田与坡耕地对比；造林、果园、种草与荒地对比；水地与旱地对比；坝地与坡耕地或梯田对比等。选取的典型地块应具有一定的代表性，每块面积，农田应1亩以上，其他应5亩以上。

其次，确定典型农户的监测内容，由负责小流域治理的技术人员入户填写"典型农户调查表"，主要反映典型农户的基本信息，在此基础上，制作"典型农户监测内容记录表"，主要监测内容为农户的基本情况、原有的固定资产、年末新增生产性固定资产、年末生活性消费支出、当年生产投入产出、主副农产品的产出与分配、家庭经营收支情况、农户劳动力使用情况等。监测方法是先指导农户学会记录收支流水账，年末由技术人员在进一步核实的基础上，将监测数据登记在册。

再次，确定典型地块的监测内容。对于农田（水地、坝地、梯田、坡耕地），主要监测内容是监测地块面积、土壤类型、种植作物、耕作方式、投入（肥料、农药、种子、劳力等）、产出（籽实、副产品）、年增产效益等。对于人工造林，主要监测内容是监测地块面积、土壤类型、树种、整地方式规格，成活率、保存率，造林投资，管护投资，产出（活立木、薪柴），年增产效益等。对于果园、经济林，主要监测内容是监测地块面积，土壤类型，树种品种，整地方式规格，成活率、保存率，投入（种苗、灌溉、劳力），产出（鲜果或干果、间作收入），年增产效益等。对于人工种草，主要监测内容是播种面积、土壤类型、草种、保存面积、投入（籽种、农药、劳力）、产出（鲜草或干草、籽实）、年增产效益。

对于典型农户的投入，要分别登记清楚自筹资金和国家、地方各种补助资金，如为补助物资，应折算为资金。对于上述典型地块上的各类产品，均采取单打单收的办法计量，分别求得不同措施下其单位面积的产量，并了解增产的主要的、具体的因素。最后，将两组监测结果进行对比分析，提出典型农户监测报告。

（4）坚持搞好"五个结合"，巩固生态修复成果：①坚持保护优先与强化治理相结合，正确处理人工治理与自然恢复的关系，从实际出发，不同类型区建设不同的生态修复模式；②坚持基本田建设与退耕还林（草）相结合，正确处理进与退的关系，抓进促退，以建促封；③坚持资源开发与保护生态相结合，解决人口、资源、环境的可持续发展问题；④坚持封山禁牧与舍饲养畜相结合，解决当前利益和长远利益的问题；⑤坚持行政措施与生产和技术措施相结合，正确处理林牧矛盾、草畜矛盾，调整结构，以少胜多，转变农牧业经济的增长方式。

6.2.6.3　生态修复效益

1. 经济效益

鄂尔多斯市实施封禁治理、舍饲养殖后，牲畜数量还较禁牧前增加 8.1%，良种及改良种畜平均达到 87%，羊的平均个体增重 2.5kg，出栏率由 28% 提高到 44%，平均出栏时间由 21 个月缩短为 9 个月。在大规模推行生态修复，舍饲半舍饲牲畜比重达 71% 的情况下，畜牧业不但没有滑坡，而且实现了稳步发展。据牧业年度统计，2003 年全市牲畜总数达到 834 万头（只），同比增加 197 万头（只），首次突破 800 万头（只），创历史最高水平，畜牧业生产步入了新的发展时期。

2. 生态效益

(1) 据鄂尔多斯市草原监理所 2002 年调查测定，各类草场质量明显提高，与 2001 年同期相比产草量提高 93.1%，平均盖率提高 50%～70%，牧草平均高度提到 30～60cm，牧草生物单产达到 2010kg/hm²；各类草场和饲料基地可产可食性饲草料 39.2 亿 kg，理论载畜量 1176.3 万绵羊单位。

(2) 据专家分析，禁牧 1 只羊，每年可收到 50 元的环境效益。照此计算，2003 年鄂尔多斯市牲畜总数达到 834 万头（只），按 50% 禁牧计算，每年就是 2 亿多元的环境效益。

(3) 生态修复区产草量明显增加。据伊金霍洛旗 2003 年水土保持生态修复试点建设的监测数据，生态修复区平均每平方米样方产干草量 0.19kg，封育面积 100km²，林草恢复面积达到 80%，生态修复区面积产干草 1.52 万 t。而对照区平均每平方米样方产干草量只有 0.019kg。

(4) 生态修复区植被盖度明显提高。据伊金霍洛旗 2003 年水土保持生态修复试点建设的监测数据，生态修复区乔灌草平均盖度为 53.7%，对照区平均盖度只有 15.9%，生态修复区内覆盖度是对照区的近 3.4 倍，生态修复效果极为显著。随着植被盖度的提高，坡面蓄水保土能力随之提高。

据鄂托克前旗测算，禁牧区通过一年的禁牧，植被覆盖度平均由禁牧前的 30% 提高到 48%，牧草生长高度较禁牧前年长高 15～50cm，产草量增加 3～5 倍，优、良、中等牧草新增 10% 左右。同时保水能力逐年提高，地表径流状况得到有效改善。洪水总量减少到原来一半以上，降雨经过措施截流渗入地下，补给土壤，增加常流水量，形成水圈生态良性循环。

3. 社会效益

据 2012 年年底调查统计，全市生态自然恢复区及工矿区共搬迁转移农牧民 4.62 万户 13.12 万人，退出面积 234 万 hm²，占禁止开发区面积的 53%。其中，生态自然恢复区搬迁转移农牧民 3.05 万户 8.6 万人，退出面积 222 万 hm²；煤矿开采和工业开发（城市建设）区搬迁转移农牧民 1.57 万户 4.52 万人，退出面积 12 万 hm²。

4. 综合效益

截至 2012 年，鄂尔多斯市森林资源总量达到了 217.73 万 hm²，森林覆盖率和草原植被综合盖度分别达到了 25.06% 和 70%，毛乌素沙地治理率达到了 70%，库布其沙漠治理率达到 25%，水土流失综合治理率达到了 31%。全市荒漠化土地面积占比由 2003 年的 56% 降到 31.6%，较 2004 年减少了 17.47 万 hm²，为内蒙古自治区荒漠化土地减少面积的 37.45%。

准格尔旗生态修复区

达拉特旗生态修复区

东胜区生态修复区

伊金霍洛旗生态修复区

乌审旗生态修复区

杭锦旗生态修复区

鄂托克旗生态修复区

鄂托克前旗生态修复区

水土保持典型技术——生态修复

6.3 水土保持科研成果

鄂尔多斯市水土保持生态建设走的是一条试验先行、科研公关，引进项目、试点示范，重点推进、面上推广的技术路线。从 20 世纪 70 年代到 21 世纪 20 年代，国家、自治区、市、旗（区）四级水土保持科研人员在鄂尔多斯开展了一批国家级水土保持科研公关项目，取得了丰硕成果。水土保持治理模式和措施配置以及经典技术都是在这条技术路线摸索中形成的。现将搜集到的 1975—2010 年获得各级部门奖励的水土保持科学研究成果 47 项，按成果鉴定时间排序如下：

（1）水坠筑坝技术研究，水利工程试验类项目。承担单位准格尔旗水利局，主要完成人李勃、郝立廉、侯福昌。鉴定时间 1978 年，1978 年获得国家科技进步奖。主要效益体现在节约建设资金、降低劳动强度、筑坝坝体密实度高、使用寿命长。

（2）灌木林网田的配置及其效益研究，技术推广类项目。承担单位伊克昭盟水利水保科学研究所，主要完成人韩学士、李毓祥。鉴定时间 1980 年 8 月。1980 年获得伊克昭盟科技进步二等奖。主要效益是在伊克昭盟推广种植柠条防护林带 6.67 万 hm²。

（3）砒砂岩植物改良研究，应用技术类项目。承担单位伊克昭盟水利水保科学研究所、准格尔旗伏路水土保持工作站，主要完成人李毓祥、王海峰、韩学士等。鉴定时间 1980 年 10 月。1980 年获得内蒙古科技进步三等奖。主要效益推广到晋陕蒙接壤区。科研论文于 1980 年在《内蒙古农业科学实验》杂志第二期发表。

（4）内蒙古河套草原新民村试区竖井排灌改良盐碱地试验研究，应用技术类项目。承担单位伊克昭盟水利水保科学研究所，主要完成人仲跻申、杨福宝、张同云等。鉴定时间 1980 年。1982 年获得内蒙古科技进步三等奖。

（5）准格尔旗 13 条试点小流域试验研究，技术推广类项目。承担单位准格尔旗水土保持局，主要完成人张德峰、张瑞等。鉴定时间 1985 年。1985 年获得黄河上中游管理局科技进步一等奖。主要效益体现在使 3200 口人脱贫致富，总产值增长 2.16 倍。

（6）准格尔旗纳林沟水坠砂坝观测试验研究，应用技术类项目。承担单位内蒙古农牧学院、伊克昭盟水土保持科学研究所、准格尔旗皇甫川水土保持试验站，主要完成人舒子亨、张同云、侯福昌、李立业、陈汝鹏、贺玉田等。鉴定时间 1985 年。1989 年获得内蒙古科技进步二等奖。主要效益体现在准格尔旗境内普遍推广水坠砂坝，筑坝速度快、质量高。该工程由水坠砂坝、放水卧管及输水涵管组成，水坠砂坝为极细砂均质土坝，最大坝高 25.77m，卧管及涵管为混凝土结构，设计流量 0.3m³/s。该成果系统总结了水坠砂坝的冲填施工技术，掌握了水坠砂坝不同于黏性土水坠坝的一系列特点，施工期及运用期对孔隙水压力、土压力、测压管、固结管、坝体干容量及含水量、坝体位移变形等进行了全面系统的现场观测和分析，掌握了水坠砂坝脱水固结的规律。采用暗管作为坝体排水设施，能降低浸润线，有利于坝体稳定。工程达到了防洪拦沙灌溉的有效作用，可拦蓄 500 年一遇的洪水而不下泄，以保护下游 60hm² 沟坝地和坝体道路的安全，20 年拦蓄泥沙总量 214 万 m³。总投资 16 万元，仅灌溉一项年增产效益为 5.4 万元。

（7）准格尔旗五不进沟试点小流域治理，应用技术类项目。承担单位准格尔旗水土保持局，主要完成人乔信荣。鉴定时间 1985 年。1985 年获得黄河水利委员会科技进步一等奖。研究成果为农林牧全面发展提供了治理经验。

（8）准格尔旗保劳兔沟试点小流域治理，应用技术类项目。承担单位准格尔旗水土保持局，主要完成人菅生荣。鉴定时间 1985 年。1985 年获得黄河水利委员会科技进步一等奖。研究成果为农林牧全面发展提供了治理经验。

（9）准格尔旗皇甫川流域水土流失综合治理农林牧全面发展的试验研究，应用技术类项目。承担单位内蒙古自治区水利科学研究院、内蒙古水土保持试验站、伊克昭盟水土保持科学研究所、准格尔旗皇甫川水土保持试验站，主要完成人苗宗义、金争平、高德富、方道忠、侯福昌等。鉴定时间 1985 年 10 月。1987 年获得内蒙古科技进步一等奖和国家科技进步三等奖。建立了伊克昭盟第一个水土保持综合示范基地。该项目的试验研究以应用技术为主，采取试验、示范、推广的步骤，及试验基地与试点小流域治理和面上推广配合进行的方法。总课题下设 4 个二级课题，19 个研究专题，为小流域治理措施的综合配置提供了依据，并提出了各区的侵蚀特点与分区治理意见。建立了一套完整的水土保持防护体系综合治理样板，为"林牧为主""农田下川""林草上山"，合理利用土地和产出结构的调整，加快基本农田建设积累了经验，为退耕还牧创造了条件。

（10）沙打旺的生态效益和经济效益的研究，引种试验类项目。承担单位伊克昭盟水利水保科学研究所，主要完成人赵存仁、王建英、张建国、韩学士等。完成时间 1981—1985 年，鉴定时间 1986 年 10 月。1991 年获得伊克昭盟科技进步三等奖（证书编号 910313）。该项目以应用技术为主，采取试验、示范、推广同步进行的方法，以沙打旺牧草为突破口，并结合草的转化，进行羊的舍饲试验，开展全面小流域综合治理。该项目的成功，开辟了水土保持工作的广阔前景，同时也为增加地面植被、改善生态环境、发展畜牧业生产提供了有利的物质基础。该项目总的植被覆盖度可达 90%，可减少径流量 33.9%，减少泥沙流失量 54.3%，鲜草单产量可达 $14625\sim24375kg/hm^2$，是当地天然牧草量的 10 倍以上，每公顷可增加产值 150 元左右。在伊克昭盟推广种植沙打旺面积 0.67 万 hm^2。

（11）伊克昭盟大面积种植柠条技术推广应用，技术推广类项目。承担单位伊克昭盟草原工作站；协作单位伊克昭盟水利水保处、林业处、草籽公司、草原勘测设计队，东胜市畜牧局、伊金霍洛旗畜牧局、杭锦旗畜牧局。因参与项目人数较多，伊克昭盟盟委、盟行政公署决定授予全盟种柠条先进个人。鉴定时间 1987 年 10 月。完成该项目的单位 1987 年获得内蒙古科学技术进步一等奖。从 1980 年开始，伊克昭盟有规划、有步骤、有组织地实行部门领导、技术人员、当地群众相结合的办法，大面积推广种植柠条，不断总结经验。截至 1984 年年底伊克昭盟人工种植柠条保存面积达 40.48 万 hm^2，年增饲草料 11.4 亿 kg，取得了巨大的经济效益。由于柠条灌木草场的建成，植被覆盖率从 20% 以下提高到 70% 以上，减少了水土流失和沙化。播种技术及带网片等配置方法均有所创新，其规模之大，效果之好，是我国草原改良建设的先例。对牧草植被资源建设、发展农牧业生产、整治国土、改善生态环境和防治水土流失及沙化等方面提供了实践经验和科学依据。

（12）伊克昭盟黄土高原水土保持规划，规划成果类项目。承担单位伊克昭盟水利水保处，主要完成人李世雄、徐欣、韩学士、马玉林等。鉴定时间 1987 年 11 月。1991 年获得伊克昭盟科技进步三等奖。该规划在调查分析有关资料的基础上，总结了过去的治理经验，提出了今后的科学治理方案。规划资料齐全、数据可靠、指导思想明确、措施可行，是内蒙古黄河流域黄土高原水土保持规划的组成部分和基础资料。该规划根据伊克昭盟水土流失的特点划分水土流失类型区，划定侵蚀模数等曲线图，是伊克昭盟水土保持的创新，提出了分区治理意见，采用试点小流域规划技术方法，提出不同类型区的治理方向、土地利用比例、水土保持综合措施的合理配置模式、标准，其主要技术指标是可行的，便于分区指导和实施。对指导伊克昭盟开展水土保持工作有重大作用，达到内蒙古自治区的先进水平。

（13）伊克昭盟灌木资源调查研究，调研普查类项目。承担单位伊克昭盟水土保持科学研究所，主要完成人李毓祥、董伊芳、宋日升、吕永光、段玉凤等。鉴定时间 1987 年 12 月。1987 年获得伊克昭盟科技进步三等奖。主要效益体现在查清了伊克昭盟灌木资源，编写了伊克昭盟灌木树种名录。该项目调查选择了路线调查、定位和半定位相结合的方法。灌木树种分布种类等植被类型区路线调查，一些灌木生态学特征、生物学特征、风蚀状况等在调查点定位观测。普查出灌木树种 83 种 22 科 39 属，制作了标本 70 余份、图片 61 份，筛选出水土保持效益高、经济价值大的灌木树种沙柳、柠条、沙棘、黄刺玫、沙蒿、鄂尔多斯小檗、羊柴、花棒、白刺、沙地柏等，并总结了几种灌木的生物学、生态学特性及栽培技术，在黄河中游地区是一项开拓性研究，丰富了中国水土保持林体系的专项内容。

（14）伊克昭盟水利化简明区划，规划类项目。承担单位伊克昭盟水利水保处，主要完成人周振华、窦德林、韩学士等。鉴定时间 1988 年 10 月。1988 年获得伊克昭盟科技进步三等奖。主要效益是指导了伊克昭盟的水利和水土保持建设。

（15）准格尔旗三种蔬菜露地滴灌试验研究，应用技术类项目。承担单位准格尔旗皇甫川水土保持试验站、内蒙古农牧学院，主要完成人郎元龙、贺玉田、刘志刚、冯振恒、刘贵福、苏子亨、方曙敏等。完成时间 1985—1986 年，鉴定时间 1988 年。1989 年获得内蒙古水利厅科技进步三等奖。该研究为探索干旱缺水地区种植蔬菜找到了新的途径，其成果为当地和条件类似地区蔬菜采用灌溉技术提供了重要依据，具有先进水平，也是国内较早提出的较为系统的三种蔬菜滴灌露地田间试验成果。研究成果在准格尔旗普遍推广。

（16）准格尔旗川掌沟试点小流域综合治理，技术应用类项目。承担单位准格尔旗水土保持局，主要完成人侯福昌、张德峰、乔信、张生、李治荣。鉴定时间 1988 年 9 月。1991 年获得伊克昭盟科技进步三等奖（证书编号 910349）。该项目采取工程治理和植物治理相结合，修筑水平沟、鱼鳞坑、谷坊坝、塘坝、小水库和大型淤地坝工程，从坡面到沟底进行全面综合治理。大面积营造油松林、经济林、灌木林，大种优良牧草，发展基本农田，对砒砂岩人工种植沙棘等，都取得了良好的经验和效果。5 年治理面积 80km^2，治理程度为 54.7%，使人均粮食从 1982 年的 924kg，增加到 1987 年的 1436kg，人均年收入从 115 元增加到 1620 多元。做到"小水不下山，大水不出沟"，农林牧全面发展，为子孙后代创造了良好的生态环境。

（17）准格尔旗窟野河流域忽兔沟试点小流域治理，应用技术类项目。承担单位准格尔旗水土保持局，主要完成人侯福昌、张德峰、张生、郎元龙、吴文义、乔信。鉴定时间 1988 年 9 月。1991 年获得伊克昭盟科技进步三等奖（证书编号 910354）。该成果 6 年治理面积为 26.2km^2，治理度为 58.7%，修筑了水平沟、鱼鳞坑、谷坊坝、塘坝、小水库和治沟骨干工程，营造了油松林、经济林、灌木林、大种牧草，大力发展基本农田，砒砂岩人工种植沙棘等工程和植物治理相结合，农牧林综合发展。使小水不下山、大水不出沟，基本控制了水土流失。治理小流域人均粮食从 1982 年的 1120kg 增加到 1988 年的 2460kg，人均年收入从 130 元增加到 246 元，人均新增基本农田 0.04hm^2，取得了明显的经济效益。

（18）乌审旗臭河沟流域水土保持综合治理，应用技术类项目，承担单位乌审旗水利水保局，主要完成人郝新华、杨在林、白殿君、高三如、贺生华。鉴定时间 1988 年 11 月。1990 年获得伊克昭盟科技进步三等奖。该项目旨地探索毛乌素沙地风沙区水土保持治理措施的配置模式。在治理过程中，根据该流域水土流失特点确定了以"植物措施为主，工程措施为辅"的原则，在治理措施上，突出了以灌木为主的植物措施。注意发展以大苹果为主的经济林木，同时优先选用乡土树种，积极引进，栽种优良树草新品种，狠抓基本农田建设和沟道库坝工程建设，短短几年臭河沟流域控制了水土流失，治理度达到 87%，充分利用了水土资源，流域区内人民生活水平大幅度提高。该项成果达到国内同类风沙区水土保持治理较高水平，起到了示范作用，其治理成果有推广价值。

（19）无定河流域东沟小流域治理，应用技术类项目。承担单位乌审旗水利水保局，主要完成人高三如、白殿军、杨宝山、何轲、曹思彦、刘春明、刘强、曹晓明等。鉴定时间 1990 年 6 月。1991 年获得伊克昭盟科技进步二等奖（证书编号 910112－910152）。该项目通过 7 年的治理，取得了明显的生态、社会和经济效益。按照"因地制宜、因害设防"的原则，以防治水土流失，改变贫困面貌为目的，以建设基本农田和发展经济林为突破口，退耕梁地旱用农田还林还草，建设沟川基本农田，采取植物与工程治理相结合方法，以植物治理措施为主，治理与封育相结合。共种经济林

49.30hm²，新增基本农田 84.64hm²，使治理程度达到 93.4%，全流域总产值由 1982 年的 65.5 万元增加到 1989 年的 101.79 万元，人均收入由 1982 年的 1126 元增加到 1989 年 2491 元，粮食总产由 1982 年的 28.7 万 kg 增加到 1989 年的 75.32 万 kg，群众吃上自来水，彻底脱贫并向富裕迈进。该流域治理是风沙区好的典型，达到国内同类先进水平，在无定河流域水土流失治理中推广应用。

（20）黄土高原综合治理准格尔旗五分地沟试区研究，科学研究类项目。承担单位内蒙古自治区水利科学研究院、伊克昭盟水土保持科学研究所、准格尔旗皇甫川水土保持试验站，主要完成人苗宗义、高德富、方道忠、王海峰、金争平等。鉴定时间 1990 年。1990 年获得内蒙古科技进步一等奖，总课题获得国家科技进步一等奖。主要效益在准格尔旗 38 条小流域推广。

（21）伊克昭盟水土保持小流域综合治理阶段成果，应用成果类项目。承担单位伊克昭盟水土保持委员会办公室、各旗区水土保持部门，主要完成人韩学士、马玉林、王建英、张建国、高敬三、乔楠、侯福昌、李国军、梁国义、董锁等。鉴定时间 1990 年 8 月。1991 年获得伊克昭盟科技进步一等奖，1993 年获得内蒙古星火一等奖。该项目通过 7 年实施治理了 94 条小流域，全面总结了小流域治理模式和治理经验。单产由 787.5kg/hm² 增加到 1860 kg/hm²，人均粮食由 212.5kg 增加到 487.5kg，人均年收入由 165 元增加到 366 元。提高了土地利用率和生产率，农林牧副协调发展，基本形成了"林牧为主、多种经营"的格局。提出了不同类型区小流域的配置模式，起到了典型引路及面上推广的作用。特别在柠条放牧林建设、油松造林技术、砒砂岩治理和防风固沙植物措施等方面有所突破，获得治理和科研双丰收。其治理成效在内蒙古居于领先地位，经验技术达到国内先进水平，可在内蒙古自治区内及黄河中游同类地区推广应用。

（22）伊克昭盟罕台川治沟造地技术试验研究，应用技术类项目。承担单位伊克昭盟罕台川流域综合治理办公室、北京市水利水电研究院水资源研究所等，主要完成人叶永毅、张同云、丁伍美、董锁、李国军、范真、张象明、张文智。鉴定时间 1990 年 9 月，1991 年获得伊克昭盟科技进步二等奖（证书编号 910142）。主要效益推广于伊盟水土保持沟壑治理区。

（23）舍饲养羊推广试验研究，示范推广类项目。承担单位伊克昭盟水利科学研究所，主要完成人赵存仁、王建英、唐海毅。完成时间 1983—1986 年，鉴定时间 1991 年。1991 年获得伊克昭盟科技进步三等奖（证书编号 910314）。主要效益表现为在伊金霍洛旗全面推广了舍饲养羊，保护了生态环境。

（24）土地资源信息库管理系统研究，信息技术类项目。承担单位伊克昭盟水土保持科学研究所，主要完成人李毓祥、梁军、吕永光、宋日升、张志杰、张瑞芬、张虎林、杨凤霞、王琳、于暄、王建平等。鉴定时间 1991 年 12 月。1991 年获得内蒙古科技进步三等奖。主要效益是建立了伊克昭盟第一个小流域土地资源信息库，应用于水土保持规划、治理。

（25）内蒙古黄土高原地区主要水土保持灌木树种试验研究，调研普查类项目。承担单位内蒙古自治区水利科学研究院、伊克昭盟水土保持科学研究所，主要完成人苗宗义、李毓祥、乔旺林、许瑞平等。鉴定时间 1991 年。1992 年获得内蒙古水利厅科技进步二等奖（证书编号 92－2－91）。主要效益是在伊克昭盟准格尔旗、伊金霍洛旗、达拉特旗、东胜市推广优良灌木 66.67 万 hm²。

（26）准格尔旗川掌沟试点小流域治理，技术应用类项目。承担单位准格尔旗水土保持局，主要完成人乔信、李治荣。鉴定时间 1991 年。1992 年获得伊克昭盟科技进步三等奖。

（27）黄河中游风沙区臭河沟流域水土资源信息库管理系统，信息技术类项目。完成单位伊克昭盟水土保持研究所，主要完成人梁军、李毓祥、吕永光、宋日升等。鉴定时间 1991 年。1991 年获得内蒙古科技进步三等奖。

（28）抗旱药物造林试验研究，技术推广类项目。承担单位伊克昭盟水土保持科学研究所，主要完成人李毓祥、宋日升、吕永光、呼存军、吴汉清等。鉴定时间 1992 年。1992 年获得黄河水利委员会科技进步二等奖（证书编号 S924036－D04）。主要效益体现在提高造林成活率 15%～20%，推广面积 2000hm²。

（29）内蒙古伊克昭盟黄土丘陵沟壑地貌区小流域综合治理技术研究，应用成果类项目。承担单位伊克昭盟水土保持委员会办公室、各旗市水土保持部门，主要完成人韩学士、马玉林、王建英、张建国、侯福昌、董锁、白殿军、高敬三、乔楠等。鉴定时间 1992 年 10 月。1993 年获得国家星火三等奖。研究成果普遍用于全盟的水土保持小流域综合治理，成效显著。

（30）乌审旗风沙区水土保持治理措施配置模式的试验研究，应用技术类项目。承担单位乌审旗水利水保局，主要完成人郝新华、白殿军、杨宝山、何轲、曹思彦等。鉴定时间 1992 年 10 月。1993 年获得内蒙古水利厅科技进步三等奖。研究成果在风沙区治理广泛应用，效果显著。

（31）准格尔旗皇甫川流域水土保持与土地生产力开发信息系统研究，信息技术类项目。承担单位准格尔旗水土保持局，主要完成人金争平、侯福昌、张德峰、高志明、赵焕勋等。鉴定时间 1993 年 10 月。1993 年获得内蒙古水利科技进步一等奖，随后获得水利部科技进步三等奖。研究成果在水土保持前期工作中得到推广应用。

（32）最优化技术在水土保持规划中的应用研究，设计技术类项目。承担单位准格尔旗水土保持局，主要完成人张德峰、张瑞等。鉴定时间 1993 年。1993 年获得内蒙古水利厅科技进步一等奖，1994 年获得内蒙古科技进步三等奖。研究成果使流域内群众全部脱贫致富达到小康水平，各项指标达到或超过部颁标准。

（33）黄土高原综合治理定位试验研究，试验示范类项目。承担单位中国科学院自然与社会协调发展局、准格尔旗水土保持局，旗水土保持局主要完成人高志明、张占全等。鉴定时间 1993 年。1993 年获得国家"七五"期间重点科技攻关项目一等奖。

（34）内蒙古毛乌素沙地农林牧综合治理开发试验研究，综合应用类项目。承担单位乌审旗水利水保局，主要完成人康二堂、白殿军、郝振华、杨宝山、曹思彦、何轲、刘强等。鉴定时间 1994 年 12 月。1994 年获得内蒙古星火三等奖。研究成果在风沙区治理中广泛应用，效果显著。

（35）准格尔旗丘陵区水土流失综合治理农林牧持续发展研究，综合应用类项目。承担单位内蒙古自治区水利科学研究院、伊克昭盟水土保持科学研究所、准格尔旗皇甫川水土保持试验站，主要完成人苗宗义、李海耀、李毓祥、金争平、雷霆等。鉴定时间 1995 年。1995 年获得内蒙古科技进步二等奖。主要效益表现在使皇甫川流域内每平方千米土地生产值增加 5.64 万元。

（36）黄土高原地区不同类型区水土保持综合治理模式研究，技术应用类项目。承担单位伊克昭盟水土保持科学研究所，主要完成人李毓祥等。鉴定时间 1995 年 12 月。1995 年获得黄河水利委员会科技进步二等奖（证书编号 H95203－D09）。研究成果为黄土高原地区治理提供了模式。

（37）窟野河、秃尾河、孤山川流域治理途径及神府等矿区治理措施研究，应用技术类项目。承担单位伊克昭盟水土保持科学研究所，主要完成人李毓祥、于钺江等。鉴定时间 1995 年 12 月。1995 年获得黄河水利委员会科技进步三等奖（证书编号 H95312－D04）。研究成果为三条河及矿区治理提供了模式。

（38）沙棘遗传改良系统研究，试验研究类项目。承担单位伊克昭盟水土保持科学研究所，主要完成人李毓祥、乔旺林。鉴定时间 1996 年 1 月。1996 年获得林业部科技进步一等奖。主要效益体现在培育出新的品种，为大范围发展沙棘奠定了基础。

（39）黄土高原不同类型区水土保持综合治理模式研究与评价，应用技术类项目。承担单位伊克昭盟水土保持科学研究所，主要完成人李毓祥、宋日升等。鉴定时间 1996 年 3 月。1996 年获得水利部科技进步二等奖（证书编号 S962022－G09）。研究成果为黄土高原水土保持治理提出了不同的治理模式。

（40）砒砂岩区植被建设途径研究，应用技术类项目。承担单位伊克昭盟水土保持科学研究所、甘肃省天水市水土保持工作站，主要完成人李贵、汪习军、乔旺林、呼存胜、陈江南、葵小春、严瑛、王保国等。完成时间 1991—1995 年，鉴定时间 1996 年。1998 年获得伊克昭盟科技进步二等奖（证书编号 98053）。据 1998 年调查统计，全盟推广优良水土保持植物种植面积 133.33hm²，使人均年收入提高 100 元以上，节省 30% 劳力和资金。

（41）砒砂岩区沙棘育种研究，应用技术类项目。承担单位黄河上中游管理局、伊克昭盟水土保持科学研究所，主要完成人李敏、李毓祥、乔旺林等。鉴定时间 1997 年。1997 年获得黄河上中游管理局科技进步一等奖（证书编号 97001），同时获得黄河水利委员会科技进步二等奖（证书编号 H97-17-3）。主要效益体现在培育出两个优良品种，成功引进蒙古大果沙棘，应用于砒砂岩治理，推广面积 333.33hm²。

（42）准格尔旗水土保持小流域治理标准，应用技术类项目。完成时间 1993—1996 年，承担单位准格尔旗水土保持局、准格尔旗技术监督局，主要完成人傅福林、张德峰、刘志明、张锐、乔海、苏有亮。鉴定时间 1998 年。1998 年获得伊克昭盟科技进步三等奖（证书编号 98128）。主要效益在国标颁布前，全旗农林牧水各部门按照此标准实施各项治理工程。

（43）丘陵沟壑区"一坝一塘"综合开发技术，应用技术类项目。承担单位东胜市水土保持世行贷款项目领导小组办公室，主要完成人高文祥、马迎春、白万光、任保华、鲁炳义。鉴定时间 2000 年，2001 年获得内蒙古科技进步三等奖。

（44）鄂尔多斯高原东胜区水土保持生态建设综合开发，应用技术类项目。承担单位东胜区水土保持世行贷款项目领导小组办公室，主要完成人高文祥、任保华、郝飞、白万光。鉴定时间 2001 年，2002 年获得鄂尔多斯市科技进步三等奖。

（45）毛乌素沙区生态经济库伦试验推广，技术推广类项目。承担单位乌审旗水土保持局，主要完成人康二堂、白殿军、徐银祥、柴珊、曹思彦。鉴定时间 2001 年 12 月。2002 年获得鄂尔多斯市科技进步三等奖。

（46）砒砂岩地区沙棘植物"柔性坝"试验研究，应用技术类项目。承担单位鄂尔多斯市水土保持科学研究所、黄河上中游管理局。主要完成人毕慈芬、乔旺林等。完成时间 1992 年 8 月至 2003 年 6 月，鉴定时间 2003 年。2004 年获得鄂尔多斯市科技进步三等奖。

（47）冷藏沙棘苗干旱区延缓造林试验研究，应用技术类项目。承担单位准格尔旗水土保持局，主要完成人王桂英等。鉴定时间 2006 年。2006 年获得鄂尔多斯市科技进步三等奖。

第7章

开发建设项目水土保持技术

7.1 生产建设项目水土流失特点

根据生产建设项目占地面积、形状、类型、建设形式等因素，为便于论述和分析，将生产建设项目简单划分为点式片状项目，如煤矿等；线型工程项目，如道路修建等；其水土流失具有不同的特点。

7.1.1 点式片状项目

点或片状项目水土流失具有以下特点：

（1）露天煤矿产生大量弃土弃渣，有的露天堆放，没有采取拦挡措施；有的形成大型排土场，重塑了地貌，覆土层较薄，加之排洪体系不完善，极易造成新的水土流失；有的矿区开采遗留大量采坑区、沉陷区等；有的直接排入沟道，一旦发生较大洪水，将造成大量水土流失。

（2）煤矿井工开采，造成地表沉陷，出现裂缝、倾斜、沉陷坑，改变地下水走向，土地生产力下降甚至丧失。

（3）表土剥离大面积破坏地表植被，没有将耕作层表土另行堆放，而是直接埋压在排土场底层，新翻上来的生土没有熟化，不利于植物生长。裸露地表的长期面蚀和细沟侵蚀，形成新的侵蚀沟。

（4）取弃料场无防护措施，弃土弃渣不设周边围堰、护坡、平台围埂等防护措施，引发滑坡、边坡细沟侵蚀等。

（5）留下的临时道路形成新的侵蚀沟。

7.1.2 线型工程项目

线型工程项目水土流失具有以下特点：

（1）线性工程一般要穿越几个不同类型区，因而土壤侵蚀具有多样性。由于表土剥离，地表裸露、土方堆置松散、人类机械活动频繁，造成水蚀、风蚀、重力侵蚀等侵蚀形式时空交错分布。一般在雨季多水蚀，呈溅蚀、面蚀、沟蚀并存。风季多风蚀，常形成风水复合侵蚀。

（2）线性工程施工地段长，沿线的取弃土场多，对地表植被造成很大破坏，因而土壤侵蚀具有时间潜在性。在建设过程中造成的水土流失及其危害，并非全部立即显现出来，往往是在多种侵蚀营力共同作用下，显现其中一种或者几种所造成的危害。

（3）线性工程常常涉及几个类型区，其流失物质成分复杂，因而土壤侵蚀具有分布不均衡性。沿线因地域及地貌类型的不同，在施工和运行期间所受到的侵蚀外营力存在较大差异，所产生水土流失的类型及分布亦可能不同。

7.1.3　矿山开采区水土流失的潜在危害

矿山开采区水土流失的潜在危害包括以下几方面：

（1）破坏地下水平衡。井工开采形成的采空区和沉陷区对周围岩层造成影响，并形成以采空区和沉陷区为中心的放射状裂缝发育带，其上覆层会产生垂直位移、水平位移，地面微小沉降产生细小裂隙，改变了土壤养分的初始条件和土壤质地结构，使降水沿裂隙直接入渗。地表水渗漏加大土壤的导水性，造成土壤入渗速度加大，水分和养分大大流失，持水能力变弱，地下储水功能丧失，地下水位下降，水平衡遭到破坏。准格尔旗瓦贵庙（羊市塔一带）的天然次生林，由于煤炭开采导致地下水位下降，已经出现成片死亡的迹象。

（2）生态系统失衡。采空区、沉陷区直接影响矿区下垫面的植被，导致土壤剖面耕层厚度变小甚至为0，降低土壤肥力，大大降低土壤的可耕性，对农作物和林草生长构成威胁，引起生物量减少，生态系统结构受损、功能及稳定性下降。在矿区范围内的小型海子、沟谷内水生和喜水草本植物有可能退化，部分乔木萎缩，湿生植被向旱生植被演替，增加新的水土流失和土地沙化源。

（3）引发洪涝、地质等次生灾害。工矿区生产建设过程中产生大量弃土弃渣、垃圾等，引发洪涝、地质等次生灾害，主要表现为三种形式：①在河道挖沙采砂工程和坐落于沟道的中小型煤矿区，大量弃土弃渣、垃圾等进入河道，造成河道淤积，毁坏水利设施，影响正常行洪和水利工程效益的发挥，甚至还会引发洪涝灾害；②煤矿开采形成的巨大排土场，坡度过陡，稳定性差，易引起滑坡；③生产建设项目对地表进行大范围及深度的开挖、扰动，破坏了原有的地质结构，潜在的危害性大，在一定外来营力的诱发作用下，便会造成地表沉陷、滑坡、崩塌、地表裂缝等大的次生地质灾害，并具有突发性，呈现历时短、强度大的特点。

（4）恶化水质、对大气、土壤等造成污染。各类开发建设活动产生的大量废弃物种类繁杂，如矿山类弃渣含有煤矸石、尾矿、尾矿渣及其他固体废弃物；火电类项目含有炉渣等；有色金属工业工程，其固体废物就是采矿、选矿、冶炼和加工过程及其环境保护设施中排出的固体或泥状的废弃物，其种类包括采矿废石、选矿尾矿、冶炼弃渣、污泥和工业垃圾等。大量废弃物的随意堆放加剧了面源污染，同时废弃物中所携带的大量养分、重金属等进入河道，对土壤、水源造成严重污染。煤炭自燃、火电厂发电等产生大量的二氧化碳、硫化氢等有害气体，排入大气后，造成周边区域有害气体浓度严重超标，直接危害人体健康。煤矿在爆破、装运、生产过程中，也产生大量粉尘，直接污染当地的空气。此外，煤矸石是具有较低热值的可燃物，在适宜条件下能够氧化、风化、自燃，释放大量二氧化硫、一氧化碳等有毒有害气体，污染大气并威胁矿区当地居民健康。

小贴士：治理思路

以治理保开发，以开发促治理。合理利用自然资源，有效保护生态平衡。

倾倒矿物废渣　污染土壤水源

废渣排弃河床　堵塞行洪河道

露天煤矿采坑　重塑地形地貌

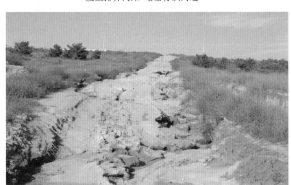

临时施工道路　缺乏防护措施

修建公路削坡　没有拦挡措施

矿区平整土地　损毁林草植被

陡坡施工作业　没有防护措施

弃土高陡边坡　缺少工程护坡

生产建设项目人为水土流失造成生态失调

7.2 水土保持方案编制技术要点

鄂尔多斯市煤炭资源丰富，品质优良，是国家重要能源基地。煤炭业的发展为鄂尔多斯市的经济发展发挥着举足轻重的作用。以煤炭开采为基础，煤炭的洗选存储运输、燃煤火力发电、以煤为原料的煤化工项目在鄂尔多斯的大地上遍地开花，做好煤炭类生产建设项目水土保持工作，对全市水土资源保护、水土流失整体治理、生态环境保护与治理意义重大。

根据鄂尔多斯市生产建设项目水土保持方案编报和实施的工作实践，通过总结多年来的治理模式和防治措施，提出今后编报水土保持方案及实施的技术要点。

7.2.1 露天煤矿及其选洗煤场水土保持

露天煤矿及其选洗煤场项目在鄂尔多斯分布范围较广，数量较多，其中包括有亚洲第一大露天煤矿——黑岱沟露天煤矿。

7.2.1.1 露天煤矿及其选洗煤场项目组成

露天煤矿开采及其配套的选洗煤场建设，项目组成最普遍的主要有采掘场、工业广场及其配套的煤炭选洗场、排土（渣、矸石）场、交通运输道路、供电线路、供（排）水系统等几大部分。

7.2.1.2 露天煤矿及其选洗煤场项目特点

（1）采掘场对土地扰动的范围较大、采坑较深、动运土石方量也较大；采煤后内排土（渣、矸石）场占地面积较大，回填方量大且堆垫形成新的地形地貌。如神华准格尔能源有限责任公司黑岱沟露天煤矿，采掘场开采区面积高达 $50.33km^2$，平均深度 $150m$。

（2）工业广场及其配套的选洗煤场，场地平整，布局紧凑，虽然占地面积相对较小，但与交通运输道路、供电线路、供（排）水系统等连通实施建设，对原地表扰动和周边环境影响较大。

（3）大型露天矿的弃渣量非常大，一般都在几亿立方米，大型的排土（渣、矸石）场占地面积较大，土（渣、矸石）堆垫较高，高陡边坡较多且重塑地表，对周围环境影响较大。为了减少对基本农田、林地等土地的占用，一般选择荒沟、荒坡作为排土（渣、矸石）场。

7.2.1.3 编报水土保持方案的重点及技术要点

1. 采掘场的治理

露天开采煤矿大范围、大面积地剥离表土和植被，是造成严重水土流失危害的主要原因。一般都由主体设计单位进行了专门设计，既要落实水土保持要求，还要执行主体设计的相关规范，建设和安全标准较高。一般露天矿在拉沟开采前，首先对表土进行剥离储存，应尽量边剥离、边利用，减少堆存时间和占地面积。表土剥离的厚度、范围根据现场的实际而定，厚度一般在 $20\sim40cm$，以用于表土回覆来恢复植被。其次，必须修筑采坑周边的防洪堤，以防汛期洪水进入采坑，造成安全事故。第三，采掘场内的集排水设施设备及其布置，根据采坑内渗水情况，选择布设集排水池，保证渗水及时有序地抽排与综合利用。第四，采掘完毕的采坑作为内排土（渣、矸石）场时，按照设计要求的高度、边坡坡度严格控制，一定分层排弃、分层碾压治理，一般沿高度每隔 $10m$ 覆土碾压治理，覆土厚度最小不小于 $50cm$。再次堆填时，外边沿应预留台阶平台，按交通、截排水、堆土稳定等要求，预留平台宽一般 $2\sim4m$。覆土后，坡面布设截排水设施，保证平台坡面表层集水及时顺利排到下游。当排弃量达到设计高度时，做好周边截（排）水设施，顶面平台、坡面回覆表层腐土，种草、栽植小灌木覆土厚度不低于 $50cm$，栽植乔木覆土厚度不小于 $100cm$，栽植较大灌木覆土厚度不小于 $80cm$，平台周边修筑围埝，中间设网格围埝。围埝的断面根据集蓄表层降雨径流设计确定，设计标准按照《开发建设项目水土保持技术规范》（GB 50433—2008）和《水土保持工程设计规范》（GB 51018—2014）选用。

根据采掘场排弃土（石、渣）最终的堆放位置，分为外排土（石、渣）场治理和内排土（石、渣）场治理。外排土（石、渣）场指采掘场的排弃土（石、渣）排弃在选定的采掘场外的永久排弃区域，形成新的地形地貌。而内排土（石、渣）场，则是采掘场分区采空后，按一定顺序将临时排土场堆放的和新开采的弃土弃渣回填到采空区，在采掘场内形成新的地形地貌。

2. 外排土（石、渣）场治理

（1）选址。弃土（石、渣）场的选址，在《开发建设项目水土保持技术规范》（GB 50433—2008）中有相应规定，其中三条是强制性规定：①弃渣场的设置不得影响周边公共设施、工业企业、居民点等的安全；②涉及河道的，应符合治导规划及防洪行洪的规定，不得在河道、湖泊管理范围内设置弃土（石、渣）场；③禁止在对重要基础设施、人民群众生命财产安全及行洪安全有重大影响的区域布设弃土（石、渣）场。另外，GB 50433—2008 也明确：弃渣场不宜布设在流量较大的沟道，否则应进行防洪论证。一般根据区域的地形、地质、环境条件综合确定场址，杜绝在对重要基础设施、人民群众生命财产安全及行洪安全有重大影响的区域布设弃土（渣）场。如因地形条件限制，确需在不良地质条件地段、泥石流易发区、河道或湖泊管理范围内等区域设置弃土（渣）场的，其选址不得影响周边公共设施、工矿企业、居民点等的安全，在此基础上按相关技术要求确定工程防护措施等级和标准。对于沟道型、临河型、坡地型的大型弃土（渣）场，还应考虑是否需要进行沉降观测和位移观测，确保弃土（渣）场运行安全。

（2）重点防治措施。外排土（渣、矸石）场的治理必须坚持"先拦后弃"的原则，执行《开发建设项目水土保持技术规范》（GB 50433—2008）和《水土保持工程设计规范》（GB 51018—2014）。具体设计应把握重点：沟道型排土（渣、矸石）场，在排弃场区的下游建设拦土（渣、矸石）坝，在土料丰富的土质沟道初期坝选择均质土坝，根据防冲排水要求，坝坡坡脚修筑排水体，坝坡外坡坡面布设砌石护坡；在基岩出露的地段，初期坝也可以采用浆砌石拦土（渣、矸石）坝。坝高、坝体结构型式根据设计确定。沟坡型排土（渣、矸石）场在原沟坡排弃边界坡脚先做好挡墙，有水流条件的河沟边一般设浆砌石挡墙，高度满足汛期排洪过流高度要求，河道留足汛期排洪过流断面，保证洪水安全平稳排到下游河段。挡墙设计按《开发建设项目水土保持技术规范》（GB 50433—2008）和《水土保持工程设计规范》（GB 51018—2014）选用。

（3）施工工艺。

1）排弃前分期分区剥离的表层土，必须集中堆放并做好临时苫盖，保存时间超过 3 个月的表层最好种草防止流失。

2）排弃过程中按设计要求控制排弃高度、排弃堆土（渣、矸石）坡比，保证堆弃坡面稳定，并分层分区碾压覆土及时治理。碾压厚度依据弃料特性及碾压机器性能通过试验确定，覆土一般沿高度每隔 10m 不小于一层，每层覆土厚度不小于 50cm。继续堆填时，外边沿留有台阶平台，平台宽一般 2~4m，既方便交通，也为坡面截流治理提供可能条件。覆土后坡面布设排水设施，保证平台坡面表层集水及时顺利排到下游。

3）排弃达到设计标高时，顶面平台碾压回覆表层腐土整治，回覆表土厚度根据植树种草确定，栽植乔木覆土厚度至少达到 100cm，栽植较大灌木覆土至少达到 80cm，栽植小灌木和种草覆土厚度至少达到 50cm。如剥离的表土不足，应从外调入。

4）平台周边修筑挡水围埂、中间设网格围埂，并做好周边截（排）水设施。截（排）过水断面、围埂断面，根据集蓄表层降雨径流设计确定，排弃坡面逐层回覆表层腐土，并布设植物网格护坡或预制混凝土块网格化砌筑护坡，网格内植树种草恢复植被。

3. 工业广场及其配套的选洗煤场的治理

工业广场及其配套的选洗煤场，占地集中，建设前期场地平整对地面扰动较大，堆垫、开挖面较多，合理安排施工时段，优化施工工艺，减少土石料远距离调用，尽量达到挖填平衡，对减少施工期水土流失很重要。主要针对厂区建设施工工艺，做好表土剥离并堆存保护、基础开挖土方临时防护、厂区及周边的截（排）水工作。完工后及时回填表土，整治裸露地表，有条件布设植被的尽快恢复植被，需要硬化覆盖的及时硬化覆盖，减少土壤裸露时间，减少水土流失。

工业广场水、电、交通、通信等配套设施的治理，主要是设备设施建设扰动地表，具有面积小、线路长、分布零散的特点。对供（排）水一般采取地下铺设，合理安排施工时段，优化施工工艺，紧凑施工，完工后及时种草恢复植被；配套用电线路碰接，主要做好施工期电杆基础的施工保护，完工后及时恢复植被；道路施工视现场具体实际，建设采掘场、排土场、工业广场各区连接临时道路及其对外连接交通线路，选线紧凑合理，尽量少占用少扰动地表，及时洒水养护，减轻扬尘，保护环境。施工结束，及时完善道路两侧排水沟，恢复道路两侧植被。

7.2.1.4 典型案例：准格尔旗如意苏家沟露天煤矿采掘场防治措施设计

如意苏家沟露天煤矿地处准（准格尔）—东（东胜）铁路南侧 10km，距运煤专线曹（曹家石湾）—羊（羊市塔）柏油路 2.8km。采区南北最宽约 2.01km，平均宽约 1.36km，东西最长约 2.8km，平均长 1.78km，矿井开采总面积 3.06km²，全井田探明储量 2176 万 t（截至 2003 年 9 月已消耗资源储量 104 万 t）。开采工艺采用单斗-卡车工艺，剥离采用工作帮移动坑线的开拓方式，露天矿设计服务年限为 13.56 年。矿井由采区、排土场区、地面防排水、场外道路、辅助生产工业厂区、行政福利区（包括供排水工程）、供电通信设施等组成，总占地面积 266.6hm²，其中采掘场占地 120.56hm²（首采区占地 87.2hm²），外排土场占地 70.21hm²，地面防排水总占地 56.64hm²；工业场地占地 3.29hm²；行政福利区占地 3.38hm²；场外道路占地 3.32hm²，供电高压线路占地 9.2hm²。

采掘场是低于周边原地貌几十米的巨大采坑。面蚀、沟蚀和重力侵蚀主要发生在采掘场边坡和工作平台上，在主体工程设计中，对边坡稳定进行了系统设计，且土壤侵蚀以内部搬移和沉积为主，采掘坑的水土流失对周边影响较小。在采掘场开采期间，为防止雨季产生径流进入采坑，在采掘场外围设置防洪堤（一般由主体工程详细设计）。随着采掘场开采形成采坑，可以使露天开采实现内排，直到开采结束封坑，内排土场采取措施综合治理。采掘坑内不再设水土保持工程措施，但采掘坑所占面积是逐年增加，为了防止人为活动对采掘坑外围天然草地的损坏，应增加采掘坑外围植被覆盖度，减少风力侵蚀对周边环境的污染。防治措施为网围栏围封自然恢复。

1. 网围栏

网围栏的建设按《草原围栏建设技术规程》（NY/T 1237—2006）要求设计、实施。

2. 地面防洪排水工程

矿区周边的沟谷有哈达兔沟、苏家沟，这些沟谷均为季节性沟谷，旱季干涸无水，雨季暴雨过后可形成短暂的洪流，由东向西流入勃牛川流域后，向南汇入陕西省境内的窟野河，最终注入黄河。

露天矿地面工业场地设于哈达兔沟的二阶台地之上，工业场地南侧的山体坡面汇水面积较小，设置小断面排水沟即可引导出工业场地。

根据露天矿南高北低的地形特点，生产过程中在矿田南部有一定的降水径流汇入采掘场，再根据露天矿达产时期采掘场的位置及推进方向，在采掘场的南部、东部及西部，用露天矿的剥离物修筑挡水堤坝或挡水墙，以防止地表水流入采掘场。根据控制来水面积及设计标准确定来洪量，由来洪量及过水断面动态分析确定挡水高度，由挡水高度确定挡水堤坝高 2.0m，顶宽 1.0m，内坡比 1∶1.5，外坡比 1∶1，总长 3235m，其中首采区 800m、二采区 2435m，包括施工占地面积为 3.24hm²；小型拦洪坝 4 座，占地 53.4hm²。防洪排水工程共占地 56.64hm²。

3. 内排土场治理

（1）平盘畦田围埂。按照主体工程设计的排弃计划，在方案服务期内，采掘场内排土场从 2008 年开始使用，到方案服务期末的 2015 年可形成最终平台 79.2hm²。由于边坡部位仍处于排弃状态，因此该方案只对内排土场平台进行措施设计。平台措施与外排土场相同。

排土场达到设计排弃标高后，将平台分割成 100m×50m 规格的畦田，阶梯平台由于平台宽度在 25m 左右，分隔成 100m×25m 的地块。蓄水量按拦蓄平台网格内径流量计算，求得围埂蓄水深为 $H=0.2$m，地形偏差 0.15m，加安全超高 0.15m，最后围埂总高度确定为 0.5m，顶宽 0.5m，内外坡比均为 1∶1。为了防止汇水冲刷边坡，设计阶梯平台平整时做成反坡，外高内低，周边挡水埂的高度与网格围埂高度一致即可，采用相同断面尺寸。

经计算，内排土场平台围埂工程量为：内排土场平台占地面积 92.26hm²，平台畦田围埂长度 90737m，筑埂土方 45368m³；覆土厚度 0.5m，覆土总量 461300m³。

（2）排水工程。当内排土场的平台低于原地貌时，水流集中于坑底的集水坑内，通过主体工程布设的地表水排水管线，最终进入疏干水排水系统，用于绿化用水、防尘洒水。因此内排土场不再增设排水工程，只在整地时，修筑反向坡导流进入集水坑。

（3）内排土场平台灌草带状混交防护林设计。由于在方案服务期内第二采区还没有最终开采完成，并没有形成最终平台。根据主体工程设计，在方案服务期内最后形成的平台占地面积 92.26hm²，在排土场达到设计标高时，对平台进行覆土，营造平台灌草带状防护林，栽植 2 行沙棘为一带，宽 2m；另一带种草，宽 4m。排土场最终平台造林种草面积 92.26hm²。

1）立地条件。经整平、覆土后的排土场最终平台。

2）林草配置。内排土场平台造林种草技术指标见表 7.1。

表 7.1　　　　　　　　内排土场平台造林种草技术指标

草树种	混交方式	带宽/m	行距/m	株距/m	种子苗木	需种（苗）量	面积/hm²	总需种苗量	
								初期	补植（播）
沙棘	带状混交	2	2	1.5	一年生实生苗	6666 株	37.75	251640 株	50328 株
苜蓿		4	0.2		一级种	11.25kg	54.51	613kg	123kg
合计							92.26		

3）技术措施。

a. 播前整地。种草带在种草前耙糖整平，并施有机肥 7500kg/hm²、硫酸亚铁 60kg/hm²，造林带为每隔 4.0m 人工穴状整地 2 行，穴径 0.4m，深 0.4m，回填表土 0.2m。

b. 播种、栽植。沿排土场一侧开始，沙棘带宽 2.0m，间隔 4.0m 的播种草带。沙棘春季或秋季人工植苗造林，苗木直立穴中，保持根系舒展，分层覆土、踏实。埋土至主干地径 2cm 以上。栽后浇水两次，每次每坑 5kg。

牧草雨季（6 月中旬至 7 月上旬）抢墒机械条播，播深 1~2cm，稍镇压。

c. 抚育管理。在苗期或严重干旱时用洒水车浇水。播种翌年，对缺苗断垄处进行补播、补植。造林种草 3 年内必须采取封护措施，严禁牲畜啃食、践踏。5 年后可进行第一次平茬，以后每隔 3 年平茬一次。平茬季节为冬季。遇病虫害时要及时进行防治，每年 5 月中旬开始对其定期喷洒药物，隔半个月用 160 倍的石灰波尔多液连续喷两次，消灭病源。已死苗要及时补植。

（4）内排土场边坡植物防护措施设计。

1）立地条件。排土场边坡，植物防护面积 13.06hm²。

2）造林设计。排土场边坡造林技术指标见表 7.2。

表 7.2 排土场边坡灌木造林技术指标

树种	后备树种	株距/m	行距/m	苗木		需苗量(每穴1株)	总需苗量/株	
				株龄/年	种类	/(株/hm²)	初植	补植
柠条	沙棘	1.5	2.0	1	实生容器	3333	43529	8706

3）技术措施。

a. 整地方式。春季人工穴状整地，沿等高线品字形排列，规格为：穴径 0.4m，深 0.4m，回填表层剥离土 0.2m。随整随植。

b. 栽植技术。柠条采用容器苗栽植最佳，该方法可使根系保持完整，维持原状，栽植后无缓苗期，抗逆性强，造林成活率高，有助于克服边坡立地条件差的问题。栽植时将未完全风化的石块清除出坑外，并将坑外风化生土填入坑内，这样有利于蓄水保墒，提高成活率。

春季人工植苗造林，每穴一株，苗木直立穴中，分层覆土、踏实，埋土至地径以上 2cm，栽后浇水。

c. 抚育管理。每年雨后进行一次穴内松土，三年三次，深 5～10cm。第二年对缺苗、死苗及时补栽。造林后第五年开始平茬一次，以后每三年隔带平茬一次。

（5）采掘场周边防护林设计。

1）立地条件。采掘场周边，主风向长度 4135m，次风向长度 3812m，面积 28.3hm²。

2）造林设计。营造带状乔灌混交林。造林技术指标见表 7.3。

表 7.3 采掘场周边防护林造林技术指标

树种	株距/m	行距/m	行数	苗木规格	需苗量(每穴1株)	总需苗量/株	
					/(株/hm²)	初植	补植
油松	2.0	2.0	5	高 0.8～1.2m	2500	40545	8109
柠条	2.0	2.0	5	1年生	2500	30205	6041

3）技术措施。

a. 立地条件。排土场周边主风向长 4135m，次风向长 3812m，在主风向下游 50m、次风向下游 20m 范围内设防护林，面积 28.3hm²。树种为柠条、油松混交。内侧宽 10m 范围内 5 行柠条为一带，外侧宽 10m 范围内 5 行油松为一带的防护林带，采用隔带混交方式。

b. 造林整地。栽植乔木采用鱼鳞坑整地，长径 0.6m，短径 0.5m，深 0.4m；灌木采用穴状整地，穴径 0.4m，深 0.4m。随造林随整地。

c. 造林技术。油松栽植时，回填 15～25cm 表土后，露有根须的树苗将树苗放在含有保水剂和生根料的泥浆中蘸根之后，再放苗入穴，使树苗直立于穴中，覆土要分层夯实，并在坑外围做好灌水围埂，埂高 20cm。栽后立即灌水，灌水量为 15kg/穴，初水一定浇透，以保成活。灌木栽植也要保持苗木直立于穴中，根系舒展，入表土分层踏实。栽后立即浇水，灌水量为 15kg/穴，连续 2～3 次，每次浇水后应松土保墒。灌木宜在春、秋季栽植，一般在春季土壤刚解冻时为最好。

d. 抚育管理。五年八次，前三年每年两次，后两年每年一次，穴内松土，深 5～10cm，造林初期更要加强管理。

7.2.1.5 典型案例：外排土场防治区措施布局和设计

1. 外排土场防治措施布局

主体工程对外排土场的排土方式进行了系统设计，确定了排土场的排土参数，根据边坡稳定计算，所选参数满足设计要求。本次设计只在主体工程设计的基础上进一步采取拦挡措施，以减少水土流失量。

按照主体工程设计，外排土场为沟谷排土场，结合水土保持"先拦后弃"的防治原则，在排土场沿沟头的一侧，利用排弃的生土修筑挡土围埝，然后在围埝内排土。鉴于露天矿排土场时空变化的特点，对于排土场平台分块平整拦蓄，集中径流有可能发生冲沟，因此采取网格式分块拦蓄，并将平台整成倒坡。通过设置围埝，使平台畦田化，在平台四周的边缘处修筑挡水土埝，防止水流对边坡的冲刷。在排土场稳定平台的内侧布置纵向土质排水沟，在平台外缘布设挡水埝。将平台汇水沿道路排水沟排出。结合矿区剥采工程将腐殖土单独堆放，以备整地覆土利用。根据土壤情况，当排土场达到最终标高时，在排土场稳定平台覆土至少 1.0m，边坡覆盖 0.5m 的腐殖土，以利于植物生长，尽快恢复植被。

（1）挡土围埝措施。

1）周边挡土围埝。主体工程设计中对排土场的排弃方式、排弃高度、占地面积、边坡角度均进行了设计。大雨情况下，排土场工作帮坡易形成许多冲刷沟，引起水土流失。从保持水土角度考虑，需在排土场平台周边增设挡土围埝。

本次设计采用土围埝，按照《水土保持综合治理 技术规范 沟壑治理技术》 （GB/T 16453.3—2008）要求确定断面尺寸。

2）平台网格围埝。排土场平台面积较大，由于重力机械排弃，平台土壤密实度较大，地面降雨入渗缓慢，产汇流量较大，如不分隔拦蓄，集中径流极有可能发生冲沟。因此，采取网格式分块拦蓄，拦蓄的径流还可为植物生长提供水源。

（2）平台及边坡排水系统。由于顶部平台集水面积较大，当发生大于 20 年一遇 24h 暴雨情况时，为了保护平台及边坡的安全稳定，沿道路设置排水措施。分级平台内侧设置纵向排水沟，每 200m 设置横向排水沟排入周边防护林的树坑内和外围天然草地。

（3）平台平整、覆土及植物措施。排土场平台的物料多由泥岩及大小不等的石砾组成，土壤结构松散，虽经碾压，内部缝隙很大，很快下渗到底部，土壤含水量低，不利植物生长。因此，在排土场复垦中为了尽快恢复排土场的植被，平台复垦必须采取覆土措施。由于矿区风力强劲，排土场平台又高于附近地面，因此，排土场平台采取种植灌草进行防护。

（4）边坡综合防护措施。排土场边坡坡面较长，岩土疏松、稳定性差，含水量低，植物生长困难，极易发生土壤侵蚀。排土场边坡采用植物措施与工程措施相结合进行治理。边坡坡面营造灌木防护林，利用植被的固持作用和工程的固结作用防治坡面水土流失。

2. 外排土场防治措施设计

（1）外排土场挡土围埝设计。坡面来水量计算公式如下：

$$W = 10KRF$$

式中　W——来水总量，m^3；

　　　R——设计暴雨量，mm；

　　　F——集水面积，hm^2；

　　　K——径流系数。

查当地水文资料，20 年一遇 24h 暴雨量为 $R=98.2\text{mm}$，$K=0.35$，F 按每延长米控制面积计算，排土场边坡控制每延长米最大为 123.1m^2，则径流总量为

$$W = 10 \times 0.35 \times 98.2 \times 123.1/10000 = 4.23 (\text{m}^3)$$

（2）挡水围埝设计。围埝蓄水量计算公式如下：

$$V = L(HB)/2 = LH^2/2i$$

式中　V——围埝蓄水量，m^3；

　　　B——回水长度，m；

　　　H——埝内蓄水深，m；

　　　L——围埝长度，m；

i——地面比降，%。

当 $V=4.23\text{m}^3$ 时，$H=1.0\text{m}$，安全超高取 0.3m，围埝总高度为 1.3m，围埝顶宽结合机械施工取 1.5m，内外坡比 1:1。由于地势复杂，防止水流集中到低洼地段，每隔 10m 布设一道横挡。围埝工程量见表 7.4。

表 7.4 外排土场围埝工程量

围埝长度/m	占地面积/hm²	表土剥离/m³	填筑土方/m³
4562	2.08	4562	17940

（3）挡土围埝防护林设计。挡土围埝总长 4562m，占地面积 2.08hm²，在围埝顶部及内外侧边坡穴播柠条，株行距 1m×1m。造林技术指标见表 7.5。

表 7.5 外排土场围埝造林设计技术指标

树种	造林方法	种子等级	播种方式	株距/m	行距/m	播种量/（粒/穴）	总需种量/kg 初播	总需种量/kg 补播
柠条	直播	一级	穴播	1	1	10～15	20.8	4.32

a. 造林技术。在夏季降雨过后进行播种。播前用 30℃水浸泡种子 12～24h，用营养泥浆拌种，并添加一定的灭虫药物，防止虫害。营养土为有机肥腐殖土和生长促进剂。人工穴播法造林，每穴 10～15 粒种子，覆土 3cm，播期不超过 7 月 15 日。

b. 抚育管理。柠条 4 年生为最适平茬年龄，第一次平茬茬口应高出地面 3cm，以避免损伤萌生新枝条的芽眼，以后每次平茬可与地面平齐。平茬时间在封冻后到翌年解冻前，每 6 年平茬一次。

（4）外排土场平台防护措施。外排土场形成最终平台标高 40m，由台阶平台和最终平台组成，每台阶高度为 20m，平台面积较大。平台面积见表 7.6。

表 7.6 外排土场平台面积

排土台阶	阶梯高度/m	台阶个数	平台面积/hm²
台阶平台	20	2	4.24
最终平台	20	1	38.66
合计			42.9

1）平台覆土。排土场物料组成主要有火山岩、砂砾岩、砂质泥岩、泥岩及第四系层黄、黄褐色及浅灰色的细砂、红色冲积黏土等混合物料。排弃物料松散，致使排土场表土肥力低，结构不良甚至没有固定结构，保水保墒能力差，不利于植物生长。因此，平台复垦必须采取覆盖腐殖土措施。土地利用方向为灌草用地，平均覆土 0.5m。平台覆土工程量见表 7.7。

表 7.7 排土场平台覆土工程量

排土台阶	标高/m	平台面积/hm²	覆土厚度/m	覆土方量/万 m³
台阶平台	20	4.24	0.5	2.12
最终平台	20	38.66	0.5	19.33
合计		42.9		21.45

2）平台畦田围埝。排土场达到设计排弃标高后，将平台分割成 100m×50m 规格的畦田，阶梯平台由于平台宽度在 25m 左右，分隔成 100m×25m 的地块。蓄水量按拦蓄平台网格内径流量计算，求得围埝蓄水深为 $H=0.2\text{m}$，地形偏差 0.15m，加安全超高 0.15m，最后围埝总高度确定为 0.5m，顶宽 0.5m，内外坡比均为 1:1。为了防止汇水冲刷边坡，设计阶梯平台平整时做成反坡，外高内低，周边挡水埝的高度与网格围埝高度一致即可，采用相同断面尺寸。平台围埝工程量见表 7.8。

表 7.8　　　　　　　　　　　　　　　　外排土场平台围埝工程量

排土台阶	阶梯高程/m	台阶个数	平台面积/hm²	平台围埝长度/m	平台围埝方量/m³
台阶平台	20	2	4.24	3074	1537
最终平台	20	2	38.66	3556	1778
合计			42.9		3315

3）外排土场最终平台灌草带状混交防护。排土场平台为人造堆弃，在排土场达到设计标高时，对平台进行覆土，营造平台灌草带状防护林，株行距为 2m×1.5m 的 2 行沙棘为一带，4m 宽的草为一带。排土场最终平台造林种草面积 42.9hm²。

a. 立地条件。经整平、覆土后的排土场最终平台。

b. 工程整地。种草前耙糖整平，并施有机肥 7500kg/hm²、硫酸亚铁 60kg/hm²，造林带为每隔 4.0m 人工穴状整地 2 行，穴径 0.4m，深 0.4m，回填表土 0.2m。

c. 措施设计。牧草播种，雨季（6 月中旬至 7 月上旬）抢墒，机械条播，播深 1～2cm，稍镇压。沙棘栽植为沿排土场一侧开始，沙棘带宽 2.0m，间隔 4.0m 的播种草带。沙棘春季或秋季人工植苗造林，苗木直立穴中，保持根系舒展，分层覆土、踏实。埋土至主干地径以上 2cm。栽后浇水两次，每次每坑 5kg。

d. 抚育管理。在苗期或严重干旱时用洒水车浇水。播种翌年，对缺苗断垄处进行补播、补植。造林种草 3 年内必须采取封护措施，严禁牲畜啃食、践踏。5 年后可进行第一次平茬，以后每隔 3 年平茬一次。平茬季节为冬季。遇病虫害时要及时进行防治，每年 5 月中旬开始对其定期喷洒药物，隔半个月用 160 倍的石灰波尔多液连续喷 2 次，消灭病源，缺死苗要及时补植。外排土场最终平台造林种草技术指标见表 7.9。

表 7.9　　　　　　　　　　　　　外排土场最终平台造林种草技术指标

草树种	混交方式	带宽/m	行距/m	株距/m	种子苗木	需种（苗）量	面积/hm²	总需种苗量	
								初期	补植（播）
沙棘	带状混交	2	2	1.5	一年生实生苗	6666 株/hm²	12.88	85858/株	17172/株
苜蓿		4	0.2		一级种	11.25kg/hm²	25.78	290/kg	58/kg
合计							38.66		

（5）外排土场台阶平台灌木林防护设计。在外排土场达到设计台阶高度时，对台阶平台进行覆土、造林，造林面积 4.24hm²，造林树种选择为沙棘。

1）立地条件。经覆土后的排土场台阶平台。

2）造林设计。外排土场台阶平台灌木造林设计技术指标见表 7.10。

3）造林技术。沙棘抗逆性强，造林成活率高，有助于克服边坡立地条件差的问题。栽植时将未完全风化的石块清除出坑外，并将坑外风化生土填入坑内，这样有利于蓄水保墒，提高成活率。

春季或秋季人工植苗造林，穴状整地，随整随栽，每穴 1 株，苗木直立穴中，分层覆土、踏实，埋土至主干地径以上 2cm，栽后浇水。

栽植第二年对缺苗、死苗及时补栽。造林后第五年开始平茬一次，以后每 3 年隔带平茬一次。

表 7.10　　　　　　　　　　　　外排土场台阶平台灌木造林设计技术指标

树种	株距/m	行距/m	苗木		需苗量（每穴 2 株）/（株/hm²）	面积/hm²	总需苗量/株	
			株龄/年	种类			初植	补植
沙棘	1.5	2.0	1	实生	6666	4.24	28290	5658

（6）外排土场排水工程典型设计。外排土场平台为松散岩土堆积体，平台、边坡的密实度较小，由于该地区的降雨量不太大，平台外缘已经设置了平台围埂，并且设置了2%的反坡，所以降雨可以在平台内蓄渗，同时对平台的林草植被生长、发育十分有利，不再外排。只在外排土场地面到第一阶、第一阶平台到第二阶平台的场内道路内侧设计矩形排水沟。排水沟设计防御标准为20年一遇24h暴雨量，断面形式为矩形，断面底宽0.4m、深0.4m，沟底与道路纵坡均为10%。采用浆砌片石结构，其下垫0.1m厚砂砾层，排水沟总长度830m。其工程量详见表7.11。

表7.11 外排土场场地排水沟工程量

工程名称	长度/m	面积/hm²	浆砌石/m³	砂砾石/m³	土方开挖/m³
排水沟	830	0.08	448	83	581

（7）排土场边坡植物防护措施典型设计。

1）立地条件。排土场边坡，植物防护面积8.46hm²（包括南外排土场周围5条较大沟道内修建的5座谷坊坝内、外坝坡面积），树种选择柠条或沙棘。

2）整地方式。秋季或春季人工穴状整地，沿等高线"品"字形排列，规格为：穴径0.4m，深0.4m，回填表层剥离土0.2m。随整随植。

3）造林设计。排土场边坡灌木造林技术指标见表7.12。

表7.12 排土场边坡灌木造林技术指标

树种	后备树种	株距/m	行距/m	苗木		需苗量（每穴1株）/（株/hm²）	总需苗量/株	
				株龄/年	种类		初植	补植
柠条	沙棘	1.5	2.0	1	实生容器	3333	28197	5639

4）栽植技术。柠条采用容器苗栽植最佳，该方法可使根系保持完整，维持原状，栽植后无缓苗期，抗逆性强，造林成活率高，有助于克服边坡立地条件差的问题。栽植时将未完全风化的石块清除出坑外，并将坑外风化生土填入坑内，这样有利于蓄水保墒，提高成活率。

春季人工植苗造林，每穴1株，苗木直立穴中，分层覆土、踏实，埋土至地径以上2cm，栽后浇水。

5）抚育管理。每年雨后进行一次穴内松土，三年三次，深5～10cm。栽植第二年对缺苗、死苗及时补栽。造林后第五年开始平茬一次，以后每3年隔带平茬一次。

（8）排土场周边防护林措施设计。

1）立地条件。排土场周边主风向长2106m，次风向长2500m，在主风向下游50m、次风向下游20m范围内设防护林，面积15.53hm²。树种为柠条、油松混交。内侧宽10m范围内5行柠条为一带，外侧宽10m范围内5行油松为一带的防护林带，采用隔带混交方式。

2）造林整地。栽植乔木采用鱼鳞坑整地，长径0.6m，短径0.5m，深0.4m；灌木采用穴状整地，穴径0.4m，深0.4m。随造林随整地。

3）造林设计。排土场周边防护林造林技术指标见表7.13。

表7.13 排土场周边防护林造林技术指标

树种	株距/m	行距/m	行数	苗木规格	需苗量（每穴1株）/（株/hm²）	总需苗量/株	
						初植	补植
油松	2.0	2.0	5	高0.8～1.2m	2500	22045	4409
柠条	2.0	2.0	5	1年生	2500	16780	3356

4）造林技术。油松栽植时，回填 15～25cm 表土后，将树苗直立于穴中，覆土要分层夯实，并在坑外围做好灌水围埂，埂高 20cm。栽后立即灌水，灌水量为 15kg/穴，初水一定浇透，以保成活。灌木栽植也要保持苗木直立于穴中，根系舒展，入表土分层踏实。栽后立即浇水，灌水量为 15kg/穴，连续 2～3 次，每次浇水后应松土保墒。灌木宜在春、秋季栽植，一般在春季土壤刚解冻时为最好。

5）抚育管理。穴内松土，五年八次，前三年每年两次，后两年每年一次，深 5～10cm，造林初期更要加强管理。

7.2.2　火力发电厂项目水土保持

鄂尔多斯是国家重要的能源基地，尤其煤炭资源储量丰富、品质优良。为了向中东部地区发展提供优质清洁能源，实现"煤从空中走"的目标，以煤炭为原料的火力发电厂建设是本地区立项较多、布设范围较广、发展较快、影响较大的生产建设项目之一，具有一定的典型代表性。火力发电厂与城市供热相结合，实现了热电一体化。煤矸石综合利用发电厂项目也随科学技术的进步有了一定发展，煤炭资源的综合利用效率不断提高。

7.2.2.1　火力发电厂项目组成

现代火力发电厂项目是一个庞大复杂的生产电能与热能的工厂。按照项目占地组成划分，主要由发电厂、变电站和输变电线路工程三大部分组成。其中发电厂又可分为主要工程（发电机组）、辅助工程（供水工程、冷却系统、除灰渣系统）、环境保护工程（烟囱、烟气脱硝脱硫、氮氧化物措施，烟气除尘工程，废水治理、噪声治理、扬尘治理、防渗措施等）、贮运工程（燃料运输、燃料贮存、储灰场），公用工程（绿化、道路）、配套工程（接入系统、供热工程、生活设施）等。

7.2.2.2　火力发电厂项目特点

现代火力发电厂项目的优点有：①常常与煤矿开采建设相联系，实现煤电一体化发展，降低煤炭运输成本和电厂的运行成本，提高煤炭利用率；②火力发电厂建设与城市、工矿企业供暖供热联合建设运行，实现热电联产，提高电厂利用效率；③火力发电厂建设周期较短，一次性投资少，占地面积不大，占地形式较为紧凑。缺点是煤耗损量大，运行费用高，灰渣废弃物产生较多，集中安全储存是关键，处理不好则对环境污染影响较大。

7.2.2.3　火力发电厂项目水土保持方案的重点及技术要点

火力发电厂项目建设前期规划设计时一定要优化工程布局方案，尽量减少占地，布置紧密，厂区平整尽量结合项目建设平衡土石方，减少土石方的远距离调用。在编报水土保持方案时，要求在建设期优化施工工艺，减少不必要的地表扰动和占地面积，设施安排紧凑有序，避免开挖、堆垫长时间搁置，减少施工中的水土流失；实施好各项水土保持措施，保证水土保持设施"三同时"制度落到实处。在运行期主要是做好灰渣场的防治，排灰的工艺，排弃的分层、分块、分段碾压及覆盖保护。

列入水土保持方案的措施一般有三类：一是工程措施，包括表土剥离、护坡工程、截排水工程、灰渣场的拦挡措施和绿化覆土；二是植物措施，包括厂区的绿化美化、交通道路两侧绿化美化、厂区边坡植树种草植物防护、护坡砌块内植树种草、供电供排水等施工区域的植树种草植被恢复等；三是临时措施，主要有表土及基础开挖土的苫布临时覆盖、种草覆盖等。

7.2.2.4　典型案例：国电内蒙古布连电厂水土保持防治

1. 总体防治措施设计布局

（1）厂区防治措施。根据电厂建筑物布置特点和生产管理功能要求，对厂区内的空地进行合理分区防治，主要分为厂前区、主厂房区、电气设施区、水工设施和工业废水处理区、运煤设施区、厂区道路和厂区临时堆物。

1）厂前区。厂前区位于进厂道路入口处，是厂区绿化的重点，在对大面积的空地进行硬化设置的基础上，绿化主要采用草坪与低矮灌木相结合的方式，集中做绿化小品设计，以期在视觉上给人以突出重点、视野开阔、耳目一新的感觉。

2）主厂房区。主厂房区是热电厂生产的核心，也是厂区污染和噪声的主要来源。为了进一步降低生产对环境的污染和减弱噪声，绿化措施在防止空地风蚀的同时，注意与厂区整体绿化相协调，适当配置防噪抗污能力强的绿化植物种。

空冷平台区设施少，有较大的空地，但由于冷却塔底部有进风要求，不宜种植高大乔木。因此，该区域的绿化应以草坪为主，配以常绿针叶树。

3）电气设施区。电气设施区电器设备集中，占地面积小，有较大的绿化空间，但由于地下电缆密布，其空地的防护措施应以防尘、防雷电击为原则，故该区域大部分面积应以硬化为主，只对周边空地进行绿化。

4）水工设施和工业废水处理区。这两类区域包括空冷岛、化学水处理车间、辅机闭环水蒸发冷却器、循环水泵房、循环水处理室、综合泵房、工业废水集中处理站、生活污水处理站、中水深度处理站及调节水池等。水工设施集中布置在厂区固定端。这两个区域中建筑物占地面积小，有较大的可绿化空地，绿化措施以种植草坪和绿篱为主，并适当配以花灌木，起到既防风蚀又美化环境的作用。

5）运煤设施区。运煤设施区由混煤罐、输煤栈桥及廊道、煤泥水处理系统等组成。电厂不设煤场，煤场由井田工业广场统一考虑，厂区仅设两个混煤罐。在煤场周边种植乔灌混交防护林。

6）厂区道路。厂内主要道路宽度为 7m，次要道路宽度为 4m，混凝土路面。道路两侧根据绿化整体布局和道旁建筑物的功能，合理种植行道树。

7）厂区临时堆土场。厂区建（构）筑物基础开挖和管沟开挖土料集中堆放在施工生产区的临时堆土场。临时堆土场人工拍实，并在其周边设置纤维布临时挡护措施。纤维布用钢架作支撑，每3.0m 设置一根竖向钢管。

（2）施工生产生活区防治措施。施工生产生活区为临时占地，主体工程结束后须对施工生产生活区的垃圾、废弃物等进行清理，对场地进行整平后种草恢复植被。

（3）厂外道路防治措施。

1）进厂道路。布连电厂进厂道路长 2.00km，全部位于固定沙丘区内，水泥混凝土路面宽7.00m，两侧设有排水沟并留有宽 5.0m 的绿化带，根据气候条件和道路的功能，设计栽植乔木防护林，土质路基边坡沙障内混播草籽。

2）输灰、煤皮带机及维修道路。输灰皮带机及维修道路全长 3.00km，输煤皮带机及维修道路全长 0.50km，皮带机道宽 2m，维修道路混凝土路面宽 3.5m，同时各留有宽 5.0m 的绿化带，根据气候条件和道路的功能，设计栽植灌木防护林。

3）路基清基表土。布连电厂道路路基清基表土留作路基边坡和两侧绿化覆土的土料，在路基一侧设置临时堆土场，外侧边坡采用草袋临时挡护措施，其他裸露面在风季采用苫布覆盖措施防护。施工结束后及时用于路基边坡和施工区的覆土。

（4）供排水管线防治措施。本次设计包括厂外排水管线和灰场洒水管线，管线全部位于固定沙丘区，设计在开挖管线一侧设置堆土区，开挖土料集中堆放在临时堆土区人工拍实，外侧边坡采用草袋临时挡护措施。施工结束后及时用于管沟回填，厂外排水管线和灰场洒水管线回填以后的管沟开挖区以及管线施工区、施工便道沙障内种草防护。

（5）供电线路防治措施。供电线路处于固定沙丘区，施工结束后种草恢复植被。

（6）贮灰场防治措施。根据对主体工程中具有水土保持功能的工程评价结果，主体工程提出对灰场基底防渗和堆石棱体坝防护，周边营造防风降尘林带。方案新增贮灰场周边截水沟设计和覆土、平台及边坡植物措施设计。

1）贮灰场根据现场气候条件进行洒水碾压，保证灰体表面的含水量；贮灰场运行时，用洒水车在灰体表面上洒水，使灰体表面处于湿润状态。

2）贮灰场进行合理规划。灰渣分区存放，灰渣堆贮采用分区、分块运行，减少贮灰过程损坏的工作面。贮灰场灰体表面达到设计标高时覆土种草、周边设置防护林，以防止对周围环境造成影响。

3）贮灰场周边设置截洪沟，防止坡面径流汇水流入。截洪沟土埂顶部及外坡种草防护。

4）贮灰场的防渗措施。在灰渣场基底铺设土工布防渗材料，防止灰水下渗对地下水的污染。

2. 贮灰场防治措施设计

贮灰场设计容量按 10 年产生的灰渣量考虑。电厂 10 年产生的灰渣排放总量为 449.81 万 m³。根据贮灰场所在沟谷的 1∶10000 地形图计算，贮灰场容量为 449.81 万 m³ 时，设计排弃高度（贮灰高度）为 24m，灰体所占面积为 71.97hm²。贮灰物基本情况见表 7.14。

按照主体工程设计，结合水土保持工程防治原则，需要对贮灰场灰渣分区堆放及分条块运行方式和覆土进行补充设计，增加贮灰场平台拦挡措施。

（1）堆石棱体坝施工区植树

1）立地条件。堆石棱体坝施工区土壤为栗钙土，土层厚度大于 50cm，植树面积 1.00hm²。

表 7.14　　　　　　　　　　　贮灰场基本情况统计

序号	项　目	单位	数量	序号	项　目	单位	数量
1	贮灰场灰体总占地面积	hm²	71.97	5	灰体永久边坡坡比		1∶4
2	设计堆贮量	万 m³	449.81	6	堆石棱体总长度	m	250
3	堆石棱体高度	m	3.0	7	灰场排水管长度	m	1200
4	设计排弃高度	m	24	8	灰场周边截水沟长度	m	2400

2）植树设计。堆石棱体坝施工区植树设计指标见表 7.15。

表 7.15　　　　　　　　　堆石棱体坝施工区植树设计技术指标

树种	植树面积/hm²	株距/m	行距/m	苗木		需苗量（每穴 2 株）/（株/hm²）	总需苗量/株
				株龄/年	种类		
柠条	1.00	2.0	2.0	1~2	实生	5000	5000

3）栽植技术措施。植树前穴状整地，穴径 40cm，深 40cm，品字形排列。穴回填表土 20cm，苗木直立穴中，保持根系舒展，分层覆土、踏实。抚育管理每年坑内松土、除草一次，三年三次，土深 5~10cm。第四年冬平茬，每 4 年一次。分年隔带交替进行。

（2）贮灰场运行方式。运到贮灰场的灰渣，采用分区分条块堆贮并分层碾压，以便于以后的综合利用。共分 7 个工作条，条宽 215m。设计灰面占地 71.97hm²，其中灰面平台面积为 67.77hm²，灰面永久边坡面积为 4.2hm²。

运到灰场的调湿灰采取分条分块及时摊铺、洒水和碾压，铺灰厚度 50cm，用推土机反复碾压，直至达到设计容重 1.1t/m³，逐渐升高灰面，灰体铺筑的水平方向为由南向北，铺筑的作业面应向北侧，坡度不大于 1∶20，碾压后的灰面要定时喷洒水，增强灰面的抗风蚀能力，以方便车辆在灰面上行驶。至设计标高时覆土平整，实施植物措施，防止飞灰污染环境。灰渣分条分块设计参数详见表 7.16。

表 7.16 贮灰场分条块设计参数表

分条数	平台面积/hm^2	边坡面积/hm^2	灰体占地总面积/hm^2	分条数	平台面积/hm^2	边坡面积/hm^2	灰体占地总面积/hm^2
1	9.57	0.6	10.17	5	9.7	0.6	10.3
2	9.7	0.6	10.3	6	9.7	0.6	10.3
3	9.7	0.6	10.3	7	9.7	0.6	10.3
4	9.7	0.6	10.3	合计	67.77	4.2	71.97

为了尽快恢复贮灰场的植被，平台及边坡复垦需首先采取覆土措施，设计覆土厚度为 0.5m，设计覆土量为 35.99 万 m^3（覆土采用外购方式），其中平台覆土量为 33.89 万 m^3、永久边坡覆土量 2.10 万 m^3。

（3）石膏周边隔离堤措施。为了减少石膏对周边的污染，设计在石膏堆贮区周边用纤维土袋建筑隔离堤。设计隔离堤长度 1500.0m、高度 24.0m、宽度 1.0m，工程量合计 36000m^3。

（4）贮灰场平台挡水围埂。贮灰场平台面积较大，由于排灰时采用重型机械层层夯实碾压，使平台的密实度加大，不利于暴雨的入渗，增大了产汇流量。如不修筑平台周边围埂拦蓄平台径流，极有可能冲刷永久边坡，形成冲沟。因此，设计沿平台周边地带设置平台挡水围埂，不仅保护了边坡安全，而且拦蓄的径流可为平台植物生长提供水源。

平台围埂设计标准按防御 20 年一遇 24 小时暴雨计算。

1）设计暴雨量计算。

采用公式如下：

$$H_{24p} = K_p \overline{H}_{24}$$

经计算得：

$$H_{24p} = 156.6 \text{mm}$$

2）来水量计算。采用《水土保持综合治理技术规范 沟壑治理技术》（GB/T 16453.3—2008），径流总量计算公式如下：

$$W = 10KRF$$

式中 W——来水总量，m^3；

　　　R——设计暴雨量，mm；

　　　F——集水面积，hm^2；

　　　K——径流系数。

查《内蒙古自治区水文手册》，20 年一遇 24h 暴雨量 $R = 156.6$mm，取 $K = 0.10$，贮灰场灰体平台面积为 67.77hm^2。则径流总量为

$$W = 10612 \text{m}^3$$

3）围埂蓄水量计算。采用公式如下：

$$V = L(HB/2) = LH^2/2i$$

式中 V——围埂蓄水量，m^3；

　　　L——围埂长度，m；

　　　H——埂内蓄水深，m；

　　　i——地面比降，%；

　　　B——回水长度，m。

经计算，围埂蓄水深最大为 0.2m，考虑当地降雨具有强度大、历时短的特点，因此，加安全

超高 0.3 m，取围埂总高度为 0.5m。

围埂断面采用梯形，顶宽取 0.5m，根据《开发建设项目水土保持技术规范》（GB 50433—2008），内外边坡均取 1∶1。贮灰场平台设围埂总长度 3780m，贮灰场挡水围埂工程量见表 7.17。

（5）平台周边挡水围埂防护林。

1）立地条件。平台周边挡水围埂顶部、内边坡、外边坡土质疏松，土壤贫瘠，设计挡水围埂顶部宽度 0.5m，底宽 1.50 m，植树面积 0.57hm²。

表 7.17　　　　　　　　　　　　　　　贮灰场平台挡水围埂工程量

地点	平台面积 /hm²	围埂长度 /m	断面尺寸			工程量	
			高度/m	顶宽 /m	内外边坡	单位土方量 /(m³/m)	围埂土方量 /m³
贮灰场	67.77	3780	0.5	0.5	1∶1	0.50	1890

2）植树设计。平台挡水围埂顶部及内、外边坡灌木防护林设计指标见表 7.18。

表 7.18　　　　　　　　　　　　　　挡水围埂防护林设计指标

植树地点	围埂顶部	围埂内边坡	围埂外边坡	合　计
地貌类型	沙质丘陵地貌区	沙质丘陵地貌区	沙质丘陵地貌区	
行数	1	1	1	
树种	柠条	柠条	柠条	
株距/m	1.5	1.5	1.5	
种子规格	一级种	一级种	一级种	
需种量/(粒/穴)	15	15	15	
总需种量/kg	1.21	1.21	1.21	3.63

注　采用穴状点播。

3）栽植技术措施。

a. 整地。雨季前人工挖穴，穴径 30cm。

b. 播种。播种前每 10kg 种子加水 10~20kg 浸种 12~36h，或用营养泥浆拌种。雨季人工穴播，每穴 15 粒，覆盖 2cm 厚的营养土，营养土为有机肥腐殖土和植物生长促进剂，稍镇压。

4）抚育管理。翌年缺苗断垄处进行补播。抚育管理每年人工松土、除草一次，四年四次，深5~10cm。植树后第四年秋末轮流隔带平茬，以后每 3~5 年进行一次。

（6）平台网格围埂。灰体最终平台占地面积较大，如果让径流集中汇流，将对平台和永久边坡坡面的稳定构成威胁。设计在顶部最终平台上设置网格围埂，将平台 10 年一遇 24h 暴雨量产生的径流化整为零就地拦蓄，可为植物生长提供水源条件。

结合平台覆土措施修筑网格围埂，将平台分割成宽 30m、长 50m 的条块，围埂高度按防御 10 年一遇 24h 暴雨量设计，蓄水最大高度仅为 0.10m。设计围埂高度为 0.3m，顶宽 0.3m，内外坡比 1∶1。贮灰场平台设网格围埂总长度为 34590m，围埂工程量详见表 7.19。

表 7.19　　　　　　　　　　　　　　平台网格围埂工程量

地点	位置	最终平台面积 /hm²	围埂总长度 /m	断面尺寸			工程量	
				高度/m	顶宽 /m	内外边坡	单位土方量 /(m³/m)	围埂土方量 /m³
贮灰场	最终平台	67.77	33590	0.3	0.3	1∶1	0.18	6228

（7）贮灰场内注平台。贮灰场平台占地面积较大，基本没有植物覆盖，而且机械运灰和整平过程中，采用的重型机械设备使平台的密实度加大，不利于暴雨的入渗。因此，在排灰时有意将平台排筑成有一定内倾角的内注平面，结合平台周边围埝，可控制平台集水沿边坡外流，从而使滞留在平台上的水能更好地为植物生长提供水分条件。

（8）贮灰场平台植树种草。

1）立地条件。覆盖50cm贮灰场剥离表土的贮灰场平台，植树种草面积67.20hm²。

2）植树设计。采取带状混交方式，1年生实生苗。贮灰场平台植树种草设计技术指标见表7.20。

表7.20　　　　　　　　　　　　贮灰场平台植树种草设计技术指标

地貌类型	草树种	带宽/m	行数/(行/带)	行距/m	株距/m	需种苗量	面积/hm²	总需种苗量	备注
沙质丘陵	柠条	2.0	2	1.5	1.5	4500 株/hm²	18.90	81500 株	每穴 2 株
	草木樨	4.0	20	0.2		9kg/hm²	48.30	435kg	按 1:1 的比例条播
	沙蒿					7.50kg/hm²		363kg	
合计							67.20		

3）植树、种草技术措施。

a. 整地。植树、种草前耙耱整平，覆盖采掘场剥离表土0.5m，并按有机肥4000kg/hm²或化肥450kg/hm²标准施肥。每隔4.0m人工穴状整地，穴径40cm，深40cm，回填表土20cm。

b. 播种、栽植。沿排土场一侧开始，柠条宽2.0m，间隔4.0m的草带。柠条雨季人工植苗，苗木直立穴中，保持根系舒展，分层覆土、踏实。埋土至地径以上2cm。栽后浇两次水，每次每坑8kg。牧草雨季（6月中旬至7月上旬）抢墒机械撒播，播深2～3cm，稍镇压。

c. 抚育管理。病虫害严重时要进行防治，在苗期或严重干旱时用洒水车浇水。播种翌年，对缺苗断垄处进行补播、补植。植树种草3年内必须采取封护措施，严禁牲畜啃食、践踏。

（9）贮灰场边坡植树。

1）立地条件。覆盖50cm贮灰场剥离表土的贮灰场边坡，植树面积4.20hm²。

2）植树设计。贮灰场边坡防护林植树设计技术指标见表7.21。

表7.21　　　　　　　　　　　　贮灰场边坡防护林植树设计技术指标

地貌类型	植树地点	面积/hm²	树种	株距/m	行距/m	种子规格	需种量/(kg/hm²)	总需种量/kg	备注
沙质丘陵	贮灰场边坡	4.20	柠条	1.5	1.5	一级种	6	25.50	穴状点播，每穴 10～15 粒种子
合计		4.20						25.50	

3）栽植技术措施。

a. 整地。雨季前人工挖穴，穴径50cm。

b. 播种。播种前每10kg种子加水10～20kg浸种12～36h，或用营养泥浆拌种。雨季人工穴播，每穴10～15粒种子，覆盖2cm厚的营养土，营养土为有机肥腐殖土和植物生长促进剂，稍镇压。

c. 抚育管理。翌年缺苗断垄处进行补播。抚育管理每年人工松土、除草一次，四年四次，深5～10cm。植树后第四年秋末轮流隔带平茬，以后每3～5年进行一次。

（10）贮灰场周边防护林。

1）立地条件。贮灰场区周边，土壤为栗钙土，土层厚度大于 50cm，植树面积 7.60hm²。

2）植树设计。贮灰场周边防护林设计技术指标见表 7.22。

3）栽植技术措施。

a. 整地方式与时间。根据土壤条件和植树要求，植树前鱼鳞坑整地。

表 7.22　　　　　　　　　　贮灰场周边防护林设计技术指标

植树地点	植树地点	植树面积 /hm²	树种	行数	株行距 /(m×m)	苗　木		需苗量（每穴 1 株） /（株/hm²）	总需苗量 /株
						年龄	种类		
沙质丘陵	贮灰场周边	7.60	柠条	12	2.0×1.5	1～2 年生	容器苗	3400	25840

鱼鳞坑按防御 10 年一遇 24h 最大暴雨标准设计，鱼鳞坑长径 1.0m、短径 0.8m、深 0.5m、左右坑距 2.0m、上下坑距 1.50m，品字形排列。整地时间一般为春、夏、秋三季进行，随整地随植树。

b. 设计暴雨量。采用公式如下：

$$H_{24p} = K_p \overline{H}_{24}$$

经计算得：

$$H_{24p} = 156.60 \text{mm}$$

c. 最大来水量。根据《水土保持综合治理技术规范　沟壑治理技术》（GB/T 16453.3—2008），采用径流总量计算公式 $W = 10KRF$ 进行计算，其中排矸场周边汇水面积为 53.10hm²，经计算，径流总量为 $W = 8316$m³

d. 鱼鳞坑蓄水量。设计鱼鳞坑长径 1.0m、短径 0.8m、深 0.5m、左右坑距 2m、上下坑距 1.50m、品字形排列。每个鱼鳞坑的蓄水量采用如下计算公式：

$$q_0 = \frac{2}{3}\pi R^2 h$$

式中　q_0——每穴蓄水量，m³；

π——圆周率，取 3.14；

R——半径，m；

h——穴深，m。

经计算得

$$q_0 = 0.42 \text{m}^3$$

设计排矸场周边防护林鱼鳞坑总数为 25840，则鱼鳞坑总蓄水量为 10853m³，大于贮灰场周边 10 年一遇 24h 的最大汇水量。因此，采用上述鱼鳞坑规格和密度可以满足其周边汇水的蓄水要求。

e. 栽植。春季或雨季植树，鱼鳞坑回填表土 20cm，苗木直立穴中，保持根系舒展，分层覆土、踏实，浇透水一次，每坑 8kg。

f. 抚育管理。每年人工穴内松土、除草一次，三年三次，松土深 5～10cm。灌木从第四年冬季开始平茬，以后每隔四年平茬一次，平茬时在秋末分段进行。干旱季节用洒水车浇水，乔木每次每坑 15～20kg，灌木每次每坑 10kg。

（11）贮灰场临时挡护措施。贮灰场剥离表土的挡护数量为 0.32 万 m³，设计在贮灰场的未堆灰区设置临时堆土场，采用临时挡护措施。由于弃土结构松散，易受到风蚀及水蚀侵害。设计在堆体周边外坡脚采用草袋垒砌挡土墙作临时挡护，其他裸露面在风季采用苫布覆盖措施防护，施工结束后作为覆土之用。临时堆土场占地 0.16hm²，设计土料堆放长度 50m、宽度 32m、高度 2.0 m，设计草袋挡土墙高 1.0m、顶宽 0.5m。临时挡护工程量见表 7.23。

表 7.23		贮灰场临时挡护工程量		
挡护区域	堆土场数量/个	剥离表土的挡护数量/万 m³	草袋/m³	苫布/m²
清基土挡护	1.0	0.32	80	1600

（12）贮灰场防渗措施。贮灰场存贮着大量含水量高的灰渣，其渗流往往会污染地下水和土壤，进而污染周边环境。为此，要求贮灰场在排放灰渣之前，必须做好防渗措施。防渗处理范围不得小于灰渣排弃范围，防渗标高不得小于灰渣排弃标高。目前，贮灰场防渗主要采用 1.5mmHDPE（高密度聚乙烯薄膜）土工膜，其下垫厚度 6.3mmGCL（土工合成材料膨润土）的膨润土，上覆无纺布（规格 600g/m²）起到保护作用。在铺设防渗层之前，一定要清理贮灰场内的草皮、树根、乱石等杂物，并碾压密实，整平表面。在铺贴过程中，保证土工膜连接处黏结密实，不留漏缝。在灰渣排弃过程中，保证已铺贴的防渗膜完好无损。

7.2.3　化工项目水土保持

鄂尔多斯市化工项目较多，最主要的还是煤化工项目，建设类型基本分两类：一类属坑口建厂煤化工项目，产品成本优势明显；另一类属集聚型化工项目，水、电、路、通信、供暖基础设施配套齐全，集聚效应明显。2017 年统计数据显示，鄂尔多斯已经建设各类煤化工产能 1500 多万 t，年煤炭转化量达到 6500 万 t，成为中国最大的现代化煤化工产业基地。产业链也在向精细化的合成纤维、合成树脂等中下游延伸，致力产业档次提升，结构优化。目前发展较快的有准格尔旗大路煤化工产业集群、伊金霍洛旗纳林陶亥圣园煤化工基地、鄂托克旗棋盘井煤化工基地，还有乌审旗图克、准格尔经济开发区等化工产业集群。

7.2.3.1　化工项目组成

化工项目按照扰动地面及占地布局一般由生产厂区及其生产设备、配套辅助生产工程（包括办公与生活设施等）、对外交通运输道路工程等组成。

7.2.3.2　化工项目特点

化工项目建设一般布局紧凑，占地面积较小，对地面扰动破坏较轻；土建投资相对较小，设备设施较为复杂，投资较大；投产过程中伴生的废弃物对环境影响较大，主要是生产期间产生的废气对大气造成危害，需要严格控制。主体设计配套脱硫、脱硝等气体净化设备；生产过程中产生的固体废弃物（灰渣等）要集中存储，严格做好防护措施。

7.2.3.3　化工项目水土保持工作的重点

化工项目水土保持工作的重点：在建设期优化施工工序，减少对地表扰动，缩短工期，及时安排实施水土保持防治措施；生产期做好废弃物排弃储存的治理。目前煤化工产业集群水土保持工作已纳入园区综合治理，高标准高质量实施水土保持及其环境保护设施。

7.2.3.4　典型案例：大路煤化工基地化工项目废渣场治理

1. 总体思路与布局

废渣场主体工程提出对库区最底层采取顺序分块填埋，因此，防治措施也应该随填埋的顺序，完成一块种植一块，而废渣场四周的防护林应在填埋前完成。在运行期，应在废渣平台和边坡覆土种草和栽植灌木。

（1）废渣填埋前在库区四周建设截洪沟，防治上游坡面洪水对废渣体的冲刷。

（2）库区进行合理规划，分区、分块运行，减少废渣填埋过程的工作面。

（3）截洪沟外侧设置 10m 宽的防护林带，调节池的周边设置 5m 宽的防护林带。

（4）废渣碾压运行阶段，严格执行废渣管理制度。进入库区的废渣及时摊铺，分层压实平整，并对废渣面喷洒水，使废渣面保持适当的含水量。

（5）在库区平整前进行表土剥离，表土堆放到库区附近空闲地，并采取防护措施。库区废渣表面达到设计标高时覆土种草，周边设置防护林，以防止对周边环境造成影响。

2. 措施布局与设计

（1）工程措施。废渣填埋区最终平台网格围埝，废渣填埋区达到设计标高后，将平台分割成宽30m、长100m的条块。围埝高度按防御20年一遇24h暴雨量设计，围埝高0.35m、顶宽0.3m、底宽1.5m、内坡比1∶1。为了防止汇水冲刷边坡，设计阶梯平台平整时做成反坡，外高内低，所以周边挡水埝的高度高于网格围埝高度。平台网格围埝工程量见表7.24。

表 7.24　　　　　　　　　　废渣填埋区最终平台网格围埝工程量

时期	位置	平台面积/hm²	平台围埝长度/m	平台围埝土方量/m³	围埝面积/hm²
运行期	一区	59.12	25620	128098	3.84
	二区	14.54	6302	31509	0.95
	三区	100.81	43684	218419	6.55
	四区	50.07	21699	108494	3.25
	五区	8.04	3484	17421	0.52
合计		232.58	100789	503941	15.11

（2）植物措施。

1）废渣填埋区周边防护林。

a. 建设地点。建设期在截洪沟外侧营造防护林面积8.03hm²，林带宽度为8m，长度10097m。

b. 立地条件。土壤为栗钙土，养分含量较低。

c. 绿化设计。树种选择油松或樟子松共3行。整地规格为穴径1.0m、深1.0m。绿化设计指标详见表7.25。

表 7.25　　　　　　　　　　废渣填埋区周边防护林绿化设计指标

建设区	面积/hm²	草树种	种植方式	行数/m	行距/m	株距/m	种苗高度/m	百米长需苗量/株	栽植量/株
截洪沟外侧	8.03	油松	带土坨栽植	3	3	3	1~1.5	99	9996

d. 栽植。油松或樟子松必须带土球于春季解冻前造林。栽植时在土球四周下部垫入少量的土，使树苗直立稳定穴中，然后剪开包装材料，将不易腐烂的材料一律取出。为防止灌水造成土塌树斜，填土一半时，应用木棍将土球四周砸实，再填满穴，并砸实（注意不要弄碎土球）。在坑外围做好灌水围埝，围埝高20cm，栽植完成后应立即灌水。由于当地土壤比较贫瘠，在栽植过程中，每穴增施农家肥5~10kg，上覆表土10cm，然后再放置苗木定植，浇水。

e. 抚育管理。每年人工穴内松土，除草，将草留于穴内，以减少蒸发。松土时间选择避开树木生长高峰期，且在树下杂草旺盛之前进行，松土深5~10cm。

2）废渣填埋区植物措施。

a. 台阶及最终平台挡水围埝柠条防护林。

a）建设地点。渣场填埋区台阶及最终平台挡水围埝，在围埝顶部点播柠条，株距1.0m。挡水围埝长度60720m，面积6.07hm²。最终平台及台阶挡水围埝防护林设计指标详见表7.26。

b）造林技术。不需要提前整地。在夏季降雨后进行播种，播种前用30℃水浸种12~24h，用营养泥浆拌种，并添加一定的鼠药，防止鼠害。采用穴播法，人工播种造林，每穴放15~20粒种子，覆土3cm，踏实镇压。

c）抚育管理。柠条4年生为平茬最适年龄，第一次平茬茬口应高出地面3cm，以免砍伤萌生新枝条的芽眼，以后每次平茬可与地面平齐。

b．渣场填埋区最终平台、边坡造林。

表7.26　　　　　　　　　　　　最终平台及台阶挡水围埝防护林设计指标

时期	位置	草树种	造林方法	围埝长度/m	面积/hm²	株距/m	种子等级	播种量/(kg/hm²)	需种量/kg
运行期	一区	柠条	直播	9665	0.97	1.0	一级	190	183.64
	二区	柠条	直播	6650	0.67	1.0	一级	190	126.35
	三区	柠条	直播	15077	1.51	1.0	一级	190	286.46
	四区	柠条	直播	5824	0.58	1.0	一级	190	110.66
	五区	柠条	直播	23504	2.35	1.0	一级	190	446.58
合计				60720	6.08				1153.68

a）建设地点。渣场填埋区最终平台、边坡采用沙棘造林。在渣场填埋区达到设计标高时，对平台进行覆土并植乔灌草恢复植被。填埋区最终平台造林面积232.59hm²，边坡造林种草面积为24.21 hm²，全部在运行期实施。

b）立地条件。经整平、覆土后的渣场填埋区最终平台和边坡。

c）造林种草设计。渣场填埋区最终平台及边坡造林种草设计指标详见表7.27。

表7.27　　　　　　　　　　渣场填埋区最终平台及边坡造林种草设计指标

时期	位置	面积/hm²	草树种	行距/m	株距/m	整地方式	种苗规格	需苗、种量	栽植量	备注
运行期	堆渣最终平台	232.6	樟子松	3.0	2.0	穴状	高1.5m	833株/hm²	193746株	隔行混交
			紫穗槐	3.0	2.0	穴状	1～2年生	833株/hm²	193746株	
	堆渣边坡	182.2	沙棘	2.0	1.5	穴状	1～2年生	3333株/hm²	607137株	林下撒播紫花苜蓿
			紫花苜蓿			撒播	一级	30kg/hm²	5464.78kg	

d）整地栽植。樟子松整地，穴径1.0m、深1.0m；灌木整地，穴径0.5m、深0.5m。在种草前耙耱整平，并按5000kg/hm²标准施农家肥；采用人工穴状整地方式，穴径0.5m、深0.5m。

e）栽植要求。樟子松、紫穗槐、沙棘生产管理区乔灌木栽植。牧草雨季（6月中旬至7月上旬）抢墒，人工在灌木林间空地撒播，播深1～2cm，稍镇压。

f）抚育管理。在苗期或严重干旱时用洒水车浇水。播种第二年，对缺苗处进行补播、补植。病虫害严重时期进行防治，每年5月中旬开始对其定期喷药。

c．临时堆土区迹地种草措施。

a）建设地点。临时堆土区，占地面积27.29hm²。临时堆土运走后，应对堆土区迹地进行种草恢复植被，草种选择适合当地气候与土壤条件的披碱草、紫花苜蓿混播。

b）立地条件。土壤为栗钙土，养分含量较低。

c）种草设计。临时堆土区迹地种草设计指标详见表7.28。

表7.28　　　　　　　　　　　临时堆土区迹地种草设计指标

时期	建设区	面积/hm²	草树种	播种方式	种苗规格	单位面积需种量/(kg/hm²)	总需种量/kg
运行期	临时堆土区	27.29	披碱草	按1:1撒播	一级种子	22.5	614.03
			紫花苜蓿		一级种子	22.5	614.03

d）种植技术。

整地：播前进行整平，然后按 5000kg/hm² 的标准施入农家肥，机械翻耕深 30cm，耙耱、镇压，雨季抢墒，做到土壤无杂草。

种子精选：采用有效种子清洗措施，清除混有的砂石、杂草、茎秆等杂物，以提高种子品质，获得粒大、饱满、均匀而又纯净度高的种子。

种子处理：在播种之前，用农药拌种或用杀虫剂对种子进行丸衣化处理，以预防种子传播病虫害和病虫对种子、植株的危害。

播种方式及播种深度：播种时间为 5 月下旬至 7 月上旬，雨季抢墒播种，不超过 7 月 15 日。人工条播，播深 1～2cm，覆土厚为 1.5～2.0cm。

抚育管理：播种后地面板结的，应及时松土，以利出苗，对缺苗地方及时补种，齐苗后进行松土，抗旱保墒，结合松土除去杂草。由专人看管，防止人畜践踏，发现病虫害，及时进行防治。

d. 环场道路路基边坡灌木防护。

a）建设地点。在环场道路路基边坡菱形骨架护坡内栽植紫穗槐，株行距 1m×1m，每穴 2 株，并在行间撒播披碱草，披碱草单位面积播种量为 50 kg/hm²，造林面积为 1.02 hm²。

b）立地条件。土壤为栗钙土，养分含量较低。

c）绿化设计。绿化设计指标详见表 7.29。

表 7.29　　　　　　　　　　路基边坡菱形骨架内绿化技术指标

建设区	面积/hm²	草树种	行距/m	株距/m	种植方式	种苗规格		需苗、种量	栽植量	备注
						年龄	种类			
路基边坡菱形骨架内	1.02	紫穗槐	1	1	穴状栽植	2 年生	实生	20000 株/hm²	20400 株	林下撒播草
		披碱草			撒播	一级种子		50kg/hm²	51.0kg	

d）种植技术。

整地：春季（造林前）穴状整地，灌木规格穴径 50cm、穴深 50cm。

栽植：春季人工植苗造林，苗木直立穴中，保持根系舒展，然后填土，踏实。

抚育管理：第二年对缺苗处进行补植，干旱季节浇水。

3）临时措施。工程剥离表土与堆渣区基底处理共产生土方 34.25 万 m³，全部堆放在临时堆土区，占地面积 27.29hm²。由于剥离表土结构松散，堆放时间均较长，易受到风蚀和水蚀。为防止水土流失，设计在堆土表面撒播紫花苜蓿防护。紫花苜蓿撒播量为 30kg/hm²，需紫花苜蓿草籽 818.7kg。

3. 措施用水量及浇灌方式

（1）水源及用水量。虽然渣场所在地区多年平均年降雨量达到 400.0mm，但是，常常发生春旱，降雨量难以满足植被正常生长对水的需要，需采用补灌措施，以保证苗木和草的存活和生长。渣场绿化用水水源采用调节池内的渗滤水，根据水土保持植物措施典型设计灌水要求及措施面积，估算植物措施年最大用水量为 2.68 万 m³。

（2）浇灌方式。渣场内绿化采用水罐车拉水浇灌。

7.2.4　涉煤生产建设项目水土保持工作的探索

1. 高铝煤矸石的集中收集暂存处理

煤炭的开采、选洗过程中产生的煤矸石等副产品，有的矿物成分还有再提纯利用价值，比如含铝成分较高的煤矸石，随着科学技术的进步，可以再次提纯充分利用，在排弃过程中充分考虑资源化再利用的便利性，存储时底层防渗、层间间隔及坡面、表层保护性覆盖，都要为二次利用创建条件和可能。

2. 弃土弃渣排弃填埋与土地复垦结合

煤炭开采对地表、地下都会造成一定影响，尤其是井采，往往会造成局部的裂缝、塌陷等地质现象，造成地表破坏错缝。在有条件的地方充分利用煤矿、电厂、化工等项目生产过程中产生的废弃物，结合土地的综合利用，在排弃过程中进行填充，表面覆土及绿化，达到土地复垦。在沟道、沟坡型排土场可以与土地整治相结合，堆垫覆土达到耕作利用的要求，种树种草。

3. 弃土弃渣弃矸与贫瘠坡地中低产田的改造利用相结合

在丘陵沟壑地貌区存在一定数量的中低产坡耕地，结合弃土弃渣的需要，在有条件的地方充分利废弃物堆垫平整土地，变坡耕地成为更加适宜耕作的水平梯田，提高土地的生产率。

7.3 矿区水土流失治理

7.3.1 煤炭矿区概述

截至 2018 年年底，鄂尔多斯市共有各类煤矿 263 座，主要分布在准格尔旗、伊金霍洛旗境内，开采形式有露天开采和井工开采两种。年产能 5 亿 t，占内蒙古自治区的 70%。露天开采煤矿的水土保持防治任务主要是采坑回填复垦和排土场整治，井采煤矿治理的重点是排弃矸石场，其次是煤矿厂区、运输道路。排土场和排矸石场排弃土体的形状、高度各不相同，根据自然地形地貌进行规划设计，多数是分层堆排。井矿均为排矸石场，露天矿矸石和土一起排。一般排土排矸石场位于小流域的支毛沟上，排土、排矸石多数改变了原地形地貌，大型弃土弃渣场可改变支毛沟的水系。因此，在规划设计弃土弃渣场时要考虑改变水系等因素，控制水域内的径流走向。多数弃土弃渣场本身的设计是很少产生径流的，大部分降水径流能就地消化。鄂尔多斯如此多的煤矿，如此大的开采量，动土石方量特别大，扰动地形地貌变化巨大，等于重塑地貌。如不做好水土保持治理工作，将会形成非常严重的水土流失，对生态环境造成严重损害。

7.3.2 水土流失防治原则

资源开发和生产建设必须兼顾国土整治和水土保持，执行"防治并重、治管结合、因地制宜、全面规划、综合治理、除害兴利"的水土保持方针。

防治水土流失，实行"谁开发谁保护，谁造成水土流失谁治理"的原则，工矿企业在生产建设活动中，应当按照工矿区水土保持技术规范要求，因地制宜，因害设防，采取有效的工程和生物措施，防治水土流失。

工矿企业在生产建设中产生的岩石、矸石、废渣等废弃物，应结合土地复垦加以综合利用，不得向河道、水库、行洪滩地、道路、农田倾倒，暂不利用的应当按照规划和设计要求定点储放，并采取有效的水土流失防治措施。

7.3.3 水土保持方案编制

在各级水行政主管部门的监督检查下，鄂尔多斯全市 263 座煤矿的建设单位全部编制了水土保持方案，不管是事前编报还是事后补报的水土保持方案，都针对每个煤矿的自身特点和环境因素，因地制宜、因害设防、对症下药地布设了各项防治措施，为矿区水土保持治理奠定了良好的基础。

7.3.4 矿区水土流失治理防治措施配置

矿区治理的重点是排矸石土场，其次是道路两侧的边坡。检查防治效果表明，防治措施配置须注意以下四个方面：

（1）首个弃土弃渣场布置非常重要，排土石时必须按方案设计的要求，分区排放、顺序排放、及时修整，便于覆土治理，恢复生态。要达到复垦的设计要求，覆土厚度必须大于 1m，所覆盖的土壤应为黏性土，以便涵养水分，保水保肥，保证林草正常成活生长。

（2）要做好各级排矸石土场的边坡治理和防护，边坡坡度应满足边坡稳定的要求，不宜大于 45°。边坡顶部设置梯形围堰，防止雨水顺坡而下冲刷边坡。边坡坡脚设置反坡围堰，防止边坡弃石滚落造成安全事故，重要地段应设置浆砌石挡墙。边坡中段应设置各种类型的沙障，在沙障内覆土栽植灌草。沙障型式有植物沙障（沙柳沙障、草绳沙障等）和工程沙障（砖石拱形沙障、六棱形预制块拼接沙障等），多数情况下，都是采取植物沙障和工程沙障相结合的防治措施。

（3）覆土后的排弃土场的复垦利用，应采取网格化的管理措施，按复垦绿化作业要求，以作业道路为边界，划分为若干个小区，在小区周边修筑防护边埂，边埂为梯形，上底宽 0.3～0.5m，下底宽 0.5～1.0m，高 0.3～0.5m。既有利于分散顶部雨水，均匀入渗，促进林草植物生长，防止形成坡面冲沟，也有利于复垦绿化作业。有条件的矿区，还利用采坑内积水，运用水车、储水箱、布设喷灌、滴灌等节水灌溉措施，种植果木经济林、优良牧草等，增加经济效益。

（4）排弃土场道路边坡的治理，按设计要求修坡整理，按设计要求进行护砌，道路两侧应栽植防护林，设置排水沟，防止道路形成新的侵蚀沟。

由于排弃土场重塑了地形地貌，排弃物质成分复杂，土壤生熟不均，因此，采取的植物措施应尽可能栽植本土耐旱、耐瘠薄的草、树种。土壤和水源条件较好的排土场，生产建设单位提出了比水土保持方案更高的要求，主动增加投资，将水土流失治理与土地开发利用结合起来，规划建成了农牧业生产基地和生态旅游休闲小流域，使昔日尘土飞扬的排弃土场，变成了山川秀美的新矿区。位于准格尔旗的黑岱沟露天矿、伊金霍洛旗的马家塔露天矿，在探索"一矿一企治理一山一沟，一乡一镇建设一园一区"的治理模式上，树立了典范。

7.3.5　典型案例：准格尔旗黑岱沟、哈尔乌素露天煤矿水土流失治理

7.3.5.1　黑岱沟露天煤矿概述

黑岱沟露天煤矿位于准格尔旗煤田中部，开采区南北宽 5.93km，东西长约 7.86km，采区面积 42.36km²，煤层平均厚度 33.65m，境内可采煤储量 137310 万 t，服务年限为 114 年。一期工程于 1992 年 7 月开工建设，设计年产能 1200 万 t。1996 年试生产，1999 年 11 月正式投产，2002 年达产。按照一期工程批复的水土保持方案，治理区划分为采掘场、东排土场、北排土场、西排土场、点岱沟工业广场五个区，其中采掘场占地面积 7.125km²，东排土场占地面积 1.649km²，北排土场占地面积 1.477km²，西排土场占地面积为 1.77km²，黑岱沟工业广场占地面积 2.95km²。2004 年，国家发展改革委印发了《国家发展和改革委员会关于审批神华准格尔公司黑岱沟露天矿改造项目可行性研究报告的请示的通知》（发改委能源〔2004〕261 号），对黑岱沟露天矿技改工程进行了批复。将原产能 12Mt/年提升至 20Mt/年。新增一个排土场，并启用一期备用的阴湾排土场和西排土场。技术改造工程于 2008 年 2 月完成并进入试生产，2010 年达产。采掘场工作面长度扩展至 2000m，开采面积达 11.72km²，可开采原煤储量为 1436.97Mt，平均剥采比 4.2m³/t，设计服务年限 63.8 年，总占地面积 12km²。三期扩能改造工程于 2012 年 7 月开工建设，2013 年 12 月年产能达到了 4000 万 t，煤矿服务年限为 31.6 年。扩能改造工程由采掘场、外排土场、排矸场、工业场地、地面生产系统、矿区道路、供排水及供电工程、拦泥挡水工程组成，总占地面积 19.37km²。

7.3.5.2　哈尔乌素露天煤矿概述

哈尔乌素露天煤矿位于准格尔旗境内，简称"二露天"。可开采原煤储量为 1775.22Mt，平均

剥采比 6.63m³/t，服务年限为 30 年，年生产能力为 20.0Mt。于 2005 年 11 月开工建设，2008 年 10 月试生产，2009 年达产。该项目包括采掘场、外排土场、工业场地、道路系统、给水及供电工程、防洪工程六大部分。哈尔乌素露天煤矿开采境界底部，东西长 8.95km，南北宽 6.3km，面积 56.83km²，回采率达到 96.24%，可采储量 148931.18 万 t；矿田可采煤层分为 6 层，主采 6 层，局采 5 层，6 层平均厚 21.01m，服务年限 38.6 年。2010 年以来，生产建设企业不断对哈尔乌素露天煤矿进行扩能改造，加大采场工作帮推进度，到 2014 年初，煤矿生产能力达到 3500 万 t/年。

7.3.5.3 黑岱沟、哈尔乌素露天煤矿水土保持方案实施

1992 年 7 月黑岱沟露天煤矿一期工程开工建设，2005 年 11 月哈尔乌素露天煤矿一期工程开工建设，在准能集团公司的推动下，不断进行技术扩能改造，创新发展，提升产能。到目前为止，已完成了五期技术扩能改造目标。在每一期的技术扩能改造中，都严格遵守《中华人民共和国水土保持法》规定，编报了水土保持方案，成立专门机构认真组织实施，创新治理技术，严格验收管护。

准能集团坚决贯彻生态文明思想，坚定践行"绿水青山就是金山银山"的理念，始终坚持生态环境保护与煤田开发并重的方针，全面落实开发建设项目"三同时"制度，创造了"生产活动与自然和谐共生，一采一复一农一园协同发展"模式，形成了露天矿区综合治理技术管理体系，实现了土地再造、生态再造、农园再造的理想目标。

1. 生态重构防治技术体系

在实施方案治理的过程中，提出了开采复垦一体化的理念，通过土地规划优化、施工工艺设计，进行土地重构、生态重建，探索边开采边复垦之路。一是将开采的土石料，分类堆放，分别防护，综合利用。二是排弃土场顶层必须覆盖黏性土壤，覆土层厚度不小于 1m，便于生态建设或复垦开发农牧业生产基地。黑岱沟和哈尔乌素露天煤矿的排土石场一般分层排放，分内排场和外排场，内排场堆高 1500m，每层厚 100m 左右；外排场堆高 300m，每层厚 15～30m 左右，上表层覆土 2m 以上。两矿在完成生态治理任务的同时，开发出农牧业生产基地 3.2km²，并已投入了农牧业生产。

2. 水土流失控制体系

水土保持生态建设的措施设计，做到因地制宜、因害设防。排弃土场边缘要筑边埂，边埂底宽 3m、顶宽 1m、高 1m，边坡 45°。根据边坡土质、坡度、坡长，一般内排场边坡为 50°～70°，外排场边坡为 50°～60°。对于坡陡、坡长的沙质土边坡，边坡防护采用了石头网格的形式，砌石格内种草护坡；对于坡陡的黏性土质边坡，边坡防护采用了植物网格形式，网格内种草护坡；对于边坡较缓（≤50°）、坡长较短的黏性土质的边坡，采用了直接种灌草护坡；对于整个排土场，每隔 50m 筑防水围堰，防止径流冲刷形成水土流失，进而在边坡上形成冲沟。上述防护措施，不管是边埂还是围水堰，均要一次性填筑，碾压夯实。种植本土耐旱、耐瘠薄的多年生乔、灌、草种，这些植物既能较好生长发育，收到较好的防护效果，还可节省管理养护费用。

3. 园林绿化标准体系

排弃土场绿化所用草树种，乔木有油松、樟子松、杜松、新疆杨、柳树、杏树、枣树等，灌木有柠条、沙棘、紫穗槐、黄刺玫、沙柳等，草种有苜蓿、沙打旺、羊柴等，既有常绿树木也有花灌木，既有果木经济林也有优良牧草，兼具了绿化、观赏、经济多种功能，符合城镇园林绿化标准，生态效益、经济效益、社会效益十分显著。

截至 2019 年年底，两矿五个阶段的生产建设和生态恢复，总动用土石方量达到 1086 万 m³，植树 356 万株、种草 257.78hm²，累计治理水土流失面积 28.3km²，植被覆盖度由原来的 25% 增加到 82%，累计完成复垦面积 3040hm²，复垦率达到 100%，累计投入资金 16 亿元。被国家命名为"全国水土保持生态环境建设示范区"，获得"全国煤炭系统绿化造林先进单位"等荣誉称号。

露天煤矿采掘场生产

露天煤矿顶层弃土场覆土平整土地

东胜区明达煤矿弃土场平台种草

准格尔旗永利煤矿弃土场平台种草

东胜区巴龙图煤矿平台沙棘经济林

准格尔旗永利煤矿平台边坡兼治

露天煤矿水土保持治理模式（一）

伊金霍洛旗长青煤矿复垦区治理

达拉特旗大唐国际露天矿复垦区治理

达拉特旗金运露天矿预制六棱形块工程护坡

鄂托克前旗福强煤矿石块砌体抹灰工程护坡

鄂托克旗新盛露天煤矿干砌石护坡

准格尔旗羊市塔三不拉选煤场边坡裹头砖砌防护

露天煤矿水土保持治理模式（二）

准格尔旗黄玉山煤矿工程植物结合防护

准格尔旗纳户沟矿排土场边坡菱形沙柳沙障

东胜区塔拉壕煤矿排土场边坡综合防护

东胜区塔拉壕煤矿客土喷播护坡

鄂托克旗棋盘井道路边坡防护综合措施

准格尔旗永利煤矿道路植物护坡

露天煤矿水土保持治理模式（三）

东胜区塔拉壕煤矿厂厂区道路治理

准格尔旗汇能集团富民煤矿厂厂区治理

准格尔旗东达露天矿厂厂区治理

伊金霍洛旗上湾煤矿厂厂区治理

伊金霍洛旗马家塔煤矿生态旅游区

鄂托克旗选煤厂厂区治理

露天煤矿水土保持治理模式（四）

伊金霍洛旗神华矿区周边沙区绿化

伊金霍洛旗神华矿区周边沙区绿化

伊金霍洛旗上湾煤矿矿区周边治理

伊金霍洛旗矿区红石圈水保生态治理

准格尔旗鸿鑫纳户沟煤矿拦渣坝

伊金霍洛旗上湾煤矿矿区周边治理

露天煤矿水土保持治理模式（五）

准能集团黑岱沟露天矿复垦治理（一）

准能集团黑岱沟露天矿复垦治理（二）

准能集团黑岱沟露天矿复垦治理（三）

准能集团黑岱沟露天矿复垦治理（四）

准能集团黑岱沟露天矿生态产业

准能集团黑岱沟露天矿人工草地

露天煤矿水土保持治理典型

7.4　线型工程水土保持措施

7.4.1　线型工程概述

生产建设项目线型工程，顾名思义，就是施工线路比较长的工程，从空间位置看，建设在地上的有铁路、公路、高压线路、水利工程的引水及排洪明渠。建设在地下的有管道输气工程、管道引水工程、管道排水工程、光电缆工程等。

对线型工程的水土保持防治措施具有跨越多个水土流失类型区的特点，可分为预防和治理两部分。预防从设计就应给予足够重视，首先是线路选择，应尽量选择线路短、动土量小的方案；在土方量开挖上，应考虑工程线路挖填平衡，需要外取土的填方部分尽量选择取土方便、运距要短的取土场，挖方时尽量减少开挖面，运土时尽量减少抛撒。控制施工过程中的水土流失，要控制到最小化。

7.4.2　线型工程水土保持重点治理范围

7.4.2.1　交通项目的水土保持治理范围

铁路公路的路基、路堑、边坡、取弃土场、施工便道、施工营地、线路两侧的防护治理，尤其穿沙线路两侧的防风固沙治理。货物的贮运场地、车站、收费站区的治理，桥涵、坡角、护坡裹头处的治理等。高铁的水土保持治理，因高铁多采用高架，开挖量较小，因此施工便道及桩基的治理和植被恢复应重点考虑。

7.4.2.2　管道及地下光电缆工程的水土保持治理范围

输气管道及引水、排水管道及地下电缆、光缆工程的治理重点是开挖部分的复土，植被恢复、施工便道的治理。引水明渠重点是渠衬及渠背边坡的防护。途经风沙段时两侧的防护应列为重点治理区。

7.4.2.3　输变电线路的水土保持治理范围

输变电线路工程落实水土保持设施的重点，一是固定电杆穴坑占地开挖、施工便道的植被恢复和治理。二是施工营地及施工材料临时堆放场地的植被恢复和治理。因电杆穴坑的占地面积很小，固定电杆后要及时覆土夯实。原来是占用耕地的要恢复原貌；原来是占用荒地的要撒播草籽。如果特别干旱需要适当浇水，保证草籽发芽生长，早日恢复植被；原来是占用林地的除必要补栽树木外，一般情况下恢复植被即可。

施工便道的治理是重点，因为施工过程中施工人员及车辆活动较多，地表及植被反复践踏、碾压，破坏严重。尤其是在山坡地上施工，施工结束后不及时治理，遇到较大的降雨，坡面径流容易顺路形成新的冲沟。在水土保持治理上，除及时恢复植被外，要因地势、地形修建必要的挡挡及排水设施，将坡面汇集的径流引导进入排水沟或引入附近的农田、林草地内。因输变电线路的施工便道是临时的，一般不搞永久性路面。如果是利用了当地现有的乡村土路，应该进行适当的维护，路面增设挡挡土埂，道路两侧或一侧增设排水沟，保证乡村土路正常使用。

对于临时施工营地、施工材料临时堆放场地，施工过程中要做好环境保护，生活垃圾不仅要有固定的堆放点，还要定期集中运输到垃圾厂处理。生活污水排放要修建渗水井，及时进行药物处理。不管是营地还是材料堆放地，施工结束后，都要进行场地清理，及时进行植被恢复。主体工程竣工验收时，要与水土保持设施验收同时进行。

7.4.3 交通项目水土保持措施

7.4.3.1 路基、路堑边坡的治理

过去铁路、公路路基路堑边坡的防护多采用硬全护，即在坡面上采用浆砌石块或水泥块（板）全护，造价比较高。鄂尔多斯近几年连续修建了近十条铁路，路基、路堑边坡高度在 5m 以下的，一般情况下全采用生物防护栽种灌草、沙柳网格护坡等；高度 5m 以上的采用植物措施和工程措施相结合的护坡。路基、路堑的防护可分为以下两种。

1. 高度 5m 以下边坡的防护措施

（1）沙柳网格护坡措施。沙柳网格内栽种沙柳、柠条、紫穗槐、羊柴等（一般一个施工段内只选择一种树种）。沙柳网格顺坡呈 45°排列，规格一般为 1m×1m，亦可采用 1.5m×1.5m。沙柳可采用活沙柳亦可采用死沙柳，将沙柳截成 45cm 长，栽时埋入地下 30～35cm，上露 15～10cm 左右。活沙柳网格沙柳要采用 2～3 年生的活柳，最好随采随栽，沙柳用量一般控制在 3.5～5kg/延米。网格内再栽 3～5 根活沙柳，应选择 2～3 年生的鲜条截去上下部分，用中间粗细均匀的部分栽入网格内。也可在网格内栽 2～3 年生的紫穗槐实生苗 3～5 株或者栽 3～5 丛（每丛 2～3 株）1～2 年生的柠条实生苗，用柠条籽种直播也可。网格内撒播羊柴籽种亦可。

（2）草灌护坡措施。最简单的办法是选用柠条、苜蓿、羊柴、草木樨，加一点沙打旺混播。栽植活沙障最好在深秋或早春季节。播种应在雨季（6—8 月），路基、路堑边坡亦可采用栽植柠条、紫穗槐、沙柳进行护坡。

（3）局部小片流动沙丘低于 5m 的路基、路堑边坡防护措施。可采用复合覆盖法进行防护，即用糜草、柳芭全覆盖护坡。按铁路通行要求将路基上及两侧路堑、路基埋压的流沙消除掉削成 45°坡，在其坡上撒播混合草籽（柠条、苜蓿、草木樨、羊柴、沙打旺等），用稻草或糜草平铺在坡面上（要盖住流沙），上面再全面压盖上柳笆子，然后不远不近（约 3～5m）碾入柳桩（桩粗 5～7cm、长 3～4m），碾入地下 2～3m，地上露出 0.5～1m，最后用 8 号铅丝横竖缠紧。保护范围要大一些的路堑部分，除路堑全保护外还应往外延伸 3～5m，即应将流沙的来源地控制住。路基保护范围在坡角以外再延长 3～5m。这样保护 1～2 年不会出现什么问题，到第 3 年草长出来，流沙就已固定住了。

（4）三维植被网覆盖护坡措施。铁路、公路虽穿越沙区，若流动性不严重，且路基较低，可采用三维植被网（三维土工网垫）覆盖的办法，路基表面覆盖三维植被网，网下撒播混合草籽，草长起来路基边坡就保护住了。草长起来后，网基本上就腐烂了，故而此种措施也属于环保措施。

2. 高度 5m 以上边坡的防护措施

高度 5m 以上的边坡应采用工程措施和植物措施相结合的防护治理。

（1）弓形骨架护坡措施。弓形骨架内长宽各 4m，上弧半径为 2m。骨架多采用浆砌块石砌筑，块石厚约 30cm，砌宽 50cm。弓形骨架内呈网格状栽植沙柳，网格内再种上活沙柳或柠条、紫穗槐等，种植要求与"沙柳网格护坡措施"相同。

（2）菱形或矩形骨架护坡措施。骨架护坡部分依地形地貌不同，亦有采用菱形或矩形骨架护坡的，规格多为 2m×2m，如遇此种形状，在格内直接栽植 6～10 株活沙柳，或栽 6～10 株 1～2 年生柠条或紫穗槐实生苗，也可直接撒播混合草籽（柠条、苜蓿、羊柴、草木樨），播量为每亩地 1～1.25kg 即可。

（3）穿越流动沙丘的硬防护措施。铁路穿越高大的流动沙丘，路堑高在 5m 以上时，其路基不仅随时有沙埋的危险，而且路堑边坡随时都有滑塌的危险。遇到这样的状况应采用硬防护，用浆砌块石或水泥砖全部铺盖。若遇高路基部分，视情况采用弓形骨架护坡，骨架内用沙柳网格加栽种灌

木和草防护。路堑部分浆砌石要从路基铺到顶部，再往外延伸适当距离（视流沙流动情况而定），其外部再用沙柳网格固沙，延伸30～50m。

（4）乔灌草结合护坡措施。若为高填方的高路基，填方土质较好（如黄土），亦可采用乔灌草结合的植物护坡。坡下、坡脚可栽植乔木，中间栽植柠条、紫穗槐等灌木，靠近路基顶3m范围内种草。

（5）六棱空心砖护坡措施。在场站周边的路基、路堑边坡高度较低，为了美化环境，多采用六棱空心砖护坡。空心砖堆砌后，在空心内填土种草。空心砖外边边长为20cm，周长为120cm，厚5cm，高8cm，特殊情况可加高。

7.4.3.2 取弃土场的治理

取弃土场的治理是线型工程的治理重点。取弃土场的治理一般由本标段内的施工单位自行治理，也有单独列一个项目独立招标治理的，不管谁承担治理，主体工程（尤其是土方工程）告一段落后就应抓紧取土场的治理。取土场在取土前应先将表层土推到一边保存起来待用，等取土结束时应及时平整土地并进行植被恢复。取土场条件千差万别，因上层土已取走，有的已取到基岩，植被恢复就比较困难，这类取土场应先进行场地平整、削坡覆土（沙），然后种上灌草。有些取土场土层厚，取土后改变了当地条件或形成了凹地，可蓄积大量雨水，有了水可选择栽植一些乔木，有的可改造成一个小型果园，有的经过改造变成农耕地。不管那种取土场，削坡和土地平整都是必须要先做的。土地平整后先将原来堆到一边的表层土复原再进行下一步。

弃土场应选择在沟道或低洼地处，若在沟道里弃土，应先修筑拦沙坝，将弃土放入坝内，完工后将弃土碾压平整，然后进行植被恢复。可采用乔灌草结合的办法进行植被恢复。有的经过整理平整复土后可改造成农耕地。若选择空旷地作为弃土场，最后堆成小山丘，摊平整理之后，首先要做好四周边坡的防护，重点地段可搞一点砌石护坡，其余部分大量密植灌草，如柠条、沙棘、紫穗槐根系发达的树种。上部平整之后有浇水条件的可改造成耕地果园，无浇水条件的栽植乔灌或全面种草。

7.4.3.3 施工便道的治理

施工便道是线型工程必须有的项目，设计和选择施工便道时，附近已有道路应为首选，哪怕远一点也应作为首选；若无路可用，应先在主体工程征地范围内解决；实在安排不下时，可开辟一块临时用地用作临时施工便道。大部分的铁路施工便道在完工之后都用作维修道路了，这些道路的治理应和路基、路堑边坡及路基两侧的防护统筹考虑，统一治理。至于公路、输气管道及引排水的管道工程、输变电线路工程的施工便道，多半在工程竣工后就不用或很少用了，这类工程的便道必须做好植被的恢复及水土保持防护。尤其是在山坡地的施工便道，因车辆的碾压，植被遭到破坏，经过洪水冲刷就演变成排水沟了，这类便道除恢复植被外还应增加拦截和排水工程。有些便道因碾压靠撒播草籽难于出苗时就需要搞一些整地措施。长期用作维修道路的便道，其两侧应按道路及绿化的要求栽植乔灌，修建拦挡、排水工程。

7.4.3.4 线型工程两侧的防护

管道工程、电缆工程大都埋在地下，只要经常做好植被恢复，维护周边地貌不遭受大面积破坏即可。而铁路和公路就不同了，当它途经硬梁和黄土沟壑地貌区时，两侧30～50m的范围内除个别地段外，有风蚀、水蚀隐患的需要做一些防护工程，呈条带状栽植一些乔、灌和种草，必要时搞一些工程措施；其余大部分地段只要搞好自然恢复，禁止人为破坏就行了（不能乱垦和过度放牧）。若途经风沙地段或沙化比较严重的地段，则必须做好两侧的防护工程。一般穿越半固定半流动沙地时，工程两侧100m的范围内要做网格沙障，穿越流沙地段的，迎风面至少要防护300m，背风面防护150～200m，材料可用沙柳沙障、草沙障或草绳沙障。沙柳沙障采用1m×1m或1.5m×1.5m沙柳，亦可采用活沙柳或死沙柳，将沙柳栽成45cm的长度，埋地下30～35cm，上露15～10cm。活沙柳网格要采用2～3年生的沙柳苗条，最好随采随栽，沙柳用量一般控制在3.5～5.0kg/延长米。网格内再栽植 3～5 根活沙柳桩，应选择 2～3 年生的沙柳鲜条。草沙障可随意抓成把，用锹铲开壕，把草埋入即可，上露 5～10cm，下埋 10～20cm，用量 0.5～1kg/m。

草绳沙障把草编成绳平放在沙地固定就行。不管是沙柳沙障还是草沙障，网格内都要栽 3～5 棵粗细均匀、健壮的 2～3 年生的沙柳（梢和根部截去），高 40～50cm，埋入地下 35～40cm。若用干柳，用量为 1～1.5kg/m 即可。线型工程两侧的防护有两个问题要注意：①当线路途经浅洼地段时，路基处于高填方路基，往往到雨季遇暴雨就会出现洪峰，冲毁路基，造成灾害，应经实地勘察在洪水的汇流处修筑拦洪工程；②小股流沙平时虽距路基很远，一旦出现大的风暴，流沙就会很快埋压路基，故应提早做好防护，在遇到大沙流时避免或减轻灾害。

7.4.3.5　施工营地的防护

施工营地是指为施工方便在施工标段附近临时搭建的施工人员的生活设施，也有在工程附近租用民房或空闲房屋用作施工营地的。选择施工营地时要注意避开洪水及流沙的危害，施工结束后要做好营地的清理及植被的恢复。当然在施工过程中应搞好环境卫生及垃圾的处理，做到文明施工。

至于桥涵施工过程中产生的水土流失治理，主要是弃土弃渣的处理及码头坡角的防护。弃土弃渣应集中堆放，然后进行治理（参照弃土场的防治处理）。各码头坡角的治理按设计要求施工即可。

7.4.3.6　办公营业场所的治理

各站场（火车站、收费站、交换站、转换站、储煤场）是人们工作、生产和生活的集中区域，水土保持设施建设的要求标准应该更高，要按照美化、亮化、硬化、绿化的标准进行专门设计，按照园林绿化标准打造景点，按照高标准、高质量组织实施。

这些站场看似一点，面积不大，但它是整体线型工程的重要组成部分，更是人与环境和谐相处的工作场所。因此，在治理规划中要与主体工程通盘考虑，统一规划，也可单独列出按单元工程对待，另行规划设计。总的要求要比其他部分的治理标准要高。尤其是容易发生水土流失和粉尘污染的集装站和储煤场必须高标准要求，集装站、储煤场的周边要营造防护林，采用乔、灌、草结合配置。林带以 6m 宽为宜，3 行乔木、2 行灌木，乔灌之间空地种草。株行距采取 1.0m×1.5m 或 1.0m×1.0m，储煤场内部要采用全封闭储煤，防止粉尘污染。

进入场站的道路，除按主体工程要求修建道路外，道路的两侧要栽植道路防护林，采用 2 行乔木、1 行灌木配置，株行距 1.5m×1.5m。具体带宽视地形条件而定，空旷地可宽一些，遇有挖方、填方部分，可参考路基边坡的治理模式整治。

对于工作站点及生活区，基本要求是做到硬化、美化、绿化、亮化。要按环境优美、工作舒适、生活便利的要求安排治理措施，营造观赏性高的生态绿地。大乔木、花灌木、多年生草本植物结合配置，阔叶树、针叶树和常绿树统筹配置，以当地乡土树种为主，适当引进外地优良树种。最好能做到四季常绿，三季有花，让人们生活在一个舒适优美的环境中。站场的外围在征地范围内全部绿化，营造一般防护林。若在山坡地造林应修建一定的工程设施，如拦洪挡墙、雨水蓄水池、排水沟等坡面整治工程。若在沙区则应实施防风固沙林，具体要求参见 5.3 风沙区防治措施配置。

这些站、点要强调的是环境保护，尤其是生活垃圾及污水的处理，要求有固定的垃圾点，对生活垃圾要定期清理，集中送到垃圾厂处理。生活污水要修建污水池、渗水井，定期对污水进行净化处理。

> **小贴士**
>
> 合理利用自然资源，有效保护生态平衡。
>
> 环境与人类共存，开发与保护同步。

公铁互交段采用浆砌石裹头

填方段拱形刚性固坡，空地种植紫穗槐

填方陡坡拱形骨架，空地灌草，坡脚围栏

准东铁路挖方路堑陡坡砌石护坡平台灌木

填方陡坡段浆砌石固坡，空地种植灌草

沙柳沙障护坡，网格中间种草

线型工程水土保持防治措施——防护形式

高填方陡坡分级降坡，各级坡段种植乔木防护林带

填方陡坡段混凝土砖菱形纵横间距1m

平基路段铁路两侧风沙区进行生态治理

准格尔旗运煤铁路滑坡段工程护坡措施

呼准铁路准格尔旗段弃土场治理

呼准铁路准格尔旗段取土场治理

线型工程水土保持防治措施（铁路建设项目）

东乌铁路修建前地貌

东乌铁路风沙段路基边坡生物措施护坡

东乌铁路边坡工程与植物措施防护

东乌铁路高路基边坡工程与植物措施防护

东乌铁路取土场复垦后玉米地

东乌铁路施工场地植被恢复

线型工程水土保持防治措施（东乌铁路建设）

三新铁路上海庙站站区生态防治

三新铁路路基边坡及路基两侧风沙段防护治理

三新铁路路基边坡弓形骨架＋植物防护

三新铁路路基两侧风沙区治理

三新铁路路基两侧明沙段植物沙障防护

三新铁路路基两侧风沙区生态治理

线型工程水土保持防治措施（三新铁路建设）

杭锦旗穿沙公路沙区治理（一）

杭锦旗穿沙公路沙区治理（二）

鄂托克前旗敖银高速风沙区沙柳防护林

穿沙公路方形沙柳密植，低洼地修复

穿沙公路沙柳方格沙障治理（一）

穿沙公路沙柳方格沙障治理（二）

线型工程水土保持防治措施（公路建设工程）

变电站设施下及道路硬化措施

变电站周边排水沟治理

变电站站区周边植被恢复

变电站线路植被恢复

输变电工程塔基绿化（一）

输变电工程塔基绿化（二）

线型工程水土保持防治措施（电力工程建设）

第8章

水土流失防治技术的创新发展

鄂尔多斯市水土保持工作是随着经济的发展和社会的进步而与时俱进的。早期有两个显著特点，一个是水土流失治理以自然为对象，以控制水土流失为主要目标，来规划、设计和布设治理措施。而增加群众的收入，改善生产生活条件只是作为水土保持效益的体现。另一个是以小流域为单元进行综合治理。这样，坚持几十年持续不断的综合治理取得了极大的防治效果。后期随着水土流失强度的降低、面积的减小、人为水土流失的增多等情势变化，开始转变治理理念，突出"以人为本"，直接面向人的需求布设各项治理措施，水土流失治理措施以改善农业生产条件和人居环境、提高农村经济发展水平和农民生活水平为主要目标。2018年中央一号文件对实施乡村振兴提出了"产业兴旺，生态宜居，乡风文明、治理有效、生活富裕"的总要求。把改善人居环境，深入推进美丽宜居乡村，提高农业生态服务能力作为目标任务。要求坚持人与自然和谐共生，牢固树立和践行"绿水青山就是金山银山"的理念，落实节约优先、保护优先、自然恢复为主的方针。统筹山水田林湖草系统治理，严守生态保护红线，以绿色发展引领乡村振兴，实现百姓富、生态美的统一。鄂尔多斯市在发展和丰富小流域综合治理模式上，对建设生态经济型小流域、生态清洁型小流域、生态清洁休闲型小流域和科技示范型小流域方面进行了有益的探索和尝试，取得了良好效果。

8.1 乌审旗纳林河生态经济型小流域

生态经济型小流域是指防治水土流失时以自然为对象，以控制水土流失为主要目标，来规划、设计和布设治理措施。把建设基本农田、种植经济林和打坝淤地三项重点治理措施作为治理突破口，改变生产条件，解决群众温饱问题和脱贫致富，调动群众治山治水积极性。从20世纪80年代初到90年代末，都是这种传统小流域综合治理模式。

8.1.1 纳林河小流域概况

纳林河小流域是乌审旗南部无定河的一级支流，由北向南包含无定河镇的9个村、1个国营林场和1个乡属果园，流域面积328.8km²，总人口1万多人。1982年治理前，该流域主导产业以种植业为主，人均耕地0.04hm²，人均年产粮147.3kg，人均年收入172元。

纳林河小流域地形地貌可概括为"两岸明沙中间沟"，风蚀沙化非常严重。水土流失面积257.7km²，占总面积的78.4%，其中80%为强度风蚀沙化面积，是无定河主要的产沙区之一。沙丘连绵，生态环境恶劣，超载过牧造成植被稀疏，人多地少生活条件艰苦，经常发生风沙埋压村庄、道路，淤积河道，洪灾泛滥等灾害。

1983年水利部、财政部将纳林河小流域列为无定河流域综合治理重点，以治理、开发、利用水土资源为重点，以改变生态环境、改善生产条件、建设生态农业、促进流域经济发展为目标，对该流域进行了历时10年的连续综合治理。

截至1993年年底，纳林河小流域治理面积达到21442.9hm²，治理度达到83.2%，其中，河阶台地开发基本农田 1376.2hm²、营造防风固沙林带 11775.5hm²、滩地林间种草 4890hm²、封沙育林育草 2934.7hm²、开发小片果园、庭院经济林 106.5hm²，种植道路防护林带 40km（折合面积 96hm²），护岸林带 50km（折合面积 264hm²）。修建引洪渠 13km，修建蓄水塘坝 6 座，拦洪坝 1 座，新修公路 20km，初步建成了风沙区防治水土流失的综合治理体系。

8.1.2 治理模式

1. 家庭草库伦建设模式

库伦，蒙古语，含义很广，类似于汉语的"圈圉"之意。此处"草库伦"特指牧民在承包的草牧场内，用刺丝、网围栏圈起来的草场，小则几百亩，大则几千亩。所围起来的草场，由于土壤、植被、水分条件较好，可以打一眼或几眼机电井，开发成水浇地，种植饲料作物、优质牧草和小片自食蔬菜地、小果园等。面积较大的，则分割成几个小牧场，进行倒场轮牧。这种草库伦一般以家庭为单位承包经营，故称之为"家庭草库伦"。家庭草库伦以"围、封、建"为主要措施开展生态建设，以电、井、地、机、林、路、渠"七配套"发展畜牧业生产。按照"水利当家，引种入牧，立草为业，为养而种；以草定畜，划区轮牧，种树种草，恢复生态"的开发治理模式，每户选择条件好的地块（不少于 100 亩），规划建设一处饲草料基地，种植青贮玉米和优质牧草，发展舍饲养殖业；建设一处经济作物基地，种植粮食、蔬菜、经济林和果药材 20 亩，解决自用和经济收入；建设一处养殖基地，引进优良种畜，基础母畜和出栏育肥相结合改善畜群结构，广泛运用饲草料青贮、氨化、配合饲料等技术，发展生态畜牧业。实行三季划区轮牧、一季舍饲，合理利用草场资源。实现基础建设水利化、植被建设林网化、种养结合一体化、生产经营规模化、舍饲养畜标准化和综合效益最大化。据调查测算，户年均收入超过 3 万元的占总户数的 64%。

草库伦类型大致分为以下三种：

（1）治沙库伦。将流动、半流动沙丘围起来，利用人工与飞播相结合，种植灌草，加速库伦内的植被恢复，形成新型的人工草场。

（2）封育库伦。把退化的草地、沙地保护起来，免遭外界人为破坏及牲畜啃食践踏，依靠大自然的自我修复能力，尽快恢复植被。

（3）灌溉饲草料库伦。选择地势平坦，水分、土壤条件较好的地段，修建水源工程，以喷灌、管灌、滴灌等节水技术措施为主，发展灌溉农田，种植优良牧草和粮料作物。同时选择条件较好的天然草场补种优质牧草，改良草场，为畜牧业提供充足的饲草。

2. 联户连片开发治理模式

根据沙多地少、居住分散和农牧业基础设施薄弱的特点，按照统一规划、统一开发、分户经营、分户受益的办法，实施联户连片开发治理模式。

3. 网围封育禁牧休牧模式

对过度放牧导致退化的草原，采取网围封育禁牧休牧模式，使其自然复壮。具体措施是：将承包到户的草牧场，用围栏划分为若干个小草库伦，实施分区治理，轮封轮牧。封育时间一般为 3～5 年。

在封育期间，遵循"适地、适树、适草"原则，辅之以人工措施，营造牧场防护林，补播牧草，补种灌木，改良草场，使之达到治理和恢复。

4. 飞机播种治理模式

为解决远沙大沙治理难与劳力少之间的矛盾，采取了飞机播种灌草模式。当年雨季前 6 月飞播，10 月调查，每平方米出苗达 87～110 株，平均生长高度为 45cm，最高达 69cm。次年 9 月调查，平均保苗 38 株/m²，平均生长高度 132cm。第三年沙打旺鲜草产量达 22500kg/hm²，草籽产量 375kg/hm²，收入 4125 元/hm²。使大面积的流沙逐年减少，向半固定、固定沙丘转变，取得显著的生态和经济效益。

（1）飞播区域的选择。一般应选择在年降雨量 350mm 左右的流动、半流动沙丘地，丘间低地占的比例应在 15％以下。

（2）飞播植物种的选择。可供飞播的沙生灌木和草本植物有籽蒿、沙米、沙打旺、草木樨、羊柴、花棒等。其中，籽蒿、沙米是利用其极易落籽生根的特性，充当飞播植物中治沙的先锋植物；利用草木樨和沙打旺改变飞播植物群落结构，用它们来保护其他植物的生长；羊柴、花棒是飞播的目的种，一旦成活就不怕沙埋，根系发达，萌蘖力强，它们是飞播治理长期效益的主要体现者。

（3）适宜的飞播期。根据多年气象资料分析，5 月下旬至 6 月底是理想的飞播期。这段时间风季结束雨季来临，播后微风可使种子适量覆沙，适宜的水分和温度都可促进种子的萌发和生长。

（4）播种量。飞播的播种量一般为 6kg/hm²，羊柴（或花棒）、籽蒿（沙米）、沙打旺、草木樨混播比例为 4∶2∶2∶2。

（5）飞播前准备。对飞播种子采取大粒化、药物处理和吸水剂新技术。播前首先在播区内设置沙障，以防风蚀；其次，飞播地全部实行网围，防止牲畜破坏，三年内禁牧；第三，与牧户签订保护利用合同。

8.1.3 防护体系

1. 沙地防护体系

纳林河两岸的流动、半流动荒沙是引起流域环境恶化的主要原因，是水土流失发生的主要区域。采用"前挡后拉"防沙治沙技术，分别在两岸营造了两条宽 3km、长 15km 的固沙林带，形成了流域的沙地防护体系。

2. 沟道防护体系

纳林河上游是平坦开阔的滩地，也是灾害洪水的发源地。沟道防护体系分两步进行：①在上游建拦洪坝 1 座，开挖引洪渠 13km，起到引洪作用；②在主沟道分别修建 6 座拦洪蓄水小塘坝，起到调蓄洪水、灌溉农田作用。

3. 河阶地防护体系

河道两侧的台阶地是水土流失最易发生区，风蚀、水蚀将泥沙带入河道，造成淤积。这一区域通过机修、引水拉沙等措施进行开发改造，发展大量的农田，并成为流域主要的农业生产基地；同时结合农业道路防护林网，形成田、林、路、渠配套格局。

4. 公路防护林体系

结合新修的交通干线，营造了以杨树为主的公路防护林带，与其他林带构成了一个多层次、多功能的防护林体系。

8.1.4 治理成效

1. 经济效益

（1）治理区农耕地比治理前压缩了 23.15％，而粮食总产却增长了 4.12 倍。年人均粮食达到 2534kg，比治理前增加了 1989kg，在满足治理区人畜粮料的同时，每年可出售 724 万 kg 粮料。

（2）治理区牲畜头数达到 24.8 万头（只），是治理前的 4.6 倍，出栏率超过 40％，商品率超过 85％。

（3）林果业效益可观，订单农业发展良好，仅此两项每年人均收入 1780 元。

（4）人均纯收入大幅度提高，2002 年达到 3387 元，是治理前的 10 倍，比全旗人均纯收入水平高 36％，率先达到小康。

2. 生态效益

（1）蓄水保土效益明显，据 2002 年实测推算，各项治理措施年蓄水 2047.13 万 m^3，保土 564.48 万 t。

（2）生态环境得到明显改善，植被覆盖度由治理前的 14.6% 上升到 2002 年底的 69.7%。

（3）土地利用结构发生了明显的变化，农业土地利用率（副业、渔业为零）由治理前的 19% 提高到 2002 年的 82.4%，农地为 4.06%，林地为 47.64%，牧地为 30.7%，突出了生态优先，保护为主。

（4）有效控制了风沙危害，年侵蚀模数由治理前的 6400t/km^2 下降为 2002 年的 1306t/km^2，治理区内沙丘移动速度由治理前的 5～7m/年下降到 2002 年的 1.6～2.3m/年。小气候有改善，一些野生动物又在治理区安家落户。生态环境的改善为农牧业生产创造了良好的条件。

3. 社会效益

（1）由于狠抓了植被和基本农田两大基础设施建设，使治理区形成了"林多—草多—畜多—肥多—粮料多"的良性循环格局。

（2）彻底解决了治理区"三料"短缺问题，保护了自然植被和草场。

（3）治理区群众的物质文化生活发生了根本性变化，由粗放经营向集约经营转变，由单一的农牧业经济向多种经济面向市场转变。

（4）农牧民的科技意识普遍增强，生产生活条件显著改善，生活习惯、文化生活有明显变化。这些变化在乌审旗发挥了辐射带动作用。

纳林河小流域基于前 10 年的治理成果，加上后 10 年的保护、巩固、提高、开发、利用，2002 年森林覆盖度达到 58%，植被覆盖度达到 76%，特别是基本农田人均达到 5.2 亩，比治理前增加了 8.7 倍。在市场经济条件下，通过政府、政策的引导和市场的调节，生态经济型小流域的农牧业产业结构得到很好的调整。如订单农业，流域内群众与山东、陕西、宁夏等十多个省、自治区，签订了玉米制种合同；还有舍饲畜牧业，如养牛、养羊专业户发展迅猛，这些养殖户已占总户数的 43%。流域治理成果得到了充分的开发利用，呈现出一片繁荣富裕的喜人局面。

七配套饲草料基地之平整土地

节水灌溉的饲草料基地

发展生态畜牧业

种植优质牧草

小果园经济

乌审旗纳林河生态经济小流域（一）

联户开展生态治理种植紫穗槐（一）

联户开展生态治理种植羊柴

联户开展生态治理种植紫穗槐（二）

联户开展生态治理种植沙柳

开发农田，建设饲料基地

节水灌溉，发展人工草地

乌审旗纳林河生态经济小流域（二）

纳林河小流域生态修复区

纳林河小流域风沙区锁边防护林

纳林河小流域流动沙丘乔灌混交林治理

纳林河小流域丘间滩地旱柳柠条带状混交林

纳林河小流域修建的小塘坝工程

纳林河小流域臭河沟河道整治后景观

乌审旗纳林河生态经济小流域（三）

8.2 鄂托克旗乌兰沟生态清洁型小流域

生态清洁型小流域是指在传统小流域综合治理基础上，将水土资源保护、面源污染防治、农村垃圾及污水处理等相结合的一种新型综合治理模式。

乌兰沟小流域是鄂托克旗政府所在地乌兰镇北郊的一条山洪沟，随着城镇建设和发展，逐渐成为镇区内汇集生产生活污物、污水、垃圾的一条臭河沟，水少、水脏、环境差，水源污染、空气污染、面源污染危害大，严重影响镇区居民的卫生安全。2014 年，乌兰沟小流域列入内蒙古自治区水土保持生态清洁型小流域建设计划，综合治理面积 5km²。建设措施体系由生态修复区、生态治理区、生态保护区和生活休闲区四个部分组成。

1. 生态修复区

生态修复区位于小流域上下游。生态修复措施包括自然修复和辅助修复两种。自然修复措施主要是对小流域内保存较好的林草植被进行封禁治理，依靠自然力量进行自然修复，发挥植被特别是灌草植被的生态功能，实现自然保水。辅助修复措施主要是对一些稀疏的灌丛林地进行补植补种，增加植被覆盖度。对整个生态修复区设置网围栏进行保护。乌兰沟小流域实施生态修复面积 320hm²，其中补植柠条 70hm²，外围布设封禁围栏 7.6km。

2. 生态治理区

生态治理区位于小流域中游。遵循因地制宜、适地适树的原则，以乡土树种为主，选择生长稳定、根系发达、抗逆性强的草树种，进行灌草带状、块状混交配置，防治水土流失。结合城镇绿化需求营造乔灌混交立体配置的道路绿化景观林。种植沙棘生态林 130hm²、柠条水保林 130hm²，人工种植苜蓿 78.5hm²、冰草草皮 2.5hm²。道路两侧种植樟子松和金叶榆乔灌混交绿化景观林 2.24hm²。

3. 生态保护区

生态保护区位于小流域沟道及岸线。以溪沟治理和生态护岸工程为主，兼顾景观、生态、水土保持等功能，打造景观河道，达到小流域"有水则清、无水则绿"。溪沟治理主要是清淤清障，从上至下清理溪沟内零散的建筑垃圾、生活垃圾，以及汛期沉积的砂石、渣土、乱石等；同时疏通沟道，将溪沟里的生产生活污水导入排污管道，使沟道整洁流畅，恢复正常的行洪能力。共清理各类固体废弃物 2000m³，铺设浆砌石护岸 800 延米，干砌石护岸 700 延米。生态护岸工程，主要是整修毁坏的两岸沟坡，选取耐水湿、易成活、能净化水质的植物品种，营造兼顾护岸、绿化、景观的各种防护林，使其在径流进入沟道前起到过滤和缓冲作用，同时也起到保护生态环境和美化河岸环境的目的。按照《生态清洁小流域建设技术导则》（SL 534—2013），该小流域属于城郊型生态清洁小流域；根据《地表水环境质量标准》（GB 3838—2002），沟道水流水质应为Ⅴ类。在景观河道两岸，共种植垂柳护岸林 1.5hm²、樟子松护岸林 2.5hm² 和怪柳护岸林 6.5hm²。

4. 生活休闲区

生活休闲区位于小流域两岸的镇区居民住宅小区附近，结合城镇绿化、美化、亮化工程建设，按生态宜居进行治理。布设了花卉、草坪绿地，硬化了步行廊道，设置了宣传牌、宣传栏、健身器材、小憩座椅、垃圾箱等便民设施。制定管护措施，落实管护责任，加强宣传教育，增强群众保护生态环境、保持水土资源的意识，使生态清洁型小流域建设成果得到保护和巩固。

经过 3 年治理，乌兰沟清洁型小流域水土流失综合治理度超过 90%，林草保存面积占宜林宜草面积的 90% 以上，小流域内产生的生产生活污水达标排放，固体废弃物集中堆放，定期清理和处置。昔日的臭水沟变成了"水清草绿百花香、镇区一景生态美"的景观河。

乌兰沟下游区域的生态修复保护区

乌兰沟两岸常绿乔木防护林

乌兰沟沟坡植物护坡措施

乌兰沟硬化道路及防护林

乌兰沟两岸灌草带状混交措施

鄂托克旗乌兰沟生态清洁型小流域：生态修复区

乌兰沟一侧交通主干道防护林

乌兰沟一侧道路防护林

乌兰沟一侧灌草混交景观

乌兰沟园区防护林景观

乌兰沟园区人工草地景观

鄂托克旗乌兰沟生态清洁型小流域（一）

乌兰沟主河道植物过滤带

乌兰沟主河道旁的人行便道

乌兰沟生态园休闲区

乌兰沟生态园水保宣传设施

乌兰沟生态园林荫小道

乌兰沟生态园花草景观

鄂托克旗乌兰沟生态清洁型小流域（二）

8.3 东胜区吉劳庆川生态清洁型休闲小流域

生态清洁型休闲小流域是指对穿越城镇区的自然排洪沟道及其两岸环境进行全面整治，把治理水土流失与河道清障、生活污水垃圾处理、绿化美化周边区域、增加生态景点、发展休闲旅游相结合，使之成为当地居民和游客生活休闲、旅游观光的一处生态休闲胜地和普及水土保持法律和科技知识的宣传园地，也是水土保持生态清洁型小流域的升级版。

吉劳庆川小流域是东胜区倾力打造的"三园三川"（"三园"指植物园、动物园、游乐园，"三川"指吉劳庆川、铜匠川、昆独伦川）生态景观区之一，地处黄河一级支流窟野河上游，流域面积 84km²，穿越城区西南汇入乌兰木伦河。属于典型的丘陵沟壑地貌区，严重的水土流失造成了沟壑纵横、沟深壁陡、支离破碎的地形地貌。有多条支毛沟从两侧汇入，被喻为"龙须沟"。随着东胜区经济社会的快速发展和城市空间的不断拓展，大部分沟道已进入城区建设范围，沟道两侧的一些小企业、居民把各种污水、垃圾、废弃物大量排入沟道，部分河段污水横流，变成了一条臭水沟。不但严重影响周边群众的健康生活，而且成为东胜环境治理的老大难问题。2010 年，东胜区按照创建全国文明城市和国家卫生城市的总体部署，重新制定城区整体发展规划和片区功能布局，高起点、高标准、高质量编制了"三园三川"生态景观区建设规划。随后，逐年加大对民生改善和生态建设的投入，启动了城区改造生态靓市建设工程。吉劳庆川小流域就是其中的一项示范工程。

8.3.1 生态治理模式

吉劳庆川主沟长 6.2km，按照防治水土流失的基本要求和城区生态景观特点，制定了建设清洁型休闲小流域的具体实施方案。总体思路是综合治理，沟坡兼治；立体绿化，四季有景；废水利用，人水和谐；特色鲜明，景观协调。在实施防治水土流失各项措施的基础上，尽可能利用原始地理形态修建各类景观工程。

8.3.1.1 生态治理区治理措施

1. 河道治理

（1）疏通沟道，清淤清障，从上至下清理汛期沉积的砂石、渣土、乱石等，集中处理河沟两侧零散的建筑垃圾、生活垃圾等。

（2）将生产生活污水通过地下管道排入污水处理池净化。

2. 侵蚀沟治理

在主川支毛沟布设水土流失治理措施，毛沟采取沙棘封沟，栽植沙棘 30hm²；支沟建设淤地坝 6 座，拦截泥沙进入主沟，每年可拦蓄泥沙 84 万 m³。

3. 封禁保护

在小流域外延区域全面封禁，减少活动，采取一般治理措施，造林种草和自然修复相结合，依靠自然力量进行自然修复，发挥植被特别是灌草植被的生态功能，实现自然保水。总计防护治理面积 40km²。

4. 生态移民

通过清洁型休闲小流域治理项目的实施，流域内 142 户共 467 人全部转移，安置在较近的罕台镇城乡统筹试验示范区，与城镇居民享受同等待遇。除对转移农民给予合理补偿外，还为农民安排住房，免费就业培训，转移农民能就地从事园林绿化、园区管理服务、卫生保洁等工作，重新安居乐业。转移农民的人均年收入从 2010 年的 9400 元增加到 2015 年的 14200 元，真正实现了生态治理带动农民增收致富。

8.3.1.2　生态保护区治理措施

1. 工程护岸措施

在岸坡种植耐水湿、能净化水质的植物品种，使其在径流进入河道前起到过滤和缓冲作用，同时也起到保护生态环境和美化河岸环境的目的。对沟道较宽或比降较大的河道，边坡下部采用铅丝网干砌石护脚和浆砌石护坡。对宽度较小或比降较小的河道，边坡下部采用干砌石护坡。上部种植耐水湿植物和景观绿化植物。

2. 植物护岸措施

在河道两侧建设护岸绿化工程，种植油松、樟子松、云杉等常绿树种，支毛沟、平台坡面及空阔平地种植花卉灌草和人工草地、草坪，按带状、块状混交配置，共实施生物措施 360hm²。

3. 建设生态调节坝

为调节中水注入和雨季洪水流量，分段布设 4 座拦河橡胶坝，作为生态调节坝。达到控制流量、提高水位、滞留沉积物、有毒物和营养物质的目的，使河道整洁流畅。

4. 建设人工湿地

在景观河中下游区域形成蓄水总量 145 万 m³、水面面积 75hm² 的循环水体，亦即人工湿地。合理配置沉水植物、浮叶植物、挺水植物和湿生植物等，通过人工湿地进行修复，改善水环境质量，提高观赏景观、生态保护和水土保持功能。

8.3.2　景观工程模式

1. 工程建筑景观

工程建筑景观不采取大拆大建的方式，最大限度尊重自然、敬畏自然，尽可能利用原始地貌和空间面积进行功能布局。

（1）亲水平台，戏水垂钓。在景观河道较为平缓的地带，依地势修建了多处二级亲水平台和安全防护设施，让游人与水零距离接触，可戏水、可垂钓，陶冶人们亲近大自然、爱护大自然的环保情操。

（2）景区广场，休闲娱乐。分别在小流域上、中、下游修建了三处景区广场，除具备休闲娱乐的功能外，还设置了大型宣传牌，深入宣传市区两级人民政府创建全国文明城市和国家卫生城市的总体部署和要求，公示东胜城区整体发展规划、片区功能布局规划和游览公约，宣传生态文明建设和环境保护的法律法规，提高全民建设生态、爱护生态的法制意识。

（3）亭台楼阁，登高望远。在流域分水岭和相对高地，高低错落布设了多处亭台楼阁，供游人登高望远，放飞心情。

（4）滨海大道，绿色长廊。在河道北岸修建了一条柏油路滨海大道，平展宽阔，曲径通幽。沿路种植宽 1.2m 的水蜡绿篱和宽 10.3m 的新疆杨绿化带，绿化面积 5.24hm²。给游人营造"人在车中坐，车在画中行"的美感。

2. 生态植物景观

主川沿岸按照"适地适树、观赏性强"的原则，布设乔灌草立体配置模式打造生态植物景观。在一级亲水平台选择耐湿树种垂柳点缀，二级平台采取乔灌木、地被、草坪相结合的方式，交替种植各种常绿、落叶树种；穿城道路和步行小道两侧，种植大规格的油松、樟子松、垂柳、沙棘、紫穗槐、沙地柏、榆叶梅等适合本地生长的植物，园林绿地面积 360hm²，不同树种的搭配形成了"晚春风拂柳、早秋有红韵、仲夏花中游、立冬绿意浓"的四季有景的特色景观。

3. 生态水体景观

主川河道充分利用工业中水和天然降水，布设各类水工建筑，采取拦、蓄、排相结合的方式打造各具特色的大型水体景观。通过修建河道岸坡防护及防渗工程 16.25km，分段布设拦河橡胶坝 4 座和配套充排泵站 4 套，依地势修建河道跌水堰 8 处，河道陡坡段治理 5 处，修建截伏流循环工程 3 处，形成蓄水总面积 75hm²、蓄水总量 145 万 m³ 的大型循环水体。结合地方特点和历史文化特色，巧妙利用沟道跌宕起伏的自然地势，精心设计人造景观。从上到下形成了鉴湖寻源、石潭三叠、浅山雁影、平湖秋月、石桥寻梦、大汗印象、云泽水长、长河落日八大景观。游人信步走来，仿佛走进了有山有水、有景有色的动态山水画。

8.3.3 主要效益

1. 提升了城市品味

吉劳庆川生态清洁型休闲小流域建设，把水土流失治理与城区建设有机结合起来，把围绕城区的三条沟川统一整治与生态景观建设结合起来，把东胜城区与康巴什城区生态治理与引进新兴产业结合起来，提升了城市品位。初步实现了"水在城中、城在绿中、人在景中"的宜居、宜业、宜游的生态城市格局。

2. 实现了水资源循环利用

东胜区一方面水资源短缺，一方面每年排放的中水 1500 多万吨得不到充分利用。在河道整治中，既利用综合利用配套管网将处理后的中水注入吉劳庆沟川，又修建坡面水系工程汇集城区的雨水形成水体景观河。不但满足了景观用水需求，山水相依，流水潺潺，而且在河道下游建成人工湿地，为城区、园区绿化提供了充足的灌溉用水。吉劳庆川生态清洁休闲型小流域治理，不仅是一项保护生态的景观工程，更是一项推进水资源循环利用的长效工程。

3. 形成了产业聚集的生态连接带

吉劳庆川生态清洁休闲型小流域建设，创造了宜居、宜业、宜游的良好生态环境，成为鄂尔多斯产业聚集的生态连接带。已经建成了占地面积 14.5km² 的第一个鄂尔多斯植物园和动物园，鄂尔多斯职业教育园区、鄂尔多斯酒业园区在此落户，鄂尔多斯游乐园也在筹建之中。现在沟川两岸的文化、教育、科研、旅游观光及劳动密集型产业于一体的产业带已经初具规模，成为鄂尔多斯市未来的一个重要产业带。

4. 推动了旅游业发展

良好的生态景观，不但成为当地居民的休闲生活场所，也吸引了大量国内外客商游览观光。每年接待外来游客 30 多万人次，为东胜区推动旅游业发展、打造避暑休闲之都发挥了重要作用。

5. 小投入换来大产出

吉劳庆川生态清洁休闲型小流域的治理，采取了政府主导、政策扶持、项目建设、多元投入的建设机制，工程总投资达到 7.5 亿元。其中生态绿化和沟道治理争取国家沙棘生态减沙项目和淤地坝项目，工程建筑景观和护岸工程由开发建设项目带动，生态景观打造由东胜区财政承担。整个建设项目竣工后，不但使两岸土地增值，而且吸引聚集了多个产业项目，每年创造的产值超过百亿元。用生态治理促进经济发展，用小投入换来大产出，真正达到了"筑巢引凤"的目的。

小流域上游生态治理

小流域下游生态治理

铅丝石笼砌石护堤

小流域上游橡胶坝

人工湿地

青山凉亭　登高望远

东胜区吉劳庆川生态清洁休闲型小流域

景观河中部（一）　　　　　　　　　　　　　　　景观河中部（二）

吉劳庆川景观河中游全景

吉劳庆川景观河下游全景

东胜区吉劳庆川生态清洁休闲型小流域植物护岸措施

小流域中游生态植物景观

生态植物景观（一）

生态植物景观（二）

小流域下游生态植物景观

东胜区吉劳庆川生态清洁休闲型小流域

鉴湖寻源

石潭三叠

浅山雁影

平湖秋月

石桥寻梦

大汗印象

云泽水长

长河落日

东胜区吉劳庆川生态清洁休闲型小流域八大景观

8.4　准格尔旗圪秋沟科技示范型小流域

　　水土保持科技示范园区是指具有水土保持的法规宣传、示范推广作用和科普示范功能，所在区域的水土流失应具有典型性，能够代表区域内水土流失的主要类型、程度、危害及生态环境、地质地理等基本特征，据此布设综合防治的各项措施，便于开展科学研究和技术推广的科研试验和示范推广园区。

　　鄂尔多斯地区生态治理模式集成示范砒砂岩地貌区圪秋沟小流域示范园区位于准格尔旗暖水乡，属黄河中游皇甫川支流纳林川右岸的一级支沟，总面积 35.18km²，是遵循"以水调控生态，促进生态建设可持续发展"的理念，总结鄂尔多斯生态治理模式和经验，集水土保持科研、试验、示范、推广于一体的综合性项目。

　　该示范园区累计完成生态治理面积 2627.85hm²，是批复任务的 130%。其中栽植乔木林面积 955.76hm²，川台地经济林面积 42.42hm²，栽植灌木林面积 1247.52hm²，栽植人工种草面积 67.2hm²，实施封育治理面积 314.95hm²。核心区租用土地 15.6hm²，建成 2 处大口井及配套水源工程，完成土地平整 12.82hm²，修建浆砌石护坡工程 1515.6m，完成房屋建筑面积 600m²，建设育苗基地 10hm²，建成日光温室大棚 2 栋，占地面积 2000m²。

8.4.1　水土流失综合防治体系

　　按照"以水调控生态"的理念，充分拦蓄并利用天然降水和地表径流，采用多种整地模式和多种林草配置模式相结合，形成小流域梁峁坡面、沟坡、沟道的立体治理防护体系。

8.4.1.1　梁峁坡面治理模式

　　1. 造林整地工程

　　根据坡度和坡面完整程度，采取了水平沟、鱼鳞坑、穴状整地方式。拦蓄标准按 10 年一遇 24h 暴雨设计，分别设计了三种整地规格。

　　(1) 鱼鳞坑尺寸按长径×短径×坑深布设两种规格：大鱼鳞坑为 100cm×60cm×60cm，适宜较陡坡面；小鱼鳞坑为 60cm×40cm×40cm，适宜较缓坡面。

　　(2) 水平沟尺寸按沟深×沟宽×带宽布设两种规格：大水平沟为 60cm×60cm×400cm，适宜较陡坡面；小水平沟为 40cm×40cm×300cm，适宜较缓坡面。

　　穴状尺寸按直径×穴深布设两种规格：中型穴状整地为 60cm×60cm，适宜较缓沟坡；小型穴状整地为 30cm×30cm，适宜较陡沟坡。

　　2. 树种配置模式

　　(1) 树种选择。遵循因地制宜、适地适树原则，坚持乡土树种与适生优良树种相结合，以乡土树种为主，乔木以常绿树种为主，灌木以沙棘、柠条为主，经济林以山杏为主，适当引种一些花灌木和观赏性强的绿化树种，兼顾绿化景观效果。

　　(2) 配置模式。

　　1) 防护林。采用乔灌带状立体配置，乔木选取以油松、云杉、樟子松、侧柏、杜松、圆柏、新疆杨等常绿树种为主，灌木选取以沙棘、柠条为主。

　　2) 生态林。采用块状和带状配置，分为纯林和混交两种方式。

　　3) 经济林。利用退耕地种植大果沙棘经济林、蒙古扁桃经济林、山杏经济林、欧李经济林。

　　3. 造林示范模式

　　在生态治理区，通过建立梁坡、沟坡、沟道三层立体防护模式，完成植物治理面积 203.11hm²，集中展示了17种造林模式：

（1）油松纯林，株高1.2m，株行距3m×4m、3m×5m、4m×4m三种配置模式，鱼鳞坑整地。

（2）樟子松纯林，株高1.2～1.5m，株行距3m×4m、3m×5m、4m×4m三种配置模式，鱼鳞坑、水平沟整地。

（3）杜松纯林，株高1.5m，株行距3m×4m，鱼鳞坑整地。

（4）侧柏纯林，株高1.5m，株行距3m×4m，鱼鳞坑整地。

（5）圆柏纯林，株高1.5m，株行距3m×4m，鱼鳞坑整地。

（6）山桃纯林，地径3cm，株行距3m×4m，鱼鳞坑整地。

（7）山杏纯林，地径3cm，株行距3m×4m，鱼鳞坑整地。

（8）蒙古莸纯林，胸径10cm，株行距3m×4m，鱼鳞坑整地。

（9）沙棘纯林，1年生苗条，株行距3m×4m、3m×5m、4m×4m三种配置模式，穴状整地。

（10）侧柏山桃混交林，1∶1混交，株行距3m×4m，鱼鳞坑整地。

（11）山桃山杏混交林，胸径均为3cm，1∶1混交，株行距4m×5m，水平沟整地。

（12）油松丁香混交林，油松株高1.5m，丁香胸径10cm，1∶1混交，株行距3m×4m，鱼鳞坑整地。

（13）樟子松黄刺玫混交林，樟子松株高1.5m，黄刺玫胸径10cm，1∶1混交，株行距3m×4m，鱼鳞坑整地。

（14）侧柏榆叶梅混交林，侧柏株高1.5m，榆叶梅胸径10cm，1∶1混交，株行距3m×4m，鱼鳞坑整地。

（15）云杉珍珠梅混交林，云杉株高1.5m，珍珠梅胸径10cm，1∶1混交，株行距3m×4m，鱼鳞坑整地。

（16）山桃山杏混交林，胸径均为3cm，1∶1混交，株行距3m×4m，鱼鳞坑整地。

（17）油松山杏混交林，1∶1混交，株行距3m×4m、4m×4m两种配置模式，鱼鳞坑整地。

8.4.1.2 沟坡治理模式

1. 沟头防护工程

沟头防护工程，按照《水土保持综合治理技术规范 沟壑治理技术》（GB/T 16453.3—2008），选取10年一遇5h最大暴雨径流量进行设计。共实施沟头防护工程62处、4369延长米。

2. 沙棘固坡

（1）沟坡种植沙棘，株行距2m×3m。采用穴状整地，随整地随栽植，整地规格为0.3m×0.3m，种植面积1391.47hm²。

（2）沟道种植沙棘，株行距1m×1m。采用穴状整地，随整地随栽植，整地规格为0.6m×0.6m，按沙棘原料林配置，2行1带，株行距2m×1m，带间距为6m，3带雌株配1行雄株，雄株株距为2m。种植面积334.47hm²。

8.4.1.3 沟道治理模式

1. 防护工程

园区南侧的主沟道实施了浆砌石防洪护坡工程1515.6m，种植沙棘柔性坝面积334.47hm²。并且在沟道试验了旱柳树桩植物篱结合沙棘柔性坝的植物护岸工程，植物篱笆宽4m，株行距3m×1m，在行距内种植沙棘，株距0.5m。在植物篱笆背面按株行距1m×1m种植带宽为3～5m的沙棘柔性坝1道，效果较好。

2. 水源工程

维修项目区小塘坝1座，修建截伏流工程2处，布设于主河道一、二级阶地上，由截水墙、输水管和集水井三部分组成。水深 8m，水源充足，配套了动力提水设备，已投入使用，为育苗基地和生态治理提供水源。建设水源井 1 眼，为园区供应生活用水。

3. 拦蓄工程

维修项目区既有淤地坝 2 座，修建土谷坊、石谷坊 5 座，拦蓄上游小毛沟泥沙，补充下游地下水。

8.4.2　科技示范园区建设体系

科技示范园区分为基本功能区和扩展功能区。基本功能区已建成综合办公服务区、小型植物园区、优质苗木繁育区、科普教育展示区。扩展功能区已建成水土保持监测区和科研合作试验区。

8.4.2.1　基本功能区

1. 综合办公服务区

综合办公服务区主要设施包括办公室、专家宿舍、实验室、科技报告厅、科普活动室、小餐厅等附属设施。

2. 小型植物园区

小型植物园占地面积 1.60hm²，按北方园林绿化景观设计，规划为乔、灌、草三个展示区，用林间小道、凉亭、科普长廊、小广场进行分隔布置。种植乡土树种和引进驯化适宜植物种类，起到示范推广西北地区抗旱抗寒植物品种的作用。乔木植物主要有中国李、侧柏、油松、樟子松、白扦、槐等，灌木植物主要有刺叶小檗、胡枝子、柽柳、欧李、蝼斗叶绣线菊、华北珍珠梅、玫瑰、单瓣黄刺玫、榆叶梅等，草本植物主要有紫丁香、八宝景天、芍药、翠菊、草木苨、地肤等。

3. 优质苗木繁育区

优质苗木繁育区位于园区东南部，占地面积为 3.49hm²，分为阳光温室大棚育苗区、大田育苗区。5 个阳光温室大棚占地面积 0.35hm²，采用雾灌的灌溉方式。大田育苗区占地面积 3.14hm²，采用低管喷灌的灌溉方式。优质苗木繁育区不仅为项目实施提供苗木需求，其育苗收入还可维持园区的后期运行。

4. 科普教育展示区

科普教育展示区针对中小学生开展生态文明教育，园区栽植的树木设置了二维码标识牌，科技活动室规划布设了水土流失演示沙盘、水保知识益智体验区及虚拟互动区等，组织了一次中小学夏令营活动帮助中小学生了解水土流失形成、发展、治理等过程，普及水土保持知识，增强生态文明意识。

5. 配套措施

科技示范园区在充分利用原有乡村道路的基础上，修建了园区作业路，项目区形成了二横三纵的交通网络，实现了内外互通。在交通要道醒目处设置了生态治理模式标志牌，在村庄交汇处设置了指路牌，在园区北面道路处设立了进入园区的钢结构大门，在园区不同区域的醒目位置设立了多处水土保持宣传牌。

8.4.2.2　扩展功能区

1. 水土保持监测区

通过与有关科研院所协作，在园区内开展了 9 个监测试验项目。通过收集、整编各项水土保持监测指标，为"以水调控生态治理"理念提供理论和技术支撑。

监测区主要监测设备分布于整个园区，总共占地 1.21hm²。观测设施主要有小型气象观测站、径流小区观测站、抗蚀促生试验区、林木耗水试验区、重力侵蚀观测区、支沟径流泥沙卡口站等。

2. 科研合作试验区

长期以来，市旗（区）水土保持部门把砒砂岩裸露区水土流失治理作为治理难点，实施了一批水土保持科研攻关项目和重点治理工程。在生态治理上，找到了种植沙棘资源治理砒砂岩顽症的植物措施。在工程建设上，也利用砒砂岩材料开展了一些沟道工程建设。20 世纪 80 年代，准格尔旗水土保持部门和水利部黄河水利委员会绥德水土保持试验站通力合作，开展了"砒砂岩筑坝技术研究"课题，取得了一些初步成果。1995 年 4 月，经伊克昭盟水土保持委员会办公室申报，内蒙古水利厅审核后报送黄河上中游管理局申请立项，1995 年 10 月，黄河上中游管理局批准立项，文见"黄河上中游管理局关于内蒙古自治区伊克昭盟准格尔旗小纳林沟开展砒砂岩筑坝试验工程的批复"（黄保字〔1995〕92 号）。经过一年多的前期工作，1997 年 4 月，在小纳林沟开展了砒砂岩筑坝的试验工程，当年施工，当年 11 月竣工，至今该坝仍然完好运行。2011 年在建立圪秋沟科技示范型小流域时，仍然把防治砒砂岩裸露区水土流失作为重点的科学试验项目，专门设立了科研合作试验区。

科技示范园区为引进的科研院所和大专院校提供试验基地及工作生活条件，作为砒砂岩综合治理和开发利用的试验区，开展水土保持科研项目，并组织学术讲座，宣传、普及、推广水土保持新技术、新成果。开展的水土保持科研项目如下：

（1）国家"十二五"科技支撑项目"黄河中游砒砂岩区抗蚀促生技术集成与示范"，黄河水利科学研究院（以下简称黄科院）牵头。共有四个子课题：①砒砂岩物理化学性质及侵蚀规律特征研究，黄科院承担；②砒砂岩沟坡与坡面固结促生研究，东南大学承担；③砒砂岩改性及应用研究，大连大学承担；④新型材料在砒砂岩区的应用，黄科院承担。

（2）"砒砂岩区菌草引种及水保效果研究"项目，福建农林大学牵头。试种菌草 500 亩，在支毛沟试验菌草柔性坝 10 处。

（3）"内蒙古砒砂岩区典型小流域水土保持植被对位配置研究"项目，内蒙古农业大学和内蒙古自治区水利科学研究院水土保持研究所承担。

（4）"内蒙古砒砂岩区典型小流域植被建设的生态需水研究"项目，内蒙古农业大学和内蒙古自治区水利科学研究院水土保持研究所承担。

坡面整地工程

鱼鳞坑整地造林

坡面山杏经济林

沟道台地沙棘经济林

坡面生态治理全景

生态自然修复

准格尔旗圪秋沟科技示范型小流域

示范园区梁茆治理

示范园区坡面沟坡治理

示范园区生态治理

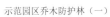

示范园区乔木防护林（一）

示范园区乔木防护林（二）

准格尔旗圪秋沟科技示范型小流域生态治理模式

缓坡乔灌混交林　　　　　　　　　　　　　　陡坡乔灌混交林

主沟道台地生态治理（一）　　　　　　　　　主沟道台地生态治理（二）

沟道工程石谷坊　　　　　　　　　　　　　　园区浆砌石护岸工程

准格尔旗圪秋沟科技示范型小流域生态治理模式

园区植物篱笆护岸工程

园区小塘坝

园区综合治理

园区小植物园

园区大棚育苗

园区露地育苗

准格尔旗圪秋沟科技示范型小流域

优一3号　　　　　　　　　　　大偏头5号

龙王帽6号　　　　　　　　　　葫芦7号

串枝红8号　　　　　　　　　　北安河9号

北山大扁15号　　　　　　　　香白17号

准格尔旗圪秋沟科技示范型小流域引进山杏新品种

示范园区标志碑

示范园区外景

示范园区宣传牌

示范园区中景

示范园区科普互动仪

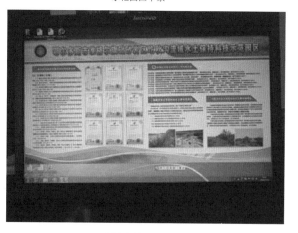

示范园区电子视频

准格尔旗圪秋沟科技示范型小流域综合办公服务区

抗蚀促生试验区　　　　　　　　　　　　　　小型气象站

坡面径流观测小区　　　　　　　　　　　　　抗蚀促生药物试验区

生态需水—云杉树干液流测定　　　　　　　　坡面土壤含水量测定

小流域卡口站　　　　　　　　　　　　　　　不同坡面径流小区

准格尔旗圪秋沟科技示范型小流域项目监测区

国家科研项目示范基地

内蒙古农业大学实践教学基地

抗蚀促生试验区

砒砂岩改性淤地坝试验

菌草沟道拦沙试验

沙棘沟道拦沙试验

陡坡生态治理试验区

混凝土和砒砂岩土结合试验坝

准格尔旗圪秋沟科技示范型小流域科研试验区

8.5　水土保持淤地坝"拦沙换水"试点工程建设的创新发展

8.5.1　"拦沙换水"项目的提出

2018 年，为减少粗泥沙进入黄河，经水利部黄河水利委员会（以下简称黄委会）批准在鄂尔多斯市启动实施了水土保持淤地坝"拦沙换水"试点工程建设，其主要特点是利用建设拦沙坝工程，减少入黄泥沙；利用减少黄河下游冲沙用水，置换黄河水支撑工业用水；利用用水企业投资，建设拦沙坝工程。这是鄂尔多斯市水土保持治理的又一特色和优势。

2008 年 1 月 28 日，鄂尔多斯市人民政府在郑州与黄委会举行座谈时，黄委会的有关领导提出了"拦沙换水"进行水土流失治理的新思路。即借鉴黄河水权转换的理念，在政府引导下，由鄂尔多斯市工业企业投资建设黄河流域多沙粗沙来源区拦沙坝工程，就地拦截泥沙，从而减少入黄泥沙，节约黄河冲沙水量，来换取用水指标用于工业建设，解决企业严重缺水的问题。

实施拦沙换水项目，是一个非常有创新意义的多赢的好项目。既可以加强多沙粗沙区水土流失治理减少入黄泥沙，又可以调动企业参与生态建设和保护的积极性，弥补了国家投资的不足；既可以缓减黄河防凌防汛的压力，又把宝贵的黄河水更多地用于经济建设，可谓一举多得。

将黄河中上游的水土流失治理、拦沙减沙工程与企业投资治理结合起来，探索生态补偿式的水沙转换机制，探索黄河用水制度改革与实践，对于在新形势下拓宽治理黄河上中游水土流失的资金渠道，维持黄河健康生命，意义重大。

因此，"拦沙换水"项目新思路的提出，立即得到了鄂尔多斯市的强烈反响和积极回应，引起了内蒙古自治区和鄂尔多斯市委、市政府的高度重视。一致认为"拦沙换水"项目更是思路新颖、观念先进，敢于实践前人未有的有益尝试。这是又一个难得的发展机遇，如果能够抓住机遇，尽快组织实施，那么，对鄂尔多斯市引进新的工业项目，加快经济建设，无疑会发挥巨大的推动作用。

8.5.2　实施"拦沙换水"试点工程的重大意义

"拦沙换水"项目是加快黄河中上游水土保持工作与促进地方经济发展有机结合的新思路。这一思路提出后，在近十年的研究和论证工作过程中，各级领导和许多专家认为，"拦沙换水"项目符合科学发展观的要求，蕴含着巨大的经济效益、社会效益和生态效益，"拦沙换水"试点工程建设是一种创新，是多种用水模式的新尝试，具有重要的创新意义和现实意义。

（1）在"维持黄河健康生命"治河理念上探索出了一个新方向。通过对十大孔兑等多沙粗沙集中区域的综合治理，显著减少入黄泥沙，减轻黄河河床淤积和防汛压力，是加强生态文明建设的具体体现。"拦沙换水"试点工程作为解决能源重化工基地建设用水的途径之一，是制度创新的需要，也是前所未有的具有开创性的工作，有利于加快黄土高原水土流失治理，有利于国家能源重化工基地建设和当地经济社会发展，有利于黄河治理开发高质量发展，具有重要的现实意义。

（2）在治沙用水上提供了一种新的模式。优化水资源配置，有利于突破水资源短缺对经济社会发展的制约"瓶颈"。鄂尔多斯市凭借储量丰厚的煤炭、化工、天然气等资源，成为我国重要的能源重化工基地之一，煤炭、电力、煤化工和精细化工、天然气化工等"四大工业基地"框架已基本建成，在我国西部能源重化工基地建设中具有极其重要的战略地位。2003 年以来，通过灌区水权转换为部分项目解决了用水问题，但仍有一些重大项目因没有用水指标而无法立项建设，还在积极寻求新的用水途径。"拦沙换水"试点工程建设就成为一种新的治理模式。

（3）在水土保持治理投资上提供了一种新的机制。由企业投资修建拦沙坝工程，弥补了国家投资的不足，有利于加快黄土高原水土流失治理的步伐。通过"水沙置换"这一措施的实施，可以构建多元化水土流失区治理投融资渠道，实现工业企业投资水土保持公益性项目建设的目的，是企业保护生态环境的社会责任的具体体现，是对现行水土流失区治理投融资体制的补充和完善。

8.5.3 实施"拦沙换水"试点工程建设的必要性

（1）治理十大孔兑，减少入黄泥沙是维持黄河健康生命的一项重要措施。"中华民族的历史就是治河史"，黄河之患，患在泥沙。维持黄河健康生命，实现"堤防不决口，河床不抬高"的重要措施，就是使已锁定的 1.88 万 km^2 的粗泥沙集中来源区基本得到治理。开展十大孔兑"拦沙换水"试点工程建设，对于实现"河床不抬高、大堤不决口"的目标具有直接的重要作用。

十大孔兑为季节性河流，其上游为沟壑纵横的丘陵山区，中游横亘库布其沙漠，是黄河多沙粗沙来源的集中区域，多年平均土壤侵蚀模数为 $8000t/(km^2 \cdot a)$。暴雨期易形成峰高量大、含沙量高的洪水，直接向黄河倾泄，曾 8 次在入黄口处形成扇形淤积，在干流形成沙坝堵塞黄河。年均向黄河输送泥沙 2700 万 t，其中 60％以上是粒径大于 0.05mm 的粗沙。据统计，1954—2000 年间，库布其沙漠约有 5.85 亿 t 粒径大于 0.1mm 的粗沙淤积在该河段，年均淤积 0.12 亿 t，而孔兑上游的砒砂岩侵蚀约有 2.25 亿 t 粒径大于 0.1mm 的粗沙淤积在该河段，年均淤积 0.05 亿 t，是黄河干流内蒙古段粗泥沙的主要来源区之一。因此，遏制悬河继续增高、延长趋势的主要办法就是拦截泥沙入黄，根本措施就是加快十大孔兑治理。

自 1996 年以来，黄河干流内蒙古段河底不断淤积抬高，河槽严重萎缩，河道形态不断恶化，部分河段已成为"地上悬河"，河床与两岸地面相比，平均淤高 6m，并呈逐年淤积抬高、河槽过流能力降低的趋势，使得内蒙古河段凌汛灾害频发。1990 年以来已发生 7 次凌汛决口和 1 次汛期决口，河槽宽度已从 1994 年的平均 1500m 萎缩到 2004 年的 500m 左右，过洪能力急剧减少，防洪形势十分严峻。鉴于十大孔兑是黄河内蒙古河段治理的重点和集中区域，解决内蒙古河段悬河问题，关键是治理好十大孔兑泥沙。

（2）十大孔兑水土流失剧烈，严重制约当地经济发展和生态环境改善。十大孔兑位于内蒙古鄂尔多斯市境内，发源于鄂尔多斯台地，是自南向北流经库布其沙漠汇入黄河干流的 10 条山洪沟，总面积 10767km²，其中，丘陵沟壑区面积占比 43％、库布其沙漠面积占比 39％，水蚀、风蚀十分强烈且交互作用，具有风水蚀并重、侵蚀剧烈、暴雨洪水峰高量大、泥沙俱下的鲜明特点，而其下游为平原区，集中了十大孔兑区域内 56％的人口和 70％的耕地。十大孔兑的水土流失和山洪泥沙灾害，不仅使得该地区的生态环境遭到很大破坏，而且洪水泥沙对工矿企业的基础设施也造成巨大毁坏，特别是对其下游的工业园区和现代农业园区的安全生产都构成潜在威胁，严重制约着当地经济社会的可持续发展。

（3）水土流失治理投入不足，迫切需要多渠道寻求治理资金。从 1986 年开始，在国家、自治区以及流域机构的大力支持下，鄂尔多斯市虽然对毛不拉、罕台川、西柳沟、哈什拉川、呼斯太河等孔兑进行了重点治理，但远不能适应新形势下多方面的客观需求。水土保持工程建设属于公益性项目，基本依赖于国家投资，投资渠道单一，缺乏水土保持工程建设的投融资体系创新，难以有效调动社会各方面资金参与水土保持生态环境建设的积极性。通过制度创新和机制创新，能够尽快突破投资制约的瓶颈，加快水土流失治理速度和治理规模。

（4）实施水土保持"拦沙换水"试点工程建设具有良好的工作基础。鄂尔多斯市实施的灌区水权转换项目，取得了显著效果，丰富了水权转换的理论与经验。其重大意义不仅在于为工业企业提供了生产用水，而且在于在水资源日益短缺的形势下，为寻找新的治水用水途径，探索新的投融资机制，解放了思想，拓宽了思路，更新了观念。因此，水土保持"拦沙换水"试点工程建设，完全可以借鉴灌区水权转换的经验，同样取得多赢局面：一是可以在保障经济发展的同时，水土流失得到治理，入黄泥沙量得到减少，赢得良好的生态效益；二是可以拓宽水土保持治理融资渠道，调动急需用水的工业企业投资水土保持工程的积极性，加快水土流失的治理速度；三是企业用水得到保障，就可以摆脱水资源制约"瓶颈"，赢得发展空间，有利于鄂尔多斯能源重化工基地的建设，有利于鄂尔多斯经济社会高质量发展。

（5）水土保持淤地坝工程建设对减少入黄泥沙发挥了重要作用。鄂尔多斯市从 1986 年开始建设水土保持治沟骨干工程，2003 年又启动了淤地坝试点工程。截至 2019 年年底，全市已实施了 46 条小流域坝系工程，累计建成淤地坝 1682 座，淤地坝工程发挥了重要的拦沙作用。2012 年对其中 1494 座淤地坝工程拦沙淤积情况的调查统计显示，当年拦沙量约 3841 万 t，累计拦沙量 1.72 亿 t。根据准格尔旗水土保持监测站 2013 年对皇甫川两条小流域坝系工程拦沙效果（2007—2013 年）的典型分析表明：坡面综合治理程度高的速机沟小流域坝系工程，控制面积 98.97km²，修建淤地坝 19 座（骨干坝 14 座，中型坝 5 座），当年拦蓄泥沙 150 万 t，平均每平方千米拦蓄泥沙 1.52 万 t；坡面综合治理程度较高的特拉沟小流域坝系工程，控制面积 96.13km²，修建淤地坝 22 座（骨干坝 14 座，中型坝 8 座），当年拦蓄泥沙 190 万 t，平均每平方千米拦蓄泥沙 1.97 万吨。

8.5.4　"拦沙换水"试点工程进展

从 2008 年开始，鄂尔多斯市在推进"拦沙换水"项目上投入巨大的人力、物力、财力和精力，为推进拦沙换水试点工程建设做了大量工作，取得了阶段性成果。

（1）得到了上级主管部门和市委、市政府的高度重视和支持。通过不懈的努力争取和积极汇报，鄂尔多斯市多次召开"拦沙换水"项目的专题会议，市主要领导多次听取该项目的进展汇报，指示要争取项目的立项实施。水利部、黄委会、自治区水利厅均表示原则同意和支持在鄂尔多斯市开展该项目试点工作，并保持了高度的关注。将"拦沙换水"工程布局纳入 2030 年南水北调西线工程实施应急预案。按照全国水资源中长期供求规划重点区域供水保障技术研讨会精神，内蒙古自治区水利厅已将鄂尔多斯市"两川一河十大孔兑"拦沙换水内容纳入总体规划上报水利部，并将"拦沙换水试点工程"列为全区重点前期工作之一全力推进。

（2）开展了大量细致的前期工作。根据 2008 年 2 月 2 日《鄂尔多斯市人民政府关于黄河水沙置换水权转换工作会议纪要》，市里成立了项目推进办公室，抽调精干力量，实行专人专事专办制度，按照立项的报批程序，扎扎实实地展开了一系列前期工作。从当年 2 月 13 日开始，组织市、旗（区）、乡、村四级干部近百人，在西柳沟上中游 800 多 km² 的 3000 多条大大小小沟道内，进行野外勘测选址，调用全站仪 10 台、RTK - GPS 8 台测绘库区地形图，历时一个多月完成了外业勘测任务。协助内蒙古自治区水利水电勘测设计院编制了《鄂尔多斯市水土保持水沙置换工程总体规划及西柳沟试点可行性研究报告》，在短短的两个月时间内，就形成了 500 多万字的设计文件，绘制大小工程图 300 多张。前后参与项目前期工作的人员达 600 多人次。2008 年 6 月 16 日，自治区水利厅组织 12 位专家对西柳沟可行性研究报告进行了技术审查，并将审查结果上报了黄委会。

（3）完成了项目工程技术的咨询和论证。在黄委会的牵头组织下，多次召开技术咨询会和可行性论证会，进行了反复的调研论证。2008 年 7 月 14—16 日，在黄委会副总工吴宾格的带领下，黄委会 8 位专家与自治区 4 位专家，在东胜对西柳沟可行性研究报告进行了技术咨询论证。与会专家在考察了项目区及骨干坝坝址、审阅了有关资料并听取了设计单位的汇报之后，经过热烈讨论，最后形成《关于印发〈鄂尔多斯市西柳沟流域拦沙工程可行性研究报告技术咨询意见〉的函》（黄水保生〔2008〕9 号，9 月 5 日印发）。9 月 10—13 日，受黄委会水资源管理与调度局的委托，黄河水利科学研究院组织黄委会与西安理工大学的 9 位专家再次来到十大孔兑，对西柳沟流域、罕台川流域进行了详细的现场考察，针对水沙置换项目的特点进行了深入的技术讨论，提出了初步讨论意见。专家一致认为：该项目在工程技术层面已不存在问题，鄂尔多斯市开展水土保持"拦沙换水"试点工程，有利于黄河治理开发，有利于加快黄土高原水土流失治理，有利于国家能源重化工基地建设和当地经济社会发展，具有重要的现实意义，开展水土保持"拦沙换水"试点是十分必要的。

（4）开展了监测数据分析和研究论证。中国科学院王光谦院士和中国工程院王浩院士在鄂尔多斯考察黄河水沙变化情况期间对该项目给予高度认可和关注，一致认为在资源能源富集、生态环境脆弱、生态区位重要且经济欠发达的鄂尔多斯实施"拦沙换水"工程很有必要，既可以推进国家生态文明建设战略，又可以促进地方经济可持续发展，同时也是进一步开展黄河水沙变化科学研究的很好契机。两位院士的专家团队根据流域监测数据分析和研究成果，就拦沙换水的可行性与必要性，以及置换水量进行了进一步论证。

（5）开展了企业参与项目投资的意愿性调查。企业对于政府主导、企业投资水土保持生态文明建设的模式非常支持。已有十多家企业愿意在政府主导下，参与水土保持生态文明工程建设，在改善当地生态环境的同时也可以换取企业用水指标，实现良性循环，达到企业、社会、地方和国家多赢的目标。

8.5.5　"拦沙换水"试点工程建设有序推进

2018年1月31日，黄委会在郑州组织召开审查会，对"鄂尔多斯拦沙换水试点工程实施方案"进行了审查。审查意见认为：内蒙古十大孔兑水土流失严重，生态环境脆弱。一遇暴雨大量泥沙进入黄河，致使黄河内蒙古段河床严重淤积，甚至形成沙坝，严重影响黄河防洪、防凌和供水安全。鄂尔多斯市是国家重要的能源重化工基地，水资源供需矛盾日益突出，严重制约当地经济社会的可持续发展。选择在十大孔兑的西柳沟和黑赖沟流域开展"拦沙换水"试点，是治理水土流失，减少入黄泥沙，改善区域生态环境的重要措施。不仅可有效改善黄河内蒙古段河道泥沙淤积问题，减轻防汛压力，而且通过置换部分水量，对于缓解鄂尔多斯水资源紧缺矛盾，促进经济社会发展具有重要作用。同时，拦沙坝试点工程由用水企业投资建设，体现了政府主导、企业和社会民间资本参与水土流失治理的创新发展思路，拓展了投资渠道，开展该项试点工程建设是必要的。

2018年2月14日，黄委会以黄水保〔2018〕52号文批复了《鄂尔多斯市拦沙换水试点工程实施方案》（以下简称《实施方案》）。批复意见：基本同意《实施方案》，同意《实施方案》确定的工程建设规模和建设期，即：在黑赖沟和西柳沟两条流域建设拦沙坝193座，在黑赖沟建设引洪滞沙工程1处，形成拦沙库容8171万m^3，可拦沙11031万t，建设期2年；暂定年置换水量2800万m^3，暂定使用年限25年。同意《实施方案》提出的监测和预警系统建设内容；基本同意投资概算及资金筹措方案，静态总投资58558.46万元，由鄂尔多斯市负责筹措。

根据黄委会对《实施方案》的批复意见和内蒙古自治区水利厅《关于鄂尔多斯市拦沙换水试点项目有关事项的会议纪要》（〔2018〕3号文）精神，鄂尔多斯市水利局委托设计单位编制了西柳沟和黑赖沟两条流域的拦沙工程可行性研究报告，已由市发展改革委批复立项建设，批复总投资6.43亿元。随后编制了两条流域144座拦沙坝工程的初步设计文件，已由内蒙古自治区水利厅批复，其中，黑赖沟流域77座，西柳沟流域67座。列入第一批施工的47座拦沙坝，完成了施工招投标，其中44座拦沙坝已开工建设，30座拦沙坝完成了主体工程建设。列入第二批施工的拦沙坝开始组织招投标准备。剩余的拦沙坝工程和引洪滞沙工程尚处于进一步完善初步设计阶段。

> **小贴士**
>
> 全面规划，分类指导；
> 因地制宜，综合治理；
> 典型引路，示范推广；
> 以人为本，生态宜居；
> 发展产业，保护优先；
> 生态清洁，绿色发展。

第9章

水土保持综合治理示范典型案例

9.1 准格尔旗海子塔水土保持科研示范基地

9.1.1 科研示范基地的建立

根据 1979 年 2 月国家科委、农林部、水利部在西安召开的黄土高原水土流失综合治理农林牧全面发展科学讨论会精神，为了寻求黄土高原水土流失综合治理模式及因地制宜的技术措施，探索不同地区农牧林发展方向和合理的经济结构，在黄土高原相继批准建立了 11 个科研示范基地，伊克昭盟"准格尔旗皇甫川流域水土保持综合治理农牧林全面发展"的科研示范基地是其中之一。同年 3 月，水利部黄河水利委员会、内蒙古自治区科委、内蒙古自治区水利厅、伊克昭盟水利局和准格尔旗人民政府召开了皇甫川流域科学治理协商会议，决定成立"准格尔旗皇甫川流域水土保持试验站"，承担上述有关科研课题，为保证科研课题按时保质完成，该课题由内蒙古自治区水土保持试验站、伊克昭盟水利水保科学研究所、准格尔旗皇甫川流域水土保持试验站三方共同承担，组建了一支具有水保、水利、林业、果树、牧草、农业、气象、生化等专业技术的科技队伍，开展此课题的研究。从 1980 年开始历经"六五""七五""八五"，十几年精心组织，集中攻关，出色地完成了预设的目标任务，建成了一个高标准的皇甫川流域水土保持综合治理示范模式，取得了一大批科研成果，树立了一个样板，为伊克昭盟及相关区域的水土保持治理提供了科学依据和治理经验。在总结综合治理示范模式和分述综合治理各种配置模式上，参考了《黄土高原水土流失区综合治理与农业发展研究——准格尔旗丘陵沟壑区水土流失综合治理与农林牧持续发展研究专题报告（1991—1993）》《黄土高原综合治理皇甫川流域水土流失综合治理农林牧全面发展试验研究文集》以及《水土保持学报》的部分研究成果。

9.1.2 综合治理示范模式

在皇甫川流域 3246km² 的范围内，选择准格尔旗海子塔五分地沟小流域作为试验区开展示范区建设。试验区面积 770hm²，海拔 1095～1218m，属黄土丘陵沟壑地貌区，沟壑密度 3.63km/km²。主沟道长 2.625km，平均比降 1/130，基岩为二叠系上统的沙岩和页岩，梁顶大部分为砒砂岩裸露，坡面多为黄土覆盖，下部及部分阳坡为流动半流动沙地，土壤以黄绵土、沙土和砒砂岩土为主，黄绵土有机质含量约为 0.60%，沙土有机质含量约为 0.30%，砒砂岩土有机质含量为 0.10%，pH 值为 8.2～9.20。该区多年平均年降雨 400mm，6—9 月的雨量占全年降雨的 80%，多年平均气温 7.3℃，极端最低温－30.9℃，极端最高温 38.8℃，无霜期 150 天左右，年平均日照时数 3117h，作物生长期日照时数 1790h，大于等于 10℃的有效积温 3350℃，平均相对湿度 54%。

试验区包括贺家湾、圪针焉、什拉塔三个自然村，20 世纪 90 年代有 85 户 340 人，农作物以糜、谷、玉米、土豆为主；林木以杨、柳、榆为主，少有油松，灌木以沙柳、沙棘、柠条为主，牧草有苜蓿、沙打旺、草木樨、羊柴等。

开展治理前，全域土地面积 770hm²，土地利用结构非常不合理。根据全国第二次土壤普查制定的八级分类标准，结合试区实际将试区土地类型及面积划分为梁峁地类（谷缘或沟沿线以上，占总面积的 57.36%）、沟坡地类（沟沿线以下流水线以上，占总面积的 20.27）、谷底地类（河谷底部的开阔部分，占总面积的 21.02%）、沙化地（占总面积的 1.35%）。试区土地资源评价分级为：一级，河川地，占总面积的 10%；二级，河台地、坝地梯田，占总面积的 12.5%；三级，沟掌地、缓坡、梁峁地，占总面积的 15.4%；四级，缓坡梁峁地、陡坡梁峁地、峁盖地，占总面积的 21.6%；五级陡坡梁地，占总面积的 15.2%；六级，明沙半裸地，占总面积的 1.0%；七级，沟坡地、明沙裸地、河滩地，占总面积的 1.8%；八级，沟崖地、石沟崖地，占总面积的 19.4%。另外，居民点占总面积的 3.1%。从分级中看出，可适于种植业的 一、二级地很少，三级地勉强可用于种植业，五、六、七级地只能适于林草业，八级地不可利用。根据土地资源评价可以看出，该区适宜于林牧业的用地较为广泛，基本上处于广种薄收的经营方式，是靠天吃饭。根据当地的土地资源评价，通过科技人员的指导，在因地制宜进行了农田基本建设（打坝淤地、修梯田、旱改水等）和水土保持综合治理之后，土地利用结构和产业结构得到明显优化，特别是工副业的比例大大提高了，各产业产值有了明显变化和提升。1986 年与 1992 年相比，总产值由 37.98 万元提高到 71.39 万元，其中：种植业由 17.28 万元提高到 19.64 万元，养殖业由 10.66 万元提高到 17.79 万元，林果业由 8.91 万元提高到 22 万元，工副业由 1.13 万元提升到 11.96 万元。综合治理效益突出，生态效益明显，土地合理利用率达到 91.3%，治理面积率达到 87.8%，减沙率达到 70%。经济效益方面，人均粮食 1992 年达到 593.2kg，人均纯收入达到 1182 元。多种经营收入比重为 21.1%。"八五"和"七五"（前两年组成系列比较），相比，收入递增率为 22.3%。社会效益就更明显，人们生活环境、生活质量、生活追求都明显上升到一个新高度。

通过十几年的努力，科研和治理获得双丰收，建成了一个经济、生态和社会效益十分突出的样板。

9.1.3 水土保持综合治理配置模式

在综合治理措施的应用和布设上，试区遵循下述原则：①"降水就地拦蓄"的主导思想；②对光、温、水、肥等资源在坡面上分布量的合理利用；③耕种和运输上的最短途径理论；④土地利用结构优化理论；⑤植物措施、工程措施和耕作措施相结合的原则等。

9.1.3.1 水土保持工程措施配置

水土保持工程措施包括坡面工程和沟道工程。坡面工程包括水平梯田、水平沟、鱼鳞坑、反坡梯田等，沟道工程包括谷坊坝、淤地坝等。根据地形、地貌及水土流失规律，工程措施布设的方式从四个部位进行。

1. 梁峁斜坡工程措施配置

这一部分是地表径流的发源地，以水平梯田、鱼鳞坑、水平沟等坡面工程为主，水平梯田适于坡面坡度小于 25°，土层较厚，坡面整齐无冲沟，无沙化现象的坡面及梁峁。大于 25°的坡耕地退耕还林还草。水平沟一般布置在覆土沙层较厚坡面切割相对不严重的梁峁和斜坡面。

2. 沟沿和沟坡工程措施配置

在距沟沿 2m 以外修沟边埂，挖截水沟 2~3 排，沟内和埂外坡种植根蘖性强的灌木树种，防止沟沿继续扩张。在沟头洼地垂直水流方向，修截水槽和进行水平沟整地，结合植物措施，防止沟头前进（必要时应埋置水泥管挑流）。

3. 沟谷底部工程措施配置

沟谷底部工程包括主沟和支毛沟。支毛沟一般正处在发育阶段，长、宽、深侵蚀相对活跃，沟谷断面较小，以各类谷坊坝为主修筑沟底截流工程，从上而下逐段修筑，配合种植杨柳等耐湿、抗冲树种。主沟一般断面宽阔，汇流量大，在中下游修淤地坝、塘坝或水库，拦泥蓄水，若有一定的蓄水量可引水灌溉发展水浇地。

4. 一、二级川台地工程措施配置

以发展基本农田为主，采用机修平整土地、引洪淤地，改良土壤。渠、路、林、田、湖（大口井）排（盐碱地）配套，建成高标准的基本农田。

9.1.3.2　水土保持植物措施配置

1. 林业措施的配置

经过几年研究，确定了油松、杨树（河北杨、北京杨等）、柳树、白榆等乔木及沙棘、沙柳、柠条等灌木树种为本地区的优势树种，总结出乔灌草、乔灌、灌草及乔草等混交类型。

（1）在砒砂岩裸露的梁峁顶、阴坡和半阴坡，应以油松为混交林的主要乔木树种，配合水平沟和鱼鳞坑等整地措施，行间（呈带状）栽植沙棘，播种紫花苜蓿。

（2）在黄土阴坡以杨树和柳树为主要乔木。

（3）在片沙覆盖的黄土阴坡，坡中及上部以沙柳为主要的灌木树种。行间或带间配置沙打旺、羊柴。

（4）在黄土和栗钙土阴坡、半阴坡结合整地工程，以沙棘为主要灌木，油松为乔木树种，行间可播种沙打旺、紫花苜蓿。

（5）在沟坡阴坡以沙棘为主，沟谷不受水位淹没部分栽植杨树和柳树。

2. 牧草措施的配置

因试区畜牧业是农村经济的支柱产业之一，种草养畜，发展畜牧业是主要目标之一。适合种植的牧草品种有紫花苜蓿、沙打旺、草木樨、披碱草、羊柴、羊草等。该区适宜于种草的土地类型很多，从梁峁顶到沟坡，均有可种草的土地，为了不与农林争地，一般在农地和林地之外的土地发展草地。在土地条件较好的地块，它可配合乔木林灌木林形成混交林；条件较差的地块可成片大面积种植。种草不仅可发展草业经济，它还是一项固土培肥和防止水土流失的有效措施。

9.1.3.3　综合治理效益

长期观测资料显示，通过水土保持的综合治理，海子塔试区的面貌有了很大改观，生态效益、经济效益、社会效益已明显地显现出来。以1992年为基准年计算，土地合理利用率达到91.3%，水土保持治理率达到87.8%，林草覆盖率为72%，减沙率为70%。经济效益比较突出，1992年统计当年人均粮食达593.2kg，人均纯收入1182元，农业总产值71.39万元。收入递增率以"八五"和"七五"相比递增22.3%。因产业结构的变化多种经营收入的比例上升到21.1%。社会效益也比较明显，不仅是试区内农牧民的生活水平、生活质量大大提高，人们的观念也发生了质的变化，充满了对更高、更新生活标准的追求。更为突出的成绩是为皇甫川流域、全市及内蒙古黄河流域水土保持的综合治理树立了样板。

9.1.4　科研成果

9.1.4.1　国家科研攻关项目

试区承担的是原国家科委的研究课题，即"准格尔旗皇甫川流域水土流失综合治理农林牧全面发展"的试验研究，总课题下设4个二级课题：

（1）小流域水土保持综合治理农林牧全面发展的试验研究。

（2）基本农田建设和水利水保工程措施的研究。

（3）水土保持林草措施的试验研究。

（4）水土流失规律和水土保持效益的观测研究。

二级课题下又设 19 个研究专题。这些分列的研究课题提供的研究成果，对鄂尔多斯及黄河流域相关区域的治理提供了科学依据，大大地推动了水土流失治理和农林牧业的全面发展。

9.1.4.2 科研成果推广应用

近 20 项研究专题，从不同的侧面做了研究，如"五分地沟试验区小流域水土流失综合治理与农林牧全面发展的研究""五分地沟试验区水保工程布局与施工技术的研究""皇甫川沟坝地、川台地排涝防碱试验研究""准格尔旗黄土丘陵沟壑区造林立地条件类型划分与适地适树调查研究""水土保持混交林草类型种植技术及效益的试验研究""准格尔旗油松人工林生长调查及植苗造林试验""五分地沟试验区坡地草场改良试验研究""五分地沟试验区旱作农业增产技术试验研究""五分地沟试验区砒砂岩陡坡治理与利用试验研究"等。这些研究课题都是针对鄂尔多斯及毗邻地区在农林牧业生产及水土保持治理中存在的实际问题及急需解决的现实问题而设定的，所取得的科研成果，解答了治理中的难题，提出了治理途径，指导了水土保持的治理工作。如"黄土丘陵沟壑区造林立地条件类型划分与适地适树的研究"，清楚地阐明了什么立地条件该怎么治，该栽什么树，种什么草；还有"五分地沟试区坡地草场改良试验研究"，针对性特别强；再有"砒砂岩陡坡治理与利用的试验研究"，明确了裸露的砒砂岩水土流失是非常严重的，在陡坡坡度 55°时植被在 5% 的情况下径流年侵蚀量可达 50680t/km²，重力年侵蚀量达 22388t/km²，年总侵蚀量为 73068t/km²。

从砒砂岩的物理分析和化学性质分析可看出粗、中、细沙的组成，灰白、粉白和棕红色的砒砂岩其机械组成是不一样的。以棕红色的砒砂岩为例，极细的沙粒占 31%，粗粒占 60%，黏粒占 9%，说明土壤侵蚀量中粗沙比例是很高的，但还有一定的黏粒组成。从化学分析中可以看出虽然灰白、粉白和棕红色的砒砂岩化学成分不同，但都含有一定成分的氮、磷、钾，而以棕红色的氮、磷、钾含量略高。从砒砂岩的含水率测定看，也是因质地不同而不同，以棕红色的砒砂岩含水率较高，而砒砂岩土壤还是具有一定的含水量的。通过对砒砂岩的治理，沙棘、沙打旺、柠条、草木樨、苜蓿还是可以生长的，尤以沙棘长得比较好，效果还是比较明显的。随着植被的增加，植被群落发生了变化，当植被覆盖度超过 50% 时，其侵蚀模数可降到 8000 t/(km²·a) 以下，即水土流失侵蚀量减少 80% 以上。从以上的分析可以看出，砒砂岩虽然是"地球癌症"，水土流失极其严重，但是是可以治的，是可以改良和利用的。这些成果给鄂尔多斯大面积裸露砒砂岩的治理利用提供了科学依据。若鄂尔多斯 1 万多 km² 的裸露砒砂岩得到治理，利用植被增加了，生态环境改善了，林草业畜牧业即可得到稳定的发展。习近平总书记讲的"绿水青山就是金山银山"，在这一地区就可以逐步实现，砒砂岩就可变废为宝。

科研项目范例之一：准格尔旗油松人工林生长调查与植苗造林试验。虽然油松是当地的乡土树种，因当地干旱造林成活率低，生长较慢又费工，几十年来已不是鄂尔多斯市造林的主要树种了。针对这些问题，试区对油松的造林进行广泛调查和实地试验，做了准格尔旗油松林生长调查，对不同土壤条件下油松混交林与纯林生长进行比较调查，并进行了不同立地条件的造林对比试验。试验结果证明在黄土、红土、砒砂岩土及中厚风沙土上油松皆能生长，除去中厚风沙土整地措施稍差的可采用穴状整地之外，其余的三种土是要进行必要的整地措施的，水平沟、鱼鳞坑、窄梯田皆可，砒砂岩土的整地规格要高一点。通过试验还得出，土壤含水率低于 4% 时，幼苗的蒸腾量与土壤水分吸收将失去平衡，造成脱水现象，油松幼苗的成活率大大降低。一般情况下，皇甫川流域春秋季在 40～50cm 的土层内土壤含水量都超过 4%，可以满足油松造林要求。特别干旱时，采取一些措施即可。同时还得出，在梁峁顶部及坡面栽植的油松比其他乔木（如杨、柳）更耐旱，尤其是生长 10 年之后杨柳树变成了"小老头树"，而油松进入了生长旺期。通过试验还总结出一套适合当地的造林方法，如采用 2～3 年生留床苗，茎根比 1∶1.2，从状带土起运蘸水栽植，挖小坑，随挖随栽，深栽（埋土至顶芽），捣实不浇水的造林方法。试验结果还充分肯定了油松在该地域的生长，同时总结出一套简而易行的造林方法，利用其科技成果进行示范推广。在皇甫川流域治理上，仅西黑岱川掌沟流域就成功造油松林2万多亩。进而扩展到鄂尔多斯全市，过去几乎不被采用的造林树种，现在成了各旗（区）造林的首选树种了。川掌沟流域率先营造的2万多亩油松林郁郁葱葱，都已成林，近几年已成为市区绿化的苗源地。

科研项目范例之二：准格尔旗五分地沟试验区水土流失规律与综合治理水土保持效益分析。该项目以40多个小区［宽5m，坡长12.5m，坡度10.5%（即6°）］的测验资料，用10年的时间，系统地对不同土壤、不同植被、不同地类、不同坡度、不同降雨强度、不同时段、不同侵蚀类型（水蚀、风蚀、重力侵蚀）进行系统观测，取得了大量的一手数据，系统地总结出该区水土流失的特征和水土流失的规律、危害及综合措施的水土保持效益，更为难得的是建立了"土壤水蚀预报方程式"和"皇甫川流域地块降雨径流土壤侵蚀预报模型"。项目成果为不同的侵蚀类型、不同侵蚀程度的治理对策提供了科学依据。

9.1.4.3　优良牧草引种对比试验

研究专题"五分地沟试区优良牧草引种对比试验"和"五分地沟试验区坡地草场改良试验研究"，共引种多年生豆科牧草17种，1年生或2年生豆科牧草15种，多年生禾本科牧草26种，一年生禾本科牧草4个品种。引种牧草田间试验，均采用小区试验、品种间进行对比观测的方法，每个小区设为10m²，其施肥浇水管理措施都是一样的。经过几年的对比观测试验、选优，筛选出一批生长良好、适宜性强、抗逆性强等的牧草，且多数品种都具有良好的结实性能和饲用品质，很有栽培前途，适宜内蒙古自治区栽培种植。它们是1年生黄花草木樨、夭兰草木樨、白花草木樨、红豆草、阳高苜蓿、芋县苜蓿、新疆抗旱苜蓿、沙湾苜蓿、苏丹草、无芒雀麦、老芒麦、扁穗冰草、工农一号苜蓿、苏联36号苜蓿、呼盟苜蓿，其中红豆草、阳高苜蓿、新疆抗旱苜蓿，沙湾苜蓿，1年生黄花草木樨，1年生夭兰草木樨、无芒雀麦、老芒麦最有栽培前途。

畜牧业原是鄂尔多斯的主体产业，牧草是基础的基础，而自然条件又比较差，干旱、风沙、严重的水土流失某种程度上制约着畜牧业的发展。天然草地是干旱半干旱型的大陆性植被，其特点是牧草稀疏低矮、丛生化和半灌木化、产草量低，载畜量小，尤以东部丘陵沟壑地貌区更为严重，其特征是：优良牧草的生长发育受到限制，可食性差的成分逐年增加，生产力逐年下降；历史上长期形成的自然条件使牧草向低质低产方向发展；草地生态环境条件恶化，使植被覆盖度减小，水土流失加剧、土壤母质裸露逐渐加大；鼠虫害加剧。

草场退化使载畜量下降，越来越不适应人民生活和社会发展的需要，这就要求人们对它进行改良。一方面改善生态条件，另一方面为满足人民物质生活的需要，提高草地社会效益和经济效益。所以草场改良试验意义非凡。试验研究过程中本着治标与治本相结合的原则，进行了两种科学试验：①封育、施肥、灌溉；②补播、人工种草。

采用旱直播和结合工程措施种草，包括翻地、耙地、挖水平沟、竹节沟等，经过整地，可改变原来的草群结构，增加土壤蓄水保土能力。通过试验草场都有程度不同的改变和提高，虽然施肥和灌溉（喷灌）效果明显，但在人力、经费尚有一定限度的情况下大面积实施难度比较大。随着经济实力的提升和机械化程度的加快，这项措施的普及也指日可待。在丘陵沟壑地貌区大量的草场改良是比较宜行的措施，通过试验，总结出"补播改良、封育管理"八字方针，具体用法如下：

（1）旱直播法。不需要任何整地措施，简单易行，速度快。适宜平缓、地表土松软的地段，可直接用耧播或撒播。

（2）工程措施＋生物措施。对于坡度较大的地段应先挖水平沟蓄水，对土壤板结的地质应耕翻，然后补播或种成人工草场。无论哪种方法都必须进行一定时期的封育管理，提倡封育、轮牧。

（3）在坡地上进行草场改良应采用草灌结合的方法。灌木（柠条较适宜）沿水平方向带状种植，起防护作用，带间补播牧草。

小贴士

水土保持情思

李明远

水土保持七十年，层层梯田锁荒原。

绿色楼台花点缀，珍珠翡翠满山川。

低碳生活更环保，和煦春风柳如烟。

清朗明月多艳丽，林茂草丰换新颜。

（李明远，男，鄂尔多斯电台编辑）

海子塔水土保持试验场治理模式（一）

海子塔试验场测算松树生长

海子塔试验场乔灌草混交治沙试验区

海子塔水土保持试验场治理模式

海子塔水土保持试验场治理模式（二）

海子塔科研基地800亩样板田

准格尔旗海子塔水土保持科研试验基地（一）

海子塔水土保持试验场治理样板（一）

海子塔水土保持试验场治理样板（二）

海子塔水土保持试验场治理模式（一）

海子塔水土保持试验场治理模式（二）

海子塔水土保持试验场治理模式（三）

海子塔科研基地800亩高产田

准格尔旗海子塔水土保持科研试验基地（二）

9.2　准格尔旗川掌沟流域水土保持综合治理示范区

当西口古道从山西省河曲县跨过黄河进入准格尔旗十里长川流域的长滩古镇，从左岸沿着蜿蜒曲折的柏油马路驱车向上游行进 40 分钟左右，但见林海苍茫，水秀山明；库坝连环，波光粼粼；青楼瓦舍，绿树掩映；田园风光尽收眼底，堪称黄土高原的"伊甸园"。她就是黄河流域久负盛名的水土保持生态建设典型——川掌沟流域，也是"绿水青山就是金山银山"的历史见证。

9.2.1　流域概况

川掌沟流域是黄河一级支流皇甫川的一级支沟，隶属准格尔旗巴润哈岱乡（现已并入薛家湾镇）和布尔陶亥苏木。地处皇甫川流域支流十里长川上游，属黄土丘陵沟壑地貌区第一副区，流域总面积 147km^2。该流域风蚀水蚀并重，沟道两岸以重力侵蚀为主，治理前年侵蚀模数 1.88 万 t/km^2，局部地区最高达 5.35t/km^2。严重的水土流失导致整个流域千沟万壑、支离破碎、地力下降、粮食减产、"三料（肥料、燃料、草料）俱缺、生态失调。

治理前全流域 7 个行政村，有农户 906 户 3381 人，1449 个劳力。人均耕地虽有 0.53hm^2，但人均年产粮只有 244kg，人均年收入仅 130 元，群众生活十分贫困。

9.2.2　治理措施

在综合治理过程中，主要采取了如下措施：

（1）分水岭两侧及峁顶斜坡结合水土保持整地主要种植以沙棘、油松为主体的乔灌防护林网，在居民点附近适当发展水平梯田，做到就地拦截径流。

（2）沟沿至沟底结合水土保持整地（沟头防护）、谷坊等营造适合当地生长的杨柳树，并辅之以人工草地稳定沟坡，控制沟头延伸和沟岸崩塌。

（3）沟底按自上而下的顺序布设拦洪淤地、蓄水库坝和治沟骨干工程，达到削减洪峰、拦截泥沙、蓄水灌溉、引洪淤地、抬高侵蚀基点之目的。

9.2.3　治理成果

通过 10 年集中、连续的综合治理开发，治理程度达到了 78.1%，1992 年 7 月顺利通过了国家验收。验收成果显示：全流域完成治理措施保存面积 114.8km^2（包括封育封禁治理面积），其中水平梯田 144.8hm^2，坝地 186.1hm^2，引洪澄地 147.8hm^2，水地 2.67hm^2，水保林 9253hm^2，经济林 427hm^2，人工种草保存面积 867hm^2；封育封禁治理 451.63hm^2；完成整地工程 2887hm^2；新建沟道工程 142 座，其中骨干坝 20 座，中小型淤地坝 33 座，塘坝、小谷坊 82 座，治沟治河造地工程 7（处），共动用土石方 475 万 m^3，形成了比较完整的水土保持综合措施防御体系。

1992 年以后，随着黄土高原地区淤地坝试点工程建设项目的相继上马，流域内进一步加强了治沟骨干工程建设。至 2021 年年底，全流域共建成大中小淤地坝 71 座，总工程量达 548 万 m^3。库坝工程控制面积 129.3km^2，其中骨干坝控制面积 102.02km^2。坝系工程拦蓄总库容 4813.2 万 m^3，拦泥总量 2591.6 万 m^3，平均每平方公里拦泥 17.63 万 m^3。使得全流域沟道坝系工程进一步趋于完善，实现了洪水、泥沙就地消化，基本不再向下游输送泥沙。

9.2.4　治理效益

通过十几年坚持不懈的综合治理，基本控制了水土流失，获得了显著的水土保持经济、生态、社会效益。

（1）改变了原有的生产格局，土地利用结构得到了有效调整。农业用地、林业用地、牧业用地、荒地、非生产用地占比分别由治理前的 11.84％、3.16％、0.06％、64.12％和 20.82％改变为治理后的 5.8％、70％、6.2％、1.7％和 16.3％。土地利用率由治理前的 15％提高到 82％，土地生产率由治理前的每公顷 103.5 元提高到 1633 元。经济结构由原来的以农为主变为以林为主、农林牧副全面发展。大量坡耕地退耕还林还草，使"三料"问题得到彻底解决。全流域的农户基本从梁峁高坡搬迁到了主川台地，建立了统一规划、集中建设的居民住宅区，彻底实现了当初的规划目标"农田下川，林草上山"。

（2）经济效益明显提高。1983 年治理前与 1992 年治理后相比，治理前粮食年产量 81.7 万 kg，人均粮食 244kg；治理后，农田面积有所压缩，在退耕 1133hm² 的情况下，粮食年产量达到 398.42 万 kg，人均粮食达 1100kg，粮食年产量比治理前增加了 388％，人均粮食比治理前增加了 351％。粮食产量的提高促进了其他各业生产的发展，农、林、牧、副总产值由治理前的 152.78 万元增加到 2401 万元，农、林、牧、副各业产值占比分别由治理前的 36.4％、12％、48.2％、3.4％改变为 18.7％、70.7％、9％、1.6％。人均收入由治理前的 130 元增加到 2100 元，实现了全流域达到小康的目标。流域所在的巴润哈岱乡被评为准格尔旗率先达小康乡和内蒙古自治区文明乡。

到 2021 年年底调查，全流域农村人均纯收入达到了 22000 元以上，跃居全旗农村人均收入前列。现在流域内所有农户全部盖起了新瓦房或楼房，添置了新型农机具和各类家用电器、通信工具、家用轿车基本普及，25％以上的农户购买了高档轿车，全流域农民的幸福指数逐年提高。如流域内白大路村大部分村民已住进了村里集资兴建的楼房，村里还自筹资金建起了养老院，使村里的孤寡老人老有所依、老有所养，充分体现了水土保持综合治理对山丘区社会主义新农村建设强大的基础效应。

（3）蓄水保土能力增强，缓洪减沙效益显著。全流域植被度由治理前的 3.2％提高到治理后的 78.1％。由于植被度的增加，加之库坝连环布设，蓄水面积扩大，主要沟道已形成优质高效的坝系农业示范区，生态景观发生了巨大的变化，过去的荒山秃岭如今草木茂盛，花果飘香，一些绝迹的野生动物也纷纷来流域内"安家落户"。大量水土保持措施的实施，使流域拦蓄径流总量由治理前的 4.9 万 m³ 提高到治理后的 714.42 万 m³，提高了近 145 倍；拦蓄泥沙由治理前 21.8 万 t 提高到治理后的 232.2 万 t，提高了近 10 倍。保土效益折合当时（1992 年）人民币 69.66 万元。特别是该流域的主要支沟西黑岱沟，由于治沟骨干工程的大量兴建，目前已不再向下游输沙。

9.2.5　发展前景

水土保持综合治理成果，奠定了该区域向优质高效发展的坚实基础。通过挖掘生态建设成果的潜力，该区域的绿色生态旅游产业和农畜产品综合加工经营显示了更广阔的发展前景。

该流域所建设的沟道工程，按规划设计可淤地 724.6hm²，现已淤积成功并耕种的坝地 443.4hm²，其中蓄水灌溉面积 60 多 hm²。进一步开发的潜在效益相当大，集"坝系农业、生态旅游、种养加一体化配套产业"的发展前景相当广阔。

流域内现有挂果沙棘 0.25 万 hm²，各类果树 400 多 hm²。林副产品大量增产后，引进加工企业投产运行，部分村民也看到了加工转化增值的效益，纷纷购买加工设备，筹备投产。未来的川掌沟流域水土保持生态建设，必将在新时期社会主义新农村建设中大放异彩！

2020 年该流域被列为国家文化旅游项目"西口古道"沿途的重点旅游区。每年夏秋之际，四面八方的游客慕名而来，络绎不绝。无论是乘车还是步行，沿着流域内曲径通幽的一条条山道，所到之处风景美不胜收：可聆听西五不进梁的林海松涛，百鸟齐鸣；可游览贺家圪楞的田园风光，赏心悦目；可参观美丽乡村白大路的纯朴民俗和农耕文化，如醉如痴。"点素敖包庙会"活动场所正在热火朝天的筹备建设中，翘首以盼。

川掌沟流域的锦绣山川和田园美景，就是水土保持综合治理经济效益、生态效益和社会效益在黄土高原地区的集中体现，就是对"绿水青山就是金山银山"这句至理名言的深刻阐释和真实写照。

　　由于川掌沟流域的水土保持生态建设名冠黄河流域，故引得众多国内外环境、生态领域的专家莅临实地考察指导。如已故中国科学院院士、我国草原生态学奠基人李博先生生前曾多次对川掌沟流域进行考察调研，并且提出了诸多建设性意见，对全流域的后期治理开发起到了很好的指导作用。根据李博先生的生前遗愿，其墓地选择在了川掌沟流域的崇山峻岭之中，如今李博先生的长眠之地已成为川掌沟流域一道亮丽的风景，既表达了一代科学巨匠对川掌沟流域生态建设开发的厚望，同时彰显了川掌沟流域的水土保持生态建设在黄土高原地区卓有成效的领先地位。

小贴士

围绕"山"字动脑筋，一沟两坡做文章。

治理一方水土，发展一方经济，富裕一方群众。

绿树掩映下的田园风光

贺家圪塄坝地建设一角

金山银山就是绿水青山

西黑岱沟库坝连环工程景观

西黑岱主川坝地鸟瞰图

上坝拦泥蓄水灌溉，下坝种粮发展生产

准格尔旗川掌沟流域综合治理示范区（一）

当年油松刚出坑

如今已是林如海

川掌沟流域缓坡油松林带

川掌沟流域陡坡油松林带

川掌沟流域乔灌混交林带（一）

川掌沟流域乔灌混交林带（二）

准格尔旗川掌沟流域综合治理示范区（二）

9.3 准格尔旗川掌沟流域坝系工程建设模式与成效

9.3.1 川掌沟流域概况

川掌沟流域是黄河皇甫川支流十里长川上游段的统称，总面积 147km²。行政区划现属准格尔旗布尔陶亥苏木、薛家湾镇所辖。1983 年全流域有农户 906 户 3381 人，人口密度为 23 人/km²。流域内地形破碎，沟壑密度 3.9km/km²，沟壑面积占总面积 24.1%，属黄土丘陵沟壑地貌区。流域左岸有脑亥沟、东五不进沟、敖包沟、杭盖沟、五枝树等 5 条较大支沟，右岸有满忽图、海力色太、西五不进、西黑岱沟等 4 条较大的支沟。在开展水土保持综合治理前，全流域植被稀疏，土壤疏松，水蚀十分严重，多年平均土壤侵蚀模数为 1.88 万 t/（km²·a），属黄河多沙粗沙集中来源区。长期严重的水土流失导致流域内生态环境极其恶劣，农业生产条件差，群众收入低，生活十分贫困，生存环境受到挑战。

流域内广泛分布中生代三叠系泥岩，泥岩成岩作用差，钙质、泥质胶结力弱，其上覆厚度不均的沙壤土、壤土，土壤结构松散、孔隙大，抗冲蚀能力差，加之气候条件极为恶劣，水力侵蚀非常严重，并伴有风力、重力、冻融侵蚀，大部属极强度侵蚀区。流域产沙主要以径流产沙为主，并伴有少量库布其沙漠扬沙，年内分配不均，最大年输沙量与最小年输沙量之比达 6.7 倍。7—9 月降雨季节，输沙量占全年的 89%，且多集中在几场暴雨洪水中。泥沙颗粒以粗沙为主，据分析，粒径大于 0.05mm 的粗沙约占总输沙量的 70%，主要来源于河谷陡坡的裸露区。

川掌沟流域严重的水土流失制约着当地农业生产的发展和群众生活的改善。早在 20 世纪 60 年代初，当地群众就自发开始在支毛沟修建谷坊坝、小型淤地坝和治河造地等沟道工程，同时在坡面也开展了植树造林等植被建设，但进度缓慢，治理成效不明显。1983 年，川掌沟流域被列为国家水土保持重点治理小流域，开始了长期连续、集中连片的综合治理，坡面综合治理工程效果明显。1986 年，黄河上中游地区水土保持治沟骨干工程开始试点，根据川掌沟流域内原有淤地坝工程较多但标准不高的特点，遵循"小多成群有骨干"的原则，遂将川掌沟流域列为布设坝系工程的重点，至此，川掌沟的沟道综合治理与坡面综合治理全面展开。

9.3.2 川掌沟流域坝系布局及建设

9.3.2.1 川掌沟流域治沟骨干工程总体布局

水土保持治沟骨干工程总体布局是：在川掌沟主川，利用其河床宽阔的特点，主要开展治河造地工程；在川掌沟主沟中上游、较大支沟（如西黑岱沟）等，主要以修筑淤地坝与治沟造地相结合，采用淤垫并举的方法，快速建设基本农田；治沟骨干工程主要在流域面积小于 10km² 的支沟里修建。建坝顺序一般是在支沟口先建坝，淤满后加高，如条件不允许加高时，则在上游适合地点另建新坝，发挥上拦下种、上蓄下灌的作用，逐步形成上下游协调、干支沟配套、骨干坝与中小型坝相辅相成的拦洪减沙、用洪用沙系统。

工程设计按"库容制胜"运用方式的要求设计，枢纽工程均由土坝、放水工程"两大件"组成（2010 年之前，淤地坝基本都按"两大件"进行工程设计，此后增强了安全运行的明确要求，对之前修建的中型及以上的淤地坝，都增设了溢洪道；之后修建的淤地坝全部按照"三大件"进行工程设计）。土坝采用推土机推土碾压、水坠法施工，工效显著提高；放水涵卧管工程采用预制钢筋混凝土构件装配施工，这样可节省模具，降低造价，避免停工待料，有利于缩短工期，汛期前完工。先后建成川掌沟、满忽图、敖包沟等治沟骨干坝 22 座，中型淤地坝 27 座，小型淤地坝 22 座，治河造地工程 7 处。详见图 9.1 准格尔旗川掌沟流域坝系工程布局图。

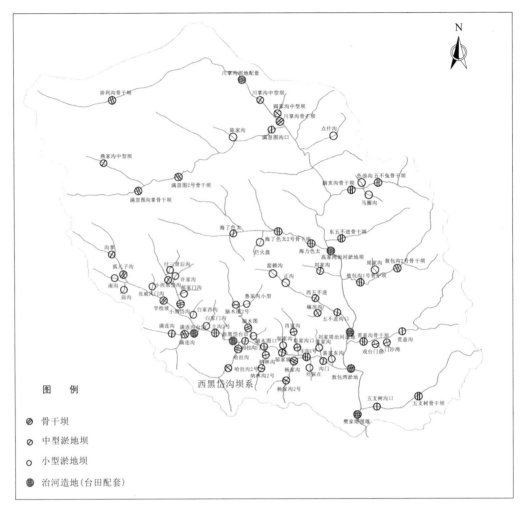

图 9.1　川掌沟流域淤地坝坝系布局图

　　川掌沟流域淤地坝坝系工程控制面积 129.30km²，骨干坝控制面积 102.02km²，共有骨干坝工程 22 座，中型淤地坝工程 27 座，小型淤地坝工程 22 座，治河造地工程 7 处。

9.3.2.2　西黑岱沟坝系工程总体布局

　　2003 年水利部启动黄土高原地区水土保持淤地坝试点工程建设，川掌沟流域最大支沟西黑岱沟小流域列入建设计划。根据该小流域现状工程的淤积程度及运行实际情况，结合坝系工程的布局要求，考虑达到设计淤积高程的淤地坝，已经开发利用坝地发展生产，新增的骨干坝布设在其上游和主沟道，起到控制性的作用，以保证下游坝地的开发种植，保证坝地的高产稳产。在支毛沟配套布设中、小型淤地坝，形成了从上游到下游、从支毛沟到主沟、从沟头到沟口的全面防治泥沙的综合治理体系。

　　川掌沟流域水土保持淤地坝工程建设规模见表 9.1。

表 9.1　　　　　　　　　　　川掌沟流域水土保持淤地坝工程建设规模

工程编号	坝名	坝控面积 /km²	坝高 /m	库容/万 m³		总工程量 /万 m³	淤地面积 /hm²	建成 年份
				总库容	拦泥库容			
G-1	邬利沟	6.175	25	186.99	92.07	22.7	11.53	1991

续表

工程编号	坝名	坝控面积/km²	坝高/m	库容/万 m³		总工程量/万 m³	淤地面积/hm²	建成年份
				总库容	拦泥库容			
G-2	川掌沟	14.89	25	363.87	233.87	21.18	39.67	1987
G-3	满忽图沟掌	4.95	25.2	143.36	73.81	18.69	10.35	1994
G-4	满忽图沟	6.53	22.5	182.28	124.28	18.89	24.2	1987
G-5	五不兔	3.125	24	88.7	46.6	13.4	5.33	1997
G-6	脑亥沟	4.4	17.6	79.42	40.2	9.59	8.33	1987
G-7	东五不进沟	3	18.1	70	42	11.21	6.8	1987
G-8	海力色太	3	21	91.8	65.1	13.85	8.53	1987
G-9	海力色太 2 号	6.67	14	158.37	32.32	4.04	10	1990
G-10	敖包沟 1 号	2.94	16	86.25	23.95	10.96	6.27	1987
G-11	敖包沟 2 号	4.46	25	130.06	66.5	12.7	10.4	1993
G-12	荒盖沟	5.4	20.5	156.7	100	10.39	14.4	1987
G-13	狐儿沟	3	22.1	68.43	41.73	8.5	6	1987
G-14	杨家沟	3	22	69	42	9.85	6	1988
G-15	脑木图	4.5	19	104.4	63	14.6	18.67	1988
G-16	哈拉沟	3.2	17	73.8	44.4	11.2	9	1988
G-17	满连沟	3	18.12	68.43	41.73	10.7	10	1989
G-18	小黑岱沟	3.2	20.3	73.8	44.4	11.72	6.8	1988
G-19	学校坡	4	17	114	60	14.1	10.93	1995
G-20	西黑岱主沟 1 号	3.6	14	137.83	83.38	11.32	30.6	2005
G-21	西黑岱主沟 2 号	3.58	12.5	137.09	82.94	8.29	20	2005
G-22	五枝树	5.4	21.5	156.7	100	13.13	12	1988
	小计	102.02		2741.28	1544.28	281.01	285.81	
Z-1	川掌沟	1.07	10	43.6	23.3	1.2	1.0	1998
Z-2	阎家沟	1.21	15	47.8	25.6	3.5	3.2	2004
Z-3	满忽图沟口	6.8	16	144.4	86.4	3.2	2.22	1978
Z-4	燕家沟	1.18	17	42.9	21.6	5.2	1.2	1997
Z-5	海力色太 3 号	3.8	18	72.5	48.6	3.6	3	1987
Z-6	刘家沟	1.12	7	30.98	18.6	2	1.8	1996
Z-7	五不进沟口	4.67	16	114.8	70.68	3.1	3.2	1973
Z-8	五不进	1.86	13	39.87	21.68	3.5	3	1974
Z-9	碾房沟	1.02	15	29.8	17.6	3.5	2.5	1976
Z-10	戏台门前	1.28	14	29.67	12.86	2.8	2	1974
Z-11	门沙湾	7.28	6	120.6	70.8	2	3	1973
Z-12	荒盖沟	3.17	8	90.6	50.8	2.16	3	1991
Z-13	狐儿沟掌	1.1	8	10.1	7.2	2	2	1978
Z-14	沟门	1.4	11.8	63.6	26.5	9.53	10.61	1985
Z-15	邬家坡	1.1	4.7	26.6	14.4	8.67	9.61	1989
Z-16	肖家沟	1.6	15.3	24	20	2.33	2.33	1972

续表

工程编号	坝名	坝控面积 /km²	坝高 /m	库容/万 m³ 总库容	库容/万 m³ 拦泥库容	总工程量 /万 m³	淤地面积 /hm²	建成 年份
Z-17	哈拉沟门	0.2	9.8	23.7	16.2	1.05	5.54	1984
Z-18	纳林沟 2 号	1.7	9.7	44.3	21.6	2.67	2.67	1984
Z-19	脑木图沟口	0.5	7.2	10.6	8.3	2.67	2.33	1982
Z-20	杨家沟 2 号	2.1	16	40.77	21.87	4.43	3.8	2005
Z-21	哈拉沟 2 号	2.5	13	51.43	28.93	3.74	5.9	2005
Z-22	脑木图 2 号	2.8	17	57.65	32.45	5.98	8.33	2005
Z-23	小西西黑岱	2.2	17.2	45.25	25.45	6.95	4.5	2005
Z-24	满连沟	2.1	16.4	41.12	16.81	6.18	4.5	2005
Z-25	肖家沟沟口	0.92	17	21.6	11	4.08	2.4	2005
Z-26	纳林沟	1.05	14	20.34	10.89	4.18	3.8	2005
Z-27	五支树沟口	7.36	11	98.7	36.8	2.8	3	1974
小计		63.09		1387.28	766.92	103.02	100.44	
X-1	陈家沟	0.38	13	7.23	2.84	3.86	0.53	2007
X-2	点什沟	0.87	15	9.97	6.09	4.66	1.2	1997
X-3	三色浪沟	0.53	16	9.5	3.56	4.88	0.77	1996
X-4	马圈沟	0.38	6	7.5	2.89	2.33	0.83	1997
X-5	烂火盘	0.39	13	6.79	2.71	3.23	0.35	2007
X-6	周家沟	0.85	14	9.2	3.6	2.53	1.75	1976
X-7	正沟	0.43	13	8.06	2.58	2.36	1.86	1980
X-8	蔓赖沟	0.51	13	8.97	3.12	2.31	1.85	1980
X-9	付三背后沟	0.7	13	9.58	4.07	1.98	1.01	2005
X-10	白家门沟	0.48	12	6.22	2.48	2.25	2.8	2005
X-11	郝家门沟	0.7	13	9.56	4.05	1.9	1.1	2005
X-12	鲁家沟	0.72	13.2	9.85	4.18	1.93	1.31	2005
X-13	许家沟	0.68	12.6	9.26	3.9	1.86	1.33	2005
X-14	白家西沟	0.68	13	9.26	3.9	2.28	1.3	2005
X-15	张威风门沟	0.68	11.8	9.32	3.96	1.4	1.63	2005
X-16	裴家沟	0.33	11	4.3	1.73	1.99	2.5	2005
X-17	邬家沟	0.3	9	3.92	1.58	1.73	2.3	2005
X-18	庙沟	0.42	10	6.8	2.65	1.2	0.56	1985
X-19	南沟	0.49	9	6.98	2.98	1.1	0.62	1989
X-20	脑木图	0.14	8	2.68	1.28	1.05	0.53	1982
X-21	刘保在沟	0.12	8	2.28	1.22	1.05	0.55	1984
X-22	裴家东沟	0.41	12	6.61	2.52	1.1	0.53	1983
小计		11.19		163.84	67.89	48.98	27.21	
D-1	川掌沟坝地配套	16	4	106.7	30	5.2	15	1998
D-2	高家湾治沟淤地坝	26.5	2.5	65.7	30	21.48	72.2	1991
D-3	敖包湾淤地坝	87.91	3	166.84	63.16	27.65	103.6	1998

续表

工程编号	坝名	坝控面积 /km²	坝高 /m	库容/万 m³		总工程量 /万 m³	淤地面积 /hm²	建成 年份
				总库容	拦泥库容			
D-4	西黑岱台田坝	4.65	2.5	34.2	21.4	8.43	14.03	1992
D-5	满连沟台田坝	3.88	7.5	23.96	14.61	6.98	7.9	1994
D-6	刘家塔治河造地	94.4	2.5	36.8	23.34	12.3	51.2	1993
D-7	樊家塔围堰排洪渠	134.42	2.6	86.6	30	32.95	47.2	1993
小计				520.8	212.51	114.99	311.13	
总计				4813.2	2591.6	548.0	724.59	

9.3.3　坝系工程建设管理

1. 组织群众投劳筑坝

早期淤地坝建设主要以群众性投工投劳为主，在有条件、效益较好的地段，发挥当地劳力多优势，完全依靠人力完成土坝的填筑，常常是上百人甚至是几百人利用农闲时间开展大会战，一连干上几个冬春才能建一座标准较高、质量较好的淤地坝。

2. 专业队与大会战相结合

政府部门组织，专业队配合施工，当地群众投劳参与建设。从 20 世纪 80 年代开始，黄河上中游地区水土保持治沟骨干坝工程的建设，全部通过专业部门规划设计，并选配现场施工技术员指导施工，采取机械为主、人工辅助的施工方式，"人工"主要是指农民专业施工队和当地群众投劳参与工程建设。

3. 规模化、标准化、专业化施工管理

随着建设规模的加大，坝系工程建设机械化程度不断提高。2003 年黄土高原地区淤地坝试点工程建设启动后，所有工程项目全部实行招标投标制选择施工单位，同时确定监理单位实行施工监理，对工程建设负责。建设单位负责建设过程中的各参与方的协调工作和建设过程的监督检查。从此，水土保持坝系工程建设走上了标准化、专业化的发展轨道。

9.3.4　坝系工程运行管理

1. 落实管理主体责任

工程竣验收工后，建设单位水行政主管部门将淤地坝固定资产移交工程所在地苏木乡镇人民政府，同时与其签订移交管护合同，明确管护责任。苏木乡镇人民政府对淤地坝工程安全运用工作负总责。2014 年内蒙古自治区小型水利工程管理体制改革试点工作在准格尔旗开展，淤地坝的管理运行纳入其中，水行政主管部门与各苏木乡镇再次确认产权移交手续，办理了产权移交证书。苏木乡镇人民政府根据工程规模的大小、所在地村民管理能力等具体情况，采用个人承包、联户承包、村集体负责等多种运行管理形式，将日常运行管理落实到具体责任人。水行政主管部门对淤地坝工程安全运用负监管责任，负责制定工程安全运用管理制度，做好技术指导，组织开展技术培训，落实技术责任人，监督检查工程安全运用管理各项制度落到实处。

2. 加强汛期管理确保安全度汛

淤地坝工程防汛工作全部纳入地方各级防汛责任体系，实行地方行政首长负责制，统一指挥，分级管理。旗人民政府分管领导为本辖区淤地坝工程防汛工作的具体行政责任人。所有骨干坝和下游有重要设施的中型坝，都要逐坝落实工程防汛行政、巡查、技术"三个责任人"，并明确岗位职责。原则上，工程防汛行政责任人由工程所在地苏木乡镇人民政府领导担任。巡查责任人由苏木乡镇人民政府负责落实，一般责成工程所在地村干部或村民担任。对下游有村庄、学校等重要设施的中型及以上淤地坝，以及库容大于 100 万 m^3 的骨干坝，实行"一坝一人"巡查制度。技术责任人由旗水行政主管部门确定专业技术人员担任。每年 5 月 20 日前，中型及以上淤地坝"三个责任人"名单由旗水行政主管部门在当地媒体公示，并逐级向上一级水行政主管部门报备。旗水行政主管部门制定防汛应急预案，储备应急抢险物资，组织应急避险演练，落实避险措施。加大汛前巡查力度，发现问题及时解决，排除隐患确保安全。汛期执行 24h 值班制度，与气象、通信等部门协作建立信息共享平台，及时掌握雨情、汛情、水情，积极采取措施主动预防。

3. 落实地方经费保证日常维修维护

下游有重要设施的中型及以上病险淤地坝和中央资金安排除险加固工程，积极推进病险淤地坝的除险加固工作，补齐安全短板，保证工程安全运行。除此之外，旗财政也专门安排维修资金，加强淤地坝的日常维修，消除安全隐患，为工程安全运用提供保障。旗财政年度预算中专列现场巡查管理费用，用于管护人员奖励性补贴。每年汛前，结合工程安全运行巡查排查，对现场管护人员上年度管理的实绩进行检查考核，按照考核结果兑现上一年度管护奖励资金。这一举措提高了现场管护人员的积极性，压实了管理责任，能够及时反馈问题，解决问题，保证工程安全正常运行。

4. 依托新技术提高监督管理水平

对下游有居民点、工矿、公路铁路等重要设施和有蓄水利用的重点淤地坝，借助"智慧水利""淤地坝安全预警"大数据平台，布设远程监控设备，实现远程观察监督工程的安全运行情况，特别是在汛期，可以远距离同时关注多个工程现场情况，大大提高了"点多面广"的淤地坝工程安全运行的监管能力。

9.3.5　坝系工程建设的作用及效益

川掌沟流域通过近 30 年的综合治理，川掌沟流域坝系工程发挥了显著的生态效益、经济效益和社会效益。

1. 拦蓄径流泥沙发挥保水保土重要作用

川掌沟通过近三十年的坝系工程建设，已经完成大中小淤地坝 71 座，治河造地工程 7 处，总库容 4813.2 万 m^3，平均每平方公里库容达 32.74 万 m^3，拦泥总量 2591.6 万 m^3，平均每平方公里拦泥 17.63 万 m^3。在一般年份降水量情况下，可使控制区的全部径流泥沙流而不失，变害为利，起到蓄水灌溉拦泥淤地的作用。据估算，坝系工程最终可淤出坝地 724.59hm²，已淤出并投入耕种的坝地有 443.4hm²，全流域坝控面积 129.3km²，其中骨干坝控制面积 102.2km²，骨干坝总库容 2741.28 万 m^3，拦泥库容 1544.28 万 m^3，减少沟道下切侵蚀，减少了入黄泥沙。

2. 防御洪水泥沙等自然灾害的作用

川掌沟流域通过坝系工程建设，初步形成了比较完整的滞洪、拦沙、淤地工程建设体系，整个坝系工程经过逐年完善，整体抗洪能力大大增强，为保护下游农田及村庄等设施和人民生命财产安全发挥了重要作用。如 1989 年 7 月 21 日，皇甫川流域突降特大暴雨，处在暴雨中心的川掌沟流域，平均降雨 118.9mm，观测到的最大雨量为 141.2mm，最大降雨强度为 0.47mm/min，经推算达到 150 年一遇的暴雨频率。当时，已建成的 14 座骨干工程和淤地坝等坝系工程，共拦蓄洪水 593.22 万 m^3，缓洪 514.58 万 m^3，削减洪量达 89.7%。没有发生洪水灾害。

3. 促进退耕还林还草和生态修复

川掌沟流域通过坝系工程建设，初步形成了支沟滞洪拦沙，主川、主沟淤地生产的治理模式，以坝地为主的基本农田的增多，不但提高了农作物单产，而且促进了大量坡耕地退耕还林还草、造林种草、恢复生态。同时还极大地改善了土地利用结构，提高了土地利用率，综合治理面积达到 114.8km²，治理程度达到 78.1%，川掌沟流域坝系工程建设，促进了农林牧业的全面发展。

4. 合理利用水资源解决人畜饮水困难

川掌沟流域坝系建设总库容 4813.2 万 m³，防洪库容 2221.6 万 m³。建成运行初期在保证工程及设施安全的前提下，充分利用空库拦蓄径流，不仅有效解决了干旱地区村民的人畜饮水困难，水源充足的地方还可以发展水浇地。

5. 一坝连通两岸铺就致富路

川掌沟流域是典型的千沟万壑的丘陵沟壑地貌，过去两岸村民出行非常困难。交通条件很差，农畜产品出不去，生产物资难进来。有了沟道坝系工程的建设，坝体就成为连接沟道两岸的桥梁，坝顶承担了交通公路的功能，大大方便了当地村民与外界的联系和沟通，改善了村民出行的便利条件，间接促进了商品经济的发展。

6. 群众生活水平提前实现小康生活

川掌沟流域在坝系工程建设的促进下，生产条件改善了。特别是遭受特大干旱的情况下，为该地区乡村经济发展创造了有利条件。在水源相对充足的地方，村民发展保护地种植瓜果蔬菜，为城镇提供了反季节绿色蔬菜，城里人吃得放心，村民的收入也增加了。在水源相对缺乏的地方，村民栽植各类果树、种植牧草，发展林果产业和养殖业，也能多渠道增加收入。产业发展了，村民的居住条件也大为改善，告别了土坯房，住进了砖瓦房和小楼房，不离乡土过上了城市生活。原来是全旗有名的贫困乡，提前步入了小康生活。

7. 调节小气候改善生态环境，绿化美化乡村人居环境，发展特色旅游业

川掌沟流域坝系工程建设，为当地干旱缺水的地区提供了水源条件，使得当地产业发展有了可能。现在的川掌沟流域，坡面、梁顶上的油松集中连片郁闭成林，原来的光山秃岭披上了绿装，植被度达 75%。主沟及支沟库坝连环建成基本田，初步形成环境优美、宜居宜业的美丽乡村景观，习总书记"山、水、林、田、湖、草"综合治理理念在川掌沟流域已初步实现。依托优美环境，当地村民又新增了发展乡村旅游业项目，吸引周边地区的人们到这里旅游观光、品尝特色小吃、休闲垂钓等，这些特色旅游拉动了消费，也提高了当地村民的收入水平，走上了生产发展、生活富裕、生态优美的良性循环、持续发展的轨道，为乡村振兴打下了最坚实的基础，正一步步践行着绿水青山就是金山银山的目标。

小贴士

保持水土，除害兴利。

欲见山河千里绿，先保大地一寸土。

一草一木凝聚生态美景，一心一意建设生态文明。

青山绿水美如画　荒沟打坝变良田

水地水池要配套　山洪导流保安全　上坝种粮夺高产　下坝养鱼增效益

准格尔旗川掌沟流域坝系工程建设

水土保持重点流域川掌沟库坝工程建设及坡面生态治理

川掌沟流域治河造地工程

库坝连环治沟道上拦下种夺丰收

准格尔旗川掌沟流域坝系工程建设

9.4　达拉特旗十大孔兑砒砂岩地貌区沙棘生态减沙工程

9.4.1　沙棘项目发展概况

晋陕蒙接壤区砒砂岩裸露区十大孔兑沙棘生态减沙工程，是国家发展改革委批准立项、水利部沙棘开发管理中心直接组织实施的国家生态建设重点工程。沙棘生态减沙工程实施区域集中在东柳沟、母哈日河、哈什拉川、罕台川、西柳沟、黑赖沟、卜尔嘎斯太沟、毛不拉孔兑上游的砒砂岩丘陵沟壑地貌区。从 1998 年开始实施，该项目在资源建设、项目管理、产业化开发等方面取得了显著成效，积累了宝贵经验。沙棘种植已从单纯的治理砒砂岩水土流失的生态建设，转向了沙棘生态治理与资源综合开发齐头并进的发展轨道。

1998—2008 年实施的十大孔兑砒砂岩地貌区沙棘生态减沙一期工程，十余年时间在达拉特旗丘陵沟壑地貌区共种植沙棘 2.67 万 hm²，2002 年沙棘挂果，鄂尔多斯市高原圣果公司在达拉特旗设点收购沙棘枝果，前后五年时间共收购沙棘枝果 5000t。项目区域生态环境明显改善，泥沙得到有效控制，沙棘林也为当地农民带来显著的经济收益。2013 年开始实施十大孔兑砒砂岩地貌区沙棘生态减沙二期工程，规划种植沙棘生态林 5.33 万 hm²、经济林 0.53 万 hm²，总投资 1.6 亿元，截至 2018 年年底，达拉特旗共种植沙棘生态林 3.13 万 hm²、沙棘经济林 0.2 万 hm²。通过 20 年的沙棘资源建设和产业开发，取得了较好的经济、社会和生态效益。项目区采收的沙棘果叶，成为当地农户的重要收入来源。

9.4.2　沙棘生态建设布局

9.4.2.1　砒砂岩丘陵沟壑地貌区

砒砂岩丘陵沟壑地貌区特别适合沙棘生长。该区选择砒砂岩支毛沟道、河漫滩地等难以利用土地作为沙棘种植的主要区域。通过设置沟头沟沿、沟坡、沟底、河滩地等多道防线，集中连片种植沙棘，治理水土流失，在支毛沟道形成系统的拦沙防护体系。

砒砂岩丘陵沟壑地貌区以控制水土流失为主，种植沙棘林为沙棘生态林。因种植部位和发挥作用的不同，在一级林种沙棘生态林的基础上，根据布局又分为沟头沟沿沙棘防护篱、沟坡沙棘防蚀林、沟底沙棘防冲林、河滩地沙棘护岸林等四个二级林种。

1. 沟头沟沿沙棘防护篱

沟头前进是土壤侵蚀的重要表现形式，在沟头沟沿布设沙棘林带，利用沙棘茂密的灌丛和根系保护沟头和沟沿，拦蓄上方坡面径流，控制沟头侵蚀，防止沟头前进。

2. 沟坡沙棘防蚀林

沟坡砒砂岩裸露，侵蚀剧烈，侵蚀类型复杂。沟坡种植沙棘，利用沙棘根系和地上部分对沟坡形成防护，覆盖裸露砒砂岩，减少砒砂岩的风化与水力、重力侵蚀。

3. 沟底沙棘防冲林

沟底是洪水的通道，沟坡长年不断风化的坡积物在沟底堆积，一遇洪水便被全部冲入下游；同时洪水造成沟底下切，侵蚀基准点下降，是沟岸崩塌和不断扩张的主要原因。在沟底密集种植沙棘，随着沙棘的生长逐步将沟床固定，沙棘和拦截的泥沙逐步形成以植物为骨架的沙棘植物柔性防护坝，不仅固定沟床，抑制沟底下切，而且保护沟底坡积物防止冲刷。沟底沙棘防冲林的拦截泥沙效果显著，是减少水土流失的关键。

4. 河滩地沙棘护岸林

十大孔兑的主沟道均属宽浅式河道，河道宽度大多在 1km 左右。在主沟道上，留出一定宽度的河床水路之后种植沙棘林，不仅能护岸而且也挂淤泥沙。沙棘林的固岸效果好，可以起到工程措施难以实现的河道整治作用。通过营造沙棘护岸林，可逐步将宽浅式河道整治为窄深式，不仅淤出大量农田，而且可改善河道的过流能力。特别是洪水在冲进沙棘林中时，冲弯沙棘枝干，能量迅速衰减，冲刷和挟沙能力迅速下降，泥沙被拦截在沙棘林内，起到挂淤泥沙的作用，可有效减少下泄洪水泥沙的含量。

9.4.2.2 库布其风沙区

在沙地种植的沙棘，生长迅速，萌蘖力强，第二年就产生萌蘖苗，行间其他植物也大量繁衍，沙地地表迅速被植被覆盖，沙棘种植 2～3 年后就可形成茂密的沙棘植物固沙林带，使风沙得到有效治理，并起到良好的防风固沙效果。利用库布其风沙区丰富的荒地资源种植沙棘，不仅能够增加地面植被覆盖，改善生态环境，达到治理风沙的目的，而且能够给当地群众带来可观的经济效益，促进地方经济发展。以十大孔兑两岸的固定、半固定沙荒地和流动沙丘丘间滩地作为沙棘种植的主要区域，以防止风沙直接落入孔兑主河道为主，主要营造防风固沙沙棘生态林，兼顾发展沙棘生态经济林。

9.4.3 沙棘产业开发布局

沙棘产业化既是增加农民直接经济效益、促使沙棘资源得以良好保护的需要，又是促进人类健康的重要事业。根据沙棘产业化发展的要求，东胜区已建成一处年加工 5 万 t 沙棘果的沙棘加工厂，从十大孔兑现有沙棘实际产果量来看，要满足 10 万 t 沙棘果的原料需求，仅靠沙棘生态林是不够的。为满足不断扩大的沙棘加工利用能力对原料的需要，提高沙棘的栽培效益，大力推广沙棘良种化种植是非常必要的。同时沙棘生态经济林既具有良好的生态效益，又有可观的经济效益，单位面积产值是普通沙棘林的 5 倍多，群众种植沙棘生态经济林积极性很高。

沙棘生态经济林是在基本保证沙棘林生态效果的前提下，采用沙棘良种扦插无性系苗木造林，可有效提高沙棘林经济性状，形成的沙棘林兼有很好的生态效益和很高的经济开发价值，因而称其为生态经济林。其优点是雌雄配比能够人工控制，单位面积产果量大，因而具有较高的经济效益；缺点是苗木繁殖难度大，育苗成本高，单位面积造林投入高，要求必须集约经营。因此对造林地提出较高要求，不仅立地条件相对要好，而且要交通便利、距离村庄较近，便于经营管理。由于受市场可供给生态经济型无性系沙棘良种苗木数量的制约，会根据十大孔兑生态经济型沙棘良种苗木的生产能力确定种植沙棘生态经济林的规模。沙棘生态经济林种植分为三个类别：①大型煤矿的复垦区，沙棘生态经济林种植任务 0.112 万 hm^2；②宽阔型沟道的河滩地，沙棘生态经济林种植任务 0.101 万 hm^2；③大型农业喷灌区的农林混交试验区，沙棘生态经济林种植任务 0.053 万 hm^2。其中大型农业喷灌区的农林混交试验区经过三年的试验取得了很好的效果，沙棘长势喜人，已开始挂果，是今后的重点发展方向。

晋陕蒙砒砂岩区沙棘良种选育工作已连续开展了八年，选育出一批结果性状好、适应当地自然条件的良种沙棘，年产沙棘良种苗木 200 万株，每年可建设沙棘生态经济林规模 1200 hm^2。

9.4.4 沙棘造林措施设计

9.4.4.1 沙棘宜林地立地类型划分

根据项目区自然条件、水土流失特点，按类型区立地条件进行沙棘种植设计。

1. 砒砂岩丘陵沟壑地貌区

沙棘种植的主要区域是砒砂岩支毛沟道和河漫滩地，这些地类均属难利用地，根据地貌部位，将沙棘宜林地划分为四种立地条件类型。

（1）沟头沟沿。位于支毛沟沟沿线以上，为梁峁坡的边缘地带，包括侵蚀沟头上部的凹地和侵蚀沟两岸的缓坡地，地面较平缓，土壤一般为栗钙土、盖沙土、砒砂岩土或黄土。

（2）沟坡。位于沟沿线以下，沟谷底以上，地形陡峭，坡度多为 30°～40°，地表砒砂岩裸露，砒砂岩风化与泻溜侵蚀严重。

（3）沟谷底。地面平缓，既是沟坡砒砂岩风化物的堆积区，又是径流的通道，土壤相对疏松，土壤水分条件较好。

（4）河漫滩。河床两侧，即常流水水位以上发生洪水时可被淹没的区域。地面平坦，地势开阔，地表组成物质主要为淤泥、砂、砂砾石等，土壤水分条件较好。

2. 库布其风沙区

沙棘种植的主要区域是半固定沙荒地和流动沙丘的丘间滩地，半固定沙荒地和丘间滩地的土壤及土壤水分条件基本相同，视为一种立地类型，即半固定沙地。地面平缓，土壤为风沙土，地下水分条件较好，风蚀沙埋相对较轻。

9.4.4.2 沙棘种植标准设计

1. 设计原则

（1）因地制宜原则。针对不同立地条件采取适宜的密度与种植形式、整地规格。

（2）因害设防原则。根据不同的侵蚀特点，采取相应的种植布设形式。

（3）循序渐进原则。考虑沙棘的萌蘖特点，合理设计沙棘种植密度和种植形式，对带状沙棘造林，带内一般 2 行即可；在小毛沟沟底不求过密，不急于马上将沟道全部栽满，初期留有水路，利用沙棘萌蘖逐步达到全面封沟，形成植物柔性坝。

（4）实用性和易操作性原则。既要满足项目需要，同时要易于实施，设计种植类型不宜过多，以便容易被项目区技术人员和种植沙棘的农民所掌握。

（5）确保工程质量原则。沙棘生态林必须用 1 年生实生苗木，且必须采用植苗造林方式，2 年及多年生苗木造林、播种造林、根蘖分殖造林，成活率都较低。

2. 设计依据

本次设计主要依据晋陕蒙砒砂岩区沙棘生态工程实践总结的经验，执行《沙棘生态建设工程技术规程》（SL 350—2006）、《沙棘苗木》（SL 284—2003）等技术规程规范。

3. 沙棘种植标准设计

（1）沟头沟沿沙棘植物防护篱设计。

1）立地条件。砒砂岩丘陵沟壑地貌区沟头及沟沿。

2）造林图式。沟头沟沿沙棘植物防护篱造林图式如图 9.2 所示。

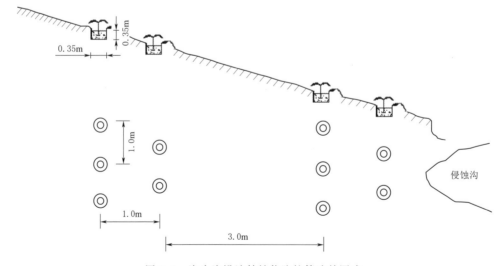

图 9.2　沟头沟沿沙棘植物防护篱造林图式

3）技术要点与设计指标。在侵蚀沟头的集水洼地区域，从沟沿线以上 1～2m 开始，沿等高线篱带状种植，共种植 2～3 个条篱带，带间距 3m，带内 2 行，株行距 1m×1m，株间品字形排列；在侵蚀沟两岸的沟沿区域，从沟沿线以外 1～2m 开始，平行沟沿线带状种植成锁边篱，共种植 2～3 个条带，带间距 3m，带内 2 行，株行距 1m×1m，株间品字形排列。主要技术要点、指标和措施见表 9.2 和表 9.3。采用 1 年生实生苗植苗造林。

表 9.2 沟头沟沿沙棘植物防护篱技术要点和设计指标

| 林种 | 带间距 /m | 带内 | | 苗龄/年 | 种类 | 种植方法 | 栽植穴数 /(穴/hm²) | 需苗量 /(株/hm²) | 备注 |
		行数/行	株距/m	行距/m						
沟头沟沿沙棘篱	3.0	2	1.0	1.0	1	实生	植苗	5000	5000	

表 9.3 防护篱种植技术措施

项 目	时 间	方 式	规 格 与 要 求
整地	随整地随种植	穴状整地	直径×深：35cm×35cm

（2）沟坡沙棘防蚀林设计。

1）立地条件。砒砂岩丘陵沟壑地貌区侵蚀沟坡。

2）造林图式。沟坡沙棘防蚀林造林图式如图 9.3 所示。

3）设计技术要点与设计指标。基本沿等高线布设种植行，株距 2m，行距 3m，株间基本呈品字形排列。主要技术要点、设计指标和种植技术措施见表 9.4 和表 9.5。

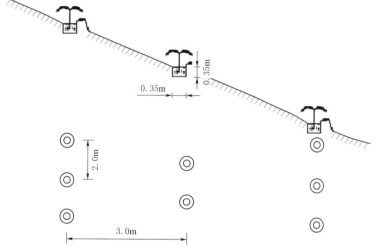

图 9.3 沟坡沙棘防蚀林造林图式

表 9.4 沟坡沙棘防蚀林主要技术要点与设计指标

林种	株距/m	行距/m	苗龄/年	种类	种植方法	栽植穴数 /(穴/hm²)	需苗量 /(株/hm²)	备注
沙棘护岸林	2.0	3.0	1	实生	植苗	1667	1667	

表 9.5 沟坡沙棘防蚀林种植技术措施

项 目	时 间	方 式	规 格 与 要 求
整地	随整随种	穴状整地	直径×深：35cm×35cm
种植	春秋或雨季	植苗	苗木直立穴中，分层覆土至根茎以上 5cm，踏实
抚育	全年	禁牧	封育 3 年

（3）沟谷底沙棘防冲林设计。

1）立地条件。砒砂岩丘陵沟壑地貌区沟谷底。

2）造林图式。沟底沙棘防冲林造林图示如图9.4所示。

3）设计技术要点与设计指标。在支毛沟沟谷底部，留出一定宽度的水路，种植行平行水流线布置，株距1m，行距1.5m。主要技术要点、设计指标和种植技术措施见表9.6和表9.7。

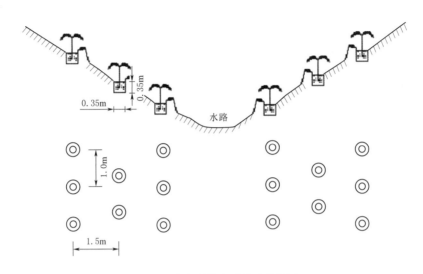

图9.4　沟底沙棘防冲林造林图式

表9.6　　　　　　　　　　　　　　　　沟底沙棘防冲林主要技术要点与设计指标

林　种	株距/m	行距/m	苗龄/年	种类	种植方法	栽植穴数 /(穴/hm²)	需苗量 /(株/hm²)	备注
沟底沙棘防冲林	1.0	1.5	1	实生	植苗	6667	6667	

表9.7　　　　　　　　　　　　　　　　　沟底沙棘防冲林种植技术措施

项　目	时　间	方　式	规　格　与　要　求
整地	随整地随种植	穴状整地	直径×深：35cm×35cm
种植	春、秋或雨季	植苗	苗木直立于穴中，分层覆土踏实，覆土至根茎以上5cm
抚育	全年	禁牧	封育3年

（4）河滩沙棘护岸林设计。

1）立地条件。砒砂岩丘陵沟壑地貌区河滩地。

2）造林图式。河滩沙棘护岸林造林图式如图9.5所示。

3）设计技术要点与设计指标。在河床两侧或一侧的漫滩地上，以雁翅带状造林，带的走向与水流方向成45°夹角，挑向下游，带内2行，株行距1m×2m，带间距4m。主要设计技术要点、设计指标和种植技术措施见表9.8和表9.9。

表9.8　　　　　　　　　　　　　　　　河滩沙棘护岸林主要设计技术要点与设计指标

林种	带间距 /m	带内			苗龄/年	种类	种植方法	栽植穴数 /(穴/hm²)	需苗量 /(株/hm²)	备注
		行数	株距/m	行距/m						
沙棘护岸林	4	2	1.0	2.0	1	实生	植苗	3333	3333	

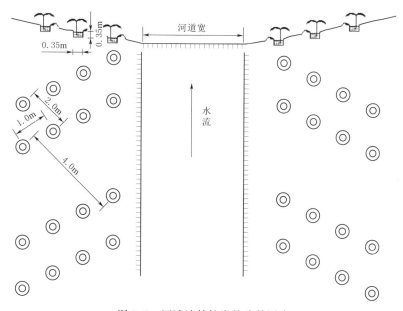

图 9.5 河滩沙棘护岸林造林图式

表 9.9　　　　　　　　　　　　河滩沙棘护岸林种植技术措施

项 目	时 间	方 式	规 格 与 要 求
整地	随整随种	穴状整地	直径×深：35cm×35cm
种植	春、秋或雨季	植苗	苗木直立于穴中，分层覆土踏实，覆土至根茎以上 5cm
抚育	全年	禁牧	封育 3 年

（5）沙棘防风固沙林设计。

1）立地条件。库布其风沙区半固定沙地。

2）造林图式。沙棘防风固沙林造林图式如图 9.6 所示。

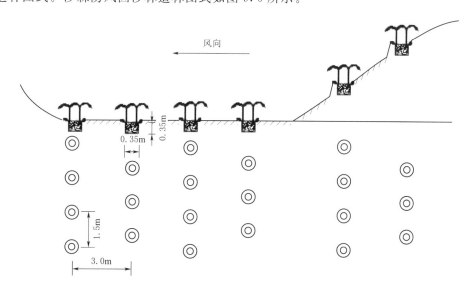

图 9.6 沙棘防风固沙林造林图式

3）设计技术要点与设计指标。行的布置与当地的主害风方向垂直，株距 1.5m，行距 3.0m，采用 1 年苗沙棘实生苗植苗造林，为防止风蚀保证成活按一穴两株种植。沙棘防风固沙林主要设计技术要点、设计指标和种植技术措施见表 9.10 和表 9.11。

表 9.10　　　　　　　　　　　沙棘防风固沙林主要设计技术要点与设计指标

林　种	穴距/m	行距/m	苗龄/年	种类	种植方法	栽植穴数/(穴/hm²)	需苗量/(株/hm²)	备注
防风固沙林	1.5	3.0	1	实生	植苗	2222	4444	一穴两株

表 9.11　　　　　　　　　　　沙棘防风固沙林种植技术措施

项 目	时 间	方 式	规 格 与 要 求
整地	随整随种	穴状整地	长×宽×深：35cm×35cm×35cm
种植	春、秋或雨季	植苗	苗木直立于穴中，分层覆土踏实，覆土至根茎以上 10cm
抚育	全年	禁牧	封育 3 年

（6）沙棘生态经济林。

1）立地条件。煤矿的复垦区、河滩地、大型农业喷灌区。

2）造林图式：沙棘生态经济林造林图式如图 9.7 所示。

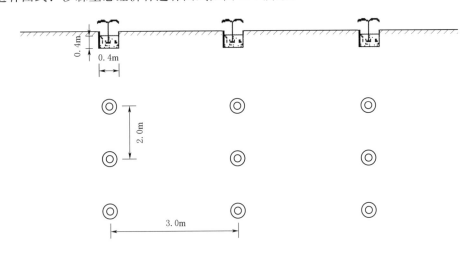

图 9.7　沙棘生态经济林造林图式

3）设计技术要点与设计指标。行的布置要求与当地主害风方向垂直，株距 2.0m，行距 3.0m，采用 1～2 年生沙棘良种扦插苗植苗造林。沙棘为雌雄异株植物，必须合理配置授粉的良种雄株，雌雄比按 8：1 配置。主要设计技术要点、设计指标和种植技术措施见表 9.12 和表 9.13。

表 9.12　　　　　　　　　　　沙棘生态经济林主要设计技术要点与设计指标

林　种	株距/m	行距/m	苗龄/年	种类	种植方法	栽植穴数/(穴/hm²)	需苗量/(株/hm²)	备注
沙棘生态经济林	2.0	3.0	1～2	扦插苗	植苗	1667	1667	

表 9.13　　　　　　　　　　　沙棘生态经济林种植技术措施

项 目	时 间	方 式	规 格 与 要 求
整地	随整随种	块状整地	长×宽×深：40cm×40cm×40cm
种植	春、秋或雨季	植苗	苗木直立于坑中，分层覆土踏实，覆土至根茎以上 10cm
抚育	全年	禁牧	封育 3 年

9.4.4.3 种苗来源

沙棘种苗分为实生苗和扦插苗。生产沙棘实生苗的，既有国有育苗企业，也有众多的沙棘育苗个体专业户，完全能够满足项目沙棘生态林建设的需要。水利部沙棘开发管理中心在达拉特旗扶持建立了达拉特旗沙棘示范苗圃生产扦插苗，面积 133hm²，年生产优质沙棘苗木能力超过 1 亿株。

水利部沙棘开发管理中心在实施晋陕蒙砒砂岩区沙棘生态工程的过程中，开展了沙棘良种培育研究，选育出一些适合当地栽培的生态经济型良种，已经鉴定的良种品种有"阜杂 1 号""阜杂 3 号""阜杂 4 号""杂雌优 1 号""杂雌优 10 号""杂雌优 12 号""AA54""AA43""AD5""AD28""AD31""AC2"等，这些良种主要分布在项目区所在地达拉特旗、东胜区和准格尔旗境内，由当地沙棘育苗企业通过嫩枝扦插全光喷雾育苗技术繁育，少部分通过大田硬枝扦插技术培育。生态经济型良种苗木的年生产能力约 200 万株，完全能够满足每年 1200hm² 沙棘生态经济林建设的需要。

9.4.5 沙棘种植技术要求

9.4.5.1 沙棘苗木质量要求

苗木是造林的物质基础，苗木质量是造林成败的关键。沙棘苗木包括沙棘实生苗和沙棘良种扦插无性系苗两大类。

1. 实生苗

通过晋陕蒙砒砂岩区沙棘生态减沙工程的实施，建立了沙棘苗木质量标准，即水利行业标准《沙棘苗木》（SL 284—2003），沙棘种植主要依靠育苗企业供苗、采取招标措施保证和提高苗木质量，对提高沙棘种植成活率起到了关键性的作用。

根据《沙棘苗木》（SL 284—2003），实生苗木主要指标为：株高不小于 30cm，地径不小于 3mm，侧根 3 条以上，无病虫害及机械损伤。

2. 良种扦插无性系苗

沙棘扦插无性系苗木必须选择能够适应项目干旱条件的良种类型。已经培育出一批适合该区域自然条件的沙棘良种，可推广使用。

根据《沙棘苗木》（SL 284—2003），沙棘扦插苗指标为：株高不小于 40cm，地径不小于 5mm，侧根 3 条以上，无病虫害及机械损伤。所有苗木必须具有完全活力，无腐烂、干枯等现象出现。

9.4.5.2 沙棘种植与抚育技术要求

1. 沙棘造林方式

传统的沙棘造林方式有植苗造林、播种造林、扦插造林、分殖造林等造林方式。该项目沙棘种植全部采用植苗造林方式。砒砂岩丘陵沟壑地貌区，由于地形破碎、坡陡沟深、砒砂岩坚硬，为保证栽植质量和速度，采用砒砂岩沙棘栽植专用工具；库布其风沙区地势较为平坦、土质比较疏松，可采用铁锹整地或机械整地，挖穴栽植。

2. 种植整地

项目区干旱少雨，风沙大，水土流失严重，造林整地、蓄水保墒是保证造林成活率的重要技术手段。

（1）砒砂岩整地。一般采用穴状整地，规格一般为直径 35cm、深度 35cm。砒砂岩土类整地要点是深挖，必须达到设计要求的整地深度，达到砒砂岩未风化层。沙棘栽浅了春季干旱很快影响到根系，苗木容易干死，深度不够也很容易被坡面径流冲走。由于砒砂岩比较坚硬，一般的工具不容易挖深，在晋陕蒙砒砂岩区沙棘生态工程中，制作了专用的砒砂岩沙棘种植工具，效果很好，可推广使用。

（2）风沙区整地。风沙区整地要点也是穴要深。风积沙表层沙土易干燥，在挖栽植穴时，要挖到湿沙层，以保证沙棘幼苗根系土壤水分的供应。

（3）沙棘栽植。沙棘栽植应该按照"深栽、扶直、踏实"的植苗造林要求，做到深栽、实踩、不窝根，最后覆虚土至根茎以上 3cm 以上，风沙区应达根茎以上 5cm。

3．沙棘造林季节

沙棘种植主要在春秋两季。

（1）春季造林。春季造林时间从土壤刚解冻开始，至沙棘苗木发芽前为止，一般在 3 月中下旬开始至 5 月初。若发芽后种植成活率会大幅度降低。当土壤解冻 20cm 左右时，顶凌种植效果较好，可保证沙棘根系在发芽前先生长，有利沙棘成活。一旦气温逐渐升高，沙棘开始发芽后种植，成活率将显著下降。

（2）秋季造林。秋季造林栽植时间一般在 10 月上旬就可开始。主要是考虑到与当地秋收的矛盾，尤其是沙棘苗木起苗、运输等准备工作需要一定时间。一般到秋收结束后的 10 月上旬全面开始，土壤结冻前为止。

据实地观测，秋季种植的沙棘，当年秋季地上部分虽然已经停止生长，但根系仍在生长，当年秋季根系就已建立了从土壤中吸取水分的根毛系统，在第二年春季对干旱的抗性提高，很少再会因春旱而死亡。秋季种植的缺点是易受项目区冬春风沙的影响，如风蚀造成苗木裸根，如果栽植质量不高，会影响沙棘种植成活率。另外也有野兔喜欢啃咬沙棘苗木，如果栽植质量较差，栽植浅或未踏实，野兔会将沙棘苗木连根拔起，造成沙棘缺苗。种植的技术要点是深栽少露、踏实、上覆虚土。秋季种植要做好沙棘苗木准备工作，因在气候相对寒冷些的地区沙棘苗木休眠较早，有利于秋季早起苗，故秋季种植的沙棘苗木可选择相对寒冷地区繁育。

4．抚育管理

三分造林、七分管护。沙棘林的抚育管理，是保持沙棘林长期发挥效益的重要手段。抚育管理最重要的是加强禁牧管理，严禁各类牲畜进入沙棘幼林地。

（1）幼林抚育。对 1～2 年株龄的沙棘幼林，应采取松土锄草、修枝、整理蓄水埂等蓄水保土措施，促进苗木成活生长。

（2）去雄及疏伐。实生苗造林具有成本低、抗逆性强的优点，但沙棘雌雄异株，实生苗造林会使沙棘林中有大量不结果的雄株。据调查，晋陕蒙砒砂岩区沙棘生态工程中的沙棘实生苗造林，沙棘林中雄株的占比例高达 45％～65％，为提高沙棘林的结果量，有必要去除一部分沙棘雄株，相对提高结果雌株比例。沙棘萌蘖力很强，沙棘林 4～5 年后密度可达数千株每亩，高密度的沙棘林不仅透光差影响结果，而且造成采果困难。所以应该进行去雄、疏伐等措施，改善沙棘林分的光照条件和雌雄株比例，提高果实产量。

（3）平茬更新。平茬更新是沙棘林管护的一个重要措施。沙棘的平茬可在造林后 5～8 年开始。水分条件好的地带，沙棘生长旺盛，丰产期维持时间长，平茬时间可稍晚，反之平茬可开始早些。平茬间隔期以 5～6 年为宜。平茬时间为自树木落叶后至发芽前的冬春季，以早春土壤未解冻前最好。平茬方式应采用隔带平茬的方式，即每隔 10～20m 沿等高线砍宽 5～10m 的一条带，隔两年再砍宽 5～10m 的一条带，循环往复进行。

9.4.6　沙棘项目建设管理

1．建立良性运行机制

该项目采取沙棘生态建设和沙棘资源产业开发相结合，建立以资源建设保开发利用、以开发利用促资源建设的良性运行机制。首先，把生态建设、资源建设、产业开发、农民增收紧紧联系在一起，充分调动当地农民群众种植沙棘、管护沙棘的积极性。其次，采用"政府＋企业＋农户"的生态项目运行管理机制，政府负责投资生态建设，获取减沙效益；企业负责沙棘果实的收购、加工和产品研发与销售；农户负责种植、管护沙棘，经营沙棘林，采收沙棘果实，获取经济收益。

2. 加强项目建设管理

采用项目法人负责制的基本建设项目管理制度，由项目法人对项目建设全过程负责，委托有关专业技术服务单位承担项目设计和监理任务；委托当地施工承包单位组织农户种植沙棘；在与种植沙棘农户签订沙棘种植合同中提出包收沙棘果实的条款，并明确规定以最低保护价收购沙棘果实。这种管理模式在项目实施过程中减少了很多中间环节，提高了项目管理效率。

3. 严格验收治理成果

按照水土保持项目验收国家标准，结合项目的具体特点，制定了"十大孔兑沙棘生态减沙工程项目种植承包单位自查标准"。项目种植承包单位按照自查标准，对种植任务完成情况和质量进行全面自查。计算种植面积时以小班为基本单位，汇总具体农户本年度所种植小班数量及合计面积。种植承包单位自查完成后，按照要求将结果（包括报告、表格和图）报送项目法人单位。

项目法人单位按照《水土保持综合治理验收规范》（GB/T 15773—2008），在种植承包单位自查完成后，由项目法人单位牵头，组织技术人员、实施承包单位有关人员、设计与监理单位有关人员组成联合验收组按验收标准进行验收。验收按小流域进行抽样核实，各小流域抽样比例不低于3%，抽样采取随机抽样方法。对抽取的地块，现场核实种植面积和种植质量、成活率，核实结果，经所有参与现场验收的人员签字确认。根据抽样结果，反推种植合格面积。通过严格验收，保证项目保质保量完成任务。

4. 严格工程建设监理

按国家基本建设项目要求，对项目实施的全过程进行监理，包括沙棘苗木数量与质量、种植质量与数量、实施进度、种植费及兑现情况等，确保工程实施的规范性、持续性，控制沙棘生态工程建设质量、投资与进度。

5. 落实项目管护责任

通过签订种植协议和实施产权预先确认制度，保证沙棘后续管护工作的落实。本着"谁种植、谁所有、谁管护、谁受益"的原则，项目种植沙棘前，在项目法人单位与农户签订沙棘种植合同中，明确沙棘林的经营权与管护义务，并明确以保护价收购沙棘果。沙棘林经济效益十分显著，足以调动农户经营管护沙棘资源的积极性。项目所在市、旗（区）、乡镇等各级人民政府都有管好沙棘资源的义务，乡镇政府则在保护沙棘资源方面负有直接责任，要把沙棘资源管护纳入议事日程，分片包干，加强禁牧，进一步明晰产权，保护沙棘种植户的合法权益，引导农民保护和合理开发利用沙棘资源。

9.4.7 沙棘综合效益评价

1. 减沙保土效益

沙棘根系具有很强固土能力，增强了土壤的抗蚀性和抗冲性。同时，可对坡面起到稳定的作用，避免土体滑落，控制沟道重力侵蚀，十大孔兑泥沙危害极为严重，种植沙棘可以有效控制土壤侵蚀，减少十大孔兑产沙量和泥沙入河量，从而减轻了泥沙对下游平原区的危害和对黄河的危害。沙棘林全部发挥效益，每年可新增减沙能力 602.6 万 t。

2. 经济效益

沙棘林第三年开始挂果，第四年进入盛果期。对第四年的沙棘林产果量监测得到，沙棘生态林年产果量为 600kg/hm^2，沙棘生态经济林为 2250kg/hm^2。沙棘每间隔 10 年平茬一次，沙棘带小枝果单价为 1.2 元/kg，种植沙棘全部发挥效益的年份，可增加沙棘果产量 6243.6 万 kg，增加果品效益 7492 万元。

3. 生态效益

沙棘林是突出的先锋树种和伴生树种，可逐渐演替成植物种类复杂的群落。随着林草面积的增加，项目区下垫面条件得到较大改善，可有效遏制项目区水土流失危害，改善立地条件，增加土壤含水量。砒砂岩丘陵沟壑地貌区的支毛沟沟底沙棘植物拦沙坝、沟坡沙棘植物防蚀网、沟头沟沿沙棘植物防护篱、河岸沙棘植物防护坝形成综合防护体系，防洪抗旱能力明显提高，削减洪峰、调节河川径流作用显著；沙棘柔性坝及沙棘林拦淤的泥沙将一部分径流转化为地下水，增加沟道常流水，涵养了水源，改善了水环境，为生态环境向良性发展创造了条件。库布其风沙区沙棘防风固沙林，使风速显著降低，有效地防治了土壤沙化，将使库布其沙漠的风沙向河道的输送量显著减小。地表植被的增加，也为野生动物的栖息提供了良好场所（如沙棘果叶等为野鸡等动物提供了营养丰富的饲料），为动物生存提供了条件，也为区域生态系统的逐步恢复创造了条件。

4. 社会效益

沙棘种植后，在原来极难利用的土地上形成了开发利用价值很高的沙棘林，项目区土地利用率显著提高，在当地形成了一个可持续发展的产业。沙棘具有较高的经济价值，其果实经加工提取可广泛用于医药、食品、饮料、化妆品等领域。沙棘资源的增加和研究的不断深化，必将吸引社会各方到项目区投资建厂、开发沙棘产品。这样既可以提高社会就业率，促进地方经济的发展，又可以带动第三产业的发展。随着沙棘资源的不断商品化，群众收入的不断增加，加快了群众脱贫致富奔小康的步伐。物质上的丰富又使得群众的综合素质得以提高，同时带动文化教育、医疗卫生等事业的发展，推动当地精神文明建设。

小贴士：水土流失

七律·沙棘赞

张建国

砒砂岩区植被疏，水土流失似毒瘤。

洪水侵袭泥沙多，母亲河水常断流。

千沟万壑种沙棘，绿满山川添锦绣。

青山绿水效益显，林草百家一枝秀。

（张建国，男，鄂尔多斯市水利局退休干部）

东胜区沙棘封沟治理

东胜区沙棘陡坡治理

达拉特旗母花河敖包梁沙棘封沟治理

达拉特旗忽尔沟沙棘陡坡治理

准格尔旗圪秋沟沙棘封沟治理

准格尔旗暖水川沙棘封沟治理

杭锦旗乌点补拉沙棘封沟治理（一）

杭锦旗乌点补拉沙棘封沟治理（二）

十大孔兑砒砂岩区沙棘生态减沙工程景观（一）

沙棘缓坡治理（一）　　　　　　　　　　沙棘缓坡治理（二）

沙棘缓坡治理（三）　　　　　　　　　　沙棘缓坡治理（四）

沙棘沟坡治理（一）　　　　　　　　　　沙棘沟坡治理（二）

沙棘宽浅式河道治理（一）　　　　　　　沙棘宽浅式河道治理（二）

十大孔兑砒砂岩区沙棘生态减沙工程景观（二）

达拉特旗三利公司白土梁大果沙棘

达拉特旗三利公司大果沙棘间作黄芩

达拉特旗林粮间作大果沙棘经济林

达拉特旗城拐大果沙棘经济林

达拉特旗白泥梁大果沙棘经济林

东胜区嘉兴德煤矿内排平台沙棘经济林

当地村民采摘沙棘叶

当地村民采收沙棘果

沙棘经济林建设景观

9.5　准格尔旗呼斯太河流域水土保持世界银行贷款综合治理项目

9.5.1　项目区简况

呼斯太河流域是十大孔兑之一，位于准格尔旗西北部的布尔陶亥、蓿亥图两个乡镇，总面积 406km²，水土流失面积 385.7km²（占总面积的 95％）。呼斯太河流域上游为沙质黄土丘陵沟壑地貌区，中下游为流动半流动沙区。平均年径流量为 1218 万 m³，平均基流量为 0.39m³/s；平均年输沙量 240 万 t，多年平均水蚀模数为 5911t/(km²·a)，风蚀模数为 10000t/(km²·a)。由于上中游植被破坏导致土地荒漠化，风沙危害日趋严重。1989 年一次大洪水冲垮下游左岸的防洪堤，把 1000 余人赖以生存的良田淤成沙滩，淤沙厚度达 1m 以上。

1993 年世界银行贷款项目实施前，流域内有农业人口 12404 人，劳力 5334 人，土地利用率只占 32％，其中农业用地占 7.3％（84％为坡耕地）、林业用地占 12.1％、草地占 10％、其他用地占 2.5％；荒地占 68％。农业生产以坡耕地为主，广种薄收，多年来单产维持在 1741kg/hm² 左右。牧业生产以放牧为主，共有大小牲畜 46165 头（只），养殖粗放，效益低下。土地利用率不高，各业生产经营水平较低。生产力十分薄弱，每年人均粮食仅为 495kg，年人均纯收入为 628 元，30％的人口靠国家救济维持生活。

截至 1993 年年底，累计治理面积为 93.9km²，治理度为 24.3％。治理措施主要以种植乔、灌、草为主（占 95.6％，基本农田占 4.4％），修建水库 2 座，淤地坝 1 座。治理速度慢、规模小、工程标准低、质量差。植被恢复速度赶不上破坏速度。

9.5.2　项目规划总构想

1. 总体规划

依据世界银行评估报告对治理项目的具体要求，项目实施中坚持以治理水土流失、改善生态环境、减少山洪灾害为中心，以不断提高综合治理的生态、经济、社会三大效益为目标，通过拦蓄截流、淤泥澄地、坡改梯、疏通山洪等工程措施和造林、种草栽果树、种药材等植物措施的综合治理，使当地农牧民有一个良好的生态、生产、生活环境，尽快脱贫致富。

2. 分类指导

按照"全面规划、综合治理、因地制宜、分类指导"的治理开发原则，确定了具体治理措施：

（1）梁峁斜坡人机结合开挖水平沟、鱼鳞坑，进行工程造林，就地拦蓄坡面地表径流。

（2）工程蓄水水养树，林木长大根固土，形成水土保持的第一道防线。支毛沟采用生物护坡，沟底建谷坊坝，提高侵蚀基准，防止沟道扩张和下切，形成第二道防线。主沟库坝连环，拦洪与蓄清相结合，蓄水灌溉与淤泥澄地并举，利用水沙资源发展基本农田，形成一坝多库开发川台水浇地发家致富的格局，形成第三道防线。

（3）风沙区植树种草，乔、灌、草混交，大搞植被建设，防风固沙，防止风蚀，变沙漠为绿洲，建设优质人工草场，发展畜牧业。

（4）在下游冲积平原地段，首先是理顺河道，疏通山洪，防止洪水危害；其次是抬高河流水位，发展自流灌溉，并打井配套，井灌井排，防止盐碱化，建成田、渠、林、路四配套的基本田，河灌、库灌与井灌相结合，发展"两高一优"农业。

3. 分期实施

把全流域分为 13 条小流域（片），以小流域为单元进行科学合理的规划，确定了恢复风沙区植被、配套建设沟道工程、开发建设水浇地、加强技术培训和科技示范四大措施。8 年项目实施期分为前后两个 4 年分期实施。

（1）治理风沙危害，利用当地适应性较强的沙柳、沙蒿、籽蒿、羊柴、沙打旺等沙生旱生植物，大面积种植防沙治沙，控制流沙危害，保护农田牧场、村庄道路，使生产、生态环境得到改善。

（2）充分利用水土资源，修建各类库坝工程，引洪滞沙淤地、改造中低产田，控制利用雨水山洪，建立配套的防护效益型系统工程。

（3）开发建设脱贫致富工程，大力扶持种植经济林果，推广舍饲养畜，培育发展种、养、加一条龙产业经营和规模发展，让当地群众快速脱贫致富。

（4）加强技术培训，增加科技含量，引进良种作物、优良树种、良种牲畜，建立高质量、高效益的示范区、示范园、示范户。

9.5.3　总目标与任务

1. 项目总目标

项目的总目标是通过对严重水土流失区、严重风沙危害区的综合治理，减少入黄泥沙，减少风沙危害。全面改善整个项目区的生态、生产、生存环境，提高农林牧各业产量，增加农民收入。

2. 建设任务

中期调整后的建设任务如下：

（1）基本农田建设。计划修建梯田 588hm^2，发展水浇地 1197.31hm^2。

（2）林草植被建设。计划种植乔木林 1419hm^2、灌木林 6964.3hm^2、经济林 236hm^2、果树 380hm^2，种草 9461.4hm^2，建苗圃 10hm^2。

（3）沟道工程治理。计划兴建骨干坝 13 座、淤地坝 27 座、谷坊坝 258 道，引洪淤地 6 处，沟头防护 114.4km，护岸工程 5km，治河造地 2 处，建设分水闸 5 处、小水库 23 座、小型扬水站 50 处。

（4）强化畜牧业生产。新建畜棚 52394m^2，引进种畜 1940 头（只），养殖肉牛 231 头，建饲草料加工点 31 个。

通过上述建设任务完成综合治理面积 202.46km^2。

9.5.4　项目实施

1. 扎实的前期工作

准格尔旗历届领导十分重视呼斯太河的治理和开发利用，首先表现为扎实的前期规划工作。多次邀请上级主管部门的领导和专家对呼斯太河流域进行实地考察。1991 年 6 月圆满完成了世界银行考察团的首次考察任务。按照要求，对项目准备报告、可行性研究报告、典型小流域设计等一批前期规划设计文稿进行反复论证、修改、完善，艰辛地通过了项目选定、项目准备、项目预评估、项目评估、项目谈判等程序。呼斯太河流域的前期工作被各级领导和中外专家认定为最扎实、最实际、最满意的成果之一。

2. 艰难的实施过程

1994 年 7 月，黄土高原水土保持世界银行贷款项目办公室（以下简称中央项目办）在京举办了项目启动培训班。但项目的启动却遇到了重重困难。在管理方面，采购、报账、回补等程序全是首次接触，漫无头绪；在资金方面，各级财力不足，配套资金不到位；在实施方面，项目区的干部群众认识跟不上，不敢贷款、不敢参与。面对这种情况，准格尔旗从财政、水土保持、林业等几个相关部门单位抽调精兵强将，在旗财力十分紧张的情况下，拿出 30 万元启动资金，及时组建了项目领导机构和项目办公室。准格尔旗世行贷款项目办公室组建后，一边搞自身建设，一边筹集资金，采取借、赊、欠等多种形式搞项目建设，保证了项目的实施按规划进度进行。项目办的干部职工，没有星期天、节假日，晚上加班加点搞规划，白天蹲在项目实施现场，做群众的引导培训工作，搞村与村、社与社的协调工作，既是现场指挥，又负技术总责，严把质量关。通过夜以继日的辛勤努力，比较圆满地完成了项目实施任务，每年提交的年度进度报告，都能顺利通过世界银行检查团的年度检查。1997年陕、甘、晋、内蒙古四省（自治区）在联合检查时，看到项目治理效果，中央项目办主任及同行人员赞不绝口，内定为世界银行检查验收的必选项目。1997年世界银行中期检查验收时，格瑞姆肖先生等世行检查团官员非常惊讶项目区的治理成果，禁不住连连拍手说"OK，OK!"这些无疑是对全体项目实施人员的褒奖。

3. 有力的组织保障

在我国水土保持发展史上，首次引进外资贷款用于水土流失治理和土地开发，如果没有强有力的组织保障措施是难以推进的。因此，从中央到地方、从上到下都组建了项目实施领导机构和工作机构。旗里成立了旗长任组长、分管副旗长任副组长、农口各单位主要领导为成员的项目实施领导小组，下设项目办公室、项目技术服务中心，涉及项目区的乡镇也是如此。旗项目领导小组履行领导职责，研究重大决策，制定实施管理办法，协调有关部门和项目区乡镇的工作。旗项目办公室具体负责编制项目计划、年度计划、提款报账，组织项目的检查验收、支付贷款、实施管理。项目技术服务中心负责项目的规划设计、施工技术指导、采购供应和项目的监测评价等，这一套完备的项目管理体系，保证了项目建设顺利完成。

4. 可操作的实施管理

项目的计划投资和建设任务一旦审定批准，就按小流域下达年度实施计划指标，落实到乡、村、社组织实施。

按照旗里出台的项目实施管理办法，旗项目领导小组对旗项目办公室实行目标管理责任制，旗项目办公室实行领导包片，技术服务中心实行技术人员包小流域，乡镇干部实行包村的目标管理责任制，使项目实施工作落实到人。项目实施前，项目贷款建设方和乡镇项目办公室签订项目贷放建设协议，规定5万元以下的项目工程由乡镇、村组织，在旗项目技术服务中心技术指导和督查下实施，5万元以上的项目工程由旗项目技术服务中心负责组织实施。所有项目验收合格后，移交项目实施成果，交给贷款项目建设方（农户、联户、集体）管理、使用、受益，并签订管护合同。项目建设还出台了大项目集体联户办、小项目户包干的做法，项目成果执行"谁贷款建设、谁管护受益、谁负责还款、产权归谁所有"的政策。项目的检查验收，必须执行规定的程序。项目的实施检查细化为随时检查、季节检查和年度检查；项目的验收也分为年度验收、中期验收和总体验收。年度验收细化为初步验收、抽查验收两个步骤。

9.5.5　建设任务完成情况

9.5.5.1　完成的综合治理任务

截至2001年年底，8年累计完成治理面积238.78km²，其中治理开发水浇地1318.64hm²，修梯田658hm²，开发坝地50hm²；栽植乔木林1840.47hm²、灌木林9675.20hm²、经济林494hm²、果树380hm²；人工种草9461.5hm²，育苗25.1hm²；修骨干坝10座、淤地坝27座、谷坊坝258道、小水库塘坝23座，搞引洪淤地工程6处，修沟头防护埂125.38km，修护岸5km，建治河造地工程1处，建小型分水闸16处，建小型扬水工程55处、跌水工程7处，打机电井274眼，累计新增治理度61.9%，基础治理措施和新增治理措施保存面积总计46.7km²，新增治理度12.1%（完成的治理面积与水土流失面积之比），累计保存治理面积285.98km²，累计保存治理度74.1%。

9.5.5.2　完成的配套措施任务

完成畜棚建设52598m²，引进种畜2345头（只），养殖肉牛289头，配套饲草加工设备82套，修建砂石土路75km、80km，作业道路120km。

9.5.5.3 完成的技术培训监测任务

旗项目办公室举办各类技术培训班 23 期，项目区参加培训人员 3373 人。建立了农户调查监测点网、实施地块监测点、洪水泥沙气象观测站等初步监测体系，使项目评价有了定量依据，能够较好地定量分析项目实施后的成效。

9.5.5.4 项目资金使用

1. 资金来源

项目实施 8 年，共计完成总投资 8889 万元，其中世界银行贷款 5553 万元，国内配套资金 3336 万元，实际到位 1387.5 万元（其中：中央 99.5 万元，自治区 220 万元，市、旗配套 1068 万元），农民自筹和投劳折款 1948.5 万元。

2. 资金使用

修梯田 480.65 万元，占 5.4%；开发水浇地 1163.39 万元，占 13.1%；植树造林 1733.55 万元，占 19.5%；建果园 514.27 万元，占 5.8%；人工种草 693.86 万元，占 7.8%；建苗圃 134.09 万元，占 1.5%；修建各类治沟工程 2164.82 万元，占 24.4%；建畜棚 382.7 万元，占 4.3%；引种畜 231.4 万元，占 2.6%；引养肉牛 153.9 万元，占 1.7%；饲草加工设备 410 万元，占 4.6%；房建 133.8 万元，占 1.5%；考察培训、监测评价 495.65 万元，占 5.6%；车辆采购、设备采购 196.64 万元，占 2.2%。

9.5.6 典型治理工程

9.5.6.1 黑召赖引洪淤地工程

黑召赖沟小流域总面积 13.6km²，上游为典型的丘陵沟壑地貌，山高坡陡，植被稀疏，水土流失严重，侵蚀模数为 1.5 万 t/(km²·a)。下游为起伏不平的缓坡风积沙地貌，非常适合搞引洪淤地项目。在中游修一座拦洪骨干坝，控制面积 11.3km²，在右岸下游的缓坡波状风积沙地上分块筑围堰，总面积 20hm²，分为 6 块，每块 3.33hm²。在右岸修一条引洪渠，渠长 500m，引拦洪骨干坝的洪水进入围堰内淤地，通过 8 年的引洪淤地，淤成优质良田 20hm²，变沙荒地为良田，亩产粮食 600kg，年增加经济效益 25 万元。项目实施非常成功，呈现出了明显的经济、社会、拦沙效益。到 2019 年项目运行良好，建设完好。现在拦洪坝下又打了大口井为当地村民提供自来水水源。

9.5.6.2 壕赖河二坝工程

壕赖河二坝工程是建在呼斯太河右岸尔壕小流域下游出口处的一座小型水库，该水库上游有水库 1 座、小塘坝 12 座。上游的水库塘坝均为风积沙坝，常年有渗水流向下游，夏季遇到干旱时呼斯太河下游的冲积平地灌溉农田，春秋冬雨季无须灌溉的时间均流入黄河。壕赖河二坝距呼斯太河下游冲积平地 40km，沟道内长年有径流。下游冲积平地有良田 1333.33hm²。从前每到夏季呼斯太河的水量远不够灌溉万亩良田所用，当地农民常常因抢水而打闹争斗，历史上还因争水动过枪炮。为缓解下游灌溉水量短缺的矛盾，世界银行贷款项目管理办公室规划设计在壕赖河河口修建壕赖河二坝，总库容 500 万 m³，拦蓄非灌溉时间的径流，用于夏季农田灌溉，基本解决了下游万亩农田灌溉缺水的问题。平均每亩增产 250kg，增收 300 元，年增收 600 万元。项目实施非常成功，效益特别突出，既拦了洪水，让洪水变成灌溉细流，又增加了经济收入，还减少了水土流失，是个本小利大的好项目。`

9.5.7 实施效果分析

9.5.7.1 经济效益

1. 评价依据和方法

经济效益评价的主要依据是《水利建设项目经济评价规范》（SL 72—94）和《水土保持综合治

理效益计算方法》（GB/T 15774—1995）以及《世行项目可研报告》《世行项目评估报告》《世行项目监测评价技术规程》等规范和文件，分析时采用静态、动态分析两种方法，考虑资金的时间价值。对各项治理措施的投入及产出效益，均折算成货币形式表示。经济计算期取 30 年，基准年为1993 年，贴现率取 7％。

2. **基础资料来源**

（1）项目监测评价资料。主要包括对项目进行监测得到的有关项目在农民经济收入变化情况及有关治理措施的投入产出资料。监测以对典型农户、典型措施、典型地块的定点测算和对投入的调查推算相结合的方式。

（2）统计调查资料。包括 1993 年底国民经济统计资料以及项目区农、林、牧、水利水土保持、电力、交通、水文气象、文化教育、卫生等有关部门的调查统计数据等。

（3）相邻流域科研资料。《黄河皇甫川流域土壤侵蚀系统模型和治理模式》中所提供资料，该书是在调查、观测皇甫川流域治理前后大量数据的基础上进行分析研究产生的，而皇甫川流域与呼斯太河流域为相邻流域，很多立地条件有相同或相近之处，由皇甫川流域有些方面的数据完全可能推算出呼斯太河流域的结果。

3. **投入产出计算**

各种投入产出的价格均采用当地市场平均价格。项目经济效益分为直接经济效益和间接经济效益两部分。直接经济效益指治理开发措施直接产出物的经济效益；间接经济效益指无实物产出的效益，只计算可量化分析的减沙效益，对项目未做直接投入的经济效益不计入内。项目的投入成本由两部分构成，一是项目建设投入的各种物资，二是项目建设投入的劳力，均折算为货币形式表示，以项目措施实际完成的投资额为准。各项治理开发措施的投入和产出以治理措施类别来划分，基本农田分为梯田、水地、坝地；种植的作物以玉米、土豆、糜子为主；乔木林、灌木林、经济林、果园等措施以实际产生的效益为准；人工种草产出物为饲草和种子；库坝工程效益除计算灌溉发展水浇地和坝地以外，还计算了拦沙效益；天然草场封育措施只分析其减沙生态和社会效益。各类措施的每公顷投入产出量以实地监测测量数为准，沟道工程措施的运行管理费计入投入费用中。

4. **经济效益评价**

项目区总产值由 1993 年的 2084 万元，增加到 2001 年 8389.8 万元，增加了 3 倍；农、林、牧、副、渔、果各业产值比例由原来的 38.4∶18∶35∶7∶0.6∶1 变为 56.3∶19.5∶16∶6∶1.5∶0.7。项目区人均年收入由 448 元增加到了 1860 元，人均粮食由 495kg 增加到 850kg，人均占有肉、蛋、奶、蔬菜均有显著的增加。恩格尔系数由 0.81 降为 0.65，项目区比非项目区提前整体脱贫，贫困户占总户数的比例由原来的 38％下降到 2％，而且在连续 3 年大旱的情况下，基本没有返贫户。

经过动态效益分析，总项目经济内部回收率为 15.27％，净现值为 9469.43 万元，效益费用比为 1.38，说明呼斯太河流域水土保持世界银行贷款项目的投资效果较好，水土保持综合治理效益显著。

5. **典型案例剖析**

呼斯太河流域右岸上游的李家圪堵社有 26 户 89 人，在项目实施前的 1993 年人均年收入只有500 元，通过 8 年的项目实施，山梁种植林草，山腰修筑梯田，沟道里修建库坝、扬水站，进而把梯田发展为水浇地，水库内还养了鱼。新建养畜棚圈，引进种畜 50 只，稳定发展舍饲畜牧业，共计完成治理面积 219.3hm²，投入资金 49 万元，成为一个生态农业稳产小区。人均水浇地由 0 亩增加到 3 亩，人均粮食由 450kg 增加到 1400kg。人均年收入由 500 元增加到 1750 元。农户手中有了钱，就更多地投入到扩大再生产，8 户人家买了三轮农用车，6 户买了摩托车，家家有了电视机，个别户子还有铲土机、粉碎机，也用上了手机等。

9.5.7.2 社会效益

1. 生产条件显著改善

从1993年到2001年，项目区人均增加基本农田2.34亩，人均退耕坡地3亩，总计退耕坡地还林还草2550hm²，有效地控制了土壤侵蚀风沙危害，改善了生态生产环境条件。

2. 土地的利用率明显地提高

项目实施后，土地利用率由原来的32%提高到了83.1%，虽然总耕地面积减少了，但粮食产量、产值、人均收入大幅度增加了。

3. 交通道路状况明显改善

新修沙石公路2条75km，简易公路由1条增加为5条，长度由40km增加到120km；乡村作业道路由28条增加到37条，长度达398km。

4. 科技普及率不断提高

坚持科技培训，农民培训比例高达70%，有效提高了广大农民的科技素质。在生产实践中推广应用了水坠法筑坝、深埋塑料管扬水、造林保水剂、截秆深埋造林、舍饲养畜、饲草料加工等实用技术。

5. 文化教育、卫生条件改善显著

适龄儿童入学率、失学儿童返校率和学生的升学率均有明显提高，人畜饮水设施增多，实现了自来水入户。村民看病就近方便，村有医疗室，乡有卫生院。过去外出打工的劳力大部分返回了家乡务农，安居乐业。

6. 转变了传统放牧的养畜习惯

项目实施前，当地的畜牧业以放牧为主，过度放牧使草场退化、沙化严重，草场越来越少，饲草严重短缺，主要牲畜羊的繁殖率不到30%，羊只体重普遍在15kg以下，春夏冬三季骨瘦如柴，秋季才能屠宰食用，有人戏称"一张报纸能包两只羊"。项目实施后，种植了大量的优良牧草，推行禁牧休牧，舍饲养畜，天然草场也得到了逐步恢复。作为配套措施，新建了保温棚圈，配备了饲草料加工机具，又引进了新的优良种畜，养畜的经营方式发生明显的变化，实现了肥多粮多、草多羊多的良性循环，由粗放经营转向集约经营，呈现出畜牧业稳步发展、良性发展的势头。

7. 典型案例剖析

项目区内的黑召赖村，通过8年的综合治理，促进了教育事业的发展，村办小学过去的几间破旧土坯房教室变成了崭新的砖木结构新校舍，学龄儿童的入学率由过去的90%上升为100%。促进了交通运输业的发展，维修、改建乡村道路26km，增设路桥1处、过路涵洞（管）7处，农用车、大汽车畅通无阻；家庭机动车拥有率由1993年的6%增加到2001年的92%，交通运输工具的变化，带动了物流运输业。促进了卫生事业的发展，村里新设了医疗室，配置了必备的医疗设备，医务人员去旗医院培训半年，医疗条件、水平有了较大提高。改变了村民直接饮用沟道流水的不卫生习惯，大部分户子吃上了自来水。促进了科技、文化事业发展，全村8个社通了电，广播电视走进了每一个农户家，家庭电视机拥有率100%；村委会办起了文化室，藏书千余册，订阅报刊、杂志十多种，各种文化娱乐用具应有尽有。每年还聘请有关部门专家举办2～3期科技致富知识讲座，群众重视科学，注意搜集各种致富科技信息，跟过去的观念有了脱胎换骨的变化。

9.5.7.3 水土保持效益

项目实施8年后，全流域综合治理度由原来的24.3%提高到了74.1%，有效地控制了水土流失和风沙危害。到2001年，年拦蓄径流能力达到863万m³，蓄水率达到了71%；年拦沙能力达到173万t，减沙效益达到72.1%；减少风蚀量264万t，减蚀率达95%。项目实施以来累计拦蓄径流量2480万m³，累计拦泥沙495万t，累计减少风蚀量1200万t。

9.5.7.4　生态效益

1. 土壤化学性质变化

1999 年进行了监测资料分析，以受水土保持措施影响的土壤养分含量与原坡耕地或荒坡地差异的百分率的"对比度"，量化水土保持措施对土壤养分含量的影响，得出以下结果：

（1）治理措施对速效钾的影响率最大，其次是有效氮和有机质，而对于速效磷的影响率最小。

（2）梯田、坝地与坡耕地相比，坝地速效钾增加近 2 倍，有机质增加 1 倍多，有效氮、速效磷分别增加 2.0 倍和 1.1 倍。

（3）乔灌草与荒坡地相比，草地速效钾的影响率最大，增加 1.4 倍；松树和柠条均增大 1.1 倍。

（4）沙柳对速效磷的影响率较大，增加 97.7%。

（5）沙棘对有效氮的影响率较大，增大近 1 倍。

（6）有机质增加不太明显，增加幅度在 22.6%～53.2%。

（7）阳离子代换量（CEC）逐渐增加，其中以梯田和乔木林的变化最迅速，2000 年与 1998 年相比，CEC 分别增加 55.9% 和 46.8%；坝地、灌木林和草地变化较快，分别增加 21.6%、15.4% 和 28.6%；坡耕地和荒坡地变化相对较慢，几乎没有变化。若将 2000 年与项目实施前比较，则梯田、坝地、乔、灌、草的 CEC 较实施前增加 88.8%、131.2%、85.5%、29.4% 和 35.2%。同一年监测分析，坝地、梯田的阳离子代换量高于坡耕地，其中坝地增加 90.2%～131.2%，梯田增加 21.1%～88.8%；乔灌草的阳离子代换量明显大于荒坡地，增加 77.8%～129.2%。

2. 土壤物理性质变化

项目自 1994 年实施以来，1998—2000 年对土壤的容重和比重、土壤含水量、土粒结构进行了监测，得出以下结果：

（1）土壤的容重减小 4.2%～5.3%，比重增加 0.8%～2.9%。从梯田和沟坝地与坡耕地的对比结果看，梯田和沟坝地的土壤容重分别较坡耕地减小 4.1 个和 4.3 个百分点，比重增加 5.0 和 0.1 个百分点；乔木林、灌木林和人工种草的容重分别较荒坡地减小 2.0%、6.3%、4.8%，比重增加 3.5%、12.1%、和 11.0%。

（2）土壤孔隙度（毛管孔隙度）变化。2000 年的土壤孔隙度较 1998 年增加 10.1%～16.8%，尤其是乔木林增加的最多，达 16.8%，而灌木林增加的最少，仅 10.1%；与项目实施前相比，梯田、坝地、乔、灌、草的土壤孔隙度分别增加 27.8%、18.9%、22.3%、48.3% 和 42.8%。梯田与坡耕地相比，梯田土壤孔隙度增加 20.4%；乔木林、灌木林和人工种草与荒坡地相比，分别增加 13.1%、40.8% 和 35.1%。

3. 植被状况变化

项目区植被覆盖度逐年增加，由项目实施前的 22% 增加到项目实施后的 72%，由于人工种植和封育措施，植被群落、草树种逐渐增多。

4. 风速降低、沙尘暴减少

经对项目区 1993—1994 年与 1995—2000 年两个系列的年均沙尘暴日数比对，项目实施后沙尘暴的日数较实施前减少 80% 左右。

9.5.8　实施效果评价

1. 治理任务评价

各项治理措施指标均按规划要求超额完成，达到了预期目的，收到显著成效。共完成各项措施治理面积 238.78km²，比原计划超额完成 53.22km²，比中期调整计划超额完成 36.31km²；植被覆盖度由治理前的 22％提高到 72％，治理度达到 74.1％。不论从数量上还是质量上，各项措施完成得都比较好。在不影响治理进度和质量的前提下，共完成总投资 8889 万元，比计划减少了 191.07 万元。

但是，植被度的提高使野生动物增多，反过来危害林草，影响了林草的成活与保存。由于项目实施期较长，治理所需物资（如钢材、柴油、苗条种子等）价格涨幅较大，增加了治理成本。

2. 项目管理评价

按照项目总体规划和小流域具体实施规划要求，在政府的统一领导与大力支持下，旗世界银行贷款项目办公室与乡镇、村、社干部群众积极配合，顺利完成了项目实施任务。

（1）从组织机构、人员配备、启动资金方面给予保证。

（2）制定了《世界银行贷款项目实施管理办法》等法规性文件，出台了"禁牧舍饲养畜令"和"五荒拍卖"决定，以此来促进治理，加强管理，提高治理效益。

（3）负责项目实施与管理的各职能部门，制定了各种规章制度，实行了"目标管理责任制"和"岗位责任制"，推行"三定五包"制度来控制进度、控制质量、控制投资。

（4）积极参与并开展了各种形式的技术业务培训。

（5）组建了监测机构，安排了专项经费，定期监测、整理、分析大量监测资料，对项目进行科学合理的评价提供了有效数据。

3. 财务管理评价

根据财政部《关于财政部负责世界银行贷款报账的暂行规定》（财世字〔1993〕第 107 号文）和《关于世界银行贷款项目财会管理暂行规定》（财世字〔1993〕第 127 号文）等有关文件精神，制定了《准格尔旗世界银行贷款项目呼斯太河流域治理实施管理办法》，旗、乡世界银行项目办公室都配备了具有良好业务素质和高度负责精神的财务管理人员，按照资金管理办法进行核算和管理，根据工程进度情况适时投放资金，不仅注重工程项目的固定资产投资的管理，同时也注重了流动资金的管理。严格按实际进度报账，财务管理顺利通过了财政、审计等有关部门的监督检查。

4. 运行管理评价

在 8 年治理过程中，始终注重抓管理，从上到下建立了完整的网络管理体系，从内业到外业，制定了一整套科学管理制度，从软件到硬件严格按照技术规范要求执行，抓典型树样板，促进了综合治理，提高了生产经营管理水平，实现了预期目标。

5. 可持续性发展评价

项目按照规划实施，彻底改善了农业生产基础条件，利用了水土资源，发展了基本田，恢复了植被，改善了生态和生产环境，改变了过去传统的农牧业生产经营方式。不断增加科技含量，调整了种植结构与产业结构，增强了农业生产的活力和稳定性。为区域经济可持续发展奠定了基础。

项目的引进使地方干部群众增长了见识，大量的培训和新技术的应用使他们能够更多地接受新技术和新生事物。同时使农村医疗卫生、教育、通信等设施不断改善。特别是妇女积极参与项目建设，使她们的社会地位和文化素质明显提高，发挥了农牧业生产的主力军作用。

6. 总体评价

黄土高原水土保持世界银行贷款项目呼斯太河流域综合治理区的成功实施，充分证明了项目立项正确、项目区选择合理、项目规划完善可行、实施运行管理得当、完全符合实际，达到了预期目的，不仅成为鄂尔多斯水土保持生态建设的样板，而且走在了实施该项目的四个省区的前列，得到世界银行官员的认可，是中国利用世界银行贷款搞水土保持项目一举成功的范例。

该项目的实施，使直接参与项目建设的各级领导、工程技术人员、广大人民群众对水土保持的认识上升到一个新的高度，更新了观念，开阔了视野。不但弥补了国内水土保持建设资金的不足，形成了水土流失治理多渠道、多层次的投资机制，加快了防治水土流失步伐，而且引进了外资项目的先进管理经验，培养了一批管理人才，提高了管理水平，为地方水土保持工作积累了丰富的管理经验。

该项目的成功实施产生了良好的经济、生态和社会效益，为地方经济腾飞，为西部大开发战略的顺利实施，为黄土高原水土保持建设由分散治理向集中治理、由粗放型治理向集约型治理的转变带来了契机。

2002 年 9 月，准格尔旗呼斯太河流域综合治理区作为开发治理典型，代表内蒙古自治区黄土高原水土保持世界银行贷款一期项目，顺利通过了受世界银行委托的联合国粮农组织专家验收组的竣工验收。2004 年 5 月，时任世界银行行长沃尔芬森先生在美国华盛顿世界银行总部向中国黄土高原水土保持项目颁发了世界银行的最高荣誉——行长杰出成就奖，盛赞该项目是世界银行全球农业项目的旗帜工程。

9.5.9 主要经验与问题

9.5.9.1 主要经验

（1）在前期工作中做到了实事求是、科学规划。首先表现在立项正确，能被有关部门和大多数人所接受，项目目标与世界银行贷款宗旨相一致，促进了项目提前顺利实施。其次说明在项目区的选择上，通过精心调查研究论证，掌握了第一手资料，真实反映了当地实际情况，前期准备工作扎实有效，项目区选择合理可行，具有代表性。最后，采取先进的技术手段进行科学合理的规划，即采用 GIS 地理信息系统和 Excel 软件进行规划、分析论证，数据可靠准确，措施布局合理，在实施中起到了指导作用。

（2）具有健全负责的组织机构。为了保证项目的顺利实施，旗委旗政府高度重视，把项目工作列入旗委政府工作的重要议事日程。并设立独立的工作班子，专事专人专办，从领导干部到一般干部都有很强的事业心和吃苦精神，避免了其他各种因素的影响，有利于项目的管理和工作上的协调。旗、乡、村三级机构健全，职责明确，分工合作，形成合力，为项目的实施提供了良好的管理运行机制。

（3）实行严密的项目管理。把项目实施纳入旗对有关部门和乡镇的责任目标考核，在项目实施过程中全面推行目标管理责任制，实行"三定五包"制度。主要领导抓全面，分管领导实行分管工作和承包小流域（片）全面工作考核制，机关工作人员实行岗位责任制，按照德、能、勤、绩进行考核管理，全体工程技术人员承包小流域，实行"三定五包"制度，即定任务、定人员、定时间，包质量、包成活、包管护、包成果、包经费。为了保证制度的严格执行，成立了由旗乡两级项目办公室主要领导组成的项目工作考核领导小组，定期不定期进行监督检查，年终验收考核，按照得分情况奖优罚劣，同时把任务完成的好坏同个人的工资与下乡补助挂钩，同职务提拔与职称晋升相联系，极大地调动了职工、干部的工作积极性。由于建立了项目实施的监督机制，落实了责任制和奖罚制，促进了项目建设的顺利进行。

坚持把质量和效益放在首位，强调一切要按程序办事，要求各项措施起点要高、质量要优、效益要好，因而从工程的勘测、规划、设计到组织施工，严格按世界银行评估报告的要求，严把工程质量关、实施进度关、经费管理使用关，做到无设计不施工、不达标不验收。旗项目办与乡镇政府联合出台了一系列制度，如施工合同、管护合同、禁牧合同、土地承包合同和贷款协议等，使治理与管护走上规范化、法制化轨道。建立了完整规范的资料微机管理系统，做到了微机管理系统科学，资料配套齐全，文、图、表、地面相统一。

（4）加强科技服务与宣传培训。为了提高地方干部群众对项目的认识，鼓励他们积极投身项目建设，旗项目办公室工作人员除了常年深入项目区提供技术服务外，还通过印发宣传材料、简报、广播、电化教育、外出学习考察、集中培训等形式，来增强当地干部群众的思想认识，促使他们更新观念，接受新事物，掌握新技术；同时，开展了实用技术的推广应用，从而使项目实施能按照技术规划顺利进行，极大地提高了项目区的生产经营管理水平。

9.5.9.2 存在的主要问题

（1）由于自然条件的差异和人为因素影响，一些项目没有完全按照规划实施，对项目整体建设有一定影响，不得不在实施中期进行了项目调整。

（2）由于连续几年大旱和人为毁坏的影响，造林种草成活率和保存率不是很高，如乔木林平均保存率为86％，灌木林平均保存率为93％，种草平均保存率为63％。这样每年需安排一部分补植补种任务，无形中增加了工作量和经费的投入，也影响了植被建设进度与质量。

（3）该项目建设资金是由世界银行贷款、国内各级政府配套和群众投劳三部分组成的，由于国内各级政府配套资金不能及时足额到位，给引进外资项目的信用造成了一些不利影响。

项目区

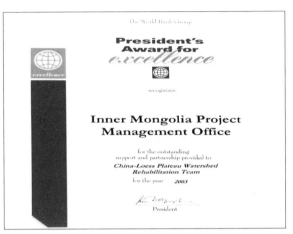

一期工程获奖证书

风沙区沙柳沙障固沙治理

平缓坡面乔灌混交防护林

柠条油松混交放牧林

项目区生态修复

十大孔兑呼斯太河流域世界银行贷款项目建设（一）

项目区生态治理（一）

项目区生态治理（二）

项目区生态治理（三）

项目区山杏经济林

项目区黑召赖引洪造地工程

项目区一期工程育苗基地

十大孔兑呼斯太河流域世界银行贷款项目建设（二）

项目区蔬菜大棚

项目区营盘生产队引洪淤地工程

项目区建设的基本农田

项目区修建的壕口水库

项目区阴塔骨干坝

项目区坝下鱼塘养殖

十大孔兑呼斯太河流域世界银行贷款项目建设（三）

项目区耳圪壕骨干工程

项目区耳圪壕坝塘联合运行

中外专家到项目区检查

世界银行官员因斯特伯格访问项目区农户

联合国粮农组织专家验收项目

一期项目工程验收会议

十大孔兑呼斯太河流域世界银行贷款项目建设（四）

9.6　达拉特旗世界银行项目九大渠引洪淤地工程

9.6.1　工程概述

九大渠引洪淤地工程始建于 1969 年，开工时正值党的第九次全国代表大会召开之际，故取名为"九大渠"。当时由新民堡、耳字壕两个乡先后组织群众投工投劳开挖干渠，建筑鱼嘴、丁坝等工程设施。1973 年内蒙古自治区水利勘测设计院派员对九大渠进行了勘测设计，提出了九大渠引洪工程的设计方案。1974 年进行施工建设，当时疏通干渠 6km、砌筑鱼嘴石坝 147m、护岸坝 3 处、拉沙洞 1 座，完成土石方 64 万 m³，群众投工 59 万个工日，总投资 35.4 万元。工程建成后淤澄农田 533.3hm²。当时的耳字壕乡政府从邬家壕迁来 600 多人耕种，组建了一个新建村。九大渠运行几年后，干渠淤积严重，规划中的数万亩沙荒地未能得到改造利用，当地群众每年只能引用少量洪水淤灌农田，不能充分发挥效益。

1991 年，伊克昭盟黄土高原水土保持世行贷款项目办公室编制《伊克昭盟黄土高原水土保持世行贷款项目可行性研究报告》时，达拉特旗水土保持局提出将九大渠引洪淤地扩建工程列入该旗项目区的重点工程，得到上级项目主管部门的同意。1996 年，达拉特旗黄土高原水土保持世界银行贷款项目领导小组（以下简称旗项目领导小组）委托旗水利队进行九大渠引洪淤地扩建工程可行性研究报告的编制工作。1997 年 10 月 17 日，旗项目领导小组邀请内蒙古自治区、伊克昭盟、本旗等有关单位的水利专家进行了论证，并提出了论证意见。旗项目领导小组又聘请原内蒙古农牧学院农牧业工程设计院和旗水利工作队，根据论证意见共同完成该项目的可行性研究报告。1998 年 5 月，内蒙古水利厅召开了九大渠引洪淤地扩建工程可行性研究报告审查会议。经审查同意立项，并以内水保〔1998〕27 号文件《关于世行贷款项目达拉特旗九大渠引洪淤地扩建工程可行性研究报告审查意见的函》上报中央项目办中国黄土高原水土保持世界银行贷款项目办公室。随之，旗项目办组织工程技术人员进行工程详细的勘测设计，按照分段设计、施工的方法编制了工程设计。其中：干渠配套工程桥涵闸的设计，采用典型设计方法，分别设计了 1.8m×3.0m 箱涵进水闸、1.2m×1.8m 箱涵进水闸、1.2～1.5m 圆涵进水闸的典型设计图纸。施工放样后，根据闸后实际分水需要，分别做出了 14 个涵闸的结构设计图纸以及相应的设计文件，其中 1.2m×1.8m 箱涵 8 座、1.8m×3.0m 箱涵 2 座、1.2m 圆涵 3 座、1.5m 圆涵 1 座。交通农桥位于干渠 3500m 处，按汽-10 级、履带-50 的标准设计，井柱基础跨径 8m，6 跨的简支板梁桥，桥面宽 4m。支渠围堰的勘测设计是在主干渠施工期间，施工指挥部经过详细踏勘，多方案比较，本着工程量小、淤地面积大的原则确定的，确定了碟卜乌素围堰、郝三圪卜围堰、转龙湾围堰等三个淤地围堰，三处围堰可淤地 1148hm²（折合 17220 亩）。后上报伊克昭盟黄土高原水土保持世行贷款项目办公室和内蒙古自治区水利厅，内蒙古自治区水利厅于 1998 年 10 月 6 日以水保〔1998〕53 号文《关于世行贷款达拉特旗九大渠引洪淤地扩建枢纽工程及干渠初步设计的批复》批复了拦河坝、引洪渠道、干渠 0+00-5+00 段、干渠 5+00-9+400 段等四个单元工程的工程设计。

9.6.2　工程布置与结构设计

9.6.2.1　设计洪水标准

根据《防洪标准》（GB 50201—94）中"水利水电枢纽工程的等别和级别"的规定，由保护农田面积、治涝（治沙）面积和灌溉面积确定工程等别为Ⅳ等，永久性主要建筑物的级别为 4 级。工程的洪水设计标准为 5 年一遇，相应的设计洪峰流量为 966m³/s；洪水校核标准为 20 年一遇，相应的设计洪峰流量为 2504m³/s。

9.6.2.2 枢纽工程布置和型式

九大渠引洪枢纽工程从左岸向右排列，主要由干渠渠首进水闸、混凝土分水圆头连接段、钢筋混凝土溢流坝和非溢流坝组成。

1. 渠首进水闸

渠首进水闸布设在引洪干渠渠首，为开敞式钢筋混凝土平底闸。闸室右边墩与分水圆头连接，左边墩与哈什拉川左岸连接。混凝土分水圆头为水闸与溢流堰的连接建筑物，圆头由外侧直立、内侧具有一定坡比的圆弧形混凝土重力墙围成，圆头外半径11.5m，中间填土。进水闸下由混凝土扭曲面墙与干渠右堤连接。由于右堤有600m为填方渠堤，所以内侧设长580m的浆砌石护坡，护坡基础深2m，护坡高与设计洪水位持平。

(1) 闸室布置。进水闸闸室位于圆头与直墙分缝下游10m处，闸室顺水流方向长10m，主要是根据闸室稳定计算确定的；水闸通过水力计算，确定为11孔，每孔净宽3m、长8m，闸墩中间3m处高5.5m，根据闸门提起高度计算确定。两侧和原直墙一样高。闸底板厚0.8m，下设厚5cm素混凝土垫层和25cm砂卵石垫层；中墩厚80cm，闸门槽深25cm、宽50cm，排架高4.5m；启闭桥上设钢管栏杆，高80cm，两侧设钢结构爬梯。闸门高4.4m，和校核水位齐平；闸门宽3.4m，用钢件与木板连接。水闸孔数为11孔，边孔4孔为一联，中孔3孔为一联，设2条伸缩缝，缝宽2cm，缝内填筑沥青砂浆。

(2) 消力池布置。消力池根据水力计算，确定为池深1m、池长8m，用1∶3斜坡段与闸室连接，斜坡段长3m，消力池底板厚50cm，下面为厚5cm素混凝土垫层和厚25cm砂卵石垫层。右侧墙利用圆头挡土墙，消力池底板由3块13.40m的底板组成，左岸挡土墙与底板分离，消力池后设消力池防冲墙，厚0.5m、深4.5m。

2. 溢流坝

混凝土分水圆头右侧连接溢流坝，溢流坝长200m，溢流坝坝轴线与干渠纵断面轴线夹角为95°。

(1) 溢流坝采用桩基WES-I型实用堰，钢筋混凝土结构，堰顶高程1147.00m，基底高程1143.50m。堰下游设一排桩基，井柱间距8.0m、深8.0m、直径65cm，堰高3.5m，齿墙1m，堰长200m。为了节约材料，并达到安全标准，堰体内部为空心式，外围为厚0.5～1.0m的200号钢筋混凝土。空心部分回填夹砂卵石，并每隔4m宽设一道厚0.3m的浆砌石墙，以抵抗堰面自重和水压力产生的大跨度弯矩。

(2) 溢流堰下游不设消力池和海漫，采用挑流消能，水流通过鼻坎挑出。河床面2m以下为红黏土层，黏土层厚度按无限深考虑，其抗冲性能较好，但考虑到洪水泥沙含量高，挑射距离在理论与实际中的差别，挑流距离可能小于理论计算数据。冲坑的上游坡可能延伸到鼻坎下面，为工程长久使用更安全可靠，鼻坎下面设1排井柱，间距长8m，直径0.65m，200号钢筋混凝土浇筑。

(3) 溢流堰下游反弧段半径为反弧段水深的4～10倍。下游水深约0.9m，取反弧半径为3m，鼻坎挑角选用25°。

溢流堰的两侧挡土墙，墙上游长3m，中游高1.2m、长1m，下游高1.1m、长2.0m，墙厚0.5m，200号钢筋混凝土现浇。

(4) 溢流堰面设计。

溢流堰为WES-I型实用堰，上游堰面直立，堰顶上游段为1/4椭圆曲线，曲线方程按《水工设计手册》公式（3-12-19）计算：

$$\frac{x^2}{(aH_d)^2}+\frac{(bH_d-y)^2}{(bH_d)^2}=1$$

式中　H_d——堰顶上游水深，取 2.5m；

　　　a——长半径对设计水头之比，取 0.3；

　　　b——椭圆短半径；

　　　x——横坐标；

　　　y——纵坐标。

aH_d、bH_d 分别为椭圆的长轴（水平方向即 x 轴）和短轴（垂直方向即 y 轴），其长半轴与短半轴对设计水头之比按《水工设计手册》公式（3-12-20）计算，分别为

$$a \approx 0.28 \sim 0.30，本工程取 0.3$$
$$b = 0.3/(0.87 + 3a) = 0.17$$
$$a/b = 0.87 + 3a$$
$$\frac{x^2}{(0.3 \times 2.5)^2} + \frac{(0.17 \times 2.5 - y)^2}{(0.17 \times 2.5)^2} = 1$$
$$b = \frac{a}{0.87 + 3a} = \frac{0.3}{0.87 + 3 \times 0.3} = 0.17$$

表 9.14　　　　　　　　　　　　　溢流堰断面纵横坐标

x	0	0.2	0.4	0.45
y	0	0.015	0.066	0.085

下游堰面曲线坐标方程，按《水工设计手册》公式（3-12-21）计算：
$$x^{1.85} = 2H_d y \qquad y = x^{1.85}/2H_d^{0.85}$$

式中　x、y——原点下游堰面曲线纵横坐标；

　　　H_d——堰顶上游设计水头深，m。

经计算，x 与 y 坐标见表 9.15。

表 9.15　　　　　　　　　　　　　　下游堰面曲线坐标

x	0	0.2	0.4	0.6	0.8	1	1.2
y	0	0.012	0.042	0.089	0.152	0.229	0.322

中游直坡段：从点（1.2，0.322）到点（2.7，1.44）为直坡段，坡度 $m = 1.3$。

3. 非溢流坝

溢流坝右侧为非溢流坝，坝长 1200m，坝顶高程从左向右由 1151.00m 过渡到 1152.00m，坝顶宽 3.0m，内外坡 1：2.5。

4. 护岸丁坝

在干渠渠首段 600m 长的迎水面，设一条混凝土重力式丁坝，丁坝长 240m，高 5m，顶宽 0.5m，底宽 3m，基础宽 4m，厚 1m。

9.6.2.3　枢纽工程水力计算

1. 哈什拉川原河道水位与流量计算

哈什拉川在坝址处水位与流量计算过程见表 9.16。

表 9.16　　　　　哈什拉川原河道坝址处水位流量计算（无控制条件下）

水面高程 H /m	水深 h /m	过水断面 A /m²	湿周 X /m	水力半径 k /m	谢才系数 C	流量 Q/(m³/s)
1145.50	0	0	0	0	0	0
1146.00	0.5	177.5	466	0.385	28.38	220

续表

水面高程 H /m	水深 h /m	过水断面 A /m²	湿周 X /m	水力半径 k /m	谢才系数 C	流量 Q/(m³/s)
1146.50	1.0	509.93	635.7	0.802	32.13	1038
1147.00	1.5	841.33	697.2	1.207	34.39	2248
1147.50	2.0	1184.93	721.7	1.64	36.21	3885
1148.00	2.5	1562.33	726.2	2.15	37.87	6134

注 谢才系数 $C=R^{\frac{1}{6}}/n$；流量 $Q=AC(Ri)^{\frac{1}{2}}$。

2. 溢流堰水力计算

设计溢流坝总宽 200m，坝顶高程 1147.00m。为了满足干渠设计情况下的引水流量，溢流坝上设置 4 个墩，即 2 个边墩，2 个中墩，从左到右编号为 1 号墩、2 号墩、3 号墩、4 号墩，墩顶高程为 1150.00m，3～4 号墩间距 82.00m。

在 5 年一遇洪峰流量 966m³/s 以下时，溢流坝过水断面为 2 号、3 号墩之间 100.00m。

在 20 年一遇洪峰流量 2504.00m³/s 以下时，溢流坝过水断面为 2 号、4 号墩之间 182.00m。

根据这一调节，设计 1 号、2 号墩之间坝顶填土高程 1149.80m，3 号、4 号墩之间填土高程为 1149.50m。设计墩顶宽 0.30m。

由《水工设计手册》公式（3-12-27）、公式（3-12-29）、公式（3-12-30）：

$$Q=CLH_0^{3/2}$$
$$B=Q/MH_0^{1.5}$$
$$H_0=H+ph_d^2/2g$$
$$L=B-2(K_{中}+K_{边})H_0$$

式中　Q——过堰流量，m³/s；

　　　C——流量系数，查《水工设计手册》图 3-12-13WES-Ⅰ型实用堰流量系数 C 及修正系数取得；

　　　H_0——堰上水头（计入行近流速），m；

　　　B——溢流堰宽度，m；

　　　$K_{中}$——中墩系数；

　　　$K_{边}$——边墩系数；

　　　p——堰高，m；

　　　h_d——设计水深，m；

　　　M——第二流量系数。

计算过程及结果见表 9.17 和表 9.18。

表 9.17　　　　　　　　　　　　　溢流堰的水位流量关系计算

高程 /m	水深 H /m	堰宽 B /m	堰顶水深 h_d/m	堰高 P /m	P/h_d	H_0/h_d	流量系数 C /(m^{1/2}/s)	堰顶系数 $K_{边}$	$L=B-2KH_0$ /m	流量 $Q=CLH_0^{3/2}$ /(m³/s)
1147.00	0	100	2.0	1.5	0.75	0	0	0.1	100	0
1147.50	0.588	100	2.0	1.5	0.75	0.294	1.87	0.1	99.9	85
1148.00	1.155	100	2.0	1.5	0.75	0.578	2.03	0.1	99.8	251
1148.50	1.733	100	2.0	1.5	0.75	0.867	2.15	0.1	99.7	489
1149.00	2.321	100	2.0	1.5	0.75	1.161	2.22	0.1	99.5	781
1149.50	2.966	182	2.0	1.5	0.75	1.483	2.27	0.1	181.4	2103

表 9.18　　　　　　　　　　水位在 1147.00m 以上时堰的行近流速及水头计算

高程 /m	水深 H /m	堰顶 $L=3H$ /m	$B'=3H-B+2R+b$ /m	$A=B'H$ /m²	流量 Q /(m³/s)	$V_0=\dfrac{Q}{A}$ /(m/s)	$\dfrac{\alpha V_0^2}{2g}$ /m	$H_0=H\dfrac{\alpha V_0^2}{2g}$ /m
1147.5	0.5	1.5	254.5	127.25	244	1.92	0.188	0.688
1148.0	1.0	3.0	256.0	256.0	563	2.20	0.247	1.247
1148.5	1.5	4.5	257.5	386.25	992	2.568	0.337	1.837
1149.0	2.0	6.0	259.0	518.0	1525	2.944	0.442	2.442
1149.5	2.5	7.5	260.5	651.25	2123	3.26	0.542	3.042

3. 进水闸水位流量计算

$$Q_s=\varepsilon\varphi_s Bh\left[2g(H_0-h)\right]^{1/2}$$

其中　　　　　　　　　　$$\varphi_s=\varphi-0.013/m^3(h_2/H_0-0.8)^{1/2}$$

式中　φ_s——淹没堰的流速系数；

$\quad m$——非淹没堰流量系数，$m=0.385$；

$\quad h$——过闸水深；

$\quad H_0$——闸前水深；

$\quad \varphi$——非淹没堰流速系数，$\varphi=1$；

$\quad \varepsilon$——侧收缩系数，由 b/B 查得 $\varepsilon=0.935$；

$\quad g$——重力加速度，9.81m/s^2；

$\quad H_0$——闸前水深，m；

$\quad B$——溢流堰宽度，m。

引洪干渠进水闸与溢流堰流量计算见表 9.19。

表 9.19　　　　　　　　引洪干渠渠首进水闸与溢流堰流量汇总表

水位 /m	进水闸水深 /m	溢流堰水深 /m	进水闸流量 /(m³/s)	溢流堰流量 /(m³/s)	合计流量 /(m³/s)
1145.50	0.00	0.00	0.00	0.00	0.00
1146.00	0.50	0.00	14.60	0.00	14.60
1146.50	1.00	0.00	35.17	0.00	35.17
1147.00	1.50	0.00	62.87	0.00	62.87
1147.50	2.00	0.50	97.55	85.00	182.55
1148.00	2.50	1.00	152.68	251.00	403.68
1148.50	3.00	1.50	217.76	489.00	706.76
1149.00	3.50	2.00	328.00	789.00	1109.00
1149.50	4.00	2.50	396.20	2103.00	2499.2

4. 闸孔净宽计算

根据设计流量 $Q=328\text{m}^3/\text{s}$ 及下游水深 3.5m，可计算水闸设计净宽。假设水闸为 11 孔，每孔

净宽3m，总净宽33m，通过计算校核设计流量。计算公式为

$$Q_s = \varepsilon \varphi_s B h [2g(H_0 - h)]^{1/2}$$

其中

$$\varphi_s = \varphi - 0.013/m^3 (h_2/H_0 - 0.8)^{1/2}$$

式中 Q_s——流量，m^3/s；

   φ_s——淹没堰的流速系数；

   m——非淹没堰流量系数，$m = 0.385$；

   φ——非淹没堰的流速系数，$\varphi = 1$；

   h——淹没堰的堰顶水深取 $h = 3.5m$，$h = h_2 - Z$。

Z'为逆向落差，可按下式推求

$$Z/h_k = 0.3 - (h_2/h_k - 1.3)/(3.22h_2/h_k - 3.65)$$
$$= 0.3 - (3.68/2.19 - 1.30)/(3.22 \times 3.68/2.19 - 3.65) = 0.084$$
$$h_k = (xq^2/g)^{1/3} = [1.05 \times (328/33)^2/9.81]^{1/3} = 2.19$$
$$Z' = 0.084 \times 2.19 = 0.18$$
$$b/B_0 = 11 \times 3/(11 \times 3 + 4 \times 0.55 + 9 \times 0.8) = 0.78$$
$$\varepsilon = 0.935$$
$$\varphi_s = \varphi - 0.013/m^3 (h_2/H_0 - 0.8)^{1/2}$$
$$= 1 - 0.013/0.385^3 (3.68/4.06 - 0.8)^{1/2} = 0.926$$
$$H_0 = 3.5 + 0.35 + [328/(42.2 \times 3.85)]/(2 \times 9.8) = 4.06$$
$$Q_s = 0.935 \times 0.926 \times 33 \times 3.5 \times (2 \times 9.8 \times 0.56)^{1/2} = 331 (m^3/s)$$

所以，水闸设计为11孔，每孔净宽3m。

5. 干渠消力池水力计算

（1）干渠水位流量关系计算。九大渠干渠流量水位曲线采用《水力计算手册》P94 梯形断面计算公式

$$Q = [(b+mh)h]^{5/3} \{n[b+2h(1+m^2)^{1/2}]^{2/3}\}i^{1/2}$$

式中 Q——流量，m^3/s；

   n——糙率，取 0.03；

   I——渠道纵比降，取 1/600；

   m——渠道边坡系数，取 2.5；

   h——水深，m；

   b——渠底宽，取 30m。

设

$$A = [(b+mh)h]^{5/3}$$
$$B = [b+2h(1+m^2)^{1/2}]^{2/3} \quad C = i^{1/2}/n$$

消力池干渠水位流量关系计算见表9.20。

表 9.20 干渠水位流量关系计算表

h/m	A	B	C	$Q = AC/B/(m^3/s)$
0	0	0	1.36	0
1	330.98	10.77	1.36	42
2	1188.95	11.85	1.36	136
3	2621.73	12.87	1.36	277
3.3	3176.21	13.17	1.36	328

续表

h/m	A	B	C	$Q=AC/B/(m^3/s)$
3.74	4102.00	13.60	1.36	410
3.8	4285.65	13.68	1.36	426

（2）消力池池深计算。

1）在设计流量下，看是否需修消力池，采用《水力计算手册》P210公式计算跃前水位：

$$E_0 = h_c + q^2/(2g\varphi^2 h_c^2)$$

式中　E_0——以下游河床为基准面的泄水建筑物上游总水头；

　　　q——收缩断面的单宽流量；

　　　g——重力加速度，$9.81m/s^2$；

　　　φ——流速系数。

则　　　　　　　　　　$E_0 = 3.5 + [328/(42.15 \times 3.5)]^2/(2 \times 9.81) = 3.75(m)$

$$q = 328/42.15 = 7.78(m^3/s)$$

$$g = 9.81 m^3/s$$

φ 查表 4-2-1 得 $\varphi = 0.8$

则　　　　　　　　　　$E = h_c + q^2/(2g\varphi^2 h_c^2) = h_c + 4.8/h_c^2$

试算得：　　　　　　　　　　$h_c = 1.44m$

$$Fr_c = q/[h_c(gh_c)^{1/2}] = 7.78/[1.44 \times (1.44 \times 9.81)^{1/2}] = 1.437$$

$$h_c'' = 2.294m$$

渠道设计流量 $Q = 328m^3/s$ 时，水深 $h = 3.3m$，在这种情况下，不需修消力池。

2）在设计闸前水位下三孔泄流。

在水闸的运行中，水位为设计水位，最少开三孔闸门，不允许开一孔或两孔，以防止对下游的冲刷。

a. 下泄流量为

$$Q = mnb(2g)^{1/2} H_0^{3/2}$$

根据 $b/B_3/3.8 = 0.79$，$r/b = 0.4/3 = 0.133$，查得 $m = 0.365$

$$H_0 = 3.5 + [95/(42.15 \times 3.5)]^2/(2 \times 9.81) = 3.52(m)$$

$$Q = 0.365 \times 3 \times 3 \times (2 \times 9.81)^{1/2} \times 3.52^3/2 = 96.1(m^3/s)$$

对应下游干渠水深为 1.62m。

确定是否需修消力池：

跃前水深　　　　　　$q = Q/(nb + nd) = 96.1/(3 \times 3 + 3 \times 0.8) = 8.42(m)$

$$E_0 = 3.52$$

$$E_0 = h_c + q^2/(2g\varphi 2h_c^2) = h_c + 8.42^2/(2 \times 9.81 \times 0.82 \times h_c^2) = h_c + 5.65/h_c^2$$

查得　　　　　　　　　　$h_c = 1.82m$

b. 跃后水深为

$$Fr_c = q/[h_c(h_c g)^{1/2}] = 8.41/[1.82 \times (1.82 \times 9.81)^{1/2}] = 1.094$$

$$h_c'' = 2.05m$$

因 $h_c'' = 2.05 > h_c = 1.62m$，需修消力池。

c. 消力池池深计算。

按公式 $\sigma h_c'' = h_c + S + \Delta Z$ 公式计算。

计算以消力池底为 E_0 的 h_c''

设消力池池深为 1m，则

$$E_0 = 3.52 + 1 = 4.52(\text{m})$$
$$E_0 = h_c + 5.65/h_c^2$$

求得 $h_c = 1.33\text{m}$

$$Fr_c = q/[h_c(h_c g)^{1/2}] = 8.41/[1.33 \times (1.33 \times 9.81)^{1/2}] = 1.75$$
$$h_c'' = 2.69\text{m}$$
$$\Delta Z = Q^2/(2gb^2)[1/(\varphi^2 h_t^2) - 1/(\sigma h_c''^2)] = 96.1^2/(2 \times 9.81 \times 30)$$
$$\times [1/(0.95^2 \times 1.62^2) - 1/(1.05^2 \times 2.69^2)] = 0.15(\text{m})$$
$$\sigma = (1.62 + 0.15)/2.69 = 1.03$$

σ 要求在 1.05~1.1，1.03 还差一些，但相差很少，可满足要求。

3）消力池池长计算。取消力池的池长为 8m，这样消力池的池深为 1m，长为 8m，宽度根据设计而定。

由水文水力计算 5 年一遇水位为 1149.00m，流量为 328.00m³/s；20 年一遇水位 1149.50m，流量为 426.00m³/s，枢纽和渠首工程均满足要求。

6. 鼻坎挑射距离和最大冲坑深度计算

冲坑深度计算，采用《水力学》（第二版）公式：

$$t_s = Kq^{0.5}E^{0.25} \times 3.0^{0.25} - h_t = 4.88(\text{m})$$

式中　K——冲刷系数，查得 1.5；

　　　q——单宽流量，取 8.525m³/(s·m)；

　　　E——上、下游水位差，取 3.0m；

　　　h_t——下游水深，取 0.9m。

（1）空中挑射距离计算：

$$L_0 = 1.21\varphi_1^2 s_1 \sin 2\theta \left\{ 1 + \left[1 + \frac{(a - h_t)}{1.21\varphi_1^2 \sin^2\theta} \right]^{1/2} \right\}$$

$$= 1.21 \times 0.9^2 \times 4.3 \sin 50° \left\{ 1 + \left[1 + \frac{(1.3 - 0.9)}{1.21 \times 0.9^2 \times 4.3 \times \sin^2 25°} \right]^{1/2} \right\}$$

$$= 7.22(\text{m})$$

式中　φ_1——流量系数，取 0.9；

　　　s_1——上游水头与鼻坎之差，取 4.3；

　　　a——鼻坎与地面之差，取 1.3m；

　　　h_t——下游水深，取 0.9m。

（2）水下挑距计算：

$$L_1 = (t_s + h_t)/\tan\beta = (4.88 + 0.9)/\tan 25° = 12.4(\text{m})$$

式中　t_s——冲坑深度；

　　　h_t——下游水深；

　　　β——入水角度，取 25°。

总挑距 $L = L_0 + L_1 = 7.22 + 12.4 = 19.62$（m）。

9.6.2.4　引洪渠水力计算

$$Q = AC(Ri)^{1/2}$$

式中　Q——流量，m³/s；

A——过水断面面积，m^2；

C——谢才系数，$m^{1/2}/s$；

n——糙率，取 0.03；

i——渠道纵比降；

R——水力半径，m。

计算结果见表 9.21~表 9.23。

表 9.21   引洪干渠水力计算表

干渠里程框 /m	纵比降	渠底宽 /m	设计水深 /m	设计流量 /(m³/s)	校核水深 /m	校核流量 /(m³/s)
-600~6+400	1/600	30	3.3	328	3.82	426
6+400~6+900	1/146	20	2.9	370.9	3.3	470
6+900~9+000	1/420	30	3.1	350.3	3.6	458.3
9+000~10+200	1/230	20	3.2	353.6	3.7	462.5
10+200~13+700	1/230	10	4.2	361.5	4.7	456.18
13+700~16+000	1/230	10	4.2	361.5	4.7	456.18
16+000~17+300	1/110	10	3.5	360.8	4.0	472.9
17+300~19+000	1/60	15	2.6	372.7	2.9	456.3
19+000~21+900	1/250	20	3.3	358.6	3.8	466.1

表 9.22   引洪支渠水力计算表

支渠里程框 /m	纵比降	渠底宽 /m	设计水深 /m	设计流量 /(m³/s)	校核水深 /m	校核流量 /(m³/s)
0+000~2+200	1/140	29	2.3	349.2	2.7	462
2+200~3+000	1/230	31	2.6	359	3.0	461

表 9.23   退水渠水力计算表

退水渠里程框 /m	纵比降	渠底宽/m	设计水深/m	设计流量/(m³/s)
0+000~4+200	1/600	10	1.2	20.48

9.6.2.5 结构计算

1. 溢流堰

溢流堰为桩基钢筋混凝土 WES-I 型实用堰。堰底板、前直墙及两侧墙厚为 1.0m，堰面板厚 0.5m。经结构计算：底板配筋为受拉区 Φ12@20，受压区 Φ12@30 前直墙及两侧墙采用构造配筋，受拉区为 Φ12@30 受压区 Φ12@30。

堰面板采用双向配筋，垂直水流方向受拉区选用 Φ12@20，受压区选用 Φ12@30，顺水流方向受拉区选用 Φ12@20，受压区选用 Φ12@30。

2. 进水闸

（1）闸底板。闸底板厚 0.8m，按闸底板支撑在闸墩上的倒置梁法计算，闸室分为 2 个 4 跨一个 3 跨。底板配筋按中间 3 跨计算，经计算底板采用双向配筋，上下层受力选用 Φ12@20，分布筋选用 Φ8@32。

（2）闸墩。闸墩上部长 3m，下部长 8m，上部高 3.5m，下部高 2.0m，厚 0.8m。经计算，闸墩中间 3m 选配 Φ16@20，上下游 2.5m 选配 Φ12@20，分布筋选用 Φ8@32。

3. 启闭梁

启闭梁每块长 3.76m，净跨 3.4m，启闭梁配筋为上层选配 8Φ12，下层选配 12Φ20 分布筋选为 Φ6@20。

9.6.3 工程建设施工

9.6.3.1 工程招标

在上级业务主管部门审查工程设计的同时，达拉特旗人民政府于 1998 年 9 月 9 日召开了有关淤灌区各受益单位参加的专题会议，研究了工程实施的有关问题，各受益单位都认为该工程是一项引洪淤地发展生产和保持水土的好工程，一致同意建设。1998 年 9 月 24 日召开了旗委书记旗长联席会议，正式确定了九大渠工程建设，研究决定以向社会公开招标的方式组织施工，主体工程于 1999 年汛期前完工，并成立了施工指挥部，负责组织工程施工、质检及竣工验收工作。

根据工程施工顺序和勘测设计进度分为五次进行招标。第一次是主体工程招投标，于 1998 年 10 月进行，分为 14 个标段。参加投标的单位共有 13 家，经过评议，达拉特旗管道公司、东源水利路桥公司、金茂建安公司、东源建筑公司、雪人建筑公司、市政公司中标。第二次招标是主干渠桥、涵闸配套工程；第三次招标是王爱召乡郝三圪卜支渠、围堰工程；第四次招标是王爱召乡转龙湾围堰工程；最后一次招标是渠首进水闸工程。

九大渠工程的实施采用招投标方式选择施工单位，是达拉特旗首次采用招投标方式。当时在编制招标文件时没有成熟的范本和参考资料，仅有一个培训班的教材，按照教材介绍的方法编制了招投标须知和评标办法，现在看来，招标文件很不成熟，但在当时为各投标单位提供了公平竞争的条件，改变了过去多年形成的由领导拍板确定施工单位的做法。

9.6.3.2 主要工程施工过程及重大问题处理

为了保证工程于 1999 年汛前完工，溢流坝施工是制约工期的重中之重，施工指挥部确定溢流坝钻孔灌注桩必须于 1998 年冬季完工。为此溢流坝于 1998 年 11 月 2 日先期开工，首先进行场地布置、复测放线、高程控制网布设、砂石料场选定和开采，同年 11 月 13 日开机钻孔桩，采用四台冲击钻同时作业，孔位准确，偏差小于 5cm。混凝土灌注采用 5t 自卸汽车装运混凝土、人工入孔导管灌注。灌桩工作于 1999 年 1 月 13 日完成，共完成 52 根桩基的灌注。

溢流坝体施工于 1999 年 3 月 20 日开工，6 月 4 日竣工。施工分为四个施工段，每段施工按七个过程 3～5 道工序进行。各工序都按技术规范和安全操作规程施工。混凝土浇筑采用 250L 混凝土搅拌机，斗车和 5t 自卸汽车运输混凝土，采用溜槽卸料入仓，平层浇筑，振捣。混凝土浇筑过程中技术人员认真检查模板、钢筋及混凝土配合比。

引洪渠首工程共分四个施工段，即干渠进水口混凝土分水圆头、干渠 0＋000～0＋300 段、0＋300～0＋600 段、渠堤护坡及护岸工程等，四段工程于 1999 年 4 月初开工，先后于 1999 年 6 月 15 日至 7 月 26 日竣工。工程按照基坑开挖，基础混凝土浇筑，基础以上混凝土浇筑、土方回填，浆砌石护坡砌筑的施工程序进行施工，使工程各项指标均达到设计标准。

在施工过程中，渠道护坡基础开挖遇到困难，由于该段地下水位高，加之过去引洪灌溉使大量泥沙淤积，机械无法进入开挖位置，经反复研究采用填运干土挤淤、加垫柴草等办法进行开挖，利用 120 型湿地推土机切块开挖，将基础内的渗流导向一端排出坑外，然后逐段向上游开挖。这样增加了开挖难度，一定程度上影响了施工进度。

工程实施中，将原设计的浆砌石护岸丁坝改为护岸混凝土顺水坝。改设计的理由，一是为充分利用原九大渠渠首鱼嘴坝。原九大渠鱼嘴拦水坝长 170m，位于干渠外侧顺水流方向上，坝基坐落在基岩上。经考察有 95m 能够利用，可在原石坝高度上加高 1.0～3.0m，就能达到护岸要求。另从上游圆头向下游新建279m混凝土顺水坝，通过两段顺水坝保护干渠靠近主河道的段落。二是避免了丁坝施工和护坡渠堤填筑的交叉，保证了工期。三是根据实地情况分析，混凝土顺水护岸坝与浆砌石丁坝比较防护效果会更好。

非溢流坝施工分两期进行，第一期在主体工程和围堰工程竣工之后进行，土坝的填筑高度为2～3m，未达到原设计高度。其目的是为减小干渠进水流量，使干渠运行初期以中小流量运行，以便观察建筑物的运行情况及干渠的冲淤状况，待干渠渠床稳定、渠堤固实后或建成干渠进水闸后，进行第二期施工。将非溢流坝填筑至设计高程，工程按设计标准运行。2000年汛前考虑到渠堤及围堰经一年固结，可以按设计标准运行，非溢流坝已按设计完成。

干渠土方开挖从1999年4月中旬开工，7月中旬全线竣工。主要采用55～75kW推土机开挖，开挖时以渠中心线向两边铲运出土，开挖达到设计标准后推土机修整边坡，人工整修堤顶。渠道土方竣工后在渠堤种草，设置沙障，防止渠堤雨水冲刷和风蚀。

渠首进水闸施工单位于2002年5月15日进入工地，进行场地布置，基坑开挖，采用一台反铲挖掘机开挖，四辆自卸汽车拉运至弃土场。闸室齿墙以及消力池齿墙采用人工开挖。在开挖过程中由于60％土质为泥岩，机械铲挖困难，所以配合爆破松土。基坑于2002年5月17日开挖完成。

2002年5月18日，渠首工程正式开始钢筋混凝土浇筑。施工进度控制以闸室部分为主线展开。其他分部工程只要有作业面就及时组织人员按照施工工序流程推进。钢筋混凝土工程几乎是九大渠渠首进水闸的全部工作内容。无论是从人力和物力消耗，还是从技术的复杂程度和工期方面来讲都是至关重要的，为了做到技术先进，确保质量和工期，施工单位组织了技能强、施工经验丰富的技术工人和强壮劳力上第一线。根据浇筑强度，配备了两台0.35m³混凝土搅拌机，现场施工人员90人采取昼夜三班倒作业。场地内混凝土运输采用人工手推车水平运输，装载机垂直运输，搭设混凝土运输栈道和仓面脚手架，利用溜模和布袋缓降入仓，采用HJ50型插入式振捣棒振捣，折模后覆盖草袋洒水养护。预制构件的安装，采用20t起重机起吊，安装闸墩两侧搭设"满堂红"脚手架。工程于2002年6月15日全部竣工。

在施工过程中，建立了严格的质量控制体系，施工单位认真执行质量"三检"制，即班组自检、工地专职质检员复检和项目部终检。监理单位对关键部位进行旁站监理，一般项目抽样检查。施工的每一道工序都通过监理检验合格后方可进行下一步施工，以工序质量保证单项工程分部工程的质量。伊克昭盟水利质检站随时进入工地进行质量抽查。通过各单位的严格控制，保证了工程建设的质量。

9.6.4 工程建设评价

9.6.4.1 工程质量控制及评价

九大渠引洪淤地扩建工程建设由施工指挥部组织施工，伊克昭盟水利质检站进行质量检查。为了加强质量管理，确保工程质量，从施工开始到施工过程中，首先对工程所用的原材料进行严格检测、控制，严禁不合格的原材料进入施工现场，保证了工程材料质量。在具体各项施工中，根据划分的单位工程、分部工程和单元工程，把工程质量管理贯彻到每一道施工工序中。质量控制按照水利部颁发的《水利水电工程施工质量评定规程（试行）》（SL 176—1996）的规定执行。首先由各标段设立的质检小组，从单元工程到分部工程每一细部、每个环节进行自检，填写自检表，做好质量数据测试统计和施工记录，再由施工指挥部、质检单位组织复查评定填写评定表。

九大渠引洪淤地扩建工程共分14个标段，划分为4个单位工程，21个分部工程，262个单元工程。经伊克昭盟水利质检站测试评定，20个分部工程达到优质，优良率为95.2％，197个单元工程达到优质，优良率为75.2％，按照《水利水电工程施工质量评定规程（试行）》（SL 176—

1996），伊克昭盟水利质检站初步评定九大渠引洪淤地工程施工质量为优良。

9.6.4.2 竣工决算及审计

全部工程竣工后，施工指挥部根据施工情况绘制了各单项工程竣工图，分项计算了工程量，在此基础上与各施工单位核对了实际发生的工程量，通过核对双方认可的工程量作为决算依据。共计完成土方工程量 171.3 万 m^3、钢筋混凝土工程量 12205m^3、浆砌石工程量 2955m^3，决算总造价 1030.34 万元。经最终审计认定工程总造价 1027.58 万元。

9.6.4.3 工程运行管理及效益

根据 1998 年 9 月 24 日旗委书记旗长联席会议精神，工程建成后常设管理机构，负责工程管理费用摊派、引洪淤地技术指导和贷款回收。工程实行分级管理，工程管理单位负责主干渠及渠首枢纽的管理，支渠围堰及涵闸由受益乡镇组织受益群众进行管理。工程竣工后，旗水土保持局向旗政府申请组建九大渠工程管理站，在未组建前，旗水土保持局选派一名干部负责工程管理工作，同时聘用一名当地村干部负责日常管护。

由于原定的常设管理机构未能设立，2002 年 5 月 10 日，旗委书记旗长联席会议决定，工程管理移交给受益区域的王爱召、耳字壕两镇人民政府。工程管理由两镇组建管理委员会，行使工程管理单位的职责，工程管理委员会主任单位为王爱召镇人民政府，副主任单位为耳字壕镇人民政府，管理委员会组成人员由两镇自定。管理单位负责主体工程管理、工程维护、运行管理、水量调度，以及工程贷款的分摊、落实和回收；配套工程谁受益谁管理，旗水土保持局负责业务技术指导。管理运行维护费用由两镇负担。为此，旗水土保持局根据工程设计标准和管理运行的一般要求，编制了九大渠引洪淤地扩建工程管理运行办法，详细制定了枢纽工程、进水闸、干支渠、涵闸、围堰的运行方式。2004 年 6 月 11 日正式办理了移交手续，由受益区两镇负责工程的管理运行。

工程建成后，引洪运用仅在 2003 年 7 月 29 日进行了一次，最大引洪流量达到 370m^3/s，初步估算，碟卜乌素围堰拦蓄洪水达到 700 万 m^3，拦沙 210 万 t。以后再未发生较大洪水可引用。日常运行主要保障原有农田的灌溉，仅有少量灌溉剩余水量引入下游围堰。

达拉特旗九大渠分洪工程控制流量水闸

达拉特旗九大渠分洪工程过洪断面

2003年7月29日首次引洪蝶卜乌素围堰

九大渠建成后蝶卜乌素围堰淤成的土地

九大渠工程枢纽现状图

九大渠引洪干渠现状

十大孔兑之哈什拉川九大渠分洪工程

9.7 东胜区"一坝一塘"治理模式

9.7.1 建设背景

东胜区（2000年撤市设区）地处鄂尔多斯高原，地势西高东低，位于鄂尔多斯高原东部的南北分水岭区域，属典型的丘陵沟壑地貌区。由于气候、降水、地质构造所致形成了贫瘠的土壤，植被稀疏，水土流失严重，呈现出坡陡谷深、沟壑纵横、支离破碎的地貌。地表水系多为季节性河流，冬春季节河流基本干涸，汛期暴雨形成洪水，强度大，历时短，陡涨陡落，一场洪水历时过程一般不超过24h，且地表径流调蓄工程少，调蓄能力差，地表洪水径流难以有效控制和利用。该地区深层地下水资源极其匮乏，主要开采利用浅层地下水资源。但地下潜水以大气降水补给为主，受降水量小且集中及年际变化大的影响，补给地下潜流水量较少，是资源性缺水地区。浅层地下水主要分布在河谷第四系冲积洪积沙、砂砾石层中，地下水埋深一般在0.5~1.5m，含水层厚度多在5~7m，主要受大气降水、地表径流及山区侧向径流补给。

东胜区属温带大陆性气候，冬季严寒，夏季炎热，干旱少雨，气温年变化大。根据市气象站1960—2000年的气象资料统计，多年平均年降水量仅387.2mm，且多集中于7月、8月、9月，这三个月的降水量占全年降水量的65%以上；多年平均年蒸发量为2256.0mm（20cm口径蒸发皿），是多年平均年降水量的5.8倍多，其中5—6月蒸发量较大，占全年蒸发量的33%以上。因此，干旱是东胜区的主要自然灾害之一，发生频繁，影响面广，持续时间长。一般年份春季均受干旱影响，夏旱和秋旱次之，受灾率在30%以上。每年从6月后降水量有所增加，但旱情仍不能缓解。冬季降雪很少，土壤水分蒸发强烈，湿润系数小，使春旱加剧。故有"十年九旱，年年春旱"之称。

多年来，当地水利部门和广大人民群众曾采取多种形式（如大口井、截伏流、锅锥井、筒井等）寻找解决水源问题的途径，虽然取得了一定成效，但水的供需矛盾依然突出。1994年，中国黄土高原水土保持世界银行贷款项目（以下简称世行项目）为本地的环境整治、生产条件和人民生活条件的改善带来了前所未有的契机。东胜市世行项目的工程技术人员将找水治水作为项目实施的关键，经几年的探索和反复实践，终于找出一条成功的道路，即"一坝一塘、引水上梁，发展种养，脱贫致富奔小康"的治理模式。这一模式创造了高效利用有限降水资源的新途径，是世行项目的一大创举，不仅解决了当地干旱缺水的老大难问题，而且很好地解决了当地人畜饮水和城市、企业的供水问题，为区域内实现经济和社会的可持续发展奠定了坚实的基础。"一坝一塘"治理模式是解决干旱缺水的丘陵沟壑地貌区水源问题的有效途径。

9.7.2 特点与形式

"一坝一塘"水源工程是采取"拦蓄天上水、补给地下水、利用塘中水"的形式发展水浇地。其基本做法是先在沟道内筑一土坝，拦蓄径流，然后在坝下游距坝脚15~30m处开挖水塘。坝内拦蓄的地表洪水通过坝底粗砂层渗透补给下游水塘，既延缓了洪水补给地下水时长，又有效控制了洪水并得到充分利用。"一坝一塘"具有如下特点：

（1）"一坝"保护"一塘"，防止水塘遭洪水冲毁、泥沙淤积。与单纯的截潜流工程相比，水塘的使用寿命长、安全系数高。

（2）"一坝"补给"一塘"。由于筑坝土料为砂壤土，沟道基岩以上砂层的孔隙度较大，渗透性能好，"一坝"拦蓄的径流可以不断地补给水塘，保证了灌溉用水需求。

（3）"一塘"提高了"一坝"的经济效益，使骨干坝、淤地坝、谷坊坝不但具有拦泥淤地的远期效益，而且成为水源涵养的保护工程，具有显著的近期效益。

（4）由于有"一坝"防护，"一塘"的开口直径可以根据沟道宽窄开挖，横截沟底，开口直径达几十米，是一般截潜流工程的十几倍，因此，贮藏水量增多，灌溉面积大幅度增加。有了充足的水源，就可以将沟畔川台地、山梁坡耕地修成梯田，采用节水灌溉的深埋低压塑料管道，利用一定扬程的潜水泵将沟底水输送到山梁地头，每 $0.67\sim1.0\text{hm}^2$ 留一个出水口进行灌溉。

"一坝一塘"水源工程坝控面积在 $0.5\sim3\text{km}^2$ 之间，水塘深 $3\sim5\text{m}$（水塘底至基岩），形状一般为矩形。根据立地条件，"一坝一塘"的具体形式有三种：①典型的"一坝一塘"，即"一坝"下游只有"一塘"；②"一坝多塘"，一坝下游按一定的间隔距离有两个或三个塘；③"两坝一塘"，单坝控制面积小，相邻两支沟分别筑坝，在沟口处汇合处挖塘。

9.7.3　工程设计思路

"一坝一塘"设计的技术思想本着以高效利用水资源为核心，以建设坝塘拦蓄大气降水和浅层地下水为主要措施，配套发展水浇地，提高土地利用率，推动农业生产的可持续发展。"一坝一塘"主要解决在丘陵山区的沟道内要拦蓄降水形成的径流只能筑坝用土坝拦蓄径流，但蓄水后的蒸发和渗漏又使雨季拦蓄的水在旱季，特别是"十年九旱"的春天利用没有了保障。在土坝下游 $15\sim30\text{m}$ 处（经测算安全坡度以 $1:8$ 为宜）建一个塘（控制面积较大的坝下游，根据水量和灌溉地块的布局可建几个塘），将坝拦蓄下渗的水流截住，采取节水措施进行灌溉。

9.7.4　典型设计实例

"一坝一塘"工程设计以罕台川上游淖沟小流域内的边家渠"一坝一塘"工程为例，工程控制面积 1.1km^2，主沟长 1400m，沟道比降 1.8%，坝址处沟底宽 80m，坝周围有 20hm^2 土地因缺水不能高效利用。

1. 水文计算

（1）洪峰流量计算。工程标准按 20 年一遇洪水设计，50 年一遇洪水校核，根据《内蒙古自治区水文手册》推理公式 $Q_m=0.278\Psi FS_P/\tau^n$，计算得 50 年一遇洪峰流量为 $50\text{m}^3/\text{s}$。（计算过程从略）

（2）洪水总量计算。由《内蒙古自治区水文手册》多年平均年最大 24h 雨量等值线图查得，工程所在位置多年平均年最大 24h 暴雨量 H_{24} 为 60mm，50 年一遇标准设计洪水的径流系数 α 取 0.5，频率为 2% 的模比系数 K_P 为 3.49，根据公式 $W_m=0.1\alpha H_{24}K_P F$ 计算，50 年一遇洪水总量为 11.5 万 m^3。

（3）泥沙淤积量计算。工程所在区域的年侵蚀模数 M_0 为 $7500\text{t}/\text{km}^2$，土坝的淤积年限 n 按 10年计算，泥沙容重 $\gamma=1.4\text{t}/\text{m}^3$，根据公式 $W=M_0 F_n/\gamma$ 计算，得到 10 年的泥沙淤积量为 5.9 万 m^3，相应的淤积高度为 5.3m，淤积面积为 2hm^2。

（4）溢洪道最大泄洪流量。拟定在 5.3m 高的淤积面上滞洪水深为 2.2m，则滞洪库容 $V_滞=5.9$ 万 m^3，根据公式 $q_p=Q_m(1-V_滞/W_m)$ 计算得溢洪道的最大泄流量为 $24.4\text{m}^3/\text{s}$。

2. 工程设计

土坝坝体为碾压式均质土坝，坝高由拦泥坝高、滞洪坝高和安全超高三部分组成。拦泥坝高 5.3m，滞洪坝高 2.2m，安全超高 0.5m，则总坝高为 8m。溢洪道建在坝的右侧，溢流堰为矩形断面，坡降为 $1/100$，底部为砒砂岩，根据公式 $Q=WC(Ri)^{1/2}$ 计算确定溢洪道的宽为 3m、深为 2.7m、长为 100m，坝的上、下游坡比均为 $1:2.5$，坝顶宽 3m、长 160m，坝顶做埂盘畦，以防冲刷。设计坝体干容重为 $1.55\text{t}/\text{m}^3$ 以上，共动用土方 2.2 万 m^3。土坝筑成后，上、下游坡面种植灌草混交植物，以防风防冲保护坝坡。

3. 水量及灌溉面积确定

根据《内蒙古自治区水文手册》查得多年平均年径流深为 40mm，则坝控范围内年径流量为

4.4 万 m^3。蓄水塘的开口设计为 80m×55m，根据坝的水位-库容-面积曲线，坝库年平均水面面积为 9500m^2，合计水面面积为 1.39 万 m^2。多年平均年蒸发量为 2200mm，水面蒸发折算系数为 0.56，多年平均年降水量 394mm，则实际水面蒸发量为 2200mm×0.56-394mm=838mm。

所以年蒸发损失水量为 0.838m×1.39 万 m^2 = 1.16 万 m^3，每年可利用灌溉的水量为 3.24 万 m^3。

采用节水灌溉的深埋硬塑料管输水灌溉，灌溉定额为 600m^3/hm^2，为保证作物的正常播种和生长，每年需灌水 3 次，年灌溉定额为 1800m^3/hm^2，则该工程可发展水浇地 18hm^2。

4. 蓄水塘设计

(1) 蓄水塘开口距坝脚的距离。为确保土坝的安全，下游坝脚至塘底前沿的安全坡比不大于 1:8（参考水力计算手册和有关资料），该塘坐落河谷中，砂砾层厚 3.5m，塘深再向下挖 1.0m，为 4.5m。塘的边坡设计为 1:3，推求得塘的开口距坝脚的距离为 23m。

(2) 蓄水塘容积。塘的容积应满足灌溉用水的要求，发展 18hm^2 水地按 10 天一个轮灌期计算，需水量为 10800m^3。塘的容积与 10 天内最小的补给量之和应大于 10 天的灌溉需水量。塘的最小补给量应是在坝库蓄水深最小，取 1.0m，塘中水深最高取 3.0m 时，坝库向蓄水塘的渗漏补给量，采用公式

$$Q = KB(H_1 - H_2)/2R$$

式中　K——砂砾石河床渗透系数，取 K=40m/d；

　　　B——渗流宽，取 B=80m；

　　　H_1——坝库水面与塘底的水位差，取 H_1=5.5m；

　　　H_2——塘的水深，取 H_2=3m；

　　　R——渗径长，取 R=84m。

计算得 Q=405m^3/d，则 10 天补给量为 4050m^3。

塘的蓄水容积应为 10800m^3-4050m^3=6750m^3，塘深 4.5m，正常水深 3.0m，边坡为 1:3。塘的开口长为 80m，收底长 53m。计算得塘的开口宽为 55m，收底宽为 28m，开挖土方量 1.4 万 m^3。

（3）蓄水塘的防渗措施

为施工方便，经济合算，设计采用塑料布防渗，将塘的下游坡用人工平整，铺 0.2m 厚的砂壤土垫层后整体铺设塑料布横截整个河床，塑料布上面填筑 0.6m 厚的砂壤土保护层。

5. 提水工程设计

根据 18hm^2 水地 10 天为一个轮灌期的最大日需水量为 1080m^3，以及灌溉地块的位置，确定选用出水量为 50m^3/h，扬程 91m 的 3 寸电动潜水泵 1 台套（计算过程从略），深埋 4 寸硬塑料管道 1.2km，将水提到高位蓄水池内再输送到各地块进行自流灌溉。增设 50kV 变压器 1 台，架设高压线路 0.7km，动力线路 0.2km。

6. 投资概算

该工程土坝动用土方 2.2 万 m^3，按单价 2.5 元/m^3 计，则土坝投资为 5.5 万元；蓄水塘开挖土方 1.4 万 m^3，按单价 7 元/m^3 计，则蓄水塘投资 9.8 万元；提水工程、电力配套及其他设施投资 8.9 万元。共需总投资 24.2 万元。

9.7.5 工程运行效益

1. 经济效益

(1) 根据多年来的实地调查，旱地变为水浇地，每公顷可新增粮食（按玉米计算）6000kg，按 0.8 元/kg 计算，扣除农业生产成本和灌溉费用等，每公顷水浇地的增产净效益为 3000 元。项目区内人均新增水浇地 0.0776hm^2，人均每年可新增粮食 466kg、新增纯收入 233 元。边家渠工程总投

资 24.2 万元，年新增净效益 5.4 万元，投资回收年限为 4.5 年。

（2）"一坝一塘"水源模式在世行项目区共新发展水浇地 1056hm²，每年可新增粮食 6336t，新增净效益 316.8 万元，到 2001 年年底累计新增粮食 30384t，新增净效益 1519.2 万元。项目区"一坝一塘"增产效益见表 9.24。

表 9.24 项目区"一坝一塘"增产效益表

年度	1995	1996	1997	1998	1999	2000	2001	累计
水地面积/hm²	96	384	516	936	1020	1056	1056	
新增粮食/t	576	2304	3096	5616	6120	6336	6336	30384
新增净效益/万元	28.8	115.2	154.8	280.8	306.0	316.8	316.8	1519.2

表 9.24 中，新增水地进行产业结构调整种植的蔬菜、果类等均折算为粮食进行经济收入的计算。粮食的转化增值部分没有进行经济效益计算，只计算了土地直接产出的效益。

2. 社会效益

（1）"一坝一塘"水源模式的实施，大幅度地增加了水浇地，改变了项目区的土地结构，农民在这些新发展的水地上搞起了土地上的多种经营，增加了作物的多样性。由过去的单一种粮改变为种保护性的温室大棚菜、药、果等经济作物，有力地促进了农村产业结构的调整，推动了农业粗放型经营向现代化的集约型经营转变。项目区现已退耕还林还草 2697hm²，加快了退耕还林还草的步伐，增强了农业生产的生态抗灾能力和恢复弹性。为农业生产的可持续发展打下了基础。土地利用结构和利用比例变化分别见表 9.25 和表 9.26。

表 9.25 项目区土地利用结构变化

年度	土地利用面积/hm²								
	农地		果园	林地	草地	未利用地	水域	其他用地	合计
	坡地	基本田							
1993	5228	1164	49	1567	1668	43284	80	5760	58800
2001	453	3242	299	18335	6115	24484	110	5762	58800

表 9.26 项目区土地利用比例变化

年度	土地利用比例/%							
	农地	果园	林地	草地	未利用地	水域	其他用地	合计
1993	10.87	0.083	2.665	2.837	73.613	0.136	9.796	100
2001	6.284	0.508	31.182	10.399	41.638	0.186	9.796	100

1993 年基本田占总耕地的 18%，坡耕地占 82%；2001 年基本田占总耕地的 88%，坡耕地占 12%。

（2）"一坝一塘"水源模式的实施增加了农民的收入，加强了项目区的基础设施，提高了农民人畜饮水的数量和质量，改善了农民生活环境，促进了区域社会的可持续发展。到 2001 年项目区户户都有照明电，社社通了动力电，乡、村公路四通八达，90% 的农户看上了彩电，部分农户安装了电话。特别是项目区多年难以解决的人畜饮水问题得到了解决。东胜区地下水不仅贫乏，而且是内蒙古地下水高含氟和缺碘区之一。多年来国家安排了大量的资金进行过防氟改水，但一直没有从根本上彻底解决，地方病在不断发生，给人们的身体健康带来了危害。项目区的潮脑梁、塔拉壕一带由于水质的问题，患有痴呆症、粗脖子病的人很多。世行贷款项目实施后，东胜利用很有限的资金，在搞好项目建设的同时建设坝系水源工程，解决了当地吃水难、改变水质更难的问题。过去解决水质问题,主要是通过药物和打深井找水质相对较好的含水层,但是苦于这一地区深层水是很难找的,水量又很有限。而"一坝一塘"(或"一坝一井")的坝系水源是由土坝将大气降水拦蓄后通过坝底沙层的渗流直接过滤转化为地下潜水,经水质质检部门化验,水质完全达标。有效地解决了多年吃含氟水的问题。原潮脑梁乡政府所在地,人畜饮水十分困难,只靠周围山沟内的小筒井和山坡、路旁的旱井吃水,且水质极差,常有因水质问题引发的痴呆、粗脖子等地方病,每逢旱季,饮水紧张,就要去5~6km外的地方拉水饮用,耗资费力。1998年经过勘测、设计、施工,在距乡政府1.5km处的北面山沟内建成一处"一坝一塘"水源工程,地埋3寸硬塑料管道3km,彻底解决了乡政府以及5个机关单位,10多个饮食服务行业的150人,学校师生350人和附近的卜亥窑、窑子沟两个社的770人、2310头(只)牲畜的人畜饮水问题,从此告别了饮用劣质水和饮水困难的历史。世行贷款项目在实施期共投资190多万元为项目区建成人畜饮水工程26处,解决了8296人、12408头(只)牲畜的饮水困难问题,解决吃水的人口占全项目区人口的61%,其中采取"一坝一塘"水源模式建成人畜饮水工程8处,解决了4894人(占全项目区人口的36%)、7860头(只)牲畜的饮水困难问题。

(3)坝系水源的建设也为东胜的城市供水,特别是大企业的供水做出了贡献。东胜城区地处一道梁,这道梁将东胜分为南北两大外流水系,东胜城区及各大企业的供水只能靠这些外流水系的地表潜流,遇到降雨量少的年份或干旱之年,城区就要闹水荒。近年来随着经济社会的发展,市区面积不断扩大,人口数量不断增加,城市的供水日益紧张,各大企业更是如此。特别是驰名中外的鄂尔多斯集团公司的用水更加困难,由于供水的制约,工厂被迫时段性停产不能正常运行。1995年利用世界银行贷款120多万元,在项目区的塔拉壕乡青杨树沟建设一座库容为276万 m^3 的骨干工程,有效地缓解了鄂尔多斯集团公司的供水困难。1997—1998年相继在添漫梁乡境内建成两座骨干工程,集团公司将这三处工程形成的水源合并使用,日供水量达5000t,彻底解决了公司的生产、生活用水,世行贷款项目三处"一坝一塘"水源工程不仅"救活"了驰名中外的大企业,同时也将原企业使用的城市供水还给了城市人民饮用,从根本上解决了鄂尔多斯集团多年来被水困扰的局面,为企业持续、快速发展提供了有力的保障。东乔建陶有限公司建成投产后,由于严重缺水企业不得不阶段性停产,世行贷款项目在艾来色太和淖尔沟两处坝系的建成才使该企业找到了水源,得以生存。连续三年的大旱使城镇供水再次紧张起来,开始了新的水荒,世行项目建设的淖沟、色连两社的两处水源地为此救急,城市日供水能力新增3000t。世行贷款项目的坝系是有功的,坝系水源工程在发挥着东胜水资源史上的巨大作用。

(4)水保沟道坝系工程直接拦蓄水土,不断地提高地下水位,涵养水源,保护着区域内所有的沟川农田和建筑物的安全,也为黄河支流的治理拦蓄泥沙和洪水,保护了下游人民的生命和财产安全。项目从建设以来,已建成了具有较大控制作用的骨干工程16座、淤地坝156座、小型谷坊坝786座,治河造地工程37处,共运用土石方达780万 m^3,单项工程的最大控制面积达到8 km^2,最小的工程控制面积为0.1 km^2,坝系工程总控制面积达到241 km^2,有效地保护了1385 hm^2 农田和2190 hm^2 林地免受洪水灾害,可发展坝地529 hm^2。坝系工程可拦蓄汛期侵蚀产生的大量泥沙,拦截和调节着凶猛的洪水。据监测,这些工程至2001年年底拦截泥沙达1606万t,减少了直接输入黄河的泥沙1237万t,每年拦蓄径流916万 m^3,为当地的地下水补给提供了丰富的资源,使顺沟而下的洪水得到很好的利用,同时也改善了地下潜流的水质。

由此可见,坝系工程不但能够增加水地、发展坝系农业、改善生产条件、提高农民生活水平,还可以抬高水位、涵养水源,解决人畜饮水和工业用水困难的问题,并且可以拦蓄径流泥沙保护农田和人民生命财产的安全。它不仅是水土保持治理的重要措施,也是促进农民富裕的致富工程,而"一坝一塘"水源模式独树一帜,更具特色,是水土保持建设中一颗异常璀璨的明珠。

9.7.6　技术推广应用

"一坝一塘"综合开发技术是东胜市水土保持世界银行贷款项目办公室首创发明的，是干旱丘陵沟壑地貌区寻找水源、发展水浇地的最佳模式之一，为丘陵沟壑地貌区进行水土保持综合治理找到了"突破口"。从1995年开始，东胜市先后在水土保持世界银行贷款项目区推广应用了该项技术39处，项目区外12处，共51处，直接新增水浇地612hm²，受到各受益单位和当地群众的热烈欢迎和上级领导、世界银行官员的好评和肯定。

这一技术在我国丘陵沟壑山区，降雨量少、地下潜水贫乏地区均适用，它的广泛应用推广，可为我国西北、华北贫困地区广大人民群众改善生产基础条件，脱贫致富达小康起到积极的示范带动作用。该技术成果2001年获得内蒙古自治区科学技术进步三等奖。

小贴士

一矿一企治理一山一沟，一乡一镇建设一园一区。

以治理保开发，以开发促治理。

重视生态功在千秋，保护环境造福万代。

合理利用自然资源，有效保护生态平衡。

环境与人类共存，开发与保护同步。

绿色美化环境，文明净化心灵。

"一坝一塘"之淤地坝

"一坝一塘"之蓄水塘

"一坝一塘"之坝地

"一坝一塘"之溢洪道

"一坝一塘"工程治理模式

9.8　乌审旗段新恩陶铁路建设工程水土保持防治典型

9.8.1　工程概况

新恩陶铁路是鄂尔多斯南部铁路的一部分，全线分为两段，一段由伊金霍洛旗的新街至乌审旗的恩格阿娄，另一段由恩格阿娄至乌审旗的陶利庙（以下称新恩陶铁路）。起于新包神铁路新街站南端（新包神铁路 DK164＋420 至 DK0＋000），止于陶利庙（含 DK176＋850）。先后经过伊金霍洛旗札萨克镇及乌审旗图克镇、乌兰陶勒盖镇和苏力德苏木。全线共设新街西、台阁庙、察汗淖、图克、大牛地、乌兰陶勒盖、嘎鲁图镇、陶利庙 8 个车站，是货客两用线路。线路全长 176.86km，线路技术等级为单线电气化，目标速度为 120km/h。由呼和浩特铁路局鄂尔多斯南部铁路有限责任公司承建。建设年限 2010—2014 年。

全线穿越毛乌素沙地，沿线大多属于半流动、半固定沙地，伴有少量流动沙丘，地势比较平缓，水土流失以风蚀为主，虽然经多年治理，风沙流动得到遏制，其生态环境仍然很脆弱，一遇旱年风蚀沙化就卷土重来，对线路的正常运营的威胁还是比较大的。新恩陶铁路全长 176.85km，其中新恩段 93.075km，其中路基长 89.997km，较为严重的风沙地段路基有 85 处 16km 长，其中包含流动沙丘 30 处 7.1km 长，半固定沙丘 55 处 8.8km 长；恩陶段 83.7km，其中路基长 82.6km，风沙路基 60 处 26.11km 长，其中包含流动沙丘 25 处 16km 长，半固定沙丘 35 处 10.14km。流动沙丘和半流动沙丘路段占总长度的 32%。而全线的路基多用风积沙土筑建。

因此，无论是路基边坡的防护，还是线路两侧风沙的治理，就成为保证铁路正常运营的关键问题了。

9.8.2　水土流失治理的"五到位"亮点

铁路建设全过程对水土流失治理极为重视。从线路选择、工程设计、施工组织、经费安排、先进技术的引进及后续的治理管护等，都把水土保持、风沙治理摆到了重要的位置，始终坚持"五到位"。

1. 各项法规、建设程序落实到位

按照国家对开发建设项目水土保持的要求，建设单位适时编报了水土保持方案，委托有关部门进行全程的监理、监测，竣工之后及时进行了评估验收。在整个开工、施工及验收的过程中与执法部门及时沟通，接受监督部门的监督、指导。

2. 管理机构、人员落实到位

在该铁路建设中，建设单位领导层对水土保持和风沙治理极为重视，把它摆到重要的议事之内，具体工作由工程部负责，还专门配备一名专业工程师具体负责此项工作。

3. 专项治理经费落实到位

按照批复的水土保持方案要求，全线投入了大量经费用于水土保持和风沙治理。其中用于水土保持和风沙防治的经费 1.7 亿元，用于路基、路堑、取弃土场治理的经费 1 亿元，再加上试验段的试验治理费，共约 3 亿元。这是同地区其他线路工程不可比拟的。这就是该段铁路水土保持防沙治沙治理取得突出成绩的保证。

4. 试验先行、技术措施到位

试验先行，科技和生产紧密结合是此条铁路建设的一大特点。该铁路建设对风沙治理、水土保持技术工作非常重视，在大面积治理开展之前，先组织技术人员、监理人员、施工人员进行小范围试验，做出样板，然后再由施工单位大面积施工。对特殊路段如高路堑边坡等治理难度较大的地段，引进外地先进的技术先搞试验，如引进高路堑边坡喷浆防护技术。流动沙丘的组合技术治理（乔木＋灌木＋草，网格＋乔灌草＋喷灌），都是先做出样板，然后推广，开展大面积治理。

同时在铁路建设中，还承担了内蒙古铁路局两个科研试验课题"高路堑治理新技术的引进应用"和"风沙段治理的试验"等。这些科技试验成果分别获得内蒙古铁路局科技进步一等奖和二等奖。

5. 制定制度、管护落实到位

管护不仅要落实到人，还要有严密的管护制度并严格执行才行。该铁路的建设，主体工程部分有专门的机构和人员进行管护维修。而林草措施部分也同样有严格的管护要求，要求保三年方可按质量要求验收。而实际上新恩陶铁路两侧风沙段的治理，验收之后已有六七年了，施工承包单位仍有人员留守，负责维护，发现有损坏情况及时和当地群众协商处置，采取补救措施进行治理。

浇水是保证林草植被存活并尽早起到防护效果的关键。该线路在设计中就编列了一大块打井、布设喷灌设施的资金，这一措施的安排、实施是新恩陶铁路建设的又一亮点。

9.8.3 路基、路堑边坡的防护

路基、路堑边坡的防护，整体安排分三个层级，高度在 3m 以下时，采用生物措施防护；高度在 3～5m 时，采用六棱砖砌筑，空心处填土种草；高度在 5m 以上时，采用骨架护坡，骨架内再种植灌草（沙柳网格），骨架以弓形骨架占多。

9.8.3.1 路基边坡防护

1. 高度 3m 以下的路基边坡的防护

（1）采用 1m×1m 沙柳网格，格内混播种草（柠条＋沙打旺＋苜蓿＋沙蒿＋羊柴），每亩撒播草种 250g，在 7—8 月种植，播后喷灌浇水。

（2）栽植紫穗槐。网格内栽植 1 年生紫穗槐实生苗，株行距 0.5m×0.5m，栽植季节一般为春季，栽后喷灌浇水，3 年即可郁蔽。

（3）栽植沙地柏。沙地柏是当地的乡土树种，可就地取材，苗源充足。网格内栽植 1 年生沙地柏实生苗，株行距 0.5m×0.5m，栽植季节一般为春、秋季，栽后喷灌浇水，成活后土壤表面得到迅速覆盖表土。

（4）全面种草。采用柠条＋沙打旺＋沙蒿＋苜蓿＋羊柴，7—8 月撒播或条播，栽后喷灌浇水。

2. 路基高度在 3～5m 时的边坡防护

采用六棱砖砌筑，空心处填土，点种柠条后，再全面撒播混合草籽。

3. 路基高度在 5m 以上时的边坡防护

全部采用弓形骨架护坡。骨架内采用生物措施，栽植 1.0m×1.0m 的沙柳网格，网格内栽植紫穗槐或沙地柏，栽植方法同上。

4. 工程护坡

对流沙路基及桥涵的裹头部分，采用浆砌块石护坡，块石大小不一，其厚度不小于 10cm。

9.8.3.2 路堑的防护

该路段铁路整体线路比较平缓，挖方较少，路堑段距离比较短，但有个别路堑段不仅高陡，且治理难度较大，因此引进了喷浆技术进行治理。

1. 沙丘路堑的防护

因该铁路线路全部穿越风沙地段，大大小小的沙丘不计其数，但多比较低矮，这样的路堑多采用生物措施治理，栽植沙柳网格沙障。另栽植乔木、灌木、种草，将沙丘全面进行封治，适时喷灌浇水，使沙丘全面固定。

2.裸露砒砂岩路堑的防护

因开挖路段为碎硝红色砒砂岩，其断面坚硬度不够、易风化。高度在5m以上时，对这种路堑，作为试验段进行治理。

（1）边坡喷浆法。以骨架为框架，内挂网，然后逐层喷泥浆。泥浆由草炭土、粉碎的稻草、锯末、红泥土、复合肥组成，依次喷5遍，每遍喷2cm厚，最后一遍在泥浆内搅拌混合草籽，草籽混合量按每平方米3～5g控制。喷浆时应注意泥浆的固结程度，待前一次的泥浆略凝固后再喷下一遍。

（2）三维土工布袋装营养土累砌喷浆法。先砌骨架，在骨架内用营养土袋累砌，砌铺完成后再喷混有草籽的泥浆。

（3）浆砌块石整体防护。对较低的砒砂岩路段或流沙路段，路堑高度虽在3m以上，但流动性较强，专靠生物防护有一定难度，则采用浆砌块石进行整体防护。

9.8.4　路基两侧风沙段的防护

新恩陶铁路全长176.85km，全部穿越毛乌素风沙地段，两侧有733.33hm^{2}的半流动、半固定沙地需要治理。按设计要求，迎风面150m、背风面100m范围内的沙丘均需治理，为做好这项防护治理，单独列项施工招标。治理配置方案有以下几种：

（1）平缓风沙地段，采用沙柳网格沙障配置，网格1.0m×1.0m，沙柳材料采用2～3年生鲜条，截去顶梢，柳条截成55cm长，栽植时埋深30cm，每一延长米栽植22根，要求枝条粗1cm以上的沙柳11根，每一延长米柳条重3kg左右，在网格内还要栽植2～3根较好的条子，保证成活。同时要求在两侧90m范围内栽植活沙障。

（2）沙柳网格沙障内栽植紫穗槐，采用1年生紫穗槐实生苗，每网格内栽植3～5棵。

（3）沙柳网格沙障内栽植沙地柏，选用1年生沙地柏实生苗，每网格内栽植3～5棵。

（4）半流动、半固定沙丘的治理。该线路两侧半流动、半固定沙丘有100处之多，治理难度相对较大。在配置上采用乔、灌、草混交，乔木采用阔叶、针叶混交搭配的方法。先栽植沙柳网格沙障，在网格内栽植乔木、灌木。杨树选择小叶杨，要求胸径3～5cm；樟子松树高在1.5m以上；沙地柏、紫穗槐栽植选择1年生实生苗。树木栽植之后，再全面撒播混合草籽，最后进行喷灌浇水。

9.8.5　取弃土场及施工便道的治理

因该线路穿越的地段地势比较平缓，动土量相对较小，取弃土比较平衡，弃土量小，取土多是风积沙土，取土场多为宽浅式，取弃土场及路基、路堑的治理和主体工程一体招标，谁的标段谁治理。取弃土场及路基、路堑的治理不达标，主体工程也验收不了。取弃土场的治理纳入主体工程实施的效果，现在已分辨不出哪里是取弃土场、哪里是风沙段了，与铁路两侧的风沙防治段融为一体了。

施工便道的治理，在主体工程验收之后，应当地牧民的要求，移交给地方，变成了乡间道路。

新恩陶铁路修建前地貌

铁路穿越风沙区沙柳沙障防治效果

3m以下路基边坡防护：株行距1m×1m沙柳网格沙障（一）

3m以下路基边坡防护：株行距1m×1m沙柳网格沙障（二）

3～5m路基边坡防护：六棱砖＋柠条

3～5m路基边坡防护：六棱砖＋种植灌草

线型工程水土保持防治技术——新恩陶铁路防治典型（一）

5m以上路基边坡防护：弓形骨架＋种植灌草

5m以上路基边坡防护：弓形骨架＋种植灌草

新恩陶铁路桥涵防护：浆砌石裹头防护（一）

新恩陶铁路桥涵防护：浆砌石裹头防护（二）

路基两侧流动沙丘路段沙柳沙障结合乔灌草全面治理

路基两侧防护：平缓风沙路段沙柳沙障＋灌草

线型工程水土保持防治技术——新恩陶铁路防治典型（二）

路堑边坡防护：骨架挂网喷浆法＋浆砌石防护

路堑边坡防护：三维土工布袋喷浆法

路堑边坡防护：沙柳沙障＋浆砌石＋三维土工布袋喷浆分段防护

路堑边坡防护：沙柳沙障＋骨架挂网喷浆

新恩陶铁路施工便道治理

新恩陶铁路水保方案全面治理全景图

线型工程水土保持防治技术——新恩陶铁路防治典型（三）

9.9　准格尔旗鄂尔多斯大路工业园区水土保持防治典型

9.9.1　工业园区概述

鄂尔多斯大路工业园区位于准格尔旗大路镇中部，库布其沙漠东端边缘，北邻黄河，东距呼和浩特市约 80km，南距准格尔旗薛家湾镇约 20km。西出口有呼大高速公路，东出口为兴巴重载高速公路，地理坐标东经 $111°10'\sim111°20'$，北纬 $40°04'\sim40°08'$。

大路工业园区坐落在覆沙丘陵地貌区台地，海拔 $1130\sim1275m$，由西南向东北倾斜，局部为丘陵缓坡和河谷阶地，冲沟发育，地表多为风积沙覆盖。总占地面积 140km²，分为东工业园区、南工业园区、西工业园区、煤电铝工业园区、煤炭物流园区、公用设施用地 6 个分区。基地年转化煤炭 1000 万 t，未来可实现年利税 1000 亿元，将成为华北地区最大的煤化工基地。

9.9.2　水土保持方案编报

按照大路工业园区总体规划，南工业园区占地 28.02km²，东工业园区占地 18.32km²，西工业园区占地 15.02km²，煤电铝工业园区占地 55.84km²，煤炭物流园区占地 9.97km²，公用设施用地 12.83km²。6 个分区的基础设施工程分别编制了水土保持方案。园区内的每个煤化工项目单独编制了水土保持方案，灰渣场、污水处理厂也单独编制了水土保持方案。因此，水土保持方案覆盖了整个大路煤化工基地的全部。

9.9.3　水土保持方案编制

9.9.3.1　方案编制的原则

（1）大路工业园区位于北部风沙区和南部丘陵区交汇地带，按照基地的总体规划和项目建设特点，分析项目建设造成水土流失的形式、过程以及危害，应以防治风沙流动危害和山丘区水土流失危害为重点，建设绿色生态基地。

（2）工业园区建设纳入了大路新区城镇化发展的格局，考虑到工业生产的烟尘、大气污染等因素，应按照园区道路、风沙区防护带、工业园区与市政区隔离带建设划分功能区编制方案。

（3）按照防火要求布置绿化树种，一带针叶树一带阔叶树，并结合道路的隔离进行布置，配置必要的消防设施，避免煤化工产品燃爆引发火灾事故。

（4）分析、确定园区基础设施建设所具有的水土保持功能设施，需要进一步补充、完善的，列入水土保持方案，避免重复投资建设。

（5）水土保持工程措施和生态措施，既要考虑防治水土流失的作用，做到功能齐全、结实耐用、维护便利，也要考虑市政园林绿化的观赏标准，乔灌草立体配置，实现绿树遮阴、鲜花盛开、四季常青。

9.9.3.2　方案编制内容及成果

1. 6 个园区综合方案

整个工业园区编制了 6 个分区（南区、东区、西区、煤电铝园区、煤炭物流园区、园区之间连接线）综合性水土保持方案。

2. 3 个弃渣、污水处理方案

编制了一期灰渣场、二期灰渣场、污水处理厂 3 个专项水土保持方案。

3. 28 个生产企业治理方案

入驻工业园区的久泰能源甲醇厂、久泰烯烃、久泰 50 万 t 乙二醇、易高甲醇厂、伊泰煤制油、东华甲醇厂、天润化肥厂、易高甲醇、国电多晶硅厂、锦化机锅炉厂、大路热电厂、北控 40 亿 m³ 天然气、神华 30 万 t 氧化铝厂、伊泰 200 万 t 煤制油、中石化 80 万 t 煤制烯烃、开滦 40 万 t 乙二醇等 28 个煤化工生产企业编制了专项水土保持方案。

9.9.4　水土保持方案实施

按照批准的水土保持方案，建设单位共计完成水土保持防护林建设 6.5km²，完成种草 5.57hm²，完成砌石挡土墙 356m。达到了开发一片、治理一片的目的，有效地控制了风沙危害及水土流失危害。下面重点介绍一期灰渣场水土保持治理。

9.9.5　一期灰渣场水土保持治理

9.9.5.1　灰渣场概况

大路工业园区一期灰渣场，修建于黄河二级支流蒙什兔沟的上游。蒙什兔沟是孔兑沟的一级支沟，上游主沟道呈 V 形，下游呈 U 形，沟长 3.23km，流域总面积 3.98km²，位于大路煤化工基地南工业园的南边，分水线以北是该园区的南环路一纬五路。小流域地形西北高、东南低，最高海拔 1218m，最低海拔 1122m，相对高差 96m，属黄土高原丘陵沟壑地貌。一期灰渣场属于山谷型填埋场，填埋坡谷为三面环山的荒谷。

灰渣场占地面积 0.689km²，其中库区占地面积 0.593km²，总填埋灰渣量为 1360 万 m³；建设总投资为 15191.91 万元，其中水土保持投资 984.71 万元。灰渣场建设组成主要包括以下内容：

（1）管理设施：渣场管理站、水质监测设施。进场道路及场内管理运行道路 2.5km。

（2）拦挡设施：拦渣坝 2 座、截洪沟工程、场区防洪工程。

（3）防护设施：渗滤液防渗工程、渗滤液导排工程、渗滤液吸集地、渗滤液贮存池、地下水导排工程。

9.9.5.2　水土保持方案编制

项目区内水土流失形式主要表现为水力侵蚀，间有季节性风力侵蚀，重力侵蚀多发在侵蚀沟内。根据全国第一次水利普查内蒙古自治区水土保持公告确定：项目区水力侵蚀模数为 6000t/(km²·a)，风力侵蚀模数为 5000t/(km²·a)。

依据《全国水土保持规划国家级水土流失重点预防区和重点治理区复核划分成果》（办水保〔2013〕188 号）及《内蒙古自治区人民政府关于划分水土流失重点预防区和重点治理区的通告》（内政发〔2016〕44 号），工程建设区所在准格尔旗属于国家级水土流失重点治理区，地处黄土丘陵沟壑地貌区，水土流失严重，容许土壤流失量为 1000t/(km²·a)。按照《开发建设项目水土流失防治标准》（GB 50434—2008），执行一级防治标准。

2008 年，准格尔旗大路新区管委会委托内蒙古天佑水利工程设计公司，编制了灰渣场水土保持方案。2009 年 4 月，内蒙古自治区水利学会组织专家组对方案报告进行了技术评审。2009 年 6 月，内蒙古自治区水利厅对评审后的方案报告予以批复。

水土保持方案编制充分考虑了主体工程设计中具有水土保持功能的防治措施，明确主体工程具有水土保持功能的措施有灰渣场的截洪沟工程，灰渣场周围的防风林，灰渣场的挡护边坡、退台边埂，以及灰渣顶部覆土后种树种草等。在此基础上，进行了水土保持治理方案布置。在主体工程外围影响区重新布设了林草措施，增加了林草覆盖度，以防止水土流失。在薛家湾一大路快速通道两边设计了道路绿化防护林景观，在灰渣场周边也增加了 3 带立体防风抑尘的防护林，高层栽植新疆杨，中层栽植松树林，低层栽植沙柳林。灰渣场在四周防护林的保护下，栽植乡土树种杏树经济林。

9.9.5.3 水土保持方案实施

1. 水土保持林草措施

在实施水土保持措施时，一定要考虑养护、维护管理的机械道路，否则很难养护管理。

灰渣场外围影响区的林草措施与主体工程跟进施工，灰渣填埋后所形成的坡面及灰渣顶面覆土后，林草措施随后跟进。填埋到位一部分、覆土一部分、绿化一部分，累计营造栽植乔灌木 51870 株、种草 58.4hm²。尽量减少灰渣、覆土裸露时间，防止风蚀，及时恢复自然生态环境。

2. 各类边埂防护措施

在灰渣场下游末端填埋时，考虑退台的宽度和坡度，一般退台的台阶宽度为 4～5m，坡度小于 45°，每层垂直高度为 5～6m，这样既保证了稳定性又便于种树、种草及养护管理，每一台阶的宽度应满足施工机械作业。台阶的外边缘要求修筑底宽 1m、高 0.5m、顶宽 0.5m 的防水边埂，边坡覆土 0.5m，覆土后种植多年生苜蓿、沙打旺、羊柴。台阶边埂覆土厚 1m，一般栽植松树绿化美化。在灰渣场填埋的最高层的上游左右两岸，全部高出原地面 4～6m，边坡坡度小于 45°，覆土 0.5m 种草，边坡绿化要求安装微灌系统，保证造林种草的浇灌。

灰渣填埋的最顶部四周要求筑边埂，边埂截面为底宽 2m、顶宽 1m、高 0.8m。中央部位按 10m 宽带分区，覆土厚大于 1m，种植高秆防护林，其余顶部覆土厚 0.5m，种植多年生牧草。在中间留 1～2 个积水坑，一般按照面积大小确定积水坑尺寸，一般每亩预留 30m³ 的积水坑，积水坑四周也要求筑边埂并安装排水管，边坡同样要求小于 45°并种草。

3. 水土保持工程措施

按照水土保持方案，实施完成了各项水土保持工程措施。其中砖砌式截洪沟完成 2750m，浆砌石排洪沟完成 800m，黏土挡水围堰完成 2230m，波纹管排水管道完成 367m，微喷灌节水灌溉面积完成 12.13hm²。

4. 水土保持投资

工业园区完成水土保持工程总投资 984.21 万元，其中工程措施 356.71 万元、植物措施 499.04 万元、临时措施 7.67 万元、独立费 60.02 万元、补偿费 60.77 万元。

大路园区生态绿化（一）

大路园区生态绿化（二）

大路园区生态绿化（三）

大路园区生态绿化（四）

大路园区道路防护林（一）

大路园区道路防护林（二）

准格尔旗鄂尔多斯大路工业园区水土保持治理模式（一）

大路工业园区煤化工灰渣场治理排放

大路煤化工基地灰渣场分层填埋

灰渣场左侧分层填埋，右侧栽植油松恢复治理

灰渣场边坡植被覆盖防护

大路煤化工基地灰渣场覆土绿化

大路煤化工基地灰渣场复垦区治理

准格尔旗鄂尔多斯大路工业园区水土保持治理模式（二）

第 10 章

典型示范小流域综合治理精品工程

典型示范小流域综合治理精品工程，是指市级征缴的生产建设项目水土保持补偿费，择优扶持生产建设单位提高水土保持方案实施治理标准、治理质量，巩固扩大防治成果，支持各旗区的城镇区、经济园区、新农村新牧区开展水土保持生态建设，吸引旗区乡镇人民政府、企事业单位、社会团体的生态建设资金投入，以小流域为单元进行生态保护和生态建设。为确保建成小流域生态治理精品工程，弥补投资不足的短板，进一步扩大治理成果，有的小流域还有其他生态治理的配套治理。

10.1　鄂托克旗包日塔拉小流域返还治理项目

包日塔拉小流域返还治理项目位于鄂托克旗乌兰镇包日塔拉嘎查，该嘎查是鄂托克旗乌兰镇推进社会主义新农村、新牧区建设，将生态环境恶劣、居住条件差的牧民进行生态移民、集中搬迁而新建的嘎查。由当地政府统一规划、统一建设、统一安排生活小区、生产小区，新增休闲广场、健身设施、卫生设施，让乡村居民与城镇居民一样，共享改革开放带来的福利，极大地缩小了城乡居民差别。

为了大力支持各旗区新农村、新牧区开展水土保持生态建设，加强对生活垃圾的处理和解决环境卫生"脏乱差"问题，体现"以人为本"的新的治理理念，2015 年将"鄂托克旗乌兰镇包日塔拉嘎查"列入市级水土保持补偿费返还项目，补助治理资金 80 万元，用于水土流失防治和环境整治工程。

鄂托克旗水土保持站科技人员，根据该嘎查总体规划布局，布设了三个水土保持治理区域：

（1）休闲健身小广场。休闲健身小广场是当地牧民集中休闲、娱乐的地方，在其中心位置设置了宣传栏。在小广场四周设计了对称的小花园、小草坪，形成小型景观园林。剩余空地全部硬化。

（2）道路防护林。在进出嘎查的主要交通要道和嘎查内的生产、生活通道，全部设计道路绿化带，其中主要道路两侧栽植了三排乔木防护林，牧民新居四周栽植高大乔木防护林。生活通道内侧栽植花卉、灌木，外侧栽植常绿乔木，美化居民区生活环境。

（3）嘎查外围生态治理区。在嘎查外围，还有大量的风蚀沙化土地，是防治水土流失的重点区域。以公路主干道为基点，分别向两侧延伸划定防治范围。公路主干道两侧，分别栽植两行常绿乔木树种，起到公路防护林作用。其他大片沙化土地，大量种植灌木防护林带，中间种草，形成灌草混交防护林，总计新增水土流失治理面积 95hm²。

包日塔拉小流域通过水土保持返还治理项目的实施，基本恢复了居民区周边地表植被，林草覆盖率达到了 86%。有效发挥了蓄水保土、涵养水源和美化环境的作用，不但增添了生态景观，而且为当地居民创造了舒适、健康的生活环境。

牧民新村返还治理的休闲生态园（一）

牧民新村返还治理的休闲生态园（二）

牧民新村休闲生态园小广场

牧民新村休闲生态园乔灌草混交绿地

牧民新村休闲生态园花草景观

鄂托克旗乌兰镇包日塔拉嘎查新村返还治理（一）

牧民新村道路防护林（一）

牧民新村道路防护林（二）

牧民新村道路防护林（三）

牧民新村进村道路防护林鸟瞰图

牧民新村水保返还治理后鸟瞰图（一）

牧民新村水保返还治理后鸟瞰图（二）

鄂托克旗乌兰镇包日塔拉嘎查新村返还治理（二）

10.2　鄂托克旗布龙湖温泉度假区返还治理项目

都斯图河是鄂托克旗境内最大的一条黄河一级支流,水土流失比较严重。布龙湖温泉度假区就坐落在该流域中游,属于国家 AAAA 级旅游景区,隶属鄂托克旗阿尔巴斯苏木。整个度假区占地 11.33km²,已建成场馆功能区占地 50hm²,规划建成我国西北地区乃至全国知名的草原温泉疗养胜地。2015 年列入市级水土保持返还治理项目,投资 100 万元扶持开展生态治理。

10.2.1　项目区现状

布龙湖温泉度假区总体布局分为四个区域:场馆功能区,占地面积 50hm²,已全部硬化,不需治理;主干道两侧防治区,道路已基本建成,主干道两侧占地面积 4.5hm²,现已建成小片区块的杨树景观防护林、沙枣景观防护林、垂柳景观防护林等。有大量的人工绿地,需要补植、完善道路景观防护林;待开发区域防治区,空置的大面积地块为规划用地。除已规划的建设项目外,还有闲置地块需要绿化,采取乔灌林混交种植及人工种草措施;河道岸坡防治区,河道岸坡为天然荒草地,占地面积 102hm²,需要进行生态治理,防治水土流失和风沙危害。

10.2.2　治理思路

布龙湖温泉度假区返还治理思路如下:

(1)遵循因地制宜、因害设防的原则,采取针对性的防治措施,防止风沙危害,控制水土流失。

(2)遵循保护为主、重点治理的原则,补充完善现有防护措施,提高治理标准,加强园区周边的生态保护。

(3)突出园区特点,把生态治理与生态景观建设结合起来,让项目区的土地资源得到充分利用,提高园区的生态旅游品牌。

10.2.3　措施布局

1. 主干道两侧防治区

度假景区主干道全长 2km,两侧选用樟子松与旱柳搭配种植乔木景观林,靠近干道区域两侧各种植一排旱柳,紧靠旱柳两侧各种植两排樟子松,完成主干道两侧绿化景观乔木林 3.6hm²。

2. 待开发区域防治区

河道与主功能区之间的闲置地块实施乔灌林种植及人工种草措施。根据立地条件按照带状结构有层次地实施种植不同乔灌林,人工种草在各乔灌林之间,区块乔灌草种选择垂柳、杨树、沙枣、枸杞和马蔺。通过不同林草种的有效搭配,丰富景区林草多样性,凸显景观效益,最终呈现景观林草种植的立体感和层次感,丰富景区景观多样性,提高植被覆盖度。区块种植乔灌景观林 50.9hm²,人工种草 28.5hm²。

3. 河道岸坡防治区

在景区河道岸坡实施植物固坡措施,根据岸坡立地条件,选用红柳插条进行河道岸坡固坡,发挥蓄水保土作用,减少进入河道泥沙,延长水库使用寿命。河道植物固坡面积 3.2hm²。

4. 配套滴灌措施

利用项目区内现有的 4 眼水源井,在生态治理区域均配套低压滴灌供水措施,满足所有林草种用水需求。

10.2.4 生态治理模式

1. 樟子松、旱柳带状混交道路防护林

(1) 整地方式。穴状整地,规格为 60cm×60cm。

(2) 配置模式。内侧一行旱柳,外侧两行樟子松。株行距 3m×3m。其中种植旱柳 1.2hm²,樟子松 2.4hm²。

(3) 苗木规格。樟子松株高 2.5m,冠层 7 层以上,带土球起苗。旱柳株高 2.0~2.5m,胸径 8cm 以上,带土球。

(4) 种植要求。樟子松苗木带土球移植穴中,高秆旱柳直立穴中,分层覆土、踩实、覆土至根径以上 3~5cm。回填表土以刚好覆盖土球为宜,用心土筑埂保持土壤通透性,每穴浇水充足。

(5) 抚育管理。樟子松树种不耐水湿,喜通透性的土壤。栽植后易倒伏,应立支柱固定,一次灌足水,以后根据气候情况定期进行浇水,保证苗木用水需求。旱柳种植后及时浇水、防治病虫害和清除杂草,适时松土,减少水分蒸发,改善土壤通透性,促进土壤微生物活动,提高土壤养分。

2. 杨树、垂柳、沙枣块状混交景观林

(1) 整地方式。穴状整地,规格为 60cm×60cm。

(2) 配置模式。植苗造林,分块种植。株行距均采用 3m×3m。其中杨树林面积 10hm²,垂柳林面积 10.5hm²,沙枣林面积 10.4hm²。

(3) 苗木规格。选择胸径 8cm 以上的杨树苗木和垂柳苗木,苗高 2~2.5m;沙枣、苗木胸径 5cm 以上,苗高 1.5~2m。苗木根系须保护完好。

(4) 种植要求。苗木移植穴中,保持直立,分层覆土、踩实,覆土至根径以上 3~5cm。回填表土覆盖压实,用心土筑埂保持土壤通透性,每穴浇水充足。

(5) 抚育管理。种植后及时浇水、防治病虫害和清除杂草,适时松土,减少水分蒸发,改善土壤通透性,促进土壤微生物活动,提高土壤养分。

3. 人工种草

(1) 整地方式。清理地表石砾、杂草,不单独进行整地。

(2) 草种选择。一级优质草种选择马蔺。

(3) 种草方式。种草采用撒播方式,种草面积 28.5hm²。

(4) 播种技术:马蔺草种撒播深度为 2cm,撒播后进行耙糖,种植时间为 4—5 月。

(5) 抚育管理。草种撒播后要定期浇水除草,以满足生长需求。

4. 河道植物固坡

(1) 整地方式。沿水库岸坡种植,不进行整地。

(2) 配置模式。株行距 3m×4m,采用插条孔植方式,沿河道岸坡种植红柳四行。

(3) 造林树种。苗木选择红柳,苗高 1.5m 以上。造林面积 3.2hm²。

(4) 种植技术。采用分植插孔种植,随打孔随插植,种植后踩实,保持苗木直立。

(5) 抚育管理。苗木管护主要是防止人为破坏、踩踏、碾压。

10.2.5 效益浅析

布龙湖温泉度假区返还治理效益分析如下:

(1) 项目区新增治理面积 86.2hm²,水土流失治理度由现状的 20.77% 提高到 62.42%,林草覆盖率由现状的 15.1% 提高到 45.3%。人工林草面积保存率达到 90% 以上,预计年保土量 3500t,年蓄水量 3100m³。

(2) 改善项目区的生态环境,增加景区有效绿化面积,从而有效减少沙源面积,防止进一步的水土流失。

(3) 为度假景区创造了林草景观多样性,增强了景区的景观效益。

布龙湖温泉度假区入园建筑景观

布龙湖温泉度假区鸟瞰图

布龙湖温泉度假区园区道路防护林

布龙湖温泉度假区园区生态修复保护区

布龙湖温泉度假区乔灌草混交治理

布龙湖温泉度假区乔木防护林

鄂托克旗布龙湖温泉度假区返还治理

10.3 达拉特旗合同沟小流域监测站返还治理项目

合同沟小流域是十大孔兑之一罕台川右岸的一级支流，流域总面积 127.31km²。20 世纪 60 年代达拉特旗人民政府曾在此设立水土保持工作站，长期开展水土流失防治的基础性工作。经过多年的综合治理，到 2013 年年底，累计治理保存面积 6275hm²，现有骨干工程 10 座、中小型淤地坝 7 座、谷坊坝 25 座，逐步形成水土保持综合防治体系，是全旗开展水土保持科学试验和生态治理重要基层场站。

为加强水土保持监测工作，2013 年合同沟水土保持工作站改建成水土保持监测站，成为国家级的水土保持监测网络站点。分别与黄河水利科学研究院、西安理工大学、水利部牧区水利研究所、山东农业大学合作开展了五项科研课题。为进一步补充、完善水土保持治理措施实施效果和水土流失动态监测内容，2015 年申请列入市级水土保持补偿费返还治理项目，投入补偿费 80 万元，并依托京津风沙源治理工程，开展了合同沟小流域监测站返还治理精品工程建设。

在既有治理成果的基础上，治理布局划分为三个提高治理标准的区域，新增治理面积 120hm²。

1. 监测项目核心区

在监测项目核心区，主要布设有不同坡度的径流观测小区、小型气象观测站等，在径流观测小区北侧，修建环形瞭望平台，硬化 3000 多 m 道路和景观步道，将径流小区、气象站等基本设施用步行栈道连接起来，在周边栽植枣树、苹果梨等经济果木，栽植面积 5.14hm²。在小流域作业路两侧种植油松防护林，在退耕的坡耕地上种植金叶榆、木瓜等乔灌块状混交防护林，种植面积 15hm²。

2. 沟道综合治理区

在水土保持监测站主沟道范围内，有 1 座治沟骨干坝和 1 座小塘坝，将坝与塘连接起来，按照循环水体工程进行打造。首先整修了小流域排洪河道，两岸修筑浆砌石护岸工程 500 多 m，保证了监测站在主汛期能够安全顺利地开展监测工作。同时，还修缮监测房舍，修建截伏流工程 1 处，开挖大口井 3 眼，并铺设节水灌溉设施，使得监测站的生产生活用水得到根本保障，极大地改善了科技人员工作生活条件。

3. 周边区域生态治理区

完善提高了生态治理措施，合同沟小流域是多年的水土保持综合治理先进典型，还有一定的治理基础。需要进一步完善治理措施，提高治理标准和治理质量，在周边区域实施造林种草 99.86hm²，初步建成了小流域综合治理精品工程。

水土保持监测项目

标准径流小区

合同沟监测站全景

小型气象站

合同沟监测站中景

达拉特旗合同沟水土保持监测站小流域返还治理（一）

治沟骨干工程

小塘坝

园区小憩凉亭

排洪河道

金叶榆景观防护林

水土保持监测小区

达拉特旗合同沟水土保持监测站小流域返还治理（二）

10.4　鄂托克前旗大沙头旅游区返还治理工程

1. 大沙头旅游区现状

大沙头生态文化旅游区位于鄂托克前旗敖勒召其镇,地处内蒙古、陕西、宁夏三省(自治区)交界,是著名的毛乌素沙地源头,由内蒙古兴宇旅游文化投资有限公司按照国家 AAAAA 级景区标准规划建设,2012 年 8 月 14 日,被全国旅游景区质量等级评定委员会评为 AAAA 级旅游区。

大沙头生态文化旅游区是以沙漠温泉为主体,以民俗风情文化为依托,配套建设特色民族商业、美食文化街、国际沙漠温泉理疗中心和沙漠娱乐的五星级沙漠温泉酒店,拥有鄂尔多斯沙漠婚礼城、生态畜牧业、种植采摘园、沙漠竞技、沙漠探险、沙漠狂野、沙漠野营等 20 多项沙漠休闲娱乐项目,篝火晚会、马术表演、文艺演出等丰富而又极具乡土特色的文化活动,是鄂托克前旗生态文化旅游产业的经典景区,也是鄂尔多斯旅游形象的重要名片之一。

大沙头处于中国旅游风景道——鄂尔多斯风景道主干道上,鄂尔多斯旅游风景道全长 210km,是内蒙古通往西部的一条重要的文化和景观廊道。按照总体规划,大沙头至圣火公园道路总长度为 6.2km,旗人民政府由于投资不足只完成了部分道路两侧的绿化工程。为促进生态旅游业发展,2016 年经申报安排市级水土保持补偿费 140 万元,补充完善了剩余地段的道路绿化工程。

2. 治理措施

为衔接已完成的道路绿化景观,本次治理仍然按照乔灌草立体配置的方式进行,与现有的道路景观防护林相协调。

经过实地测量,需要栽植道路景观防护林的长度为 984m,总治理面积为 44.28 亩。按照高中低三层进行立体配置。

(1) 地面生态景观配置。种植紫叶矮樱、沙地柏、景天、马蔺等多年生花草。以道路边缘为起点,分别配置沙地柏,起到保护草花的作用;随后,分地段、区域分别栽植紫叶矮樱、景天、马蔺,形成不同的草花景观。

(2) 中层生态景观配置。以种植山桃、金叶榆等乔灌木品种为主,分为带状密植配置,株行距 0.5m×1.0m,穴状整地,随整地随造林。每 100m 配置一种花灌木,按控制高度定期修剪。

(3) 高层生态景观配置。主要栽植樟子松、新疆杨、垂柳等乔木防护林。株行距 2.5m×4.0m,采用机械挖坑,移植乔木大苗必须带土球,栽植后一次灌满水,并用支架固定。

3. 管理养护

道路景观防护林全部完成后,移交当地园林部门进行管理养护,苗木定期灌溉,全部采用滴灌节水技术。

大沙头生态旅游区道路乔灌草立体防护林（一） 　　　大沙头生态旅游区道路乔灌草立体防护林（二）

大沙头至圣火公园连接线生态治理鸟瞰图

大沙头至圣火公园连接线乔灌带状混交林 　　　大沙头至圣火公园生态治理滴灌设施

鄂托克前旗大沙头旅游区返还治理工程

10.5 鄂托克前旗三段地新牧区返还治理项目

三段地工委旧址纪念馆是内蒙古自治区党委确定的全区红色教育基地，位于鄂托克前旗敖勒召其镇，周边有三段地村、马场井村、乌兰道崩嘎查三个移民新村。为改善美化三段地工委旧址纪念馆周边的生态环境，促进红色旅游业的发展，结合新牧区建设，鄂托克前旗在自治区生态清洁型小流域项目和市级水土保持返还治理工程的重点支持下，实施完成了鄂托克前旗三段地新牧区水土保持生态保护和建设任务。

10.5.1 防治布局

项目区划分为人居生活改善区、生态治理区、生态修复区三个区域。通过环境整治、生态治理、生态修复三位一体的综合防治措施，新增水土保持综合治理面积 $20km^2$，水土流失治理程度超过 90%，林草植被覆盖度达到 72.11%，极大地改善了当地人居生活环境，使得项目区总体景观优美、绿化成荫、卫生清洁、人居舒适，水土流失和风蚀沙化得到基本治理。

10.5.2 分区治理

1. 人居生活改善区

人居生活改善区包括纪念馆及周边三个村居民区，此次返还治理包括场地硬化、环境卫生整治、公厕建设、生活垃圾处理、道路绿化、草坪景观和宣传长廊建设等内容。

（1）场地平整硬化。场地平整面积为 $8782m^2$，利用推土机平整场地，动用土方量约 $819m^3$；平整后铺设厚度 10cm 的混凝土。场地硬化完成后成为当地居民的休闲小广场和集贸市场。

（2）小广场建设。分别在三段地村、马场井村建设一个薪火娱乐广场和一个休闲集市广场。主要设施有六角形大理石凉亭和正方形木质结构凉亭各 1 座，配套建设 150m 长的水土保持宣传廊道、3 座宣传碑，1 块宣传牌，布设果皮箱 50 个、垃圾箱 4 个、清运垃圾车 1 辆。

（3）公厕建设。在三段地工委旧址纪念馆原有一座水冲式厕所，为满足游客的需求，在小广场新建 1 座水冲式厕所，面积 $104m^2$，为钢混凝土结构，呈长方形布置。在三段地村和马场井村建设旱厕 3 座，总面积 $36.2m^2$，为砖木结构。

（4）绿化景观。种植乔灌草立体生态绿化景观林。分为两种模式：①广场内部乔灌草片状混交生态绿化景观林，地面植被种植沙地柏、八宝景天、紫丁香等多年生草本植被，中层种植金叶榆、山桃等花灌木，高层种植垂柳、新疆杨等防护林。种植面积 $0.82hm^2$；②广场周边乔灌带状混交景观林，内侧种植灌木金叶榆，外侧种植乔木垂柳，种植面积 $0.06hm^2$。

种植技术采用穴状整地模式种植灌木的穴径 40cm、坑深 40cm，种植乔木的穴径 60cm、坑深 60cm，随整地随造林。按照"三埋两踩一提苗"进行种植，种植后浇足底水。草本植物平整后直接种植。

2. 生态治理区

生态治理区重点防治大片的流动沙丘和半固定沙丘，面积约 $400hm^2$。首先在半固定、流动沙丘迎风面布设平铺式草绳沙障，在沙障保护下按带状栽植灌木，在灌木保护下撒播草籽，形成灌草混交林。在治理区外围加设 17km 长的锁边网围栏，树立禁牧标志碑 1 座、宣传牌 3 个。

（1）平铺式沙障。

1）沙障材料。预制直径为 5cm 的草绳、长 50cm 沙柳枝条。

2）沙障布设。平铺正方形网格式沙障，规格为 1.5m×1.5m，网格疏密程度可按风力侵蚀强度适当调整。在网格纵横结点处交叉插入两根沙柳进行固定，插条地上部分保留 10cm、插入

40cm，如干沙层较厚可加长沙柳，反之可减短沙柳。铺设沙障面积 353hm²。

（2）灌草混交林。

1）立地条件。已铺设沙障的流动、半固定沙地。

2）苗木材料。灌木选用柠条苗、羊柴苗、紫穗槐或者柠条籽、羊柴籽。

3）栽植规格。灌木按网格大小进行栽植，株行距为 1.5m×1.5m。丘间低地不需要铺设沙障，不进行特殊整地，株行距为 2.5m×3.5m，可根据实际情况进行调整。草籽撒播时，柠条籽、羊柴籽混播比例为 1:1，每公顷用量为 15kg。灌草混交林种植面积 400hm²。

（3）作业路。对原有的自然道路进行维修防护，连接新修的作业路，作业路宽 4m，采用机械结合人工施工，共修作业路 1km。

3. 生态修复区

生态修复区面积 1370hm²，是项目区林草覆盖度较高的天然草地及荒草地，对植被覆盖度较低的地块补植羊柴、柠条，补植补种面积 137hm²，可提高项目区整体植被覆盖度。同时拉设封禁围栏 12km，树立宣传牌 1 块。

10.5.3 综合效益

（1）经过分区治理，增强了小流域保水、保土能力，对地下水补给也起到了积极的作用，防灾、减灾能力大大增强。预测年保水总量为 29.55 万 m³，年保土总量为 5.61 万 t，可显著减轻水土流失和风蚀沙化的危害。

（2）为村民提供了休闲娱乐活动场所，改善了乡村居民生活环境。生活垃圾经过集中处理，避免或减少了污染物扩散。

（3）项目建设增强了当地居民生态环境保护意识，生态环境和配套的基础设施得到有效保护和利用。

（4）小流域综合治理项目的实施，可使项目区 22 户 69 人直接受益。经测算，参与项目建设的农牧民人均劳务收入可增加 900 元。

（5）绿化、美化、净化了三段地工委旧址纪念馆周边的自然景观，为游客提供了更多的休闲场所，进一步增强了红色旅游对当地经济社会发展的辐射带动作用。

小广场凉亭

生态治理之草灌乔立体防护林

三段地新牧区全景

小广场绿地

生态修复区

鄂托克前旗三段地新牧区清洁型小流域治理

10.6 乌审旗海流图水土保持科技示范小流域

10.6.1 小流域概况

乌审旗海流图小流域位于嘎鲁图镇南部，距旗人民政府所在地嘎鲁图镇 7km，距兰家梁至嘎鲁图镇一级公路 2km，总面积 25km²，海流图河从项目区穿过。海流图河属于乌审旗四大常年性河流之一，乌审旗境内流域面积 1630km²，主河道长 51km。流域上游为沙梁草甸区，河谷形状不明显，河网密度较小；中游为流沙、半固定沙丘、丘间滩地相间的风沙地貌；下游河道下切明显，并已形成二级阶地，阶地以上为沙丘覆盖。径流模数 1.88 万 m³/(km²·a)，多年平均径流量 3262 万 m³，基流量 1864 万 m³，平均流量 0.97m³/s，年输沙量 28.3 万 t。

小流域地处毛乌素沙地腹部、海流图河中下游，地势西高东低，地貌滩地、沙丘相间，以风沙土为主，地带性植被属于干草原植被带，自然覆盖度 15%，地下水埋深 1m 左右，水资源丰富，呈现出毛乌素沙地特有的自然景观。

小流域所在的巴音温都尔嘎查户籍人口 240 户 610 人，有 5 个牧业社。全嘎查土地总面积 19133.3hm²，其中：草场 13800hm²、林业用地 4133.3hm²、农耕地 733.3hm²、其他 466.7hm²；牲畜 15800 头（只）；2016 年人均收入 1.2 万元。项目区面积 2500hm²，占总面积 13.1%，其中滩地 83.1hm²、耕地 10.8hm²、天然草地 1600hm²、荒沙地 779.1hm²、水域 15hm²、居民交通占地 6hm²、其他 6hm²。土地使用权以租赁的方式确定。

当地农牧民依靠城郊的地理位置优势和交通便利条件，生产经营从传统养殖业逐步向乡村牧家旅游乐体验方向发展，合作社种植业为规模化养殖业服务，规模化养殖场又成为牧家乐餐饮业的肉奶生产基地。

10.6.2 建设思路

为适应生态文明建设的新形势，满足广大人民群众对良好人居环境和清洁水源的迫切需求，在做好防治水土流失，改善农牧业生产条件的基础上，乌审旗水土保持局创造性地探索小流域综合治理模式，与美丽乡村建设相结合，打造宜居村镇；与河道整治相结合，打造优质水源地；与区域功能定位相结合，打造生态旅游区；与雨（洪）水利用相结合，打造沙区河道水环境保护区；与科普宣传相结合，打造水土保持科技示范区。实现人与自然的和谐相处，经济社会的可持续发展，生态环境的良性循环。

在规划设计上，以水资源保护为中心，以小流域为单元，将其作为一个小型的"社会—经济—环境"的复合生态系统，对"沙、水、田、林、路、村"统一规划，进行"拦、蓄、排、灌、节、废、污"综合治理，改善当地生态环境和基础设施条件。

在具体设计上，一是坚持以人为本，崇尚自然的原则，创造舒适宜人的生态环境，寻求人与自然的和谐，接近自然，回归自然。二是坚持安全第一，植被优先的原则，在保证工程安全的前提下，尽量采取林草措施，生态治理措施布设向生态景观设计发展。三是坚持和谐统一，景观协调的原则，恢复和重塑生态景观，使各类裸地复绿，并与周边生态环境相协调，林草设计坚持生态效应与景观效应相结合，工程措施和林草措施整体设计，提升景观效果。乔灌草合理配置，多种林草相结合，达到层层拦蓄和立体景观效果。

10.6.3 功能定位

2018 年 8 月，乌审旗水土保持局以生态清洁型小流域治理为基础，结合水土保持科技示范园区建设，把乌审旗 30 多年来水土保持采取的治理措施、主要做法、基本经验集中展示在一个项目区，以供同行和社会各界借鉴及中小学生参观学习；把水资源保护、面源污染控制、沙产业开发、人居环境改善、新牧区建设等有机结合起来，确定了项目区建设的主体功能定位。

（1）示范作用。展示最新的风沙区水土保持治理科技成果，推广示范各类水土保持防治措施。

（2）教育宣传。普及水土保持基本知识，形象化地展示水土保持与自然生态之间的关系，以及水土保持工作的重要意义。

（3）科研推广。建立水土保持科研基地，为水土保持科研活动提供交流平台，培训水土保持科技人才。

（4）生态旅游。借助当地牧家乐餐饮业发展优势，以现有的水沙资源为依托，建设适宜生态旅游发展的各类基础设施，强化生态环境自我修复保护力度，组织开展生态文化休闲活动。

10.6.4　建设目标

新增治理面积 2000hm^2，风蚀沙化治理度由 9.5% 提高到 92.7%，林草覆盖度由 15% 提高到 60%。以水土保持与自然生态为主题，打造具有水土保持科技示范、教育宣传、科研推广和生态旅游功能的综合性水土保持示范园区。

按照主体功能定位，设置基础设施建设综合服务区、生态自然修复保护区、河道及两岸整治建设区、水土保持防护林治理模式展示区、生态林果采摘体验区、水土保持科研试验监测区等六个基本功能区。

10.6.5　总体布局

1. 基础设施建设综合服务区

综合服务区占地面积 0.94hm^2。基础设施建设分为地下、地面、空中三个部分。

地面修建小广场（含停车场）2500m^2，铺设草坪砖进行硬化。四周种植常绿乔木 500 株、落叶乔木 100 株、花灌木 18000 株，设置项目标志碑 1 块，设置起脊防护式科普宣传栏 1 处，宣传栏长 100m、高 100cm、宽 40cm。修建水泥路面 4000m，导向牌 3 个，路旁绿化防护林 8000 株，休闲步道 4000m。修建水冲厕所 2 个，设置垃圾桶 10 个。配备垃圾、污水外运车辆 1 台。

地下修建水利灌排系统，灌溉采用打机电井 2 眼，根据地形条件确定节水灌溉方式。其中，湖心岛铺设喷灌系统 1 套，灌溉面积 0.85hm^2；水保防护林治理模式展示区铺设滴灌系统 2 套，灌溉面积 7.6hm^2；生态林果业体验区铺设喷灌系统 1 套，灌溉面积 4hm^2，铺设滴灌系统 1 套，灌溉面积 3.2hm^2。排水采用明暗渠结合的方式，修建排水渠总长 3000m。

空中架设高压供电线路 3000m，安装变压器 1 台。架设网络线路 4000m，安装网络设备 1 套。道路修整网围栏 5000m，安装监测设备 1 套，监控点 10 处。设置宣传警示牌 15 个、视频演示系统 1 套。

2. 生态自然修复保护区

生态自然修复区封禁保护区面积 1945.52hm^2。设置围栏 32.94km、封禁警示牌 5 个，配备 3 名管护人员。

在生态自然修复区内的丘间低地占地面积 16.24hm^2，原来是优良的草牧场，因沙丘移动侵占和草场退化，需要人工修复改良，沿沙丘边缘种植一行柳树 750 株，撒播草籽 3650kg。

3. 河道及两岸整治建设区

河道及两岸整治建设区是小流域建设的核心区域，占地面积 54.48hm^2。分为四个部分按生态景观进行治理：

（1）河道治理，形成径流调节小区，占地面积 2.42hm²。通过机械清理河道 1800m²，开挖工程量 39210m³，形成湖面面积 1.57hm²。修建沿湖道路 1000m，种植护坡灌木 1500m²，种植绿化常绿乔木 3000 株。设置沿湖安全防护栏 500m。

（2）湖中岛建设，占地面积 0.90hm²，修建上岛栈桥 1 座和上岛坡道 40m，布设小岛观景台 1 处，岛上绿化美化面积 0.85hm²，铺设喷灌系统 1 套。

（3）湖面水植观赏区，设计不同的几何图案形状，定植荷花观赏点 45 处，曲径通幽，一处一景。

（4）草原生态旅游休闲区，占地面积 14.92hm²，为滩地草原草甸，设置六角仿古建筑小憩凉亭 1 座，木质栈道 100m，踏步式步道 4000m。以种植旗花马兰花为主，其他各类草花点缀。种植草花 14.0hm²，用草籽 3920kg。

4. 水土保持防护林治理模式展示区

水土保持防护林治理模式展示区，占地面积 10.8hm²，涉及流动沙丘和沙壤土两种立地条件，故造林整地相应地采取了两种模式。

沙障设置模式：因作为示范，设置面积统一为 0.08hm²（折合 1.2 亩），沙障规格也统一取 1.0m×1.0m。计有沙蒿沙障、麦秸秆沙障、沙柳平铺式沙障、沙柳立式沙障、草绳沙障等五种。

坡面整地拦蓄工程：分布面积统一为 0.08hm²。其中鱼鳞坑（半圆形，形似鱼鳞片）工程整地，规格 1.5m×0.8m×0.6m（长径×短径×深）；水平沟工程整地，规格 1.5m×0.5m×0.5m（上宽×下宽×深）；水平阶工程整地，规格 1.0m×0.6m×0.6m（长×宽×深）。

防护林治理的基本种植模式分为 8 种，并设置模式简介牌 8 个，铺设滴灌系统 2 套。

（1）樟子松、云杉、圆柏带状混交防护林：株行距 3.0m×3.0m。

（2）香花槐、国槐带状混交防护林：株行距 3.0m×3.0m。

（3）火炬树、垂柳带状混交防护林：株行距 3.0m×3.0m。

（4）山桃、山杏带状混交防护林：株行距 2.0m×2.0m。

（5）丁香、榆叶梅、四季玫瑰片状混交防护林：株行距 4.0m×4.0m。

（6）羊柴、紫穗槐片状混交防护林：株行距 1.0m×2.0m。

（7）金叶榆观赏林，株行距 3.0m×3.0m。

（8）樟子松道路防护林：株行距 3.0m×3.0m。

5. 生态林果采摘体验区

生态林果采摘体验区，占地面积 8.33hm²。沿小果园边沿和作业路种植常绿乔木防护林带 3500 株，其中小桃园种植桃树 900 株，小杏园种植杏树 900 株，小枣园种植枣树 900 株。小葡萄园占地面积 0.8hm²，种植葡萄树 14400 株。沙生药材园占地面积 1.18hm²，种植药材待定。配套铺设 1 套喷灌系统和 1 套滴灌系统。

6. 水土保持科研试验监测区

项目区计划安装 1 套视频演示系统和 1 套自动化监测设备；设置监测点 6 处，其中水土流失点 2 个，治理效益监测点 4 个。可利用项目区提供的科研服务设施，引进国内有关院校和科研院所以合作或协作的方式，开展毛乌素沙地水土保持生态治理科研试验项目。旗水土保持主管部门的科技人员要先期开展水土保持监测工作，采用地面观测的方法，收集、分析、整理有关资料。重点监测水土流失综合治理成效、面源污染防治效果以及小流域水质等内容。

10.6.6 栽植技术要点

（1）验苗，检查无病虫害，规格符合设计要求。

1）樟子松、云杉、圆柏：树苗冠幅大于 100cm，高 150～180cm，带土球的实生苗。

2）香花槐、国槐：胸径 6cm，高 200～250cm，带土球的实生苗。

3）金叶榆：高接实生苗，有 5 个分枝，带土球。

4）火炬树、垂柳：胸径 4～6cm，带土球的实生苗。

5）山桃、山杏：地径大于 3cm，高 150～180cm，实生苗。

6）四季玫瑰一丛五分枝，实生苗。

7）羊柴、紫穗槐：地径大于 0.3cm，一年实生苗。

8）柳树：3～4 年生，小头直径大于 4cm，苗木长 3m。

9）荷花：苗高 20cm，实生苗。

10）花草种植，植苗。可从苗圃购得。

（2）起苗。技术人员现场监督，不得伤苗、伤根，带土球起苗。

（3）运输。根系蘸浆，塑料袋包装。远程时需洒水保湿降温。

（4）栽植。山桃、山杏、桃树、杏树、枣树等苗木在栽植前需先浸泡 72h 后，坐水种植，栽植前剪头剪枝涂漆防护。丁香、榆叶梅、四季玫瑰一丛五分枝，每坑种植 5 株。

栽植树苗时，要穴状整地，规格为 0.6m×0.6m，随整地随造林。撒播草籽，每公顷需用种子 7.5kg。

10.6.7　效益浅析

项目区新增治理面积 2000hm²。治理度由 9.5％提高到 92.7％，林草覆盖度由 15％提高到 60％，年保水总量 48 万 m³，年保土总量 6.2 万 t。

科技示范小流域凉亭景观

科技示范小流域景观河铁桥

科技示范小流域鸟瞰图

乌审旗海流图水土保持科技示范小流域（一）

科技示范小流域园区道路防护林

科技示范小流域生态治理区步道

科技示范小流域景观河

科技示范小流域常绿乔木造林

科技示范小流域造林滴灌设施

科技示范小流域园区网围栏

乌审旗海流图水土保持科技示范小流域（二）

樟子松油松片状混交林

枫树松树片状混交林

国槐防护林

旱柳林防护林

乔木带状防护林（一）

乔木带状防护林（二）

乔木片状防护林

枫树片状防护林

乌审旗海流图水土保持科技示范小流域生态治理

10.7　东胜区赛台吉川敖包图生态清洁小流域

东胜区位于鄂尔多斯高原中东部，中间隆起一条东西向的脊线，成为南北两大水系的分水岭。岭北为十大孔兑的源头，岭南汇入窟野河流域。主要支流有巴定沟、阿不亥沟、吉劳庆川、昆都仑川、铜匠川、神山沟、店沟等，东胜区的工业项目大多集中在这一区域。为解决工业中水问题，东胜区制定并逐步实施水系连通工程规划。意在使现有的污水处理厂、中水供水管道、中水调蓄设施实现互联互通，从而提高水资源统筹调配能力，促进水资源优化配置，增强水资源的调蓄能力和利用效率，更好地保护生态环境，促进人与自然和谐相处。敖包图中水拦蓄工程就是总体规划中的调蓄水库，总库容 272 万 m^3，为小（1）型水库。敖包图沟由东至西汇入赛台吉川，赛台吉川向南 3km 汇入昆都仑川，昆都仑川与铜匠川汇合后流入东乌兰木伦河。

为了延长水库使用寿命，有效控制水土流失，减少入库泥沙，东胜区水务局积极争取国家水土保持治理投资，将敖包图沟小流域列入了生态清洁型小流域，对库区进行生态治理和环境保护。

按照敖包图沟生态清洁型治理初步设计，结合中水拦蓄工程库区植被状况，生态治理按三大区域进行。

1. 库区岸坡防护性治理区

为防止岸坡坍塌，对库区岸坡进行防护性治理。坡面采取开挖鱼鳞坑，栽植常绿乔木油松、樟子松，绿化山坡。沟坡种植沙棘，固结沟坡。实施治理面积 50hm²。

2. 库区周围山坡的植被建设区

对库区周围山坡进行整地造林，比较完整的山坡，采取水平沟整地，按带状营造常绿乔木防护林，株行距 3m×4m，带宽 5m。比较破碎的山坡，采取鱼鳞坑整地，按片状营造常绿乔木防护林，株行距 3m×4m，实施治理面积 408hm²。总计完成综合治理面积 458hm²。

3. 库区范围内生态修复保护区

将库区上下游范围内现有的生态治理措施区域，设定为生态修复保护区，采取封禁封育保护措施，严禁放牧。通过生态自然修复，恢复库区良好的生态环境。

敖包图沟中水水库

敖包图沟中水水库库区

敖包图沟中水水库库区生态治理（一）

敖包图沟中水水库库区生态治理（二）

敖包图沟中水水库周边生态治理（一）

敖包图沟中水水库周边生态治理（二）

东胜区赛台吉川敖包图沟中水坝库区生态治理

10.8　鄂托克前旗水洞沟水库库区项目

内蒙古鄂托克前旗上海庙镇境内的水洞沟水库，位于内蒙古、宁夏接壤区，是蒙宁两地能源化工基地的供水工程，双方共同建设管理，并联手打造水库风景旅游区。水洞沟水库经过多年运行，出现了不同程度的剥蚀、滑塌、泥沙淤积严重等问题。为防治水土流失，突出生态景观效益，打造高标准水利风景区，鄂尔多斯市以征收的水土保持补偿费返还资金作引导，带动企业投资水土保持生态精品工程建设，实施了水洞沟水库返还治理精品工程，对库区内风蚀沙化土地进行治理，增强库区水源涵养能力，积极扶持民营企业打造全市最大的牡丹和芍药种植基地。

10.8.1　生态治理

根据规划设计方案，水洞沟水库项目区规划水土保持生态治理面积 130hm²，总投资 268.65 万元，其中返还治理经费 100 万元。治理布局分为以下五个区域。

1. 花卉种植园区

在牡丹和芍药种植基地周边，种植乔木防护林带，株距 3m，单行。穴状整地，带土球大苗移植，栽后立即浇透水。折合栽植面积 5.8hm²。

2. 生产道路防护区

水洞沟水库项目区根据生产需要，有很多纵横交错的生产作业路，在道路两侧各栽植一行乔木防护林，面积 1.2hm²。

3. 园区田间道路防护区

在园区田间道路种植一行香花槐林带，株距 3m，面积 11.2hm²。

4. 厂区道路防护区

在焦化园至长城水厂道路围栏以内道路两侧栽种桧柏防护林 0.7hm²。

5. 生态修复区

水洞沟水库项目区还有规划期未开发利用的大片土地，包括一部分已平整的土地临时种植了牧草和一部分原生态土地，作为生态修复区进行保护，面积 76.3hm²。

10.8.2　产业园地

引进一家民营企业，采用"企业＋基地＋合作组织＋农户"的联合经营模式，规划建设油用紫斑牡丹原种繁育基地、牡丹标准化示范基地、牡丹育繁推广一体化基地、牡丹旅游观光基地、牡丹产业科研基地和牡丹深加工基地等六大基地，辐射带动周边种植规模达到 1 万亩。目前，企业自筹资金 902.96 万元，已种植牡丹 9.33hm²、芍药 12.67hm²、苜蓿 89.13hm²，配套建设作业路和灌溉管网，初步建成了一定规模的花草产业。

水洞沟水库风景区生态治理乔木防护林

水洞沟水库风景区生态治理乔灌草混交林

水洞沟水库风景区生态治理沙地柏防护林

水洞沟水库风景区生态治理人工草地

水洞沟水库风景区人工草地及防护林

水洞沟水库风景区道路桧柏防护林

鄂托克前旗水洞沟水库风景区返还治理工程（一）

水洞沟水库牡丹和芍药花产业种植区（一）

水洞沟水库牡丹和芍药花产业种植区（二）

水洞沟水库风景区牡丹旅游观光基地

水洞沟水库生态园区奇石景观

水洞沟水库生态园区灌木防护林

水洞沟水库库区景观

鄂托克前旗水洞沟水库风景区返还治理工程（二）

10.9 东胜区露天煤矿排土场沙棘原料林建设

东胜区的露天煤矿大多集中在市区东部的铜川镇矿区，依据东胜区土地利用总体规划，煤矿开采后形成的排弃土场必须实施标准化的复垦土地工程，平顶采取"网状式"治理，规格在50～200m之间，形成内外挡水围堰，宽度不小于1m，高度不小于0.5m，布置纵向排水沟。其四周留设养护作业道路。边坡复垦时采取沙柳网格结合播撒草本护坡、混凝土格框护坡等形式，规格不大于1.5m×1.5m。

由于排土场平台占用的土地是煤矿企业临时征用的土地，具有覆土层较厚、土地平整、灌溉便利、管护方便等有利条件，非常适宜种植和发展经济效益高的沙棘原料经济林。煤矿企业在认真履行"谁开发谁保护、谁污染谁治理、谁破坏谁恢复"的水土流失防治责任的前提下，得到了市级水土保持补偿费返还治理工程的大力扶持，得到了水利部沙棘开发管理中心提供的沙棘种苗和技术指导。矿区的大部分排土场区域大量种植沙棘、山杏、优质牧草等，基本形成了具备经济、生态及示范效应的沙棘产业林，在复垦区种植的紫花苜蓿、沙打旺等优质牧草已经可以满足中小型牧业养殖需要。另外鼓励当地村民在复垦区域自行种植农作物，并提供相应的便利条件，实现了和谐矿区的模范效应。

东胜区全面加强煤矿周边公共环境治理，基本实现了矿区道路硬化、重要运煤道路沿线绿化，走出了一条排土场平台土地复垦、环境绿化、产业发展的特色路子，实现了绿色环保与经济发展双赢。

在东胜巴隆图煤矿，现有4个排土平台，面积约67.5hm²。其水土保持措施布设为：种植2排山杏形成网格状防护林，面积17.15hm²；网格内种植大果沙棘，面积40.20hm²；在避风向阳处种植成片山杏林，面积10.10hm²。这些措施促进了林沙产业发展。

在东胜聚鑫龙煤矿，现有5个排土场平台，面积约60hm²，建设了大果沙棘和山杏的原料生产基地，其中种植沙棘林48.36hm²、山杏林11.64hm²。

在排土场平台主要是种植沙棘经济林，为东胜区铜川镇沙棘经济开发园区提供沙棘加工原料。种植山杏是一种辅助措施，一是形成混交林，避免纯林病虫害；二是起到防护林作用；三是可获得一定的经济效益。

沙棘原料林配置中，沙棘雌株选用1年生扦插苗，沙棘雄株选用1年生实生苗，要求株苗苗壮，苗高30cm以上。五行雌株配置一行雄株。株距1.5～3m，行距3～6m。穴状整地，随整地随造林。

山杏原料林配置中，山杏苗木地径1.5cm，高1.5m以上。采用带状防护林种植，采用株距2～3m，行距3～4m。山杏片状原料林种植，株距采用3～4m，行距4～5m。穴状整地，随整地随造林。

各煤矿根据自身条件，采用了管道输水的滴灌措施或者用水车拉水浇灌，日常管护聘用当地民工。

东胜区煤矿水土流失防治统一由东胜区水利局负责监督实施，并协调水利部沙棘开发管理中心完成沙棘的种苗供应、种植指导、沙棘采收以及病虫害防治等各项工作。

小贴士

重视生态功在千秋，保护环境造福万代。

保护环境是责任，爱护环境是美德。

露天煤矿排土场平台及边坡防护治理

露天煤矿排土场平台沙棘林

露天煤矿排土场平台沙棘经济林（一）

露天煤矿排土场平台沙棘林远景

露天煤矿排土场平台沙棘经济林（二）

露天煤矿排土场分级平台沙棘林

东胜区露天煤矿排土场平台沙棘经济林建设

露天煤矿排土场平台分区沙棘经济林

露天煤矿排土场平台沙棘经济林

露天煤矿排土场平台沙棘经济林结果

露天煤矿排土场平台沙棘经济林远景

露天煤矿排土场分级平台沙棘林

露天煤矿排土场平台沙棘经济林中景

东胜区巴隆图煤矿排土场平台沙棘经济林建设

水保人的初心

宋日升

无际的荒漠，连绵的丘陵，

沉重地压在了你瘦弱的双肩。

大坝溃堤、泥沙淤塞、黄河断流，

你为母亲河长治安澜深深担忧，

更为当地百姓生活生产犯愁。

你在思考，你在探索。

春沐寒风，夏顶烈日，秋淋冷雨，

道道山梁留下了你的身影，

条条沟川烙下了你的脚印。

荷一捆树苗，栽下绿荫无限；

洒一路汗水，把绿色的希望浇灌。

山坡植树造林，沟道筑坝淤地，

绘出了改善生态、造福人民的宏伟蓝图！

无边的绿色铺设致富的大道，

烂漫的山花编就欢呼的花环，

座座大坝筑就无字的丰碑。

再造青山绿水的秀美山川，

这就是水保人的初心！

（宋日升，男，鄂尔多斯市水利局总工程师）

《鄂尔多斯水土保持》主要编写人员合影

编写人员在达拉特旗讨论《鄂尔多斯水土保持》编写大纲时合影

编写人员在市水利局会议室讨论《鄂尔多斯水土保持》修改意见

编写人员在鄂尔多斯市水利局讨论《鄂尔多斯水土保持》初稿

《鄂尔多斯水土保持》编写人员工作照（一）

主编韩学士在准格尔旗调查水保项目区基本
农田的农作物生产情况和治理效益

主编韩学士和编写人员在准格尔旗调查
水土保持工程建设运行情况

编写人员在准格尔旗西黑岱沟调查淤地坝
工程运行情况和坝地生产效益

主编韩学士在准格尔旗向当地村民了解水保
工程运行管理和治理效益

《鄂尔多斯水土保持》编写人员工作照（二）

参 考 文 献

［1］ 中华人民共和国水利部. 水土保持规划编制规范：SL 335—2014. 北京：中国水利水电出版社，2014.

［2］ 金争平，等. 砒砂岩区水土保持与农牧业发展研究//《重塑黄土地》系列丛书. 郑州：黄河水利出版社，2003.

［3］ 苏义，薛凤英，徐斌，等. 库布其沙漠分区综合治理新模式. 内蒙古林业，2007（12）.

［4］ 中华人民共和国水利部. 机井技术规范：SL 256—2000. 北京：中国水利水电出版社，2000.

［5］ 中华人民共和国国家质量监督检验检疫总局，中国国家标准化管理委员会. 农田灌溉水质标准：GB 5084—2005. 北京：中国标准出版社，2006.

［6］ 中华人民共和国建设部，中华人民共和国国家质量监督检验检疫总局. 节水灌溉工程技术规范：GB/T 50363—2006. 北京：中国计划出版社，2006.

［7］ 中华人民共和国水利部. 水土保持治沟骨干工程技术规范：SL 289—2003. 北京：中国水利水电出版社，2003.

［8］ 中华人民共和国国家质量监督检验检疫总局，中国国家标准化管理委员会. 水土保持综合治理技术规范　荒地治理技术：GB/T 16453.2—2008. 北京：中国标准出版社，2009.

［9］ 中华人民共和国国家质量监督检验检疫总局，中国国家标准化管理委员会. 水土保持综合治理技术规范　沟壑治理技术：GB/T 16453.3—2008. 北京：中国标准出版社，2009.

［10］ 中华人民共和国住房和城乡建设部，中华人民共和国国家质量监督检验检疫总局. 水土保持工程设计规范：GB 51018—2014. 北京：中国计划出版社，2014.

［11］ 中华人民共和国国家质量监督检验检疫总局，中国国家标准化管理委员会. 中国地震动参数区划图：GB 18306—2015. 北京：中国标准出版社，2015.

［12］ 中华人民共和国水利部. 小型水利水电工程碾压式土石坝设计规范：SL 189—2013. 北京：中国水利水电出版社，2014.

［13］ 中华人民共和国水利部. 水闸设计规范：SL 265—2016. 北京：中国水利水电出版社，2001.

［14］ 中华人民共和国水利部. 溢洪道设计规范：SL 253—2018. 北京：中国水利水电出版社，2000.

［15］ 关志诚. 水工设计手册（第二版）. 北京：中国水利水电出版社，2014.

［16］ 中华人民共和国水利部. 水工挡土墙设计规范：SL 379—2007. 北京：中国水利水电出版社，2007.

［17］ 中华人民共和国交通部. 公路钢筋混凝土及预应力混凝土桥涵设计规范：JTG D62—2004. 北京：人民交通出版社，2004.

［18］ 中华人民共和国住房和城乡建设部，中华人民共和国国家质量监督检验检疫总局. 混凝土结构设计规范：GB 50010—2010. 北京：中国建筑工业出版社，2010.

［19］ 中华人民共和国农业部. 草原围栏建设技术规程：NY/T 1237—2006. 北京：中国农业出版社，2007.

［20］ 中华人民共和国住房和城乡建设部，中华人民共和国国家质量监督检验检疫总局. 混凝土结构工程施工规范：GB 50666—2011. 北京：中国建筑工业出版社，2012.

［21］ 中华人民共和国住房和城乡建设部，中华人民共和国国家质量监督检验检疫总局. 砌体结构工程施工质量验收规范：GB 50203—2011. 北京：中国建筑工业出版社，2012.

［22］ 中华人民共和国住房和城乡建设部，中华人民共和国国家质量监督检验检疫总局. 建筑工程施工质量验收统一标准：GB 50300—2013. 北京：中国建筑工业出版社，2013.

［23］ 中华人民共和国水利部. 沙棘苗木：SL 284—2003. 北京：中国水利水电出版社，2003.

［24］ 苗宗义. 黄土高原综合治理皇甫川流域水土流失综合治理农林牧全面发展试验研究文集. 北京：中国农业科技出版社，1992.

［25］ 中华人民共和国建设部，中华人民共和国国家质量监督检验检疫总局. 开发建设项目水土保持技术规范：GB 50433—2008. 北京：中国计划出版社，2008.

［26］ 中华人民共和国水利部. 生态清洁小流域建设技术导则：SL 534—2013. 北京：中国水利水电出版社，2013.

［27］ 国家环境保护总局，国家质量监督检验检疫总局. 地表水环境质量标准：GB 3838—2002. 北京：中国环境出版社，2019.

［28］ 中华人民共和国水利部. 沙棘生态建设工程技术规程：SL 350—2006. 北京：中国水利水电出版社，2007.

［29］ 中华人民共和国水利部. 水利建设项目经济评价规范：SL 72—94. 北京：中国水利水电出版社，1997.

［30］ 国家技术监督局. 水土保持综合治理　效益计算方法：GB/T 15774—1995. 北京：中国标准出版社，1997.

［31］ 金争平，史培军，等. 黄河皇甫川流域土壤侵蚀系统模型和治理模式. 北京：海洋出版社，1992.

［32］ 中华人民共和国水利部. 防洪标准：GB 50201—94. 北京：中国计划出版社，1994.

［33］ 水工设计手册（第1版）. 北京：水利电力出版社，1984.

［34］ 李炜. 水力计算手册. 北京：中国水利水电出版社，2006.

［35］ 李序量. 水力学（第2版）. 北京：水利电力出版社，1984.

［36］ 中华人民共和国水利部. 水利水电工程施工质量评定规程：SL 176—1996. 北京：中国水利水电出版社，1996.

后　　记

在中华人民共和国成立七十周年、中国共产党建党一百周年之际，全国都以不同方式进行总结庆祝，回顾伟大祖国取得的举世瞩目的辉煌成就，展望伟大祖国光明未来，共圆中国梦。鄂尔多斯这块古老而富饶的土地，这七十年来发生了沧桑巨变，由一个经济落后偏僻、人民生活贫困、生态环境异常恶劣、水土流失极其严重的地区，一跃成为人均经济总量与香港齐名的经济社会快速发展、绿色发展的先行者。特别是生态环境也发生了翻天覆地的变化，水土保持率超过了50%，森林覆盖率达到了27%，植被覆盖度达70%以上，这其中水土保持的贡献有目共睹。经过思量，觉得应该对鄂尔多斯水土保持治理成果和治理技术认真总结、提炼一下。这就萌生了组织一些长期在市、旗（区）从事水土保持的老专家、老同事撰写一本《鄂尔多斯水土保持》的念头。经过一段时间的酝酿，大家一致认为，把鄂尔多斯七十年来水土保持建设方面的成就从技术层面认真提炼总结一下很有必要。逐步形成共识之后，先形成了一个编写大纲（初稿），几经反复讨论，从2019年5月开始进入实际操作，6月21日有关人员召开了第一次会议，讨论有关编写工作事宜。继而邀请12位相关专家参与编写工作，于9月2日在达拉特旗树林召镇召开了编写人员的务虚会，重点是听取各位专家对编写这本书的意见，讨论编写大纲（初稿），同时落实各编委的编写任务及具体工作安排。就在《鄂尔多斯水土保持》一书进入繁忙的编写之时，因2020年年初全国处于紧张的新冠肺炎疫情的防控工作，编写人员的精力有所分散，使得编写进度有些滞后。根据编写进度情况，于2020年5月19日再次召开编委会碰头会，交流工作进度，讨论解决编写过程中的一些具体问题，会后各编委又进入到紧张的编写工作之中，进行了大量的资料搜集、筛选、传递、交流，并把完成的初稿进行认真的修改、补充。经过汇总、修改，于2020年7月20日拿出第一稿，供大家进一步修改完善，9月中旬拿出第二稿。为使本书有鲜明的时代感、现实感、形象感，各位专家除收集以往自己珍藏的照片外，编委会于2019年9月和2020年7月根据内容的需要，二次到不同的治理现场，利用无人机和照相机实地拍摄了大量照片，经筛选后插入书内，大大提高了该书的阅读现实感和观赏性。在编写过程中，各位专家付出了艰辛，收集参阅了大量资料，在落笔的过程中字斟句酌，反复修改，使编写内容具有现实性和指导性。

为使本书更具严谨性和科学性，初稿成稿之后，特邀北京林业大学水土保持学院两位教授进行全面把关审定。市水利局还聘请了8位国内专门从事水土保持工作的专家、学者、教授进行了函审。评审专家一致认为：鄂尔多斯水土流失严重，侵蚀类型多样，其治理经验、技术与模式对黄河流域、中国乃至全世界都具有重要的借鉴价值。

该书详细叙述反映了新中国成立七十多年来的鄂尔多斯水土保持历史演变和发展历程。全面概述了鄂尔多斯的社会、自然、地理、水文、气象、土壤、植被等方面的基本特征，重点分析了鄂尔多斯水土流失的特点、分类、类型区的划分、流失特征及治理布局，详细阐述了不同类型区、不同流失类型、不同区域、不同开发建设项目的治理技术。

本书内容丰富，图文并茂，理论与实践结合，使其具有宣传、科普、教学、技术示范推广等多种效能，期望为水土保持工作者提供更好的服务。但愿它是深受读者欢迎的一本书，能在黄河流域生态保护高质量发展的新时期，在鄂尔多斯毗邻地区生态文明水土保持建设中发挥其应有的作用。

编委会编撰组

2022年4月7日